中国科学院科学出版基金资助出版

中国工程院重大咨询项目

"十三五"国家重点出版物出版规划项目
大气污染控制技术与策略丛书

京津冀大气复合污染防治

联发联控战略及路线图

"防治京津冀区域大气复合污染的联发联控战略及路线图"项目组
郝吉明 主编

科学出版社

北京

内 容 简 介

《京津冀大气复合污染防治：联发联控战略及路线图》是中国工程院重大咨询项目的研究成果。该项目由国内环境工程、能源工程和农业工程的 15 位院士、近百名专家和多家单位共同完成，内容涵盖京津冀区域大气污染来源与减排潜力研究，区域能源、产业协同发展战略、主要耗能行业大气污染控制方案研究，区域农业与新型城镇化发展中的大气污染防治战略，区域可持续高效率的交通系统构建，区域大气污染监管体系研究，京津冀区域空气质量规划与中长期路线图。

本书可供从事大气环境科学、能源及产业发展和大气污染控制等领域的研究人员参考，也可为从事大气环境保护和区域发展事业的决策者、管理人员和工程技术人员提供借鉴。

图书在版编目（CIP）数据

京津冀大气复合污染防治：联发联控战略及路线图/郝吉明主编. —北京：科学出版社，2017.11

（大气污染控制技术与策略丛书）

"十三五"国家重点出版物出版规划项目

中国工程院重大咨询项目

ISBN 978-7-03-054884-9

Ⅰ. ①京⋯ Ⅱ. ①郝⋯ Ⅲ. ①空气污染控制–研究–华北地区 Ⅳ. ①X510.6

中国版本图书馆 CIP 数据核字（2017）第 256485 号

责任编辑：杨　震　刘　冉 / 责任校对：韩　杨
责任印制：肖　兴 / 封面设计：黄华斌

科 学 出 版 社 出版
北京东黄城根北街 16 号
邮政编码：100717
http://www.sciencep.com

北京通州皇家印刷厂　印刷

科学出版社发行　各地新华书店经销
*
2017 年 11 月第　一　版　　开本：720×1000　1/16
2017 年 11 月第一次印刷　　印张：36
字数：730 000

定价：180.00 元
（如有印装质量问题，我社负责调换）

丛书编委会

主　编：郝吉明

副主编（按姓氏汉语拼音排序）：

柴发合　陈运法　贺克斌　李　锋

刘文清　朱　彤

编　委（按姓氏汉语拼音排序）：

白志鹏　鲍晓峰　曹军骥　冯银厂

高　翔　葛茂发　郝郑平　贺　泓

宁　平　王春霞　王金南　王书肖

王新明　王自发　吴忠标　谢绍东

杨　新　杨　震　姚　强　叶代启

张朝林　张小曳　张寅平　朱天乐

丛 书 序

当前，我国大气污染形势严峻，灰霾天气频繁发生。以可吸入颗粒物（PM$_{10}$）、细颗粒物（PM$_{2.5}$）为特征污染物的区域性大气环境问题日益突出，大气污染已呈现出多污染源多污染物叠加、城市与区域污染复合、污染与气候变化交叉等显著特征。

发达国家在近百年不同发展阶段出现的大气环境问题，我国却在近 20 年间集中爆发，使问题的严重性和复杂性不仅在于排污总量的增加和生态破坏范围的扩大，还表现为生态与环境问题的耦合交互影响，其威胁和风险也更加巨大。可以说，我国大气环境保护的复杂性和严峻性是历史上任何国家工业化过程中所不曾遇到过的。

为改善空气质量和保护公众健康，2013 年 9 月，国务院正式发布了《大气污染防治行动计划》，简称为"大气十条"。该计划由国务院牵头，环境保护部、国家发展和改革委员会等多部委参与，被誉为我国有史以来力度最大的空气清洁行动。"大气十条"明确提出了 2017 年全国与重点区域空气质量改善目标，以及配套的十条 35 项具体措施。从国家层面上对城市与区域大气污染防制进行了全方位、分层次的战略布局。

中国大气污染控制技术与对策研究始于 20 世纪 80 年代。2000 年以后科技部首先启动"北京市大气污染控制对策研究"，之后在 863 计划和科技支撑计划中加大了投入，研究范围也从"两控区"（酸雨区和二氧化硫控制区）扩展至京津冀、珠江三角洲、长江三角洲等重点地区；各级政府不断加大大气污染控制的力度，从达标战略研究到区域污染联防联治研究；国家自然科学基金委员会近年来从面上项目、重点项目到重大项目、重大研究计划各个层次上给予立项支持。这些研究取得丰硕成果，使我国的大气污染成因与控制研究取得了长足进步，有力支撑了我国大气污染的综合防治。

在学科内容上，由硫氧化物、氮氧化物、挥发性有机物及氨等气态污染物的污染特征扩展到气溶胶科学，从酸沉降控制延伸至区域性复合大气污染的联防联控，由固定污染源治理技术推广到机动车污染物的控制技术研究，逐步深化和开拓了研究的领域，使大气污染控制技术与策略研究的层次不断攀升。

鉴于我国大气环境污染的复杂性和严峻性，我国大气污染控制技术与策略领域研究的成果无疑也应该是世界独特的，总结和凝聚我国大气污染控制方面已有的研究成果，形成共识，已成为当前最迫切的任务。

我们希望本丛书的出版，能够大大促进大气污染控制科学技术成果、科研理论体系、研究方法与手段、基础数据的系统化归纳和总结，通过系统化的知识促进我国大气污染控制科学技术的新发展、新突破，从而推动大气污染控制科学研究进程和技术产业化的进程，为我国大气污染控制相关基础学科和技术领域的科技工作者和广大师生等，提供一套重要的参考文献。

2015 年 1 月

中国工程院重大咨询项目

防治京津冀区域大气复合污染的联发联控战略及路线图

项目顾问及负责人

项目负责人

郝吉明　清华大学　院士

杜祥琬　中国工程院　院士

刘　旭　中国工程院　院士

项目顾问

谢克昌　中国工程院　院士

唐孝炎　北京大学　院士

黄其励　国家电网公司　院士

执行秘书

王书肖　清华大学　教授

课题负责人

课题一　王文兴　中国环境科学研究院　院士

丁一汇　国家气候中心　院士

贺克斌　清华大学　院士

课题二　倪维斗　清华大学　院士

岑可法　浙江大学　院士

课题三　尹伟伦　北京林业大学　院士

刘　旭　中国工程院　院士

课题四　郝吉明　清华大学　院士

课题五　魏复盛　中国环境监测总站　院士

刘文清　中国科学院合肥物质科学研究院　院士

课题六　郝吉明　清华大学　院士

前　言

　　京津冀协同发展成为当前我国三大国家战略之一，其核心是京津冀三地作为一个整体协同发展，努力形成京津冀目标同向、措施一体、优势互补、互利共赢的协同发展新格局。京津冀大气复合污染问题因其影响范围广、与群众生活关系密切，成为协同发展生态环保领域率先突破的重要一环。京津冀大气污染联防联控的关键是要联发联控，联合发展才能做到联合控制。京津冀区域要在调整优化城市布局和空间结构、推进产业升级转移、构建绿色低碳能源体系和产业体系、构建现代化交通网络系统、扩大环境容量生态空间等诸方面发力，方能实现环境空气质量的持续改善。

　　2014 年 4 月 3 日刘延东副总理主持，召开 8 部、委、院、局会议，协调国家科研资源，研究"加强大气污染治理科技支撑工作方案"，部署新形势下加强大气污染控制领域的科学研究。根据中央的统一部署，中国工程院紧急启动"防治京津冀区域大气复合污染的联发联控战略及路线图"重大咨询项目，旨在通过中国工程院多学部合作，量化京津冀区域大气复合污染的来源，确定京津冀区域大气污染控制的重点污染源和关键污染物；研究提出与区域环境空气质量持续改善相适应的能源及相关产业、农业与农村、城乡交通系统等的发展战略；提出京津冀区域大气污染联防联控监测监管体系；形成京津冀区域大气污染联发联控战略和路线图，推动区域经济社会环境的持续发展。

　　该重大咨询项目分为六个课题开展研究。

　　课题一：京津冀区域大气污染来源与减排潜力研究。综合运用排放清单和空气质量模型等手段，进行京津冀区域大气污染来源解析。通过建立京津冀区域多污染物高时空分辨率排放清单，分析不同地区主要污染物排放结构，甄别重点污染源，运用空气质量模型解析不同季节主要污染源对京津冀区域 $PM_{2.5}$ 污染的贡献以及区域间输送贡献。

　　课题二：京津冀区域能源及产业一体化发展战略。以促进京津冀区域的整体可持续发展和污染物联合控制为主要目标，在区域能源及产业发展现状和趋势的基础上，探索产业能源升级与区域一体化发展的互动关系，研究环境友好的区域一体化产业发展和能源优化战略，创新区域发展机制，提出重点战略任务。

　　课题三：京津冀区域农业与新型城镇化发展战略。针对京津冀区域农业源污染现状，主要研究现代农业条件下，特别是目前农业适度规模经济发展后，有效降低种植业和养殖业氨排放的发展模式、农业废弃物资源化利用的途径、现代农业林网发展、新型城镇化过程中农村能源结构变革的策略等措施，促进京津冀区域环境空气质量的持续改善。

课题四：京津冀区域可持续高效率的交通系统发展战略。通过分析京津冀区域道路和非道路交通系统发展现状和污染物排放控制现状，结合区域内空气质量改善目标以及国内外交通运输结构演变和移动源污染控制技术发展趋势，提出该区域交通系统一体化的可持续发展战略和排放综合控制战略。

课题五：京津冀区域大气污染监测监管体系研究。该研究目的在于着力推动大气污染联合监测与预警体系的建立，实现区域内大气环境质量信息和预警信息共享。在分析区域空气质量状况及变化趋势的基础上，研究对立体监测技术的需求，提出适用于京津冀区域大气污染联防联控的立体监测监管技术体系。

课题六：京津冀区域空气质量规划与中长期路线图。基于京津冀区域大气污染的来源和成因，借鉴国内外大气污染控制的相关法规与政策，分析京津冀区域在不同发展和污染控制情境下的空气质量规划，研究近期、中期及长期的大气污染防治目标和空气质量改善规划，提出区域大气污染控制的中长期路线图及相关保障措施。

该重大咨询项目的成果是中国工程院和大气污染防治、能源工程、农业工程等领域相关专家集体智慧的结晶，体现了我国区域性大气复合污染联防联控的最新认识、最新实践和总体思路，对京津冀区域科学、精准治霾具有一定的借鉴作用，对广大的科技工作者、环境管理人员和企业管理人员都具有很好的参考价值。

受区域性大气复合污染的复杂性和研究人员水平的限制，书中难免存在疏漏、偏颇甚至错误之处，请各位同行及相关专家和读者批评、指正，不断提升治霾的科学性、精准性和有效性，共同打赢蓝天保卫战。

2017 年 9 月

摘　　要

　　"防治京津冀区域大气复合污染的联发联控战略及路线图"是按照中央领导的要求，中国工程院设立的重大咨询研究项目，由环境与轻纺工程学部、能源与矿业工程学部和农业学部共同承担。该研究包括六个研究课题：京津冀区域大气污染来源与减排潜力研究、京津冀区域能源产业一体化发展战略、京津冀区域农业与新型城镇化发展战略、京津冀区域可持续高效率的交通系统发展战略、京津冀区域大气污染监测监管体系研究、京津冀区域空气质量规划与中长期路线图。

　　京津冀区域大气污染物排放强度远高于国内其他地区，连续出现大范围雾霾天气，$PM_{2.5}$年均浓度高于长三角、珠三角和全国平均水平。在$PM_{2.5}$整体下降背景下，个别地区和季节的下降趋势出现反复。近20年来，随着经济发展和人口增长，京津冀地区的排放持续增加，逐步形成全球人为源排放强度最高的地区，这是导致京津冀地区大气污染的核心内因。其中，来自河北省的各类污染物排放占京津冀排放总量的64%~83%。特殊的能源结构和产业布局导致京津冀地区工业排放高居不下，加之农业和交通的快速发展带来的污染物排放增加，仅靠末端污染控制难以实现空气质量达标。京津冀地区大气污染物排放控制面临严峻的挑战。尽管通过《大气污染防治行动计划》"大气十条"的实施，京津冀地区的空气质量有所改善，但该区域仍是我国大气污染最严重的地区。

　　半个世纪以来，在特殊地形特征和气候变暖双重背景下，京津冀地区的气象条件总体朝着不利于污染物扩散的方向发展。具体表现为地面平均风速减小、大风日数减少和大气稳定度加强，形成了该地区大气污染的重要外因。京津冀地区特殊的"弧状山脉"地形及不同季节的大气环流条件是霾天气产生的重要机理。$PM_{2.5}$重污染经常在京津冀及周边区域连片出现，呈现出区域污染的特征。在这种情况下，一旦存在较为明显稳定的风场，污染物很容易在区域间发生输送。影响京津冀地区污染物的输送通道有两类：一类是西南与东南路径的长距离输送通道；另一类是偏东、偏西及西北路径的短距离输送通道。

　　目前京津冀区域大气环境质量改善面临的主要挑战包括：

　　（1）京津冀能源消费以煤炭利用为主、以高耗能工业为主，加之煤炭的利用方式较为粗放，周边地区能源消费大，形成该地区排放强度高、污染严重的局面。京津冀及周边地区是全国钢铁、火电、平板玻璃、水泥等行业的高密度区，两市一省的能源和产业发展不均衡，主要耗能行业工艺技术和污染物治理水平发展不平衡。河北的城镇化水平和人均 GDP 不仅远落后于京津，甚至落后于全国平均水平。

（2）京津冀区域过度依赖公路的运输结构和"单中心，放射状"的网络布局导致交通运输效率不高,构建超低排放-零排放的新能源交通体系的尝试尚处在起步阶段。京津冀区域集中了世界上规模最大的海港和机场，但其客货运均过度依赖能耗和排放强度较高的公路运输。从交通网络布局看，公路、铁路和民航等基础设施均过于集中在北京，产生大量过境交通和辐射交通。京津冀已成为全国交通源污染排放的关键控制区域且排放强度在北京和天津等大城市核心区进一步高度聚集。

（3）每年农业源引发的氨释放总量高达 84 万吨，对大气环境质量产生显著不利影响。京津冀地区是我国重要的小麦-玉米轮作区，每年秸秆量为 4847.5 万吨，但由于近年来，作物秸秆综合利用能力下降，大量秸秆被露天焚烧。农村秸秆存在很大隐患，农村能源结构急需改善。

（4）采暖期大量的燃煤排放和极端不利的气象条件共同造成近年来京津冀地区秋冬季大范围重污染频发。当出现区域性重污染的时候，城市与城市之间、城市与乡村之间的污染程度没有太大差别，整个区域都被污染气团所覆盖，即便启动现有的红色预警，也不足以抵消采暖期的排放增加，不足以大幅降低污染程度。

（5）现有监测体系存在监测范围和要素指标不全，监测技术体系和质控体系不完备，以及信息化水平不足的问题，尚不能有效服务环境管理。

为了积极应对京津冀区域大气污染防治工作面临的挑战，对污染来源标本兼治，促进该地区空气质量的持续改善，提出以下建议：

（1）通过优化煤炭利用结构、终端用能结构和一次能源结构，系统性推进京津冀的能源结构优化，促进用能方式的清洁化、集约化和低碳化，为周边区域率先垂范。考虑到煤炭仍然是近期京津冀能源消费的主体，急需全面加强对原煤开采和进口、洗选、终端利用和污染物控制的全链条、全范围的严格监管和控制，保证煤炭源头高品质、利用高效率和污染严控。管控分散、高污染的民用散烧煤和 10 t 以下燃煤工业锅炉，促进煤炭采取大规模集中发电、供热和化工转化等集约化利用方式。到 2020 年和 2030 年，京津冀煤炭用于集约化利用的比例分别提高到 70% 和 80%，京津两市力争尽早达到近 100%。优化终端用能结构，普及清洁、方便的能源服务，增加天然气和电力比重。提高集中供暖的比例以及工业低温余热的利用，推广新型热泵技术，尽早实现商业、民用能源的无煤化。优化一次能源结构，着力降低煤炭在一次能源消费中的比重，积极发展非化石能源，有效利用生物质能源（包括电厂掺烧生物质），因地制宜发展可再生能源分布式利用系统，推进多能协同利用，加强天然气进口和外购电。

（2）从优化空间结构、发展先进制造、加强污染治理等方面，全方位推进京津冀的产业结构优化和技术升级，进一步推动京津冀主要耗能行业节能减排，为产业结构调整提供资源空间配置的根本保障。优化城市群空间结构，重点推动河北省规划和建设若干区域次中心城市，借鉴东京都市圈建设发展的经验，次中心城市的培育是疏散中心城市过于集中的人口和功能、加速都市圈整体协调发展的有效手段。"十三五"时期，利用张家口冬奥会、首都二机场建设、通州新城建设等契机，重点培育张家口、廊坊等首都周边的若干次中心。

（3）全面实施"轨道上的京津冀"和"公交都市"战略，重塑京津冀区域综合交通运输体系，建立全覆盖和全链条的移动源污染防治和监管体系，重点推进"清洁柴油机行动计划"和"新能源汽车行动计划"。在区域内客运、大宗货物运输和城市交通三个领域尽快实现运输结构优化和绿色发展，在地级以上城市全面推行"公交都市"建设。重点开展道路柴油车、工程机械、农业机械、船舶等关键柴油机领域的清洁化专项工程，在京津冀区域率先实施"清洁柴油机行动计划"。

（4）针对京津冀地区农业源污染现状，须优化我国化肥产业结构，减少农田氨排放。例如，在氮肥品种中增加硝态氮肥和脲甲醛肥料可有效降低农田氨排放数量。养殖业采用封闭负压养殖，实行种/养一体化管理，可有效降低养殖过程和畜禽粪便处理过程的氨排放。小麦联合收割强制加装秸秆粉碎机，强化秸秆利用，引导有序焚烧。改善农村能源结构、减少农村生活排放。

（5）针对京津冀地区冬季采暖期间大范围重污染频发的问题，必须制定加大冬季季节性减排的措施。加强采暖季大气污染物排放控制，使采暖季大气污染物日排放量不高于年均水平。钢铁、水泥、化工、石化等重点工业行业在采暖季实施季节性减产或限产措施；针对民用散煤燃烧，编制并落实京津冀区域民用散煤清洁能源替代方案；京津冀区域内禁止燃用高污染低品质煤炭。

（6）全面落实京津冀地区大气污染防治强化措施（2016~2017年），确保"大气十条"目标的实现。再通过三个"五年计划"的努力，2020年使京津冀大气环境质量达到长三角2015年的水平，2030年之前京津冀所有城市的$PM_{2.5}$浓度达到国家环境空气质量标准。为此，各种污染物的排放量均要在2012年的基础上大幅度消减，努力完成2020年的减排目标。到2030年二氧化硫、氮氧化物和一次$PM_{2.5}$的排放量都要消减70%以上，VOCs的排放量要消减50%，力争大气氨的排放量也能消减20%。

目　　录

第1章　京津冀区域大气污染来源与减排潜力研究

课题组成员

王文兴	山东大学	中国工程院院士
贺克斌	清华大学	中国工程院院士
丁一汇	国家气候中心	中国工程院院士
柳艳菊	国家气候中心	研究员
徐　影	国家气候中心	研究员
王遵娅	国家气候中心	高级工程师
张颖娴	国家气候中心	高级工程师
宋亚芳	国家气候中心	高级工程师
吴　萍	国家气候中心	博士研究生
吴　婕	国家气候中心	硕士研究生
张小玲	北京市气象局	研究员
孙兆彬	北京市气象局	高级工程师
马晓青	北京市气象局	工程师
张　强	清华大学	教授
刘　欢	清华大学	副教授
李　鑫	清华大学	博士后
洪朝鹏	清华大学	博士研究生
郑　博	清华大学	博士研究生
赵红艳	清华大学	博士研究生
秦　雨	清华大学	博士研究生

谢品华 中国科学院合肥物质科学研究院 研究员

李卫军 山东大学 教授

杨凌霄 山东大学 教授

张庆竹 山东大学 教授

王新锋 山东大学 讲师

朱艳红 山东大学 博士研究生

1.1　京津冀地区大气复合污染的气象和气候背景

随着我国经济和城市化的快速发展，近年来我国空气质量整体恶化的趋势明显，尤其是中国东部区域持续性霾污染事件呈现多发、频发趋势，其中以京津冀、珠三角和长三角等城市经济带尤为显著，最典型且影响最大的地区为京津冀区域。霾天气的发生，不仅使大气能见度下降，对交通安全造成影响，也极大地危害人体健康。因此，霾天气的频繁发生目前已成为京津冀地区最严重的环境问题之一，并成为经济和社会快速发展的桎梏。

除污染物的排放为霾天气的发生提供了重要的物质条件外，不利于污染物扩散的气象条件也是重要的原因之一。为此，本节主要对京津冀地区霾日数及能见度的长期变化趋势、大气污染物输送通道、严重污染事件形成的大气环流和气象条件以及未来的主要气候、环境参数和污染物浓度的变化进行分析与研究。

1.1.1　京津冀地区霾形成的气象条件及污染物输送通道

1. 京津冀地区地形与大气污染物输送通道

京津冀西侧、北侧靠山，东邻渤海。太行山、燕山形成的"弧状山脉"对冷空气活动起到了阻挡和削弱作用，易导致山前空气流动性较弱，形成气流滞留区，污染物和水汽容易聚集，从而有利于霾和污染的形成。复杂下垫面类型易形成局地环流，对污染物的日变化及区域输送也有明显影响，即多尺度耦合效应。研究表明，影响北京地区污染物的主要输送路径有五条（图 1-1），概括为：①西南路径：污染物沿太行山东侧，经河北南部—石家庄—保定，形成一条西南—东北走向的高污染带；②东南路径：地面处于高压后部的稳定天气条件，高浓度污染物在低层东南气流的输送下由山东、河北东南部、天津向北京及下游地区输送；③偏东路径：在偏东风气流作用下，由河北秦皇岛、唐山、宝坻向北京地区输送；④偏西路径：山西省的高浓度污染物在低空偏西气流作用下，越过太行山输送到北京及平原地区；⑤西北路径：主要为沙尘输送影响，多发生在春季。

2. 过山气流下沉运动降低大气对污染物的容纳能力

当过山气流越过弧状山脉后容易在背风地区产生弱下沉运动，下沉增温也是低层逆温形成的机制之一，进一步降低京津冀平原地区垂直扩散能力和大气环境容纳能力。2000~2015 年，北京地区 700 hPa 以下相对于多年平均表现为"上升"运动，尤其是 925 hPa 以下，但是 600~200 hPa 之间则表现为不太明显的"下沉"运动。中高层下沉运动位置不断下压，低层上升运动加强，导致低层上升运动被限制在边界层以内，这样会导致污染物积聚，浓度上升。

图 1-1 影响京津冀地区的主要污染物输送路径示意图

3. 风和湿度对霾天气形成的影响

霾日近地面经常出现风速小于 2~3 m/s 的偏南风或偏东风，不利于污染物的水平扩散，但边界层内污染物仍有一定的传输作用，同时偏南风和偏东风气流输送的水汽使湿度增加，有利于颗粒物吸湿增长，加剧雾霾程度（引自：中国气象局，环首都圈雾霾成因及大气污染防治对策建议）。

用 2013 年 1 月至 2015 年 12 月期间秋冬季（10 月至次年 3 月底）逐时 PM$_{2.5}$浓度与近地面相对湿度、风速、风向资料分析得出，空气重污染时地面风速在 3 m/s以下，其中，PM$_{2.5}$≥500 μg/m³ 时平均风速为 0.9 m/s，所有时刻风速均在 2 m/s以下，85.5%的样本处于风速 1.5 m/s 以下。从风向、风速玫瑰图看，空气污染发生时，偏北、东北风方向平均风速低于 1.5 m/s，偏南风平均风速在 1.5 m/s 左右，即当风速低于 1.5 m/s 时，空气污染与风向的关系变得不是特别重要（图 1-2）。另外，PM$_{2.5}$≥500 μg/m³ 几乎都发生在高湿条件下，平均相对湿度为 81.5%。89.4%的严重污染时刻相对湿度超过 60%，其中，40.3%的严重污染时刻相对湿度高于90%（图 1-3）。

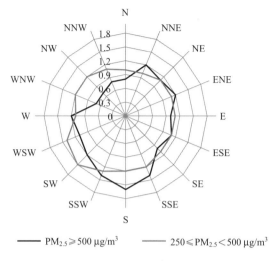

图 1-2　北京地区风频与不同等级 PM$_{2.5}$ 浓度的关系

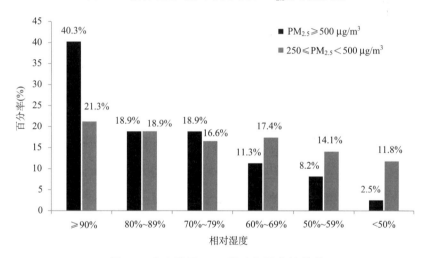

图 1-3　北京地区 PM$_{2.5}$ 浓度与湿度的关系

4. 地形辐合线、稳定层结是雾霾形成和维持的重要机制

弱气压场及低压辐合区影响下，大气回暖，有利于多层逆温产生，大气层结趋于稳定，混合层高度降低，风速减小，配合近地层山谷风、城市热岛环流以及地形辐合线的影响，是造成污染物浓度快速累积、升高和低能见度、雾霾维持的重要机制。

在污染物浓度不断增加和霾加重的过程中，北京地区近地层偏南风增强（图1-4），辐合线向北推进，位于辐合线南部污染集中区随之北进，北京地区大气污染物浓度升高。北京南部处于气旋性辐合区的中心，使得污染物向地形辐合线附近辐合积聚，导致南部地区污染物浓度快速增长。同时低层有逆温层，大气静稳程度高。因此区域输送和局地累积等综合因素导致污染物快速增加，能见度降低，霾持续。

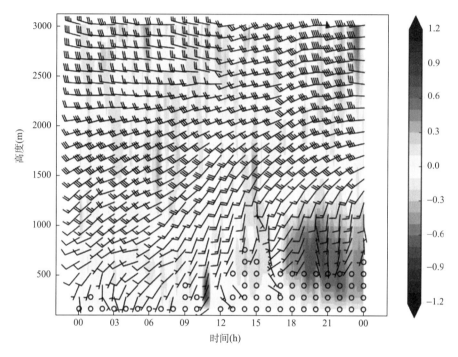

图 1-4 典型严重污染和雾霾期间低层风场结构（横坐标时间为世界时 UTC）（2015 年 11 月 30 日至 12 月 1 日个例）

5. 不同季节霾天气产生的不同机制

冬季是雾霾京津冀地区雾霾的高发季节，其主要的原因是受高湿条件影响。1000 m 以下空气湿度接近饱和是雾霾形成的关键条件。冬季，当雾霾发生时地面潮湿，近地面层存在一明显逆温层，犹如一个"盖子"，阻止了空气的上下交换，从而将湿空气和污染物聚集在地面附近，促进了雾霾的形成。1500 m 以下有逆温层或等温层存在，近地面湿度露点差较小（图 1-5）。冷季污染近地层由于夜间辐射降温的作用，形成明显的贴地逆温，且相对湿度增大，整层大气的层结处于多层逆温之中，近地层污染物无法向高空扩散，污染物增长速度、近地层大气对污染物的容纳能力都要比暖季弱。关于冬季雾霾的形成机制将在"6.京津冀持续严重污染事件形成的大气环流"中给出详细的分析。

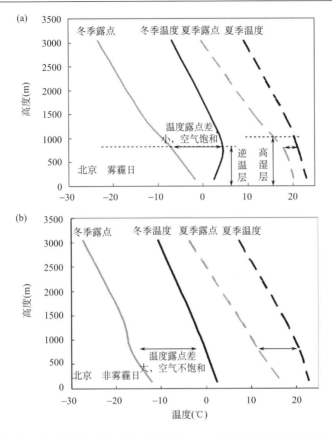

图 1-5　北京地区冬季和夏季在霾日（a）和非霾日（b）条件下大气温湿层结（引自：中国气象局，环首都圈雾霾成因及大气污染防治对策建议）

　　与冬季不同，夏季雾霾发生时，近地面高湿层深厚、不存在逆温层，这是冬夏雾霾形成的最明显差异。受东亚夏季风影响，700 hPa 以下的西南风带来充足的水汽和能量，大气暖湿，高层大气干冷，但并无逆温，自由对流高度以上对流有效位能强，但此能量未释放之前，对近地层大气污染物具有极强的压制作用，另一方面效位能强也说明大气层结具有较高不稳定的潜势，一旦具有较好的触发机制，这种高能的大气层结有利于形成明显的对流天气，进而清除大气污染物，而冷季污染所形成的多层逆温只对应着稳定的大气层结，近地层较高的污染物只能依靠明显的降水天气和冷空气来清除。此外，夏季雾霾发生时，近地层大气颗粒物在高温、高湿度吸湿增长，具有明显的消光作用并且利于气溶胶发生光化学反应形成二次污染。

　　进入秋季后，东亚夏季风开始南退，京津地区基本不再受到夏季风的影响。地面热力作用和对流活动减弱，地面已经开始受冷高压的控制，地面的温度不断下降，大气层结趋于稳定，主要表现为下层冷上层暖，大气稳定度较高；此时，由于冷空气活动比较弱，京津冀地区风向多变而风力微弱，不利于污染物扩散；另外，秋季湿度条件相对于夏季明显减弱，从而不利于形成湿沉降。因而，一旦有稳定性天气形成，则维持的时间相对较长，随着污染物排放的积累，极易导致雾霾的发生，这可能是近些年造成国庆期间易形成空气重污染的部分原因。由 2004~2015 年 PM$_{2.5}$ 日均浓度的 11 年平均变化趋势可见，8~9 月 PM$_{2.5}$ 浓度的平均值为 67.7 μg/m³，10 月为 91.8 μg/m³，10 月的 PM$_{2.5}$ 浓度较 8~9 月升高 24.1 μg/m³。10 月 PM$_{2.5}$ 峰值浓度也明显高于 8~9 月，10 月上旬浓度明显偏高，其中 10 月 5~10 日发生重污染的频率高（约为 36%）。

6. 京津冀持续严重污染事件形成的大气环流

进一步对近 30 年京津冀地区持续性严重霾事件（持续 5 天及以上的霾事件）发生的大气环流分析来看，京津冀地区强霾事件可分为平直西风型和高压脊型两类。平直西风型霾事件发生期间，亚洲中高纬主要受纬向环流的控制，京津冀地区处于平直的西风环流中，中高纬的冷空气向京津冀地区输送较弱。当高压脊型霾事件发生时，我国受弱高压脊控制，大部分地区为"西高东低"形势，京津冀地区处于高压脊前西北气流控制中。

在这两类不同型霾事件发生时，中低层风场环流及其相应的水汽条件是有很大差别的。平直西风型霾污染事件中，京津冀地区在霾发生期间中低层以弱的西南风和偏西风为主，西南风气流有助于将山西河南等周边地区的污染物向京津冀地区输送，并且由于北部燕山的阻挡，使得污染物不易向外扩散而聚集在该地区，污染物浓度加大。另外，中国东部—西太平洋为反气旋水汽输送环流，西南风将来自西北太平洋上的暖湿水汽经东南沿海地区转向北输送到中国北方地区，为霾粒子的吸湿增长提供了充足的水汽条件。在高压脊型霾污染事件中，京津冀地区在霾发生期间主要以弱的西北风和偏西风为主。水汽输送量较之平直西风型霾事件要弱，且以偏西风干冷水汽输送为主，但也有少部分来自西北太平洋的暖湿水汽经东南沿海回流到京津冀南部地区。在两类霾事件中，京津冀地区均呈弱的水汽辐合，可为霾的形成提供必需的湿度条件。由地面风速和相对湿度可以看出，两类霾污染事件发生期间，京津冀地区地面风速均比较小，大部分地区的平均风速维持在 1~2 m/s，基本处于静风的控制，这对污染物颗粒的水平扩散是极其不利的。另外也可以看到在山区和平原过渡区地面风速是最小的，空气的流动性弱，而这也是京津冀污染最严重的地区。平直西风型霾事件发生时相对湿度为70%~80%，高压脊型霾事件发生时相对湿度为 60%~70%。

除水平运动外，垂直运动对污染物的垂直扩散稀释作用也不容忽视，它是影响霾发展和维持的一个非常重要的动力因子。两类持续性霾事件发生期间，京津冀地区在 1000~950 hPa 是一个浅薄的气流辐合层。在其上方 950~700 hPa 是气流辐散层，700~500 hPa 是一个辐合层，这种上层辐合下层辐散的分布会导致气流产生下沉运动，而在两类霾事件发生期间，京津冀地区整个中低层均处于下沉气流控制。另外也发现对流层中低层温度均增加，大气中低层处于相对较稳定的状态。在两类持续性霾事件发生时，近地层是浅薄的辐合层，这有利于周边区域的污染物向京津冀地区汇聚，而对流层中低层大气处于下沉气流的控制，大气相对较静稳，这将会抑制污染物的垂直扩散，对霾天气的维持是很有利的。

对流层中低层的垂直下沉运动会挤压大气边界层而影响其厚度。大气边界层是直接受地表影响最强烈的低层大气，其厚度决定了污染物扩散的有效空气体积，较低的边界层高度和其顶部经常维持的强逆温层（强稳定层）阻断上下层流动的关联，有利于近地面大气维持静稳状态和霾天气的出现。由图 1-6 可以看出，两类霾事件发生期间京津冀地区边界层平均高度为 802 m，较霾发生所在月平均边界层高度降低约 100 m，这表明大量的霾污染物将在更低高度的边界层内堆积，污染物浓度增加，这对霾天气的发生非常有利。另外，两类霾污染天气发生时，A 指数[①]（章国材等，2007；张人禾等，2014）均明显变小，说明大气处于相对较稳定的状态。边界层高度的降低以及稳定的大气层结均有利于抑制空气的垂直扩散能力，将污染物和水汽聚集在更低的边界层内，从而有利于霾天气的持续和加重。

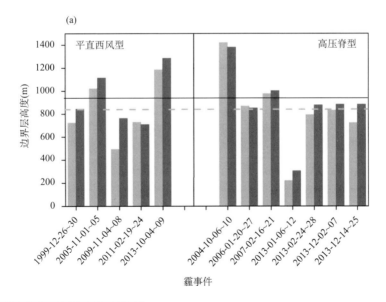

霾事件

① A 指数：$A = (T_{850} - T_{500}) - [(T-T_d)_{850} + (T-T_d)_{700} + (T-T_d)_{500}]$，$T$ 和 T_d 分别为气温和露点温度，下标 850，700 和 500 表示所在高度分别为 850 hPa，700 hPa 和 500 hPa。A 指数考虑了中低层大气的垂直梯度和水汽饱和程度，值越大，表示大气越温暖，水汽越充分，层结越不稳定。

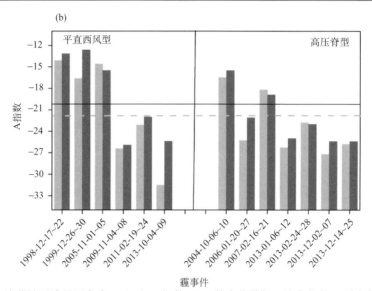

图 1-6　京津冀地区边界层高度（a）和 A 指数（b）的变化特征（浅色柱状：霾事件发生时段的平均值；深色柱状：霾事件所在月的平均值；虚线：所有霾事件发生时段的平均值，实线：所有霾事件发生月份的平均值）

根据上述的分析可知，大气的环流和动力作用对京津冀地区两类持续性霾事件的形成都很重要，图 1-7 给出了两类霾污染事件形成机制的概念图。在平直西风型持续性霾事件发生时，高空盛行偏西风，边界层内为弱的西南风，水汽充足；

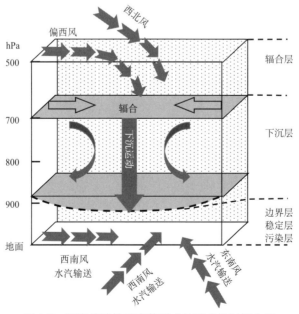

图 1-7　两类持续性霾事件形成的形成机制概念图

高压脊型持续性霾事件发生时，高空处于西北风气流控制，边界层内为弱的偏西风，水汽条件较弱。在动力条件方面，整个大气中低层的下沉气流对两类持续性霾事件的形成和维持起到了关键的作用。下沉气流压迫大气边界层，使得边界层厚度降低，从而将京津冀本地的污染物以及由西风和西南风输送来的周边区域的污染物聚积在更低厚度的边界层内，同时，边界层高度降低会明显减弱大气环境容量，污染物浓度增加。另外当偏西风气流翻越太行山在其东侧下沉或者西北气流翻越燕山在其南侧下沉会导致大气低层增温，形成逆温层，抑制污染物向高空扩散。辐散下沉层的上空是一个辐合层，该层次内的气流辐合是下沉运动形成的一个关键因素。长时间地维持上述配置有将利于霾事件的持续和加剧。

1.1.2　京津冀地区雾霾日数及能见度的特征分析及变化趋势

1. 京津冀地区雾霾日数的特征分析及变化趋势

研究表明，我国霾污染严重的区域比较集中，越是经济发达地区往往受到的雾霾影响就越严重，京津冀、长三角以及珠三角是我国雾霾污染最为严重的三大区域。长期以来，较高的经济发展水平、不断增长的私家车数量、较大的人口密度使得这些地方的空气污染日益严重，相对滞后和低效的环境保护又恶化了这一趋势，从而使得这些地区成为了雾霾爆发的重灾区。尤其是京津冀地区，在所观测的 13 个地级及以上城市中，有 10 个城市达标天数比例低于 50%，污染十分严重。京津冀地区年平均霾日数和雾日数的变化具有明显的区域性特点。霾多发区主要集中在北京、天津和河北的西南部等经济比较发达、人口比较密集的地区，平均每年发生的霾日数超过 30 天，北京城区、天津北部、石家庄、邢台及唐山等地区年平均霾日可达 50 天以上（图 1-8）。雾日数的空间分布整体表现为东南部偏多、西北部偏少的特征，邯郸、邢台、石家庄、保定及唐山等地区年平均雾日数可达 25 天以上。

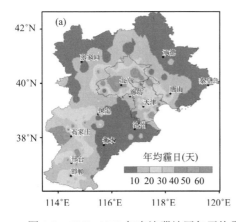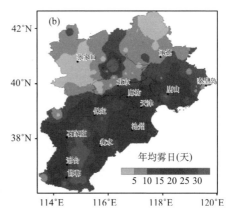

图 1-8　1961~2012 年京津冀地区年平均霾日数（a）和雾日数（b）的空间分布特征

京津冀地区霾日数具有明显的年际和年代际变化特征（图 1-9）。近 52 年年平均霾日数为 13 天左右。年平均霾日数长期演变的总体特征是呈波动增加的趋势，这种增加趋势主要表现为两个快速上升期：第一个上升期为 20 世纪 60~70 年代，其次为 20 世纪 90 年代至今。20 世纪 60~70 年代平均霾日数较少但呈增加趋势，至 1982 年达到高峰（20 天），之后有所减少，但 90 年代开始霾日数又

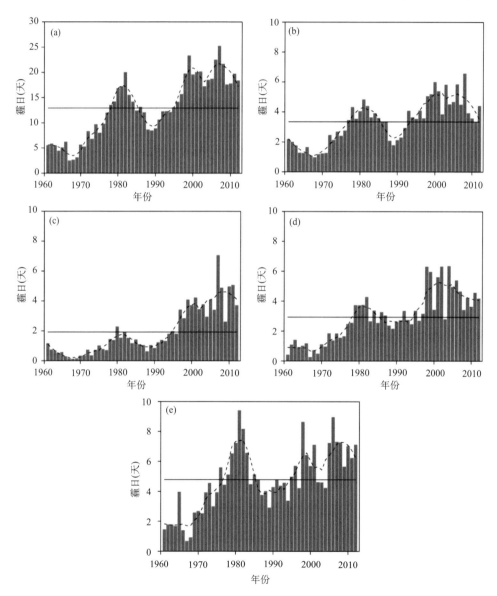

图 1-9　1961~2012 年京津冀地区年平均（a）、春季（b）、夏季（c）、秋季（d）和冬季（e）
霾日数的历年变化

快速上升，至 2007 年达到 25 天，之后几年略有下降，基本维持在每年 18 天左右，总的来说 21 世纪初至今是近 52 年霾日数最多时期。从季节分布来看，冬季霾日数最多（4.8 天），占全年霾日数的 37%，春季（3.3 天）和秋季（3 天）相当，分别占 25% 和 22%，夏季霾日数最少（1.9 天），仅占 16%。与年平均霾日数变化类似，四个季节的霾日数也均表现为类似两个快速上升期，21 世纪初至今春、夏和秋季的霾日数均达到近 52 年最多，夏季在这个时期的增加速率更为明显，但是这个时期的冬季霾日数与 1980 年左右的相当。

近年来我国不断增多的霾天气还表现出持续性增强的显著特点，一旦出现霾，往往持续数日甚至更长时间，对人体健康造成更为严重的危害，其影响更大。研究表明京津冀地区持续性霾日数的增加已成为总的霾天气增加的主要原因，持续性霾高发区的范围也呈现年代际增大趋势，2000 年后扩展的趋势显著加速。京津冀持续霾事件（持续时间为 3 天及以上的霾事件）大多发生在秋季和冬季。49% 的区域霾事件的持续时间为 3 天，24% 左右持续 4 天，20% 持续 5~6 天，持续 6 天以上的较少，不到 10%。从年频次的演变来看，在 20 世纪 80 年代初平均每年发生 1.5 次区域持续性霾事件，20 世纪 80 年代中期至 90 年代中期很少有事件发生，而从 20 世纪 90 年代中期以来至今事件的发生频次明显增加，平均每年发生 2.5 次。2013 年发生频次更是达到近 34 年最多，共发生了 8 次。

京津冀地区雾日数也具有明显的年际和年代际变化特征。近 52 年年平均雾日数为 18.9 天。年均雾日数在 20 世纪 90 年代之前是波动上升的，1990 年达到高峰（34.7 天），20 世纪 90 年代之后雾日数不断下降，至 2012 年年均雾日数仅为 12.4 天，这与霾日的上升趋势是相反的。从季节分布来看，冬季雾日数最多（7.2 天），占全年雾日数的 38%，秋季次之（6.7 天）占 35%，夏季雾日数为 3.2 天，占 17%，春季最少（1.9 天），占 10%。四个季节的雾日数与年平均雾日数长期变化特征类似，但冬季雾日数的年际变化更为剧烈。

2. 京津冀地区能见度的特征分析及变化趋势

雾、霾、降水和沙尘暴等天气现象是影响能见度的主要因子，而近年来霾天气现象频发，已成为影响能见度的最重要的天气现象之一。近 52 年京津冀地区年平均能见度呈显著的下降趋势（图 1-10），20 世纪 60 年代年平均能见度最高（7.4 级，约 14 km），之后持续下降至 7 级（约 8.9 km）左右。从季节变化来看，冬季能见度最低（6.9 级），秋季次之（7 级），春季（7.2 级）和夏季（7.1 级）相当。四季能见度的长期变化特征与年均能见度变化一致，均呈现持续下降的趋势，夏季的下降趋势最为显著，其次是秋季，冬季能见度的年际变化最为剧烈。通过计算年平均及四季能见度与相应的霾日数的相关关系发现它们呈非常显著的负相关关系（通过了 95%的置信度），表明京津冀地区霾日数的增加对能见度的降低具有显著的影响。

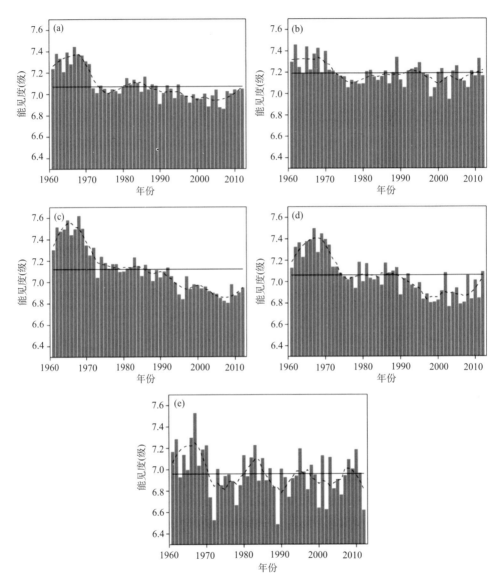

图 1-10　1961~2012 年京津冀地区年平均（a）、春季（b）、夏季（c）、秋季（d）和冬季（e）
能见度的历年变化

1.1.3　气候条件对京津冀地区霾日数的影响

从长期变化角度来看，京津冀地区霾日数的增加主要由以下几个气候因素造成：

1. 东亚冬季风的减弱

东亚冬季风是北半球冬季最为活跃的环流系统之一，对我国的天气和气候有着重要的影响。强东亚冬季风常带来较强的冷空气和偏北大风，有利于污染物的稀释和扩散，反之亦然。近 53 年东亚冬季风的强度总体是呈下降趋势的。在 20 世纪 80 年代中期东亚冬季风发生了一次年代际转变，20 世纪 80 年代中期之前东亚冬季风偏强；而 20 世纪 80 年代中期之后东亚冬季风偏弱。20 世纪 80 年代之前，东亚冬季风偏强，偏北风较强，加之大气污染物也偏少，京津冀地区的霾日数较少；而 20 世纪 80 年代之后，随着中国经济的深入发展，能源消耗的加剧，排放到大气中的气溶胶粒子大量增加，而东亚冬季风处于偏弱期，这将导致偏北气流的输送和水平扩散能力变弱，大气中的颗粒物容易积聚，有利于霾天气的形成。东亚冬季风与我国中东部大部分地区的冬季霾日数呈负相关关系，在京津地区负相关关系是比较显著的，这也说明东亚冬季风偏弱时，京津冀地区易形成霾天气。

2. 平均风速减小，静风日数增加

风力条件可以反映大气稳定度的变化，风通过搬运作用，将局地污染物输送到其他区域或高度与空气充分混合，最终将污染物稀释，改善空气质量。1961 年以来，北京和天津的年平均风速呈减小趋势，平均每十年减少 0.1 m/s，近 53 年平均风速减小约 22%，石家庄的年平均风速基本无明显变化趋势（图 1-11 和表 1-1）。三个城市冬季平均风速的减少趋势更为明显，北京和天津冬季平均风速每十年减少 0.2 m/s，石家庄冬季平均风速每十年减少 0.1 m/s（表 1-1），近 53 年减小超过 30%。风速减小，不利于空气污染扩散。另外，1961 年以来，三个城市的无风、软风和轻风（风速小于 3.4 m/s 的三类风）日数呈现显著增加趋势。北京和天津的年无（软、轻）风日数增加比较明显，每十年分别增加 11.1 天和 10.7 天，石家庄年无（软、轻）轻风日数每十年增加 5.8 天，近 53 年分别增加 19%、18% 和 9%。与年无（软、轻）风日数变化相比，三个城市冬季无（软、轻）风日数增加趋势更显著，其增幅几乎是年增幅的 1.5 倍，北京、天津、石家庄冬季无（软、轻）风日数增加速度分别为 4.1 天/10 年、4.7 天/10 年和 2.2 天/10 年。无（软、轻）风等弱风日数增加，不利于大气中污染物的扩散，有利于近地层空气层结稳定，易于生成雾霾天气。

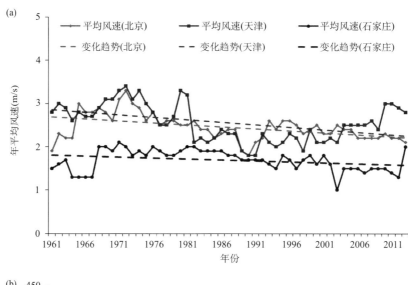

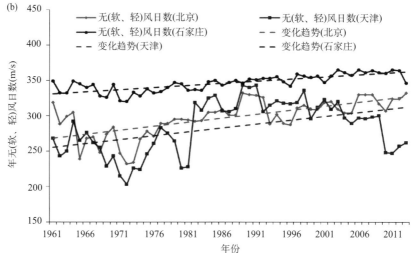

图 1-11　1961~2013 京津冀地区年平均风速（a）和年无风日数（b）的变化趋势

资料来源：国家气候中心

表 1-1　1961~2013 年京津冀空气污染气象条件变化趋势（每十年变化幅度）

	北京		天津		石家庄	
	冬季	年	冬季	年	冬季	年
降水日数（天）	0.0	−1.0	−0.1	−2.2	−0.1	−2.1
平均风速（米/秒）	−0.2	−0.1	−0.2	−0.1	−0.1	0.0
无（软轻）风日数（天）	4.1	11.1	4.7	10.7	2.2	5.8
相对湿度（%）	−0.7	−1.6	0.6	−0.5	−0.6	−1.2

3. 降水日数减少

降水对气溶胶颗粒物具有"湿清除"作用,是大气自清洁的重要过程,降水对大气中气溶胶的清除效率最主要的是看降水的频率而不是降水速率。1961 年以来,北京、天津、石家庄年降水日数呈明显减少趋势,平均每十年分别减少 1.0天、2.2 天和 2.1 天(表 1-1),近 53 年降水日数分别减少了 8%、19% 和 16%。与年降水日数变化相比,北京冬季降水日数变化趋势不明显,天津和石家庄冬季降水日数仅以 0.1 天/10 年的趋势减少。降水日数的减少降低了雨水清除大气污染物的能力,有利于霾天气的形成。

4. 相对湿度减少

1961 年以来,北京、天津、石家庄的年平均相对湿度呈显著下降趋势,平均每十年分别下降 1.6%、0.5% 和 1.2%。北京和石家庄冬季相对湿度也呈下降趋势,平均每十年下降 0.7% 和 0.6%;而天津冬季相对湿度呈增加趋势,平均每十年增加 0.6%。相对湿度减小不利于雾的生成,但干燥的空气有利于空气中粉尘等增多,从而造成污染天气增加。

5. 冬季平均通风量以下降趋势为主

通风量是描述大气对污染物稀释扩散能力的污染气象参数,即在混合层高度内,风速与高度乘积的总和,表达了大气动力与热力综合作用下对大气污染物的清除能力。北京和天津冬季平均大气通风量基本上在 2000~6000 m^2/s,而石家庄基本都在 4000 m^2/s 以下,石家庄对污染物的稀释扩散能力明显比北京和天津差。1961 年以来,京津冀地区平均通风量都有下降的趋势,但天津自 21 世纪初开始通风量有增加趋势。北京大气通风量减少最快,每年减少 62.4 m^2/s,石家庄最慢,每年减少 37.5 m^2/s,但是石家庄减少的百分比是三个城市中最大。

6. 静稳天气增加

大气层结越稳定越有利于形成雾霾天气。近十年来,全国冬季稳定类大气出现频率总体呈增加趋势,特别是雾霾天气多发的华北、华东地区表现更加明显。京津冀地区 10 月份静稳天气自 20 世纪 90 年代以来显著增加,稳定的大气导致空气的垂直方向交换能力变弱,大量的污染物被限制在浅层大气,并逐渐累积成霾,从而导致霾天气增多。

1.1.4　京津冀地区大气污染防治面临的气候变化挑战

未来的气候变化条件将给京津冀地区的大气污染带来很大的挑战。利用参与全球大气化学和气候模式比较计划的多个全球气候模式的模拟结果，在评估模式模拟能力的基础上，对不同温室气体排放情景下京津冀地区未来主要气候、环境参数和污染物浓度的变化进行了预估。

1. 京津冀地区未来温度和降水变化

在 RCP2.6、RCP4.5、RCP6.0 和 RCP8.5 四种不同温室气体浓度排放情景下，21 世纪 30 年代相对于 21 世纪前十年（即目前情况）的温度变化（图 1-12）结果表明：在 21 世纪 30 年代，京津冀地区的温度将整体上升，尤其是东南部地区。RCP8.5 情景下京津冀地区的温度上升幅度整体大于其他三个情景下的上升幅度。

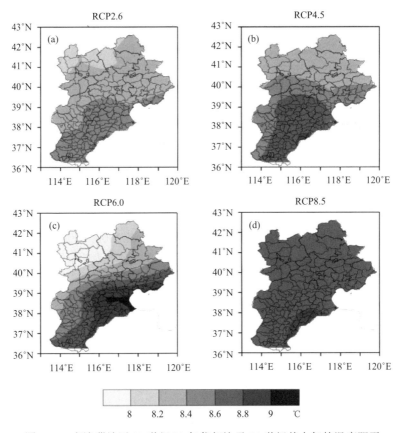

图 1-12　京津冀地区 21 世纪 30 年代相比于 21 世纪前十年的温度距平

降水的变化见图 1-13，结果表明：在 RCP2.6、RCP4.5、RCP6.0 和 RCP8.5 温室气体排放情景下，京津冀地区 21 世纪 30 年代的降水相对于 21 世纪前十年（即目前情况），大部分地区的降水小于 21 世纪前十年的降水，尤其是河北西南部。RCP4.5 情景下，京津冀地区的降水将整体减少，其中在河北南部，21 世纪 30 年代的降水将比当前减少 10%以上。RCP6.0 情景下，京津冀地区中部和南部的降水将增加，北部的降水将减少。RCP8.5 情景下，京津冀大部分地区的降水将比目前减少约 4%，而东部的降水将增加约 2%。

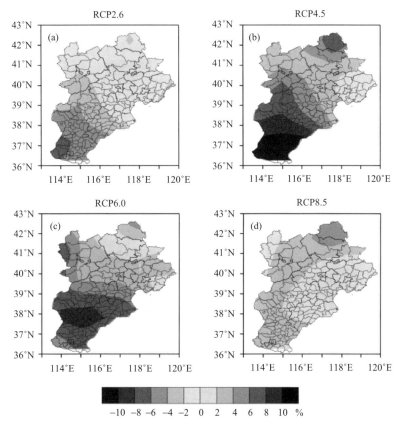

图 1-13　京津冀地区 21 世纪 30 年代相比于 21 世纪前十年的降水距平百分率

2. 京津冀地区 PM_{2.5}和 O₃ 未来区域分布变化

RCP2.6，RCP4.5，RCP6.0 三种温室气体浓度排放情景下，京津冀地区到 2030 年左右相对于 21 世纪前十年（即目前情况）PM$_{2.5}$ 浓度变化具有不同的变化特征。在 RCP2.6 情景下，PM$_{2.5}$ 浓度在京津冀地区整体均下降，尤其在河北省东南部 PM$_{2.5}$ 浓度可减小 4 μg/m^3 左右。RCP4.5 情景下，河北省东南部部分地区 PM$_{2.5}$ 浓度将减小，其他地区将增加。RCP6.0 情景下，京津冀地区的 PM$_{2.5}$ 浓度在 21 世纪 30 年代相比于 21 世纪前十年增多，尤其在京津冀南部地区，PM$_{2.5}$ 浓度增加可以达到约 4 $\mu g/m^3$。

京津冀地区在 RCP2.6，RCP4.5，RCP6.0 温室气体排放情景下，21 世纪 30 年代相对于 21 世纪前十年（即目前情况）臭氧（O_3）浓度变化。O_3 浓度在 RCP2.6 情景下下降最多，在京津冀地区中部和南部，2030 年代的 O_3 浓度将比目前下降约 8 $\mu g/m^3$。RCP4.5 情景下，O_3 浓度在京津冀地区也是整体下降，下降最多的地区出现在京津冀地区的中部，下降幅度可达 4 $\mu g/m^3$。而在 RCP6.0 情景下，京津冀地区整体的臭氧浓度将上升，尤其是在京津冀的东部地区，臭氧的上升浓度可达约 6 $\mu g/m^3$。

3. 京津冀地区 $PM_{2.5}$ 和 O_3 未来随时间变化趋势

图 1-14 给出了在四种温室气体排放情景下 $PM_{2.5}$、臭氧的京津冀区域平均浓度相对于 1851~1870 年、1986~2005 年的距平值逐年变化趋势。从 1960 年开始，直到 2005 年左右，$PM_{2.5}$ 浓度急剧上升，上升趋势为 0.22 a^{-1}。在 RCP2.6、RCP4.5、RCP8.5 温室气体排放情景下，上升趋势一直持续到 2020 年左右，RCP2.6 和 RCP8.5 情景下在 2020 年达到峰值，RCP4.5 情景下在 2015 年达到峰值，RCP8.5 在 2030 年达到峰值。在 RCP2.6、RCP4.5、RCP6.0、RCP8.5 情景下，在达到峰值前的上升趋势分别为 0.16 a^{-1}、0.02 a^{-1}、0.14 a^{-1}、0.22 a^{-1}。之后随着温室气体排放浓度的下降，$PM_{2.5}$ 的浓度也开始下降。但在 RCP6.0 情景下，$PM_{2.5}$ 浓度在 2040 年左右到达最大值，主要是由于 $PM_{2.5}$ 含有多种成分，如黑碳（BC）、有机碳（OC）、硫化物（SO_4^{2-}）、氮化物（NO_3^-）和铵根离子（NH_4^+）。根据未来温室气体排放情景的设计，在 RCP2.6、RCP4.5 和 RCP8.5 情景下，黑碳（BC）、有机碳（OC）、硫化物（SO_4^{2-}）、氮化物（NO_3^-）将在 2020 年左右达到峰值，而在 RCP6.0 情景下，这些污染物将在 2040 年之后才下降，因此，在 RCP6.0 情景下 $PM_{2.5}$ 浓度变化情况与其他三个情景下的变化情况不同。

臭氧（O_3）浓度变化结果表明，京津冀地区区域平均的臭氧浓度在 1950~1980 年有上升的趋势（上升趋势为 0.0038 a^{-1}），在 1980~1995 年臭氧浓度下降（下降趋势为 –0.0145 a^{-1}）。之后，在四个情景下，臭氧浓度都呈现上升趋势，在 RCP2.6、RCP4.5、RCP6.0、RCP8.5 情景下，臭氧浓度的上升趋势分别为 0.0004 a^{-1}、0.0024 a^{-1}、0.0051 a^{-1}、0.0087 a^{-1}。RCP8.5 情景下，臭氧浓度的增加速率高于其他三个情景，与未来预估的温度的变化相符。

综上所述，京津冀地区在 21 世纪 30 年代相对于 21 世纪前十年，温度将整体上升。在较低的温室气体浓度排放情景下，京津冀地区的 $PM_{2.5}$ 和 O_3 浓度将会下降，在高排放情景下 21 世纪 30 年代京津冀地区的 $PM_{2.5}$ 和 O_3 浓度相比 21 世纪前十年将会增多，尤其在京津冀南部地区。

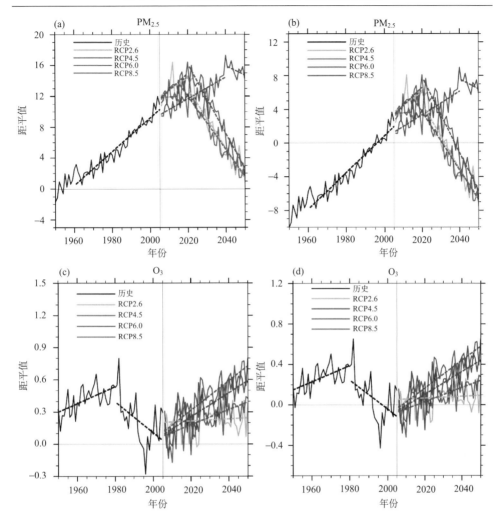

图 1-14　京津冀区域平均的 PM$_{2.5}$（a，b）和 O$_3$（c，d）浓度在四种温室气体排放情景下相对
于 1851~1870 年（a，c）和 1986~2005 年（b，d）的距平值

图中的虚线表示不同的上升/下降时期的趋势

1.2　京津冀地区大气污染物排放特征分析

2013 年京津冀排放的一次 PM$_{2.5}$、SO$_2$、NO$_x$ 和 VOCs 分别为 109.6 万吨、214.0 万吨、295.7 万吨和 212.9 万吨，分别占全国排放总量的 9.7%、8%、10.2% 和 8.5%；其中，64%~83% 的排放来自河北，5%~16% 来自北京，11%~19% 来自天津。从经济产出来看，2013 年京津冀 GDP 占全国总量的 10%，其中河北占比 46%，北京占比

31%，天津占比 23%。因此河北省单位产值的各类污染物排放要远远高于天津和北京，且高于全国平均水平；北京和天津的各类排放强度均低于全国平均水平。

从历史排放趋势来看，京津冀各类污染物排放变化趋势主要受河北省排放波动影响。1990~2013 年间，京津冀除了 SO_2 在 2005 年之后呈现出急剧下降以外，其他各类污染物排放总体上呈现出稳步上升的趋势，并于 2013 年后有所下降。总体来说，1990~2013 年间京津冀一次 $PM_{2.5}$、SO_2、NO_x 和 VOCs 分别增加了 44%、44%、300% 和 182%。过去二十多年由于生产技术水平的提高以及污染控制措施的实施，京津冀各地区各类污染物排放强度均呈现大幅下降趋势，分别下降了89%、89%、70% 和 79%。

从行业贡献来看，京津冀各类污染物排放的行业来源差异较为明显。2013 年京津冀 $PM_{2.5}$ 排放主要来自工业源（59%）和民用源（32%），其他 9% 来自于电力、热力和交通。以煤为主的电力行业是京津冀 SO_2 排放的主要来源，但随着脱硫控制措施的广泛实施，京津冀电力部门 SO_2 排放贡献由 2005 年的 47% 下降到 2013年的 13%，工业源排放由 2005 年的 39% 逐步增加到 2013 年的 70%。工业、交通和民用源是 NO_x 排放的主要来源；2013 年工业源贡献率为 49%，交通源为 27%，电力为 21%。工业和民用源是 VOCs 排放的主要来源，2013 年工业源贡献了 74%，民用源为 17%，交通源贡献了 8%。

从排放空间分布来看，京津冀各类污染物排放均呈现出很强的区域性，总体形成以北京、天津、唐山、石家庄和邯郸为中心，排放高值区连成片的态势。以燕山—太行山为分界线，东南部平原地区的排放远高于西北部山区。基于机组的电力部门 NO_x 排放结果显示，2013 年后京津冀全区电力部门排放呈大幅下降趋势。基于路网的交通源 NO_x 排放持续增加，并形成以城市为热点，城市间的交通道路网将各个区域连成片态势。

1.2.1　京津冀地区大气污染物排放现状和特点

表 1-2 展示了京津冀 1990~2013 年各区域的一次 $PM_{2.5}$ 及其主要前体物（SO_2、NO_x、VOCs）排放量。图 1-15 以 2013 年为例展示了京津冀各区域所排放的各类污染物占全国比重。2013 年京津冀排放的一次 $PM_{2.5}$、SO_2、NO_x 和 VOCs 分别为109.6 万吨、214.0 万吨、295.7 万吨和 212.9 万吨，分别占全国排放总量的 9.7%、8%、10.2% 和 8.5%。其中，来自河北省的各类污染物排放分别为 90.8 万吨、176.7万吨、224.7 万吨和 137.1 万吨，占京津冀排放总量的 64%~83%；来自北京的各类污染物排放分别为 7.3 万吨、10.2 万吨、26.6 万吨和 34.6 万吨，占京津冀排放总量的 5%~16%；天津的各类污染物排放分别位 11.5 万吨、27 万吨、44.4 万吨和41.2 万吨，占京津冀排放总量的 11%~19%。从经济产出来看，2013 年京津冀共创造 GDP 62172 亿元，占全国总量的 10%，与各类污染物排放占比相当，而河北

省仅为 28301 亿元，占京津冀 GDP 总量的 46%；北京为 19501 亿元，占比 31%；天津为 14370 亿元，占比 23%。由此可见，河北省单位产值的各类污染物排放要远高于天津和北京，且高于全国平均水平。

表 1-2　1990~2013 年京津冀分区域一次 PM$_{2.5}$ 及其主要前体物排放量（万吨）

物种	区域	1990 年	1995 年	2000 年	2005 年	2010 年	2013 年
PM$_{2.5}$	北京	11.8	16.1	15.4	13.8	9.6	7.3
	天津	7.4	10.9	9.6	10.8	12.2	11.5
	河北	57.1	85.2	85.6	101.5	85.7	90.8
	合计	76.3	112.2	110.6	126.1	107.5	109.6
SO$_2$	北京	18.7	22.8	21.3	28.3	14.6	10.2
	天津	20.8	24.8	25.2	41.4	28.5	27.0
	河北	109.1	144.4	161.7	238.3	158.8	176.7
	合计	148.7	192.0	208.3	308.0	201.9	214.0
NO$_x$	北京	16.3	23.9	28.6	36.5	31.8	26.6
	天津	10.7	16.3	19.7	31.1	40.7	44.4
	河北	46.9	72.2	91.9	155.2	212.1	224.7
	合计	73.9	112.5	140.3	222.9	284.6	295.7
VOCs	北京	15.2	21.8	25.9	32.2	34.9	34.6
	天津	11.0	16.7	19.3	22.7	35.7	41.2
	河北	49.5	69.1	79.4	107.7	123.8	137.1
	合计	75.6	107.5	124.6	162.6	194.4	212.9

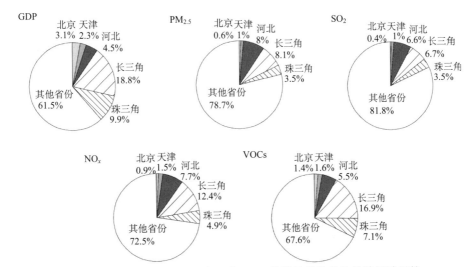

图 1-15　2013 年中国 GDP 和一次 PM$_{2.5}$ 排放及其前体物排放区域贡献

图 1-16 以一次 PM$_{2.5}$ 和其主要前体物 SO$_2$ 为例展示了全国 31 个省市的单位面积排放强度。由图可见，除内蒙古、新疆、青海等西北偏远区域，其他区域的排放均高于全国平均，尤其是京津冀、长三角、华中和成渝污染程度较高的区域。其中京津冀地区 PM$_{2.5}$ 和 SO$_2$ 的平均排放强度分别为 5 t/km^2 和 10 t/km^2，远高于 1.3 t/km^2 和 2.8 t/km^2 的全国平均水平。其主要原因是京津冀地区的钢铁、水泥、玻璃等行业密集，工业部门各类污染物排放占区域排放总量远高于全国平均水平。因此，尽管存在不利气象条件的外部因素，京津冀大量的人为源排放是该地区严重大气污染的主要根源。

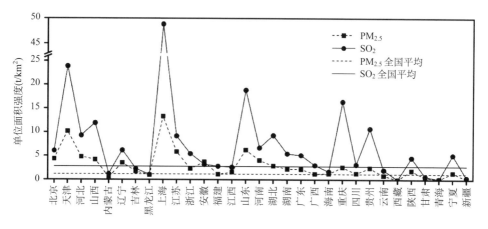

图 1-16　2013 年各省市单位面积排放量

1.2.2　京津冀地区大气污染物排放变化趋势

图 1-17 分别展示了 1990~2013 年北京、天津和河北一次 PM$_{2.5}$ 及其主要前体物（SO$_2$、NO$_x$ 和 VOCs）的排放变化趋势。由图可见，过去二十多年京津冀各地区各类污染物排放总体上均呈现出稳步上升的趋势，且京津冀排放趋势主要受河北省排放波动影响。近年来由于大气污染控制工作的开展，部分污染物有明显的下降趋势。尤其是 SO$_2$，2005 年之后在京津冀三个区域均呈现出迅速下降的趋势。

过去二十年间，京津冀一次 PM$_{2.5}$ 经历了波动上升的趋势。由 1990 年的 76.3 万吨快速上升到 1997 年的 120.6 万吨，年均增幅 6.8%；随后又降到 1999 年的 108.7 万吨，并于 2005 年上升到历史最高点 126.1 万吨。2005 年之后，由于除尘设备在各类工业行业的广泛使用，PM$_{2.5}$ 排放稳步下降。2013 年京津冀共排放 109.6 万吨，2005~2013 年间年均降幅 1.7%。1990~2013 年间，河北省的一次 PM$_{2.5}$ 排放贡献率为 74%~83%，北京的排放贡献率为 7%~16%；天津的排放贡献在 8%~11%。总体来说河北省在京津冀排放总量中的占比逐渐升高，北京市的占比逐渐降低。

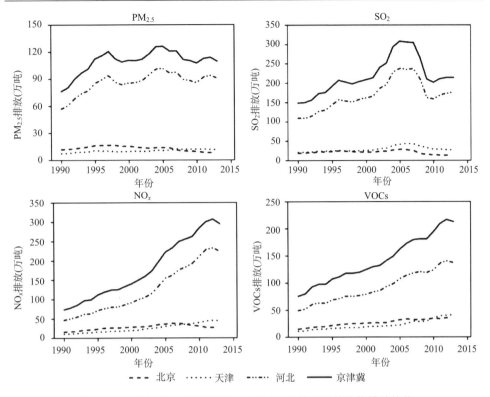

图 1-17　1990~2013 年京津冀一次 $PM_{2.5}$ 及其主要前体物排放趋势

1990~2013 年间，京津冀 SO_2 排放经历了快速上升和迅速下降的趋势。主要由 1990 年的 148.7 万吨上升到 2005 年的 307.9 万吨，年均增幅 5%，其中 2001~2005 年均增幅最大，为 9.6%。2005 年之后，受经济危机以及中国在全国范围内开展电力、工业行业的脱硫行动的双重影响，全国范围内 SO_2 排放均显著下降，京津冀 SO_2 排放也急速下降，由 2005 年的 307.9 万吨，快速下降至 2009 年的 210.2 万吨，年均降幅 9.1%。2009 年之后，中国经济开始复苏，工业增长及能源消耗也逐渐增加，京津冀排放也缓慢增加，但增幅并不显著。其中，由于北京和天津污染控制力度较强，以及大规模的重工业企业搬迁行动，其 SO_2 排放仍然呈现出缓慢下降趋势。1990~2013 年间，河北省的 SO_2 排放贡献率为 73%~83%，北京的排放贡献率为 5%~13%；天津的排放贡献在 12%~15%。总体来说河北省主导了京津冀排放总趋势。

1990~2013 年间，由于在全国范围内 NO_x 控制均较弱，京津冀 NO_x 排放增长持续稳定而迅速。由 1990 年的 73.9 万吨上升到 2012 的 307 万吨，年均增幅 12.6%。2013 年京津冀 NO_x 略微下降。1990~2013 年间，河北省的 NO_x 排放贡献率为 64%~76%，北京的排放贡献率为 9%~22%；天津的排放贡献在 14%~15%。总体来说河北省在京津冀排放总量中的占比逐渐升高，北京市的占比逐渐降低。

同 NO$_x$ 排放类似，1990~2013 年间，京津冀 VOCs 排放增长持续稳定而迅速，由 1990 年的 75.6 万吨上升到 2012 的 216.9 万吨，年均增幅 4.9%。2013 年京津冀 VOCs 略微下降。1990~2013 年间，河北省的 NO$_x$ 排放贡献率为 63%~67%，北京的排放贡献率为 16%~21%；天津的排放贡献在 14%~19%。总体来说河北省主导了京津冀排放总趋势。

图 1-18 分别展示了 1990~2013 年全国平均、北京、天津和河北一次 PM$_{2.5}$ 及其主要前体物（SO$_2$、NO$_x$ 和 VOCs）的排放强度变化趋势。由图可见，由于技术水平以及污染控制力度的加强，过去二十多年中国以及京津冀各地区各类污染物排放强度均呈现出快速下降的趋势。其中，河北省由于拥有大量的重工业企业分布，其各类污染物排放强度均显著高于全国平均水平；北京和天津的各类排放强度均低于全国平均水平。此外，除 SO$_2$，北京和天津的其他三种污染物排放强度均比较接近。

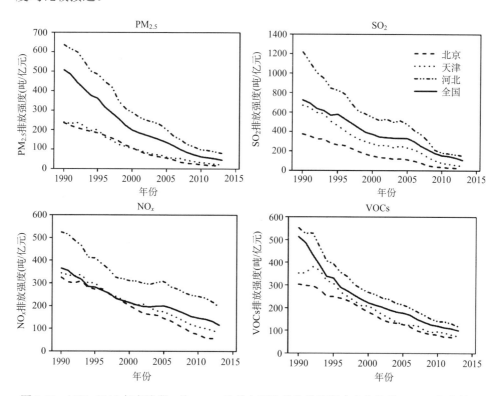

图 1-18　1990~2013 年京津冀一次 PM$_{2.5}$ 及其主要前体物排放强度变化趋势（1990 年价格）

1990~2013 年间，全国一次 PM$_{2.5}$、SO$_2$、NO$_x$ 和 VOCs 排放强度分别降低了 91%、85%、68% 和 81%；北京各类污染物排放强度分别降低了 94%、95%、85%

和 79%；天津市各类污染物排放强度分别降低了 91%、93%、77% 和 79%；河北
省各类排放强度分别降低了 88%、87%、63% 和 79%。

　　图 1-19 和图 1-20 展示了近年来通过卫星监测所显示的 2010~2013 年，
2013~2014 年的空气中的 NO$_2$ 柱浓度信息。卫星监测结果在一定程度上印证了人
为源排放的变化趋势。2010~2011 年间，在北京市和天津市范围内，NO$_2$ 排放均呈现
出一定增降低趋势；在河北省南部地区，其 NO$_2$ 排放均呈现出一定显著增加趋势。
2012 年，区域 NO$_x$ 排放增幅趋势与 2011 年相反，北京区域呈现出一定的增加，而河
北省南部呈现出明显的降低趋势。2013 年，受气候变化的影响，各地区均呈现出局
部增加或降低的趋势。总体来说，根据 OMI 卫星反演的 NO$_2$ 柱浓度信息，京津冀地
区 2013 年的 NO$_2$ 相比 2011 年下降了约 7%。由图 1-19 可见，受 2013 年整体污染浓
度较高的影响，2014 年相比 2013 年 NO$_2$ 柱浓度降幅显著，下降了 14.8%。

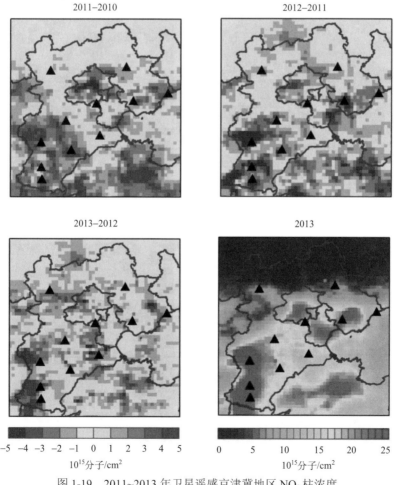

图 1-19　2011~2013 年卫星遥感京津冀地区 NO$_2$ 柱浓度

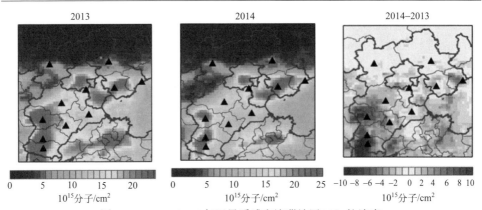

图 1-20　2013~2014 年卫星遥感京津冀地区 NO_2 柱浓度

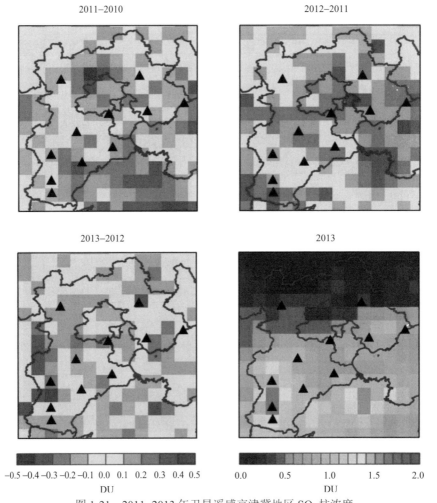

图 1-21　2011~2013 年卫星遥感京津冀地区 SO_2 柱浓度

图 1-21 和 1-22 展示了近年来通过卫星监测所显示的 2010~2013 年，2013~2014 年的空气中的 SO_2 柱浓度信息。与 NO_x 排放变化趋势不同，2012 年间，京津冀整体 SO_2 排放均呈现出一定的增加趋势。总体来说，根据 OMI 卫星反演的 SO_2 柱浓度信息，在 2011~2013 年间上升了 29%，而 2014 年相比 2013 年下降 20% 左右。

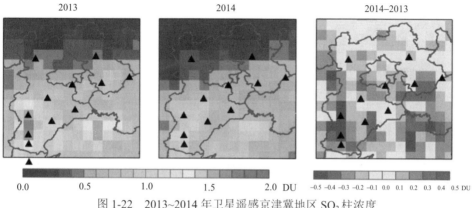

图 1-22　2013~2014 年卫星遥感京津冀地区 SO_2 柱浓度

1.2.3　京津冀地区污染物排放的部门分担

图 1-23 分别展示了 2000~2013 年北京、天津和河北三个区域一次 $PM_{2.5}$ 及其主要前体物（SO_2、NO_x 和 VOCs）的排放趋势，并分析了涵盖电力、工业、民用和交通等全部人为排放源的行业来源及组成。图 1-24 以 2013 年为例展示了京津冀一次 $PM_{2.5}$ 及其主要前体物排放的行业组成占比。从图中可以看出，各个区域的各类污染物排放的行业来源差异较为明显。

对于一次 $PM_{2.5}$，北京市降幅相对显著，由 2000 年的 15.4 万吨下降到 2013 年的 7.3 万吨，降幅的 83% 由工业源控制。受工业源和民用源双重增长的控制，2000~2013 年天津市一次 $PM_{2.5}$ 有缓慢增加的趋势，2000 年的 9.6 万吨上升到 2013 年的 11.5 万吨，增幅的 119% 由工业源控制，18% 由民用源控制，电力和交通呈现出不明显的下降趋势。2000~2013 年，河北省 $PM_{2.5}$ 呈现出波动上升的趋势，60% 左右受工业源主导。总体来看，2013 年京津冀 $PM_{2.5}$ 排放的 59% 来自工业，32% 来自于民用源，其他 9% 来自于电力和交通。

区域排放的 SO_2 行业来源贡献变化趋势较为一致，先由 2000 年到 2005 年的快速增长，至 2005 年或 2006 年之后的显著下降趋势。从行业贡献来看，电力行业是京津冀 SO_2 排放降低的主要行业来源。对于其他行业，除了北京市工业源排放呈现略微下降趋势，天津和河北的工业排放均表现出一定的增加趋势。总体来看，京津冀电力部门排放贡献由 2005 年的 47% 下降到 2013 年的 13%，而工业源排放由 2005 年的 39% 增加到 2013 年的 70%。

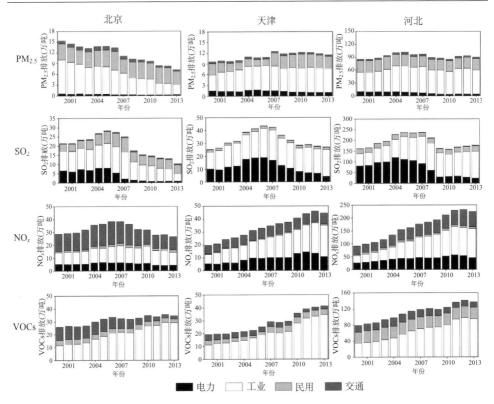

图 1-23　京津冀一次 PM$_{2.5}$ 及其主要前体物排放在 2000~2013 年的分部门变化趋势

对于 NO$_x$ 排放，京津冀地区除了北京市在 2007 年之后表现出一定的下降趋势之外，天津和河北均呈现出快速增长的趋势。从行业贡献来看，2000~2013 年北京市 NO$_x$ 排放主要受交通源控制（43%），其次是工业（35%）和电力（17%）；而天津主要受工业源控制（46%），其次是电力（28%）和交通源（23%）；河北省 NO$_x$ 排放主要受工业源控制（43%），其次是交通源（27%）和交通（26%）。总体来说，工业源是京津冀 NO$_x$ 排放的主要行业来源，2013 年工业源排放贡献为 49%，其次是交通（27%）和民电力（21%）。

由于工业涂装等化工原料的使用量逐渐增加，以及 VOCs 排放一直缺乏相应的监管控制，京津冀各区域 VOCs 排放均呈现出缓慢增加的趋势。工业源排放一直是各个区域 VOCs 排放的主要行业来源。总体来看，2000~2013 年工业源贡献了京津冀 VOCs 排放的 62%，民用源贡献了 21%工业源排放贡献为 49%，交通源贡献了 16%。2013 年工业源贡献比例增加到 74%，民用源降为 17%，交通源降至 8%。

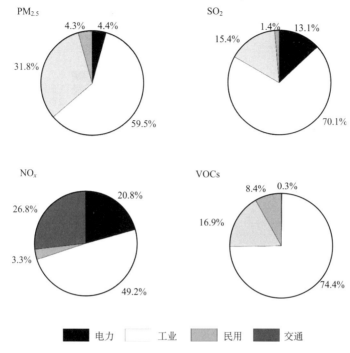

图 1-24　2013 年京津冀一次 PM$_{2.5}$ 及其主要前体物排放部门分担率

1. 工业部门

2013 年京津冀工业源排放的一次 PM$_{2.5}$、SO$_2$、NO$_x$ 和 VOCs 分别为 70 万吨、178 万吨、206.9 万吨和 144.4 万吨，分别贡献了全部一次 PM$_{2.5}$、SO$_2$、NO$_x$ 和 VOCs 的 59%、70%、49% 和 74%。图 1-25 展示了 2013 年京津冀区域工业源各类污染物排放的行业及产品来源。从图中可以看出，工业源各类污染物排放的行业来源差异显著。从工业大气污染物行业排放分布情况来看，一次 PM$_{2.5}$、SO$_2$ 和 NO$_x$ 的主要排放行业是电力热力、工业锅炉、钢铁、建材等，这些行业合计贡献工业源一次 PM$_{2.5}$、SO$_2$ 和 NO$_x$ 排放总量的 83%，96% 和 100%。工业 VOCs 主要由表面涂装、石化化工、制药和溶剂使用等排放源贡献，合计贡献了工业源 VOCs 排放总量的 75% 以上。

电力热力部门是工业源 SO$_2$ 和 NO$_x$ 排放的主要来源。2013 年京津冀电力和供热部门排放的一次 PM$_{2.5}$、SO$_2$、NO$_x$ 和 VOCs 分别为 8.3 万吨、48.1 万吨、91.3 万吨和 1.2 万吨。一次 PM$_{2.5}$ 及其主要前体物排放的主要来源贡献率如图 1-26 所示，电力和供热部门排放贡献基本持平。燃煤是电力热力部门一次 PM$_{2.5}$ 和 SO$_2$ 排放的主要来源，分别占电力和供热部门 PM$_{2.5}$ 和 SO$_2$ 总排放的 99.8%。供热部门分工业供热和民用供热部门，工业供热各类污染物排放贡献略高于民用供热。

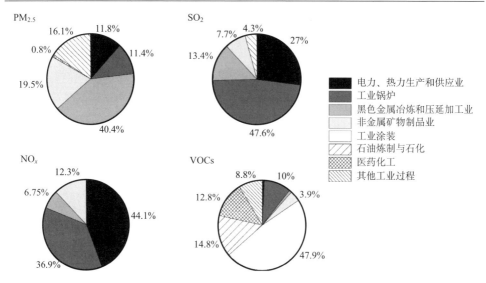

图 1-25 京津冀 2013 年工业源一次 PM$_{2.5}$ 及其主要前体物排放行业分担率

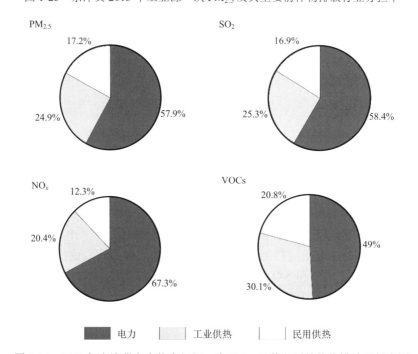

图 1-26 2013 年京津冀电力热力部门一次 PM$_{2.5}$ 及其主要前体物排放贡献率图

2. 交通源

机动车对京津冀大气污染物的排放也具有显著贡献。图 1-27 展示了 2013 年京津冀交通源各类污染物排放的车型来源。京津冀 2013 年机动车排放一次 PM$_{2.5}$ 4.7 万吨、SO$_2$ 0.97 万吨、NO$_x$ 79.2 万吨以及 VOCs 17.8 万吨，分别贡献了全部一次 PM$_{2.5}$、SO$_2$、NO$_x$ 和 VOCs 的 4.3%、1.4%、26.8% 和 8.4%。其中，由于缺乏监管以及未建立一定的排放标准，非道路机动车对各类污染物排放贡献显著，占机动车一次 PM$_{2.5}$、SO$_2$、NO$_x$ 和 VOCs 排放总量的 54.7% 和 13.1%、28.4% 和 11.8%。此外，重型载货汽车（主要是柴油车）是一次 PM$_{2.5}$ 和 NO$_x$ 的主要排放源，排放分担率达到 36.3% 和 55.5%。轻型载客汽车（主要是汽油车）和摩托车是 SO$_2$ 和 VOCs 的主要排放源，排放占比达 54.4% 和 44.5%。

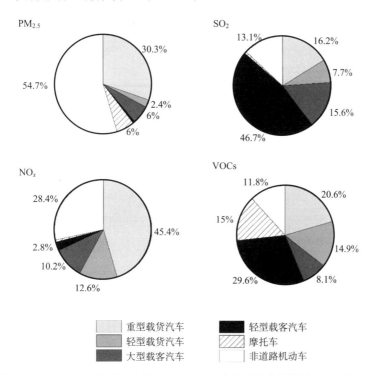

图 1-27　2013 年京津冀机动车一次 PM$_{2.5}$ 及其主要前体物排放的车型分担率

3. 民用源

　　民用源排放也是京津冀区域各类污染物排放的重要贡献部门。2013 年京津冀民用源排放一次 PM$_{2.5}$、SO$_2$、NO$_x$ 以及 VOCs 分别为 34.9 万吨、32.9 万吨、9.6 万吨和 35.6 万吨，分别贡献了全部一次 PM$_{2.5}$、SO$_2$、NO$_x$ 和 VOCs 的 31.8%、15.4%、3.3% 和 16.9%。图 1-28 展示了 2013 年京津冀民用源一次 PM$_{2.5}$ 及其主要前体物排放的分担率。由图可见，民用部门对京津冀一次 PM$_{2.5}$ 贡献显著，燃煤、薪柴和秸秆的一次 PM$_{2.5}$ 排放量分别为 16.1 万吨、5.1 万吨和 13.7 万吨，对民用部门一次 PM$_{2.5}$ 排放贡献分别为 46%、15% 和 39%。燃煤是民用部门 SO$_2$ 排放的主要来源，贡献了其排放总量的 99%。秸秆燃烧是民用源 VOCs 排放的主要来源，排放了 22.1 万吨，占民用源总排放的 62%。

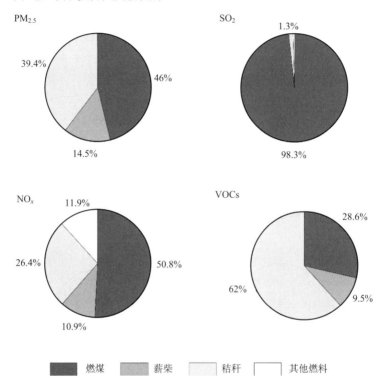

图 1-28　2013 年京津冀民用源一次 PM$_{2.5}$ 及其主要前体物排放的分担率

　　研究显示，冬季民用源对当地 PM$_{2.5}$ 的影响与工业源相当。京津冀民用源中主要为取暖或烹饪用的散煤燃烧所致，散煤燃烧往往有效而廉价的末端控制技术，只能依赖燃料替代，因此往往是排放控制的死角，这是使得在工业等其他排放控制的背景下，京津冀民用源相对重要性升高。

1.2.4　京津冀地区污染物排放空间分布特征

　　一次 PM$_{2.5}$ 排放强度的空间分布与 PM$_{2.5}$ 浓度分布的对比显示，PM$_{2.5}$ 排放强度的高值区是以"北京-三门峡-上海"为顶点构成的三角区，与区域浓度的高值区分布非常接近，这说明环境 PM$_{2.5}$ 浓度与一次 PM$_{2.5}$ 排放量有高度的相关性。进一步应用 GIS 技术将研究获得的分省 PM$_{2.5}$ 排放处理得到中国 0.05° 分辨率空间分布。我国各类污染物排放具有典型的区域性，在分布上均呈现从北向南、从东向西逐渐降低的态势。中国人为源 $PM_{2.5}$ 排放分布具有显著的地区差异性，经济发达、能源消耗量大的东部沿海地区排放量高于中西部地区。在华北平原地区，包括北京、天津、河北、河南、山东等省份，呈现出以高排放热点城市为中心、污染物排放高值区连成片的整体态势。

图 1-29 展示了 2013 年京津冀内部一次 $PM_{2.5}$ 和其主要前体物（SO_2、NO_x 和 VOCs）排放清单的空间分布。京津冀污染物排放清单空间分布是在全国污染物排放清单的基础上获得。从图中可以看出京津冀各类污染均呈现出以北京和石家庄为中心，污染物排放高值区连成片的整体态势。与全国排放类似，京津冀地区内部的人为源排放分布也具有很强的区域性，以燕山—太行山为分界线，东南部平原地区的排放远高于西北部山区，而且排放集中在城市中心。城市间排放量差别也较大，排放量较高的城市有北京、天津、石家庄、唐山、邯郸、保定等。

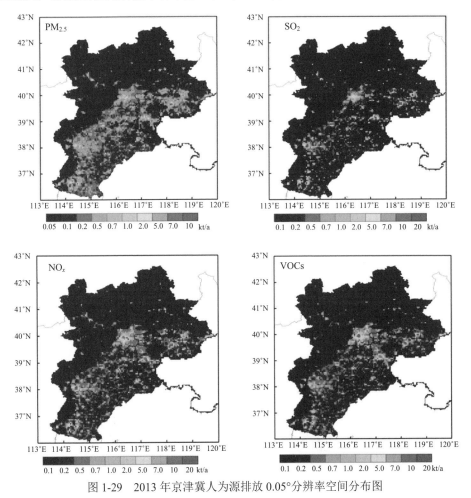

图 1-29　2013 年京津冀人为源排放 0.05°分辨率空间分布图

下面以电力和交通源的 NO_x 排放为例展示京津冀过去二十年排放的时空演化趋势。图 1-30 展示了 1990~2013 年京津冀区域燃煤电厂的装机容量及相应 NO_x

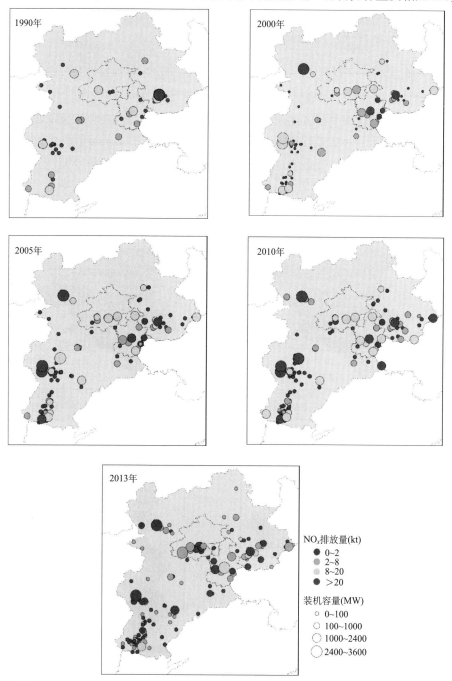

图 1-30　1990~2013 年京津冀电厂位置、装机容量及 NO_x 排放的时空分布演化趋势

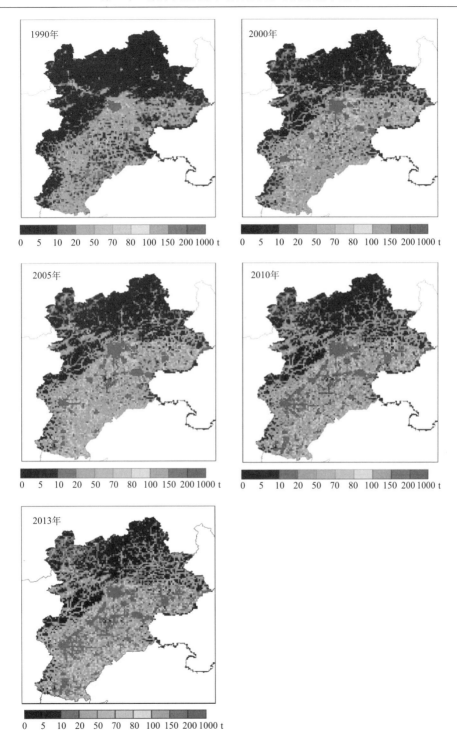

图 1-31　1990~2013 年京津冀交通源 NO_x 排放的时空分布演化趋势

排放的空间分布。过去二十多年，京津冀燃煤电厂装机容量从 1990 年的 16362 MW 上升到 2010 年的 51997 MW，增加了 2 倍以上，其相应的 NO_x 排放也从 1990 年的 19 万吨上升到了 2010 年的 66 万吨。2010 年之后由于人们对大气污染的广泛关注以及污染排放控制措施的大范围实施，京津冀乃至全国均加大了燃煤电厂的脱硫脱硝控制力，并对老旧机组以及小机组进行拆除，2013 年有统计的京津冀燃煤电厂装机容量下降为 44243 MW 左右，NO_x 排放也降低到了 52 万吨。由此可见京津冀近年来针对燃煤电厂的污染控制效果显著。

图 1-31 展示了 1990~2013 年京津冀区域的交通源 NO_x 排放的时空分布演化趋势。交通源是京津冀人为源 NO_x 排放的主要来源，2013 年交通源贡献了京津冀排放总量的 27%。交通源 NO_x 的排放分布和人口分布及活动范围密切相关，京津冀的交通源 NO_x 排放主要形成了以北京、天津、唐山、石家庄和邯郸为排放热点，城市间的交通道路网将各个区域连接成片态势。与其他污染物不同，过去二十多年，尽管我国不断加大机动车的污染控制标准，但快速增加的机动车保有量极大抵消了污染控制技术的减排量，京津冀交通源 NO_x 排放呈快速增加的趋势，从 1990 年的 22 万吨上升到 2013 年的 79 万吨，年均增长 10%。其中，北京市排放增加了 1 倍，而天津和河北省的交通源 NO_x 排放分别增加了 2.5 倍和 3 倍，河北省交通源 NO_x 排放增量贡献了京津冀排放增量的 80%。

1.3　京津冀区域大气复合污染特征分析

2012 年年底出台的《重点区域大气污染防治"十二五"规划》标志着我国的大气污染防治工作目标开始由排放总量控制向环境浓度控制转变。2013 年 9 月制定的《大气污染防治行动计划》提出了 2017 年京津冀、长三角和珠三角地区 $PM_{2.5}$ 浓度分别下降 25%、20%、15% 的目标，2015 年年底进一步明确京津冀地区在 2017 年和 2020 年的 $PM_{2.5}$ 浓度红线为 73 $\mu g/m^3$ 和 64 $\mu g/m^3$，并加强对灰霾、臭氧的形成机理、来源解析、迁移规律和监测预警等研究，为污染治理提供科学支撑。清楚了解京津冀地区的污染现状，并对近几年政策影响下的污染形势进行系统分析，定性、定量地把握不同年份、不同季节、不同区域主要污染物种的特征与异同，对于在未来持续改善空气质量，实现既定空气质量目标具有重要意义。

1.3.1　京津冀地区 $PM_{2.5}$ 污染特征分析

空气质量分析数据来源于国家空气质量自动监测点位，监测指标包括 $PM_{2.5}$、PM_{10}、O_3、SO_2、NO_2 和 CO 六项污染物。城市环境空气质量按照《环境空气质量标准》（GB 3095—2012）进行评价（表 1-3）。

1. PM$_{2.5}$ 年均浓度总体呈下降趋势

京津冀区域的大气污染总体呈复合型污染特征，具有影响范围大、持续时间长、灰霾出现频次高、污染物性质不稳定、变化大和浓度高等特点。2013 年以来，尽管京津冀地区 PM$_{2.5}$ 浓度稳步下降，但形势依然不容乐观。

2013~2015 年，京津冀区域 13 个城市 PM$_{2.5}$ 污染水平呈现总体改善趋势（图 1-32）。2013 年，京津冀地区城市 PM$_{2.5}$ 平均浓度范围为 44 ~ 157 μg/m^3，平均为 105 μg/m^3，明显高于国家标准。至 2014 年，京津冀地区城市 PM$_{2.5}$ 平均浓度范围为 36 ~ 131 μg/m^3，平均为 93 μg/m^3。而到 2015 年，京津冀地区城市 PM$_{2.5}$ 平均浓度范围为 34 ~ 107 μg/m^3，平均为 80.6 μg/m^3，虽有较大幅度改善，但仍高于国家标准。

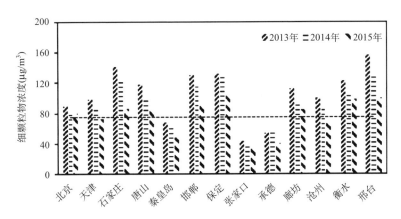

图 1-32　2013~2015 年京津冀区域 PM$_{2.5}$ 年均浓度变化情况

北京市 PM$_{2.5}$ 年均浓度从 2013 年的 89.5 μg/m^3 降至 2015 年的 81 μg/m^3，在表明其浓度绝对值相对较低、污染状况相对较好的同时，也显示出降低北京市 PM$_{2.5}$ 浓度的难度与挑战。

天津市 PM$_{2.5}$ 年均浓度从 2013 年的 98 μg/m^3 降至 2015 年的 72 μg/m^3，同比下降 26.5%，显示出了较好的污染控制效果。

石家庄市 2013 年的 PM$_{2.5}$ 年均浓度达到 140 μg/m^3，2014 年降至 123 μg/m^3，至 2015 年达到 86 μg/m^3。河北省 11 个设区城市 PM$_{2.5}$ 平均年均浓度从 2013 年的 107 μg/m^3 下降至 2014 年的 94 μg/m^3，再降至 2015 年的 77 μg/m^3，呈逐步下降趋势，2015 年同比 2013 年下降比例为 28.6%。除保定、张家口、秦皇岛市外，河北省各市的污染均较为严重，这与河北省的产业结构中重工业比例较高，污染物排放量大有关。但大部分城市在 2013~2015 年均有 20% 及以上的浓度降低幅度，表现出了较好的空气质量保障效果。

表 1-3 《环境空气质量标准》（GB 3095—2012）浓度限值

污染物项目	平均时间	浓度限值		单位
		一级	二级	
二氧化硫（SO_2）	年平均	20	60	$\mu g/m^3$
	24 小时平均	50	150	
	1 小时平均	150	500	
二氧化氮（NO_2）	年平均	40	40	
	24 小时平均	80	80	
	1 小时平均	200	200	
一氧化碳（CO）	24 小时平均	4	4	mg/m^3
	1 小时平均	10	10	
臭氧（O_3）	日最大 8 小时平均	100	160	
	1 小时平均	160	200	
可吸入颗粒物（PM_{10}）	年平均	40	70	$\mu g/m^3$
	24 小时平均	50	150	
细颗粒物（$PM_{2.5}$）	年平均	15	35	
	24 小时平均	35	75	

2. 空气质量指数（AQI）达标天数增加

随着"大气十条"和北京市、天津市、河北省大气污染防治条例与相关措施的执行，京津冀区域 13 个城市的空气质量达标比例和污染天气比例也出现了一定的变化。对京津冀地区各城市 2013 ~ 2015 年空气质量指数（AQI）进行分析，AQI 小于或等于二级标准的浓度限值（100）为达标，否则为不达标。

2013 ~ 2015 年，京津冀地区空气质量达标天数呈现逐步上升趋势。2013 年，区域 13 个城市平均优良达标天数为 147 天，达标比例为 45.0%；2015 年平均优良达标天数为 198 天，达标比例上升至 53.8%（图 1-33）。

随着空气质量达标比例的上升，京津冀区域 13 个城市的超标天数呈现下降趋势（图 1-34）。2013 年，区域各城市超标天数占全年的比例在 20% ~ 81% 之间，平均超标天数比例为 55%，其中重度污染及以上天数比例为 16.6%。至 2015 年，超标天数比例在 16% ~ 64% 之间，平均为 47%，其中重度污染及以上天数比例为 8.9%。总体上看，重污染天数呈逐年减少态势，且对重污染地区有较好的污染浓度削峰效果。

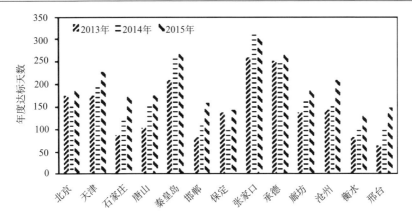

图 1-33　2013~2015 年京津冀区域 AQI 达标天数变化情况

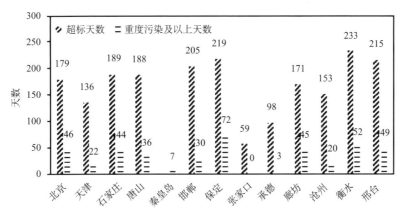

图 1-34　2015 年京津冀区域 AQI 超标和重污染天数情况

3. PM$_{2.5}$ 浓度呈夏季低、冬季高的季节变化特征

从季节变化来看，夏季（6~8 月）空气质量状况最好，春季（3~5 月）、秋季（9~11 月）次之，冬季（12 月至次年 2 月）最差，京津冀区域平均 PM$_{2.5}$ 浓度呈现夏季低、冬季高的季节变化特征。这主要是因为：一方面，冬季采暖导致 PM$_{2.5}$ 前体物排放量上升，增大了污染负荷，且冬季大气逆温现象明显，不利于污染物的扩散；另一方面，夏季扩散条件较好，且降水较多，有利于污染物的去除。2013~2015 年京津冀地区 PM$_{2.5}$ 夏季浓度分别为 74.3 μg/m^3、66.0 μg/m^3、54.8 μg/m^3，相较于年均浓度分别低 26.2%、27.5%、28.2%；冬季浓度分别为112.7 μg/m^3、105.6 μg/m^3、85.9 μg/m^3，相较于年均浓度分别高 12.0%、15.9%、12.6%。

对京津冀区域轻度污染及以上天气的逐月分布情况进行分析，得到结果如表 1-4 所示，表中数据同样以 2015 年的情况为例。从表中可以看出，京津冀区域轻度污染及以上的天气主要发生在冬季和春季。全年严重污染天气共有 2 天，均出现在 12 月；全年重度污染天气共有 18 天，主要出现在 12 月（7 天）、1 月（3 天）和 2 月（4 天）；中度污染在 10 月至次年 4 月均有出现，主要分布在冬春季，其他季节较少。这可能与京津冀区域采暖有关。11 月至次年 2 月是京津冀区域集中供暖的时期，产生的污染物排放量高于其他季节。

表 1-4　2015 年京津冀区域环境空气质量超标天数统计　（单位：天）

月份	1	2	3	4	5	6	7	8	9	10	11	12	合计
轻度污染	4	10	11	13	10	12	10	7	5	3	7	2	94
中度污染	4	4	8	5	0	0	0	0	0	2	5	3	31
重度污染	3	4	1	0	0	0	0	0	0	1	2	7	18
严重污染	0	0	0	0	0	0	0	0	0	0	0	2	2
合计	11	18	20	18	10	12	10	7	5	6	14	14	145

1.3.2　京津冀地区臭氧污染特征分析

对京津冀区域超标天数的首要污染物进行分析，发现京津冀地区的首要污染物以 $PM_{2.5}$、PM_{10} 和 O_3 为主。其中，$PM_{2.5}$ 作为首要污染物的天数逐年下降，从 2013 年的 138 天下降为 2015 年的 101 天，比例从 37.8%下降为 27.7%，也说明京津冀细颗粒物污染情况在逐年改善。PM_{10} 作为首要污染物的天数由 2013 年的 48 天减少至 2015 年的 26 天，占全年天数比例从 15.9%降至 7.1%，是影响京津冀区域空气质量的主要物种之一。此外，O_3 作为首要污染物的天数逐年上升，由 2013 年的 6 天上升至 2015 年的 18 天，比例由 1.6%上升至 4.9%，问题逐步显现，是未来大气污染控制工作中需要加强关注的重点。

2013~2015 年，京津冀区域 13 个城市 O_3 污染水平呈波动状态，无明显改善趋势（图 1-35）。2013 年，京津冀地区城市 O_3 日最大 8 小时值第 90 百分位浓度范围为 118~183 $\mu g/m^3$，平均为 158 $\mu g/m^3$，略低于国家二级标准。至 2014 年，京津冀地区城市 O_3 日最大 8 小时值第 90 百分位浓度范围为 95~191 $\mu g/m^3$，平均为 159 $\mu g/m^3$。而到 2015 年，京津冀地区城市 O_3 日最大 8 小时值第 90 百分位浓度范围为 102~196 $\mu g/m^3$，平均为 160 $\mu g/m^3$，2013~2015 年京津冀区域 O_3 污染程度有所加重。

O_3 浓度的月变化趋势与其他污染物存在显著差异，O_3 在夏季浓度较高，冬季浓度较低。这主要是由于夏季光照较强，紫外线充足，易发生光化学反应生成 O_3；而冬季光照较弱，不利于生成 O_3。根据空气质量监测数据，夏季 O_3 最大 8 小时值的第 90 百分位浓度已经超过了 160 $\mu g/m^3$ 的日限值，因此在夏季 SO_2、NO_2、

PM_{10}、$PM_{2.5}$ 等污染物浓度相对较低的情况下，O_3 对京津冀地区空气质量的影响因子加重。

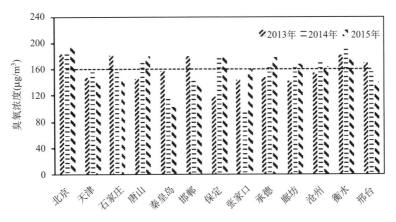

图 1-35　2013~2015 年京津冀区域 O_3 年均浓度变化情况

　　总体而言，京津冀区域大气污染形势不容乐观，以颗粒物和臭氧为主。其中，$PM_{2.5}$、PM_{10} 污染情况日益改善，$PM_{2.5}$ 年均浓度已接近国家二级标准，作为首要污染物的天数，但其浓度仍然有较大健康风险，在未来空气质量改善中仍是重要防治目标；O_3 作为首要污染物的天数虽不及颗粒物，但其存在一定的增长趋势，也是未来大气污染控制工作中的研究重点。

1.3.3　京津冀地区大气 $PM_{2.5}$ 的来源解析

　　中国近十年来的人为源排放受到工业化、城镇化和人口增长，以及排放源控制的双重因素影响，变化明显。同时考虑气象和排放因素，利用 WRF-CAMx 空气质量模拟系统及其颗粒物来源识别技术（PSAT），对京津冀区域 $PM_{2.5}$ 及其关键组分（一次 $PM_{2.5}$ 和硫酸盐、硝酸盐、铵盐等二次颗粒物）的来源进行解析。以京津冀区域为研究对象，定量解析不同季节中 $PM_{2.5}$ 污染的主要贡献部门及排放源区，研究 $PM_{2.5}$ 污染的跨界输送规律及区域输送贡献。通过变换气象和排放输入，定量评估京津冀地区 $PM_{2.5}$ 源解析年际变化的排放和气象因素。

1. 试验方案

　　模拟网格设计在兰伯特地图投影上，相比等经纬度投影，该投影更适合中纬度区域模拟。水平分辨率选用 36 km×36 km。网格尺寸为 127（行）×172（列），区域边界为 68°~152°E，10°~54°N，覆盖全部中国陆地部分。垂直方向上，采用 σ-P 坐标，从地面到 100 hPa 高空，共分为 14 层，其中 8 层在 3 km 高度以内。

WRF3.5.1 模型用于提供气象场输入，以驱动 CAMx。WRF 试验采用与 CAMx 相同的地图投影，水平分辨率和垂直坐标，主要区别是四个水平边界比 CAMx 各多出 3 个网格，且采用更密集的垂直分层（23 层），以保证边界处气象输入的合理性。CAMx 化学物种的初始场和边界场来自 GEOS-Chem 全球模拟结果。对每个 CAMx 试验采用了 7 天的预热，以尽量减少不合理初始条件的影响。

试验采用的排放源来自多个数据集。人为源排放主要来自清华大学开发的中国多尺度人为源排放清单（http://www.meicmodel.org），考虑了 5 个部门的主要污染物排放。工业部门考虑各种燃料类型的工业锅炉、工业供热和民用供热排放，以及包括钢铁、水泥、石化等行业的工业过程排放；电力是指火力发电厂以燃煤为主的排放；民用部门是指城市和农村各种因采暖和烹饪需求造成的各燃料类型的燃烧排放，以及垃圾焚烧排放；交通部门是指道路机动车、非道路机动车以及油气储运造成的排放；农业部门排放主要是种植业和畜牧业产生的氨排放。外场生物质燃烧排放考虑了森林、草原大火和农田秸秆焚烧。生物源 VOCs 采用 MEGAN2.1 模型计算。离线沙尘排放由北卡罗来纳州立大学 Yang Zhang 教授通过 WRF-CAM5 模型提供。

将上述排放分为六大类，对其进行标记追踪。前五类为 MEIC 中的 5 个部门的排放，而其他所有排放合并为第六类，命名为自然源。在此基础上，还同时追踪京津冀及其周边省份的来源贡献。共标记 11 个区域，包括北京、天津、河北北部、河北中部、河北南部、山东、河南、山西、内蒙古、辽宁和全部其他区域。本小节研究关注城市地区的源解析,因此受体点选为京津冀地区 13 个城市的市中心所在网格，即获得各城市的源解析结果。在此基础上，定义区域源解析结果为区域内所含城市的源解析结果的算术平均，即河北北部的源解析为唐山、秦皇岛、承德和张家口四城市源解析结果平均，河北中部源解析为廊坊、保定、石家庄和沧州四城市的结果平均，河北南部源解析为衡水、邢台和邯郸三城市的结果平均。类似地，河北源解析是指其 11 个河北城市的源解析结果平均，而整个京津冀的源解析是指 13 个京津冀城市的结果平均。

本小节共设计三组模拟试验（表 1-5）。试验 E06M06 采用 2006 年排放源，并由 2006 年气象场驱动。试验 EM13M13 则采用 2013 年排放源，并由 2013 年气象场驱动。E06M06 和 E13M13 分别模拟 2006 年和 2013 年的真实状况，二者结果的差异反映两年排放变化和气象变化的综合影响。为了进一步区分排放和气象的作用，加做一个虚拟试验 E06M13，即采用 2006 年排放，但由 2013 年气象场驱动。这样，E06M13 和 E06M06 作差，可以得到气象变化（排放固定）造成的影响，而 E13M13 和 E06M13 作差，可以得到排放变化（气象固定）造成的影响。上述三个试验都模拟 1 月、4 月、7 月、10 月四个月份，分别代表冬、春、夏和秋四个季节的结果，并以其平均代表年均结果。

表 1-5　试验设计

试验名称	气象年份	排放年份	启用 PSAT
E06M06	2006	2006	是
E13M13	2013	2013	是
E06M13	2013	2006	是

2. 京津冀地区 PM$_{2.5}$ 的部门来源和区域来源

图 1-36（a）展示 2013 年华北地区模拟 PM$_{2.5}$ 年均浓度的水平分布。2013 年，环境保护部规定 PM$_{2.5}$ 年均浓度标准值为 35 μg/m^3，然而图中大部分地区的 PM$_{2.5}$ 浓度均高于这一标准。在整个京津冀中南部，山东和河南的大部分地区，PM$_{2.5}$ 年均浓度甚至高于 100 μg/m^3，局部极大值出现在一些城市中心，如石家庄、邯郸、唐山等。

图 1-36（b~g）展示六类排放的 PM$_{2.5}$ 浓度分担量。依据显示范围的区域平均，六类排放贡献由大到小排序为：工业，民用，电力，农业，交通和自然源。由图中还能看出，工业源 PM$_{2.5}$ 不仅主导 PM$_{2.5}$ 浓度总量，还最大限度解释了 PM$_{2.5}$ 总量的水平分布。与工业源 PM$_{2.5}$ 相比，民用源 PM$_{2.5}$ 的浓度分布较为均匀，这主要是由于民用排放比工业排放在城乡分布上更为均匀。另外三个人为源（电力、交通和农业）所致 PM$_{2.5}$ 的浓度分布则更为均匀。导致这些分布的主要原因至少有以下三点：①三者主要通过排放二次无机盐气态前体物对 PM$_{2.5}$ 产生贡献，而二次无机盐的寿命周期通常大于一次颗粒物，而具有更远的传输能力；②交通和农业排放源分布较为分散，且不以城市为中心；③尽管电力排放为点源，但由于排放高度较高，其排放的污染物更容易传输扩散，而非在本地聚集。自然源虽然合并了沙尘和开放生物质燃烧，但仍可通过图 1-36（g）区分。沙尘的影响整体由西向东递减，而局地的热点则是开放生物质燃烧。

2013 年京津冀城市 PM$_{2.5}$ 模拟年均浓度为 117.6 μg/m^3，比观测值（95.0 μg/m^3）高 23.7%。工业（44%）和民用（30%）是贡献最大的两个部门，其次是农业（8%），电力（8%），交通（7%）。剩下的 3% 来自自然源和模拟边界传输的贡献。尽管这一排序同区域平均排序相似，但各部门的相对贡献率有所不同，反映了不同部门的 PM$_{2.5}$ 水平分布（城市）差异。图 1-37 进一步给出了不同季节的部门源解析结果。京津冀城市 PM$_{2.5}$ 在 1 月达到最高（221.9 μg/m^3）。值得注意的是在 1 月，民用源（48%）代替工业源（33%）成为贡献最高的部门，这主要是冬季采暖期民用源排放量骤增导致的。而在 2013 年的其他月份，京津冀城市 PM$_{2.5}$ 模拟浓度均低于 100 μg/m^3，且全部由工业主导（贡献率超过 50%），民用源贡献在 10% 左右，与电力、交通、农业处于同一水平。自然源贡献也具有季节差异。沙尘和开放生物质燃烧分别在 4 月和 7 月出现贡献最大值。这一现象在 PM$_{10}$ 的源解析结果中更为明显，因为自然源对粗颗粒的贡献率比对细颗粒更高。

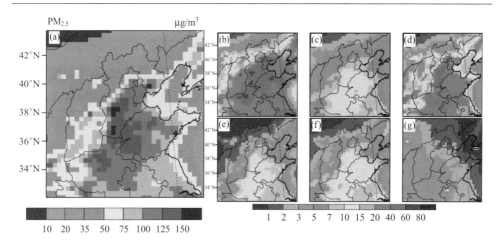

图 1-36　2013 年模拟 PM$_{2.5}$ 年均浓度总量（a）及各类排放[工业（b），电力（c），民用（d），
交通（e），农业（f）和自然（g）]分担量的水平分布

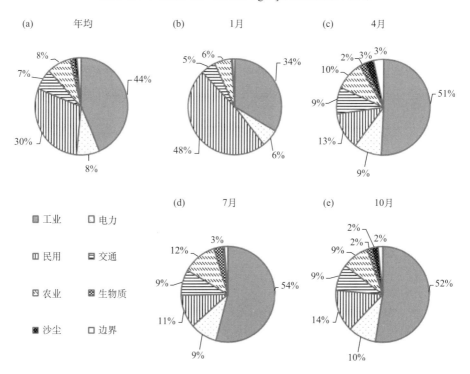

图 1-37　2013 年京津冀城市 PM$_{2.5}$ 年均浓度（a）和各季节浓度（b~e）的部门源解析

进一步理解 PM$_{2.5}$ 的传输规律和针对不同区域制定控制方案，就需要定量识别其区域贡献。图 1-38 选取北京、天津、河北北部、河北中部和河北南部分别作为受体，展示其 PM$_{2.5}$ 在区域来源上和部门来源上的正交解析结果。对本小节选

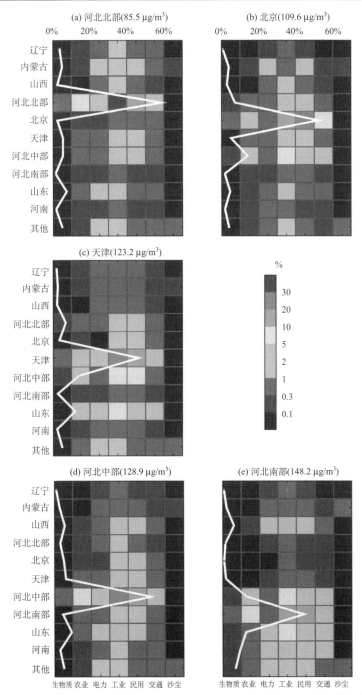

图 1-38　2013 年河北北部（a）、北京（b）、天津（c）、河北中部（d）和河北南部（e）PM$_{2.5}$
区域来源和部门来源正交解析

网格中的填充颜色指示每个区域（行）中每个行业（列）的贡献百分比。白色折线代表部门加和后的区域贡献

定的 5 个受体，本区域排放对 PM$_{2.5}$ 的贡献定义为本地贡献，其他区域的称为外来传输贡献。通过折线图可以看到，对每个受体而言，本地贡献都是最重要的，可解释 40%~60% 的 PM$_{2.5}$。对于各部门而言，本地贡献也是最高的，其他区域的贡献则大致随距离递减。这些受体中 PM$_{2.5}$ 的最大来源要么是本地工业（天津、河北北部和河北中部），要么是本地民用（北京和河北南部），随后是本地农业和本地交通。

同时也发现，5 个受体的多数部门都明显受到周边省份的传输影响。外来传输中贡献最高的两个部门还是工业和民用。尽管本地的电力贡献不高（低于 2%），明显低于本地交通和本地农业，但区域电力贡献并没有明显的随距离递减，使得总的电力贡献（各区域加和）与交通和农业相当。这表明电力对本地 PM$_{2.5}$ 影响小而对周边区域影响大。一般而言，指定受体的 PM$_{2.5}$ 总是受到周边临近区域影响较大，但是也有例外。山东省的排放对所有 5 个受体的贡献与临近区域的相当，不容忽视。这可能与山东省本身人为源排放量大，且受到海风传输作用有关。自然源中，开放生物质燃烧主要来自本地，而沙尘主要来自内蒙古和其他干旱地区。

本研究得到的京津冀地区 PM$_{2.5}$ 部门源解析结果与已有的研究结果有较好的可比性，个别部门的贡献率存在较大差异，这些差异主要源自方法上的不同（表 1-6 和表 1-7）。采用 BFM 方法得到石家庄、邢台和邯郸三个受体 PM$_{2.5}$ 的部门源解析结果。与之相比，本研究得到的电力和交通贡献较大，而农业贡献较小。这是 BFM 方法考虑二次无机盐形成的非线性作用，而 PSAT 方法并不考虑这样的非线性作用导致的。严格意义上讲，BFM 计算的源贡献并非源解析，而是源敏感性，其与 PSAT 部门源解析的差异表明，冬季京津冀南部的 PM$_{2.5}$ 对农业排放的氨气比对电力交通排放的 SO$_2$ 和氮氧化物更为敏感。

在将模型源解析结果与受体源解析结果做比较时，存在源分类不匹配的问题。PMF 方法得到的 2011 年北京 PM$_{2.5}$ OC 和 BC 的生物质燃烧贡献均在 50% 左右，而在本研究中民用源与开放生物质燃烧之和分别可以解释 80% 和 60% 的 PM$_{2.5}$ OC 和 BC，原因是民用源中不光有生物质燃烧（家用薪柴和秸秆），还包括相当一部分燃煤。这样的不匹配问题在与受体源解析结果比较时更为突出。其受体源解析得到的源类别为扬尘、工业过程和燃煤、生物质燃烧、交通以及其他。为了实现比较，本章对模拟的部门源解析结果进行了拆分重组，方法如下：首先，将模拟的 SO$_4^{2-}$、NO$_3^-$ 和 NH$_4^+$ 总量加和作为二次源；第二，模拟交通 PM$_{2.5}$ 中剩余的一次颗粒物作为交通源；第三，根据 Cheng 等（2013），假设 50% 的 EC 和 POC 为生物质燃烧；第四，模拟沙尘改称扬尘；最后，剩余所有 PM$_{2.5}$ 合并为燃煤和工业源。拆分重组后的部门源解析结果，已经与受体源解析具有可比性，但二者仍存在明显差异。在 PMF 结果中，二次无机盐并非只出现在"二次源"中，还出现在其他部门中，因此将模拟的三种无机盐全部合并的结果（36%）大于 PMF

的二次源贡献（26%），而燃煤和工业则相对较低。剔除民用燃煤后的生物质燃烧仍明显高于 PMF 结果，可能与 MEIC 民用源高估有关。另外，扬尘源缺失也会影响其他源的贡献百分比结果。

表 1-6　部门源解析结果与已有研究的比较（%，括号内外分别是本研究的 2006 年和 2013 年结果）

物种	受体	源	时段	已有研究	本研究	文献和方法
PM$_{2.5}$	石家庄	工业	2013 年 1 月	36.2	37.0	Wang et al., 2014 CMAQ-BFM
		电力		0.4	6.0	
		民用		38.0	45.0	
		交通		4.2	5.0	
		农业		14.5	6.0	
	邢台	工业		34.2	30.0	
		电力		0.3	6.0	
		民用		40.5	52.0	
		交通		1.8	5.0	
		农业		16.8	6.0	
	邯郸	工业		35.8	30.0	
		电力		0.3	6.0	
		民用		38.1	51.0	
		交通		2.9	6.0	
		农业		16.8	6.0	
OC	北京	生物质燃烧	2011 年年均	~50	78（77）	Cheng et al., 2013 PMF
BC				~50	63（58）	
PM$_{2.5}$	北京	扬尘源	2009 年 4 月至 2010 年 1 月	15.0	1（2）	Zhang et al., 2013 PMF
		燃煤和工业		43.0	37（38）	
		生物质燃烧		12.0	23（20）	
		交通源（一次）		4.0	4（5）	
		二次源		26.0	36（35）	

表 1-7 的比较显示，本研究得到的区域源贡献处于合理范围。本研究计算的 2013 年 1 月石家庄、邢台和邯郸的本地贡献与 BFM 结果接近，都认为石家庄的本地贡献明显高于其他两个城市，这可能是由石家庄本身排放量较大且面积较大导致的。本研究也较好地重现了 NAQPMS 华北地区 PM$_{10}$ 的本地贡献及其季节变化。二者都表明 1 月华北的本地贡献最高，而 7 月和 10 月次之，4 月的本地贡献最低，可能是该季节受西部沙尘传输的影响较大所致。另外，二次颗粒物的本地

贡献明显低于一次颗粒物，整个华北地区也只能解释京津两市 50%~90%的 SO_4^{2-} 或 NO_3^-。

表 1-7　区域源解析结果与已有研究的比较（同表 1-6）

物种	受体	源	时段	已有研究	本研究	文献和方法
PM_{2.5}	石家庄	石家庄		64-72	63.0	
	邢台	邢台	2013 年 1 月	45-55	49.0	Wang et al., 2014 CMAQ-BFM
	邯郸	邯郸		47-58	51.0	
PM₁₀	京津冀晋四省市平均	京津冀晋四省市的人为源	2010 年冬季	64.2	67（63）	Li et al., 2014 NAQPMS
			2010 年春季	23.2	35（33）	
			2010 年夏季	62.2	64（62）	
			2010 年秋季	61.6	51（50）	
SO₄²⁻	北京	京津冀晋蒙五省市	2009 年 1 月	74.9	85（81）	Ying et al., 2014 Source-Oriented CMAQ
			2009 年 8 月	63.1	63（62）	
	天津		2009 年 1 月	68.1	75（75）	
			2009 年 8 月	50.6	51（49）	
NO₃⁻	北京		2009 年 1 月	82.5	71（72）	
			2009 年 8 月	84.1	87（88）	
	天津		2009 年 1 月	66.2	56（61）	
			2009 年 8 月	73.6	78（69）	

3. 京津冀 PM_{2.5} 来源的变化

在过去十年间，受持续的人口增长、工业化和城镇化，以及排放控制措施双重影响，我国主要污染物人为源排放量兼有上升和下降趋势。我国对一次颗粒物和 SO_2 排放的控制始于 2005 年。2010 年，NO_x 排放也纳入到控制行列。2013 年京津冀地区的 SO_2 排放总量比 2006 年下降了 30%，这主要是电力减排的作用。而氮氧化物排放总量增加了 23%，主要是由于工业 NO_x 排放的增加。氨气排放则有 22%的下降，主要是农业氨排放的减少，但是该部门有较大的不确定性。BC排放增加了 10%，这是工业 BC 排放增加被交通排放减少部分抵消的结果。OC排放增加了 7%，主要是工业 OC 排放增加的结果。其他细颗粒物排放减少了 8%，与 SO_2 一样，主要归功于电力部门的减排。

上述排放变化在河北的三个分区内表现接近，但北京、天津和河北间存在较大差异。北京有着比其他两地更为严苛的排放控制政策，因此包括氮氧化物、BC和 OC 在内的所有污染物，在 2006~2013 年都下降明显。其中氮氧化物排放的下降归功于北京交通和电力部门的排放控制，BC 和 OC 排放的下降则归功于北京工业、民用和交通的全面下降。对于 SO_2 和其他一次颗粒物，北京则比其他两地有更大的降幅，分别减少 47% 和 40%。另外，天津的 BC 和 OC 排放分别增长了 11% 和 45%，均由民用排放增加所致。而河北的 BC 和 OC 的增加是由工业排放增加所主导。

　　由于存在上述排放情况的变化，再加上气象条件的改变，导致京津冀地区的 $PM_{2.5}$ 的部门和区域来源解析在 2006~2013 年发生变化。工业和民用保持为 $PM_{2.5}$ 浓度的最大贡献部门，且存在上升趋势。从 2006 年到 2013 年，工业对京津冀城市 $PM_{2.5}$ 贡献率由 41% 上升为 44%，民用贡献则由 24% 上升为 30%。电力的绝对贡献和相对贡献，均出现下降，反映了电力减排的作用，然而对京津冀整体而言，这样的下降被工业和民用的上升而抵消。

　　图 1-39 显示，北京 $PM_{2.5}$ 年均模拟浓度由 2006 年的 135.3 $\mu g/m^3$ 下降为 2013 年的 109.6 $\mu g/m^3$。这与观测到的 2005~2013 年北京 $PM_{2.5}$ 下降趋势[$-3.2\ \mu g/(m^3\cdot a)$] 相吻合。这样的下降趋势来自各部门所致 $PM_{2.5}$ 下降的集合。民用源下降幅度比其他部门小，因而相对贡献有所上升（从 31% 到 37%）。天津的 $PM_{2.5}$ 年均模拟浓度由 108.7 $\mu g/m^3$ 升至 123.2 $\mu g/m^3$。天津的电力 $PM_{2.5}$ 虽然有所下降，但显然民用和工业的上升更多。河北城市平均 $PM_{2.5}$ 由 107.2 $\mu g/m^3$ 升至 118.4 $\mu g/m^3$。这同样是电力减少，工业和民用增加的效应叠加的结果。

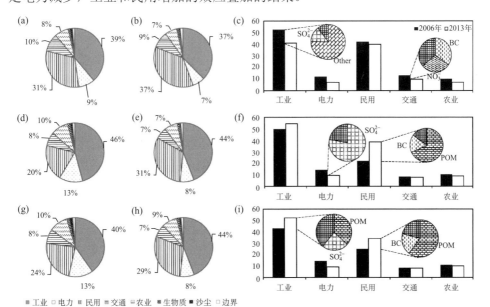

图 1-39　2006 年和 2013 年北京、天津和河北三地 $PM_{2.5}$ 部门相对贡献（a, b, d, e, g, h）和绝对贡献（c, f, i）比较

图（c, f, i）中的饼图显示绝对变化量的物种分解

从部门角度看，工业 $PM_{2.5}$ 在北京下降而在天津和河北都有所上升。其中，在北京的下降主要是由于其他一次颗粒物和 SO_4^{2-} 的减少，而在河北增加的主要是有机颗粒物和 SO_4^{2-}。电力的下降在三个受体均有体现，且主要是 SO_4^{2-} 的下降。天津和河北的民用源增加都是由 OC 和 BC 主导。北京交通下降的主要贡献者为 BC 和 NO_3^-。北京农业的下降全部来自 NH_4^+ 的变化，因为氨气是农业源中唯一的排放物种。上述绝对源贡献变化与 1.2.3 小节中展示的对应部门和物种的排放变化基本一致。但也有例外，比如河北民用源产生的 $PM_{2.5}$ 显著增加，但排放比较中并没有发现这样的增加趋势。这就需要进一步讨论气象变化的作用。

为了识别每个受体的关键源，将该受体所有本地部门贡献（7 个）和区域传输贡献（10 个）进行排序，筛选出相对贡献最大的前 10 位，结果由图 1-40 展示。对每个受体，其 10 个关键源可共同解释约 90% 的 $PM_{2.5}$ 总浓度。本地工业和本地民用总是关键源的前两位，随后是周边区域（山东等）的传输贡献。通过 E06M06，E13M13 和 E06M13 三个试验结果相互做差，得到对应关键源因排放和气象改变发生的变化。对每个受体，其 10 个关键源的变化对全部变化量的解释率也接近 90%。

从 2006 年到 2013 年，河北北部的 $PM_{2.5}$ 来源中，本地工业和民用发生显著变化。其中本地工业的增加是由排放的变化导致的，而本地民用的增加是由气象变化导致的。其他源的变换不显著（低于 E06M06 模拟 $PM_{2.5}$ 浓度的 2%）。与河北北部类似，北京的本地民用 $PM_{2.5}$ 也受气象影响有升高趋势，不过这一升高由于本地民用源的减排而被抵消为下降。此外，北京本地工业和交通 $PM_{2.5}$ 也受减排影响，显著下降。本地减排的总体效果是，北京的 $PM_{2.5}$ 模拟总浓度和本地贡献都有所下降。

天津与河北中南部的 $PM_{2.5}$ 来源情况与前两个受体有明显差异，区域传输贡献比例较高，也更容易受其变化影响。从 2006 年到 2013 年，天津的本地民用 $PM_{2.5}$ 受排放增加和气象条件恶化双重影响，显著升高，其中排放增加的作用更大。而对河北中部，排放增加导致本地工业 $PM_{2.5}$ 升高，同时气象导致本地工业和本地民用 $PM_{2.5}$ 升高，北京的减排对河北中部的 $PM_{2.5}$ 有降低作用，但最终被其他源的上升所抵消。在河北南部，不利的气象条件不仅使本地民用源升高，也加强了河北中部和山东向这一地区的输送。对于三个河北的受体，本地民用源的显著增加都是气象变化的作用，而非排放变化。

4. 京津冀地区 $PM_{2.5}$ 的源敏感性分析

京津冀较高的 $PM_{2.5}$ 平均暴露既有本地产生也有外省传输的贡献。源敏感性和源解析识别的省份贡献顺序基本一致。源解析结果（深色柱）显示，京津冀 $PM_{2.5}$ 平均暴露的 68.9% 来自其本地的排放，其中河北的贡献为 50.6%。周边相邻的 5

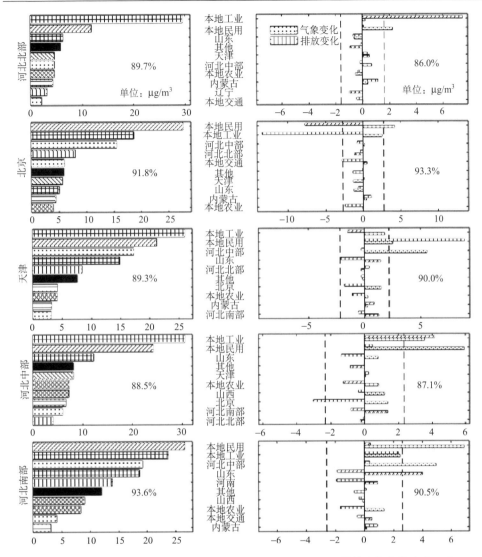

图 1-40　影响五个受体的关键源识别（左）以及这些关键源因排放和气象的变化（右）

虚线代表 2006 年各受体 PM$_{2.5}$ 年均模拟浓度的 2%，用以区分变化的显著性

个省份（山东、河南、山西、内蒙古和辽宁）贡献了 24.7%，而其余 6.4% 来自更远的其他地区。山东独自贡献 10.8%，甚至高过了北京（9.7%）和天津（8.7%），这证明了污染物传输的重要作用。图 1-41（浅色柱）还从源敏感性角度，展示了京津冀 PM$_{2.5}$ 对单位百分比（1%）排放变化的响应。显然，京津冀 PM$_{2.5}$ 平均暴露对自身排放最为敏感。北京、天津和河北各执行 1% 的整体排放扰动，可分别使 PM$_{2.5}$ 平均暴露变化 0.08 μg/m³，0.07 μg/m³ 和 0.46 μg/m³。三者共同效果占总

敏感性的约 70%。1%山东排放控制的效果（0.12 μg/m³）高于北京和天津，这也与源解析结果一致。其他各省的源敏感性和源解析结果有基本一致的排序。最后，对于"其他区域"，源敏感性相对大小明显低于源解析，这主要是由于两个模型对其他区域的定义范围不同：GEOS-Chem adjoint 中的"其他"为可视模拟范围（华北）中除标明省份以外的区域，而 CAMx-PSAT 中"其他"是指整个中国模拟区域里除标明省份以外的其他区域。

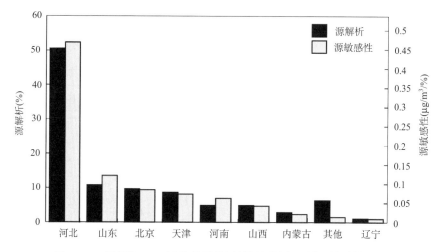

图 1-41　京津冀 PM$_{2.5}$ 平均暴露的区域源解析和区域源敏感性比较

深色柱状图代表横轴所示的各区域对京津冀 PM$_{2.5}$ 平均暴露的百分比贡献；而浅色柱状图代表京津冀 PM$_{2.5}$ 平均暴露对各区域总排放单位百分比（1%）变化的响应

GEOS-Chem adjoint 在区域上的追因并不止步于省，而是可以继续分解至每个网格，这对正向标记的 PSAT 方法来说显然比较困难。PM$_{2.5}$ 平均暴露的源敏感性主要分布在京津冀地区内，并与人口和排放分布相似，在人口稠密区（如北京和天津）和排放高值区（如石家庄和唐山）达到峰值。源敏感性在其他周边地区也有分布，尤其是在临近京津冀中南部的山东西部，河南北部和山西东部，再次说明来自这些区域的传输作用必须考虑。这些外省的敏感性和排放分布具有相似性，在城市和电厂处达到峰值。

图 1-42（a~d）展示各季节平均的源敏感性分布。尽管京津冀 PM$_{2.5}$ 平均暴露对冬季排放的敏感性明显高于其他季节，但整体来看，各区域对总敏感性的分担率没有明显的季节变化。来自京津冀自身的敏感性占总敏感性的 68%（夏季）~71%（春季）。在冬季和夏季，外来敏感性由山东主导，而在春季和秋季，外来敏感性由山东和河南共同主导。

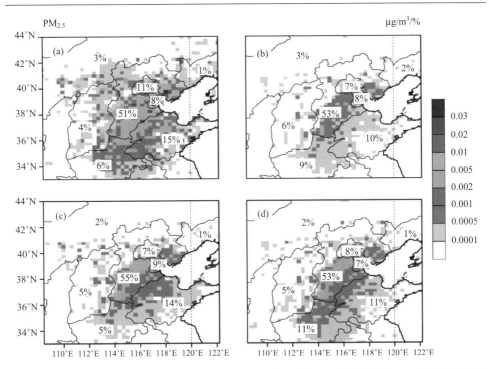

图 1-42　2013 年 1 月（a），4 月（b），7 月（c）和 10 月（d）的京津冀 $PM_{2.5}$ 平均暴露浓度
源敏感性分布

上述区域追因揭示了京津冀 $PM_{2.5}$ 污染的空间来源，而部门追因则可以进一步指出哪些类型的源是需要重点控制的。式（4-6）计算的部门源敏感性由图 1-43 展示。对总的源敏感性贡献最大的三个行业是工业（42.4%），民用（24.9%）和农业（18.5%）。

下面进一步将本地排放导致的 $PM_{2.5}$ 平均暴露追因至本地各部门排放，为有效的排放控制措施奠定基础。如图 1-43 所示，式（4-6）计算的本地部门敏感性（浅色柱）和式（4-8）计算的本地部门源解析（深色柱）给出了基本一致的部门重要性排序，但在部门贡献相对大小方面存在明显差异。在源解析角度，工业、民用和农业是本地致 $PM_{2.5}$ 平均暴露的主要贡献者，贡献率分别为 42.7%，36.9% 和 9.7%，电力和交通的贡献率则均低于 10%。而在源敏感性角度，京津冀地区 $PM_{2.5}$ 平均暴露最敏感的三个部门为工业、民用和农业。源解析和源敏感性结果中各部门的相对贡献存在差异，其中差异最大的是农业源的作用。农业源敏感性的相对贡献明显高于源解析中的农业占比。MEIC 排放清单中考虑 NH_3 是农业源中的唯一排放物种，该源可解释 90% 以上的 NH_3 排放。在源解析结果中，农业源完全通过其排放的 NH_3 转化的 NH_4^+ 对 $PM_{2.5}$ 产生贡献。而农业源敏感性是通过包括

NH$_4^+$在内的所有可能受到 NH$_3$ 变化影响的物种对 PM$_{2.5}$ 的变化产生贡献。根据气溶胶热力学，NH$_3$ 和气态硝酸与颗粒态的硝酸铵处于动态平衡，NH$_3$ 发生变化时，对 NH$_4^+$ 和 NO$_3^-$ 都将造成影响。为了进一步分析氨排放控制的效果，采用 BFM 方法量化 NH$_3$ 排放变化对各物种的影响。对京津冀的氨排放削减 20%，发现只有 NH$_4^+$ 和 NO$_3^-$ 减少了，其他物种（如 SO$_4^{2-}$，BC 等）则保持不变。NH$_4^+$ 的减少可解释总减少量的 48.2%（由图中虚线指示），其他则是 NO$_3^-$ 减少的贡献。这一比例在京津冀各城市中的变化范围是 32.3%~72.2%。由此分离出来的 NH$_4^+$ 造成的农业源敏感性与源解析中的农业占比接近。

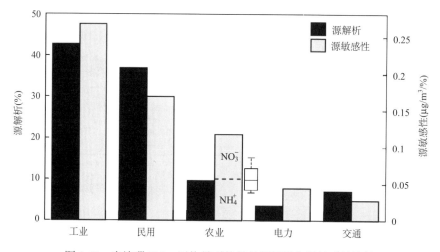

图 1-43　京津冀 PM$_{2.5}$ 平均暴露的部门源解析和源敏感性比较

深色状图代表横轴所示各部门对京津冀 PM$_{2.5}$ 平均暴露的百分比贡献，而浅色柱状图代表京津冀 PM$_{2.5}$ 平均暴露对各部门单位百分比变化的响应。最右端浅色柱子中的虚线分割了农业源排放控制对削减 NH$_4^+$ 和 NO$_3^-$ 的作用，其右侧箱须图指示该虚线上下位置的不确定性

图 1-44（饼图）将本地年均源敏感性分解至各季节。京津冀地区各季节相同的减排幅度(%)，冬、春、夏和秋对京津冀 PM$_{2.5}$ 平均暴露下降的贡献分别为 57%，8%，18% 和 17%。显然，冬季是通过减排控制年均 PM$_{2.5}$ 平均暴露效率最高的季节。对每个季节，本地源敏感性还可进一步分解至五大排放部门。在全部 20 个季节来源中的前 10 位可解释 88.5% 的总源敏感性（柱状图）。因此，这 10 个源应当考虑优先控制。在冬季，除交通之外的所有部门都在优先行列中，且该季节工业和民用控制对年均 PM$_{2.5}$ 平均暴露的改善最为重要。在夏秋两季，工业和农业应当最为重点控制行业。而在春季，只有工业需要重点控制。

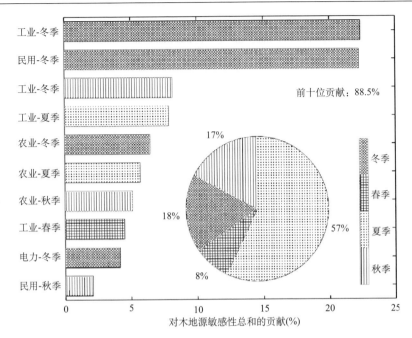

图 1-44 总敏感性的季节分担率（饼图）和前十位的季节重点部门（柱状图）

1.3.4 京津冀区域大气污染立体监测技术体系

1. 监测体系设计

通过区域污染时空分布的地基组网观测，并结合其他环境要素的监测数据分析重霾形成过程中污染物时空分布的演变及与环境要素的关系，为揭示我国高污染、强氧化性大气环境下灰霾细粒子的生成机制和增长特性提供科学数据。

在京津冀核心观测区北京（城区、近郊、远郊，以及各个方向）建立地基立体监测站，利用激光雷达、MAX-DOAS 技术获得气溶胶 AOD 和气溶胶消光廓线、污染气体垂直柱浓度、污染气体廓线以及输送通量，分析气态前体物时空演变特征，校验卫星及总量模型（图 1-45）。

站点部署情况如图 1-46 所示。

在北京市区、周边、外围省区分别布点，获得北京市区污染物时空变化规律，结合周边、外围省区的观测结果结合气象数据分析外围省区与北京市区之间空气质量的相关影响；同时，分别在北京市五环、五环内网格、周边城区开展移动走航观测，实现对区域污染物的精细化测量。

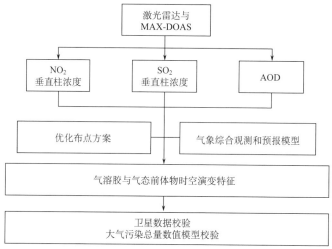

图 1-45　激光雷达和 MAX-DOAS 技术路线

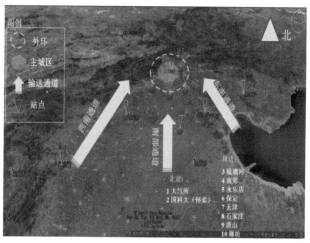

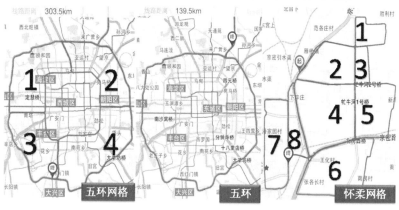

图 1-46　站点部署情况和车载路线设计

2. 仪器及原理

在 2014 年 11 月底至 2015 年底开始的京津冀联合外场观测中,建立了两个市区超级站及 12 个周边及外围常规观测站,合计 10 家科研单位累计安装 50 余套监测仪器,其中,安光所安装 13 套、中科大 4 套、大气所 7 套、国科大 9 套、禾信 1 套、广州地化所 6 套、西安地环所 12 套、生态中心 5 套、化学所 3 套、北工大 3 套。部分仪器参数如表 1-8 所示。

表 1-8　仪器列表

监测对象	仪器名称	功能	数量
常规气体及自由基监测	气体分析仪等	测定 NO_3, NO_x、SO_2、CO_2、CO、O_3 等	8 套
颗粒物质量浓度、谱分布及光学特性	振荡天平、粒谱仪等	质量浓度、数浓度谱等	9 套
颗粒物化学组分	膜采样器、黑碳、有机碳元素碳分析仪、质谱仪等	颗粒物化学组分	23 套
气体成分	PTR-TOF-MS,CI-TOF-MS 等	气体成分	4 套
气象参数	自动气象站	气象参数	2 套
太阳辐射	CE318-DP	光学厚度	1 套
立体观测	MAX-DOAS	二氧化硫柱浓度、二氧化氮柱浓度及廓线	13 套
	细粒子、O_3、水汽雷达	细粒子消光系数、O_3、水汽垂直分布	13 套

其中,激光雷达和 MAX-DOAS 是获得京津冀地区颗粒物及污染气体时空立体分布的主要设备。

1）激光雷达简介

随着激光技术的发展,微弱信号检测技术的应用,激光雷达以它独特的高时空分辨率和高测量精度、实时在线等优势成为一种重要的主动遥感工具。激光雷达的探测原理就是激光与大气中的分子以及气溶胶粒子之间相互作用所产生的各种物理过程。不同的大气物理过程与不同的光散射有关,选择不同的光散射过程就可以对大气颗粒物、水汽、痕量气体等进行观测。偏振激光雷达要求在系统具有偏振探测功能和米散射探测功能。偏振功能主要用于大气边界层以上沙尘和卷云的退偏振比垂直廓线的探测;米散射功能用于大气消光垂直廓线探测以及颗粒物质量浓度的反演。偏振激光雷达可以通过对大气退偏振度的测量确定颗粒物的形状特征,进而对颗粒物进行分类,并判断其来源。例如局地生成的二次颗粒物大多为规则的球形粒子,外部输入的沙尘颗粒多为不规则形状。偏振激光雷达还可以给出消光系数、光学厚度等颗粒物光学特性。激光雷达一般由激光发射光学单元、接收光学单元和后继光学及控制单元三部分组成。

2）MAX-DOAS 简介

MAX-DOAS 是一种以光谱测量为基础，利用差分吸收光谱技术结合痕量气体的特征吸收截面获取气体浓度信息的光谱测量分析技术，目前已经在环境监测领域得到了广泛的应用。通过建立固定站点的长期观测，获得 NO$_2$ 及 SO$_2$ 的时空分布信息。

MAX-DOAS 技术是利用痕量气体 SO$_2$、NO$_2$ 在紫外可见波段的"指纹"吸收实现了对上述气体的实时测量。MAX-DOAS 利用不同仰角的望远镜接收太阳散射光，根据污染气体各自的特征吸收谱线，反演出污染气体的垂直柱状浓度（Vertical Column Density, VCD）以及浓度随高度的分布廓线，这是一种实时、在线的测量方法，非常适合对大气环境污染进行遥感测量，同时该方法获取的污染气体垂直柱浓度可以为卫星结果校验提供数据源。

MAX-DOAS 通过依次观测不同角度获得对应角度的太阳散射光谱，再利用 DOAS 方法计算得到各个角度的斜柱浓度，结合辐射传输模型获取测量地区的污染气体的垂直柱浓度。该系统由棱镜、望远镜、遮光板及其驱动装置、电机及温度控制电路板、光纤、光谱仪与控制计算机等组成。棱镜将散射光导入接收望远镜中，接收望远镜将散射光汇聚到光纤中，驱动电机带动棱镜旋转将不同角度的散射光导入接收望远镜中，而遮光板的功能为控制光路的通断，实现对背景的测量。进入望远镜的散射光在完成色散、采集与数字化通过 USB 线传导到计算机中存储、计算，最终实现对大气痕量气体垂直柱浓度及廓线的解析。

3. 京津冀大气污染物时空分布特征分析

1）颗粒物的时空分布特征

在重污染过程中，北京边界层由通常的 0.8~1 km 下降为 0.3 km，颗粒物浓度迅速升高。如图 1-47 所示，在 11 月 27 日至 12 月 2 日（第一次预警，橙色），北京边界层平均高度为 0.6 km，边界层平均厚度为 0.3 km，并且边界层高度日变化及边界层中的颗粒物昼夜没有明显差异，可见在静稳天气条件下，颗粒物的层结结构非常稳定。

污染过程具有明显的区域性特征，北京、门头沟和唐山同时经历污染过程，边界层结构相似，边界层高度明显下降。

其特征：①三地的边界层高度最低值均降至 0.3 km，其中门头沟污染最严重（0.22 km）；②由于对流较弱，边界层厚度较薄，平均厚度为 0.22 km；③颗粒物峰值平均出现在高空 0.27 km 处，消光系数峰值浓度为 0.89 km^{-1}，与地面均值 0.93 km^{-1} 差异不大，说明污染层上下混合均匀，垂直结构不明显；④三地污染比

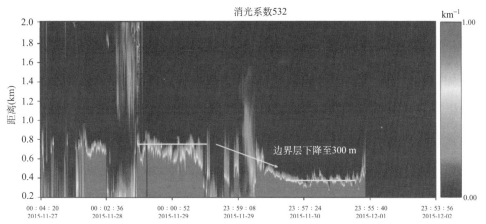

图 1-47　激光雷达气溶胶消光系数垂直分布（2015 年 11 月 27 日至 12 月 1 日，大气所观测点）

较，周边污染高于北京市区，污染物难以向周边扩散；⑤在南风影响下，对比大气所站点与唐山站点，可以观测到污染气团回流至北京市区（12 月 25 日 6：00），从而导致污染的快速上升；⑥唐山的污染层抬升较高（1~2 km），表明其较多源于高空气流下沉，同时对周边有传输。此次污染属于中尺度范围的区域污染，因此唐山、门头沟和北京市区的污染源基本一致，主要来自北京南部低空的短距离输送和西部长距离高空输送的混合，外来输送比例较大，输送高度集中在 0.5~0.8 km。

　　采用车载激光雷达在重污染期间对北京五环及周边进行了走航观测。

　　五环污染分布特征：12 月 1 日（污染橙色预警）沿五环污染物分布高度 300 m 以下，颗粒物浓度高，消光系数 >10 km^{-1}，水平能见度仅数百米；五环南部气溶胶消光系数高于五环北部。12 月 2 日，污染消散后，颗粒物浓度下降，主要分布在 800 m 以内，边界层高度较稳定，但发现同样的南高北低的规律，如图 1-48。在交通拥挤的地段（东北—东南），颗粒物消光系数（>1.5 km^{-1}）也高于交通畅通的地段（<0.6 km^{-1}）。

图 1-48　2015 年 12 月 1 日（污染橙色预警，a），2015 年 12 月 2 日（污染清除后，b）

　　取 200 m 高度的颗粒物消光系数绘制于地图上，发现污染分布与交通拥堵的关联明显。在五环南部存在交通拥堵，所对应的颗粒物质量浓度显著高于北五环，最大相差 260 μg/m³。

　　获取大气污染剖面（图 1-49）显示，北京主导气流为西北，而廊坊地区气流开始由西北向西南方向偏移。总站出发后，颗粒物呈现分层结构，上层颗粒物向下沉降形成厚度为 200 m 的颗粒物层；行至东南六环附近后，颗粒物出现分层扩散，上层颗粒物向上输出至 0.4 km，地面颗粒物浓度也迅速下降。边界层高度位于 0.4~0.5 km 范围内。

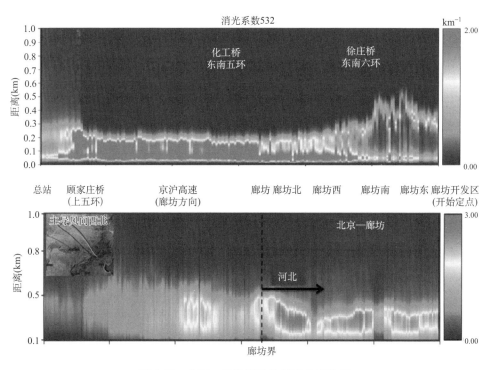

图 1-49　北京—廊坊颗粒物消光垂直分布

　　北京路段：东南五环颗粒物浓度较高；廊坊路段：廊坊北环路颗粒物浓度较高，出现颗粒物下沉现象，由 500 m 下降至 300 m 左右；廊坊西到廊坊南颗粒物逐渐向上抬升；廊坊东稳定在 400 m 高度内。

　　结论：通过 12 月下旬数次北京—河北的车载激光雷达走航观测，北京北五环至河北廊坊颗粒物污染浓度逐渐增加，北京处于污染洼地，污染难以向周边扩散。

　　2）气态前体物的时空分布特征

　　采用 MAX-DOAS 探测了北京市 NO_2 垂直分布特征，统计得到静稳天气和存在输送过程情况下的 NO_2 典型分布特点：在静稳条件下，NO_2 主要集中在近地面

300 m 以下，且具有明显的日变化特征，双峰结构与交通高峰时段相吻合；而在输送过程中，NO_2 浓度在近地面仍然呈现出高值，同时在 400~1000 m 的高空观测到 NO_2，整个过程表现出近地面积累和高空输送累加的过程。

北京市区及其东南部 NO_2 浓度明显较高，北京周边相对较低，说明 NO_2 主要来自交通排放，外围传输影响较小；北京市 SO_2 浓度则低，河北方向及与河北相邻的北京西南部站点（琉璃河）浓度较高，说明北京市内部 SO_2 排放源较少，位于西南部河北方向的 SO_2 排放对北京市有影响。各地区 NO_2 和 SO_2 对流层垂直柱浓度监测结果如图 1-50 所示。

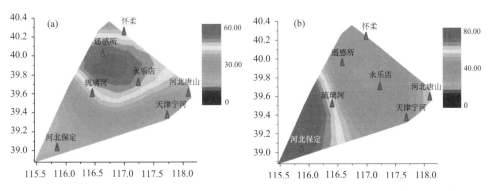

图 1-50　京津冀地区 NO_2（a）、SO_2（b）垂直柱浓度监测结果（单位 10^{15} 分子/cm²）

3）典型污染过程分析

典型过程：2015 年 12 月份出现了一次连续的污染过程，如图 1-51 所示为 NO_2 的垂直分布变化。

12 月 17 日，北京市出现静稳天气，污染物浓度升高，NO_2 的日变化反映出交通高峰特征，18 日污染物被西北风吹散，19 日起转为静稳天气并持续积累，日变化特征逐渐消失，高值持续到 21 日，22 日起到 23 日污染物随着西北气流南下，污染物浓度迅速降低，在 24 日污染回流但又迅速被驱散，27 日到 29 日，污染物再次随气流北上形成长时段的霾污染过程，30 日驱散，31 日到 2016 年 1 月 2 日再次出现霾过程。

本次霾过程的主要特点：①持续时间长，反复多次；②形成污染后，层结稳定，NO_2 日变化特征消失；③污染层集中在近地面 400 m 以下；④消散方式为西北气流驱散。总体上看，冷暖气流在华北及中部地区的相持导致了北京市出现长时间、反复的霾污染过程。

在霾污染形成过程中，来自西南通道的污染输送成为重要影响因素。在冷暖气流交锋的过程中，特别是在暖气流略强时，西南通道出现了污染物输送过程。在 12 月 18~20 日期间，琉璃河站点观测到污染物的增长、输入过程，北京市区污染物浓度也随之迅速升高，传输高度为 400~900 m。结合风场、卫星数据，估算了在此期间西南方向传输对北京 NO$_2$ 和 SO$_2$ 的贡献率约为 8% 和 29%。

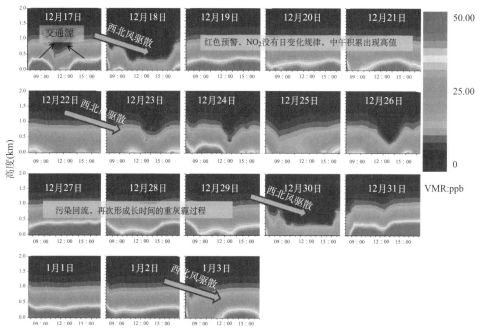

图 1-51　北京市 NO$_2$ 垂直分布结果（2015 年 12 月 17 日至 2016 年 1 月 3 日）

4）污染传输通道

经过观测表明，沿太行山脉的西南通道为在南风场下向北京进行污染输送的主要路径，特别是沿此路径分布有多个工业源，对北京的空气质量有重要影响。

车载 DOAS 在包含京津冀、山东等部分区域的华北平原地区观测，获取了南风、北风风场下 SO$_2$、NO$_2$ 柱浓度的不同分布特征。对比西南测量路径（北京—保定—石家庄）SO$_2$ 柱浓度在不同风场下的柱浓度特征，验证了西南路径在南风风场下是北京市 SO$_2$ 的主要外部输送通道。

在南风风场下西南路径 SO$_2$ 的平均柱浓度是 6.09×10^{16} 分子/cm^2，在北风风场下是 2.35×10^{16} 分子/cm^2，南风风场下的浓度约是北风风场下的 2.6 倍。

车载 DOAS 对北京冬季五环、六环的观测表明，五环区域 NO$_2$ 与 SO$_2$ 均处于较低水平，六环区域 NO$_2$ 与 SO$_2$ 在南部整体抬升，SO$_2$ 在房山区与大兴区一带具有较高浓度，表明近郊存在无组织散源的排放。

2015 年 9 月 7 日 10 时 20 分至 40 分，车载 DOAS 观测了西南风场下西南方向 NO$_2$ 对北京城区的传输，西南五环输送带宽度约 13.8 km，通量约 0.93 kg/s。位于琉璃河的 MAX-DOAS 设备显示输送高度在 800 m，输送时长 2.5 h（图 1-52）。

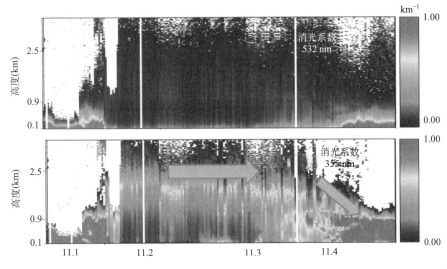

图 1-52　颗粒物污染输送垂直剖面（2014 年 11 月 4 日）

2014 年 11 月 4 日（APEC 期间），在西南方向琉璃河观测到颗粒物传输高空下沉，11 月 1 日傍晚以后气溶胶消光系数（532 nm 波段）下降较为明显，但有一层细粒子（355 nm 波段）仍然主要稳定在 2.1 km，存在高空输送，并在 4 日凌晨污染层下降，形成较为严重的局地污染。

4. APEC 期间减排措施效果评估

为保障 APEC 期间空气质量，北京市从 11 月 1 日起采取减排控制措施，并从 3 日至 12 日期间，每天 3 时至 24 时在全市行政区域范围内实行机动车按车牌尾号的单双号限行。为进一步减少交通出行人数，11 月 7 日至 12 日在京事业单位放假 6 天；与此同时，自 11 月 4 日起，河北、天津、山东、山西、内蒙古等省部分城市协同北京实施机动车单双号限行，停限产污染企业，暂停工地等措施。雾霾的形成是区域性的，研究和分析雾霾的成因及特征，除了需要相关气象数据外，还需要知道近地面及高空颗粒物和污染气体的浓度变化特征，利用地基 MAX-DOAS 技术观测的 NO₂、SO₂ 气态污染物的对流层垂直柱浓度结合卫星数据，从立体空间角度来分析污染物的区域分布、演变及输送特征，初步评估在这次"APEC 蓝"过程中北京市及周边污染物的相互影响过程，研究减排控制措施前后污染物区域分布的变化特点及输送强度的差异。

1）气态污染物区域分布特征

2014 年 10 月 26 日到 11 月 11 日期间各站点 MAX-DOAS 测量的 NO₂ 和 SO₂ 垂直柱浓度日均结果可反映监测期间的三次污染过程：10 月 27~31 日、11 月 4~5

日、11 月 7~8 日，这个过程与地面点式的 API 数据非常吻合。

为分析气态污染物（NO$_2$ 和 SO$_2$）在不同地区的差异，将测量期间各站点的测量结果进行平均，得到不同区域的柱浓度结果。从区域平均结果可见，北京市站点（遥感所、环境总站、国科大、永乐店、琉璃河）NO$_2$ 浓度明显高于河北保定、邢台以及天津宁河，这充分说明北京市本地产生的 NO$_2$ 非常大，而受外来影响较小；但对 SO$_2$ 而言，河北邢台浓度最高，河北保定、天津宁河均为高值，虽然琉璃河 SO$_2$ 浓度也较高，但也与其距河北省较近，受其影响较大有关，由此可见，在西南、东南风场的影响下，SO$_2$ 的输送影响较大。

由 OMI 卫星 NO$_2$ 结果可见，北京市、天津市 NO$_2$ 浓度均较高，这与 MAX-DOAS 观测的天津 NO$_2$ 平均值较低存在差异，这可能是由于天津站点的 MAX-DOAS 安装在天津市区东北部，距离市区较远，NO$_2$ 浓度比市区相对低得多。

2）控制措施采取前后污染物的变化规律

将北京市 MAX-DOAS 观测站点测量的 NO$_2$ 和 SO$_2$ 垂直柱浓度取平均值，得到了反映北京市平均污染水平的气态污染物浓度结果，11 月 1 日采取控制措施前，NO$_2$ 垂直柱浓度的平均值为 7.8×10^{16} 分子/cm^2，采取控制措施后直到 11 月 11 日，其平均值为 3.42×10^{16} 分子/cm^2，浓度降低了 56.15%，11 月 3 日起北京市采取了机动车尾号单双号限行，从 11 月 5~11 日 APEC 期间的测量结果可见，NO$_2$ 垂直柱浓度为 3.28×10^{16} 分子/cm^2，比减排前降低了 57.95%。

通过 SO$_2$ 监测结果可见，11 月 1 日以前垂直柱浓度为 6.1×10^{16} 分子/cm^2，在 11 月 1 日之后，SO$_2$ 垂直柱浓度的平均值降为 3.99×10^{16} 分子/cm^2，比之前降低了 34.59%，而在 APEC 期间，SO$_2$ 垂直柱浓度为 3.58×10^{16} 分子/cm^2，比 11 月 1 日前降低了 41.31%。

通过以上数据可见，在采取减排、限行等控制措施后，北京市 NO$_2$ 和 SO$_2$ 垂直柱浓度出现了较大程度地降低，这为改善空气质量提供了有力保障。

对于河北保定市，NO$_2$ 在 APEC 前的平均浓度约为 2.78×10^{16} 分子/cm^2，而在采取了控制措施后的 APEC 期间的平均浓度仅为 1.39×10^{16} 分子/cm^2，下降了 50%，SO$_2$ 在 APEC 前的平均浓度约为 7.69×10^{16} 分子/cm^2，在 APEC 期间的平均浓度降为 5.27×10^{16} 分子/cm^2，下降了 31.46%。

对于天津宁河市，NO$_2$ 在 APEC 前的平均浓度约为 1.86×10^{16} 分子/cm^2，而在采取了控制措施后的 APEC 期间的平均浓度仅为 1.57×10^{16} 分子/cm^2，下降了 15.59%，SO$_2$ 在 APEC 前的平均浓度约为 1.07×10^{17} 分子/cm^2，在 APEC 期间的平均浓度降为 3.43×10^{16} 分子/cm^2，下降了 67.9%。

从 OMI 卫星结果可见，在采取控制措施之前，北京市、天津市 NO$_2$ 浓度均很高，保定市 NO$_2$ 浓度也较高，在采取了控制措施后，均出现了明显降低，其中天津和唐山区域下降了约 23%，这与 MAX-DOAS 的结果（下降 15.59%）比较接近。

　　3）区域间相互影响分析

　　虽然从总体上看北京市空气质量在采取控制措施后有了明显改善，但也不能忽视周边区域对北京市空气质量的影响，特别是在采取控制措施后仍然出现了两次短暂的灰霾过程，分别是在 11 月 4~5 日、11 月 7~8 日。从这两次成霾的原因看，都是在近似静稳、弱西南风条件下形成。结合北京市地形特点可见，北京的地势是西北高、东南低，西部是太行山余脉的西山，北部是燕山山脉的军都山，两山在南口关沟相交，形成一个向东南展开的半圆形大山弯。这样的地形在西南风的影响下，气流带来的河北省工业排放的污染物北上遇阻，在导致北京市本地污染物积聚的同时，加上外来污染物的输送，进一步加剧了污染程度，从而形成长期重污染过程。

　　图 1-53 所示为 11 月 3 日下午的一次污染传输过程，在弱西南风的影响下，安装在这一通道的邢台、保定、琉璃河、遥感所和国科大的 MAX-DOAS 站点先后观测到了 SO_2 的高值出现，从 12 点 26 分邢台观测到峰值开始，直到 13 点 35 分国科大观测到峰值。

　　利用 NO_2 廓线结果，更加直观地看到了 11 月 2 日到 5 日灰霾形成、持续和消失的整个过程，如图 1-53 所示，上面的为河北保定市廓线结果，中间为遥感所廓线结果，下图为国科大结果。

　　从图中可见，在 11 月 4 日出现了明显的污染过程，而这一过程在 3 日就已经开始形成，其中遥感所在上午 10 点在近地面和高空均出现高值，而国科大则在下午 14 点以后开始出现高值，15 日开始消散，国科大消散较快而遥感所消散过程持续稍长，这与其距离市区排放源较近，且不易扩散有关。从保定站的廓线结果可见，本次灰霾过程中的 NO_2 浓度并不高，其变化不如北京市遥感所和国科大的结果明显，可见 NO_2 输送较弱。从本次灰霾过程 NO_2 廓线结果可见，气体污染物主要分布在 500 m 以下，高空伴随微弱的输送过程。

　　在灰霾消散过程中（11 月 5 日），西北风向成为主导风向，在这种气流控制下，北京市会对其东南方向产生污染物输出过程。在西北风影响下，北京市 11 月 5 日国科大和遥感所站点 NO_2 迅速降低，而位于北京市东南部的永乐店在此期间观测到了较长时间的近地面高值过程，说明在此期间北京市在向外输出污染气体。位于东南方向的天津宁河站点没有观测到明显的高值过程，但在 400~800 m 高度存在 NO_2 的输送层。

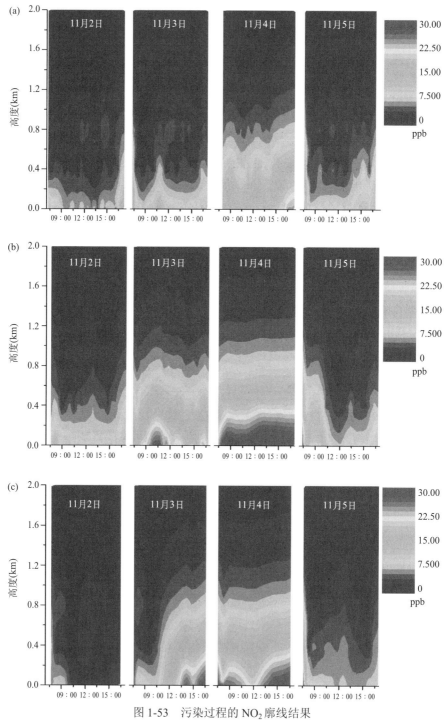

图 1-53 污染过程的 NO₂ 廓线结果

（a）河北保定市；（b）遥感所；（c）国科大

　　为了评估在这次输送过程中来自西南方向河北省的影响,以北京市和河北省西南交界处琉璃河站点的 MAX-DOAS 的测量结果为依据,结合卫星、气象等数据,初步估算了在此期间的气态污染物 SO_2 和 NO_2 的输送量,利用卫星估算的区域总量,得到了本次过程中外来输送的 SO_2 和 NO_2 对北京市气态污染物总量的贡献率。选取北京市西南输送通道的截面长度约为 86.31 km,结合当时的地面风速、输送时间以及 SO_2 和 NO_2 对流层垂直柱浓度的测量结果,计算得到 SO_2 在此期间的输送强度为 $Q_{SO_2} = 23.6$ kg / s, NO_2 的输送强度为 $Q_{NO_2} = 4.6$ kg / s,并结合卫星计算的 SO_2 和 NO_2 总量,初步计算得到 SO_2 输送的贡献率约为 23.25%, NO_2 的输送贡献率约为 6.34%。

　　为评估输送在采取控制措施前后的变化情况,分析了在 10 月 27 日的一次西南输送过程。10 月 27 日 14 点以后起,在弱西南风的控制下,出现了一次污染输送过程。计算得到在此过程中 SO_2 的输送强度为 $Q_{SO_2} = 37.73$ kg / s, NO_2 的输送强度为 $Q_{NO_2} = 6.1$ kg / s, SO_2 贡献率约为 45.84%, NO_2 贡献率约为 5.3%。从输送强度看,通过采取减排限行措施以后,来自西南方向的输送明显减弱了很多, SO_2 输送强度在 APEC 期间比采取控制措施前降低了 37.45%, NO_2 输送强度比之前降低了 24.59%,由此可见,河北省采取控制措施以后效果明显,对北京市的输送明显减弱。

　　同样地,在西北风的控制下,北京市污染物迅速消失的同时,也对东南方向产生了输送过程。为评估北京市的输出量,以 11 月 5 日为例,计算了在此过程中 SO_2 和 NO_2 的输送强度及输送量。在此期间, SO_2 的输送强度约为 $Q_{SO_2} = 5.8$ kg / s, NO_2 的输送强度约为 $Q_{NO_2} = 5.75$ kg / s。

　　在 11 月 6~8 日期间,京津冀地区在此观测到灰霾过程,此处过程主要发生在北京南部和东南部,北京市区基本没有出现,通过监测结果可以发现,在 11 月 6 日河北邢台、保定以及北京琉璃河都观测到 SO_2 的高值过程,但是位于北京市及北京市北部的遥感所和国科大站点没有观测到高值。结合该时段气象数据知,在此期间在西北风和弱西南风交替控制下,北京市污染物在西北风的控制下消散,而弱西南风引起的污染输送没有到达北京市区,而是在琉璃河附近,从而导致出现邢台、保定和琉璃河观测达到高值的先后顺序。

　　4) 小结

　　通过 MAX-DOAS 组网对京津冀区域观测的初步结果,得到以下结果:①北京市 NO_2 的来源以本地排放为主,外围影响较弱; SO_2 受到外围影响较大,在特定风场作用下会对北京市产生输送过程;②11 月采取控制措施后,北京市 NO_2 浓度降低了 51.79%, SO_2 降低了 31.3%;③西南通道是主要的污染物输送通道,在采取控制措施后,输送强度明显减弱, SO_2 降低了 37.45%, NO_2 降低了 24.59%。

5. "9·3"阅兵期间减排控制措施效果评估

通过部署在北京、河北、天津的大气成分光学立体观测站网（激光雷达、MAX-DOAS 和车载 DOAS），获取京津冀地区颗粒物、污染气体（NO_2、SO_2）的对流层垂直柱浓度及其区域分布，掌握不同时段北京市及周边污染物时空分布变化特征，获取污染过程中颗粒物、NO_2、SO_2 区域输送通量，为保障阅兵仪式期间的空气质量保障提供立体监测数据，为空气质量保障方案控制效果提供评估。

阅兵前的整体空气质量都较好，市区、西南通道（琉璃河）和东南通道（天津宁河）站点近地面都较为"干净"，颗粒物主要集中在 1.1~1.5 km，只在 8 月 27~29 日三地出现不同程度的局地污染，市区和西南通道琉璃河的污染更集中在高层；阅兵当日（9 月 3 日）三地都非常干净，市区气溶胶消光系数平均值仅为 0.35 km^{-1}，但 9 月 4 日三地均出现明显的污染，且污染物都在逐渐抬升，市区的污染增加幅度最小，琉璃河集中在近地面，天津高空地面污染分层明显。西南通道（琉璃河）边界层高度具有比较明显的日变化，西南方向开始出现小区域的短距离输送，说明阅兵期间的控制措施非常有效，且与 APEC 期间相比，气溶胶质量浓度下降幅度更大。

MAX-DOAS 气态污染物监测结果分析：

1）北京市区

利用安装在中国科学院遥感与数字地球研究所的 MAX-DOAS 观测了 8 月 1 日到 9 月 16 日期间北京市 NO_2 和 SO_2 的变化情况（图 1-54）。北京市在此期间气

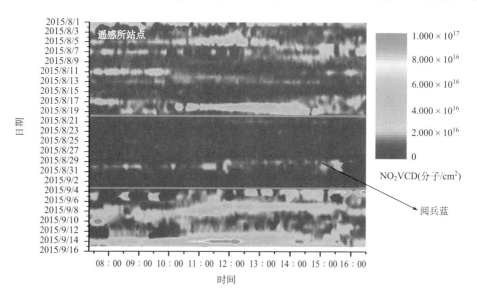

图 1-54　监测时间段 NO_2 变化情况

态污染物一直处于低值水平，与采取控制措施之前相比，NO_2 柱浓度平均值降低了 61.28%，但在控制措施取消以后，NO_2 开始升高，升高了 2.43 倍，但仍处于低值水平；对于 SO_2 而言，与采取控制措施之前相比，SO_2 柱浓度平均值降低24.78%，但在取消控制措施后，SO_2 变化不明显，仍处于低值水平。

监测期间 8 月 1 日、5 日、11 日、17~19 日均出现了高值，其他大部分时段浓度较低。控制前 NO_2 通常早晚较高，中午较低；特别早 8~9 点交通高峰期 NO_2 浓度较高。阅兵控制后，NO_2 浓度较低，基本无明显的日变化规律。在 8 月 20日至 9 月 3 日采取控制措施期间，NO_2 浓度处于低值水平，但从 9 月 4 日开始又出现高值。如下图所示。

利用 MAX-DOAS 反演得到了 NO_2 垂直分布廓线（图 1-55），从廓线结果可见，在 8 月 20 日至 9 月 2 日期间 NO_2 主要分布在 400 m 以下且浓度很低，最高值约为 20 ppb。监测期间出现了 4 次微弱的浓度升高过程，分别是在 8 月 21~22日、23~24 日、29~31 日、9 月 3 日以后，其中前三次浓度较低，主要集中于近地面，9 月 3 日以后，除了本地排放以外，也出现了高空污染输送过程尤其在 9 月7~10 日、14~15 日期间。

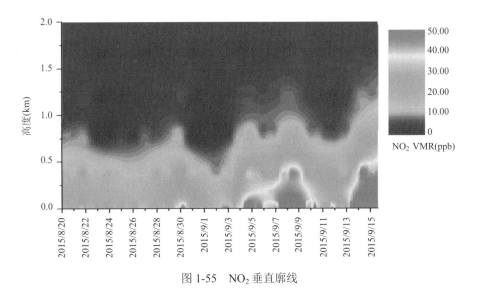

图 1-55　NO_2 垂直廓线

综上分析可见，北京市在控制措施期间 NO_2 和 SO_2 浓度均较低，采取控制措施后 NO_2 降低明显，下降了 61.28%，SO_2 也出现了明显下降；在措施取消后，NO_2 浓度升高较快，SO_2 变化不大。

2）西南通道

琉璃河站点、河北保定站点位于北京市西南方向，可以评估来自西南河北省的污染物输送影响情况。NO_2 处于低值水平，SO_2 浓度稍高。在监测期间（8 月 19 日至 9 月 3 日）西南方向没有出现影响北京市空气质量的污染输送过程。控制前后，NO_2 柱浓度平均值降低了 47.2%，SO_2 柱浓度平均值降低 10.4%；20 日、21 日两天 NO_2 浓度较低，22~25 日出现升高过程，26 日起开始下降并持续处于低值，但整个过程 NO_2 浓度都不高，尤其在 28 日周边采取措施后，浓度再次降低，较之前降低了 66.38%，可见周边采取措施对位于北京市郊区的琉璃河影响更大；在北京市采取措施后 SO_2 降低 27.4%，而在周边采取措施后再次降低 13.59%。

河北省保定站点位于河北省中部，通过监测可以评估河北省污染物排放及分布情况。

通过保定站点 MAX-DOAS 监测结果可见，NO_2 处于低值水平，SO_2 浓度较高；在 8 月 31 日由于降水，使得 NO_2 和 SO_2 均出现了明显降低。对于 SO_2 而言，浓度持续较高，虽然在 22 日略有降低，但随后升高，并在 28~30 日出现了一次高值过程。31 日随着降水浓度降低，9 月 1 日又开始升高，初步推断为本地 SO_2 排放。

综上可见，阅兵控制措施期间，西南方向没有出现明显的输送过程。

3）东南通道

永乐店站点、天津宁河站点位于北京市东南方向，通过监测可以评估来自东南天津市、河北省方向的污染物输送影响情况。NO_2 处于低值水平，SO_2 浓度也较低。在监测期间（8 月 19 日至 9 月 3 日）东南方向也没有出现影响北京市空气质量的污染输送过程。从 23 日开始 NO_2 呈现出持续降低的过程，尤其在 28 日外围省区采取控制措施后持续降低；20~27 日期间 SO_2 浓度稍高，在 28 日周边采取控制措施后出现降低并一直处于低值水平。

天津宁河站点位于北京市东南方向，通过监测可以评估天津市的污染物排放及分布情况。

通过永乐店站点和宁河市站点的 MAX-DOAS 监测结果可见，监测期间北京市东南方向没有影响北京市空气质量的污染过程。NO_2 浓度在大部分时段较低，但也在部分时段出现升高，如 8 月 22 日和 31 日；宁河市 SO_2 浓度稍高，但也处于较低水平，控制措施取消后升高明显。

6. 小结

（1）通过立体监测系统获得了气溶胶、污染气体（NO_2、SO_2）时空分布结果及垂直分布信息。①区域来源：北京市 NO_2 的来源以本地排放为主，外围影响较弱；SO_2 受到外围影响较大，在特定风场作用下会对北京市产生输送过程。②垂直分布：NO_2 主要集中在近地面 400 m 以下，输送时段污染层高度达到 1 km 左右。

（2）通过立体监测系统获得了西南、西北两个输送通道在特定风场下对北京市污染物的输送贡献，从立体角度评估了影响北京空气质量的外围因素。

（3）利用立体监测体系评估了重要时段的控制措施效果，APEC 期间采取控制措施后，北京市 NO_2 浓度降低了 51.79%，SO_2 降低了 31.3%；阅兵期间采取控制措施后，NO_2 柱浓度平均值降低了 47.2%，SO_2 柱浓度平均值降低 10.4%。控制措施效果明显，在采取控制措施期间颗粒物、NO_2、SO_2 都有明显的降低。

（4）立体监测体系在获得大气成分（气溶胶/污染气体）区域、立体分布信息的基础上，有效地弥补了近地面点式监测系统的不足，对于全方位掌握我国京津冀地区污染的成因和规律具有重要意义。

1.3.5　现有监测体系用于研究京津冀大气污染问题的局限性

2013 年以来，各省会城市和其他地级市陆续建立了大气污染物国控监测站点，极大提升了环境空气质量的认识和管理水平。但是，现有的大气污染物监测站点主要集中在城市中心，这一方面确保了城市监测结果的准确性，另一方面缺丧失了监测站对郊区和偏远地区的代表性。京津冀地区重污染发生时，往往形成特定的污染物传输通道，集中在城市中心的监测站，丧失了监控污染物跨界传输的机会。另外，现有的国控站点观测仅限于地面，而对边界层中上层的污染程度缺乏探测，这客观上限制了对雾霾形成和消散机理的认识。最后，二次污染物的前体物（如 NH_3、VOCs 等）和颗粒物成分（SO_4^{2-}、NO_3^-、BC 等）的实时监测是认识颗粒物二次生成的必经之路，但现有监测体系仅限于对 6 种常规大气污染物的监测，而缺乏对上述物种的规模监测。

京津冀区域环境空气监测网络共包含了 13 个城市的 80 个国控评价点位和 11 个区域点位，各城市监测点位数量在 3~13 个之间，部分城市还布设了省（市）控监测点位，全部开展了 SO_2、NO_2、CO、O_3、PM_{10}、$PM_{2.5}$ 以及气象五参数的监测。在质量控制体系方面，针对监测点位布设、监测仪器设备选型、监测仪器的安装与验收、监测系统运行、数据采集与审核等环节初步构建了较为完善的质量控制体系，在监测结果评价方面目前已经形成了环境空气质量达标评价、环境空气质量指数、环境空气质量排名等多尺度、多的空气质量评价技术体系。在监测结果信息发布方面，环境保护部、北京市、天津市、河北省环保部门都建成了各自的空气质量发布平台，公众可以在网站上方便地查询各监测站点 SO_2、NO_2、CO、O_3、PM_{10}、$PM_{2.5}$ 等 6 项指标的实时监测结果。

现有监测体系虽然能够基本满足环境空气质量监测与评价需求，但在服务于环境管理方面也存在着一些问题，包括：①环境监测法律法规不完善，监测机构职责定位和事权划分不明晰。②监测范围和要素指标覆盖不全，表现为城市点位多，区域点位少，环境评价点位多，污染监控点位少，点位布设缺乏区域尺度上的统一规划，特殊污染物监测不足，颗粒物成分及前体物监测不足，臭氧前体物和光化学污染二次污染物监测不足等。③监测技术体系不完备，立体监测、遥感监测等新技术应用不足。我国现有的环境空气监测网络，普遍以地面监测子站的自动化监测为主，主要开展基本污染物监测，缺乏垂直分布立体监测数据，大气边界层中各种污染气体、气溶胶与人类关系密切，城市各污染源排放的污染气体、气溶胶的扩散、输送和沉降主要集中在大气边界层，常规的地面监测手段不能提供足够的信息来确定污染物的动态时空演化过程和变化趋势，难以为大气污染联防联控提供有效支撑。④监测数据质量有待于进一步提升。质控规范亟须完善，颗粒物与臭氧监测的量值传递体系需要统一，现有质控体系和工作机制与环境监测事权上收后的监测管理模式不相适应，个别地方行政部门对监测数据的人为干预依然存在等。⑤信息化水平有待提高，信息公开与共享程度不够。在环境空气质量监测信息产品方面，对环境监测数据的分析手段比较单一，缺乏对于环境大数据分析和资源整合，难以形成有价值的信息产品，在信息公开与数据共享方面，信息公开力度与社会各界的需求还有一定差距，环境监测数据共享和信息公开亟须进一步加强。⑥监测与监管结合不紧密。污染源监督性监测数据在环境执法、总量减排、排污申报等工作中存在监测数据应用不足、应用范围不广。污染源自动监测数据在环境执法、环境管理的应用上仍处在探索阶段。⑦对社会化环境监测的监管机制不完善。环境监测社会化在国家层面尚没有明确的法律法规支撑，对监测市场尚未形成有效的监管和引导机制，对社会化监测机构的资质管理、市场准入、监测人员资质、质量控制、日常监管、诚信记录、责任追究等方面缺乏相应规定，导致社会化环境监测面临诸多问题，不利于环境监测服务市场的有序健康发展。现有监测体系与国家《全国生态环境监测网络建设方案》确定的"初步建成陆海统筹、天地一体、上下协同、信息共享的生态环境监测网络"的目标还有一定差距。

1.4　京津冀地区大气污染物减排面临的挑战

　　"十三五"时期是京津冀区域空气质量改善的关键期。随着治污减排工作的不断深入，京津冀地区二氧化硫、氮氧化物等常规污染因子治污潜力逐步收窄，挥发性有机物、氨等污染因子尚未纳入有效管理，长期累积和新型环境问题应对的难度加大，目前已有的举措难以保障环境空气质量改善目标全面完成。再加上以煤为主的能源结构和高耗能高污染的产业结构调整难度较大且需要时间，河北省空气质量持续改善面临巨大的挑战和压力。经过近几年的工作，尽管京津冀环境空气质量出现向好态势，各项污染物浓度均呈下降趋势，但是要持续保持该地区空气质量改善趋势，仍然面临较大的压力。由于受到诸多行业发展以及跨区域贸易的影响，京津冀地区已采取的防治措施还不足以确保完成既定的空气质量改善目标任务。

1.4.1　京津冀能源结构对大气污染防治的挑战

京津冀地区"一煤独大"的能源供应和消费结构导致能源利用效率较低，单位能耗大气污染物排放强度居高不下。因此，优化能源结构、发展清洁能源，是京津冀地区大气复合污染防治面临的挑战之一。

京津冀地区一次能源消费以煤炭为主，2014 年煤炭消费量 3.64 亿吨，占全国煤炭消费总量的 8.4%。京津冀地区煤炭消费分布极不均衡，河北省消耗了 2.96 亿吨煤，占京津冀煤炭消费总量的 81%。电力和工业部门是煤炭消费的主体，电力部门的能效和排放控制水平较高，但工业部门中钢铁、玻璃、水泥等高耗能高污染行业的能效和排放控制水平较差。此外，民用部门散煤燃烧污染形势严峻，据估计河北省至少有 3000 万吨民用散煤，燃烧效率较低、污染控制水平差。

《大气污染防治行动计划》明确提出，到 2017 年，河北省减少 4000 万吨煤炭消费量，压缩 6000 万吨以上钢铁产能，淘汰 10 万千瓦以下非热电联产燃煤机组；到 2015 年，淘汰 6100 万吨以上落后水泥产能和 3600 万重量箱平板玻璃产能。2013 年以来，全省通过淘汰燃煤锅炉、取缔外来煤炭洗选，关停落后产能等措施，煤炭消费量减少 1900 万吨，年均天然气供应能力提高 20%以上，压减 1600 多万吨钢铁、1700 多万吨水泥、3200 多万重量箱平板玻璃产能，能源结构和产业结构调整取得阶段性成果。

结构调整步入艰难期。河北省历史形成的产业结构偏重，钢铁、电力、建材、石化工业增加值占规模以上工业的 56.7%；能源消费结构不合理，煤炭消耗量占全省能源消费总量的 88.6%。调整优化产业结构，既要做好减法，大力压减过剩产能，又要做好加法，加快推进传统产业改造升级，培育壮大新兴产业，需要付出艰苦不懈的努力。而且随着今后我国发展阶段总体转入后工业化新阶段，经济增长要在短时间内摆脱依赖资源过度开发和利用、资源能源高消耗、污染排放高强度、产出和效益低下的状态难度很大。

另外，与重工业相关的挥发性有机物污染排放控制工作也进展缓慢。挥发性有机物是导致大气中臭氧、细颗粒物浓度升高的主要污染物之一，改善空气质量，降低 $PM_{2.5}$ 浓度，必须开展挥发性有机物污染防治。《大气污染防治行动计划》中针对挥发性有机物综合治理提出明确的治理重点和要求。但是近两年来，河北省大气污染防治工作重点围绕压煤、限产、控尘、控油等常规污染源和常规污染因子，涉及的工业行业主要包括火电、钢铁、水泥和其他工业锅炉等，对减少二氧化硫、氮氧化物、颗粒物等污染物排放量具有显著效果，而对石化、制药、有机化工、表面涂装、包装印刷等挥发性有机物排放重点行业的综合治理工作开展相对滞后。

1.4.2　京津冀产业布局对大气污染防治的挑战

京津冀地区偏重资源化和重型化的产业结构是造成能源消费总量大、大气污染物排放水平高的重要原因。同时，京津冀地区产业发展极不均衡，区域产业布局不合理、协调发展水平低，严重制约区域大气复合污染联发联控的战略布局。因此，优化京津冀地区产业结构，全面推进产业结构优化和技术升级，是京津冀地区大气复合污染防治面临的挑战之二。

京津冀及周边地区是全国火电、钢铁、平板玻璃、水泥等高耗能高污染行业的聚集区，部分高污染行业生产工艺技术和污染物治理水平落后，污染物减排任务艰巨。河北是全国钢铁和玻璃生产大省，粗钢产量占全国总产量的 23.4%，平板玻璃产量占全国总产量的 15%，均为全国第一。在京津冀周边地区，山东火电装机容量全国第二，水泥产量全国第三，平板玻璃产量全国第四；河南砖瓦产量全国第一，水泥产量全国第二，火电装机容量全国第六。这些高耗能行业存在先进工艺和落后工艺并存、产品结构不合理的情况。以钢铁行业为例，目前仍存在 90 m³ 以下烧结机、400 m³ 以下高炉等规模较小、技术落后的生产工艺；从产品结构看，京津冀主要生产低附加值的普钢（如热轧窄带钢），而用于特种机械制造、汽车制造、能源用钢等领域的高附加值和高技术含量钢材较少。

同时，京津冀地区产业空间布局和发展水平极不均衡，城市群空间布局集中、创新能力差距较大，制约了在区域层面协调推进产业结构优化和生产工艺升级。在京津冀两市一省中，河北省人口占京津冀区域总量的 2/3 以上，但城镇化水平、人均 GDP 等指标不仅远落后于京津，甚至落后于全国平均水平。河北省贡献的GDP 不足京津冀总量的一半，却占了能耗的 2/3 和煤耗的 80%。河北省产业发展相对落后已经成为制约京津冀发展的明显"短板"，直接导致京津冀经济发展和城镇化水平明显落后于长三角和珠三角区域。问题产生的根源在于北京和天津的城市功能和人口高度集中，城市群空间布局呈现明显的"双核"结构，周边城市发展相对滞后。京津冀地区缺乏区域协同创新，而河北省自主创新能力较为缺乏，进一步加剧了区域发展不均衡。因此急需从优化空间布局、发展先进制造、加强污染治理等三方面，全方位推进京津冀的产业结构优化和技术升级。

1.4.3　京津冀农业与城镇化发展现状对大气污染防治的挑战

京津冀地区是我国重要的小麦-玉米轮作区，农业生产和生活活动产生大量面源排放，如农业氨排放、农村散煤排放、秸秆焚烧排放等，是京津冀地区大气颗粒物及其前体物氨气的重要排放源。因此，优化农村能源结构，实施燃煤减量与替代，控制氨气排放，是京津冀地区大气复合污染防治面临的挑战之三。

农业排放包括施肥和畜禽养殖氨排放、农田秸秆焚烧排放以及农田扬尘排放。农业源在京津冀地区的大气污染问题中扮演不可替代的角色。一方面，京津冀本身的农田面积可观，仅河北就达到 649.37 万公顷，排放量高于全国平均水平；另一方面，京津冀紧邻农业大省河南，京津冀中南部地区受到传输的影响较大。通过 1.3 节的模拟分析已经看到，京津冀地区的 $PM_{2.5}$ 污染对农业氨排放极为敏感，尤其是在氨排放较高的夏季，农业氨控制对当地 $PM_{2.5}$ 污染改善的效果仅次于工业源。

农业氨排放具有量大面广的特点，京津冀地区农业氨气排放总量为 89.8 万吨，其中氮肥施用排放 53.6 万吨，畜禽养殖排放 36.2 万吨。减少氮肥施用氨排放可从减少氮肥使用、改进氮肥组成和施肥方式等方面进行。氨气排放量与氮肥施用量密切相关，在保证粮食产量的前提下减少氮肥使用可有效减少农田氨排放；调整氮肥组成结构，使用硝态氮肥、包膜肥料和尿醛类肥料可有效降低铵态氮的排放比例；积极发展农村机械化施肥技术，加强氮肥深施和水肥一体化技术应用，可以大幅降低农田氨挥发量。控制畜禽养殖氮排放的关键是加强养殖过程氨排放控制，加强养殖废弃物管理，实现就地无害化处理与消解，加强种养一体化管理。

京津冀地区每年产生农作物秸秆 4847.5 万吨，其中小麦秸秆 1420.9 万吨、玉米秸秆 1825.6 万吨。近年来工业和民用秸秆需求量不断下降，秸秆处理难度加大，秸秆开放式焚烧现象较为普遍，严重影响大气环境质量。减少秸秆焚烧的根本途径在于加强秸秆综合利用，积极推进秸秆掩埋还田和有序焚烧。作物秸秆就地掩埋还田是目前最主要的利用方式，在不影响下茬玉米播种作业的同时，实现覆盖、保墒、减少杂草的作用。秸秆综合利用方法还包括制板、压块、生物质制气、纤维素乙醇和生物多元醇的生物质精炼项目。同时在大气扩散条件允许的前提下，在可控范围内推进农业秸秆有序焚烧。

京津冀地区农村住宅建筑围护结构保温性能较差，普遍缺乏专门的建筑保温措施。应从建筑节能入手，开展农村新建和既有房屋的建筑节能改造，减少热量损耗，降低建筑能耗。京津冀农村主要通过燃煤采暖，应坚持"因地制宜，多能互补，综合利用，讲求效益"的农村能源发展策略，积极实施燃煤减量与替代。结合新型城镇化建设进程，大力推广大中型沼气工程、秸秆沼气集中供气、生物质炭气油多联产、生物质固体成型燃料等技术，为小城镇和中心村等供应生活燃气、电力和热力等商品能源。在农村地区大力推广吊炕、高效炉灶、节能电器等节能产品，减少农村生活能源消耗。

1.4.4　京津冀交通系统发展现状对大气污染防治的挑战

机动车排放是城市大气污染物 NO_x、CO、VOCs 及 $PM_{2.5}$ 的重要来源。京津冀地区的交通业发展迅速，表现为城市机动车保有量的快速增长。统计显示，2015年北京和天津的机动车保有量分别达到 561 万辆和 285 万辆，且保持较快增长速度，较 2014 年分别增长了 4.4% 和 10.1%。尽管北京的机动车排放标准比全国其他地区更为严格，且大力提倡新能源汽车，但由于基数较大，连续作为交通排放量最高的城市。机动车采用尿素等控制尾气排放时，还会额外的排放 NH_3，从而有利于二次无机颗粒物的生成，加重空气污染程度。

京津冀地区是全国交通源污染排放的重点控制区域，交通源 HC 和 NO_x 等污染物排放强度是全国平均水平的 4~5 倍。高排放柴油车/机械和劣质油品成为制约区域大气污染防治的难点，满足绿色低碳目标的客/货运输模式发展缓慢。建立符合大气复合污染联发联控战略的区域综合交通运输体系，实现全链条式机动车污染防治和监管，是大气复合污染防治面临的挑战之四。

京津冀地区以 2% 的国土面积聚集了全国 12% 的汽车保有量，轨道交通在客货运输中承担比例不足，城市公共交通出行分担率较低，导致交通源排放较高。京津冀地区公路、铁路和民航等基础设施大部集中在北京，形成"单中心、放射状"的交通布局。客运方面，京津冀地区城际轨道交通网尚未形成，铁路客运比例不足 20%；北京、天津、石家庄等城市公交出行分担率仅为 40%~50%，与国家设定的大城市公交出行分担率 60% 的目标相比存在较大差距。货运方面，以天津、唐山等组成的津冀港口群 2014 年货物吞吐量达到 15 亿吨，占全国沿海港口吞吐量的五分之一，然而港口货物集输运由铁路承担的比例仅为 20%，其他大部分由公路货运完成，导致港口周边公路货车高度密集，机动车排放高度集中，因此，京津冀地区道路机动车排放强度较高。例如， 2013 年京津冀道路机动车 HC 和 NO_x 排放强度分别为 1.9 t/km^2 和 3.7 t/km^2，是全国平均水平的 4~5 倍；排放在北京和天津等城市核心区高度聚集，北京城区道路机动车 HC 和 NO_x 排放强度进一步攀升至 11.2 t/km^2 和 37.5 t/km^2。

京津冀地区开展交通系统大气污染排放治理，应针对"新车-在用车-油品"实施一体化环保管理，构建区域协同、物联网和大数据技术融合的全链条式机动车污染防治和监管体系。重点开展道路柴油车、工程机械、农业机械、船舶等关键柴油机领域的清洁化专项工程，在京津冀区域率先实施"清洁柴油机行动计划"。在京津冀地区的公共车队（公交车/出租车）和私家车队大力推广采用电力、天然气、乙醇汽油、氢燃料等多种清洁可再生燃料的新能源车辆。

1.4.5　京津冀大气污染的社会经济驱动

在中国，PM$_{2.5}$ 污染已成为威胁人类健康的重要因素。中国每年约有 120 万人因户外 PM$_{2.5}$ 空气污染而丧生，占全世界的 38%。PM$_{2.5}$ 通过多种疾病影响人类健康，病理学上已探明的包括，呼吸道疾病，缺血性心脏病，心脑血管疾病和肺癌等。根据这些疾病的临床风险因子和环境 $PM_{2.5}$ 浓度可建立定量的健康模型。这样的模型已广泛应用于国内外与健康有关的空气质量模拟和来源追因研究。

另一方面，在经济学角度，直接造成排放的生产过程，是由消费需求通过贸易链在背后驱动的。因此，系统地设计排放控制方案，不光要着眼生产行业，终端消费需求以及贸易链当中的中转行业同样值得关注。近年来，投入产出（Input-Output, IO）法等经济学模型，被广泛用于国内外构建消费与生产之间的定量关系。基于投入产出法的中国一次排放 $PM_{2.5}$ 进行社会经济学追因认为，出口贸易是导致该污染物从 1997 年到 2010 年持续增加的重要因素。中国人为源排放污染物的消费端分解显示，出口贸易和资本形成是一些高污染行业的背后驱动。

综合京津冀 $PM_{2.5}$ 健康损失的供给侧和需求侧追因分析，该地区较高的健康损失主要是由区域内部生产力水平差异、不利的供需地位和目前该地区的城镇化进程造成的。首先，河北省各行业生产力水平普遍低于北京和天津。这表现为同样产值在河北生产所隐含的排放明显高于京津，河北中南部的 $PM_{2.5}$ 污染水平高于京津，邯郸、石家庄等主要工业城市的健康损失率明显高于京津，由此造成的单位产值健康损失约为京津的 2 倍。其次，京津冀（尤其是河北）在国内外供需体系中尚处在低端制造地位。京津冀 $PM_{2.5}$ 健康损失的约 70% 来自京津冀本地，这高于一般省份的本地 $PM_{2.5}$ 贡献，但其中只有 50 个百分点用于京津冀自身消费，其余 20 个百分点则是供给外省的以制造业为首的需求。第三，持续的城镇化建设进一步加剧了京津冀地区的 $PM_{2.5}$ 污染。无论是京津冀地区本身需求还是外省需求，以固定资本形成的建筑业都占有较高比重，其上游产业是水泥、钢铁等排放量较高的制造业，从而带动大量的污染物排放，造成健康损失。

针对上述三大原因，建议采取如下针对性措施，以实现京津冀地区 $PM_{2.5}$ 健康损失的减少。第一，在京津冀一体化背景下，以北京和天津为参考，着力提高河北以低端制造业和交通为首的各行业生产力水平，同时提高重点污染源头的末端控制，力求同样产值的健康损失的持续降低。第二，通过调整京津冀地区的产业结构，改善该地区在国内外贸易体系中的地位。一方面，升级制造业水平，逐步降低通过高排放行业共计外省消费需求和出口的比例；另一方面鼓励引导河北和天津的科技含量高的制造业和第三产业发展，进一步降低单位产值的本地健康成本。第三，建筑业隐含排放的大幅降低有待于京津冀地区城镇化的逐步完成，为此应当做好预案，合理转移投资和人口就业，避免过度建设和过剩产能造成的额外污染。另外，京津冀地区较高的 $PM_{2.5}$ 污染水平还无疑受到本地家用直接排放和周边省份（如山东和河南）区域传输的影响，相应地，应采取清洁能源替代和区域联防联控的策略加以改善。

参 考 文 献

曹军骥. 2014. PM$_{2.5}$与环境. 北京: 科学出版社.

计军平, 刘磊, 马晓明. 2011. 基于 EIO-LCA 模型的中国部门温室气体排放结构研究. 北京大学学报(自然科学版), 47(4): 741-749.

薛文博, 付飞, 王金南, 等. 2014. 中国 PM$_{2.5}$跨区域传输特征数值模拟研究. 中国环境科学, 34(6): 1361-1368.

张人禾, 李强, 张若楠. 2014. 2013 年 1 月中国东部持续性强雾霾天气产生的气象条件分析. 中国科学: 地球科学, 57: 26-35.

张小曳. 2014. 中国不同区域大气气溶胶化学成分, 浓度, 组成与来源特征. 气象学报, 72(6): 1108-1117.

章国材, 矫梅燕, 李延香. 2007. 现代天气预报技术和方法. 北京: 气象出版社.

Chan C C, Chuang K J, Chien L C, et al. 2006. Urban air pollution and emergency admissions for cerebrovascular diseases in Taipei, Taiwan. European Heart Journal, 27: 1238-1244.

Cheng Y, Engling G, He K B, et al. 2013. Biomass burning contribution to Beijing aerosol. Atmospheric Chemistry and Physics, 13: 7765-7781.

Guan D, Su X, Zhang Q, et al. 2014. The socioeconomic drivers of China's primary PM$_{2.5}$ emissions. Environmental Research Letter, 9: 024010.

Henze D K, Hakami A, Seinfeld J H. 2007. Development of the adjoint of GEOS-Chem. Atmospheric Chemistry and Physics, 7: 2413-2433.

Jiang X J, Zhang Q, Zhao H Y, et al. 2015. Revealing the Hidden Health Costs Embodied in Chinese Exports. Environmental Science & Technology, 49: 4381-4388.

Lee J H, Hopke P K. 2006. Apportioning sources of PM$_{2.5}$ in St. Louis, MO using speciation trends network data. Atmospheric Environment, 40: S360-S377.

Li J, Yang W Y, Wang Z F, et al. 2014. A modeling study of source-receptor relationships in atmospheric particulate matter over Northeast Asia. Atmospheric Environment, 91: 40-51.

Li X, Zhang Q, Zhang Y, et al. , 2015. Source contributions of urban PM$_{2.5}$ in the Beijing–Tianjin–Hebei Region: Changes between 2006 and 2013 and relative impacts of emissions and meteorology. Atmospheric Environment, 123: 229-239.

McDonnell W F, Nishino-Ishikawa N, Petersen F F, et al. 2000. Relationships of mortality with the fine and coarse fractions of long-term ambient PM10 concentrations in nonsmokers. Journal of Exposure Analysis and Environmental Epidemiology, 10: 427-436.

Peters, G. P. 2008. From production-based to consumption-based national emission inventories Eclogical Economics, 65: 13-23.

Seinfeld J H, Pandis S N. 1998. Atmospheric Chemistry and Physics, From Air Pollution to Climate Change. New York: John Wiley and Sons, Inc.

Takahashi K, Nansai K, Tohno S, et al. 2014. Production-based emissions, consumption-based emissions and consumption-based health impacts of PM$_{2.5}$ carbonaceous aerosols in Asia. Atmospheric Environment, 97: 406-415.

Wagstrom K M, Pandis S N, Yarwood G, et al. 2008. Development and application of a computationally efficient particulate matter apportionment algorithm in a three-dimensional chemical transport model, Atmospheric Environment, 42: 5650-5659.

Wang K, ZhangY, Nenes A, et al. 2012. Implementation of dust emission and chemistry into the community multiscale air quality modeling system and initial application to an Asian dust storm episode. Atmospheric Chemistry and Physics, 12: 10209-10237.

Wang L T, Wei Z, Yang J, et al. 2014. The 2013 severe haze over the southern Hebei, China: Model evaluation, source apportionment, and policy implications. Atmospheric Chemistry and Physics, 14: 3151-3173.

Wang Y X, Zhang Q Q, He K, et al. 2013. Sulfate-nitrate-ammonium aerosols over China: Response to 2000–2015 emission changes of sulfur dioxide, nitrogen oxides, and ammonia. Atmospheric Chemistry and Physics, 13: 2635-2652.

Wang Z B, Hu M, Wu Z J, 2013. Long-term measurements of particle number size distributions and the relationships with air mass history and source apportionment in the summer of Beijing. Atmospheric Chemistry and Physics, 13: 10159-10170.

Wu D W, Huang Fung J C H, Yao T, et al. 2013. A study of control policy in the Pearl River Delta region by using the particulate matter source apportionment method. Atmospheric Environment, 76: 147-161.

Yarwood G, Wilson G, and Morris R. 2005. Development of the CAMx Particulate Source Apportionment Technology(PSAT）, Final Report, ENVIRON International Corporation, Prepared for Lake Michigan Air Directors Consortium, Novato, CA.

Ying Q, Wu L, Zhang H L. 2014. Local and inter-regional contributions to $PM_{2.5}$ nitrate and sulfate in China. Atmospheric Environment, 94: 582-592.

Zhang R, Jing J, Tao J, et al. 2013. Chemical characterization and source apportionment of $PM_{2.5}$ in Beijing: Seasonal perspective. Atmospheric Chemistry and Physics, 13: 7053-7074.

Zhang X Y, Wang J Z, Wang Y Q, et al. 2015. Changes in chemical components of aerosol particles in different haze regions in China from 2006 to 2013 and contribution of meteorological factors. Atmospheric Chemistry and Physics, 15: 12935-12952.

Zhang Y, Wang W, Wu S Y, et al. 2014. Impacts of updated emission inventories on source apportionment of fine particle and ozone over the southeastern U. S. Atmospheric Environment, 88: 133-154.

Zhang Y, Zhang X, Wang K, et al. 2015. Incorporating an advanced aerosol activation parameterization into WRF-CAM5: Model evaluation and parameterization intercomparison. Journal of Geophysics Research Atmosphere, 120(14）: 6952-6979.

Zhao H Y, Zhang Q, Guan D B, et al. 2015. Assessment of China's virtual air pollution transport embodied in trade by using a consumption-based emission inventory. Atmospheric Chemistry and Physics, 15: 5443-5456.

Zheng B, Zhang Q, Zhang Y, et al. 2015. Heterogeneous chemistry: A mechanism missing in current models to explain secondary inorganic aerosol formation during the January 2013 haze episode in North China. Atmospheric Chemistry and Physics, 15: 2031-2049.

第 2 章 京津冀区域能源、产业协同发展战略研究

课题组成员

倪维斗	清华大学	中国工程院院士
郝吉明	清华大学	中国工程院院士
何建坤	清华大学	教授
麻林巍	清华大学	副教授
李 政	清华大学	教授
潘克西	复旦大学	副教授
吴金希	清华大学	副教授
欧训民	清华大学	副教授
章景皓	清华大学	博士生
张 曦	清华大学	博士生
李伟起	清华大学	博士后
梁学胜	清华大学	硕士生
沈学思	清华大学	本科生
李 旭	清华大学	本科生
贾子博	清华大学	本科生
丁超凡	清华大学	本科生
王 成	清华大学	本科生
杨智伟	清华大学	本科生
田文龙	清华大学	本科生
宋世忠	清华大学	博士生

刘　培　　清华大学　　副教授

王　哲　　清华大学　　副教授

刘广建　华北电力大学　讲师

高　丹　华北电力大学　讲师

薛亚丽　清华大学　　副研究员

许兆峰　清华大学　　工程师

洪　毅　清华大学　　行政助理

田　瑛　清华大学　　财务助理

于庆来　清华大学　　工程师

针对京津冀区域防治大气复合污染联发联控的战略要求，本章重点关注其中涉及的能源、产业结构调整和技术升级问题，主要从宏观战略层面分析京津冀区域（北京市、天津市和河北省）推进能源、产业协同发展所面临的现状问题、未来趋势以及战略思路、政策措施等问题。主要内容包括五节：

第 2.1 节为"京津冀区域能源、产业发展的现状分析"，首先基于统计数据分析京津冀区域整体和三地（北京市、天津市、河北省）的能源、产业发展的现状和"十二五"规划、国家相关政策等；其次，绘制京津冀区域三地的能源分配桑基图（Sankey Diagram），明确三地能源利用从能源供应、能源转化到终端利用的基本流向；第三，对比京津冀和长三角、珠三角的发展现状，对京津冀区域内部差异发展的问题进行探讨；最后，总结对于京津冀区域能源、产业协同发展战略问题的初步认识。

第 2.2 节为"京津冀区域能源、产业发展的趋势分析"，首先基于第一类迪维西亚指数（Divisia Index）对数平均（LMDI）方法对 2003~2013 年间北京市、天津市和河北省能耗增长的驱动因素进行定量分析；其次，构建三地的 2030 年能源生产、消费和碳排放的情景计算模型，探讨三地能源、产业各自发展的常规情景和三地能源、产业协同发展的协同情景下能源供应、转化、消费和碳排放的差异及其启示。

第 2.3 节为"国外类似区域能源、产业转型的经验借鉴"，分析日本东京都市圈、美国五大湖区"铁锈地带"、德国鲁尔工业区三个典型案例，讨论这三个案例对于京津冀能源、产业转型发展的启示。

第 2.4 节为"京津冀区域能源、产业协同发展战略构思"，研究提出对问题的基本认识、战略思路和目标、重点任务和保障措施等；

第 2.5 节为"'十三五'时期京津冀区域能源、产业协同发展建议"，根据上述研究成果，提出五条针对"十三五"时期的政策建议。

总体来看，京津冀能源、产业的协同发展并非易事，核心问题是如何推进三地能源、产业发展的协调配合，从基础设施和产业结构、空间规划、节能减排、能源结构等多方面同时着手，重点给发展相对落后、污染严重的河北"补短板"，以形成复合区域能源、产业协同创新的可持续发展格局。

2.1　京津冀区域能源、产业发展的现状分析

京津冀区域（狭义）是指包括北京市、天津市和河北省三个省市行政辖区范围内的区域。该区域内城市较为密集，是我国三大城市群（还包括长三角城市群和珠三角城市群）之一。

2.1.1 京津冀区域能源、产业发展概况分析

本节首先基于统计数据分析京津冀区域整体及三地各自的发展概况，其次综述三地此前的功能定位、"十二五"规划的主要目标和任务；最后讨论京津冀协同发展面临的问题和相关国家政策的要求。

1. 京津冀区域发展的整体现状

以下主要依据统计数据，从人口、城镇化率、区域生产总值（GDP）、三次产业结构、能源消费量（中华人民共和国国家统计局，2013，2014）和废气排放量（国家统计局和环境保护部，2013，2014）等方面分析京津冀区域发展的整体现状。

1）人口

2012 年，京津冀区域人口总数（按常住人口统计）为 1.08 亿，占全国的 7.95%。2013 年，京津冀区域人口总数增至 1.09 亿，占全国的 8.03%。其中，河北省人口总数在 2012 年、2013 年均占京津冀地区人口总数的三分之二。2012 年与 2013 年北京市、天津市、河北省人口总数及比重如图 2-1 所示。

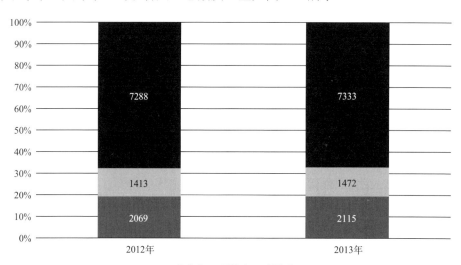

图 2-1　2012 年、2013 年京津冀区域人口（单位：万人）及其比重
（中华人民共和国国家统计局，2013，2014）

2）城镇化率

2012 年京津冀区域城镇化率为 58.9%，高于全国平均水平 52.6%。2013 年京津冀区域城镇化率有所升高，达到 60.1%，全国平均水平为 53.7%。2009~2013

年，北京市、天津市、河北省三地城镇化率均有所增加，期间北京的城镇化率始终维持最高水平，天津次之。北京市、天津市两市的城镇化率始终明显高于全国平均值；河北省城镇化率始终最低，且低于全国平均水平。2009~2013 年北京市、天津市、河北省三地城镇化率变化趋势如图 2-2 所示。

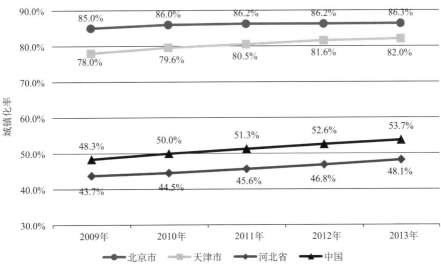

图 2-2　2009~2013 年京津冀区域三地城镇化率变化趋势
（中华人民共和国国家统计局，2014）

3）GDP

2012 年京津冀区域 GDP 总计 57348.29 亿元，占全国的近 10.0%。2013 年京津冀区域 GDP 增至 62172.13 亿元，占全国的 10.9%。北京市、天津市、河北省三地 GDP 占整个区域比重如图 2-3 所示。其中，河北省 GDP 在京津冀区域占比最大，2012 年占 46.3%，2013 年降至 43.5%。

2009~2013 年北京市、天津市、河北省的 GDP 年均增长率如图 2-4 所示，期间天津市的 GDP 年均增长率高达 15.0%，明显高于全国 GDP 年均增长率（8.8%）；其次为河北省，其年均增长率为 10.3%，也高于全国；北京市的 GDP 年均增长率为 8.4%，略低于全国平均水平。2009~2010 年，京津冀区域三地 GDP 年均增长率都有所提高，但从 2011 年开始，北京市、天津市、河北省的 GDP 年均增长率均逐渐降低，其变化趋势与全国 GDP 年均增长率的变化趋势基本类似。

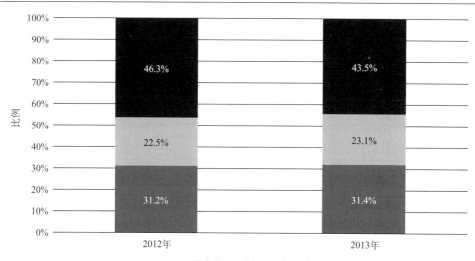

图 2-3 2012 年、2013 年京津冀区域三地 GDP 区域占比
（中华人民共和国国家统计局，2014）

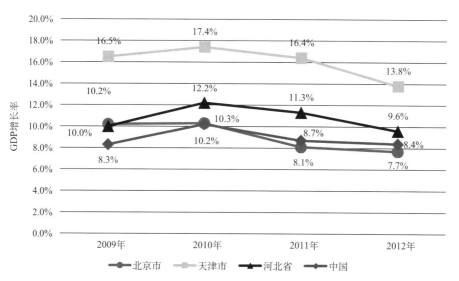

图 2-4 2009~2013 年北京、天津、河北及全国 GDP 增速
（中华人民共和国国家统计局，2014）

人均 GDP 方面，2012 年京津冀区域人均 GDP 为 53248 元，高于全国平均水平 38459 元。其中，北京市为 87475 元，天津市为 93173 元，河北省为 36584 元。2013 年京津冀区域人均 GDP 增至 57479 元，高于全国平均水平 41908 元。其中，北京市为 93213 元，天津市为 99607 元，河北省为 38716 元。可以看出，天津市

人均 GDP 最高，而河北省人均 GDP 显著落后于天津市、北京市，仅为两市的 40% 左右，和全国平均水平接近。

2009~2013 年京津冀区域人均 GDP 年均增长率如图 2-5 所示。2009~2013 年间，北京市、天津市及河北省的人均 GDP 年平增长率分别为 4.7%、9.9% 及 9.2%。天津市和河北省的人均 GDP 增长率呈逐年下降趋势，北京市则出现了连续的波动，总体先降后增。

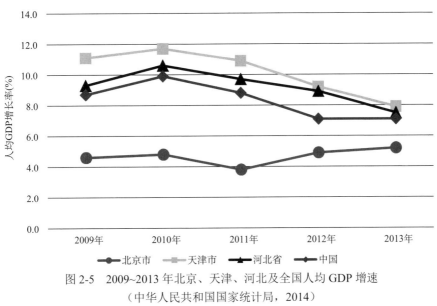

图 2-5　2009~2013 年北京、天津、河北及全国人均 GDP 增速
（中华人民共和国国家统计局，2014）

4）产业结构

2012 年和 2013 年北京市、天津市、河北省的三次产业结构基本保持稳定，如图 2-6 所示。北京市主要以第三产业为主；天津市主要以第二产业及第三产业为主，二者比例相当，其中第二产业比重略高于第三产业；河北省主要以第二产业为主，第三产业比重要远低于京津两地，而其第一产业的比重却要显著高于京津两地。

2013 年，京津冀区域三地工业及建筑业比重如表 2-1 所示，相对而言，北京市工业占比较低。

考虑到天津市、河北省的工业占比较高，下面分别给出了津冀两地 2013 年工业分行业产值占比，如图 2-7 和图 2-8 所示。其中，天津市工业总产值为 18281.56 亿元，河北省工业总产值为 46316.66 亿元。可以看出，钢铁和电子设备制造业占天津市工业总产值的比重最高，分别为 16.7% 和 13.1%；河北省工业产值呈现"一钢独大"格局，钢铁占 25.9%。众所周知，河北省是钢铁产业大省。2013 年，河北省生铁产量为 17027.6 万吨，占全国的 24.0%；粗钢产量为 18849.6 万吨，占全国的 24.2%；钢材产量为 22861.6 万吨，占全国的 21.4%。

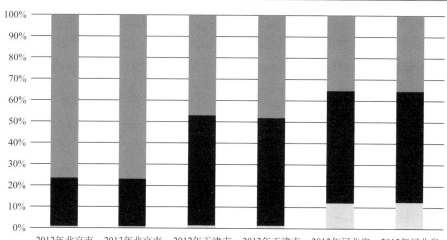

图 2-6　2012 年及 2013 年京津冀区域产业结构（中华人民共和国国家统计局，2014）

表 2-1　京津冀区域三地工业及建筑业比重

	工业	建筑业	第二产业
北京市	18.1%	4.2%	22.3%
天津市	46.5%	4.1%	50.6%
河北省	46.6%	5.6%	52.2%

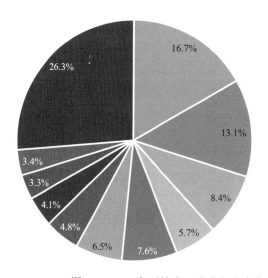

黑色金属冶炼和压延加工业，16.7%

计算机、通信和其他电子设备制造业，13.1%

汽车制造业，8.4%

石油加工、炼焦和核材料加工业，5.7%

石油和天然气开采业，7.6%

煤炭开采和洗选业，6.5%

食品制造业，4.8%

专用设备制造业，4.1%

电力、热力生产和供应业，3.3%

金属制品业，3.4%

其他，26.3%

图 2-7　2013 年天津市工业分行业产值占比（天津市统计局，2014）

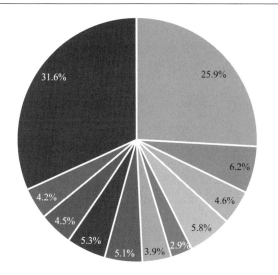

- 黑色金属冶炼和压延加工业,25.9%
- 电力、热力生产和供应业,6.2%
- 石油加工、炼焦和核材料加工业,4.6%
- 黑色金属矿采选业,5.8%
- 煤炭开采和洗选业,2.9%
- 汽车制造业,3.9%
- 化学原料和化学制品制造业,5.1%
- 金属制品业,5.3%
- 农副食品加工业,4.5%
- 非金属矿物制品业,4.2%
- 其他,31.6%

图 2-8　2013 年河北省工业分行业产值占比（河北省人民政府，2014）

2013 年，北京市、天津市、河北省第三产业分行业产值占比分别如图 2-9、图 2-10 及图 2-11 所示。可以看出，河北省的第三产业中，交通运输、仓储以及批发和零售业占比显著高于北京市、天津市，而金融业占比显著低于北京市、天津市。

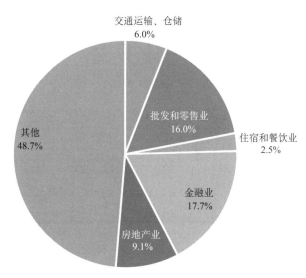

- 交通运输、仓储　■ 批发和零售业　■ 住宿和餐饮业　■ 金融业　■ 房地产业　■ 其他

图 2-9　2013 年北京市第三产业分行业产值占比
（中华人民共和国国家统计局，2014）

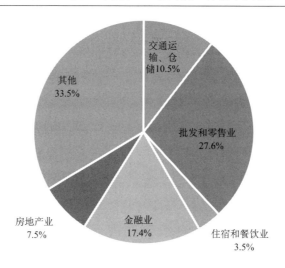

图 2-10 2013 年天津市第三产业分行业产值占比
（中华人民共和国国家统计局，2014）

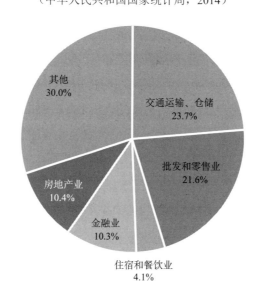

图 2-11 2013 年河北省第三产业分行业产值占比
（中华人民共和国国家统计局，2014）

5）能源消费量

2013 年京津冀区域能源消费总量为 4.4 亿吨标准煤，占全国的 11.8%。其中，按能源消费品种来看，煤炭消耗近 3.9 亿吨，电力消费为 4954.4 亿度。京津冀区域三地能源消费占比情况如图 2-12 所示。可以看出，河北省消费了整个区域的约三分之二的总能耗和电耗，80%以上的煤耗。

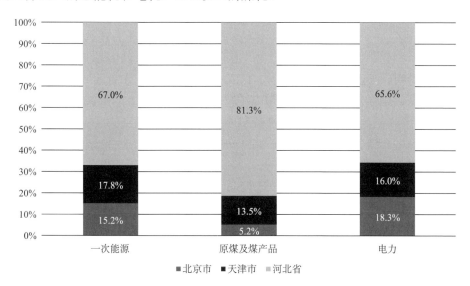

图 2-12　2013 年京津冀区域三地的能源消费占比
（国家统计局能源统计司，2014）

众所周知，河北省的能源消费终端主要以工业终端为主。在河北省工业能源消费终端中，仅六大高耗能行业的能耗就达到近 1.9 亿吨标准煤，如图 2-13 所示，仅此一项就高于京津两地能源消费总量。

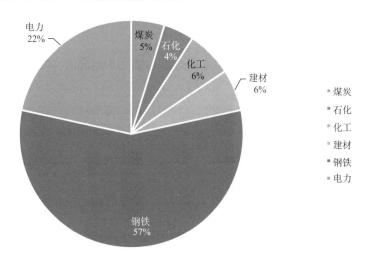

图 2-13　2013 年河北省主要高能耗行业能源消费占比
（河北省人民政府，2014）

6）废气排放量

根据国家统计局和环境保护部统计的各地区废气排放量，包括二氧化硫排放量、氮氧化物排放量与烟（粉）尘排放量，2013 年京津冀区域二氧化硫排放总量达 158.9 万吨，占全国的 7.8%；氮氧化物排放总量高达 213.1 万吨，占全国的 9.6%；烟（粉）尘排放总量达到 146.0 万吨，占全国的 11.4%。其中，河北省的各类废气排放量均明显高于京津两地。图 2-14 给出了 2013 年京津冀区域三地废气排放量占比情况。图 2-15、图 2-16 及图 2-17 分别给出了 2012 年和 2013 年京津冀区

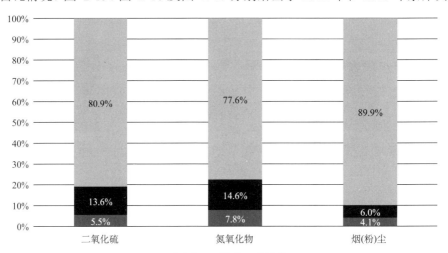

图 2-14　2013 年北京、天津、河北废气排放占比
（国家统计局和环境保护部，2014）

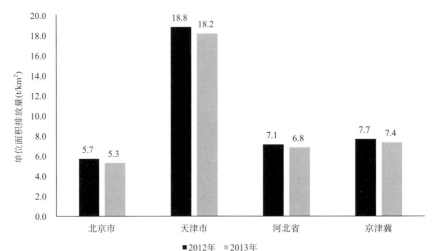

图 2-15　京津冀区域单位面积二氧化硫排放量
（国家统计局和环境保护部，2013，2014）

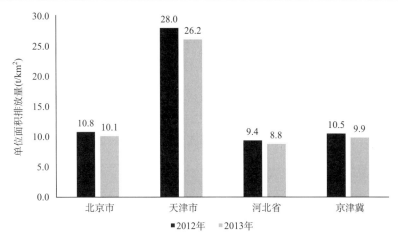

图 2-16　京津冀区域单位面积氮氧化物排放量
（国家统计局和环境保护部，2013，2014）

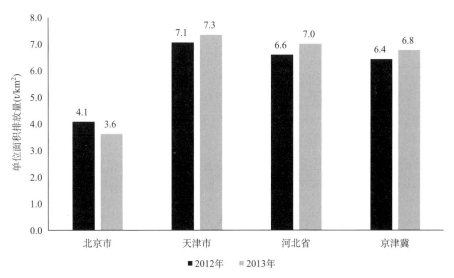

图 2-17　京津冀区域单位面积烟（粉）尘排放量
（国家统计局和环境保护部，2013，2014）

域三地单位面积废气排放量以进行对比，可以看出，天津市二氧化硫和氮氧化物单位面积排放量要显著高于北京市和河北省，而天津市和河北省的单位面积烟（粉）尘排放明显高于北京市。

　　7）综合比较

　　以上分析了京津冀区域发展的整体现状，包括人口、城镇化率、GDP、产业结构、能源消费量和废气排放量。为了更综合地给出三地在各项发展指标上的差异，这里分别选取人均 GDP、城镇化率、三产比重这三个反映经济社会发展水平的宏观指标，以及能源强度及二氧化硫排放强度、氮氧化物排放强度、烟（粉）尘排放等四个反映能源环境发展水平的指标，来分析京津冀区域三地在经济社会和能源环境发展上的差异，如图 2-18 和图 2-19 所示。

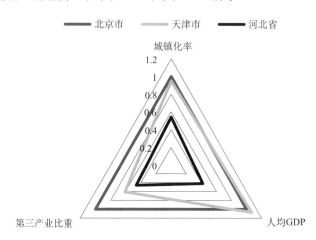

图 2-18　2012 年京津冀区域三地经济社会发展指标比较
（以北京为 1，津、冀则为相对北京的系数）

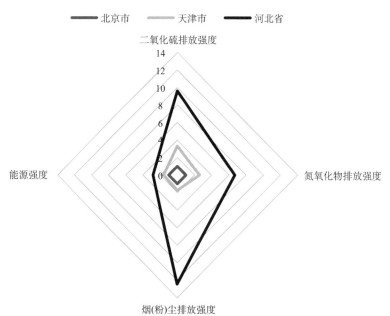

图 2-19　2012 年京津冀能耗和排放强度指标比较
（以北京为 1，津、冀为相对北京的系数）

可以看出，河北省经济社会发展与京津两地相比有明显的差距，在城镇化率、人均 GDP 和第三产业比重方面明显落后；天津市则在第三产业比重上明显落后于北京市。而河北省的能源强度和废气（二氧化硫、氮氧化物和烟尘）排放显著高于京津两地；天津的 4 项能源消费、排放指标均高于北京市，尤其是二氧化硫和氮氧化物的排放强度。

2. 京津冀区域能源、产业"十二五"发展规划简析

以下将结合京津冀三省市的城市（土地利用）总体规划和"十二五"规划（北京市人民政府，2005，2011；天津市人民政府，2006，2011；河北省人民政府，2005，2011）从三地的功能定位、发展目标、能源规划、产业规划和特色规划五个方面分析三省市的"十二五"发展规划概况。

1）北京

功能定位　国家首都、世界城市、文化名城和宜居城市。

发展目标　牢牢把握加快转变经济发展方式这条主线，在发展中切实注重强化创新驱动、增强服务功能、优化空间布局、提升城市管理、推动成果共享五个方面，并努力实现经济平稳较快发展、居民收入较快增加、城乡环境更加宜居、社会发展和谐稳定、文化大发展大繁荣五个主要目标。具体目标参见表 2-2。

表 2-2　"十二五"时期北京市经济社会发展主要指标

类别	序号	指标	目标
经济发展	1	地区生产总值年均增速（%）	8
	2	服务业占地区生产总值比重（%）	>78
	3	最终消费率（%）	60
	4	地方财政一般预算收入年均增速（%）	9
社会发展	5	城镇居民人均可支配收入、农村居民人均纯收入年均增速（%）	8
	6	城镇登记失业率（%）	≤3.5
	7	城乡居民养老、医疗保险参保率（%）	95
	8	城镇职工五项保险参保率（%）	98
	9	全市从业人员平均受教育年限（年）	12
	10	亿元地区生产总值生产安全事故死亡率降低（%）	>[38]
	11	重点食品安全监测抽查合格率（%）	>98
	12	药品抽验合格率（%）	≥98
创新发展	13	全社会研究与试验发展经费支出占地区生产总值的比重（%）	>5.5
	14	每万人发明专利授权量（件）	8
	15	年技术交易额（亿元）	1800

续表

类别	序号	指标	目标
绿色发展	16	万元地区生产总值能耗降低（%）	[达到国家要求]
	17	万元地区生产总值水耗降低（%）	[15]
	18	万元地区生产总值二氧化碳排放降低（%）	[达到国家要求]
	19	城市空气质量二级和好于二级天数的比例（%）	80
	20	二氧化硫、氮氧化物、化学需氧量和氨氮排放减少（%）	[达到国家要求]
	21	中心城公共交通出行比例（%）	50
	22	再生水利用率（%）	75
	23	生活垃圾资源化率（%）	55
	24	全市林木绿化率（%）	57
	25	耕地保有量（km²）	2205

注：地区生产总值年均增速按可比价格计算；城镇居民人均可支配收入、农村居民人均纯收入年均增速为扣除价格因素后的实际增速；[ ]内为五年累计数

能源规划　加快能源结构调整，大力削减煤炭终端消费，显著提升天然气、电力、新能源和可再生能源利用水平，实现 2015 年优质能源占能源消费总量比重达到 80%以上。进一步限制中心城区燃煤使用，完成三大燃煤电厂和 63 座大型燃煤锅炉天然气改造，继续实施小煤炉清洁能源改造，基本实现五环内供热无煤化。2015 年煤炭消费总量力争控制在 2000 万吨以内。同时积极推进太阳能、地温能、生物质能等新能源和可再生能源的开发利用。同时，大幅提升天然气供应保障能力。建成陕京四线、唐山液化天然气、大唐煤制气等重点气源工程，实现气源多方向供应；建设坚强可靠的城市电网，加强外受电力通道、变电设施建设，完善高压环网，实现从东北、山西、内蒙古等 5 个方向、10 大通道接受外部电力，外电接收能力达到 2500 万千瓦，比 2010 年提高 25%。增强本地电源支撑，本地电源比例达到 35%左右（表 2-3）。

表 2-3　北京市 2015 年能源消费结构表

年度 能源种类	2009 年			2015 年		
	实物量	标准量	比重（%）	实物量	标准量	比重（%）
煤炭（万吨）	2664.7	2059.7	31.3	2000	1500	16.8
调入电（亿千瓦时）	512.6	1529.6	23.3	710	2200	24.4
天然气（亿立方米）	69.4	842.7	12.9	180	2200	24.4

续表

年度 能源种类	2009 年			2015 年		
	实物量	标准量	比重（%）	实物量	标准量	比重（%）
油品 （万吨）	1269.0	1809.6	27.5	1680	2550	28.3
可再生能源 （万吨标准煤）	—	180.0	2.7	—	550	6.1
其他 （万吨标准煤）	—	148.7	2.3	—	—	—
合计 （万吨标准煤）		6570.3	100.0		9000	100.0

产业规划　坚持高端、高效、高辐射的产业发展方向，以提升产业素质为核心，着力打造"北京服务"、"北京创造"品牌，显著增强首都经济的竞争力和影响力。坚持优化一产、做强二产、做大三产，推动产业融合发展，构建首都现代产业体系。一产方面，大力发展籽种农业、休闲农业、循环农业、会展农业、设施农业、节水农业等，推进都市型现代农业发展。二产方面，提升高技术和现代制造业发展水平，着力发展高端现代制造业，改造提升传统制造业。实施重大项目带动战略，重点推进京东方八代线、长安汽车、北京现代三工厂、福田中重卡合资项目、中航工业园、北京数字信息产业基地等重大项目建设，提升电子信息、汽车、装备制造、医药等产业发展水平。三产方面，加快服务业调整升级。围绕拓展提升城市服务功能，促进金融服务、信息服务、科技服务、商务服务、流通服务等生产性服务业加快发展，建设具有国际影响力的金融中心城市，促进经济结构由服务业主导向生产性服务业主导升级，打造服务区域、服务全国、辐射世界的生产性服务业中心城市。

特色规划　把北京建设成为国家创新中心，着力聚集整合创新要素，着力加强创新制度安排，着力推进创新成果产业化，持续推进竞争力提升，更好地服务于区域和全国创新发展。

2）天津

功能定位　现代制造和研发转化基地，我国北方国际航运中心和国际物流中心，以近代史迹为特点的国家历史文化名城和旅游城市，生态环境良好的宜居城市。

发展目标　综合实力显著增强，全市生产总值年均增长 12%，地方财政收入稳步增长。北方经济中心的地位和服务区域发展的能力明显提升；经济结构显著优化，高端化高质化高新化产业结构基本形成，服务业增加值占全市生产总值的比重达到 50%。自主创新能力和经济增长的科技含量明显提高，创新型城市建设全面加快，到 2015 年，全社会研发经费支出占全市生产总值比重达到 3%以上，形成一批具有自主知识产权和知名品牌、具有较强国际竞争力的企业；城市功能显著提升，国家园林城市、国家卫生城市和生态城市建设取得明显进展，城乡面貌发生根本变化。万元生产总值能耗比"十一五"末降低 18%，单位生产总值二氧化碳排放和主要污染物排放总量下降，完成国家下达任务；社会建设显著增强，新增劳动力平均受教育年限超过 15 年。建成覆盖城乡居民的基本医疗卫生制度，每千人口医院床位数达到 6.2 张。建成较为完善的公共文化和体育服务体系；民计民生显著改善，全市常住人口控制在 1600 万人以内，人口平均预期寿命达到 81.5 岁。城镇登记失业率控制在 4%以内。城乡居民人均收入年均分别增长 10%以上。基本形成覆盖城乡、制度完善的社会保障体系，社会化居家养老服务体系基本建立。价格总水平保持基本稳定；改革开放显著加快，基本建立比较完善的社会主义市场经济体制。开放型经济达到新水平，成为全国开放程度最高、发展活力最强、最具竞争力的地区之一。

能源规划　进一步发展本地煤电和推进热电联产、集中供热，积极发展天然气，推进各领域节能工作，尤其是高耗能工业。电力方面，建设北疆电厂二期、南疆热电厂、北郊热电厂、北塘热电厂等项目，新增本地装机 800~1000 万 kW。实施陈塘庄热电厂搬迁工程，关停第一热电厂、永利电厂和军粮城电厂 40 万 kW 小火电机组。积极发展燃气、风力、太阳能等清洁能源发电；供热方面，在有条件的区县大力发展热电联产、燃气和地热等清洁能源供热。中心城区和滨海新区核心区继续推进燃煤小锅炉并网，禁止新建和扩建燃煤锅炉房。到 2015 年，全市集中供热率达到 93%，热电联产比重达到 40%以上；燃气方面，建设 10 亿 m³ 大港地下储气库、天津港 1 亿 m³ 液化天然气接收站，燃气应急储备能力达 15 天。加快燃气管网建设，管网年输配能力达 100 亿 m³。发展燃气汽车，配套建设汽车加气站。在有条件地区发展天然气热电冷三联供及分布式能源。到 2015 年，天然气占一次能源比例达到 8%以上；节能方面，重点做好冶金、电力、化工等行业节能，严格控制高耗能行业发展。推进建筑节能，加快既有建筑的节能改造，新建建筑全部实现三步节能。促进交通节能，推广新能源汽车和燃油节约技术及替代产品。

产业规划　"十二五"期间，天津需要积极适应市场需求变化，把握技术发展趋势，推进结构调整，优化产业布局，形成高端化高质化高新化产业结构，提高产业核心竞争力，着力构筑高端产业高地。①做大做强先进制造业，既要大力发展战略性新兴产业，也要继续发展壮大八大优势支柱产业。对于战略性新兴产业，加快培育和发展航空航天、新一代信息技术、生物技术与健康、新能源、新材料、节能环保、高端装备制造等战略性新兴产业，到 2015 年，战略性新兴产业占工业总产值的比重达到 30%左右。对于八大优势支柱产业，即航空航天产业、石油化工产业、装备制造产业、电子信息产业、生物医药产业、新能源新材料产业、轻工纺织产业和国防科技工业，要加快产业聚集，延伸产业链条，提高产业发展质量、效益和水平，构建以战略性新兴产业为引领、优势支柱产业为支撑的新型工业体系。到 2015 年，八大优势支柱产业占全市工业总产值的比重保持在90%以上。同时，进一步提升产业发展质量，大力实施专利、品牌、标准战略，增强新产品开发和品牌创建能力，形成一批拥有知名品牌和核心竞争力的销售收入超百亿元、千亿元的企业集团。②大力发展现代服务业，重点发展生产性服务业，围绕优势支柱产业，推动生产性服务业集聚发展，如现代金融业、现代物流业、科技和信息服务业和中介服务业。提升发展生活性服务业，如旅游业，着力打造"近代中国看天津"文化旅游核心品牌和都市博览游、海河风光游、滨海休闲游、山野名胜游等特色旅游项目。大力发展新兴服务业，加快特色化、专业化创意产业园区建设，大力拓展新兴服务市场，引进和培育知名品牌。③巩固发展都市型农业，加快转变农业发展方式，积极发展高产、优质、高效、生态、安全农业，完善现代农业产业体系，增强农业综合生产能力、抗风险能力和市场竞争能力，努力提高农业现代化水平。

特色规划　实施国家发展战略全力推进滨海新区开发开放，争创高端产业聚集区、科技创新领航区、生态文明示范区、改革开放先行区、和谐社会首善区。

3）河北

功能定位　基础设施和产业基地、城镇化重点地区、华北粮食主产地、京津生态屏障。

发展目标　①经济平稳较快发展。生产总值预期年均增长 8.5%左右，到2015年人均生产总值比 2000 年翻两番。全部财政收入、地方一般预算收入年均分别增长 11%，财政收入占生产总值比重提高 1~2 个百分点。物价总水平基本稳定。②结构调整取得重大突破，农业基础地位进一步加强，钢铁等传统产业改造升级取得重要进展，战略性新兴产业在一些领域形成明显优势，服务业增加值占生产总值比重达到38%左右。城镇化率达到54%，城镇建设上水平、出品位，新农村建设取得明显成效。③科技创新步伐加快。研究与实验发展经费支出占生产总值比重达到 1.6%，每万人口发明专利拥有量达到 0.77 件；高新技术产业增加值占生产总值比重达到 10%，形成一批具有自主知识产权和知名品牌的优势企业。④社会建设进一步加强。九年义务教育巩固率达到 94%，高中阶段教育毛入学率达到 90%；城乡三项基本医疗保险参保率达到 95%，城镇参加基本养老保险人数达到 1280 万人，农村参加基本养老保险人数达到 3570 万人；人口自然增长率控制在 7.13‰以内。⑤生态环境明显改善。非化石能源占一次能源消费比重达到 5%，单位生产总值能源消耗降低、单位生产总值二氧化碳排放量降低、主要污染物排放减少达到国家要求，耕地保有量不低于 642 万 hm^2，农业灌溉用水有效利用系数提高到 0.74，单位工业增加值用水量降低 27%，森林覆盖率达到 31%，森林蓄积量达到 1.4 亿 m³。⑥基础设施支撑能力增强。铁路、公路、港口、机场运输保障能力不断提高。实现电信网、广播电视网、互联网"三网融合"。⑦人民生活水平明显提高。城镇居民人均可支配收入、农村居民人均纯收入年均分别增长 8.5%。⑧就业压力明显缓解，城镇新增就业 335 万人，城镇登记失业率控制在 4.5%以内。"十二五"期间河北省经济社会发展主要指标如表 2-4 所示。

表 2-4 "十二五"期间河北省经济社会发展主要指标

指标		2010 年	2015 年	年均增长
生产总值（2010 年价格，亿元）		20000	30100	8.5%左右
人均生产总值（2010 年价格，元）		28000	40780	7.8%
全部财政收入（亿元）		2410	4060	11%
地方一般预算收入（亿元）		1331	2250	11%
服务业增加值比重（%）		34	38 左右	[4 个百分点]
城镇化率（%）		45	54	[9 个百分点]
九年义务教育巩固率（%）		93.9	94	[0.1 个百分点]
高中阶段教育毛入学率（%）		87	90	[3 个百分点]
研究与试验发展经费支出占全省生产总值比重（%）		0.8	1.6	[0.8 个百分点]
每万人口发明专利拥有量（件）		0.40	0.77	14%
耕地保有量（万 hm²）		653	642	−0.3%
单位工业增加值用水量降低（%）				[27]
农业灌溉用水有效利用系数		0.71	0.74	[0.03]
非化石能源占一次能源消费比重（%）		2.6	≥5.0	[≥2.4 个百分点]
单位生产总值能源消耗降低（%）				达到国家要求
单位生产总值二氧化碳排放降低（%）				达到国家要求
主要污染物排放减少（%）	化学需氧量			达到国家要求
	二氧化硫			达到国家要求
	氨氮			达到国家要求
	氮氧化物			达到国家要求
森林增长	森林覆盖率（%）	26	31	[5 个百分点]
	森林蓄积量（亿 m³）	1.2	1.4	3.1%
城镇登记失业率（%）		3.9	≤4.5	≤4.5
城镇新增就业人数（万人）		67	[335]	平均每年 67

续表

指标	2010 年	2015 年	年均增长
城镇参加基本养老保险人数（万人）	980	1280	5.5%
城乡三项基本医疗保险参保率（%）	91.8	95	[3.2 个百分点]
城镇保障性安居工程建设（万套）			[130]
全省总人口（万人）	7092	<7400	<7.13‰
城镇居民人均可支配收入（元）	16190	24344	8.5%
农村居民人均纯收入（元）	5510	8285	8.5%

能源规划　加快能源发展方式和用能方式转变，构建供应渠道多元化、资源配置市场化、开发利用高效化的能源发展格局。包括：①促进煤炭集约开发利用。保省内煤炭年产量稳定在 8500 万吨左右。鼓励开滦集团、冀中能源对中小煤矿实施整合重组。②加快电力优化升级步伐。全省电力装机容量达到 6565 万 kW，其中新能源发电装机达到 1000 万 kW。设区市至少新建一座 30 万 kW 级超临界热电联产机组。推进冀蒙煤电基地建设，抓好煤炭主产区煤电一体化综合开发。建设沿海 100 万 kW 级超超临界发电机组。③大力发展非化石能源。非化石能源消费比重由目前的 2.6% 上升到 5% 以上。加快千万千瓦级风电基地建设，发展光伏发电、生物质发电和垃圾发电，实施大型抽水蓄能电站、风光储输示范工程。④合理开发利用油气资源。全省原油产量达到 1000 万吨，天然气产量达到 10 亿 m³。加大天然气管网及储配设施建设力度，确保 11 个设区市全部接通天然气管线。⑤推进用能方式转变。加强能源需求侧管理，转变用能方式，提高用能效率。优先安排可再生能源、清洁能源和高效电源上网。⑥深入推进节能降耗，降低单位生产总值能耗和二氧化碳排放强度，有效应对气候变化。采用高新技术和先进适用技术改造冶金、建材、化工、电力等高耗能行业，每年实施节能改造项目 500 个，形成 300 万吨标准煤节能能力。实施"千家企业节能工程"，抓好年耗能万吨标准煤以上的 1000 家企业，力争五年节能 2000 万吨标准煤。

产业规划　①发展现代农业，强化农业基础地位。提高粮食综合生产能力，着力建设 4000 万亩①粮食生产核心区建设一批粮食科技示范区和万亩高产示范方，粮食播种面积稳定在 9000 万亩；培育壮大优势产业，实现畜牧业产值占农林牧渔业总产值的比重提高到 48%，全省蔬菜播种面积达到 2500 万亩，设施菜比重提高到 60% 以上，京津市场占有率达到 50% 以上；推进产业化经营，培育知名品牌 100 个，营业收入超 50 亿元企业 20 家、超 100 亿元企业 10 家；努力促进农民增收，增加农民工资性收入，使农民工资性收入较快增长；增强农业服务保障

———————————
① 1 亩 = 666.67 m²

能力。加强农业科技和人才支撑能力建设，农业科技进步贡献率提高到 56%，科技示范户达到 30 万户。加强农业基础设施和装备条件建设，农业标准化、市场化建设，资源保护和生态环境等建设。②调整工业结构，提高产业核心竞争力。大规模改造提升制造业。其中，对于钢铁工业，照控制总量、调整结构、优化布局、整合重组的原则，大力开发高附加值产品，推动设备大型化、高技术化。支持重组地方钢铁企业，形成规模分别超过 5000 万吨、3000 万吨，年主营业务收入分别超过 3000 亿元、2000 亿元的两家特大型钢铁集团。建设 1~2 个国家工程技术研究中心，开展可循环钢铁新工艺及新材料、新产品研发。对于装备制造业，形成 10 家左右年主营业务收入超百亿元的大型企业集团，10 个以上年主营业务收入超 300 亿元的装备制造聚集区，装备制造业增加值占全省规模以上工业增加值的比重达到 25%左右，成为第二大支柱产业。积极培育壮大战略性新兴产业。到 2015 年，高新技术产业增加值占全省生产总值的比重达到 10%，力争把新能源、新一代信息、生物医药、高端装备制造业发展成为后续支柱产业，新材料、海洋经济成为先导产业，节能环保产业取得突破性发展。促进信息化与工业化深度融合。推动生产过程智能化和生产装备数字化，促进信息技术在企业经营管理活动中的广泛应用。加快产业园区的建设。每个设区市在城市周边重点规划建设 3~4 个园区，每个县城周边规划建设 1~2 个园区。其中，每个设区市重点培育 1~2 家营业收入超千亿元的开发区或工业聚集区，3~5 家营业收入超百亿元的园区。③拓展新领域，全面加快服务业发展。加快发展现代物流业。以先进理念和现代技术为支撑，以物流信息化、标准化和国际化为重点，积极构建国内外联通、京津冀一体、沿海与腹地互动的现代物流体系，提升物流业在现代产业体系中的地位和作用。做大做强旅游业。以大项目促大投入、大发展，每年实施 100 个以上重点项目，5 年累计完成投资 1000 亿元以上。培育省会石家庄旅游增长极，将石家庄打造成为冀中南旅游中心城市，将承德和秦皇岛打造成国际旅游目的地城市。大力发展金融业。建设中国北方金融后台服务基地和重点金融街区，吸引国内外金融分支机构和地区总部入驻，力争金融后台服务、数据备份中心和培训等机构达到 100 家，形成集聚发展优势。培育后备上市企业资源，争取 100 家企业在多层次资本市场上市融资。改造提升商贸流通业。建设和改造农产品批发市场、农贸市场，发展"农超对接"，力争农家店覆盖 80%的行政村，商品统一配送率提高到 60%以上。通过股权置换、上市融资等方式，推动商贸流通企业做大做强，培育 8 家企业进入全国零售百强、5 家进入全国连锁百强。培育壮大会展业。构建以石家庄为"一核"，唐山、秦皇岛、廊坊、邯郸、沧州为"五极"，张家口、承德、保定、衡水、邢台为"多点"的会展业格局。扶持拓展服务外包业。着力培育 1 个国家级服务外包示范城市、4 个省级服务外包示范城市、5 个省级服务外包示范园区和 50 家省级服务外包示范企业，服务外包出口额达到 10 亿美元。积极发展社区服务业。城市按照每百户 20 m² 的标准配置社区综合服务设施，全省 90% 的街道建立社区服务中心，80% 以上社区建立社区服务站。农村按照每千人不少于 200 m² 的标准配置社区综合服务设施，70% 的乡镇建立社区综合服务中心，农村社区综合服务设施的服务功能覆盖全省 60% 的行政村。

特色规划　实施"四个一"战略重点，强力推进"一圈一带一区一批"建设，打造带动全省经济社会发展的增长极，形成重点突破、带动全局、协调发展的新格局。包括：①加快构筑环首都绿色经济圈。推进环首都"14 县（市、区）4 区 6 基地"建设。充分发挥环绕首都的独特优势，积极主动为京津搞好服务，全方位深化与京津的战略合作，承接京津资金、项目、产业、人才、信息、技术、消费等方面的转移，形成环首都绿色经济圈。重点在承德、张家口、廊坊、保定 4 市近邻北京、交通便利、基础较好、潜力较大的三河、涿州、怀来、滦平等 14 个县（市、区），建设高层次人才创业、科技成果孵化、新兴产业示范、现代物流等四类园区，发展养老、健身、休闲度假、观光农业、绿色有机蔬菜、宜居生活等六大基地，逐步把环首都地区打造成为经济发达的新兴产业圈、绿色有机的生态农业圈、独具魅力的休闲度假圈、环境优美的生态环境圈、舒适宜人的宜居生活圈。②加快打造沿海经济隆起带。推进沿海"11 县（市、区）8 区 1 路"建设。在近海临港、基础较好、潜力较大的昌黎、丰南、黄骅等 11 个县（市、区），以及北戴河新区、曹妃甸新区、渤海新区等 8 个功能区，以滨海公路为纽带，加速构建沿海经济隆起带，重点发展装备制造、精品钢材、石油化工等特色优势产业，培育发展新能源、新材料、海洋经济等战略性新兴产业，大力发展港口物流、文化创意、商务会展等现代服务业，强化沿海地区产业分工与合作，形成环渤海地区具有重大影响力的临港产业带。③加快发展冀中南经济区。推进冀中南"1 中心 2 轴 3 基地 18 县"建设。1 中心即以石家庄为中心；2 轴即京广沿线、京九沿线；3 基地即邯郸冀南新区、衡水滨湖新区、邢台新区；18 县（市）即京广沿线县市。把冀中南经济区建设成为河北省新兴产业基地、先进制造业基地、现代服务业基地、现代农业示范基地和文化旅游基地，形成与环首都绿色经济圈、沿海经济隆起带良性互动、融合发展新格局。④加快培育千亿元级重点园区和大型企业集团。着力建设重点园区，如秦皇岛开发区、保定高新区、石家庄高新区、唐山动车城、燕郊开发区、保定长城工业聚集区、定州唐河循环经济产业园区、乐亭新区临港工业聚集区等，力争有十个以上开发区或工业聚集区营业收入超过千亿元。培育大型企业集团，形成一批拥有自主知识产权、具有较强核心竞争力的大公司和企业集团，力争新培育十个以上营业收入超千亿元的大型企业集团。

4）综合比较

上述关于三地"十二五"能源、产业发展规划概况分析的主要发现可总结如下：①北京以国家首都、世界城市、文化名城、宜居城市为发展定位，在产业发展上致力于重点发展第三产业，并强调国家创新中心建设，以服务区域及全国的创新发展；在能源发展上，重点是削减煤炭终端消费、提高天然气、外购电等清洁能源的比重。②天津以现代制造业基地和国际航运及物流中心为主要发展定位，在产业发展上致力于二产、三产齐头并进，不仅要做大做强先进制造业，也要大力发展现代服务业。滨海新区作为天津推进产业战略的重点示范区域，将在高端制造业和服务业发展、航运物流功能等方面起到引领作用；在能源发展上，天津将进一步发展煤电、促进热电联产，积极发展天然气，并在高耗能行业重点推行节能减排。③河北以基础设施和产业基地、城镇化重点地区、华北粮食产业和京津生态屏障为主要发展定位，在产业发展上，要调整和优化工业结构，拓展服务业，加强农业的基础地位。从河北的"四个一"区域战略上看，河北还将重点围绕北京、天津打造首都绿色经济圈和沿海经济隆起带，并加快发展冀中南经济区；在能源发展上，要重点促进煤炭集约开发利用，在高耗能行业推行节能降耗。

通观三省市的规划概况，可以看出三省市在调整产业结构、绿色清洁发展等方面具有相似意愿。但由于三地不同的功能定位和区域特性，三地在战略重点和具体规划上各有侧重，如：

（1）产业结构调整的重点和方向存在一定差异。京津冀区域作为北方重要经济区，经济总量和人均 GDP 始终保持着较高的增速，三地"十二五"规划将继续保持这一势头，促使京津冀区域经济实力不断增强。然而，三地在产业结构调整的重点和方向上存在明显区别。例如，北京将重点发展第三产业，促进经济结构由服务业主导向生产性服务业主导升级；天津计划增大服务业占全市生产总值的比重，同时巩固二产，做大做强先进制造业；河北则计划在结构调整取得重大突破，发展现代农业，对传统二产进行改造升级，提高核心竞争力，并在服务业拓展新领域。此外，可以看出，京津冀区域合理的分工体系并未完全成形，三地的产业规划，尤其制造业和服务业，在一定程度上有所重合，仍可能在一定程度上形成竞争关系。

（2）能源系统优化的侧重点存在一定差异。京津冀区域经济的快速增长也伴随着大量的能源消费，同时也带了生态环境质量方面的挑战，京津冀区域需要向绿色、低碳方向发展，以缓解不断加大的资源环境压力。然而，三地在各自的调整能源结构、提高能效、促进化石能源清洁利用的方向和重点上也存在一定区别。例如，北京将大力削减煤炭终端消费，推进天然气、可再生能源的使用；天津计划重点发展热电联产，并严格控制高耗能产业；河北以煤炭集约开发利用为重点，同时改造高耗能行业，在工业部门降低单位生产总值能耗和二氧化碳排放强度。

（3）产业创新和产业布局的特色各不相同。三地的"十二五"规划均根据各自的地区功能定位和特点提出了一些特色规划。例如，北京计划依托自身优势建设国家创新中心，搭建首都创新资源平台；天津将全力发展滨海新区，全面打造高端产业聚集区和生态文明示范区；河北则以"四个一"战略计划在京津冀区域打造若干个不同的功能区域。总体上看，这些特色规划有利于三省市明确各自功能定位，推动区域产业功能互补与合作，促进京津冀区域进一步协同发展，提高首都对周边地区，尤其是对河北地区的辐射效应。但目前，三地的特色规划并未形成规划上的紧密衔接。

3. 京津冀区域协同发展面临的问题和政策要求

下文将重点讨论京津冀区域协同发展面临的核心问题，并概述相关国家政策的要求。

1）协同发展的核心问题是京津冀区域内部发展水平差异较大

如上所述，京津冀区域虽然整体呈现快速发展，成为了我国重要的经济增长中心，但内部发展严重不均衡。占据了该区域三分之二人口的河北，人均 GDP仅为北京、天津的 40%左右，并低于全国平均水平；河北的城镇化人口比重也低于全国平均水平；而河北以二产，尤其钢铁为主的产业结构，以及高度以煤炭为主的能源结构又造成了大量的污染排放。因此，河北已经成了京津冀发展的明显短板，制约了整个地区的协同发展。

由于河北的体量相对较大，本章进一步分析了京津冀十三地市（北京、天津、河北的十一个地市）间的发展差异问题。图 2-20 给出了 2012 年京津冀区域各城市城镇化率，可以看出，一方面，河北各地市发展水平显著落后于京津；而同时，在河北内部，各个城市发展也极不均衡，仅有石家庄与唐山高于全国平均水平（52.6%），衡水城镇化率在京津冀十三地中最低，仅为 41.39%，显著低于全国的平均水平。图 2-21 给出了 2012 年京津冀区域各城市人均生产总值，在河北省中，人均生产总值仅有唐山接近京津的水平，另外，仅石家庄、廊坊及沧州高于全国平均水平（38459 元/人），保定、衡水、邢台的人均 GDP 甚至未达到 25000 元/人。在产业发展方面，北京及天津的一产比例显著低于河北各城市的水平；在二产方面，以唐山的比例最高，其余城市除张家口、秦皇岛外，都基本偏高（大于50%）；在三产方面，仅秦皇岛、张家口及石家庄发展得较好（大于 40%），而河北其余城市第三产业的发展要显著落后，如图 2-22 所示。

2）习近平就推进京津冀协同发展提出的七点要求

近年来，由于京津冀区域雾霾严重，京津冀协同发展的问题更加受到重视。2014 年 2 月 26 日，中共中央总书记习近平在北京主持召开座谈会(新华网,2014)，专题听取了京津冀协同发展工作汇报，强调实现京津冀协同发展，是面向未来打造新的首都经济圈、推进区域发展体制机制创新的需要，是探索完善城市群布局和形态、为优化开发区域发展提供示范和样板的需要，是探索生态文明建设有效路径、促进人口经济资源环境相协调的需要，是实现京津冀优势互补、促进环渤海经济区发展、带动北方腹地发展的需要，是一个重大国家战略，要坚持优势互补、互利共赢、扎实推进，加快走出一条科学持续的协同发展路子来。

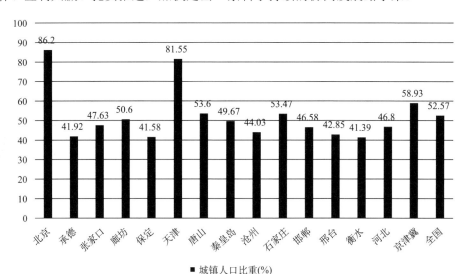

图 2-20　2012 年京津冀区域各城市城镇化率

（河北省人民政府办公厅等，2013）

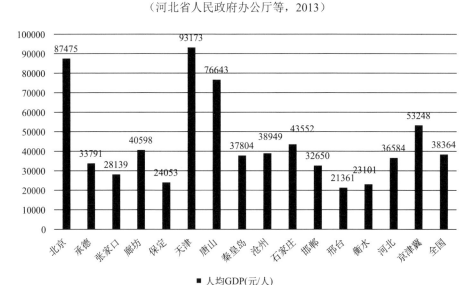

图 2-21　2012 年京津冀区域各城市人均生产总值

（河北省人民政府办公厅等，2013）

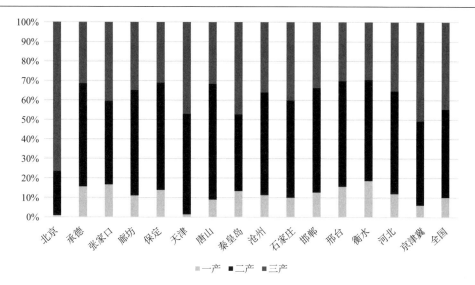

图 2-22　2012 年京津冀区域各城市三产结构
（河北省人民政府办公厅等，2013）

习近平在讲话中指出，北京、天津、河北人口加起来有 1 亿多，土地面积有 21.6 万 km²，京津冀地缘相接、人缘相亲，地域一体、文化一脉，历史渊源深厚、交往半径相宜，完全能够相互融合、协同发展。推进京津冀协同发展，要立足各自比较优势、立足现代产业分工要求、立足区域优势互补原则、立足合作共赢理念，以京津冀城市群建设为载体、以优化区域分工和产业布局为重点、以资源要素空间统筹规划利用为主线、以构建长效体制机制为抓手，从广度和深度上加快发展。推进京津双城联动发展，要加快破解双城联动发展存在的体制机制障碍，按照优势互补、互利共赢、区域一体原则，以区域基础设施一体化和大气污染联防联控作为优先领域，以产业结构优化升级和实现创新驱动发展作为合作重点，把合作发展的功夫主要下在联动上，努力实现优势互补、良性互动、共赢发展。

习近平就推进京津冀协同发展提出七点要求：一是要着力加强顶层设计，抓紧编制首都经济圈协同发展的相关规划，明确三地功能定位、产业分工、城市布局、设施配套、综合交通体系等重大问题，并从财政政策、投资政策、项目安排等方面形成具体措施。二是要着力加大对协同发展的推动，自觉打破自家"一亩三分地"的思维定式，抱成团朝着顶层设计的目标一起做，充分发挥环渤海地区经济合作发展协调机制的作用。三是要着力加快推进产业对接协作，理顺三地产业发展链条，形成区域间产业合理分布和上下游联动机制，对接产业规划，不搞同构性、同质化发展。四是要着力调整优化城市布局和空间结构，促进城市分工协作，提高城市群一体化水平，提高其综合承载能力和内涵发展水平。五是要着力扩大环境容量生态空间，加强生态环境保护合作，在已经启动大气污染防治协作机制的基础上，完善防护林建设、水资源保护、水环境治理、清洁能源使用等领域合作机制。六是要着力构建现代化交通网络系统，把交通一体化作为先行领域，加快构建快速、便捷、高效、安全、大容量、低成本的互联互通综合交通网络。七是要着力加快推进市场一体化进程，下决心破除限制资本、技术、产权、人才、劳动力等生产要素自由流动和优化配置的各种体制机制障碍，推动各种要素按照市场规律在区域内自由流动和优化配置。

习近平最后强调，京津冀协同发展意义重大，对这个问题的认识要上升到国家战略层面。大家一定要增强推进京津冀协同发展的自觉性、主动性、创造性，增强通过全面深化改革形成新的体制机制的勇气，继续研究、明确思路、制定方案、加快推进。

3)《大气污染防治行动计划》要求京津冀加强大气污染防治

与此同时，京津冀治霾的各项政策陆续颁布。2013 年 9 月 12 日，国务院发布《大气污染防治行动计划》。考虑到京津冀及周边地区是我国大气污染最严重的区域，为加快京津冀及周边地区大气污染综合治理，环境保护部依据《大气污染防治行动计划》，制定了《京津冀及周边地区落实大气污染防治行动计划实施细则》（中华人民共和国环境保护部，2013），提出：经过五年努力，京津冀及周边地区空气质量明显好转，重污染天气较大幅度减少；力争再用五年或更长时间，逐步消除重污染天气，空气质量全面改善。具体指标：到 2017 年，北京、天津、河北细颗粒物（PM$_{2.5}$）浓度在 2012 年基础上下降 25%左右。其中，北京市细颗粒物年均浓度控制在 60 μg/m^3 左右。

该细则明确了大气污染防治的重点任务如下：

一是实施综合治理，强化污染物协同减排。具体包括：通过集中供热和清洁能源替代全面淘汰燃煤小锅炉，京津冀区域地级及以上城市建成区原则上不得新建燃煤锅炉；电力、钢铁、水泥、有色等企业以及燃煤锅炉，要加快污染治理设施建设与改造，确保按期达标排放，并实施挥发性有机物污染综合治理工程；强化施工工地扬尘环境监管，积极推进绿色施工；全面禁止秸秆焚烧，推进城市及周边绿化和防风防沙林建设。

二是统筹城市交通管理，防治机动车污染。具体包括：加强城市交通管理，提高绿色交通出行比例，优化京津冀及周边地区城际综合交通体系；控制城市机动车保有量，降低机动车使用强度；提升燃油品质，加强油品质量监督检查，炼化企业也要确保按期供应合格油品；加快淘汰黄标车，加强机动车环保管理；大力推广新能源汽车。

三是调整产业结构，优化区域经济布局。具体包括：严格产业和环境准入，不得审批严重过剩行业新增产能项目，建设火电、钢铁、石化、水泥、有色、化工等六大行业以及燃煤锅炉项目，要严格执行大气污染物特别排放限值；加快淘汰落后产能，进一步提高环保、能耗、安全、质量等标准，加大执法处罚力度。具体指标为：北京市，到 2017 年年底，调整退出高污染企业 1200 家。天津市，到 2017 年年底，行政辖区内钢铁产能、水泥（熟料）产能、燃煤机组装机容量分别控制在 2000 万吨、500 万吨、1400 万 kW 以内。河北省，到 2017 年年底，钢铁产能压缩淘汰 6000 万吨以上，产能控制在国务院批复的《河北省钢铁产业结构调整方案》确定的目标以内；全部淘汰 10 万 kW 以下非热电联产燃煤机组，启动淘汰 20 万 kW 以下的非热电联产燃煤机组；"十二五"期间淘汰水泥（熟料及磨机）落后产能 6100 万吨以上，淘汰平板玻璃产能 3600 万重量箱。

四是控制煤炭消费总量，推动能源利用清洁化。具体包括：实行煤炭消费总量控制，通过淘汰落后产能、清理违规产能、强化节能减排、实施天然气清洁能源替代、全面推进煤炭清洁利用、安全高效发展核电以及加强新能源利用等综合措施，完成节能降耗目标；扩大高污染燃料禁燃区范围，禁燃区内禁止原煤散烧；严格按照主体功能区规划要求优化空间格局。

五是强化基础能力，健全监测预警和应急体系。具体包括：加强环境监测能力建设，加强重点污染源在线监测体系建设，建成机动车排污监控平台；建立重污染天气监测预警体系，地方人民政府要制定和完善重污染天气应急预案；构建区域性重污染天气应急响应机制，实行联防联控。

六是加强组织领导，强化监督考核。具体包括：成立京津冀及周边地区大气污染防治协作机制，加强监督考核；动员公众参与环境保护，企业要严格遵守环境保护法律法规和标准，积极治理污染，履行社会责任。

4)《京津冀协同发展规划纲要》推动京津冀协同发展

为实施"推进京津冀协同发展"这一国家重大战略，2014 年 8 月左右国务院成立了"京津冀协同发展领导小组"及其相应办公室，由国务院常务副总理张高丽担任组长。

2015 年 4 月，中共中央政治局会议审议通过《京津冀协同发展规划纲要》，指出：推动京津冀协同发展是一个重大国家战略，核心是有序疏解北京非首都功能。会议强调，要坚持协同发展、重点突破、深化改革、有序推进。要严控增量、疏解存量、疏堵结合调控北京市人口规模。要在京津冀交通一体化、生态环境保护、产业升级转移等重点领域率先取得突破。要大力促进创新驱动发展，增强资源能源保障能力，统筹社会事业发展，扩大对内对外开放。要加快破除体制机制障碍，推动要素市场一体化，构建京津冀协同发展的体制机制，加快公共服务一体化改革。要抓紧开展试点示范，打造若干先行先试平台（新华网，2015）。

　　根据相关报道（经济参考报，2015），京津冀协同发展将以"一核、双城、三轴、四区、多节点"为骨架进行空间布局。"一核"即指北京；"双城"是指北京、天津，这是京津冀协同发展的主要引擎，要进一步强化京津联动，全方位拓展合作广度和深度，加快实现同城化发展，共同发挥高端引领和辐射带动作用；"三轴"指的是京津、京保石、京唐秦三个产业发展带和城镇聚集轴，这是支撑京津冀协同发展的主体框架；"四区"分别是中部核心功能区、东部滨海发展区、南部功能拓展区和西北部生态涵养区，每个功能区都有明确的空间范围和发展重点；"多节点"包括石家庄、唐山、保定、邯郸等区域性中心城市和张家口、承德、廊坊、秦皇岛、沧州、邢台、衡水等节点城市，重点是提高其城市综合承载能力和服务能力，有序推动产业和人口聚集。

　　此外，该报道还提及了京津冀三省市的功能定位调整：北京市为"全国政治中心、文化中心、国际交往中心、科技创新中心"；天津市为"全国先进制造研发基地、北方国际航运核心区、金融创新运营示范区、改革开放先行区"（图 2-23 显示为"国际港口城市、北方经济中心和生态城市"，略有出入）；河北省为"全国现代商贸物流重要基地、产业转型升级试验区、新型城镇化与城乡统筹示范区、京津冀生态环境支撑区"。京津冀整体定位是"以首都为核心的世界级城市群、区域整体协同发展改革引领区、全国创新驱动经济增长新引擎、生态修复环境改善示范区"。

　　虽然该纲要和相关规划还将进一步修改和完善，但隐含的政策目标已较为明确：京津冀区域三地需要重新明确各自的功能定位和进一步明确区域整体的功能定位，并通过京津冀区域三地的整体规划、整体建设和整体改革来大力加速京津冀区域的协同发展，以缓解区域发展不平衡和环境污染严重等问题。而京津冀整体和三地各自的能源、产业发展定位，也需要在区域协同发展这一大的政策目标下重新进行审视、确立和进行相应的整体规划和落实推进。

　　从上述京津冀区域能源、产业发展概况的分析结果看，京津冀区域发展的主要问题在于河北和北京、天津的发展存在巨大的落差，并成为了能源消耗集中、环境排放严重的主要问题地区。虽然三地各自的"十二五"规划都在努力推进能源结构优化、提高能效、减少排放和优化产业结构，但明显，三地能源、产业的协同发展还缺乏相互间的紧密衔接。

　　针对上述问题，中央已经将京津冀协同发展作为一个重大国家战略来统筹推进，也高度重视京津冀及周边地区的大气污染防治问题，目前正在快马加鞭地规划和落实京津冀协同发展的整体布局。这为京津冀区域能源、产业的协同发展提供了良好的政策环境。

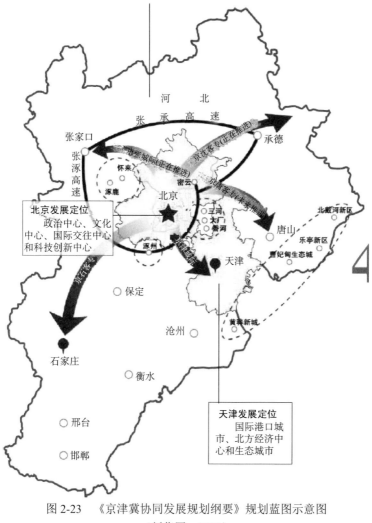

图 2-23　《京津冀协同发展规划纲要》规划蓝图示意图
（新华网，2015）

2.1.2　京津冀区域能源分配图的绘制和分析

　　为了理清京津冀区域的能源供应、转化以及终端利用情况，下文分别绘制了
2013 年的北京市能源分配图、天津市能源分配图及河北省能源分配图。

　　能源分配图（Energy Allocation Sankey Diagram）是一种集能源的流动方向、
能源的种类及能源的数量于一体的静态图片。在能源分配图中，箭头代表着能源
的流动方向，颜色代表着能源的种类，宽度代表着能源的数量。能源分配图的绘
制遵循着能量守恒或者质量守恒（当以质量来衡量能源的量，如 kg），即流入与
流出桑基图系统的能量（或质量）是守恒的。能源分配图的绘制使得能源系统内

各个元素间的能量流动情况得以实现静态可视化，清晰反映了能源流在系统内各个元素间流动路径。能源分配图体现的是能源自被开采以来，经过一个或多个转化环节，一直到终端用户的分配过程，在这一系列的过程当中，任何的能量损失都不会被体现，而会按照均摊的原则分配给终端的能源消费者。

根据研究对象及侧重点的不同，能源分配图也可以按照能源品种进行分类，如煤炭分配图、油品分配图、天然气分配图等；也可以按照区域进行分类，如全球能源分配图、中国能源分配图等。例如，Cullen 和 Allwood（2010）绘制了 2005 年的全球能源分配图，并引入了被动系统的概念，借此分析能源利用效率的提升对全球二氧化碳的减排潜力；Ma 等（2012）绘制了 2005 年的中国能源分配图，并与 Cullen 和 Allwood（2010）绘制的 2005 年全球能源分配图进行对比，借此分析中国能源利用效率的提升潜力；Ma 等（2012）绘制了 2009 年的中国油品分配图，并借此揭示了中国石油供应链的上下游关系；Chong 等（2015）分别绘制了 2001 年、2006 年及 2011 年的中国煤炭分配图，并借此引出了一系列能够反映微观技术的参数来构建可以同时反映宏观经济因素和微观技术因素对于中国煤炭消费增长影响的 LMDI 分解方法。

能源分配图的主要绘图数据主要来自于国家政府、地方政府或权威机构所发布的能源平衡表。能源平衡表中记载了一系列关于某区域的各个能源品种的供应数据、转化数据及消费数据。以 2012 年的中国能源平衡表为例，共涉及了 30 类能源品种、6 项供应环节、9 项中间转化环节、7 项主要终端消费环节及逾 40 个工业分行业终端消费环节，所涉及的信息量非常巨大。一般情况下，这些能源数据是已经扣除各个转化环节损失及输配损失的能源数据，以标准量（Standard Quantity, SQ），即热值或者实物量（Physical Quantity, PQ）作为能源量的衡量基准，然而，这一系列的能源数据都必须经过一定步骤的处理，以用于绘制不体现能量损失的能源分配图。

下文将首先介绍绘制京、津、冀各自的能源分配图所需的数据来源，其次详细介绍能源数据的处理过程以及能源配图的绘制步骤，最后分别展示北京市能源分配图、天津市能源分配图及河北省能源分配图，并根据绘图结果对京、津、冀各自的能源分配与利用情况进行分析。

1. 原始数据

绘制京、津、冀能源分配图的数据主要来自于《中国能源统计年鉴 2014》（国家统计局能源统计司，2015）中的北京市能源平衡表、天津市能源平衡表、河北省能源平衡表，《北京统计年鉴 2014》（北京市统计局和国家统计局北京调查总队，2014）中的分行业能源消费总量和主要能源品种消费量，《天津统计年鉴 2014》（天津市统计局和国家统计局天津调查总队，2014）中的工业行业主要能源终端消费量，以及《河北经济年鉴 2014》（河北省人民政府办公厅等，2014）中的规模以上工业企业分行业能源消耗情况。

1）能源平衡表

《中国能源统计年鉴 2014》中的北京市能源平衡表、天津市能源平衡表及河北省能源平衡表是绘制京、津、冀各自的能源分配图的主要数据来源。这些能源平衡表在纵轴方向可以分为六大部分：

（1）可供本地区消费的能源量：①一次能源生产；②进口量；③境内轮船和飞机在境外的加油量；④出口量；⑤境外轮船和飞机在境内的加油量；⑥库存增减量；⑦外省（区、市）调入量；⑧本省（区、市）调出量。

（2）加工转化投入（−）产出（+）量：①火力发电；②供热；③洗选煤；④炼焦；⑤炼油及煤制油；⑥制气；⑦天然气液化；⑧煤制品加工；⑨回收能。

（3）损失量。

（4）终端消费量：①农、林、牧、渔、水利业；②工业（下含用作原料及材料的能源品种消费）；③建筑业；④交通运输、仓储和邮政业；⑤批发、零售业和住宿、餐饮业；⑥其他；⑦生活消费（下含城镇生活消费及乡村生活消费）（注：交通用能归在各个分行业及生活用能当中，即哪个行业的交通能耗便计算在哪个行业的能源消费中，而不集于交通运输、仓储和邮政业）。

（5）平衡差额。

（6）消费量合计。

在横轴方向则显示 30 类所涉及的能源品种，其中包括原煤、多类煤制品、原油、多类油产品、天然气、热力、电力、回收能等。

2）工业分行业终端能源消费量表

《中国能源统计年鉴 2014》只给出了全国各个工业分行业终端中各个能源品种的消费量，而没有分省、市、区的工业分行业能源数据，因此使用《北京统计年鉴 2014》、《天津统计年鉴 2014》及《河北经济年鉴 2014》里的逾 40 个工业子行业的能源消费数据来填补这方面的缺失。由于统计口径并不一致，京、津、冀的相关方式有较大的差异。

《北京统计年鉴 2014》中"分行业能源消费总量和主要能源品种消费量"中给出了各个工业分行业及第三产业分行业的煤炭、焦炭、汽油、煤油、柴油、燃料油、液化石油气、天然气、热力及电力合计 10 种主要的能源品种基于 SQ 衡量基准的能源消费量；《天津统计年鉴 2014》中"工业行业主要能源终端消费量"给出了各个工业分行业的煤炭、焦炭、原油、汽油、柴油、燃料油、天然气、热力、电力、其他油品合计 10 种主要的能源品种基于 SQ 衡量基准的能源消费量；《河北经济年鉴 2014》中"规模以上工业企业分行业能源消耗情况"给出了各个工业分行业基于 SQ 衡量基准的能源消费总量。为了更好地揭示工业终端的能源消费，将"工业分行业终端能源消费量表"的工业子行业重新进行了分类，列于表 2-5。

表 2-5　经过分类的工业分行业

工业
● 与能源生产、转化无关的工业分行业
● 与能源矿物无关的采掘业
● 黑色金属矿采选业
● 有色金属矿采选业
● 非金属矿采选业
● 其他非能源采矿业
● 黑色金属冶炼及压延加工业
● 有色金属冶炼及压延加工业
● 非金属矿业制品业
● 化学原料及化学制品制造业
● 食品相关行业
● 农副食品加工业
● 食品制造业
● 酒、饮料和精品茶制造业
● 纺织相关行业
● 纺织业
● 纺织服装、服饰业
● 装备及交通制造相关行业
● 通用设备制造业
● 专用设备制造业
● 汽车制造业
● 铁路、船舶、航空航天和其他运输设备制造业
● 造纸和纸制品业
● 其他与能源生产、转化无关的工业分行业
● 烟草制造业
● 皮革、毛皮、羽毛及其制品和制鞋业
● 木材加工及木、竹、藤、棕、草制品业
● 家具制造业
● 印刷业和记录媒介的复制
● 文教、工美、体育和娱乐用品制造业
● 医药制造业
● 化学纤维制造业
● 橡胶和塑料制品业
● 金属制品业
● 电器机械和器材制造业
● 计算机、通信和其他电子设备制造业
● 仪器仪表制造业
● 废弃资源综合利用业
● 金属制品、机械和设备修理业
● 水的生产和供应业
● 其他与能源生产、转化无关的工业分行业
● 与能源生产、转化相关工业分行业
● 电力、热力生产和供应业
● 燃气生产和供应业
● 煤炭开采和洗选业
● 石油和天然气开采业
● 石油加工、炼焦和核燃料加工业

2. 能源平衡表的再平衡

在将使用基于 SQ 基准衡量的京、津、冀各自的能源平衡表中的能源数据转化为绘制能源分配图所需的基于 PEQ 衡量基准的能源数据前，需要进行能源平衡表的再平衡，即能源平衡表中的损失量及平衡差额需要被均摊到终端消费量中去。

在能源平衡表中，可供本地区消费的能源量（S），加工转化投入（−）产出（+）量（T），损失量（L），终端消费量（C）及平衡差额（SD）存在如式（2-1）所示的关系式，其中下表 j 代表的是各个能源品种：

$$S_j + T_j - L_j - C_j = \mathrm{SD}_j \tag{2-1}$$

为了保证供需平衡，使用了均摊系数 k_b 将损失量（L）及平衡差额（SD）均摊到终端消费量（C）中去，以对终端消费量进行修正，如式（2-2）所示。

$$S_j + T_j - k_{\mathrm{bj}} \cdot C_j = 0 \tag{2-2}$$

其中，

$$k_{\mathrm{bj}} = \frac{L_j + \mathrm{SD}_j}{C_j} \tag{2-3}$$

能源平衡表中各个子终端的消费量则可以使用式（2-4）进行修正：

$$C'_{ij} = k_{\mathrm{bj}} \cdot C_{ij} \tag{2-4}$$

值得注意的是，在能源平衡表中列明的用作原料、材料的能源消费量在京、津、冀各自的工业分行业终端能源消费统计表格是没有详细说明的。因此，需要将这一部分用作非能源用途的能源消费数据按照式（2-5）从这些表格中各个工业子行业的能源消费中扣除。

$$I'_{ij} = I_{ij}\left(1 - \frac{N_j}{I_j}\right) \cdot k_{\mathrm{bj}} \tag{2-5}$$

式中，下标 i 表示第 i 个工业子行业；下标 j 表示第 j 类能源品种；I'_{ij} 为第 i 个工业子行业修正后的第 j 类能源品种消费量；I_{ij} 为第 i 个工业子行业修正前的第 j 类能源品种消费量；I_j 为工业终端第 j 类能源品种修正前消费总量；N_j 为工业终端被用作非能源用途的第 j 类能源品种的消费量。

3. 一次能源转化系数及一次能源量的计算

在完成能源平衡表的再平衡之后，可使用式（2-6）将基于 PQ 衡量基准的能源数据转化为基于 PEQ 衡量基准的能源数据：

$$E_{\mathrm{PEQ}, j} = E_{\mathrm{PQ}, j} \cdot k_{\mathrm{tce}, j} \cdot k_{\mathrm{PEQ}, j} \tag{2-6}$$

式中，$k_{\mathrm{tce}, j}$ 为折标准煤系数，表征的是第 j 类能源品种单位物理单位所拥有的能量；$k_{\mathrm{PEQ}, j}$ 为终端一次能源转化系数（Primary Energy Quantity Transformation

Factor），表征的是用于生产 1 个单位 j 类能源品种所需投入的一次能源的数量。根据表 2-6 所示的计算顺序，可以使用式（2-7）依次计算出各个能源品种的一次能源转化系数。

$$k_{\text{PEQ},ij} = \frac{\sum_n k_{\text{PEQ},in} \cdot \text{SQ}_{in,\text{input}}}{\sum_j \text{SQ}_{ij,\text{output}}}$$ （2-7）

式中，下标 i 表示第 i 个中间转化环节；下标 n 表示在第 i 个中间转化环节中投入的第 n 类能源品种；下标 j 表示在第 i 个中间转化环节中产出的第 j 类能源品种；

表 2-6　中间一次能源转化系数的计算顺序

中间转化环节（i）		说明
1	原煤洗选	（n）投入：原煤 （j）产出：洗煤及煤矸石
2	煤制品加工	（n）投入：原煤及洗煤 （j）产出：型煤
3	炼焦	（n）投入：原煤及洗煤 （j）产出：焦炭、焦炉煤气、其他炼焦产物
4	制气	（n）投入：原煤及洗煤 （j）产出：焦炭、焦炉煤气、其他煤气、其他炼焦产物
		将炼焦制气环节合并。 炼焦环节与制气环节皆产出焦炭、焦炉煤气、其他煤气及其他炼焦产物，因此，将这两个环节合并为炼焦制气环节，分别算出这 4 类能源品种的一次能源转化系数。 先分别计算炼焦环节与制气环节中这 4 类能源品种的一次能源转化系数。 计算出炼焦环节与制气环节中分别用于生产这 4 类能源品种的基于 PEQ 基准的能源量。 使用式（2-8）分别计算出焦炭、焦炉煤气、其他煤气及其他炼焦产物的一次能源转化系数： $$k_{\text{PEQ},j} = \frac{\text{PEQ}_{\text{coking,input},j} + \text{PEQ}_{\text{gaswork,input},j}}{\text{SQ}_{\text{coking,input},j} + \text{SQ}_{\text{gaswork,input},j}}$$ （2-8）
5	天然气液化	（n）投入：天然气 （j）产出：液化天然气
6	炼油	（n）投入：原油 （j）产出：柴油、汽油、煤油、燃料油及其他油产品
7	供热	（n）投入：原煤、洗煤、煤矸石、焦炉煤气、其他煤气、其他焦化产物、油产品及天然气 （j）产出：热力
8	火力发电	（n）投入：原煤、洗煤、煤矸石、焦炉煤气、其他煤气、其他焦化产物、油产品、天然气及热力 （j）产出：电力

注：第 j 类能源品种的一次能源转化系数可以在产出其的中间转化环节获得；原煤、原油、天然气、其他能源、高炉煤气及转炉煤气的一次能源转化系数为 1

$k_{\text{PEQ},ij}$ 为第 i 个中间转化环节中第 j 类能源品种的一次能源转化系数；$k_{\text{PEQ},in}$ 为第 i 个中间转化环节中投入的第 n 类能源品种的一次能源转化系数；$\text{SQ}_{in,\text{input}}$ 为第 i 个中间转化环节中投入的第 n 类能源品种的数量（SQ）；$\text{SQ}_{ij,\text{ouput}}$ 为第 i 个中间转化环节中产出的第 j 类能源品种的数量（SQ）；$\text{PEQ}_{in,\text{input}}$ 为第 i 个中间转化环节中投入的第 n 类能源品种的数量（PEQ）；$\text{PEQ}_{ij,\text{output}}$ 为第 i 个中间转化环节中产出的第 j 类能源品种的数量（PEQ）。

然而考虑到京、津、冀三地都属于典型的能源调入型区域，因此必须综合考虑区域外部调入的二次能源品种对这些系数的影响，即使用加权平均的方式根据本地（省、市内）生产的各个能源品种的一次能源转化系数及区域外调入的各个能源品种的一次能源转化系数来获得京、津、冀三地的各个能源品种的一次能源转化系数。其中，我们假设区域外调入的能源品种的一次能源转化系数与全国各个能源品种的一次能源转化系数相同，且计算方式可以按照上述的步骤进行计算，并以 $k_{\text{PEQ},j,\text{import}}$ 表示。

根据表 2-6 给出的计算顺序并使用式（2-9）计算出京、津、冀三地各自的各个能源品种除焦炭、焦炉煤气、其他煤气及其他焦化产物的一次能源转化系数；使用式（2-8）可以计算出京、津、冀各个区域的焦炭、焦炉煤气、其他煤气及其他焦化产物的一次能源转化系数；使用式（2-10）可以计算出京、津、冀三地各自的各个中间转化环节中各个产物的一次能源转化系数。

$$
\begin{aligned}
k_{\text{PEQ},j} = {} & k_{\text{PEQ},ij} \times \frac{\text{SQ}_{j,\text{domestic}}}{\text{SQ}_{j,\text{domestic}} + \text{SQ}_{j,\text{import}}} \\
& + k_{\text{PEQ},j,\text{import}} \times \frac{\text{SQ}_{j,\text{import}}}{\text{SQ}_{j,\text{domestic}} + \text{SQ}_{j,\text{import}}}
\end{aligned}
\tag{2-9}
$$

其中，

$$
k_{\text{PEQ},ij} = \frac{\sum\limits_{n} k_{\text{PEQ},in} \cdot \text{SQ}_{in,\text{input}}}{\sum\limits_{j} \text{SQ}_{ij,\text{output}}}
\tag{2-10}
$$

式中，下标 i 表示第 i 个中间转化环节；下标 n 表示在第 i 个中间转化环节中投入的第 n 类能源品种；下标 j 表示在第 i 个中间转化环节中产出的第 j 类能源品种；$k_{\text{PEQ},ij}$ 为第 i 个中间转化环节中第 j 类能源品种的一次能源转化系数；$k_{\text{PEQ},in}$ 为第 i 个中间转化环节中投入的第 n 类能源品种的一次能源转化系数；$\text{SQ}_{in,\text{input}}$ 为第 i 个中间转化环节中投入的第 n 类能源品种的数量（标准量基准）；$\text{SQ}_{ij,\text{ouput}}$ 为第 i 个中间转化环节中产出的第 j 类能源品种的数量（标准量基准）；$k_{\text{PEQ},j,\text{import}}$ 为中国的第 j 类能源品种的一次能源转化系数；$\text{SQ}_{j,\text{domestic}}$ 为基于标准量衡量基准的第 j 类能源品种的本地产量；$\text{SQ}_{j,\text{import}}$ 为基于标准量衡量基准的第 j 类能源品种的外部调入量。

在获得京、津、冀三地各自的各个能源品种的一次能源转化系数后，就可以计算出绘制能源分配图所需的能源数据：①使用式（2-9）得出的一次能源转化系数按照式（2-6）将能源平衡表中除了焦炭、焦炉煤气、其他煤气及其他焦化产物和所有中间转化环节中的所有产物以外的所有基于 SQ 衡量基准的能源量转化为基于 PEQ 衡量基准的能源量；②使用式（2-10）得出的一次能源转化系数按照式（2-6）将能源平衡表中所有基于 SQ 衡量基准的中间转化环节产物的能源量（含焦炭、焦炉煤气、其他煤气及其他焦化产物）转化为基于 PEQ 衡量基准的能源量；③使用式（2-8）得出的焦炭、焦炉煤气、其他煤气及其他焦化产物的一次能源转化系数按照式（2-6）将焦炭、焦炉煤气、其他煤气及其他焦化产物在除炼焦环节与制气环节外的基于 SQ 衡量基准的能源量转化为基于 PEQ 衡量基准的能源量。

至此，我们已经将《中国能源统计年鉴 2014》中基于 PQ 衡量基准的北京市能源平衡表、天津市能源平衡表及河北省能源平衡表转化为使用 PEQ 衡量基准的表格。通过这三张经过转化后的能源平衡表，就能够简便地使用 E! Sankey 软件分别绘制出京、津、冀的能源分配图。为了将能源分配图进行简化，将能源平衡表中所涉及的 30 类能源品种分别整理成表 2-7 的 13 种能源品种。

表 2-7　能源分配图中所涉及的能源品种

能源
● 原煤
● 原油
● 天然气（天然气、液化天然气）
● 洗煤（洗精煤、其他洗煤）
● 焦炭
● 其他煤产品（型煤、煤矸石、其他焦化产物）
● 煤气（焦炉煤气、其他煤气、高炉煤气、转炉煤气）
● 汽油
● 柴油
● 煤油
其他油产品（燃料油、石脑油、润滑油、石蜡、溶剂油、石油沥青、石油焦、液化石油气、炼厂干气、其他石油制品）
● 热力
● 电力

4. 终端用能的数据处理

《中国能源统计年鉴 2014》给出了京、津、冀各自的关于能源供应、能源转化及较为粗略的终端能源消费数据，因此，需要通过借助京、津、冀三地各自的地方统计年鉴里关于各个分行业的终端能源消费数据，才可以更好地了解到京、津、冀三地各自的终端用能的分配。此外，为了更好地了解交通工具能源消费在京、津、冀三地各自的能源消费中所处的地位，需要将基于"大交通"概念（即将交通运输能耗归于各个分行业及生活消费终端，而不单独列项）的京、津、冀各自的能源平衡表中关于终端能源消费的数据重新整理，以将实际的交通工具能源消费分别从各个行业及生活消费终端中独立出来。参照文献（王庆一，2009）的建议，将第二产业及第三产业中 95%的汽油消费及 35%的柴油消费归入交通工具能源消费；将第一产业及生活消费中全部汽油消费及 95%的柴油消费归入交通工具能源消费。此外，为了便于绘制能源分配图，将交通运输、仓储及邮政业中的汽油、柴油及煤油全部归入交通工具能源消费，并将扣除汽油、柴油及煤油消费的交通运输、仓储及邮政业并入第三产业。

由于京、津、冀各自的统计年鉴中给出的关于分行业终端能源消费的统计方式并不一样，因此在下文中将分别介绍北京市、天津市及河北省的终端用能数据处理过程。

1）北京市

《北京统计年鉴 2014》中"分行业能源消费总量和主要能源品种消费量"表中给出了北京市各个工业分行业及第三产业分行业的煤炭、焦炭、汽油、煤油、柴油、燃料油、液化石油气、天然气、热力及电力合计 10 种主要能源品种的消费量，这些能源品种的量都是使用实物量（PQ）来进行表征的。为了获得绘制北京市能源分配图所需的一次能源量（PEQ），这些终端能源消费数据（PQ）需要进行如下处理：

使用折标准煤系数将基于实物量衡量基准的能源量（PQ）转化为标准量（SQ），接着使用北京市的一次能源转化系数将这些基于标准量衡量基准的能源量（SQ）转化为基于一次能源量衡量基准的能源量（PEQ）。

"分行业能源消费总量和主要能源品种消费量"表中的"电力、热力的生产和供应业"中包含了用于发电及供热的煤炭和天然气的数据，因此，需要将该分行业中的煤炭和天然气的能源量减去，避免与《中国能源统计年鉴》中"北京市能源平衡表"里的"火力发电"环节中的煤炭消费与天然气消费量发生冲突。

将"北京市能源平衡表"及"分行业能源消费总量和主要能源品种消费量"表中第二产业及第三产业中 95%的汽油消费及 35%的柴油消费归入交通能耗；同时将"北京市能源平衡表"中的第一产业及生活消费中全部汽油消费及 95%的柴油消费归入交通能耗。

将"分行业能源消费总量和主要能源品种消费量"表的所有工业分行业的能源消费量（PEQ）相加，得到北京市工业分行业的能源消费总量（PEQ），并计算出各个工业分行业能源消费量占全部工业分行业能源消费总量（PEQ）的占比。

使用上条得到的各个工业分行业能耗占比分别乘以"北京市能源平衡表"中工业终端（扣除非能源用途）能源消费总量（PEQ），即得出各个工业分行业的能源消费总量（PEQ）。即使用"北京市能源平衡表"中工业终端消费的总量（扣除非能源用途，PEQ）及"分行业能源消费总量和主要能源品种消费量"表中的各个工业分行业能源消费占工业终端能源消费总量（PEQ）的比例来算得北京市各个工业分行业的能源消费量（PEQ）。

将"分行业能源消费总量和主要能源品种消费量"表的所有第三产业分行业的能源消费（PEQ）相加，得到北京市第三产业分行业的能源消费总量（PEQ），并计算出"分行业能源消费总量和主要能源品种消费量"表各个第三产业分行业能源消费量（PEQ）占全部第三产业分行业能源消费总量（PEQ）的占比。

使用上调所算得的占比数，乘以"北京市能源平衡表"中第三产业终端能源消费总量（批发、零售业及住宿、餐饮与其他的加总，PEQ），得出各个第三产业分行业的能源消费总量（PEQ）。即使用"北京市能源平衡表"中第三产业终端消费的总量（PEQ）及"分行业能源消费总量和主要能源品种消费量"表中的各个第三产业分行业能源消费（PEQ）占第三产业终端能源消费总量（PEQ）的比例来算得北京市各个第三产业分行业的能源消费量（PEQ）。

扣除汽油、柴油及煤油消费的交通运输、仓储及邮政业的能源消费量不归在上述第三产业范畴，而作为一个单独的分行业进行处理（其出现在"北京市能源平衡表"的消费终端中）。这是由于其不在"分行业能源消费总量和主要能源品种消费量"表中出现，因此单独处理。

从各个分行业及生活消费终端中分离出来用于交通运输能耗的汽油、煤油与柴油独立汇总成交通用能，并通过文献调研（常诗瑶，2013），分别细分为公路交通能耗、铁路交通能耗及航空交通能耗。

北京市能源分配图的能源消费终端的划分形式如下：

（1）工业生产终端：黑色金属冶炼及压延加工业；有色技术冶炼及压延加工业；化学原料及化学制品制造业；非金属矿物制品业；食品生产加工业；纺织业；重型装备制造业；造纸业；其他制造业；非能源矿物开采业；建筑业；农、林、渔、牧及水利业；电力、热力的生产和供应业；燃气生产和供应业；石油加工、炼焦及核燃料加工业；石油和天然气开采业；煤炭开采和洗选业。

（2）交通用能终端：公路交通用能；铁路交通用能；航空交通用能。

（3）建筑用能终端：城镇生活消费；乡村生活消费；房地产业；住宿和餐饮业；批发和零售业；教育；租赁和商务服务业；科学研究和技术服务业；信息传输、软件和信息技术服务业；交通运输、仓储和邮政业。

2）天津市

《天津统计年鉴2014》中"工业行业主要能源终端消费量"表中给出了天津

市各个工业分行业的煤炭、焦炭、原油、汽油、柴油、燃料油、天然气、热力、电力及其他油品合计 10 种主要能源品种的消费量,这些能源品种的量都是使用实物量（PQ）来进行表征的。为了获得绘制天津市能源分配图所需的一次能源量（PEQ），这些终端能源消费数据（PQ）需要进行如下处理:

　　使用折标准煤系数将基于实物量衡量基准的能源量（PQ）转化为标准量（SQ），接着使用天津市的一次能源转化系数将这些基于标准量衡量基准的能源量（SQ）转化为基于一次能源量衡量基准的能源量（PEQ）。

　　"工业行业主要能源终端消费量"表中的"电力、热力的生产和供应业"中包含了用于发电及供热的煤炭和天然气的数据,因此,需要将该分行业中的煤炭和天然气的能源量减去,避免与《中国能源统计年鉴 2014》中"天津市能源平衡表"里的"火力发电"环节中的煤炭消费与天然气消费量发生冲突。

　　将"天津市能源平衡表"及"工业行业主要能源终端消费量"表中第三产业中 95% 的汽油消费及 35% 的柴油消费归入交通能耗;同时将"天津市能源平衡表"中的第一产业及生活消费中全部汽油消费及 95% 的柴油消费归入交通能耗。

　　将"工业行业主要能源终端消费量"表的所有工业分行业的能源消费量（PEQ）相加,得到天津市工业分行业的能源消费总量（PEQ）,并计算出各个工业分行业能源消费量占全部工业分行业能源消费总量（PEQ）的比例。

　　使用上条得到的各个工业分行业能耗占比分别乘以"天津市能源平衡表"中工业终端（扣除非能源用途）能源消费总量（PEQ）,即得出各个工业分行业的能源消费总量（PEQ）。即使用"天津市能源平衡表"中工业终端消费的总量（扣除非能源用途,PEQ）及"工业行业主要能源终端消费量"表中的各个工业分行业能源消费占工业终端能源消费总量（PEQ）的比例来算得天津市各个工业分行业的能源消费量（PEQ）。

　　从各个分行业及生活消费终端中分离出来用于交通运输能耗的汽油、煤油与柴油独立汇总成交通用能。

　　天津市能源分配图的能源消费终端的划分形式如下:

　　（1）工业生产终端:黑色金属冶炼及压延加工业;有色技术冶炼及压延加工业;化学原料及化学制品制造业;非金属矿物制品业;食品生产加工业;纺织业;重型装备制造业;造纸业;其他制造业;非能源矿物开采业;建筑业;农、林、渔、牧及水利业;电力、热力的生产和供应业;燃气生产和供应业;石油加工、炼焦及核燃料加工业;石油和天然气开采业;煤炭开采和洗选业。

　　（2）交通用能终端:交通用能。

　　（3）建筑用能终端:城镇生活消费;乡村生活消费;第三产业消费（能源平衡表中的批发、零售业及住宿、餐饮业,其他,扣除汽油、柴油及煤油的交通运输、仓储和邮政业）。

3）河北省

《河北经济年鉴2014》中的"规模以上工业企业分行业能源消耗情况"表中给出了河北省各个工业分行业的基于标准量衡量基准的能源消费总量（SQ），由于无法得到各个工业分行业更加细致的能源消费数据，只能通过较为粗略的估算方式来计算河北省各个工业分行业基于一次能源量衡量基准的能源消费总量（PEQ）：

在"规模以上工业企业分行业能源消耗情况"表中的"电力、热力的生产和供应业"中包含了用于发电和供热的煤炭和天然气的数据，因此，需要将该分行业中的煤炭和天然气的能源量减去，避免与《中国能源统计年鉴2014》中"河北省能源平衡表"里的"火力发电"环节中的煤炭消费与天然气消费量冲突。具体方法为，使用全国的发电量（PEQ）及全国的电力、热力的生产和供应业能源消费（SQ）和河北省的发电量（PEQ），可以按照与全国同等的比例结构估算河北省的电力、热力的生产和供应业的能源消费（SQ）。

使用在绘制中国能流图时所计算的基于一次能源量衡量基准的全国各个工业分行业的能源消费总量（PEQ）除以基于标准量衡量基准的全国各个工业分行业的能源消费总量（SQ），可以得到全国各个工业分行业终端能源消费总量的一次能源量与标准量转化系数。

使用上述系数，可以近似地计算出河北省各个工业分行业基于一次能源量衡量基准的终端能源消费总量（PEQ）。

将"河北省能源平衡表"及"规模以上工业企业分行业能源消耗情况"表中第三产业中95%的汽油消费及35%的柴油消费归入交通能耗；同时将"河北省能源平衡表"中的第一产业及生活消费中全部汽油消费及95%的柴油消费归入交通能耗。

计算出"规模以上工业企业分行业能源消耗情况"表各个工业分行业能源消费量占全部工业分行业能源消费总量（PEQ）的占比，之后使用这些占比数，乘以"河北省能源平衡表"中工业终端（扣除非能源用途）能源消费总量（PEQ），重新得出新的各个工业分行业的能源消费总量（PEQ）。即使用"河北省能源平衡表"中工业终端消费的总量（扣除非能源用途，PEQ）及"规模以上工业企业分行业能源消耗情况"表中的各个工业分行业能源消费占工业终端能源消费总量（PEQ）的比例来算得北京市各个工业分行业的能源消费量（PEQ）。

从各个分行业及生活消费终端中分离出来用于交通运输能耗的汽油、煤油与柴油独立汇总成交通用能。

河北省能源分配图的能源消费终端的划分形式如下：

（1）工业生产终端：黑色金属冶炼及压延加工业；有色技术冶炼及压延加工业；化学原料及化学制品制造业；非金属矿物制品业；食品生产加工业；

纺织业；重型装备制造业；造纸业；其他制造业；非能源矿物开采业；建筑业；农、林、渔、牧及水利业；电力、热力的生产和供应业；燃气生产和供应业；石油加工、炼焦及核燃料加工业；石油和天然气开采业；煤炭开采和洗选业。

（2）交通用能终端：交通用能。

（3）建筑用能终端：城镇生活消费；乡村生活消费；第三产业消费（能源平衡表中的批发、零售业及住宿、餐饮业，其他，扣除汽油、柴油及煤油的交通运输、仓储和邮政业）。

5. 能源分配图绘制结果与分析

根据上述的绘制方法，分别在图 2-24、图 2-25 及图 2-26 中展示了 2013 年的北京市能源分配图、天津市能源分配图及河北省能源分配图，并在分别针对京、津、冀各自的能源分配图特点进行分析讨论。

1）北京市

2013 年北京市一次能源消费总量为 6.47 千万吨标准煤。通过北京市能源分配图，可以将北京市的能源流向特征归纳为以下三点：①北京市绝大部分的能源供应依赖于外部调入，能源对外依存度高达 93.9%。原油与天然气供应全部依靠外部调入，而煤炭、油品、电力的对外依存度分别为 75.6%、43.7% 及 67.1%。②北京市 67.1% 的电力依赖于外部调入，其余的 32.9% 由本地生产。在本地的电力生产中，燃煤发电与燃气发电的比例分别为 50.0% 及 44.8%；在供热方面，燃煤锅炉占 58.6%，燃气锅炉占 31.3%；在炼油方面，2012 年北京市共提炼原油 1243 万吨标准煤。③北京市的终端用能以建筑用能为主，占终端消费的 51.4%，生产制造和交通运输则占了 24.4% 及 24.2%。其中电力与油品是主要的终端能源载体，分别占了终端能源消费的 41.1% 及 28.1%，煤炭、天然气及热力则占了终端消费的 9.1%、11.2% 及 9.7%。

2）天津市

2013 年天津市一次能源消费总量为 7.68 千万吨标准煤。通过天津市能源分配图，可以将北京市的能源流向特征归纳为以下三点：①天津市能源对外依存度为 43.3%。其中，全部的煤炭依赖于外部调入，天然气及电力的对外依存度分别为 50.5% 及 21.0%；此外，天津市是油品净调出区域。②天津市 79.0% 的电力由本地生产，其中燃煤发电占了 96.3%。在供热方面，90.4% 的热力源自于燃煤锅炉。③生产制造是天津市最大的能源消费终端，占了 71.2% 的终端能源消费，而后是建筑用能及交通运输，各占 19.7% 及 9.2%。其中，电力、煤炭和油品是主要的终端能源载体，分别占了终端能源消费量的 32.5%、28.2% 及 22.8%。

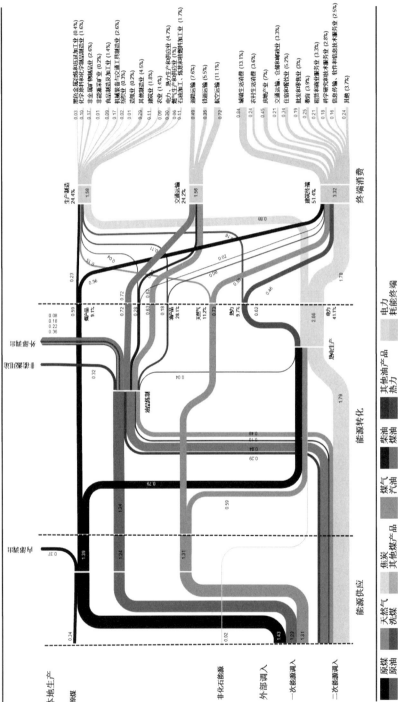

图 2-24 2013 年北京市能源分配图

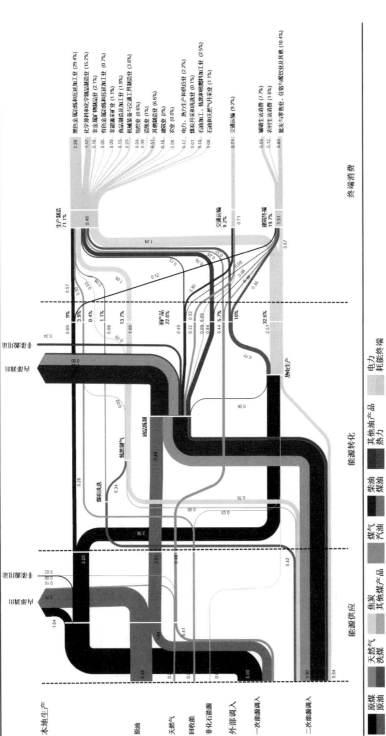

图 2-25　2013 年天津市能源分配图

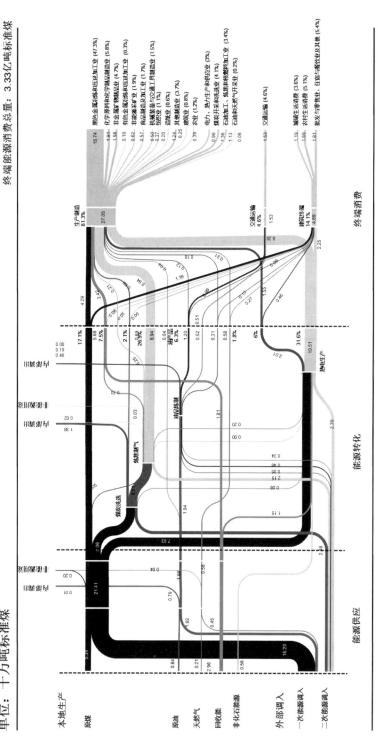

图 2-26 2013 年河北省能源分配图

3）河北省

2013 年河北省一次能源消费总量为 3.33 亿吨标准煤。通过河北省能源分配图，可以将北京市的能源流向特征归纳为以下三点：①河北省的能源对外依存度为 79.4%，其中煤炭、原油及天然气的对外依存度分别为 78.0%、57.2% 及 68.8%。②河北省 78.1% 的电力由本地生产，其中燃煤发电占了 91.1%，可再生能源发电占了 6.8%；在供热方面，燃煤锅炉占了 81.3%；在其他转化环节方面，河北省共提炼原油 1.94 千万吨标准煤、洗选煤炭 8.06 千万吨标准煤、产出焦炭 7.09 千万吨标准煤。③生产制造是河北省最大的能源消费终端，占终端能源消费的 81.3%，其中钢铁的生产制造占了全省能源消费的 47.3%，而建筑用能与交通运输仅占了 14.1% 及 4.6%。煤炭和电力市河北省主要的终端能源载体，分别占了 54.4%（含焦炭 26.9%）及 31.6%，油品、天然气及热力则分别占 6.3%、1.8% 及 6.0%。

2.1.3　京津冀和长三角、珠三角发展现状的对比分析

京津冀、长三角、珠三角这三大城市群地区是我国重要的经济增长极，同时也是能源消费和大气污染排放的主要地区。

根据国务院 2010 年批准的《长江三角洲地区区域规划》，长江三角洲包括上海市、江苏省和浙江省。根据国家发展和改革委员会 2008 发布的《珠江三角洲地区改革发展规划纲要》，珠江三角洲地区主要包括广州市、深圳市、佛山市、东莞市、中山市、珠海市、惠州市、江门市和肇庆市，共 9 个城市。

下文首先通过三大城市群的比较，明确了三大城市群之间的发展差异及其内部发展差异；其次，针对三大城市群的内部差异问题开展了影响因素分析；最后，尝试给出研究结论和对于京津冀能源产业协同发展的建议。

1. 我国三大城市群的发展现状比较

下文基于统计数据（国家统计局，2014；广东省统计局，2014）从产业结构、城镇化率、GDP、能源消费和大气污染排放五个方面，对比分析了三大城市群的发展现状。

1）产业结构

纵向对比三个区域的产业结构构成，如图 2-27 所示，可以发现三个区域的产业皆以第二产业及第三产业为主。相对而言，珠三角的第三产业比重最高、第一产业比重最低；京津冀第一产业比重最高、第二产业比重最低；长三角第二产业比重最高、第三产业比重最低。

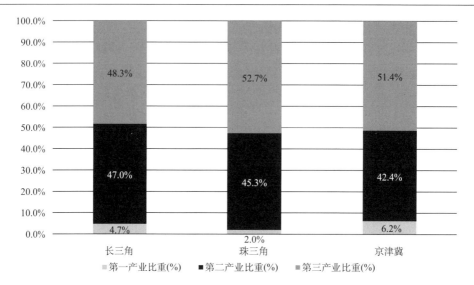

图 2-27　2013 年长三角、珠三角及京津冀产业结构
（中华人民共和国国家统计局，2014；广东省统计局，2014）

　　进一步考察三大城市群各城市的产业结构，如图 2-28、图 2-29 及图 2-30 所示，则可发现各城市群内部均存在区域产业结构差异。其中，长三角各区域的产业结构相对较为均衡，除上海市第三产业比重较高外，其他两省的第二产业及第

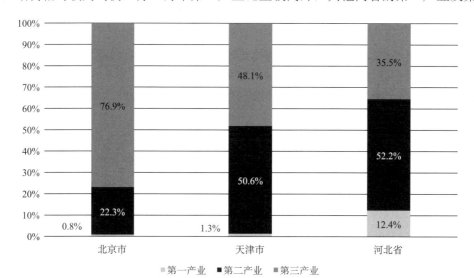

图 2-28　2013 年京津冀产业结构（中华人民共和国国家统计局，2014）

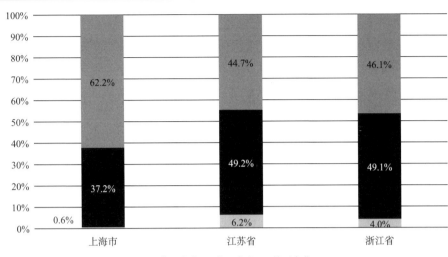

图 2-29　2013 年长三角产业结构（中华人民共和国国家统计局，2014）

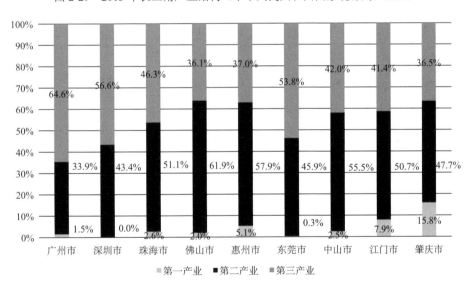

图 2-30　2013 年珠三角产业结构（广东省统计局，2014）

三产业比重大致相同。在珠三角内部，较之广州市、深圳市等市 1%左右的第一产业比重和 60%左右的第三产业比重，肇庆市第一产业比重超过 10%，第三产业比重不足 40%。而京津冀内部产业结构差异更大，北京市第三产业比重高达76.9%；而河北省第三产业比重仅为 35.5%，第一产业比重则高达 12.4%。

2）城镇化率

2013 年，长三角地区城镇化率为 68.0%，珠三角为 84.0%，而京津冀地区仅为 60.1%，城镇化水平最低。

进一步考察三大城市群内部的城镇化差异，如图 2-31 所示，长三角的两省一市均保持较高的城镇化率，其中上海市更是高达 89.6%。珠三角和京津冀的内部城镇化水平则存在明显差异。其中，珠三角的广州市、珠海市、佛山市、东莞市和中山市均高于 85%，深圳市几乎达到 100%；但是江门市、惠州市的城镇化率不足 70%，肇庆市更是仅为 43.8%。京津冀中的北京市、天津市的城镇化率在 80% 以上，而集中了区域近三分之二人口的河北省的城镇化率仅为 48.1%。

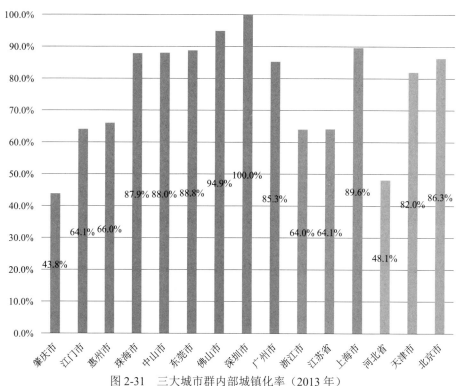

图 2-31　三大城市群内部城镇化率（2013 年）
（中华人民共和国国家统计局，2014；广东省统计局，2014）

3）GDP

2013 年，我国京津冀、长三角及珠三角三大城市群 GDP 总量占据全国 GDP 总量的 41.1%，如图 2-32 所示，其中京津冀 GDP 为 62172.1 亿元，长三角 GDP 为 118332.4 亿元，珠三角 GDP 为 53307.7 亿元。从 GDP 总量看，长三角显著高于其他两个城市群，而京津冀略高于珠三角。

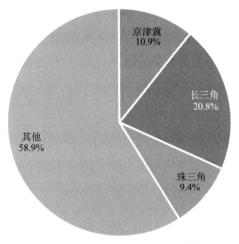

图 2-32　2013 年我国 GDP 区域构成
（中华人民共和国国家统计局，2014；广东省统计局，2014）

但在三个城市群内部，如图 2-33 所示，其各城市 GDP 总量并不十分平衡。在长三角内部，两省一市 GDP 均达 2 万亿元以上，江苏更是接近 6 万亿元；而珠三角内部，城市间 GDP 总量存在明显差异，广州市、深圳市等城市 GDP 总量几乎达到江门市、肇庆市的 10 倍；京津冀地区中，河北省的 GDP 总量占据其近乎一半的比重，北京市、天津市占据略大于 1/4 的比重。

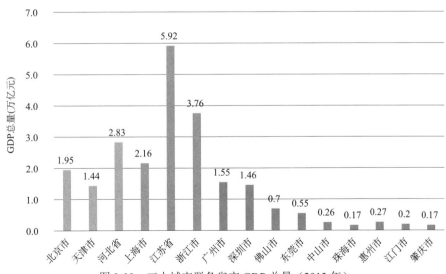

图 2-33　三大城市群各省市 GDP 总量（2013 年）
（中华人民共和国国家统计局，2014；广东省统计局，2014）

2013 年全国 GDP 增速为 7.7%，三城市群 GDP 增速均高于该值。其中，珠三角地区最高，为 9.4%；京津冀地区次之，为 9.0%；长三角最低，为 8.8%。而在各城市群内部，GDP 增速存在明显差异。其中，长三角内部江苏省 GDP 增速为 9.6%，浙江省和上海市的 GDP 增速分别为 8.2% 和 7.7%。珠三角内部各城市 GDP 增速均在 10.0% 左右。京津冀内部天津市 GDP 增速最高，为 12.5%；其次为河北省，为 8.2%；北京市最低，为 7.7%。

从人均 GDP 角度看，如图 2-34 所示。2013 年全国人均 GDP 为 41908 元，三个城市群的人均 GDP 均远高于该值，京津冀区域水平为三大城市群中最低。对于各城市群来讲，长三角内部各省市人均 GDP 大致相同，均在 8.0 万元左右；而在珠三角、京津冀城市群内部，人均 GDP 存在较为明显的差异。珠三角中广州市、深圳市的人均 GDP 超过 12.0 万元，东莞市、江门市、惠州市和肇庆市则不足 7.0 万元。京津冀中天津人均 GDP 最高，北京市次之，而河北省在三大城市群范围内人均 GDP 最低，仅为 38716 元。

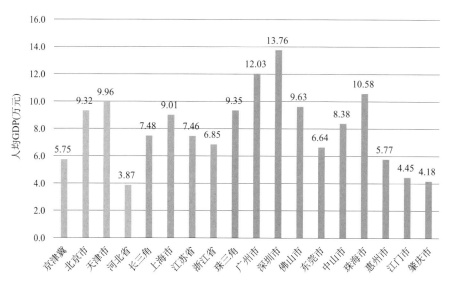

图 2-34　三大城市群各省市人均 GDP（2013 年）
（中华人民共和国国家统计局，2014；广东省统计局，2014）

从人均 GDP 增速角度看，2013 年全国人均 GDP 增速为 7.1%，而京津冀、长三角、珠三角的人均 GDP 增速为 7.4%、8.3%、8.8%。其中长三角地区两省一市的人均 GDP 增速较为接近，江苏省最高，为 9.3%，上海市最低，为 6.1%。而珠三角、京津冀地区内部的人均 GDP 增速存在较大差距，但几乎普遍高于全国人均 GDP 增速。珠三角中各城市 GDP 增速均在 10.0% 左右，广州市、惠州市和肇庆市人均 GDP 增速均超过 10%；京津冀中天津市最高，为 7.9%；河北省次之，为 7.5%；北京市最低，为 5.2%。

4）能源消耗

2013 年度三大城市群的能源消耗总量如图 2-35 所示。京津冀的能源消耗量高于珠三角地区，低于长三角地区（由于缺乏珠三角能耗数据，以广东省替代珠三角地区）。从各省市角度看，河北省能耗最高，接近 3.0 亿吨标准煤。结合各城市产业结构比重，可以明显看出城市能源消耗量与其第二产业所占比重呈正相关关系，以京津冀区域为例，2013 年河北的第二产业所占比重为 52.2%，而其能源消耗总量占据整个京津冀地区的 67.0%，是整个京津冀地区最大的能源消耗地；北京市的第二产业所占的比重为 22.3%，而其能源消耗总量也仅为京津冀地区的 15.2%。

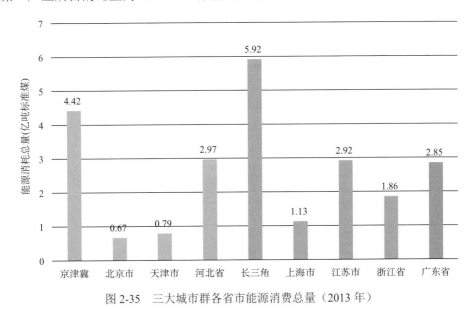

图 2-35　三大城市群各省市能源消费总量（2013 年）

（中华人民共和国国家统计局，2014）

2013 年度三大城市群的能耗强度如图 2-36 所示。从城市群角度看京津冀区域能耗强度明显高于长三角和广东省；从各省市角度来看，河北省的能耗强度显著高于其他各省市，约为 1.05 吨标准煤/万元 GDP。

5）大气污染排放情况

2013 年三大城市群二氧化硫、氮氧化物和烟粉尘排放总量如图 2-37 所示（由于珠江三角洲相关数据缺乏，用广东省数据代替）。2013 年，长三角的二氧化硫、氮氧化物排放量最高，京津冀地区烟尘的排放量最高；而珠三角三种污染物排放量均最小。

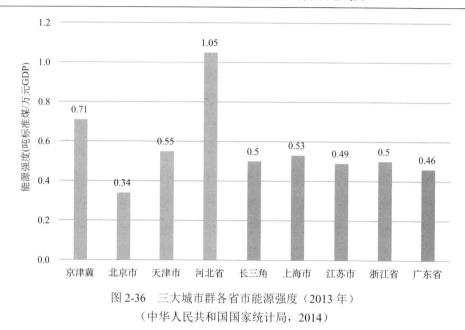

图 2-36　三大城市群各省市能源强度（2013 年）
（中华人民共和国国家统计局，2014）

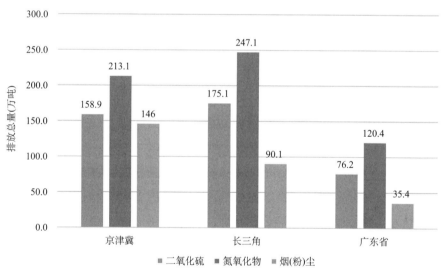

图 2-37　三大城市群大气污染物排放量（2013 年）
（国家统计局和环境保护部，2014）

　　进一步分析三大城市群内部各省市大气污染物排放总量，如图 2-38 所示。在京津冀区域中，河北省的大气污染物所占比重极大，远远超过了其余两省市总和；而各项大气污染物排放总量指标也显著高于其他城市群中的省市。

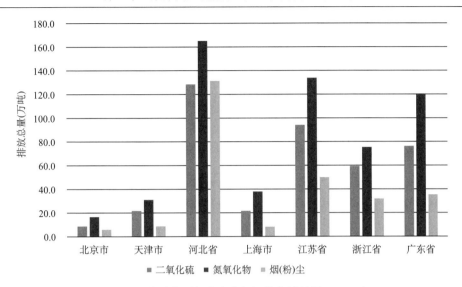

图 2-38　三大城市群各省市大气污染物排放量（2013 年）
（国家统计局和环境保护部，2014）

如图 2-39 所示，从大气污染排放物强度分析，京津冀的二氧化硫、氮氧化物和烟尘的排放量均明显高于长三角、珠三角。长三角、珠三角的大气污染物排放强度基本相同。而从各省市的排放物强度来看（图 2-40），河北省三种大气污染物的排放强度显著高于其他各省市。

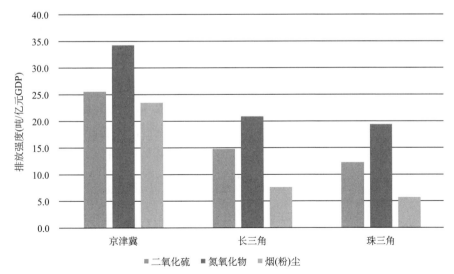

图 2-39　三大城市群大气污染物排放强度（2013 年）
（国家统计局和环境保护部，2014）

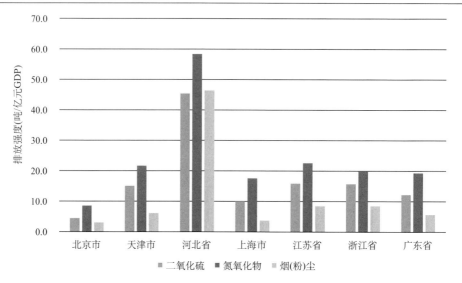

图 2-40　三大城市群大气污染物排放强度（2013 年）
（国家统计局和环境保护部，2014）

2. 基于三大城市群对比的京津冀区域内部差异的影响因素分析

综合产业结构、GDP、排放数据等的对比可以发现，京津冀与长三角、珠三角相比，区域发展还存在一定的差距。而发展相对落后的河北占据了京津冀绝大部分的人口和地域面积，导致京津冀内部差异尤其巨大。下文将结合有关文献，对京津冀区域发展的内部差异问题进行包括行政、城市群结构、产业布局、地理和交通、自主创新能力等影响因素的分析，试图找出原因。

1）行政因素

京津冀的特殊性在于，北京是国家首都，行政优先级高于其他城市，同时又是北方重要的经济中心。为了保证首都经济社会发展，周边城市的发展更容易受到行政制约，发展的自主性、开拓性会受到影响。例如，河北省首先需要牺牲自身资源环境来保障北京的各种资源供给；其次，又要及时接收从北京市区内搬迁出的高排放企业，支持北京自身的生态建设；第三，河北部分地区（如张家口、承德）又是北京重要的生态屏障，产业发展受到一定限制。此外，受北京的行政优势影响，京津冀的教育、医疗等资源过度集中在北京，导致周边城市相关服务和人才不足，也影响了周边的城市发展。

与此同时，天津作为京津冀的第二个直辖市，与北京构成了"双极"结构，进一步导致了区域发展不平衡。天津出于其行政优势和地理优势，致力于高速发展经济，包括对外贸易、物流和制造业等，这在一定程度上也对河北类似产业的发展起到了抑制作用。因此总体来看，行政上的特殊性是京津冀城市群内部差异的首要原因。

2）城市群结构因素

在城市群的发展过程之中，长三角、珠三角逐步形成了扁平化的区域形式，城市群结构也由最初的单极和双核逐渐转变为多极结构。而京津冀地区呈现明显的两极化特点，且极化效应越来越明显，区域内不平衡性加重（黄荣清，2014）。

3）产业布局因素

在长三角地区，高端服务业逐步转变为当地的专业化职能，当地逐步形成了以发展三高、餐饮娱乐、房地产等高端服务业职能为主的综合性城市，例如上海、苏州、杭州等。在珠三角地区，广州、深圳逐步形成了两个服务业职能中心，而广州的交通运输职能更为突出。而二者的大型制造业均在不断向外围城市转移，并在一定程度上成为其外围城市的专业化职能，增强了外部城市区域整体的工业制造力，拉动周边地区快速发展。

但在京津冀地区之中，工业制造业仍旧广泛集中于中心城市，各种职能均过度集中，导致中心城市并没有有效带动周边外围城市的发展，故而在中心城市与外部城市之间形成了巨大落差，阻碍该城市群一体化进程（李佳洺等，2010）。河北部分城市，例如唐山、邯郸等，重工业企业的高度集中更对当地的生态环境产生了严峻的挑战。因此，河北应主动分散其重工业布局，同时进行适当的产业结构转型，以缓解当地的环境压力，以利于其长远发展。

除此之外，京津冀地区缺乏有效的产业衔接与上下游联动机制（徐光瑞，2015）。各城市之间的功能分工不够合理，区域内部功能重叠化现象严重，从而没有最大化的发挥城市群的优势作用，促进整个区域的整体发展。

4）地理和交通因素

北京周围多山脉，受自然条件制约，北京与河北省之间联系被阻断，影响物流、交通的发展，在空间联系上不如长三角、珠三角紧密，一定程度上阻碍了临近城市间的交流，延缓了其一体化进程（孙东琪等，2013）。

从临海优势分析。珠三角和长三角分别临近经济对外联系度较高的南海和东海，而京津冀区域只有部分城市临近相对封闭的欠发达的渤海海域，港口吞吐量和发展成熟度与另外两个存在较大差异。

5）自主创新能力因素

通过对城市创新能力的比对分析，发现北京具有极高的自主创新主成分得分，但同时具有极低的与周边城市的创新引力强度。说明了北京的高校及研究机关集聚对于京津冀的发展影响主要集中于北京地区，没有有效地带动周边城市协同发展。

而观察上海、苏州、杭州和广州、深圳等城市的自主创新主成分得分及其相互间引力强度，他们创新能力几乎处于同一水平，极差不大；同时相互间联系十分紧密，可以有效地进行技术等方面的交流，促进整体的协调性发展（吕拉昌等，2015）。

综合以上分析，可以发现：①首都的行政因素对于京津冀其他城市（尤其是部分河北省的城市）产生了极强的制约作用。一方面使得河北省在发展的主动性、自主性方面受到限制；另一面由于承担着保障北京发展的责任，它的发展有明显的功能性补充倾向，使得自身的产业结构失衡，发展极度不合理。从长远来看，这对于整个京津冀地区的发展是不利的。②京津冀地区正处在产业结构转型阶段，但目前仅做到了将重污染、高排放企业逐步移出北京、天津，但在河北省内部仍旧存在重工业过度集中的现象，给京津冀地区的资源环境带来了极大的压力。③京津冀地区并没有很好依托北京市的优良的科研能力进行发展，并且在河北的部分城市仍旧存在以农业、传统工业为主的发展模式，这对于京津冀的长远发展是较为不利的。应当快速地依靠吸收并积极转化先进科技为生产力，并加快产业结构转型的速度，使其稳健发展。④区位和地理环境因素也对京津冀内部的协调与发展产生了不利影响。受到山脉等的相关阻碍作用，加之河北省自身发展水平较低的特点，其交通便利程度较差，影响了自身发展。

针对上述研究结论，可提出以下建议：

（1）提升河北省的行政地位，努力降低行政因素不平衡对区域发展的制约与阻碍。

（2）加快京津冀区域由双核结构向多核结构的转变，提升唐山、石家庄、保定等区域次中心城市的建设，同时优化城市间经济联系，进一步提升京津冀区域城市群结构的合理性。

（3）进一步明确京津冀区域城市的定位与分工，统筹布局区域的产业结构升级，一定程度上减轻天津重工业发展的压力，将京津的部分经济功能转移到河北，将河北过于集中的钢铁工业逐渐外移，同时进一步发展河北的第二产业的升级和提升第三产业的比重，缓解区域环境压力。

（4）深度挖掘河北港口功能，进一步加强区域内城际轨道交通建设和高速公路建设，同时以北京新机场建设为契机，加快附近城市的物流产业升级。

（5）适当转移北京部分高校和研究中心，以优惠政策和政府补贴引导更多高科技产业落户天津与河北。

2.1.4　主要结论

通过本节上述的京津冀区域能源和产业的发展概况分析、三地能流图的绘制、三大城市群的对比分析这三部分研究结果可以看出，京津冀区域整体发展已经取得了显著成绩，在城镇化进程、经济发展、产业转型等方面均走在全国前列。

但同时，京津冀区域未来发展也面临着许多问题，如日益加重的环境压力、区域内部发展不平衡和缺乏合作、区域资源配置和产业分工机制不合理等。在这样的背景下，新时期国家对京津冀区域协同发展的要求既给京津冀区域带来了重要的发展契机，也给区域提出了严峻挑战。而能源、产业的协同发展将是京津冀区域协同发展的重要组成部分，也是针对区域发展问题的重要解决方案。

　　基于以上判断，对"京津冀区域能源、产业协同发展战略"的问题形成了初步认识，总结了下述三个需要重点回答的核心问题：

　　（1）从长期看，如何根据全球发展形势和国家战略需要，结合京津冀区域三地各自比较优势，明确京津冀区域整体能源、产业发展的长远定位，并实现转型发展？

　　（2）从中期看，如何基于京津冀区域的长远定位和现实情况，确立三地各自的能源、产业发展分工，以及促进区域间能源、产业发展的协作，以助力区域的整体健康发展？

　　（3）从近期来看，如何切实配合雾霾治理问题，提出可行的工程办法，减少京津冀区域三地的能源、产业相关大气污染排放？

　　本节作为课题的专题一，主要着重研究宏观层面的问题，也就是聚焦前两个问题的研究。专题二将重点研究第三个问题。

2.2　京津冀区域能源、产业发展的趋势分析

　　本节首先尝试对 2003~2013 年间京津冀区域三地能源消费增长的驱动因素进行分析，以理解京津冀区域能耗增长的内在机制。其次，通过建立能耗和碳排放的定量计算模型，分析和比较京津冀区域 2030 年前能源、产业发展的两种典型情景，以形成对于京津冀区域未来能源、产业的发展图景及其政策启示的认识。

2.2.1　京津冀区域能源消费增长的驱动因素分析

　　下文将尝试建立基于能源分配图的第一类迪维西亚指数对数平均（LMDI）区域能源消费分解方法，借此分析影响京津冀区域能源消费的驱动因素。

　　指数分解方法是一种用于分析影响能源消费驱动因素及温室气体排放驱动因素的有效方法，根据分解原理的不同，其一般可以分为拉斯皮尔斯指数（Laspeyres Index）分解方法及迪维西亚指数（Divisia Index）分解方法。Ang 等（Ang，2004，2005; Ang and Liu, 2001; Ang and Zhang, 2000）曾经对 IDA 方法的发展与应用进行了详细的综述，并推荐使用第一类迪维西亚指数对数平均（Logarithmic Mean Divisia Index I，LMDI）分解方法对能源消费的增长进行分解。这主要是由于相较于其他指数分解方法，LMDI 分解分析方法在对分解的对象进行分解后，不会存在无法解释的残差，且可同时使用相对简单的加和分解与乘积

分解的换算表达式。目前，LMDI 分解分析方法已经被广泛应用于多个国家及区域，所考虑的驱动因素主要包括人口、人均国内（区域）生产总值、产业结构、能源强度及终端能源消费结构。

例如，Fernández 等（2015）将欧洲的 27 个国家归纳为 8 个区域，使用了 LMDI 分解方法对影响这 8 个区域能源消费的驱动因素进行了分析，并对这 8 个区域间的分解结果进行了横向对比；Baležentis 等（2011）使用了 LMDI 分解方法分析了影响立陶宛能源强度变化的驱动因素；Wang 等（2014）在传统的 LMDI 分解方法的基础上引入了柯布-道格拉斯生产函数对影响中国能源消费的驱动因素进行了分析；此外，也有学者使用 LMDI 分解分析方法来分析影响能源消费相关的温室气体排放的驱动因素（Fernández et al., 2014; Moutinho et al., 2015; Shao et al., 2016; Wang et al., 2011; Wu and Zeng, 2013; Xu et al., 2012; Zhang et al., 2016）。

然而，在现有的 LMDI 分解方法应用中，研究者主要使用标准量来衡量国家或者区域的能源消费总量。在此情况下，被用以进行分解的能源消费量的增量是已经扣除了中间转化环节损失及输配损失的标准量，难以将中间转化环节的效率变化及转化环节中能源品种的替代作为驱动因素进行单独分析。因此，导致在这些研究中难以深入分析能源转化效率、终端能效、终端能源结构等更细致的技术性驱动因素，而这些因素对于能源消费增长的影响不容忽视。

为此，下文尝试结合能源分配图的绘制工作，进一步发展可考虑上述技术性驱动因素的基于 LMDI 的京津冀区域能源消费增长分解方法。研究内容除了京津冀区域的全产业能源消费增长驱动因素分析外，也包括了生活能源消费增长驱动因素的分析。在北京市及天津市，由于经济发达，生活能源消费占能源消费总量比例相对较大（北京市 17%左右，天津市 9%左右，河北省 9%左右）。

1. 研究方法

1）全产业能源消费增长的 LMDI 分解

为了考察京、津、冀产业的能源消费的增长机制，将人口（P）、人均区域生产总值（GDP/P）、产业结构（GDP_i/GDP）、能源强度（$E_{SQ,i}/GDP_i$）、终端能源品种（$E_{SQ,ij}/E_{SQ,i}$）及一次能源转化系数 $K_{PEQ,j}$ 作为驱动因素，以进行分析，其中 i 代表产业，而 j 代表能源品种。京、津、冀各自的一次能源消费总量可以使用式（2-11）表示。表 2-8 给出了式（2-11）中所涉及的符号元素说明，并在表 2-9 中列出了京、津、冀产业能源消费增长量的加和分解式，为了进行京津冀区域三地之间的横向对比，在表 2-10 也给出了其乘积分解式：

$$E_{PEQ} = \sum_{ij} P \cdot \frac{GDP}{P} \cdot \frac{GDP_i}{GDP} \cdot \frac{E_{SQ,i}}{GDP_i} \cdot \frac{E_{SQ,ij}}{E_{SQ,i}} \cdot K_{PEQ,j} \qquad （2\text{-}11）$$

表 2-8　式（2-11）中所涉及的符号说明

符号	含义
下标 i	第一产业 第二产业 第三产业
下标 j	原煤、洗煤、型煤、煤矸石、焦炭、焦炉煤气、转炉煤气、高炉煤气、其他煤气、其他炼焦产物、原油、油产品（汽油、煤油、柴油、燃料油、石脑油、润滑油、石蜡、溶剂油、石油沥青、石油焦、液化石油气、炼厂干气、其他石油制品）、天然气、液化天然气、热力、电力及其他能源
P	区域常住人口
GDP	区域生产总值
GDP_i	区域内第 i 个产业的增加值
$E_{SQ,i}$	基于标准量衡量基准的区域内第 i 个产业的能源消费量
$E_{SQ,ij}$	基于标准量衡量基准的区域内第 i 个产业的第 j 类能源消费量
$K_{PEQ,j}$	区域内第 j 类能源品种的一次能源转化系数

表 2-9　京、津、冀能源消费增长量的 LMDI 加和分解式

能源消费量表达式	$E = \sum_{ij} E_{ij} = \sum_i \sum_j P \cdot \dfrac{GDP}{P} \cdot \dfrac{GDP_i}{GDP} \cdot \dfrac{E_{SQ,i}}{GDP_i} \cdot \dfrac{E_{SQ,ij}}{E_{SQ,i}} \cdot K_{PEQ,j}$	
能源消费变化量	$\Delta E_{tot} = E^T - E^0 = \Delta E_{pop} + \Delta E_{aff} + \Delta E_{str} + \Delta E_{int} + \Delta E_{mix} + \Delta E_{peq}$	
各个驱动因素的造成的能源消费变化量的计算公式	P	$\Delta E_{pop} = \sum_{ij} \dfrac{E_{ij}^T - E_{ij}^0}{\ln E_{ij}^T - \ln E_{ij}^0} \ln\left(\dfrac{P^T}{P^0}\right)$
	$Q = \dfrac{GDP}{P}$	$\Delta E_{aff} = \sum_{ij} \dfrac{E_{ij}^T - E_{ij}^0}{\ln E_{ij}^T - \ln E_{ij}^0} \ln\left(\dfrac{Q^T}{Q^0}\right)$
	$S_i = \dfrac{GDP_i}{GDP}$	$\Delta E_{str} = \sum_{ij} \dfrac{E_{ij}^T - E_{ij}^0}{\ln E_{ij}^T - \ln E_{ij}^0} \ln\left(\dfrac{S_i^T}{S_i^0}\right)$
	$I_i = \dfrac{E_{SQ,i}}{GDP_i}$	$\Delta E_{int} = \sum_{ij} \dfrac{E_{ij}^T - E_{ij}^0}{\ln E_{ij}^T - \ln E_{ij}^0} \ln\left(\dfrac{I_i^T}{I_i^0}\right)$
	$M_{ij} = \dfrac{E_{SQ,ij}}{E_{i,SQ}}$	$\Delta E_{mix} = \sum_{ij} \dfrac{E_{ij}^T - E_{ij}^0}{\ln E_{ij}^T - \ln E_{ij}^0} \ln\left(\dfrac{M_{ij}^T}{M_{ij}^0}\right)$
	$K_{PEQ,j}$	$\Delta E_{peq} = \sum_{ij} \dfrac{E_{ij}^T - E_{ij}^0}{\ln E_{ij}^T - \ln E_{ij}^0} \ln\left(\dfrac{K_{PEQ,j}^T}{K_{PEQ,j}^0}\right)$

注：上标 0 及 T 表征的是该参数所在的时刻 0 及时刻 T

表 2-10 京、津、冀能源消费增长量的 LMDI 乘积分解式

能源消费量表达式	$E = \sum_{ij} E_{ij} = \sum_i \sum_j P \cdot \dfrac{\text{GDP}}{P} \cdot \dfrac{\text{GDP}_i}{\text{GDP}} \cdot \dfrac{E_{\text{SQ},i}}{\text{GDP}_i} \cdot \dfrac{E_{\text{SQ},ij}}{E_{\text{SQ},i}} \cdot K_{\text{PEQ},j}$	
能源消费变化量	$D_{\text{tot}} = D^T / D^0 = D_{\text{pop}} D_{\text{aff}} D_{\text{str}} D_{\text{int}} D_{\text{mix}} D_{\text{peq}}$	
各个驱动因素的造成的能源消费变化量的计算公式	P	$D_{\text{aff}} = \exp\left(\sum_{ij} \left(\left(\dfrac{E_{ij}^T - E_{ij}^0}{\ln E_{ij}^T - \ln E_{ij}^0} \right) \Big/ \left(\dfrac{E^T - E^0}{\ln E^T - \ln E^0} \right) \right) \ln \left(\dfrac{P^T}{P^0} \right) \right)$
	$Q = \dfrac{\text{GDP}}{P}$	$D_{\text{aff}} = \exp\left(\sum_{ij} \left(\left(\dfrac{E_{ij}^T - E_{ij}^0}{\ln E_{ij}^T - \ln E_{ij}^0} \right) \Big/ \left(\dfrac{E^T - E^0}{\ln E^T - \ln E^0} \right) \right) \ln \left(\dfrac{Q^T}{Q^0} \right) \right)$
	$S_i = \dfrac{\text{GDP}_i}{\text{GDP}}$	$D_{\text{str}} = \exp\left(\sum_{ij} \left(\left(\dfrac{E_{ij}^T - E_{ij}^0}{\ln E_{ij}^T - \ln E_{ij}^0} \right) \Big/ \left(\dfrac{E^T - E^0}{\ln E^T - \ln E^0} \right) \right) \ln \left(\dfrac{S_i^T}{S_i^0} \right) \right)$
	$I_i = \dfrac{E_{\text{SQ},i}}{\text{GDP}_i}$	$D_{\text{int}} = \exp\left(\sum_{ij} \left(\left(\dfrac{E_{ij}^T - E_{ij}^0}{\ln E_{ij}^T - \ln E_{ij}^0} \right) \Big/ \left(\dfrac{E^T - E^0}{\ln E^T - \ln E^0} \right) \right) \ln \left(\dfrac{I_i^T}{I_i^0} \right) \right)$
	$M_{ij} = \dfrac{E_{\text{SQ},ij}}{E_{i,\text{SQ}}}$	$D_{\text{mix}} = \exp\left(\sum_{ij} \left(\left(\dfrac{E_{ij}^T - E_{ij}^0}{\ln E_{ij}^T - \ln E_{ij}^0} \right) \Big/ \left(\dfrac{E^T - E^0}{\ln E^T - \ln E^0} \right) \right) \ln \left(\dfrac{M_{ij}^T}{M_{ij}^0} \right) \right)$
	$K_{\text{PEQ},j}$	$D_{\text{peq}} = \exp\left(\sum_{ij} \left(\left(\dfrac{E_{ij}^T - E_{ij}^0}{\ln E_{ij}^T - \ln E_{ij}^0} \right) \Big/ \left(\dfrac{E^T - E^0}{\ln E^T - \ln E^0} \right) \right) \ln \left(\dfrac{K_{\text{PEQ},j}^T}{K_{\text{PEQ},j}^0} \right) \right)$

注：上标 0 及 T 表征的是该参数所在的时刻 0 及时刻 T

2）能源消费增长的 LMDI 分解

为了考察京、津、冀生活能源消费的增长机制，将人口（P）、城乡人口比例（P_i/P）、人均区域生产总值（$E_{\text{SQ},i}/P_i$）、终端能源品种（$E_{\text{SQ},ij}/E_{\text{SQ},i}$）及一次能源转化系数 $K_{\text{PEQ},j}$ 作为驱动因素，以进行分析，其中 i 代表城镇或乡村，而 j 代表能源品种。京、津、冀各自的生活一次能源消费总量可以使用式（2-12）表示。表 2-11 给出了式（2-12）中所涉及的符号元素说明，并在表 2-12 中列出了京、津、冀产业能源消费增长量的分解式，为了进行京津冀区域三地之间的横向对比，表 2-13 也给出了其乘积分解式。

$$E_{\text{PEQ}} = \sum_{ij} P \cdot \frac{P_i}{P} \cdot \frac{E_{\text{SQ},i}}{P_i} \cdot \frac{E_{\text{SQ},ij}}{E_{\text{SQ},i}} \cdot K_{\text{PEQ},j} \qquad (2\text{-}12)$$

表 2-11　式（2-12）中所涉及的符号说明

符号	含义
下标 i	城镇 乡村
下标 j	原煤、洗煤、型煤、煤矸石、焦炭、焦炉煤气、转炉煤气、高炉煤气、其他煤气、其他炼焦产物、原油、油产品（汽油、煤油、柴油、燃料油、石脑油、润滑油、石蜡、溶剂油、石油沥青、石油焦、液化石油气、炼厂干气、其他石油制品）、天然气、液化天然气、热力、电力及其他能源
P	区域常住人口
P_i	区域内城镇或乡村常住人口
$E_{SQ,i}$	基于 SQ 基准的区域内城镇或乡村的生活能源消费量
$E_{SQ,ij}$	基于 SQ 基准的区域内城镇或乡村的第 j 类生活能源消费量
$K_{PEQ,j}$	区域内第 j 类能源品种的一次能源转化系数

表 2-12　京、津、冀生活能源消费增长量的 LMDI 加和分解式

能源消费量 表达式		$E = \sum_{ij} E_{ij} = \sum_i \sum_j P \cdot \dfrac{P_i}{P} \cdot \dfrac{E_{SQ,i}}{P_i} \cdot \dfrac{E_{SQ,ij}}{E_{SQ,i}} \cdot K_{PEQ,j}$
能源消费变化量		$\Delta E_{tot} = E^T - E^0 = \Delta E_{pop} + \Delta E_{str} + \Delta E_{int} + \Delta E_{mix} + \Delta E_{peq}$
各个驱动因素的造成的能源消费变化量的计算公式	P	$\Delta E_{pop} = \sum_{ij} \dfrac{E_{ij}^T - E_{ij}^0}{\ln E_{ij}^T - \ln E_{ij}^0} \ln\left(\dfrac{P^T}{P^0}\right)$
	$S_i = \dfrac{P_i}{P}$	$\Delta E_{str} = \sum_{ij} \dfrac{E_{ij}^T - E_{ij}^0}{\ln E_{ij}^T - \ln E_{ij}^0} \ln\left(\dfrac{S_i^T}{S_i^0}\right)$
	$I_i = \dfrac{E_{SQ,i}}{P_i}$	$\Delta E_{int} = \sum_{ij} \dfrac{E_{ij}^T - E_{ij}^0}{\ln E_{ij}^T - \ln E_{ij}^0} \ln\left(\dfrac{I_i^T}{I_i^0}\right)$
	$M_{ij} = \dfrac{E_{SQ,ij}}{E_{i,SQ}}$	$\Delta E_{mix} = \sum_{ij} \dfrac{E_{ij}^T - E_{ij}^0}{\ln E_{ij}^T - \ln E_{ij}^0} \ln\left(\dfrac{M_{ij}^T}{M_{ij}^0}\right)$
	$K_{PEQ,j}$	$\Delta E_{peq} = \sum_{ij} \dfrac{E_{ij}^T - E_{ij}^0}{\ln E_{ij}^T - \ln E_{ij}^0} \ln\left(\dfrac{K_{PEQ,j}^T}{K_{PEQ,j}^0}\right)$

注：上标 0 及 T 表征的是该参数所在的时刻 0 及时刻 T

表 2-13 京、津、冀生活能源消费增长量的 LMDI 乘积分解式

能源消费量表达式	$E = \sum_{ij} E_{ij} = \sum_i \sum_j P \cdot \dfrac{P_i}{P} \cdot \dfrac{E_{SQ,i}}{P_i} \cdot \dfrac{E_{SQ,ij}}{E_{SQ,i}} \cdot K_{PEQ,j}$
能源消费变化量	$D_{tot} = E^T / E^0 = D_{pop} D_{str} D_{int} D_{mix} D_{peq}$

各个驱动因素的造成的能源消费变化量的计算公式	P	$D_{pop} = \exp\left(\sum_{ij}\left(\left(\dfrac{E_{ij}^T - E_{ij}^0}{\ln E_{ij}^T - \ln E_{ij}^0}\right) \middle/ \left(\dfrac{E^T - E^0}{\ln E^T - \ln E^0}\right)\right)\ln\left(\dfrac{P^T}{P^0}\right)\right)$
	$S_i = \dfrac{P_i}{P}$	$D_{str} = \exp\left(\sum_{ij}\left(\left(\dfrac{E_{ij}^T - E_{ij}^0}{\ln E_{ij}^T - \ln E_{ij}^0}\right) \middle/ \left(\dfrac{E^T - E^0}{\ln E^T - \ln E^0}\right)\right)\ln\left(\dfrac{S_i^T}{S_i^0}\right)\right)$
	$I_i = \dfrac{E_{SQ,i}}{P_i}$	$D_{int} = \exp\left(\sum_{ij}\left(\left(\dfrac{E_{ij}^T - E_{ij}^0}{\ln E_{ij}^T - \ln E_{ij}^0}\right) \middle/ \left(\dfrac{E^T - E^0}{\ln E^T - \ln E^0}\right)\right)\ln\left(\dfrac{I_i^T}{I_i^0}\right)\right)$
	$M_{ij} = \dfrac{E_{SQ,ij}}{E_{i,SQ}}$	$D_{mix} = \exp\left(\sum_{ij}\left(\left(\dfrac{E_{ij}^T - E_{ij}^0}{\ln E_{ij}^T - \ln E_{ij}^0}\right) \middle/ \left(\dfrac{E^T - E^0}{\ln E^T - \ln E^0}\right)\right)\ln\left(\dfrac{M_{ij}^T}{M_{ij}^0}\right)\right)$
	$K_{PEQ,j}$	$D_{peq} = \exp\left(\sum_{ij}\left(\left(\dfrac{E_{ij}^T - E_{ij}^0}{\ln E_{ij}^T - \ln E_{ij}^0}\right) \middle/ \left(\dfrac{E^T - E^0}{\ln E^T - \ln E^0}\right)\right)\ln\left(\dfrac{K_{PEQ,j}^T}{K_{PEQ,j}^0}\right)\right)$

注：上标 0 及 T 表征的是该参数所在的时刻 0 及时刻 T

2. 数据来源

本节所使用的能源数据来于《中国能源统计年鉴 2004》（国家统计局能源统计司，2005）及《中国能源统计年鉴 2014》（国家统计局能源统计司，2015），所使用的经济数据来于《北京统计年鉴 2014》（北京市统计局和国家统计局北京调查总队，2014）、《天津统计年鉴 2014》（天津市统计局和国家统计局天津调查总队，2014）及《河北经济年鉴 2014》（河北省人民政府办公厅等，2014）。

3. 产业能源消费 LMDI 分解结果及分析

通过 LMDI 分解，可以获得 2003~2013 年间驱动京津冀区域三地的全产业能源消费增长的影响因素所造成的能源消费增量，并将这些结果列于表 2-14、表 2-15 及图 2-41。

表 2-14 京津冀区域产业能源消费增长的 LMDI 加和分解结果（百万吨标准煤）

区域	ΔE_{pop}	ΔE_{aff}	ΔE_{str}	ΔE_{int}	ΔE_{mix}	ΔE_{peq}	ΔE_{tot}
北京市	13.95	23.91	−2.64	−24.23	2.35	−2.06	11.28
天津市	15.45	43.46	−0.92	−24.72	3.66	−0.72	36.21
河北省	14.03	174.81	7.64	−24.42	12.76	−4.54	180.29

表 2-15　京津冀区域产业能源消费增长的 LMDI 乘积分解结果

区域	ΔD_{pop}	ΔD_{aff}	ΔD_{str}	ΔD_{int}	ΔD_{mix}	ΔD_{peq}	ΔD_{tot}
北京市	1.390	1.758	0.940	0.565	1.057	0.952	1.305
天津市	1.402	2.585	0.980	0.583	1.083	0.984	2.206
河北省	1.076	2.494	1.041	0.880	1.069	0.977	2.567

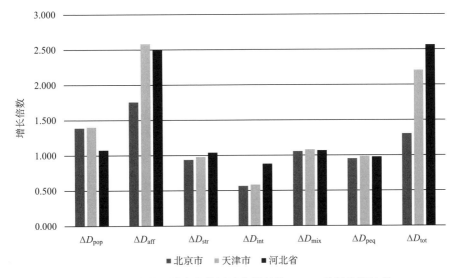

图 2-41　京津冀区域产业能源消费增长的 LMDI 乘积分解结果

1）人口

在 2003~2013 年之间，京津冀区域三地的常住人口增长分别给这些区域各自的能源消费带来了不同程度的增长，其中北京市及天津市的能源消费分别增长了 39.0%及 40.2%，而河北省仅增加了 7.6%。这主要是由于北京市与天津市常住人口增长迅速，二者年均增长率分别为 4.2%及 4.3%，而河北省仅为 0.9%，如表 2-16 所示。

表 2-16　京津冀区域三地区域人口数据

区域	2003 年	2013 年	增长
北京市	1456 万人	2115 万人	45.3%
天津市	1011 万人	1472 万人	45.6%
河北省	6769 万人	7333 万人	8.3%
京津冀	9236 万人	10920 万人	18.2%

北京市及天津市常住人口的高速增长与其各自的城市定位功能密不可分，北京市及天津市分别作为国家首都、政治中心（北京市人民政府，2005）及金融中心、港口城市（天津市人民政府，2006），对于周边乃至全国人员有较大的吸引力。北京市及天津市的人口增长可以分为两大类，第一类是户籍人口的增长，而另一类为非户籍人口的增长（沈巍和刘慧丽，2015）。在过去的几年间北京市及天津市的人口增长主要以非户籍人口增长为主，如表 2-17 所示。户籍人口的增长因素包括户籍人口的自然生长及机械增长，机械增长指的是由于政策因素而获得北京市及天津市户籍的原非户籍人员，其中高校学生、政府等相关职能机构人员、单位高端人员引进等。非户籍人口的增长的主要因素主要有两个：由于区域经济发展不均衡所导致的人口聚集效应，以及北京市及天津市由于自身的经济发展所带来的劳动力需求。北京市及天津市扎实的经济发展基础、良好的就业环境及较高的工资回报吸引了不少的外来务工者，特别是其他地区的低收入人群。此外，由于北京市及天津市自身城市建设及传统服务行业的需求，也为外来务工者提供了不少的就业岗位，进而造成了非户籍人口的迅速上升。

表 2-17　北京市及天津市外来人口数据

区域	2003 年	2013 年	外来人口增长占总人口增长比例
北京市	308 万人（21.1%）	803 万人（37.4%）	75.1%
天津市	96 万人[*]（9.4%）	441 万人（27.8%）	77.0%[*]

*由于缺乏天津市 2003 年的外来人口数据，因此在本表中使用 2004 年的人口数据

2）人均区域生产总值

在 2003~2013 年之间，京津冀区域三地的各自的人均区域生产总值都有所增长，且都给各自区域的能源消费带来显著的增长，其中天津市与河北省的能源消费增加了 158.5% 及 149.4%，而北京市的能源消费仅增加了 75.8%。这主要是由于天津市与河北省的人均区域生产总值迅速增长，分别增加了 187.6% 及 171.1%，而北京市的人均区域生产总值增长相对缓慢，仅增加了 89.5%。

京津冀区域三地的人均区域生产总值变化率之所以出现区别，很大程度上是由于经济发展阶段，包括工业化、城镇化及机动化程度的不一致所造成的。北京市于 2006 年前后已经正式迈入后工业化时代（吴常春，2010），其经济增速开始出现了显著的放缓。与此同时，北京市也已经逐步走出了以固定投资和产品出口为经济发展主要驱动力的粗放式发展模式，并过渡到投资与消费共同拉动经济的发展模式（北京市统计局和国家统计局北京调查总队，2014；杨治宇，2013）。天津市目前仍处于工业化中后期，经济增长依然维持在较高的水平。天津市的经济发展驱动力以固定投资为主，并且在近几年其固定投资的比

重也有所上升（天津市统计局和国家统计局天津调查总队，2014）。目前，天津市的经济增长动力将逐步由固定投资向消费转移（文魁和祝尔娟，2012）。相较于北京市及天津市，河北省的经济发展相对落后，依然处于工业化中期，经济增长速度依然维持在较高的水平。河北省的经济发展驱动力以固定投资为主，并且在这几年固定投资的比重也有所上升（河北省人民政府办公厅等，2014），如图 2-42 所示。

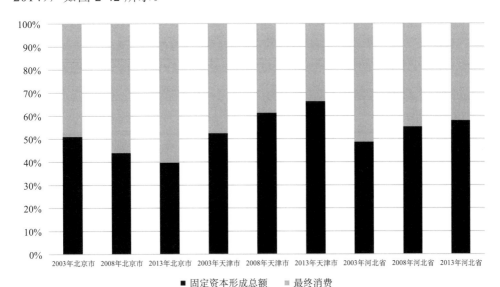

图 2-42　京津冀区域三地区域生产总值中固定投资与最终消费的比重

3）产业结构及能源强度

在 2003~2013 年之间，京津冀区域三地的产业结构调整及能源强度对其各自的能源消费增长产生了不同的影响。北京市及天津市的产业结构与能源强度的变化都给其各自的能源消费带来显著的降低，其中能源强度的降低要比产业结构的调整的作用要显著。由于产业结构的调整，北京市及天津市的能源消费分别减少了 6.0%及 2.0%，而能源强度的降低则使北京市及天津市的能源消费分别减少了 43.5%及 41.7%。然而，对于河北省来说，其产业结构的调整使得其能源消费上升了 4.1%，而能源强度的降低则使其减少了 12.0%的能源消费。表 2-18 及表 2-19 给出了京津冀区域三地各自的产业结构及能源强度。

由于北京市、天津市及河北省目前所处的经济发展阶段不一样，其各自的产业结构也存在较大的差异，因此相关政策导向也不一样。在《北京城市总体规划（2004—2020）》及北京奥运的推动下（北京市人民政府，2005），北京市关停及

表 2-18 京津冀区域三地的三次产业结构

区域	2003 年			2013 年		
	第一产业	第二产业	第三产业	第一产业	第二产业	第三产业
北京市	1.7%	29.7%	68.6%	0.8%	22.3%	76.9%
天津市	3.5%	51.9%	44.6%	1.3%	50.6%	48.1%
河北省	15.3%	49.4%	35.3%	12.4%	52.2%	35.5%

表 2-19 京津冀区域三地的能源强度

区域	产业	2003 年	2008 年	2013 年
		吨标准煤/万元人民币		
北京市	第一产业	0.5788	0.5552	0.4154
	第二产业	0.8011	0.5063	0.2316
	第三产业	0.2077	0.2101	0.1630
天津市	第一产业	0.3559	0.4346	0.3762
	第二产业	0.9009	0.7135	0.5667
	第三产业	0.4027	0.2363	0.1247
河北省	第一产业	0.1254	0.1269	0.1218
	第二产业	1.6097	1.4774	1.3607
	第三产业	0.1704	0.2423	0.1938
北京市		0.3902	0.2835	0.1803
天津市	全产业	0.6596	0.5033	0.3518
河北省		0.8741	0.8988	0.7936

注：以 2013 年作为基年并使用不变价计算产业增加值，并使用基于 SQ 基准的能源量来衡量用于计算能源强度的能量单位，能源消费变化是以 PEQ 基准来衡量的

转移了以首钢及焦化厂为代表的一批高耗能高污染企业，并加大对高端制造业、高科技行业等一批高附加值的产业的扶持，这不仅使得北京市的第二产业比重在原有的低比重下进一步降低，也进一步地优化了北京市第二产业的内部产业结构。对于一些低端制造业如化学原料和化学制品制造业、黑色金属冶炼和压延加工业的比重则随着首钢等企业的转移而大幅下降。在此期间，北京市的第三产业比重也有所增加，且其内部结构也有所优化，从其内部结构来看，现代服务业的增加值已经在北京市第三产业中占据了较大的比重。虽然说天津市的人均区域生产总值要比北京来得高，但是其工业化进程较北京缓慢，目前处于工业化后期。在此期间，天津市第二产业的比重先增后减，第二产业依然是天津市的主导产业。其中，重化工业在天津市的工业中依然占据较大的比重（阎金明和牛桂敏，2011），

且依然处于增长之中，随着经济的进一步发展以及第二产业内部结构的不断升级优化，特别是一些低端制造业逐步被航空航天、新一代信息技术等高端制造行业取代（赵晓珊等，2014），第二产业的比重的增长开始放缓（张婷婷，2014）。相较于北京市及天津市，河北省的经济发展程度的工业化程度是最低的，目前尚处在工业化中期。河北省的经济发展模式属于典型的粗放型重化工业发展模式，经济发展质量不高，在产业结构上面临着第二产业"一钢独大"及第三产业不发达的局面（张子一，2009）。河北省不合理的产业结构主要是由于河北省周边省、市对基础原料如钢铁的大量需求以及河北省承接了北京市及天津市重工业产能的转移所导致的（文魁和祝尔娟，2012）。与此同时，优质生产要素优先向北京市及天津市集中，也是导致河北省缺乏产业创新能力的结果，进而造成河北省第二产业比重居高不下。

通过分解的结果，可以发现不管是北京市、天津市还是河北省，由于能源强度变化所带来的能源消费变化主要是由第二产业的能源强度变化所支配的。第二产业能源强度的变化不仅与其终端能源利用效率有关，也与其内部结构紧密相关，特别是北京市及天津市通过关停并转移高耗能产业或扶持具有高附加值的高端制造业来优化其第二产业结构，并有效地降低了京、津二地的能源强度。然而对于河北省来说，其第二产业的能源强度下降相对缓慢，这主要是由于其第二产业内部调整缓慢，且现有的政策对于河北省的能效的要求相对要低。此外，河北省第三产业能源强度的上升，也是使得河北省整体能源强度降低较慢的原因之一。

4）能源品种

在 2003~2013 年之间，产业终端能源消费品种的变化分别贡献了京津冀区域三地各自的 5.7%、8.3%及 6.9%的能源消费增量。表 2-20 给出了京津冀区域三地各自的由于能源品种变化所导致的能源消费量变化。北京市的电力、油品及天然气比重的提升造成了能源消费的增长，而煤基能源品种比例的下降则减少了能源消费量。天津市的焦炭、煤气及天然气比重的提升造成了能源消费的增长，而煤产品比重的下降则降低了能源消费。河北省的煤产品及油产品比重的降低减少了河北省的能源消费，而焦炭、煤气、热力及电力比重的增加则了河北省的能源消费量。

表 2-20　由于能源品种变化所导致的能源消费量变化（单位：百万吨标准煤）

区域	煤炭	焦炭	煤气	油品	天然气	热力	电力	其他	合计
北京市	−2.14	−4.08	−3.09	2.47	1.19	1.06	6.89	0.06	2.35
天津市	−5.25	4.26	2.19	0.30	1.55	0.11	−0.05	0.55	3.66
河北省	−18.40	10.58	11.31	−2.99	1.76	5.02	5.19	0.29	12.76

5）一次能源转化系数

以一次能源转化系数 $K_{PEQ,j}$ 表征的中间能源转化效率的变化主要是受到电力的一次能源转化系数的支配。在 2003~2013 年之间，电力的一次能源转化系数的降低都是造成京、津、冀各自能源消费减少的主要因素，这主要是由于电力消费量及电力的一次能源转化系数的基数大，而且电力的一次能源转化系数也相对较大。京津冀区域三地的电力一次能源转化系数如表 2-21 所示。

表 2-21　京津冀区域三地的电力一次能源转化系数

区域	2003 年	2008 年	2013 年
北京市	2.76	2.59	2.41
天津市	2.72	2.61	2.57
河北省	2.94	2.91	2.64
中国	2.96	2.72	2.51

4. 生活能源消费 LMDI 分解结果及分析

通过 LMDI 分解，可以获得 2003~2013 年间驱动京津冀区域三地的生活能源消费增长的主要因素所造成的能源消费增量，并将这些结果列于表 2-22、表 2-23 及图 2-43。

表 2-22　京津冀区域三地生活能源消费增长的 LMDI 加和分解结果（单位：百万吨标准煤）

区域	ΔE_{pop}	ΔE_{str}	ΔE_{int}	ΔE_{mix}	ΔE_{peq}	ΔE_{tot}
北京市	3.67	−0.11	4.21	0.26	−0.45	7.58
天津市	2.18	0.16	2.42	0.25	0.00	5.01
河北省	1.24	1.66	5.67	7.26	0.07	15.89

表 2-23　京津冀区域三地生活能源消费增长的 LMDI 乘积分解结果

区域	ΔD_{pop}	ΔD_{str}	ΔD_{int}	ΔD_{mix}	ΔD_{peq}	ΔD_{tot}
北京市	1.427	0.989	1.505	1.025	0.958	2.086
天津市	1.427	1.027	1.484	1.042	1.000	2.264
河北省	1.058	1.078	1.295	1.392	1.003	2.063

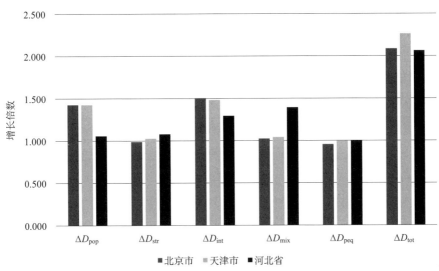

图 2-43　京津冀区域三地生活能源消费增长的 LMDI 乘积分解结果

与京津冀区域三地的全产业能源消费增长的 LMDI 分解结果类似，京津冀区域三地的常住人口增长分别给这些区域各自的生活能源消费带来了不同程度的增长，其中北京市及天津市的能源消费分别增长了 42.7%及 42.7%，而河北省仅增加了 5.8%。这主要是由于北京市与天津市常住人口增长迅速，而河北省人口增长相对缓慢。

在 2003~2013 年间，京津冀区域三地的城镇人口比例都有所增加（图 2-44），并给京津冀区域三地各自的生活能源消费带来不同的影响。北京市城镇人口比例

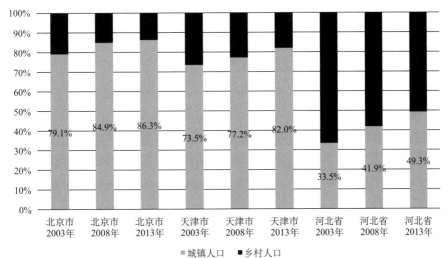

图 2-44　京津冀区域三地城乡人口比例

的增加导致了其能源消费的减少，这主要是由于北京市乡村人均能源消费量要高于城镇人均能源消费量；而天津市及河北省城镇人口比例的增加则给天津市及河北省的能源消费带来了增加，这主要是由于天津市及河北省的城镇人均能源消费量要高于乡村人均能源消费量，京津冀区域三地的人均生活能源消费量可查看表 2-24。

表 2-24　京津冀区域三地人均生活能源消费量

区域	区域	2003 年	2008 年	2013 年
		吨标准煤/人		
北京市	城镇	0.3279	0.4558	0.5242
	乡村	0.5111	0.6007	0.6612
天津市	城镇	0.3399	0.4279	0.5047
	乡村	0.1995	0.2286	0.3373
河北省	城镇	0.2773	0.2564	0.2556
	乡村	0.1370	0.1694	0.3619
北京市	城镇及乡村（总）	0.3663	0.4777	0.5430
天津市		0.3027	0.3825	0.4746
河北省		0.1841	0.2058	0.3095

注：能源消费量基于标准量计算

　　京津冀区域三地的生活能源消费由于能源品种发生变化都导致了能源消费的减少，这主要是由于河北省的电力消费比重及京津冀区域三地的油品消费比重上升所造成的。而京津冀区域三地煤炭消费比重的下降则是抑制生活能源消费增长的主要因素。

　　与京津冀区域三地的全产业能源消费增长的 LMDI 分解结果类似，以一次能源转化系数 $K_{PEQ,j}$ 表征的中间能源转化效率的变化主要是受到电力的一次能源转化系数的支配，在此不再赘述。

　　总体来看，人均能源消费的增长是驱动三地生活能源消费增长的最主要因素。需要指出的是相较于产业能源消费而言，生活能源消费的规模较小。

　　综合上述对京津冀区域能源消费增长驱动因素的分析，主要发现如下：①人均区域生产总值的增长是京津冀区域三地能源消费激增的主要驱动因素；②北京市及天津市的产业结构调整，特别是第二产业比重的降低，减少了能源消费，而河北省的产业结构调整则增加了河北省的能源消费；③北京市及天津市第二产业能源强度的降低是京、津两地能源消费减少的主要驱动因素，而河北省的能源强度变化几乎没有对河北省的能源消费带来影响；④北京市及天津市的能源品种结构的调整减少了京、津两地的能源消费，而河北省的能源品种结构调整则增加了河北省的能源消费；⑤京津冀区域三地供电效率的提升是减少三地能源消费增长的主要驱动因素。

根据上述发现，建议在推进京津冀区域能源消费总量控制时，应当在统筹整体区域生产要素优化配置的大前提下，根据各个区域的具体情况，分别采取因地制宜的政策措施。例如：①北京市的重点：控制人口增长；进一步压缩并优化第二产业比重，增加第三产业比重；积极发展现代服务业。②天津市的重点：控制人口增长；压缩并优化第二产业比重，特别是关停或转移钢铁、水泥等高耗能传统行业，并加速发展高新制造业，提升终端能源利用效率；加速发展第三产业，并发展现代服务业。③河北省的重点：加速压缩并优化第二产业比重，特别是加速转移河北省的钢铁产能，并引入更高附加值的行业以调整河北省的产业结构，提升终端能源利用效率；加速发展第三产业。

2.2.2　京津冀区域 2030 年能源、产业发展情景分析

1. 能源消费总量和二氧化碳排放的计算方法

1）能源消费总量（PEQ）计算模型

在本研究中，能源消费总量（PEQ）由产业能源消费总量（$E_{产业,PEQ}$）及生活能源消费总量（$E_{生活,PEQ}$）两部分构成，如式（2-13）所示。

$$E_{PEQ} = E_{产业,PEQ} + E_{生活,PEQ} \tag{2-13}$$

产业能源消费总量与区域生产总值（GDP）、产业结构（GDP_i/GDP）、能源强度（$E_{SQ,i}/GDP_i$）、能源品种比例（$E_{SQ,ij}/E_{SQ,i}$）及能源转化效率（$K_{PEQ,j}$）有关，其表达式如式（2-14）所示，公式中的各个元素的说明如表 2-25 所示。

$$E_{产业,PEQ} = GDP \cdot \frac{GDP_i}{GDP} \cdot \frac{E_{SQ,i}}{GDP_i} \cdot \frac{E_{SQ,ij}}{E_{SQ,i}} \cdot K_{PEQ,j} \tag{2-14}$$

表 2-25　式（2-14）中所涉及的符号元素说明

符号	含义
下标 i	第一产业 第二产业 第三产业
下标 j	所涉及的能源品种，包括煤炭、天然气、油品、热力及电力
GDP	区域生产总值
GDP_i	区域内第 i 个产业的增加值
$E_{SQ,i}$	基于标准量衡量基准的区域内第 i 个产业的能源消费量
$E_{SQ,ij}$	基于标准量衡量基准的区域内第 i 个产业的第 j 类能源消费量
$K_{PEQ,j}$	区域内第 j 类能源品种的一次能源转化系数

生活能源消费总量与人口（P）、城乡结构（P_i/P）、人均生活能源消费量（$E_{SQ,i}/P_i$）、能源品种比例（$E_{SQ,ij}/E_{SQ,i}$）及能源转化效率（$K_{PEQ,j}$）有关，其表达式如式（2-15）所示，公式中的各个元素的说明如表 2-26 所示。

$$E_{生活,PEQ} = P \cdot \frac{P_i}{P} \cdot \frac{E_{i,SQ}}{P_i} \cdot \frac{E_{ij,SQ}}{E_{i,SQ}} \cdot K_{PEQ,j} \tag{2-15}$$

表 2-26　式（2-15）中所涉及的符号元素说明

符号	含义
下标 i	城镇 乡村
下标 j	所涉及的能源品种，包括煤炭、天然气、油品、热力及电力
P	人口
P_i	区域内城镇人口或乡村人口
$E_{SQ,i}$	基于标准量衡量基准的区域内城镇人口或乡村人口的能源消费量
$E_{SQ,ij}$	基于标准量衡量基准的区域内城镇人口或乡村人口的第 j 类能源消费量
$K_{PEQ,j}$	区域内第 j 类能源品种的一次能源转化系数

2）二氧化碳排放的核算

为了考核常规情景与协同情景下的污染物排放情况，本研究分别使用式（2-16）计算了京津冀区域三地各自的二氧化碳排放量，其中考虑了煤炭、油品、天然气及外购电力，二氧化碳排放因子分别为 2.768 t/tce、2.146 t/tce、1.641 t/tce 及 2.768 t/tce。

$$C = \sum_j E_{PEQ,j} \cdot K_{Carbon,j} \tag{2-16}$$

2. 情景设置

本研究设置了两种情景，即常规情景及协同情景。常规情景考虑的是北京市、天津市及河北省三地政府按照现有的规划，并按照经济增长惯性来实现自己未来的经济、产业、能源的发展，三地政府并没有对三地的经济、产业、能源等方面的发展进行协商，以期从各自的角度在满足国家指标的要求下来达到各自的经济利益最大化；协同情景考虑的是北京市、天津市及河北省三地政府通过协商，将京津冀区域作为一个整体，重新对其经济发展政策作出规划，京津冀区域三地的经济、产业、能源进行协同发展，以期将京津冀区域作为一个整体在满足国家指标的要求下来达到整体的利益最大化。

不管是常规情景还是协同情景，国家所设定的约束性指标都是相同的：

①2020 年及 2030 年的经济总量需分别为 2010 年的 2 倍及 3.5 倍；②2020 年及 2030 年的能源强度需分别较 2005 年下降 40%~45%及 60%~65%；③2030 年前需达到二氧化碳排放峰值。

1）常规情景

在常规情景下，北京市、天津市及河北省将对各自辖区内的经济活动、技术选项及能源消费进行相应的激励或者约束，以保证各个指标满足国家预设的目标。在本情景下，三地政府将以完成国家目标为己任，三地之间较少进行协调。

A. 北京市

北京市目前已经处于类似后工业化时期的发展阶段，想要维持较高的经济增长将非常困难。虽然如此，为了达成国家所设定的目标，北京市依然将会积极扩大其经济总量。根据北京市的规划，北京市将坚持优化第一产业、做强第二产业、做大第三产业。在第二产业方面，将着力发展高端现代制造业，如汽车、医药等产业。虽然说北京市政府有意调控北京市人口，但是为了维持较高的经济增长，不得不从其他地方引入务工人员来填补职位空缺，因此造成了北京市未来人口的迅速增长。由于经济增长持续放缓，在常规情景下，北京市 2020 年的经济相对增长倍数为 2.00，2030 年的经济相对增长倍数为 3.50。

B. 天津市

天津市目前处于类似工业化中后期的发展阶段，经济增长仍然满足甚至超过国家要求。根据天津市的规划，天津市将巩固发展都市型农业、做大做强先进制造业及大力发展现代服务业。在第二产业方面，既要大力发展战略性新兴产业，如新能源、高端装备制造业等，也要继续发展壮大天津市的八大优势产业支柱，如航空航天产业、石油化工产业、装备制造业等。随着天津市经济的进一步增长，越来越多的外来人口将会涌入天津市，进而造成天津市未来人口的迅速增长。由于天津市尚拥有较大的发展潜力以及相应的政策支持，在常规情景下，天津市 2020 年的经济相对增长倍数为 2.50，2030 年的经济相对增长倍数为 4.50，皆为京津冀区域三地里增长最快的区域。

C. 河北省

河北省目前处于类似工业化中期加速发展的阶段，经济增长依然能够维持较高的水平。根据河北省的规划，河北省将发展现代农业、强化农业基础地位，调整工业结构，提高产业核心竞争力，全面加速服务业发展。在第二产业方面，河北省将控制钢铁产业的产能，大力开发高附加值产品，推动设备大型化、高技术化，同时大力发展装备制造业，使其成为河北省第二大支柱产业。虽然说河北省的经济持续发展，但是由于北京市及天津市对务工人员更加具备吸引力，因此河北省的人口增长依然将会维持较低的增长。虽然说河北省拥有较大的经济增长潜力，但是在常规情景下，河北省面对着来自北京市及天津市对于生产要素的竞争，因此不管是在 2020 年还是 2030 年河北省的经济相对增长仅能够基本满足国家基本要求，其 2020 年及 2030 年的经济相对增长倍数为 2.00 及 3.50。

2）协同情景

在协同情景下，北京市、天津市及河北省将作为一个整体来对整个辖区内的经济活动、技术选项及能源消费进行相应的激励或者约束，以保证整个辖区内各个指标满足国家预设的目标。在本情景下，三地政府统筹优化京津冀的资金配置，并协调三地的产业发展，将京津冀区域作为一个整体来完成国家既定目标。

A. 北京市

北京市适度减缓经济增速，并加快疏解其非首都功能，经济增速将缓于国家经济增速的预设目标。北京市的制造业产业链将基本迁出北京市，一些高新技术产业向天津市转移，而其他的传统制造业则向河北省转移。与此同时，北京市部分的第三产业如金融、科研、医疗等产业也将随着非首都功能的疏解而逐步向天津市及河北省转移。由于产业实现内部升级以及能源利用效率的提升，能源强度要较常规情境下有较大的下降。随着北京市非首都功能的疏解，北京市人口将会逐步减少，且城镇化进程较快。在协同情景下，北京市 2020 年的经济相对增长倍数为 2.00（与常规情景一致），2030 年的经济相对增长倍数为 3.00（低于国家要求的 3.50），为京津冀区域三地中增长最慢的。

B. 天津市

为了统筹全局发展，天津市适度减缓经济增速，经济增速将缓于国家经济增速的预设目标。天津市的传统工业产业链将基本迁出天津市，向河北省转移，同时承接来自北京市的高新技术产业，形成以做大做强高新技术产业为主的第二产业发展格局。与此同时，北京市部分的金融行业向天津市转移后将进一步巩固天津市作为中国北部金融中心的地位，进而助力天津市第三产业的发展。由于产业实现内部升级以及能源利用效率的提升，能源强度要较常规情境下有较大的下降。随着经济发展的减缓，天津市的人口增长将会逐渐减少，且城镇化进程较快。在协同情景下，天津市 2020 年的经济相对增长倍数为 2.50（与常规情景一致），2030 年的经济相对增长倍数为 4.00。

C. 河北省

在统筹优化发展的情况下，北京市及天津市的资金、产业、技术向河北省转移，助力河北省经济增长，河北省经济增长将高于国家预设指标。河北省将积极调整产业结构，特别是进行第二产业的产业内部升级，提升现代制造业的比重，以达到做大做强现代制造业的目的。与此同时，随着资金的流入以及北京市部分服务业的迁入，河北省的第三产业以更快的速度发展。由于产业实现内部升级以及能源利用效率的提升，能源强度要较常规情境下有较大的下降。随着河北省经济的迅速发展，北京市及天津市的外来务工人员也将逐步向河北省转移，造成河北省的人口以较快的速度增长,且城镇化进程较快。在协同情景下,河北省的经济增长较常规情境下快,其 2020 年及 2030 年的经济相对增长倍数分别为 2.50 及 5.00,皆高于国家要求。

3. 数据设置

1) GDP (表 2-27)

表 2-27　常规情景与协同情景下京津冀区域三地的 GDP 设置

情景设置	年份	北京市		天津市		河北省		京津冀	
		GDP	相对增长	GDP	相对增长	GDP	相对增长	GDP	相对增长
常规情景	2010	15552	1.00	9639	1.00	21443	1.00	46634	1.00
	2013	19501	1.25	14370	1.49	28301	1.32	62172	1.33
	2015	23328	1.50	15422	1.60	32165	1.50	70915	1.52
	2020	31104	2.00	24097	2.50	42886	2.00	98087	2.10
	2030	54432	3.50	43374	4.50	75051	3.50	172857	3.71
协同情景	2010	15552	1.00	9639	1.00	21443	1.00	46634	1.00
	2013	19501	1.25	14370	1.49	28301	1.32	62172	1.33
	2015	23328	1.50	15422	1.60	32165	1.50	70915	1.52
	2020	31104	2.00	24097	2.50	53608	2.50	108808	2.33
	2030	46656	3.00	38555	4.00	107215	5.00	192426	4.13

注: GDP 单位为亿元,为 2013 年的不变价;相对增长以 2010 年作为基年进行计算,2010 年的相对增长为 1.00

2) 产业结构 (表 2-28)

表 2-28　常规情景与协同情景下京津冀区域三地的产业结构设置

情景设置	年份	北京市			天津市			河北省			京津冀		
		第一产业	第二产业	第三产业	第一产业	第二产业	第三产业	第一产业	第二产业	第三产业	第一产业	第二产业	第三产业
常规情景	2013	0.8%	22.3%	76.9%	1.3%	50.6%	48.1%	12.4%	52.1%	35.5%	6.2%	42.4%	51.4%
	2015	0.7%	21.3%	78.0%	0.7%	48.3%	51.0%	11.0%	51.0%	38.0%	5.4%	40.6%	54.0%
	2020	0.5%	17.5%	82.0%	0.6%	45.4%	54.0%	7.0%	50.0%	43.0%	3.4%	38.6%	58.1%
	2030	0.4%	11.6%	88.0%	0.5%	42.5%	57.0%	5.0%	45.0%	50.0%	2.4%	33.9%	63.7%
协同情景	2013	0.8%	22.3%	76.9%	1.3%	50.6%	48.1%	12.4%	52.1%	35.5%	6.2%	42.4%	51.4%
	2015	0.7%	20.3%	79.0%	0.7%	48.3%	51.0%	11.0%	51.0%	38.0%	5.4%	40.3%	54.3%
	2020	0.5%	14.5%	85.0%	0.6%	39.4%	60.0%	5.0%	50.0%	45.0%	2.7%	37.5%	59.8%
	2030	0.4%	7.6%	92.0%	0.5%	19.5%	80.0%	3.0%	37.0%	60.0%	1.9%	26.4%	71.8%

3）人口及城镇化率设置（表 2-29）

表 2-29　常规情景与协同情景下京津冀区域三地的人口与城镇化率设置

情景设置	年份	北京市		天津市		河北省		京津冀	
		人口	城镇化率	人口	城镇化率	人口	城镇化率	人口	城镇化率
常规情景	2013	2115	86.3%	1472	82.0%	7333	48.0%	10920	60.0%
	2015	2200	88.0%	1600	83.0%	7421	50.0%	11221	62.0%
	2020	2500	92.0%	2000	85.0%	7647	55.0%	12147	68.0%
	2030	2800	94.0%	2500	90.0%	8118	60.0%	13418	73.0%
协同情景	2013	2115	86.3%	1472	82.0%	7333	48.0%	10920	60.0%
	2015	2200	88.0%	1500	84.0%	7500	50.0%	11200	62.0%
	2020	2000	92.0%	1700	87.0%	8500	60.0%	12200	69.0%
	2030	1800	96.0%	1800	92.0%	10000	70.0%	13600	76.0%

注：人口单位为万人

4）电力生产效率及其来源构成

电力的生产与供应考虑了本地火力发电、本地非化石电力发电及外购电供应。本地火力发电仅考虑燃煤发电及燃气发电，其中本地火电发电量构成，是由本地燃煤电厂发电量与本地燃气电厂发电量计算获得（使用标准量计算，不是煤耗），见表 2-30 至表 2-33。

本研究认为京津冀区域三地的火电发电量都有一个上限，定义为本地火电发电量上限，若本地电力需求超过此上限，则必须通过本地非化石发电量及外购电来满足本地的电力需求，其单位使用亿千瓦时或者千万吨标准煤表示（使用热电当量法计算，不是发电煤耗法）。此外，本研究还认为京津冀区域三地的非化石电力（可再生能源电力及核电）生产都有一个上限，定义为本地非化石电力发电量上限，单位使用亿千瓦时或者千万吨标准煤表示（使用发电煤耗法计算，不是热电当量法），本研究认为北京市与天津市由于不具备大规模发展可再生能源与核电的可能性，因此将北京市及天津市的非化石电力发电量设置为 0。

本研究认为在未来京津冀区域三地的燃煤电厂发电效率是相同的，且京津冀区域三地的燃气电厂发电效率也是相同的。同时，本研究假设不管是在常规情景还是协同情景，中国境内除京津冀区域的燃气发电量非常小，以致可以忽略不计，因此可以认为京津冀区域的外购电中的火电部分基本由煤电构成，因此外购电的发电效率可以认为是燃煤电厂的发电效率。与此同时，为了计算二氧化碳排放量，本研究也依据文献设置了未来中国境内除京津冀区域的非化石能源电力生产比重。

表 2-30　常规情景下京津冀区域三地的电力生产与供应相关参数设置

区域	年份	本地火电发电量构成		本地火电发电量上限		本地非化石电力发电量	
		燃煤发电	燃气发电	亿千瓦时	千万吨标准煤	亿千瓦时	千万吨标准煤
北京市	2013	40%	60%	325	0.4	0	0
	2015	40%	60%	407	0.5	0	0
	2020	10%	90%	407	0.5	0	0
	2030	0%	100%	407	0.5	0	0
天津市	2013	100%	0%	639	0.8	0	0
	2015	95%	5%	732	0.9	0	0
	2020	80%	20%	976	1.2	0	0
	2030	50%	50%	1221	1.5	0	0
河北省	2013	100%	0%	2505	3.1	171	0.2
	2015	100%	0%	2685	3.3	244	0.3
	2020	100%	0%	3255	4.0	814	1.0
	2030	90%	10%	4068	5.0	1627	2.0

表 2-31　协同情景下京津冀区域三地的电力生产与供应相关参数设置

区域	年份	本地火电发电量构成		本地火电发电量上限		本地非化石电力发电量	
		燃煤发电	燃气发电	亿千瓦时	千万吨标准煤	亿千瓦时	千万吨标准煤
北京市	2013	40%	60%	325	0.4	0	0
	2015	40%	60%	407	0.5	0	0
	2020	10%	90%	407	0.5	0	0
	2030	0%	100%	407	0.5	0	0
天津市	2013	100%	0%	639	0.8	0	0
	2015	95%	5%	732	0.9	0	0
	2020	80%	20%	976	1.2	0	0
	2030	50%	50%	1221	1.5	0	0
河北省	2013	100%	0%	2505	3.1	171	0.2
	2015	100%	0%	2685	3.3	244	0.3
	2020	80%	20%	3255	4.0	814	1.0
	2030	30%	70%	4068	5.0	1627	2.0

表 2-32　常规情景与协同情景下京津冀区域三地的发电效率与外购电发电效率

年份	北京市		天津市		河北省		外购电
	燃煤发电	燃气发电	燃煤发电	燃气发电	燃煤发电	燃气发电	
2013	40%	55%	39%	55%	39%	55%	39%
2015	41%	55%	41%	55%	41%	55%	41%
2020	45%	58%	45%	58%	45%	58%	45%
2030	48%	60%	48%	60%	48%	60%	48%

表 2-33　外购电中非化石电力比重（标准量，不是煤耗）

年份	比重
2013	10%
2015	12%
2020	28%
2030	30%

5）热力生产构成

热力的生产与供应仅考虑本地热力生产，不考虑跨省热力传输，并且认为京津冀区域三地都不具备可再生能源供热的潜力，可再生能源供热量为0。

本地热力生产仅考虑燃煤供热及燃气供热，其中本地供热量构成，是由本地燃煤供热量与本地燃气供热量计算获得（使用标准量计算，不是煤耗）。本研究假设不管是在常规情景还是协同情景下，北京市及天津市的供热结构是一样的，而河北省的设置则有所差异。此外，本研究假设京津冀区域三地的燃气锅炉都属于新建设备，因此燃气锅炉效率一样，且效率相对较高。而对于燃煤锅炉来说，由于河北省仍然存在大量的落后供热设备，其升级改造仍需一段时间，因此河北省的燃煤锅炉平均效率要比北京市及天津市要低得多，其中北京市及天津市的燃煤过滤效率是相同的（表2-34至表2-36）。

表 2-34　常规情景下京津冀区域三地热力构成（标准量，不是煤耗）

区域	年份	燃煤锅炉	燃气锅炉
北京市	2013	57%	43%
	2015	20%	80%
	2020	5%	95%
	2030	0%	100%
天津市	2013	100%	0%
	2015	80%	20%
	2020	40%	60%
	2030	5%	95%

续表

区域	年份	燃煤锅炉	燃气锅炉
河北省	2013	100%	0%
	2015	100%	0%
	2020	95%	5%
	2030	80%	20%

表 2-35　协同情景下京津冀区域三地热力构成（标准量，不是煤耗）

区域	年份	燃煤锅炉	燃气锅炉
北京市	2013	57%	43%
	2015	20%	80%
	2020	0%	100%
	2030	0%	100%
天津市	2013	100%	0%
	2015	80%	20%
	2020	40%	60%
	2030	5%	95%
河北省	2013	100%	0%
	2015	100%	0%
	2020	50%	50%
	2030	10%	90%

表 2-36　常规情景与协同情景下京津冀区域三地热力生产效率

年份	北京市		天津市		河北省	
	燃煤供热	燃气供热	燃煤供热	燃气供热	燃煤供热	燃气供热
2013	86%	90%	86%	90%	66%	90%
2015	86%	90%	86%	90%	68%	90%
2020	88%	92%	88%	92%	73%	92%
2030	90%	94%	90%	94%	80%	94%

6）人均能源消费与能源强度约束

由于国家在考虑区域能源强度约束的时候，是使用区域能源消费总量（发电煤耗法计算），包括了产业能源消费及生活能源消费，来除以区域 GDP 计算获得的，因此便造成了一个客观存在的矛盾：由于产业升级及技术进步，造成了产业能源强度的降低，而由于产业升级及人们生活质量的提高，造成了人均生活能源消费量的增加，前者降低了区域能源强度而后者则增加了区域能源强度。因此，在给定人口、经济总量、产业结构、能源结构的情况下，需要综合考虑产业能源强度及人均能源生活消费量对能源强度的影响,相当于在两者之间进行一个优化,以满足国家所要求的能源强度下降约束。

由于北京市及天津市人口增长迅速,且生活能源消费占总能源消费比重较大,若其人均生活能源消费以较快的速度增长,那么由于产业能源强度的下降而带来的能源消费的减少将无法抵消由于人均生活能源消费增长所带来的能源消费的增加,因此,京津冀的人均生活能源消费量(包括城镇和乡村)只能以较小的速度增长。而后,在国家能源强度的约束下,调节京津冀各自的产业能源强度(SQ)的下降率,以满足国家要求,据此获得京津冀区域各自的产业能源强度下降率参数(表 2-37 和表 2-38)。

表 2-37　常规情景与协同情景下的人均能源消费量约束

| 年份 | 北京市 | | 天津市 | | 河北省 | | 京津冀 | |
| | 常规情景 | 协同情景 | 常规情景 | 协同情景 | 常规情景 | 协同情景 | 常规情景 | 协同情景 |
	吨/人(PEQ)		吨/人(PEQ)		吨/人(PEQ)		吨/人(PEQ)	
2013	0.69	0.69	0.61	0.61	0.41	0.41	0.49	0.49
2015	0.74	0.74	0.65	0.66	0.44	0.44	0.53	0.53
2020	0.78	0.78	0.74	0.74	0.48	0.46	0.58	0.55
2030	0.99	0.98	0.89	0.88	0.53	0.48	0.69	0.60

表 2-38　常规情景与协同情境下的能源强度约束

| 年份 | 北京市 | | 天津市 | | 河北省 | | 京津冀 | |
	常规情景	协同情景	常规情景	协同情景	常规情景	协同情景	常规情景	协同情景
2013	46%	46%	39%	39%	30%	30%	35%	35%
2015	50%	50%	40%	42%	32%	34%	38%	39%
2020	55%	64%	50%	59%	45%	50%	49%	52%
2030	69%	79%	66%	80%	67%	75%	68%	74%

7)本地资源可供量

表 2-39　常规情景与协同情景下的京津冀区域三地的本地资源可供量

| 区域 | 能源品种 | 煤炭 | | 油品 | | 天然气 | |
| | 计量标准 | 实物量 | 标准量 | 实物量 | 标准量 | 实物量 | 标准量 |
	单位	千万吨	千万吨标准煤	千万吨	千万吨标准煤	亿立方米	千万吨标准煤
北京市	2013 年	0.4	0.3	0	0	0	0
	2015 年	0.3	0.2	0	0	0	0
	2020 年	0.3	0.2	0	0	0	0
	2030 年	0.3	0.2	0	0	0	0

续表

区域	能源品种	煤炭		油品		天然气	
	计量标准	实物量	标准量	实物量	标准量	实物量	标准量
	单位	千万吨	千万吨标准煤	千万吨	千万吨标准煤	亿立方米	千万吨标准煤
天津市	2013 年	0	0	3.4	5.0	22.6	0.3
	2015 年	0	0	3.4	5.0	30.1	0.4
	2020 年	0	0	3.4	5.0	37.6	0.5
	2030 年	0	0	3.4	5.0	37.6	0.5
河北省	2013 年	7.5	5.3	0.6	0.8	15.8	0.2
	2015 年	7.7	5.5	0.6	0.8	17.3	0.2
	2020 年	8.4	6.0	0.6	0.9	22.6	0.3
	2030 年	9.8	7.0	0.6	0.9	22.6	0.3

4. 结果与讨论

1）北京市

在常规情景下，北京市 2020 年及 2030 年的能源消费总量分别为 0.85 亿吨标准煤及 1.02 亿吨标准煤，在 2030 年后能源消费总量有持续增长的趋势。在 2015~2030 年期间，虽然说各个产业的能源强度都有所下降，但是随着经济总量的增长以及比重的不断上升，北京市第三产业的能源消费呈现上升趋势；反之，随着第二产业的比重萎缩，其能源消费呈现下降趋势。对于生活能源消费来说，北京市的城镇生活能源消费呈现增长趋势，而乡村的能源消费则呈现递减趋势。

在协同情景下，北京市 2020 年及 2030 年的能源消费总量分别为 0.68 亿吨标准煤及 0.61 亿吨标准煤，北京市的能源消费总量峰值预计出现在 2015~2020 年之间。在 2015~2030 年期间，随着北京市疏解非首都功能进程的进行，北京市的经济增长放缓，同时经历了迅速的产业结构调整，造成了第三产业的能源消费呈现先增后减的趋势，而第二产业由于产业规模的萎缩及能源强度的下降，呈现了递减的趋势。对于生活能源消费来说，虽然北京市的人口增长呈现递减趋势，但是随着人均生活能源消费的递增，北京市的生活能源消费呈现递增趋势，但是增长幅度要较常规情景少。

常规情景下的北京市能源消费预测请参阅图 2-45，协同情景下的北京市能源消费预测请参阅图 2-46，图 2-47 及图 2-48 分别给出了 2030 年北京市在常规情景及协同情景下的能源分配图。

图 2-45　常规情景下北京市的能源消费

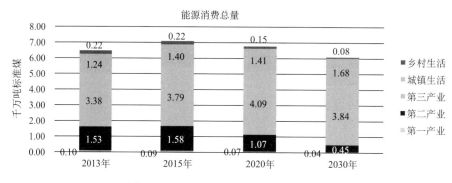

图 2-46　协同情景下北京市的能源消费

2）天津市

在常规情景下，天津市 2020 年及 2030 年的能源消费总量分别为 1.03 亿吨标准煤及 1.27 亿吨标准煤，在 2030 年后能源消费总量有持续增长的趋势。在 2015~2030 年期间，虽然第二产业及第三产业的能源强度都有所下降，但是随着经济总量的迅速扩大，天津市的第二产业与第三产业的能源消费都呈现递增的趋势。对于生活能源消费来说，天津市的城镇生活能源消费呈现增长趋势，而乡村的能源消费则呈现递减趋势。

在协同情景下，天津市 2020 年及 2030 年的能源消费总量分别为 0.84 亿吨标准煤及 0.66 亿吨标准煤，天津市的能源消费总量峰值预计出现在 2020~2030 年之间。在 2015~2030 年期间，随着天津市关停并转移传统工业产业链进程的进行，天津市的经济发展相对常规情景要慢，且经历了产业结构的迅速调整，第二产业的能源消费从 2020 年的 0.52 亿吨标准煤下降至 0.25 亿吨标准煤，而第三产业的能源消费则从 0.19 亿吨标准煤增加值 0.24 亿吨标准煤。由于在协同情景下，天津市人口呈现一个较慢的增长趋势，因此其生活能源消费的增长也相对缓慢，其中农村能源消费出现了负增长。

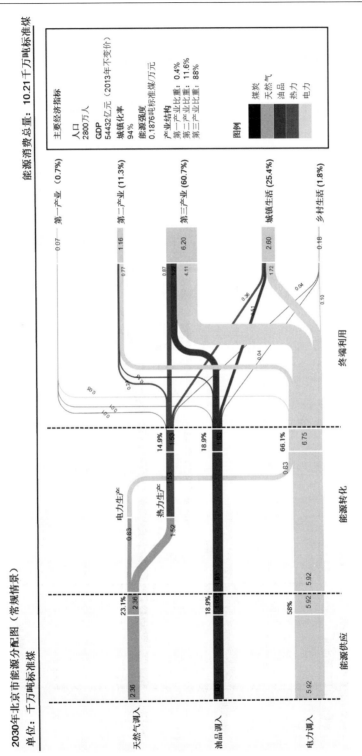

图 2-47　常规情景下 2030 年北京市能源分配图

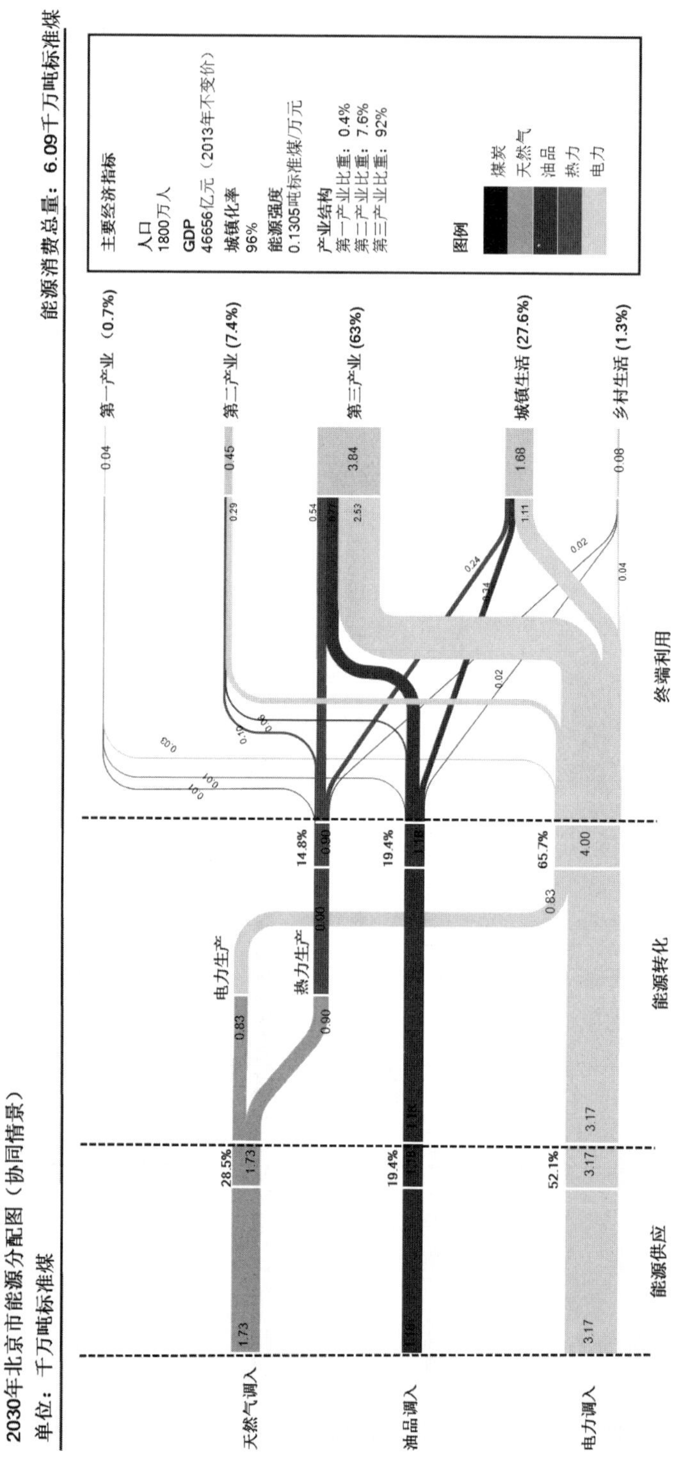

图 2-48 协同情景下 2030 年北京市能源分配图

常规情景下的天津市能源消费预测请参阅图 2-49，协同情景下的天津市能源消费预测请参阅图 2-50，图 2-51 及图 2-52 分别给出了 2030 年天津市在常规情景及协同情景下的能源分配图。

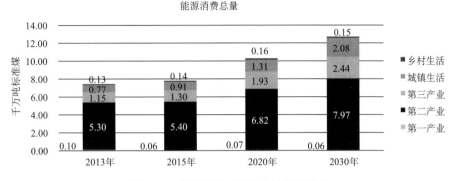

图 2-49 常规情景下天津市的能源消费

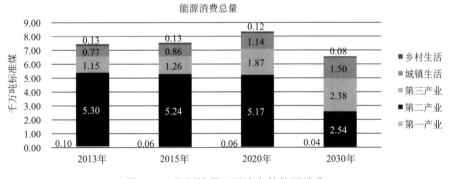

图 2-50 协同情景下天津市的能源消费

3）河北省

在常规情景下，河北省 2020 年及 2030 年的能源消费总量分别为 3.78 亿吨标准煤及 3.96 亿吨标准煤，在 2030 年后能源消费总量有持续增长的趋势。在 2015~2030 年期间，河北省的第三产业能源消费呈现递增趋势，而第二产业的能源消费峰值可能出现在 2020~2030 年之间。对于生活能源消费来说，河北省的城镇生活能源消费与乡村生活能源消费皆呈现增长趋势。

在协同情景下，河北省 2020 年及 2030 年的能源消费总量分别为 4.31 亿吨标准煤及 4.27 亿吨标准煤，皆高于常规情景的设置，且能源消费总量峰值预计出现在 2020~2030 年之间。在 2015~2030 年期间，由于河北省承接了由北京市与天津市转移来的产业（包括第三产业），其经济增长迅速，同时也带来了能源消费的迅

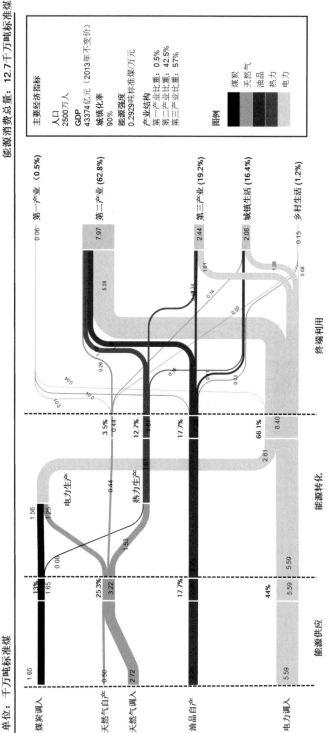

图 2-51　常规情景下 2030 年天津市能源分配图

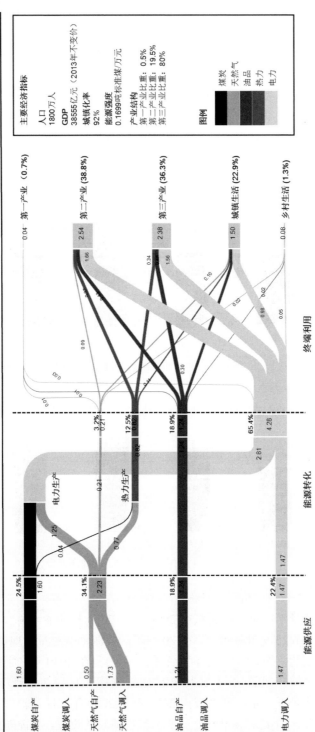

图 2-52　协同情景下 2030 年天津市能源分配图

速增长。河北省的第二产业能源消费呈现先增后减的趋势，且峰值可能要高于常规情景的能源消费，而其 2030 年的第二产业能源消费总量则与常规情景相当。与此同时，河北省的第三产业也呈现能较为迅速的发展。在协同情景下，河北省人口呈现一个较快的增长趋势且城镇化进程较快，因此其城镇生活能源消费增长迅速，而农村能源消费的增长则相对缓慢。

常规情景下的北京市能源消费预测请参阅图 2-53，协同情景下的北京市能源消费预测请参阅图 2-54，图 2-55 及图 2-56 分别给出了 2030 年北京市在常规情景及协同情景下的能源分配图。

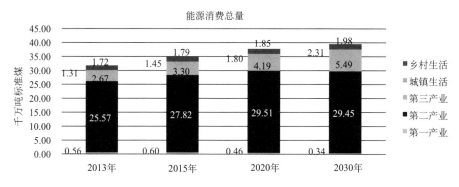

图 2-53　常规情景下河北省的能源消费

图 2-54　协同情景下河北省的能源消费

4）京津冀

在常规情景下，京津冀区域在 2020 年及 2030 年的能源消费总量分别为 5.66 亿吨标准煤及 6.25 亿吨标准煤，在 2030 年后能源消费总量呈现持续增长的趋势，这主要是受到北京市、天津市及河北省的能源消费在 2030 年之前都持续增长的影响。京津冀区域在 2020 年及 2030 年的碳排放总量为 13.2 亿吨及 13.5 亿吨。

在协同情景下，京津冀区域在 2020 年及 2030 年的能源消费总量分别为 5.83 亿吨标准煤及 5.54 亿吨标准煤，皆低于常规情景的设置，且能源消费总量峰值预

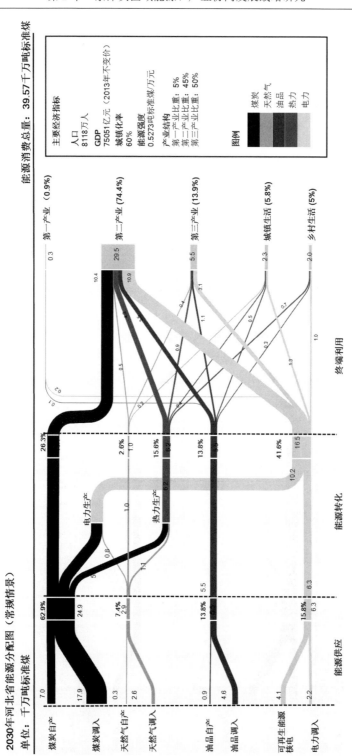

图 2-55　常规情景下 2030 年河北省能源分配图

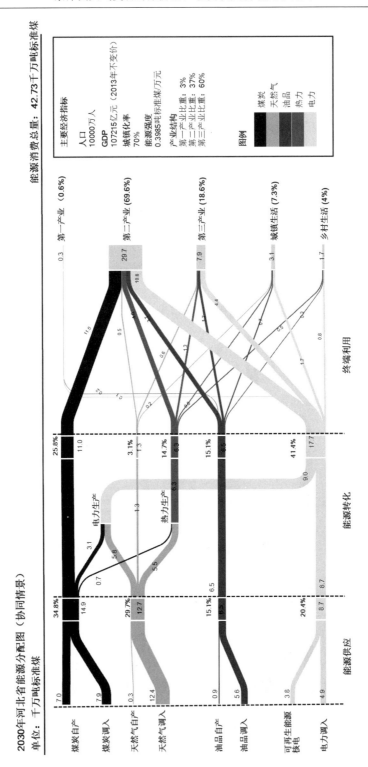

图 2-56　协同情景下 2030 年河北省能源分配图

计出现在 2020~2030 年之间。京津冀区域在 2020 年及 2030 年的碳排放总量为 13.3 亿吨及 11.1 亿吨。

图 2-57 及图 2-58 给出了京津冀区域在常规情景及协同情景下按消费终端核算的能源消费量，图 2-59 及图 2-60 给出了京津冀区域在常规情景及协同情景下按终端能源品种核算的能源消费量，图 2-61 及图 2-62 给出了京津冀区域在常规情景及协同情景下按一次能源消费核算的能源消费量，图 2-63 及图 2-64 给出了京津冀区域在常规情景及协同情景下的二氧化碳排放量预测。

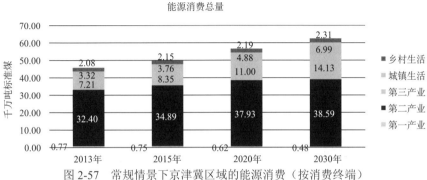

图 2-57 常规情景下京津冀区域的能源消费（按消费终端）

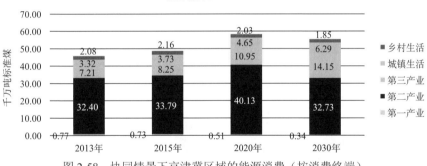

图 2-58 协同情景下京津冀区域的能源消费（按消费终端）

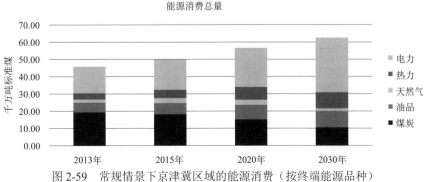

图 2-59 常规情景下京津冀区域的能源消费（按终端能源品种）

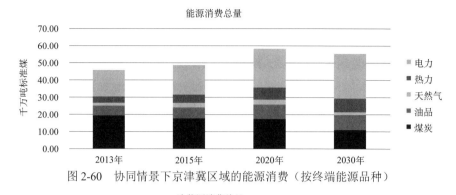

图 2-60　协同情景下京津冀区域的能源消费（按终端能源品种）

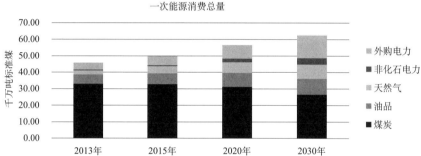

图 2-61　常规情景下京津冀区域的能源消费（按一次能源消费）

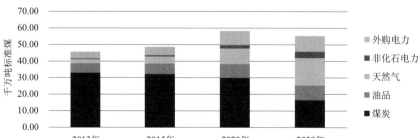

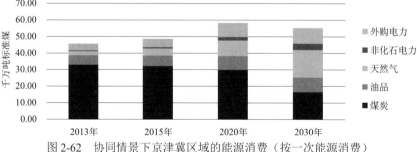

图 2-62　协同情景下京津冀区域的能源消费（按一次能源消费）

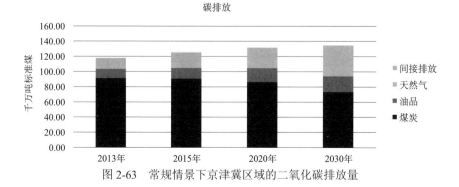

图 2-63　常规情景下京津冀区域的二氧化碳排放量

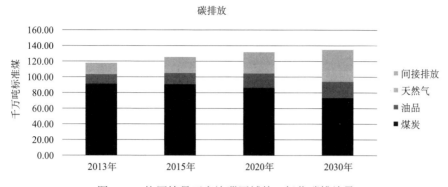

图 2-64　协同情景下京津冀区域的二氧化碳排放量

综合上述的情景分析结果，京、津、冀区域在协同情景下的能源消费总量要少于常规情景下的能源消费总量，且协同情景下的京、津、冀整体的经济增长速度要优于常规情景。这主要是由于京津冀区域三地政府统筹优化经济资源配置，加速京津冀区域三地的产业升级转型、严格控制京津人口、适度向河北转移京津部分产能与大规模地淘汰河北省落后能源转化设施所造成的。在协同情景下，北京和天津的能源消费和碳排放要大幅低于常规情景，而河北的能源消费规模要略高于常规情景（由于人口和经济的更快增长）。但由于协同情景下，河北大幅增加了天然气和进口电力对于燃煤的替代规模，碳排放低于常规情景。最终，协同情景实现了京津冀区域在 2020~2030 年间均达到了碳排放峰值，远好于常规情景的碳排放持续增长的趋势。

由于常规污染物和碳排放之间也有密切的正向关联（污染高排放的煤炭、石油均为高碳能源），在低碳的能源情景下也将更容易实现能源相关大气污染物的防治。

2.2.3　主要结论

本节主要研究了京津冀区域能源消费增长的驱动因素以及未来能源情景。研究表明，2003~2013 年期间，人均 GDP 快速增长是驱动京津冀区域总能耗激增的最主要驱动因素。京津的人口和人均生活能源消费的快速增加也对两地能耗增长起到了重要推动作用。而京津积极推进产业结构调整、产业能源强度降低和能源结构优化，对抑制两地能耗的过快增长起到了一定作用，河北在这些方面还有待进一步加强。此外，三地供电效率的提升均起到了一定遏制能耗过快增长的作用。

情景分析结果表明，2030 年前，常规情景下若京津冀区域三地各自为政、均追求各自的经济快速增长，区域总能耗和碳排放还将进一步增加。协同发展情景下，若能够切实控制京津人口增长和促进京津部分产能向河北转移，虽然会适当减缓京津的经济增长，但有望实现河北的快速发展，并实现区域总体经济增长进一步加速。而通过加大能源结构优化调整的力度，特别是对于河北（增加气、电等优质能源的比重），也有望实现区域总体在 2020~2030 年间实现碳排放峰值，并有利于促进区域大气污染物的更加严格的控制。

2.3　国外类似区域能源、产业转型的经验借鉴

本节针对前述提及的两个核心问题：①首都及周边都市圈的建设发展问题；②重工业密集地区的转型问题，开展了国际经验借鉴和分析。在首都都市圈的建设发展上，主要考虑人口密度和历史文化等因素，选择了日本东京都市圈进行重点案例分析；在重工业密集地区的转型上，选择了同样经历过重工业崛起和衰退的美国五大湖"铁锈地带"和德国鲁尔工业区两个案例进行重点分析。

2.3.1　日本东京都市圈发展的经验借鉴

1. 东京都市圈基本情况介绍

广义的东京都市圈包含东京都和神奈川、千叶、埼玉、群马、茨城、山梨、栃木等一都七县，占地面积 36436 km^2（赵儒煜等，2009），占日本全国陆地面积的 9.64%；总人口 5224.8 万（2011 年），占全国人口的 41.0%。

狭义的东京都市圈包括东京都和神奈川、千叶、埼玉等一都三县，占地面积 1.34 万 km^2，占日本全国陆地面积的 3.5%；总人口 4273.5 万，占日本全国人口的 33.5%（日本总务省统计局，2012）。2012 年总 GDP 为 2.02 万亿美元，其中东京都 1.15 万亿美元，神奈川县 3740 亿美元，埼玉县 2530 亿美元，千叶县 2390 亿美元。其中，东京都 GDP 占到了全国 GDP 的 19.4%，仅东京都的 GDP 就超过了整个京津冀地区（约 0.9 万亿美元）。

本节主要分析的是狭义的东京都市圈，即一都三县。

2. 东京都市圈产业结构和区域职能分工情况

从东京都市圈的三次产业构成（图 2-65）看，第三产业比重高达 82.4%，第二产业占 17.3%，第一产业仅 0.3%。其中，东京都的第三产业重高达 87.0%，其他三县也都在 75%以上。但都市圈内的整体产业分布并不均匀：都市圈 60%的第三产业、43%的第二产业集中在东京都；神奈川拥有区域 17%的第三产业和 26%的第二产业，其他两县第三产业和第二产业占整个都市圈的比重较低；第一产业主要分布于距离东京都市中心较远的千叶（49%）和埼玉（27%）二县，但尽管如此，两县的第一产业仍仅占其全县产业产值的 1%左右。

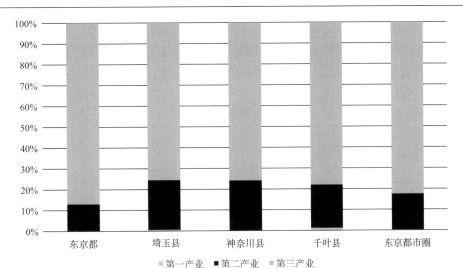

图 2-65　2012 年东京都市圈产业结构

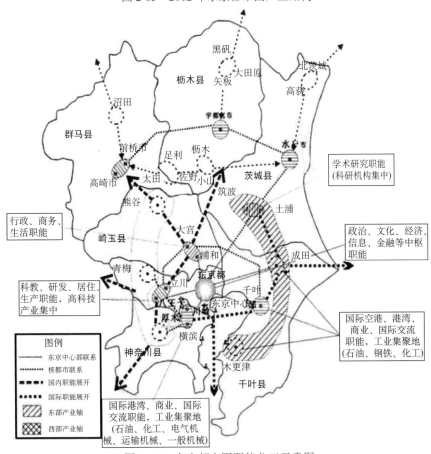

图 2-66　东京都市圈职能分工示意图

从区域职能分工看，东京都仍然是整个都市圈的政治、文化、经济、信息和金融中枢；神奈川则是国际港湾和工业聚集地（日本重要的石油化工和煤炭制品基地）；埼玉是东京都附近的行政、生活和商务核心区，承接了部分政府行政职能；千叶主要承担了国际空港、国际港湾、商业和国际交流职能，也是重要的工业聚集地（石油、钢铁、化工）。东京都市圈各区域职能分工如图 2-66（卢明华等，2003）及表 2-40（成田孝三，1995）所示。

表 2-40　东京都市圈各都县的职能分工

	核心城市	职能	次核心城市
东京都中心部	东京	政治、经济、文化、行政、金融	
东京都多摩自立都市圈	八王子市、立川市	商业、高等教育	青梅市
神奈川自立都市圈	横滨市、川崎市	国际港湾、工业	厚木市
埼玉自立都市圈	浦和市、大宫市（后合并为埼玉市）	居住、行政	熊谷市
千叶自立都市圈	千叶市	国际机场、港湾、工业	成田、木更津市

图 2-67、图 2-68、图 2-69 及图 2-70 分别给出了东京都、神奈川县、埼玉县及千叶县的产业特化系数。

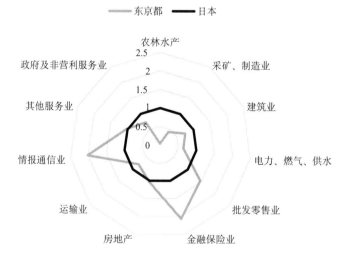

图 2-67　东京都产业特化系数（东京都总务局统计部，2014）

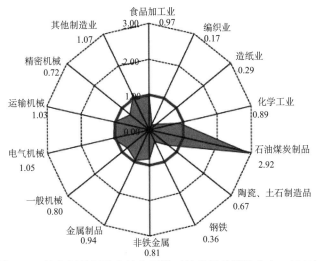

图 2-68 神奈川县制造业特化系数（神奈川县统计中心，2014）

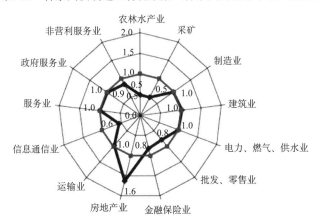

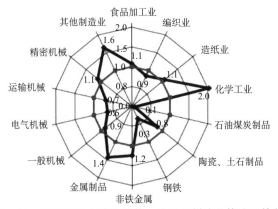

图 2-69 埼玉县产业特化系数，埼玉县制造业构成及特化系数
（埼玉县总务部统计课，2015）

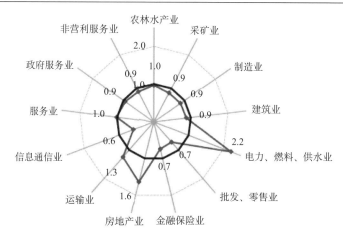

图 2-70　千叶县产业别特化系数（千叶县综合企划部，2015）

　　东京都在整个都市圈中有着明显的区位优势。虽然在历史上东京都的职能经过多次转移和分解，但依旧保持了在日本和都市圈的核心地位。绝大部分的政府依旧集中位于东京都各区，其行政中心和管理中心的地位不可动摇。大多数的文化产业和服务业、批发业、金融业以及印刷业等部门也聚集在此，使得东京都还同时拥有商业中心、金融中心、科教文化中心等职能。从产业特化系数（区域内特定产业产值占比除以全国该产业产值占比）看，东京都的金融保险业和情报通信业产值比重显著高于全国平均水平。

　　此外，东京都西南郊的多摩地区承接了东京都核心区的文化教育职能的转移，一大批高校、研究开发机构和高科技产业园区落户于此。多摩现已成为东京都市圈的重要商业聚集区、文化教育中心之一。例如，多摩地区的八王子市建成大学城，高科技研发优势明显；青梅市主要着力于高新技术制造业，其研发能力同样十分优秀。

　　位于东京都南部的神奈川县具有先天的国际港湾优势，承担着国际交流、居住职能以及部分商业、研发职能，同时也是东京都市圈内的重要工业基地之一。从产业特化系数看，神奈川的石油化工和煤炭制品行业产值比重显著高于日本平均水平。

　　例如，神奈川县的县厅所在地横滨市是日本第三大城市，按人口数量是日本第二大城市，是国际著名的港口城市和日本重要的对外贸易港口。很多的大型企业，诸如相模铁道、JVC、日产汽车、光荣公司等，也都将总部设在了横滨。加之部分国家机关也位于横滨，使得横滨的工业、商业、港口、国际交流等职能更加突出。而神奈川县的川崎市是日本 20 个政令制定都市（类似于我国的特区城市）中面积最小的一个，却拥有日本所有都市中第 8 位的人口数量，人口密度达 9516

人/km²（截至 2008 年 1 月 1 日），是全国平均人口密度的 28 倍，东京都市圈平均人口密度的 3.6 倍。川崎市主要承担着生产制造、技术研发以及居住的职能，而石油行业销售总额占到全县总量的 60.4 %（卢明华等，2003）。

位于东京都西北部的埼玉县是东京都市圈附近的行政、生活、商务核心区，承接了东京都部分政府行政职能，聚集了相当一部分政府机构，例如法务省东京矫正管区、厚生劳动省关东信越厚生局、关东地区警察局、财务省关东财务局等中央部门下属机构。其中，埼玉市是埼玉县的行政中心和经济中心，服务业发达，又承接了东京都的部分行政职能。埼玉市也是东京都市圈重要的卫星城，为东京都地区的大量人口提供了居住和通勤的服务。在这些因素影响下，埼玉市的国际交流和商务都在飞速发展。从产业特化系数看，埼玉的房地产业和化学工业、金属制品制造业显著高于全国水平。

位于东京都东南部的千叶县则主要承担了国际空港、国际港湾、工业中心等职能。由于机场和港口的存在，其国际交流、商务、工业原料输入及运输等的职能逐渐加强。从产业特化系数看，千叶的能源业和房地产业产值比重高于日本平均水平。千叶市是县厅所在地，拥有日本最大的输入港，国际商务非常发达；木更津市则是旅游和贸易性质的海港城市；成田市拥有新东京空港（成田机场），国际交流、国际物流、临空产业发达，是商业聚集地。

3. 东京都市圈城市交通基本情况

东京都市圈人口密集、经济发达，因此交通压力十分巨大。其城市交通问题不仅包括东京都这一中心城市的内部问题，还包括东京都与其周围八王子市、立川市、横滨市、川崎市、埼玉市、千叶市等副中心的联系问题。但实践证明，东京都市圈的交通规划和发展有效地缓解了其巨大的交通压力，保障了人们快捷方便出行。

东京都市圈的城市交通系统主要是由高度发达的城市轨道交通和城市公路网组成，而城市轨道交通系统承担了都市圈超过 90% 的通勤需求（杨朗等，2005）。东京都市圈的轨道交通长度达到 2973 km（包括新干线、城际列车/快速列车、普通列车、地铁和单轨铁路/自动导轨电车），郊区的私营轨道线路可以与中心区多种轨道线路相联通。其中高站间距、高速的新干线（站间距 30~50 km，速度 120~130 km/h）主要承担远距离输送任务，城际列车/快速列车（站间距 5~6 km，速度 50~60 km/h）主要承担中等距离运输任务，普通列车（站间距 1~2 km，速度 40~45 km/h）、地铁（站间距 0.5~1 km，速度 20~35 km/h）和单轨铁路/自动导轨电车（站间距 0.5~1 km，速度 20~30 km/h）主要承担近距离运输任务。这三大类轨道交通系统相互连接、互相补充，分担了不同需求的出行压力，形成了一个有机配合的高效轨道交通网络。该网络保证了在仅使用轨道交通工具的情况下，即便目的地在 50 km 以外，都可以按照当初预定的时刻到达目的地。

由于城市轨道交通系统承担了绝大部分的出行压力，因此公路系统所受到的交通压力并不明显。2013 年，东京都的汽车保有量达到了 320 万辆，东京都市圈的汽车保有量则已达到 1180 万辆（新华网，2013）。东京都市圈的公路网同样十分发达，以东京都为例，至 2010 年，其公路网包括 3 条环状总长 320 km 的高速公路、10 条国道和数百条普通公路，以及 1222 座总长 72 km 的桥梁、112 个总长 37 km 的隧道、735 座总长 42 km 的步行天桥等等，总里程长达 2.4 万 km 以上（新华网，2010）。

4. 东京都市圈能源消费基本情况

东京都市圈的能源主要依赖进口，根据有关文献（陈志恒和万可，2013），日本一次能源供应的 96%依赖于国外进口；即便将核能算作是国内能源，这一比例也高达 80%左右。根据统计数据（日本经济产业省，2012）分析，2011 年东京都市圈的能源消费构成如图 2-71 所示。各类能源消费的合计量为 8663.2 万吨标准煤（按电热当量法计算），人均消费量为 59.4GJ/年，即 2.03 吨标准煤/年。

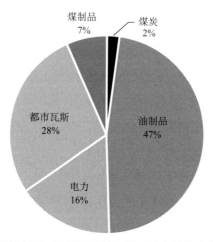

图 2-71　东京都市圈一次能源消耗比例（日本经济产业省，2012）

在东京都市圈内部，神奈川和千叶二县化学、化工行业比较发达，使用了大量轻质油作为燃料，是都市圈中轻质油品消耗量最大的地区和产业，占全部轻质油消耗量的 52.5%。重质油在石油制品消耗中所占比例相对较低，各都县的消耗量相近，主要用于公共服务和零售行业等。值得注意的是千叶县，其重质油主要用于第二产业的钢铁、有色金属、非金属制造（16%），其他产业、中小制造业（14%）以及第一产业的农林水产业（15%）。液化石油气占东京都市圈全部石油制品消耗的比重略大于重质油，在区域内部的消耗非常不均匀，神奈川县和千叶县的化学、化纤、造纸行业消耗了整个都市圈 78.9%的液化石油气。从产业上来看，石油制品很大比例用于第二产业的化学、化纤、造纸行业，其次为第三产业的交通运输与公共服务等。东京都市圈各地石油制品消耗比例如图 2-72 所示。

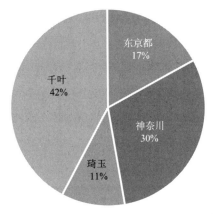

图 2-72　东京都市圈各地石油制品消耗比例
（日本经济产业省，2012）

电力是东京都市圈的第二大能源类型，电力供应是支撑东京都市圈快速发展的一条能源命脉。家庭使用是东京都市圈电力消耗的第一大部门，消耗总电量为76184 GWh，占全部电力消耗的 32.7%；第三产业的商业、金融和不动产业也是电力消耗大户，共消耗 35038 GWh，占全部电力消耗的 15.0%。都市瓦斯是东京都市圈的第二大一次能源，主要用于家庭以及公共服务等领域。其中用于家庭的都市瓦斯占全部消耗量的 39%，在各都县内均为最主要的都市瓦斯消耗部门。各地区这两类能源的具体消耗比例情况如图 2-73 及图 2-74 所示。

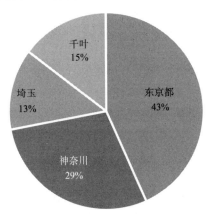

图 2-73　东京都市圈各地都市瓦斯消耗比例
（日本经济产业省，2012）

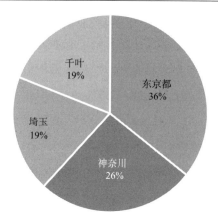

图 2-74　东京都市圈各地电力消耗比例

（日本经济产业省，2012）

东京都市圈的煤炭和煤制品消耗量较小，主要消耗区域位于神奈川县和千叶县，两地的煤炭和煤制品消耗比重分别占到18%（神奈川，煤炭），63%（千叶，煤炭）以及25%（神奈川，煤制品），75%（千叶，煤制品）。其中神奈川县85%煤炭和99%煤制品，千叶县98%煤炭和99%煤制品消耗于钢铁、有色金属以及非金属制造业，民用散煤消耗量很小，消耗领域十分集中，治理和改进相对方便。

5. 东京都市圈建设和发展的政策措施

东京都市圈的建成和发展均具有坚实的法律和规划支撑，相关法律和规划按时间顺序介绍如下。

东京都市圈概念的提出始于 20 世纪 50 年代。但早在 1946 年，日本就颁布了《特别都市规划法》，积极准备从战后的萧条中恢复其城市建设和发展。在 1950 年，日本又出台了相关的《国土综合开发法》和《首都建设法》，为东京都市圈的规划打下了法律基础。在战后恢复重建的过程中，日本经济迅速复苏，重工业等制造业开始出现集群化发展，大量农村劳动力涌入城市，进入工业聚集区，城镇化加速发展。然而，由于东京都和周边地区的城市规模急剧膨胀，一系列问题开始出现。针对这些问题，同时考虑到降低自然灾害危害风险（例如地震等）的因素，1954 年和 1958 年，日本城市规划学会和首都圈建设委员会针对东京都和周边城市的发展进行了一系列研究，并提出了多种城市群发展方案。

1956 年，日本政府出台了《首都圈整备法》与《首都圈市街地开发区域整备法》，作为东京都市圈建设的基本法案。该法案作为东京都市圈协调发展最基础的法律依据，起到了重要作用。在《首都圈整备法》的第一条"目的"中，对首都圈的整体定位做出了明确的定义："要建设成符合作为政治、经济、文化等中心的首都圈，谋求有序发展"。为配合《首都圈整备法》等法律条文，具体实施首都圈地区的建设和整顿工作，日本政府于 1956 年也提出了《首都圈整顿方案》，明确规定了首都圈的范围：在以东京为中心、半径 100 km 以内的地区构建一个"首都圈"。

1958 年，日本政府编制了《第一次首都圈建设规划》，该规划奠定了东京都市圈区域协同发展的规划基础。"第一次规划"是仿照 1944 年的大伦敦计划：一是提出建立卫星城市的方案，把东京都外围 8~10 km 的地域建设为近郊地带，并保留部分绿地，防止东京都向周边地区无序扩张；二是调整东京都城区的建设，将 8~10 km 近郊地带的外围区域规划为"城镇开发区"。但是经过数年实践，日本政府发现这个规划并不合理，外围城市的发展程度与其所处的环路距离市中心程度直接相关，造成了城市发展呈现"摊大饼"的趋势，造成了一系列的大城市病问题。因此在 1968 年，日本政府针对这些第一次规划中未曾考虑到的后果又提出了《第二次首都圈建设规划》，将东京都市圈的范围扩展至"一都七县"，提出将东京发展为一个管理枢纽，主要功能是对经济活动实行集中统一的组织管理。

"第二次规划"把东京都作为全国经济高速增长的中枢，并对东京城市的空间结构进行了重新规划和调整，在东京中心城区实施大规模改造和治理，加强开发发展城市外围区域，大规模兴建铁路、公路等交通体系，增加东京都市圈间各城市的交通联系，缩短各城间的通勤时间，为广域的东京都市圈发展打下一个良好的基础。此时东京都市圈的规划思路已经基本清晰，即将东京都市圈变为一个多核的圈层结构，中枢管理功能仍然留在中心城区，而其他诸如工业、教育、文化等业务管理职能配置在更广阔的区域。

在"第二次规划"的基础上，日本政府在 1976 年提出了《第三次首都圈建设规划》，设想在东京都市圈区域形成多中心城市的"分散型网络结构"，将东京都的中枢管理功能分散，形成多中心。"第三次规划"分散了东京都的中枢管理的职能，培育出都市圈的若干核心区。

但是该规划并没有根本改变东京都"一极集中"的局面，各大公司纷纷将自己的总部从大阪迁往东京都，结果导致在日本其余各大都市圈的人口增长纷纷停滞的时候，东京都市圈的人口反而迅速增加，一极化趋势甚至更加严重。为了应对这种意外的局面，日本政府于 1986 年制定《第四次首都圈建设规划》，明确了以下几点内容：东京都中心部分职能向其他核心城市转移，主要包括业务管理（类似产业管理）和国际交流等职能；以其他业务核心城市为中心形成自立都市圈；加快其他核心城市的建设，形成工业、农林水产业集群，并同时促进业务管理、国际交流和高等教育功能的培育，形成多功能圈域。"第四次规划"在进一步强化中心区的国际金融职能和高层次中枢管理功能的同时，也强化周围核心城市的发展，力图将它们建成具有较强都市圈集聚功能的次中心城市，形成"多中心多核"

的都市圈格局。"第四次规划"也标志着东京都市圈从"一极集中"到"多核多圈域"结构的彻底转变。

进入 90 年代后，日本经济发展趋于稳定，但东京都市圈中心过密的现象还尚未得到根本解决，还存在地域结构不平衡现象。为应对即将到来的全球化、信息化、老龄化时代，日本政府于 1999 年发布了《第五次首都圈建设规划》以进一步提高区域竞争力和实现可持续发展，主要内容包括：进一步推进各商业金融核心城市建设，并提高其自立性；加强都市圈和北关东、山梨地区的联系和交流；解决都市圈中心地区空心化问题和低开发、未开发土地利用的问题。"第五次规划"是以"第四次规划"为基础，提出了与其比较相近的观念，强调建立区域多中心城市"分散型网络结构"空间模式，通过培育、扩展业务核心城市，推进广域交通、通信等基础设施的整治改造，重组都市职能，建设东京都市圈内独立、自主化的功能区域，形成高水平、高密度的网络化结构，以改变东京都中心部的单极结构，实现以多个核心城市为中心、彼此相互独立又紧密联系，可互相分担城市职能的自立、互补、高密度、水平、分散化网络型区域空间结构。

在上述法律和规划的支撑下，目前东京都市圈已基本形成了"主中心区域—次中心区域—郊区区域—较边远的县镇区域"的多核、多中心空间发展模式。大东京都市圈的中心城市东京都作为整个城市群的管理中枢，它的主要功能是对整个城市群的政治、经济活动实行集中、统一的组织管理；其他不同类型城市的发展建设依据东京都的统一组织管理开展，在很大程度上减轻了工业过度集中带来的住房紧张、环境污染和交通拥挤等问题。

半个世纪以来，日本政府一直通过政府规划和政策来影响和促进东京都市圈的有序发展。虽然东京都市圈的建设和发展是多种因素共同作用的结果，过程也并不是完全按照如日本政府所期望的路线进行，但必须认识到国家的立法和行政规划对东京都市圈的建设和发展起了至关重要的推进作用。

此外，单一的地区行政政府很难完全贯彻执行此类涉及多个地区的政策法规，一系列相关的协调性政府机构在涉及多个都县的规划政策的贯彻执行过程中是必要的。东京都市圈也因此建立了一些政府间合作组织来组织和协调各地的相关事务，如"九都县市首脑会议"。在 1979 年，日本关东地区的东京都、神奈川县、千叶县、埼玉县和两个政令指定都市[①]横滨市和川崎市便组织了"六都县市首脑会议"。后来千叶市、埼玉市、相模原市陆续成为了政令指定都市，因而该会议扩大为"九都县市首脑会议"，也被称为"首都圈峰会"。该组织主要任务为组织整个东京都市圈协调发展，协调东京都职能的扩散。在此组织框架下，每年会

---

① 政令指定都市：能获得更多地方自治权力的都市，类似于中国的计划单列市，财政上有与一级行政区同等的权利。现在日本共有 20 个政令市

组织各都县市知事、市长会议，各委员会会定期组织对特定议题的讨论会，除了政府工作人员，会议还会有相关的专家参加，并制定了一系列政策。例如，从 2009 年开始，"九都县市首脑会议"组织各都县市合作展开对东京湾水质的集中调查，共计 143 个机构和团体参与，设置了海上 317 个、陆上 447 个调查点，得到了很多宝贵的数据。此类协调组织为东京都市圈的统一规划发展提供了制度基础。

6. 东京都市圈发展的经验总结

（1）加强立法监督，严格贯彻实施。大型都市圈的建设离不开有力的法律保障。东京都市圈在开始建成之初以法律开道，制定了一系列的相关法律条款，为其后来建设和发展，为各次"首都圈建设规划"在各级政府和各个行业的顺利执行打下了坚实的基础。而且日本法律规定的可执行性较强，各级政府可以严格按照法律规定来推行中央发布的各类政策，有效地避免"有法不依，有令不行"的尴尬局面。

京津冀地区要建立大都市圈结构还缺乏法律的有效支撑，我国还没有针对该区域发展进行专门的立法工作。若立法工作迟迟不能开展，未来政策的制定、执行环节会出现无法可依、无法贯彻执行、无强制约束力等问题。将来这些问题可能会在一定程度上扭曲各类政策的执行效果，阻碍京津冀都市圈的协同发展。

（2）发展规划，及时调整。日本政府十年左右修改发布一次的"首都圈建设规划"作为东京都市圈建设和发展的引导性政策，这些规划在很大程度上影响了东京都市圈的构成和发展，使东京都市圈发展为现今世界三大都市圈之一。同时，这些规划的某些部分被证实不一定符合当时东京的实际情况，在执行过程中也出现了各种各样的问题，但日本政府及时根据这些问题也在不断对规划进行分析和调整，逐渐找到更适合东京都市圈的发展模式。

参照东京都市圈的经验，规划性政策在执行过程中会遇到各种设想之外的情况，实际发展并不会完全按照规划进行。我国应当针对《京津冀都市圈协同发展规划》执行过程中出现的问题，每隔一段时间即对其进行修改或颁布新的"规划"，才能够保证京津冀都市圈的发展不会过远地偏离最初设想的道路。

（3）产业布局合理，各城市产业互补。东京都市圈内各城市职能分工明确，产业布局比较合理，产业结构能够做到分工合作，互相补充，发挥区域整体聚集优势，形成一个良性向上的循环经济体系。其中，东京都大力发展服务业、金融业，其周边大力发展制造业、科技研发、物流、文化中心等多极城市群。这些周边城市实体经济的建设又进而为东京都发展提供多种支撑，促进了东京金融中心的建设；东京都凭借其在信息、技术、人才、资金方面的优势为周边的产业提供更加高效的金融服务，促进周边地区协同发展，可以作为未来北京市发展的参考。

（4）构建快速化、网络化的交通基础设施。大型的交通网络是大型都市圈内部各城市互相关联的实际纽带，是将各城市在物理上连接成为一个统一整体的必备条件，是实现全都市圈协同发展的重要因素。日本政府在东京都市圈基本计划中反复强调修建高速公路网、搭建便捷的信息通讯网、合理规划居住环境等。东京都市圈发达的交通网络加强了东京与其他职能城市的联系和保证城市间经济联系的畅通，是东京都市圈快速发展的重要保证。

若要实现京津冀协同发展，交通网络的建设当首当其冲。而京津冀地区城市间交通网络建设还需要加强，特别是河北省的交通基础设施建设还有很大的提升空间。

2.3.2　美国"铁锈地带"转型发展的经验借鉴

"铁锈地带"（Rust Belt）指的是一些工业衰退的地区，并往往伴随着严重的生态环境破坏问题。美国东北部的五大湖地区就是世界著名的"铁锈地带"之一，在 20 世纪 50~80 年代由于工业衰退而出现了严重的经济衰退和失业现象。下文将重点分析该区域的三个典型城市：匹兹堡、托莱多和克利夫兰，总结其转型发展的经验。主要参考资料为保尔森基金会在 2015 年 10 月发布的研究报告《中国的新机遇：可持续的经济转型——如何筑建京津冀区域在转型中的领先地位》（保尔森基金会，2015）。

1. 匹兹堡的经济转型

正如今天河北省以钢铁制造中心闻名全球一样，仅在半个世纪以前，美国宾夕法尼亚州的匹兹堡也被称为世界钢都。依靠河流运输便利的地理优势，丰富的煤炭资源，以及美国铁路行业快速发展等条件，匹兹堡迅速崛起成为 19 世纪和 20 世纪美国中西部的工业和制造业中心，成为美国的钢铁之都。到 1910 年，美国 60% 以上的钢铁是由匹兹堡生产的，同时其他行业也相继发展起来，尤其是依赖于燃煤的重工业。到 1970 年，匹兹堡已成为美国第三大企业总部集聚地。

20 世纪后半叶，全球竞争使钢铁价格下跌，匹兹堡与美国铁锈地带的其他城市一样，开始走上了下坡路，经济因为钢铁行业的崩溃而陷入衰退。炼钢、燃煤对环境的影响也使公众开始抵制钢铁行业。匹兹堡在 20 世纪中期出现了严重的空气污染，白天也不得不打开路灯。1948 年，在匹兹堡市郊的多诺拉小镇，一场极为严重的烟雾事件造成 20 人死亡以及半数居民生病，最终促使州领导层采用了清洁空气条例治理环境。

经济和环境的残酷现实迫使匹兹堡转向其他行业，例如计算机科学、机器人及医疗健康领域，寻求新的经济增长点。匹兹堡成功做到了这一点，2014 年，全市仅 8% 的劳动力从事制造业工作（远低于 1990 年的 13%），而教育、健康和商业服务三个行业的从业人员已经超过了全部从业人员的 1/3（图 2-75）。

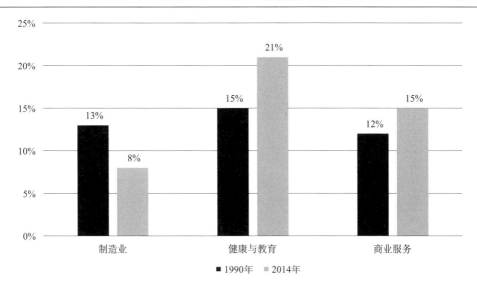

图 2-75　美国匹兹堡市就业比例的变化（保尔森基金会，2015）

　　总体来看，匹兹堡能够成功实现经济转型的主要经验在于：

　　（1）充分发挥教育机构在创新上的基础作用：匹茨堡有两所著名的大学。一是卡内基梅隆大学，20 世纪 80 年代该大学的早期计算机科学课程吸引了世界级的研究人员和学者，也使需要这方面人才的企业纷纷入驻匹兹堡，例如谷歌、苹果、微软、英特尔、甲骨文和雅虎等。另一个是在生命科学研究上领先的匹兹堡大学。以这两所大学为基础，匹兹堡在 80 年代和 90 年代重点发展信息和生物医学等高技术产业。如今，匹兹堡的医院和医疗中心所雇用的员工总数比钢铁工业鼎盛时期还要多。尽管人口有所下降，但匹兹堡的人均收入在美国前 51 个都市区中高居第六。

　　（2）广泛交流、公私合作是转型发展的另一个关键因素：由于匹兹堡城市规模相对较小，由政府、学术界和商界组成的核心领导层相对紧凑，能够经常会面，协调活动、评估进展，就增长的战略努力达成共识。而通过政府与私人公司的携手合作，匹兹堡将城区改造为了新技术区。例如翻新市中心的纳贝斯克（Nabisco）旧厂区，改造成技术和医疗企业孵化区，称为"面包坊"。该项目进展极为成功，目前已启动第二期规划。此外，匹兹堡和其他许多美国中西部城市历来都有强大的当地慈善机构为经济转型做贡献。卡内基基金会（The Carnegie Endowment）一直在支持一个由非政府组织和私营公司组成的网络，与政府及社区领导人一起为经济转型政策把握方向，并为留住工人或创业指导提供资金。匹兹堡社区转投资集团（PCRG）等民间组织则帮助企业领导人与负责地区经济规划的官员建立联系。

（3）经济和产业的多元化发展：匹兹堡的制造业日益多元化，在发展信息和生物医药等高技术产业的同时，也成为新兴机器人产业的发展中心之一。包含卡内基梅隆大学的机器人研究所在内，诸多相关教育机构和企业形成了"机器人走廊"科技区。匹兹堡有许多从事机器人开发的新创公司，研发各种用途的机器人，从制造汽车、帮助困倦司机、建筑物内搬运建筑材料到探测炸弹。此外，金融和专业服务也是如今匹兹堡经济的主要元素之一。

2. 托莱多的产业转型

托莱多位于俄亥俄州，伊利湖的西侧，坐落在航运和铁路线的交汇点上。是一个拥有 65 万人口的中等城市，在 19 世纪也以制造业中心而闻名，重点产业是玻璃制造，后来又兼营车制造业。在 20 世纪后期铁锈地带制造业开始衰退时，托莱多也受到重创，失去了几千个就业岗位。

20 世纪 70 年代末和 80 年代，托莱多的玻璃行业专家们开始实验在玻璃上沉积太阳能材料薄膜的技术。1984 年，依托与托莱多大学的一项合作研究以及政府的资助，第一太阳能公司（原 Glasstech Solar）在托莱多成立。该公司制造薄膜太阳能电池板，总部目前设在亚利桑那州，但在托莱多工厂仍有 1000 多名员工。托莱多的玻璃业专业技术和地方教育机构的支持是第一太阳能公司成功的关键，使其掌握了在玻璃基材上沉积太阳能材料碲化镉这一挑战性工艺的制造技术。而托莱多周边地区成为了太阳能相关公司汇聚的地方，大约有 217 家相关公司聚集在此。太阳能电池板制造和销售，成为了托莱多和周边地区新的经济增长点。

托莱多的太阳能行业发展，同样受益于当地大学的作用。托莱多大学现设有太阳能和先进可再生能源学院，光伏创新和商业化中心，还为有志于创建和经营太阳能公司的物理和工程系学生设立了相当于 MBA 的学位。当地的欧文斯社区大学还为新员工和需要再培训的老员工提供太阳能专业的定制培训课程。这些课程源源不断地输送着训练有素且了解整个太阳能产业链的熟练工人，成为托莱多从 20 世纪的玻璃制造中心成功转型为 21 世纪的太阳能之都的关键。

托莱多的另一条经验是公私领域针对经济转型进行专门合作。当托莱多的工业刚开始衰退时，政府官员和其他社区领导人关注的是如何留住该市几家最大的雇主企业。但直到转型无可避免时，政府、商界和学术界才联合起来探索新策略。各方领导人开始每月碰面，探讨思路和策略，在太阳能等目标新兴产业展开合作。

3. 克利夫兰的经济转型

克利夫兰位于托莱多以东，同样也在俄亥俄州，伊利湖畔。该市的经济转型与托莱多不同，与匹兹堡类似：从传统制造业转向一系列包含医疗和教育在内的新型知识型产业（图 2-76）。

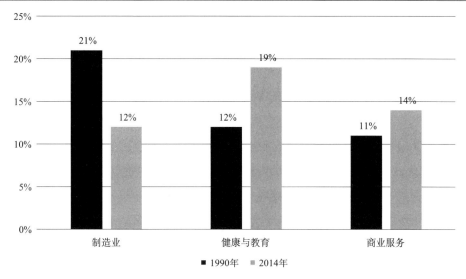

图 2-76　美国克利夫兰市就业比例的变化（保尔森基金会，2015）

在国际制造业竞争以及 20 世纪 80 年代和 90 年代的经济衰退期间，克利夫兰遭受了巨大打击。在过去 23 年里，大克利夫兰市区失去了近 9 万个制造业工作岗位，几乎都是与汽车制造业相关的岗位。1990 年，克利夫兰 20% 以上的工人集中在制造行业（同为钢铁城市的匹兹堡的比例为 13%，全美约为 9%），地区经济遭受的打击尤其沉重。事实上，专家们指出，克利夫兰在 20 世纪末过度集中于制造业，因此在 21 世纪初的复苏和向新产业及经济增长战略的转移尤其缓慢。

然而，克利夫兰州立大学和城市企业高管的报告《从金属到智力：铁锈地带的经济结构调整》显示，克利夫兰正在向新的知识型经济过渡。克利夫兰有两所主要大学（凯斯西储大学（Case Western Reserve）和克利夫兰州立大学）和两家大医院，已形成了一个侧重于医疗技术的新经济发展模式。该市拥有一支高学历的劳动大军（克利夫兰的大学毕业生占当地人口比例在全美排第十），医院岗位数量在全美城市中排第六，仅次于洛杉矶、芝加哥、休斯敦、纽约和波士顿这些大都市。

得益于有针对性的研发支出和实力雄厚的现有教育和医疗机构，克利夫兰成功地创建了一个医疗产业集群，类似于硅谷的高科技经济集群和北卡罗来纳州三角研究园的生物科技集群。《从金属到智力》一书谈到飞利浦医疗公司（Phillips Healthcare）从加利福尼亚州的圣何塞迁址克利夫兰时指出："该公司的迁址策略在于，靠近知识储备丰厚的克利夫兰教育机构，特别是凯斯西储大学、克利夫兰诊所（Cleveland Clinic）和大学医院（University Hospital）。"该市与一个叫做"剧院广场"（PlayHouse Square）的私有表演艺术中心合作，在闹市区投入大量资金，也吸引了年轻和受过良好教育的从业者回归市中心。

总而言之，优秀的大学和医院构成了克利夫兰经济复兴和产业转型的重要基础。

4. 美国"铁锈地带"转型发展的经验总结

从上述匹兹堡、托莱多和克利夫兰转型发展的经验看，总体启示如下：

（1）培育发展新产业、实现产业多元化发展是区域经济转型的必由之路。在传统制造业丧失竞争优势、区域污染严重等情况下，通过大力发展信息、生物医学、机器人、金融等高附加值、低耗能和低排放的新产业，可为经济发展提供新的增长点，创造新的就业岗位，增加区域的吸引力。

（2）教育机构，尤其大学，是区域经济和产业创新发展的重要基础。无论是经济和产业向何种方向转型，上述区域的大学等教育机构作为重要的创新源泉，为新技术、新产业的发展和相关人才的培养、培训提供了重要的基础支撑作用。

（3）广泛交流、公私合作是推动区域经济和产业创新发展的重要动力。上述区域的转型发展，尤其是匹兹堡和托莱多，均得益于当地政府、商界和学界的广泛交流，政府和私人企业的紧密合作，以及社会组织和相关基金的积极参与。虽然国情不同，但京津冀区域的转型，无疑也应进一步加强产、学、研、官之间的广泛交流和协同创新，充分发动民营企业、民间组织和国际组织等各方面社会力量积极参与。

2.3.3　德国鲁尔区转型发展的经验借鉴

鲁尔区位于德国西部莱茵河下游支流与利珀河之间，亦曾是世界著名的"铁锈地带"之一。需要说明的是，鲁尔区只是一个地理概念，并不是一个独立的行政区域，因为德国在行政上只有州和城市的概念，例如鲁尔区所在的北莱茵-威斯特法伦州（北威州，NRW）和其下辖的 54 个城市。现在所说的鲁尔区一般是指鲁尔区规划委员会（Regionalverband Ruhr，RVR）所管理的"鲁尔区城市联盟"（图 2-77），该区域是德国乃至欧洲人口最为密集的地区之一。

由于其优越的地理交通条件和丰富的煤炭资源，在 19 世纪下半叶和 20 世纪上半叶，鲁尔区伴随着德国工业化的进程得到了快速发展，成为了德国乃至欧洲的煤炭和钢铁之都。1946 年，鲁尔区生产了全德国 80% 的煤炭和 33% 的钢铁（谢克昌，2015）。然而，在 20 世纪 50 年代之后，由于生产成本增加、国际竞争加剧和市场变化，鲁尔区的煤炭和钢铁行业相继开始出现衰退，面临严重的失业、环境污染和生态破坏问题。到 20 世纪 80 年代中期，许多大型钢铁公司已经濒临倒闭，并纷纷撤离鲁尔区（IIP，2015）。

北威州（NRW）在德国的地理位置

鲁尔区在德国和 NRW 中的地理位置

图 2-77　鲁尔区地理范围（RVR 所辖区域）示意图
（保尔森基金会，2015）

从 20 世纪 60 年代开始，德国联邦、北威州和鲁尔区联手着手推进该区域的转型。而经过 50 多年的转型历程，如今鲁尔区虽然还是德国最主要的能源产区和工业区之一，但已经变成了一个以服务业、知识性经济为主的区域，生态环境也得到了极大的改善。2011 年，鲁尔区从事生产制造的从业人口仅占 21%，如图 2-78 所示。

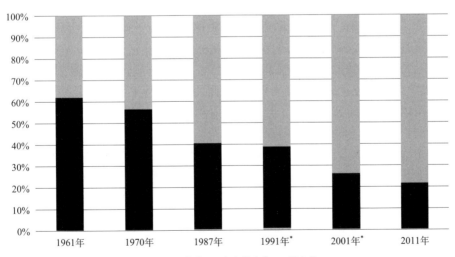

图 2-78　鲁尔区的从业人口分布（IIP, 2015）
*为修订数据，其余为 RVR 提供的数据

根据 2015 年 12 月间课题组对德国鲁尔区相关机构和企业开展的现场调研（访谈 1~7），鲁尔区的转型经验主要包括：

1. 持续强化生态环保立法和执法，有序关闭落后产能

1960 年前，德国只有联邦层面的环保法律。此后，在严重的环保问题的威胁下，北威州政府开始立法，出台了比联邦层面更加严格的环保标准，并允许环保部门可以进入工厂监察污染治理情况。1960~1990 年，随着联邦政府和州政府环保法律的日趋完善，鲁尔区用了 30 年左右，陆续解决了氮氧化物、粉尘、二氧化硫和细微颗粒物等大气污染问题（访谈 7）。

1993 年欧盟成立后，很多环保法律开始源自于欧盟，再变成德国联邦和州的法律。例如，目前欧盟提出 2020 年比 1990 年减少 20%的碳排放，2030 年进一步减少 40%的碳排放，2050 年减少 80%~90%的碳排放等一系列应对气候变化的目标。德国正在按此目标积极执行，而北威州是德国的碳排放大户，2010 年碳排放可位列欧洲第 7（前 6 是德国、大不列颠、法国、意大利、波兰、西班牙），是减碳的重点地区。北威州刚刚通过碳减排的法案：2020 年碳排放比 1990 年减少 20%，2050 年减少 80%（访谈 1）。

鲁尔区环保执法的目标是较为人性化的，并不是急于关闭高污染产能，而是给予排放者一定时间来解决问题。先是和工业界一起讨论和定义先进适用技术（BAT），然后立法规定新工厂必须采用 BAT，而老工厂限时淘汰（视是否积极采取措施，给予 2 年、4 年、6 年不等的宽限期限）。而不得不关闭的煤矿和电站，一般都会得到政府的补贴，以确保没有人失业和出现生活问题。此外，鲁尔区的环保执法是较为细致的，所有规模以上工厂都安装了自动环保监测装置，例如所有 50 MW 以上的电厂。而所有规模以上的设备（1 MW 以上）都必须有环保监测设备，可以知晓排放状况。对于无法连续监测的用户，例如居民生活用能，会采取一年两次上门监测的办法（访谈 7）。

为了防止失业，鲁尔区一直对该地区几个仍在运营的煤矿给予补贴维持其运转，直到 2007~2008 年迫于碳减排的压力才取消该补贴，并启动煤矿的关闭日程。在减碳要求下，鲁尔区未来要关闭的可能是已经丧失市场竞争力、运营状况每况愈下的燃煤电站，届时也会给予补贴让其关闭或转型发展（访谈 2 和访谈 5）。

2. 教育和研发投资先行，为转向知识性经济奠定基础

鲁尔区之前的区域定位是工业基地，并不建设大学。1960~1970 年间，在一些专家的建议下，鲁尔区开始投资建设大学。1962 年建成波鸿大学（Ruhr-Universität Bochum, RUB），之后在多特蒙德和埃森也陆续建设了大学，迄今该地区及周边已经拥有 20 多个大学，拥有 600 多个专业。转型早期对大学教育

的投资后来被证明是一个非常正确的决定。这些大学此后源源不断地为本地转型发展提供了人才和新技术、新思想。鲁尔区之所以实现了向知识型经济的转型，首先还归功于这些大学的基础性作用。

1970 年后，鲁尔区增加了对技术研发的投入，建设了三个技术研发中心，包括所访谈的职业和技术研究所（Institute for Work and Technology），并开始推动传统产业和企业的再造。大学和技术研发中心共同构成了鲁尔区转型发展的知识基础设施。在整个转型过程中，鲁尔区也一直高度注重对于人员的培训和协助其再就业（访谈 3、访谈 5 和访谈 6）。

3. 全面改善区域工作和生活环境，增加区域的吸引力

1970 年开始，鲁尔区就开始加强地区的经济和交通基础设施建设，并对生态破坏和污染严重的工业用地和煤矿进行改造，以用于发展新兴产业（谢克昌，2015）。1980 年之后，区域环境整治、提升城市质量更是成为了工作重点，而且主要以城市、企业自发努力的"自下而上"模式开展。例如鲁尔区规划委员会（Regionalverband Ruhr，RVR）是由北威州（NRW）立法保障成立的，由鲁尔区十多个城市出资组成的一个专门服务于当地城市规划和改造的专业机构。1980 年开始，RVR 就开始将城市间的土地建设成为区域公园。1990 年开始，将废弃的工厂、矿山改造成为地标性建筑，营造工业文化并促进发展围绕地标性建筑线路的工业文化旅游业。此外，政府也陆续将城市内一些废弃的工厂、建筑改造成为创新工厂，吸引新产业入驻。在区域环境改善上，前期主要是政府的公共投资先行，环境改善后，私人投资就会陆续跟上（访谈 2、访谈 3 和访谈 5）。

4. 公众接受性是先决条件，社交网络是转型重要助力

几乎所有的访谈对象（访谈 1~7）都认为公众接受性是鲁尔区转型措施能否顺利实施的先决条件。公众对问题的认识也经历了一个逐步提高的历程，在 1950 年区域刚开始衰退时，大多数人都认为这只是临时的现象，重工业能够渡过难关。直到 1970 年之后，公众才普遍意识到过去的好日子已经一去不复返，转型势在必行，在全社会的广泛参与和支持下，一些重要法案和措施的推进也大多在此之后发生。1980 年之后，由于区域经济和环境的明显好转，转型的重点开始转向区域环境整治和生活条件改善。

鲁尔区转型过程中，一直高度注重产、学、研、官、民之间的广泛沟通和交流，组织社会网络。这使得"自下而上"的自发努力非常积极，成为了早期联邦和州政府"自上而下"推进的重要助力，并在后期成为了鲁尔区转型的主要动力。例如，伍伯塔尔研究所（Wuppertal Institute）是由北威州主要出资成立的研究机构，其研究的重要内容之一就是促进当地的社会网络建设（访谈 1）。

中小企业也是鲁尔区当地各种优惠政策的享受主体，这些受到支持的、充满活力的小型企业也是鲁尔区转向知识型经济的主体力量。例如，创新城市公司（Innovation City）是一个由城市和大企业共同出资成立的创新型小企业，本身就是企业协会沙龙活动的产物。该公司在 Bottrop 开展了一系列针对当地建筑和工厂的节能减碳咨询和技术改造的服务，正在将当地打造为一个低碳城市（访谈 2）。

总体上看，鲁尔区虽然已经实现了知识型经济为主，但以可持续发展为目标的区域转型远未结束。例如低碳目标下，对传统能源和工业的再造仍然是鲁尔区下一步工作的重点，在煤矿陆续关闭的同时，煤电站的关闭问题也正提上日程（访谈 4 和访谈 6）。但上述鲁尔区的经验无疑对京津冀地区的转型可提供重要的借鉴。

2.3.4 主要结论

上述国际经验借鉴的分析表明，都市圈的改造并非易事，东京都市圈的改造历经五次规划，才形成了"主中心区域—次中心区域—郊区区域—较边远的县镇区域"的多核、多中心空间发展模式。中心城市的职能疏散、次中心城市的发展是解决问题的根本途径。国家立法和监督、规划和及时调整、交通基础建设和网络化则是强有力的保障措施。

美国"铁锈地带"和德国鲁尔区的转型经验表明，对教育和科研的投入是区域经济和产业转型的重要基础，而广泛的社会网络、强化沟通和交流则是转型发展的重要助力。培育发展新产业、迈向知识型经济是上述工业衰退区域普遍采取的转型路径。区域环境的改造是改善衰退区域吸引力的必要措施，而公共投资先行、公私合作则是普遍采取的模式。

2.4 京津冀区域能源、产业协同发展战略构思

本节尝试基于上述研究，凝练和构思对于京津冀区域能源、产业协同发展的战略思路、目标和重点任务等。参照战略规划研究文本的通行体例，本章内容包括：①基本认识；②战略思路和目标；③重点任务；④保障措施。

2.4.1 基本认识

1. 京津冀区域整体能源、产业发展已取得了显著成绩，为推动协同发展奠定了良好基础

京津冀区域作为我国三大城市群之一，已经成为我国重要的经济增长极。2013 年，该区域以占全国 8% 的人口，贡献了全国 11% 的 GDP，城镇化率达到 60%。在人均 GDP、城镇化率和 GDP 增速等指标上，均高于全国平均水平。

该区域在整体能源、产业发展上也取得了显著的成绩。能源清洁化取得进展，2013 年单位 GDP 二氧化硫、氮氧化物排放均低于全国平均水平，单位 GDP 烟尘排放接近全国平均水平。三个分区域中，北京市的天然气和外购电发展最快，电力、燃气等清洁能源已经成为北京终端能源利用的主体。京津冀区域整体的第三产业比重已超过 50%，已经形成以第三产业为主的产业结构。其中，北京市第三产业比重 2013 年已经接近 77%。

总体来看，该区域在整体经济发展、城镇化、产业结构调整、能源清洁化等方面均走在全国前列，为推动区域能源、产业的协同发展奠定了良好的基础。

2. 京津冀区域能源、产业协同发展面临的主要问题在于区域发展不平衡，河北省发展和北京市、天津市存在"断崖式"落差

京津冀区域的内部发展呈现明显的"双核"（北京市、天津市）结构，河北省的整体发展则和"双核"存在"断崖式"落差。例如，2013 年北京市、天津市的总人口仅占区域整体的 1/3 不到，但占据了区域整体 GDP 一半以上，城镇化率均高达 80% 以上，人均 GDP 均高达 1.5 万美元以上。而聚集了区域整体 2/3 以上人口的河北省，仅贡献了不到一半的 GDP，城镇化水平、人均 GDP 等指标不仅远落后于京津两市，甚至落后于全国平均水平；此外，河北省消耗了区域近 2/3 的能耗、80% 的煤耗，排放了区域 81% 的二氧化硫、78% 的氮氧化物和 90% 的烟尘，第三产业比重 2013 年还不足 36%，钢铁产能占全国近 1/4，呈现出明显的"一煤独大"、"一钢独大"的能源结构和产业结构，已经成为京津冀区域能源、产业协同发展的明显"短板"。

究其原因，通过与同属三大城市群的长三角、珠三角区域的对比发现，京津冀区域的行政因素，京津两市的高行政优先级，尤其北京市的首都地位，是导致京津冀区域发展严重不平衡的重要原因，加上产业布局、交通和地理、自主创新能力差异等因素的综合作用，最终导致河北省的发展长期滞后于京津两市。因此，提高河北省的行政地位、优化河北省的产业结构和布局、完善区域交通网络、提高河北省自主创新能力、优化河北省能源结构和重点推进其节能减排等，无疑是推进京津冀区域能源、产业协同发展的重中之重。

3. 新一轮国家政策调整、宏观能源经济形势、技术创新趋势等，总体有利于京津冀区域推进能源、产业协同发展

近年来，中央政府陆续推出了一系列重大战略方针和相关政策，例如提出党的十八大报告提出"加快转变经济方式"、"大力推进生态文明建设"、"推动能源生产和消费革命"；2013 年 9 月，国务院发布《大气污染防治行动计划》，之后环境保护部进一步据此制定了《京津冀及周边地区落实大气污染防治行动计划实施

细则》；2014年2月，习近平总书记在听取了京津冀协同发展工作汇报后提出"推动京津冀协同发展，是一个重大的国家战略"；2014年11月，在中美两国就气候变化发布的联合声明中，提到我国计划2030年左右碳排放达到峰值；2014年12月，中央经济工作会议上，习近平总书记指出"要重点实施'一带一路'、京津冀协同发展、长江经济带三大战略"。之后，"京津冀协同发展领导小组"及其相应办公室成立，《京津冀协同发展规划纲要》出台。上述这些新一轮国家政策调整和及时推出的落实措施，无疑为推进京津冀区域能源、产业协同发展提供了良好的政策环境和政策保障。

而从宏观能源经济形势看，全球油气等清洁能源供应总体正趋于宽松，国际能源贸易和技术合作正日益加强；我国经济发展进入"新常态"，经济结构和产业结构加速调整，更加注重发展的质量和效益，而非规模和扩张。此外，以信息和网络技术应用、可再生能源大规模发展为核心的第三次工业革命正加速孕育和发展，跨区域能源互联网成为发展热点。这些宏观能源经济和技术创新的新动向，总体上有利于助力京津冀区域推进能源、产业协同发展。

4. 推进京津冀区域能源、产业协同发展仍然面临一系列不确定性因素，需要精心设计、稳步推进

虽然推进京津冀区域能源、产业协同发展的外部形势总体有利，但同时也仍然面临市场需求、区域竞争、油气价格、技术风险等一系列不确定因素的挑战。

在市场需求上，全球经济发展仍处于金融危机后的整体调整和复苏阶段，我国经济增速明显放缓，市场需求、尤其制造业产品需求，总体上有增速放缓的趋势。这要求在京津冀区域能源、产业的协同发展进程中，更加注重内需和进一步明确细分市场。

与此同时，京津冀区域要实现能源、产业协同发展，也面临国外、国内区域在能源资源、产品市场、人才科技等方面的竞争，需要更为强化区域自身的自主创新能力和充分发挥自身的比较优势。

在油气等清洁能源的价格上，由于面临优质资源日益减少、开采成本日益增加，以及政治、军事等方面的不确定性影响，未来油气价格仍然存在价格波动的可能性。

虽然以推进第三次工业革命为标志的能源、产业技术创新总体发展较快，但在可再生能源大规模应用、能源互联网等重大技术创新上，仍然面临技术、成本、市场等方面的风险。

日本、美国、德国等区域转型的国际经验分析也表明，复合型区域的转型并非易事，需要经历长期的过程，并做好多方面手段的整合和协调。

因此，总体上看，由于仍然面临未来一系列不确定因素，推进京津冀区域能

源、产业协同发展还需要精心的战略设计，通过广泛借鉴国际经验和切实基于国情、区情，做好多种手段的系统整合、优化，以避免过于依赖一个或几个途径来解决问题，实现稳步、有序推进。

2.4.2　战略思路和目标

1. 指导思想

以政治建设、经济建设、社会建设、文化建设和生态文明建设"五位一体"为总体原则，紧密围绕加快转变经济发展方式、全面建成小康社会的总体要求，贯彻落实推动能源生产和消费革命的重要战略思想，以质量和效益为中心，以技术创新和管理体制、机制创新为驱动力，通过全局统筹京津冀区域能源、产业发展相关资源要素的空间优化配置，着力促进区域间能源、产业发展的分工协作和紧密衔接，加速推进京津冀区域能源、产业的协同发展，促进京津冀区域的协同发展和大气污染物联合控制，力争到本世纪中叶形成京津冀区域经济发展繁荣昌盛、能源和产业多元化发展、生态环境大幅改善、人民生活幸福和谐的可持续发展格局，使京津冀区域成为国内能源、产业转型发展的典范区域和重大的能源、产业创新中心，成为世界著名能源和产业创新核心区、知识型经济中心、世界城市群高地和绿色发展带，为实现两个一百年的奋斗目标、实现中华民族伟大复兴的强国梦提供强有力的区域支撑。

2. 发展思路

以"创新、协调、绿色、开放、共享"这五大发展理念为引领，以完善经济、社会基础设施和提高区域自主创新能力为支撑，以推动能源生产和消费革命、倒逼产业结构转型升级为途径，以全面深化区域发展的机制、体制改革为保障，重点实施"完善经济社会基础设施"、"大幅提升终端用能水平"、"加速清洁能源发展布局"、"区域产业结构优化重组"四大战略，形成区域能源、产业发展良性衔接和分工互补的协同发展格局，保障京津冀区域协同发展和大气污染物联合控制目标的实现，力争 2030 年将京津冀区域建设成为国内创新发展、建设生态文明和推进能源革命的示范区域和复合型区域能源、产业协同发展的示范区域。

完善经济社会基础设施：大力加强交通、能源、信息等经济基础设施和教育、科技、医疗等社会基础设施的建设，并形成区域整体的网络化，以推进区域能源、产业的紧密衔接和提升信息化水平，提高科技创新能力和社会保障能力。

大幅提升终端用能水平：建立统一、严格、完善的区域节能环保标准，全面推进生产、建筑、交通各部门的节能减排工作，大幅提高终端能效和清洁用能的水平。

加速布局清洁能源发展：增加电力、天然气等清洁优质能源的调入，严格控制本地燃煤、尤其散煤使用的规模；切实推进煤炭清洁高效利用，大力发展可再生能源和分布式供能，积极发展核电。

区域产业结构优化重组：基于区域整体布局和各地比较优势，进一步明确京津冀区域三地以及京津冀 13 地市各自的产业发展定位；以严格的能源环境约束为推动力，全面推进区域产业结构的优化重组和产业升级，形成区域间紧密分工协作的产业链。

3. 战略目标

2030 年京津冀区域能源、产业协同发展的具体战略目标如下：

经济发展：区域整体经济总量在 2010 年基础上翻两番，人均 GDP 达到 2.28 万美元（2013 年价格，人民币约 14.15 万元），初步达到中等发达地区水平；其中，河北经济发展应快于北京、天津，经济总量增至 2010 年的 5 倍左右，人均 GDP 达到 1.7 万美元左右（人民币约 10.72 万元）。

城镇化发展：区域整体城镇化率达到 76% 左右，基本完成快速城镇化进程；其中河北省城镇化率达到 70% 左右（每年增 1.3% 左右），并在河北形成 4 个以上城镇化率在 80% 以上的较发达地级市。

基础设施：交通、能源和信息等经济基础设施大幅改善，并形成区域整体网络，能源互联网建设取得显著进展；河北省的教育、科技、医疗等社会基础设施水平全面改善，创新能力和城市质量显著提高，重点城市的基础设施建设达到与北京、天津可比的水平。

节能减排：区域整体能源消费总量控制在 5.5 亿吨标准煤左右，其中河北能源消费总量控制在 4.3 亿吨标准煤左右；整体煤炭消费总量在 2013 年基础上削减 2.3 亿吨（1.65 亿吨标准煤）；能源相关污染物排放得到有效控制，大幅缓解雾霾问题的区域内部因素问题；能源相关碳排放得到有效控制，单位 GDP 碳排放强度达到国家目标（2020 年比 2005 年降低 40%~45%，2030 年相对降低 60%~65%），2020 年至 2030 年间碳排放达到峰值，并努力早日实现。

能源结构：区域整体天然气和外购电等清洁能源调入量大幅提高，天然气调入量达到 600 亿~1000 亿 m^3，外购电总量接近 1 亿吨标准煤（约 3800 亿度）；本地非化石能源供应规模显著提高，达到 4000~8000 万吨标准煤；以太阳能、生物质能等可再生能源的就地转化为主的分布式供能系统得到快速发展，成为集中式供能的重要补充。

产业结构：区域整体第三产业比重提高到 72% 左右，第二产业比重降至 26%，而且高新技术产业成为制造业主体；河北省第三产业比重提高到 60%，第二产业比重降至 37%；区域整体形成以创新为驱动、以知识型经济为核心、区域间分工互补、紧密衔接的产业链发展格局。

2.4.3　重点任务

1. 建设和完善区域经济、社会基础设施的整体网络

以河北省为重点，加大交通、能源、信息等经济基础设施的投资力度，建立京津冀区域整体互通互联的区域的交通网络、能源网络和信息网络，促进整体区域能源、产业的紧密衔接和提升信息化水平，重点包括：①以高速轨道交通为重点、高速公路网为辅助，建设联通区域所有主要城镇的轨道交通网络和高速公路网络，形成以若干核心城市为中心的一批 1 小时交通圈。加强河北省重点城市的机场建设。②建设完善区域电网、气网、热网、油网等能源基础设施，并形成区域互联和统一协调调度，为能源互联发展打好基础。在此基础上，积极探索建设以先进信息和网络技术为支撑的智慧能源系统，力争在 2030 年前取得实质性突破。③建设完善区域信息基础设施，实现政府、企业、社会的信息充分共享和充分沟通。统一京津冀 13 地市的经济、社会、能源、排放、交通等重要数据的统计和发布制度，实现京津冀各地市的信息透明和信息对称。

以河北省为重点，加大教育、科技、医疗等社会基础设施的投资力度，显著提升河北省的创新能力和城市质量，重点城市的社会基础设施水平达到与北京、天津可比的水平，形成京津冀区域整体高水平的社会基础设施网络。重点包括：①全面加强河北省的大学建设，在现有 4 所国内知名大学（燕山大学（秦皇岛）、河北大学（保定）、河北师范大学（石家庄）、河北医科大学（石家庄））和一批区域性大学的基础上，力争建设若干国内一流大学和国内高水平大学，以及一批特色化的区域高水平大学。加强北京市、天津市大学在河北的分校建设以及京津冀大学间的交流。通过增加智力投资，显著提高河北省以及京津冀整体的人才培养水平和创新能力。②以石家庄、唐山等政经重镇为重点，在河北省建设若干以能源环境和产业转型为核心的国家级科技研发中心，落实优惠条件吸引北京市、天津市的科技人才，一方面提高相关科技研发能力，另一方面也为人员培训提供条件。③全面加强河北省医疗卫生基础设施的建设，鼓励北京市和天津市医疗卫生机构在河北发展分部，显著提高河北省医疗卫生服务水平，重点城市医疗条件达到与北京市、天津市可比的水平。④加强河北省文化、体育等社会事业的建设。

2. 全面推进产业、建筑和交通部门的节能减排工作

坚决贯彻"节能优先"、"清洁用能"发展方针，建立健全协同、完善、严格的区域节能环保标准，大力推进区域产业、建筑、交通各个部门的节能减排工作，以较少的能耗和排放支撑经济社会的较快发展。重点包括：①推进区域环保立法

和执法工作，建立比国家层面更加严格的京津冀协同的环保标准，加强环保监测和监管工作，切实推进不合格产品和产能的限制淘汰。加强京津冀碳市场建设，促进北京市、天津市资金向河北节能减碳领域的转移。②充分发挥终端节能的"放大效应"，严格终端能效标准，和推进以总能耗、单位能耗为计量的各部门节能绩效的考核和监测。北京市以建筑、交通作为节能重点，重点推进：建筑物隔热、通风改造和应用先进节能技术，控制单位面积能耗；优化交通结构、推广电动交通工具，控制小汽车出行比重和大幅改善实际工况燃油经济性。天津市在做好重点耗能产业节能工作的基础上，控制好建筑、交通的能耗增长及单位面积、单位周转量能耗。河北省以降低能源强度为重点，重点调整经济结构、产业结构和技术结构，大幅提高燃煤能效和重工业的单位产品能耗。做好北京市、天津市节能经验和技术向河北的推广工作。③推进终端用能的电气化进程，全面推进煤改气、煤改电、油改电等清洁能源替代，提高各部门的电气化水平，控制终端排放。

3. 增加电力和天然气等清洁优质能源的调入和生产

以外购电和天然气作为满足区域新增能源需求的主要选择，与国内外能源资源富集地区建立清洁能源战略合作机制，积极发展电力和天然气进口，并重点用于解决河北省的能源结构优化问题。

通过与山西、内蒙古、陕西等富煤地区的电力跨区域输送的合作，力争2030年通过外购电提供达1亿吨标准煤左右的能源供应规模。通过管道气进口、LNG进口，力争2030年天然气进口总量达到600亿~1000亿m^3，其中河北省达到300亿~700亿m^3以上。通过加强勘探开采、发展非常规气，将河北省天然气自产量提高到50亿m^3。在天然气管网难以覆盖的城乡结合部和农村地区，积极推广液化石油气的使用。

通过以上措施，力争2030年京津冀区域燃煤总量在2012年基础上削减接近2亿吨，其中河北省削减1.2亿吨左右。基本消除小规模散煤的使用。

4. 大力促进煤炭和石油全能源链条的清洁高效利用

提高京津冀区域燃煤排放的环保标准并加强监管，建立区域环保信息共享机制和联合监管机制，逐步统一区域环保标准。

制定和完善严格的商品煤煤质标准，实现对区域商品煤来源的统一监管，严格控制劣质煤的使用。实现煤炭在使用前基本入选加工，从源头脱除大部分灰分、部分硫分和重金属。对集中燃煤排放源（煤电、大型燃煤企业等）实施严格的在线监测，将环保监测的范围进一步从重点监测扩大到全面监测。严格控制散煤的使用，所有规模以上燃煤设备（1 MW以上）均需安装环保检测技术。在控制新增燃煤的基础上，大力促进存量燃煤的技术升级和改造，提高燃煤的能源转化效率和资源综合利用效率，实现区域燃煤基本采用先进适用技术，并促进先进煤炭清洁转化利用技术的示范和推广。

改善原油品质，增加优质原油进口。严格炼厂的环保标准和完善在线监测，统一严格的燃油品质标准和汽车燃油经济性标准。大力推广天然气汽车和电动汽车，促进车用能源混合动力话，适度发展生物燃料。

5. 大力发展可再生能源和分布式供能，积极发展核电

以河北省为重点，大力发展京津冀区域本地可再生能源的集中转化利用，力争 2030 年建成风电装机 2000 万 kW，太阳能发电装机 1500 万 kW，生物质发电装机 500 万 kW。其中河北省风电装机达 1500 万 kW，太阳能发电装机 1000 万 kW，生物质发电 300 万 kW。

大力发展多种形式的天然气、可再生能源分布式高效供能系统，因地制宜推广天然气高效热电冷联供系统，全面推广太阳能热利用、生物质固体成型燃料、沼气、屋顶太阳能、太阳能/风能路灯等多种形式的可再生能源分布式利用。使分布式能源系统成为集中式能源供应的重要补充。

积极发展核电，完成沧州海兴核电项目的建设，并尽快开展其他核电项目的论证、选址和建设工作，力争 2030 年核电装机规模达到 1000 万~2000 万 kW。

6. 有序实施整体区域和各地市的产业结构优化重组

以京津冀区域整体建设世界级自主创新核心区、知识型经济发展中心为长远目标，充分发挥京津冀区域三地各自的比较优势，进一步明确各自的产业发展定位和产业链分工：①北京市依托其首都地位、国际交流和创新能力等方面的优势，产业发展应主要定位于公共、文化等高端服务业和高新科技的研发创新，致力于成为"全国政治中心、文化中心、国际交往中心和科技创新中心"。②天津市依托其国际港口、制造业和金融业基础等方面的优势，产业发展主要定位于物流和金融等生产型服务业，以及高新技术、高附加值的高端制造业等，致力于成为"全国先进制造研发基地、北方国际航运核心区、金融创新运营示范区、改革开放先行区"。③河北依托其资源和规模优势，产业发展主要定位于商贸和物流为主，制造业重点发展装备制造和新材料等，重化工业的发展则定位于服务本地的城镇化和基础建设，致力于成为"全国产业转型升级试验区、现代商贸物流重要基地、新型城镇化与城乡统筹示范区、京津冀生态环境支撑区"。

在上述发展定位的基础上，有序推进区域产业结构的整体优化重组和生产要素优化配置，优化区域产业布局、城市群布局和产业链衔接，重点包括：①严格限制北京市本地制造业的发展，主要保留总部及研发创新功能，现有和新增产能向天津市、河北省转移；金融、咨询等生产型服务业部分向天津转移；促进北京

市部分医疗、教育、研发资源向天津和河北转移，重点促进河北省自主创能力的提升。②严格限制天津市重工业的发展，现有和新增产能向河北省转移，参与河北省整体的传统产业兼并重组和部分搬迁；制造业主要保留和发展高技术、高附加值的产业；促进天津市和河北省临海区域的协同发展，共建开发区，避免同质化竞争。③河北省在承接京津产能转移的基础上，大力促进传统产业升级改造，并重点围绕首都经济圈、沿海经济隆起带、冀中南经济区的分区布局，集中发展3~4个以上以服务业和高新技术为主产业的核心城市；并围绕这些核心城市，基于京津和本地城镇化需求，全面发展商贸物流行业、都市型轻工业、服务业和现代农业等低耗能产业，并做好重化工业、装备和新材料产业的优化整合和优化布局，力争形成一批产业特色鲜明、布局合理的副中心城市，形成多极化、多组团的京津冀区域城市群布局。④在北京市远郊或河北省靠近北京市的周边地区，重点建设1~2个集行政、商业和生活等职能为一体的行政副中心区域，承接北京市部分行政职能和分散北京市人口，并促进河北省行政地位的提升。

2.4.4　保障措施

1. 加强区域能源、产业发展的战略规划和统筹协调

在现有京津冀协同发展领导小组的领导下，大力加强在能源、产业协同发展上中央和地方之间、京津冀区域三地之间、三地的13个地市之间的统筹协调工作。尽快研究制订京津冀区域能源、产业的中长期发展战略总体规划（2015~2030年），出台和完善相关能源、产业的专项规划，并做好京津冀区域三地各自的五年规划、河北省各地市的五年规划的协调和衔接。

适度提高河北省的行政地位，例如可以考虑将京津冀区域产业规划和协调的行政职能转移到河北省。

在"自上而下"统筹协调的基础上，大力促进全社会广泛参与的"自下而上"的协调和交流。鼓励和支持成立三地城市间、企业间、大学和研究机构间、民间组织间的广泛交流协作，加强政府、企业、大学和研究机构间的交流。重点设立具有定期会晤机制的"京津冀十三城市首脑会议"。

2. 推进区域财政制度改革，建设专项资金和基金，保障京津冀区域三地能源、产业发展的充足资金投入

推进区域财政制度改革，政策上适度向河北省倾斜，增加河北省的地方财政收入，为消除和京津的"断崖式"落差提供财政制度上的保障。

建设区域能源、产业发展的专项资金和基金，并促进金融机构介入，促进产融结合，为能源、产业的相关项目提供有力的资金支持。

3. 尽快严格、协同区域环保标准和技术标准，加强能源环境监管，促进节能减排

提高区域能源相关污染排放的环保标准，并推进区域环保标准的协同化。加强标准的执行和环保监管，建立区域能源环境信息共享和环保执法协同化。

尽快协同京津冀区域能源、产业的各项主要技术标准，为推进区域能源、产业协同发展提供保障。

4. 理顺三地能源价格形成机制，完善排放交易制度，保障能源清洁化进程的顺利推进

理顺京津冀区域三地的能源价格形成机制，使能源价格能够反映市场供需关系和清洁程度，使外购电、天然气、可再生能源、核能、分布式能源系统等清洁能源形成市场竞争力，得以顺利发展。

完善区域碳排放、污染排放的交易制度，建立类似清洁发展机制的区域协同减排机制，进一步促进清洁能源的发展和污染减排。

5. 设立若干能源、产业技术创新的重大攻关项目，促进自主技术创新

将京津冀区域能源、产业技术创新上升到国家战略高度，成立京津冀区域能源、产业技术创新的若干重大攻关项目。重点考虑在河北省进行布局，建设若干重大科技研发中心和一批科技创新基地，涵盖终端用能、能源转化加工、能源贸易、能源基础设施等能源技术创新领域，传统产业升级改造、先进制造业、战略新兴产业发展等产业技术创新领域，推进区域实际情况的先进技术研发示范和推广应用，促进能源、产业的自主技术创新。

6. 持续加强节能环保宣传教育，完善区域人才流动制度

公众意识是节能减排工作的根本保障，必须持续加强对于京津冀区域三地公众的节能环保宣传和教育工作，使全社会充分认识到区域能源环境问题的严重性和正确的节能环保行为准则。

完善区域人才流动制度和配套政策，使相关人才能够在京津冀区域三地自由流动。适度降低河北省高考门槛和增加录取名额，使更多河北省人才能够享受到优质教育资源。

2.5　"十三五"时期京津冀区域能源、产业协同发展建议

本节根据上述研究结果，参照"十三五"规划的精神，最终凝练了促进"十三五"时期京津冀区域能源、产业协同发展的五条政策建议，如下所述。

1. 加强三地产、学、研、官、民协作交流，构建多层次的跨区域紧密社交网络，强化自下而上的基层协同创新

东京都市圈的发展建设与"九都县市首脑会议"等跨区域合作组织的建设紧密相关，而德国鲁尔工业区和美国五大湖地区的转型发展，也得益于当地政届、商界和学界的频繁交流和紧密合作，以及自下而上的项目具体设计和实施。目前，京津冀协同发展的推进，更多是由自上而下的统筹协调来推进。但从具体项目的选择、设计和实施上，还需要更多发动自下而上的力量。尤其河北省目前正面临智力资源相对欠缺、执政和实施能力有待加强等一系列挑战。因此，有必要把加强京津冀三地的产学研官民协作交流、构建多层次的跨区域、跨行业的紧密社交网络作为一个重大课题来推进和促进，从而强化基层的执行能力和协同创新，为顶层设计和战略规划的落实提供重要保障。"十三五"时期，在现有京津冀协同发展领导小组的基础上，应进一步推进建设京津冀13地市的高峰会议机制，对重大问题进行及时交流和协商，并促进产、学、研、民各方面力量的有效介入和发展成果共享，进一步强化京津冀能源、产业协同发展的体制机制保障。

2. 尽快在河北省规划和建设若干区域次中心城市，重点培育其高等教育、国际交流和产业管理等综合功能

京津人口和城市功能过于集中的"双核结构"，以及河北发展和京津的"断崖式"落差，是制约京津冀能源、产业协同发展的重要问题。借鉴东京都市圈建设发展的经验，次中心城市的培育是疏散中心城市过于集中的人口和功能、加速都市圈整体协调发展的有效手段。而次中心城市不仅要有较为发达的产业集群，并需要有产业管理、国际交流和高等教育等综合功能。因此，"十三五"时期，应利用张家口冬奥会、首都二机场建设、通州新城建设等契机，重点培育张家口、廊坊、首都周边的若干次中心，并培育其国际交流和金融、高等教育、产业管理等综合功能。其次，沿循京津、京保石、京唐秦三个产业发展带和城镇聚集轴，进一步培育石家庄、保定、唐山、邯郸等次中心及加速发展其综合功能。其中，京津冀区域产业综合管理的职能可考虑重点设置在石家庄，以充分发挥其对京津冀十三地市的统筹作用，并有助于提高河北的行政地位。

3. 加强对于河北省大学、医院和研发中心建设和发展的投入，为创新发展提供源泉和强化动力

要将京津冀建设成为国内外能源、产业创新核心区，当前主要短板是河北的自主创新能力相对较弱。而借鉴美国五大湖区和鲁尔区的产业转型经验，本地大学、科研机构和医院的建设和发展是培育和吸引人才、促进区域创新再造的源动

力。因此，促进京津冀能源、产业协同发展，迫切需要加强河北高等教育、科技研发和医疗健康等社会基础设施的建设。"十三五"时期，必须加大投入，重点在河北建设若干国内乃至世界一流的大学、医院和科研中心，为河北该时期和今后的产业转型提供创新的动力。在目前河北仅有一所 211 工程大学（河北工业大学、但坐落在天津）的基础上，尽快规划建设 2~4 所国内乃至世界一流的大学。与此同时，加强河北的医院和生命健康产业发展，可考虑在石家庄建设国家级区域经济和能源环境研发中心。

4. 大力发展清洁电力和天然气的进口，积极发展可再生能源和核能；调整终端用能结构和提高用能水平，严格控制本地的燃煤使用

进口电力和天然气将是京津冀区域控制本地燃煤规模、降低煤炭比重的主要手段。"十三五"时期，重点加强和京津冀周边地区以及和国际市场的能源合作，加强建设清洁电力和天然气进口的基础设施，实现以进口电、天然气和本地非化石能源作为满足新增能源需求的主要选择。在天然气进口上，除了管道进口外，应充分利用液化天然气（LNG）进口渠道多、供应灵活的优势，大力发展 LNG 进口。

推进终端用能部门的深度节约能源、用能结构优化和严格控制排放，是控制京津冀区域大气复合污染和早日实现碳排放峰值的基本保障。"十三五"期间，要抓紧研究和制订京津冀区域比全国更为科学和严格的建筑、交通和工业终端用能的节能标准、能源技术标准和排放标准，并严格监管和推进落实。北京主要以建筑和交通部门为重点，天津以建筑和工业为重点，河北以工业为重点。同时，大力推进终端用能结构的电气化，严格控制煤炭的分散燃烧、尤其劣质煤和落后炉具的使用，推广燃气和热泵等技术，提高各个终端部门的用电、用气比重。

发展非化石能源是减少大气污染和温室气体排放的重要选择。"十三五"时期，以河北省为重点大力发展京津冀本地可再生能源集中利用和分布式利用，力争建成 3000 万 kW 左右的可再生能源发电装机，以太阳能、生物质、地热等为重点，探索建设农村地区可再生能源分布式大量利用和大规模外供系统。积极发展核电，推进沧州海兴核电项目的建设，并尽快开展其他核电项目的前期工作。

5. 加速布局三地分工互补、紧密衔接的先进制造业产业链，形成协同创新的制造业发展新格局

虽然京津冀的产业发展长远应以服务业为主，但制造业及其相关服务业是衡量一个区域发展水平的主要标志，也是近期推进城镇化的重要动力。从三地制造业发展格局看，北京以研发设计为主，但仍保留了一些制造环节；天津以先进制造为主，但钢铁等原料制造也仍占相当的比重；河北则以钢铁等原材料制造和相

关物流为主。"十三五"时期，三地应紧密围绕我国建设制造业强国的目标和重点领域，例如工业4.0、机器人、新能源装备等，共同推进协同创新，促进区域间协作和形成产业链：北京强化创新中心的功能、聚焦于研发设计，天津强化先进制造中心功能、聚焦于组装和深加工；河北强化基础产业和物流基地功能、聚焦于新材料、装备、零部件和仓储物流等环节。

参 考 文 献

保尔森基金会. 2015. 中国的新机遇: 可持续的经济转型——如何筑建京津冀区域在转型中的领先地位.

北京市人民政府. 2005. 北京市城市总体规划(2004—2020).

北京市人民政府. 2011. 北京市国民经济和社会发展第十二个五年规划纲要.

北京市统计局, 国家统计局北京调查总队. 2014. 北京统计年鉴 2014. 北京: 中国统计出版社.

北京市统计局. 2014. 北京统计年鉴 2013. 北京: 中国统计出版社.

常诗瑶. 2013. 中国低碳城镇基本概念与能源相关碳排放评估方法研究. 清华大学, 中国北京.

陈志恒, 万可. 2013. 日本智能电网的发展机制分析. 现代日本经济, (190): 35-42.

成田孝三. 1995. 转换期的都市和都市圈. 京都, 地人书房: 254-257.

东京都总务局统计部. 2014. 东京都都民经济计算(2012 年度). http: //www. toukei. metro. tokyo. jp/keizaik/kk-index. htm.

冯建超, 朱显平. 2009. 日本首都圈规划调整及对我国的启示. 东北亚论坛, 6(18): 76-83.

广东省统计局. 2014. 广东统计年鉴 2014. 北京: 中国统计出版社.

国家统计局, 环境保护部. 2013. 中国环境统计年鉴 2013. 北京: 中国统计出版社.

国家统计局, 环境保护部. 2014. 中国环境统计年鉴 2014. 北京: 中国统计出版社.

国家统计局能源统计司. 2005. 中国能源统计年鉴 2004. 北京: 中国统计出版社.

国家统计局能源统计司. 2014. 中国能源统计年鉴 2013. 北京: 中国统计出版社.

国家统计局能源统计司. 2015. 中国能源统计年鉴 2014. 北京: 中国统计出版社.

河北省人民政府. 2005. 河北省土地利用总体规划.

河北省人民政府. 2011. 河北省国民经济和社会发展第十二个五年规划纲要.

河北省人民政府办公厅, 河北省统计局, 河北省社会科学院. 2013. 河北经济年鉴 2013. 北京: 中国统计出版社.

河北省人民政府办公厅, 河北省统计局, 河北省社会科学院. 2014. 河北经济年鉴 2014. 北京: 中国统计出版社.

河北省统计局. 2013. 河北经济年鉴 2013. 北京: 中国统计出版社.

黄荣清. 2014. 中国区域人口城镇化讨论. 人口与经济, 1: 3-7.

江苏省统计局. 2013. 江苏统计年鉴 2013. 北京: 中国统计出版社.

经济参考报. 2015. 京津冀协同发展路线图明晰: 将制定有效投资滚动计划, 交通、环保、产业重点领域率先突破. http://jjckb. xinhuanet. com/2015-08/24/c_134547252. htm. 2015-12-22.

井志忠. 2012. "后福岛时代"的日本电力产业政策走向. 现代日本经济, (181): 14-20.

李佳洺, 孙铁山, 李国平. 2010. 中国三大都市圈核心城市职能分工及互补性的比较研究. 地理科学, 30(4): 503-509.

卢明华, 李国平, 孙铁山, 2003. 东京大都市圈内各核心城市的职能分工及启示研究. 地理科学,
　　(23): 150-156.

吕拉昌, 梁政骥, 黄茹. 2015. 中国主要城市间的创新联系研究. 地理科学, 35(1): 30-37.

埼玉县总务部统计课. 2015. 埼玉县县民经济计算(2012 年度). https://www.pref.saitama.lg.
　　jp/a0206/kenminkeizai. html.

千叶县综合企划部. 2015. 千叶县县民经济计算(2012 年度). https://www.pref.chiba.lg.jp/toukei/
　　toukeidata/kenminkeizai/.

日本川崎市政府. 2015. http: //www. city. kawasaki. jp/zh/page/0000037429. html.

日本经济产业省. 2012. 都道府県別エネルギー消費統計. http://www.enecho.meti.go.
　　jp/statistics/energy_consumption/ec002/results. html#headline2.

上海市统计局. 2013. 上海统计年鉴 2013. 北京: 中国统计出版社.

神奈川县统计中心. 2014. 神奈川县县民经济计算(2012 年度). http: //www. pref. kanagawa.
　　jp/cnt/f6781/p20901. html.

沈巍, 刘慧丽. 2015. 北京市人口增长原因及其调控对策研究. 当代经济: 6-10.

孙东琪, 张京祥, 胡毅. 2013. 基于产业空间联系的"大都市阴影区"形成机制解析——长三角
　　城市群与京津冀城市群的比较研究. 地理科学, 33(9): 1043-1050.

天津市人民政府. 2006. 天津市城市总体规划(2005—2020).

天津市人民政府. 2011. 天津市国民经济和社会发展第十二个五年规划纲要.

天津市统计局, 国家统计局天津调查总队, 2014. 天津统计年鉴 2014. 北京: 中国统计出版社.

天津市统计局. 2014. 天津统计年鉴 2013. 北京: 中国统计出版社.

王凯, 周密. 2015. 日本首都圈协同发展及对京津冀都市圈发展的启示. 现代日本经济, (199):
　　65-74.

王庆一. 2009. 中国 2007 年终端能源消费和能源效率(上). 节能与环保.

王玉婧, 顾京津. 2009. 东京都市圈的发展对我国环渤海首都区建设的启示. 城市发展战略:
　　35-39.

文魁, 祝尔娟. 2012. 京津冀区域一体化发展报告(2012). 北京: 社会科学文献出版社.

吴常春. 2010. 后工业社会背景下的北京城市发展研究. 合作经济与科技: 12-13.

谢克昌. 2015. 能源"金三角"发展战略研究. 北京: 化学工业出版社.

新华网. 2010. http: //news. xinhuanet. com/world/2010-10/28/c_12711890. htm.

新华网. 2013. http: //news. xinhuanet. com/ziliao/2013-09/02/c_125301066. htm.

新华网. 2014. 打破"一亩三分地" 习近平就京津冀协同发展提七点要求. http://news. xinhuanet.
　　com/politics/2014-02/27/c_119538131. Htm.

新华网. 2015. 京津冀协同发展规划纲要获通过四大关键词. http: //news. xinhuanet.
　　com/politics/2015-05/01/c_127754646. htm. 2015-12-22.

徐光瑞. 2015. 我国三大经济圈竞争力研究——兼论京津冀协同发展对策. 产业经济评论, 1:
　　79-88.

阎金明, 牛桂敏. 2011. 增强天津经济发展活力的思考. 天津经济: 8-11.

杨朗, 石京, 陆化普. 2005. 日本东京都市圈的交通发展战略. 综合运输, 10: 75-78.

杨治宇. 2013. 北京经济发展的特征研究. 今日中国论坛: 79-81.

张良, 吕斌. 2009. 日本首都圈规划的主要进程及其历史经验. 城市发展研究, (16): 5-11.

张婷婷. 2014. 天津三次产业结构变革对其经济增长的影响分析. 天津经济: 14-18.

张晓兰. 2010. 东京和纽约都市圈演化机制与发展模式分析: 硕士学位论文. 长春: 吉林大学.

张晓兰. 2013. 东京和纽约都市圈经济发展的比较研究: 博士学位论文. 长春: 吉林大学.

张子一. 2009. 河北产业结构发展现状评价. 现代经济信息: 40, 42.

赵儒煜, 冯建超, 邵昱. 2009. 日本首都圈城市功能分类与空间组织结构. 现代日本经济, (4): 5-35.

赵晓珊, 张星, 刘艳. 2014. 关于天津转变经济增长方式的思考. 天津行政学院学报: 46-52.

浙江省统计局. 2013. 浙江统计年鉴 2013. 北京: 中国统计出版社.

智瑞芝, 杜德斌, 郝莹莹. 2005. 日本首都圈规划及中国区域规划对其的借鉴. 当代亚太, (11): 54-58.

中华人民共和国国家统计局. 2013. 中国统计年鉴 2013. 北京: 中国统计出版社.

中华人民共和国国家统计局. 2014. 中国统计年鉴 2014. 北京: 中国统计出版社.

中华人民共和国环境保护部. 2013. 关于印发《京津冀及周边地区落实大气污染防治行动计划实施细则》的通知. http://www. zhb. gov. cn/gkml/hbb/bwj/201309/t20130918_260414. htm.

Ang B W, Liu F L. 2001. A new energy decomposition method: Perfect in decomposition and consistent in aggregation. Energy, 26: 537-548.

Ang B W, Zhang F Q. 2000. A survey of index decomposition analysis in energy and environmental studies. Energy, 25: 1149-1176.

Ang B W. 2004. Decomposition analysis for policymaking in energy. Energy Policy, 32: 1131-1139.

Ang B W. 2005. The LMDI approach to decomposition analysis: A practical guide. Energy Policy, 33: 867-871.

Baležentis A, Baležentis T, Streimikiene D. 2011. The energy intensity in Lithuania during 1995—2009: A LMDI approach. Energy Policy, 39: 7322-7334.

Chong C, Ma L, Li Z, Ni W, Song S. 2015. Logarithmic mean Divisia index (LMDI) decomposition of coal consumption in China based on the energy allocation diagram of coal flows. Energy 85, 366-378.

Cullen J M, Allwood J M. 2010. The efficient use of energy: Tracing the global flow of energy from fuel to service. Energy Policy 38, 75-81.

Fernández G P, Landajo M, Presno M J. 2014. Tracking European Union CO_2 emissions through LMDI (logarithmic-mean Divisia index) decomposition. The activity revaluation approach. Energy, 73: 741-750.

Fernández G P. 2015. Exploring energy efficiency in several European countries. An attribution analysis of the Divisia structural change index. Applied Energy, 137: 364-374.

IIP(Institute for Industrial Productivity). 2015. "德国鲁尔区经济和产业转型" 研究报告摘要. 北京: 工业生产力研究所.

Ma L, Fu F, Li Z, Liu P. 2012. Oil development in China: Current status and future trends. Energy Policy 45, 43-53.

Moutinho V, Moreira A C, Silva P M. 2015. The driving forces of change in energy-related CO_2 emissions in Eastern, Western, Northern and Southern Europe: The LMDI approach to decomposition analysis. Renewable and Sustainable Energy Reviews, 50: 1485-1499.

RVR. 2015. Overview of the Ruhr Metropolis. http: //www. metropoleruhr. de/en/home/r-uhr-metropolis/data-facts. html. 2015-12-29.

Shao S, Yang L, Gan C, et al. 2016. Using an extended LMDI model to explore techno-economic drivers of energy-related industrial CO_2 emission changes: A case study for Shanghai(China). Renewable and Sustainable Energy Reviews, 55: 516-536.

Wang W W, Zhang M, Zhou M. 2011. Using LMDI method to analyze transport sector CO_2 emissions in China. Energy, 36: 5909-5915.

Wang W, Liu X, Zhang M, et al. 2014. Using a new generalized LMDI(logarithmic mean Divisia index)method to analyze China's energy consumption. Energy, 67: 617-622.

Wikipedia. 2015. Ruhr. https: //en. wikipedia. org/wiki/Ruhr. 2015-12-29.

Wu L, Zeng W. 2013. Research on the contribution of structure adjustment on carbon dioxide emissions reduction based on LMDI method. Procedia Computer Science, 17: 744-751.

Xu J, Fleiter T, Eichhammer W, et al. 2012. Energy consumption and CO_2 emissions in China's cement industry: A perspective from LMDI decomposition analysis. Energy Policy, 50: 821-832.

Zhang W, Li K, Zhou D, et al. 2016. Decomposition of intensity of energy-related CO_2 emission in Chinese provinces using the LMDI method. Energy Policy, 92: 369-381.

访谈列表(鲁尔区)

① 2015 年 12 月 14 日上午, 伍伯塔尔市(Wuppertal)伍伯塔尔研究所(Wuppertal Institute), 专家访谈

② 2015 年 12 月 14 日下午和 2015 年 15 日上午, Bottrop, Innovation City 公司, 高级管理人员访谈

③ 2015 年 12 月 15 日下午, Gelsnkirchen, Institute for Work and Technology, 专家访谈

④ 2015 年 12 月 16 日上午, Essen(埃森), RWE 公司, 高级管理人员访谈

⑤ 2015 年 12 月 16 日下午, Kronprinzenstraße, RVR, 高级管理人员访谈

⑥ 2015 年 12 月 17 日下午, Düsseldorf(杜塞尔多夫), Cluster Energy Research of Energy Agancy of NRW, 高级管理人员访谈

⑦ 2015 年 12 月 18 日上午, Düsseldorf(杜塞尔多夫), Ministry for Climate Protection, Environment, Agriculture, Nature Conservation and Consumer Protection of NRW(北威州环保部), 高级官员访谈

第3章　京津冀主要耗能行业大气污染控制方案研究

课题组成员

岑可法	浙江大学	中国工程院院士
高　翔	浙江大学	教授
李　政	清华大学	教授
王书肖	清华大学	教授
吴学成	浙江大学	教授
陈玲红	浙江大学	副教授
郑成航	浙江大学	副教授
张涌新	浙江大学	高级工程师
李俊华	清华大学	教授
麻林巍	清华大学	副教授
叶代启	华南理工大学	教授
薛志钢	中国环境科学研究院	研究员
张　凡	中国环境科学研究院	研究员
朱廷钰	中国科学院过程工程研究所	研究员
郦建国	浙江菲达环保科技股份有限公司	教授级高级工程师
韦彦斐	浙江环科环境咨询有限公司	教授级高级工程师
郭　俊	福建龙净环保股份有限公司	教授级高级工程师
宁　平	昆明理工大学	教授
朱天乐	北京航空航天大学	教授
岑超平	环境保护部华南环境科学研究所	研究员
岳　涛	北京市劳动保护科学研究所	研究员

吴　韬　宁波诺丁汉大学 教授

曲瑞陽　浙江大学 博士后

吴卫红　浙江大学 高级工程师

徐　甸　浙江大学 高级工程师

张　悠　浙江大学 工程师

周志颖　浙江大学 工程师

杨　航　浙江大学 博士生

沈佳莉　浙江大学 硕士生

赵　亮　浙江大学 硕士生

吕　彪　浙江大学 硕士生

邵弈欣　浙江大学 硕士生

常倩云　浙江大学 博士生

杨正大　浙江大学 博士生

张　军　浙江大学 博士生

杨　洋　浙江大学 博士生

宋　浩　浙江大学 博士生

张　烁　浙江大学 博士生

3.1 京津冀及其主要耗能行业能源利用和污染物排放情况

3.1.1 京津冀能源消耗和污染物排放

1. 京津冀一次能源消费特征

2014 年，京津冀一次能源消费总量为 3.6 亿吨标准煤，占全国一次能源消费量的 8.4%。如图 3-1 所示，2005 年以来，京津冀一次能源消费总量总体保持快速增长势头，2005~2010 年的平均增长率为 4.5%，2011 年以后增长率有所放缓，2013年达到峰值，为 3.7 亿吨标准煤，2014 年出现下降的趋势。

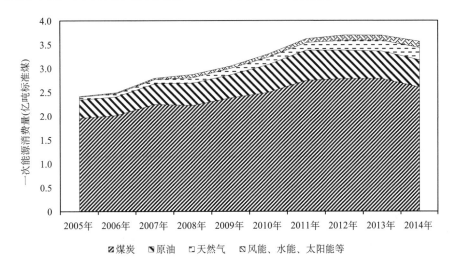

图 3-1　京津冀一次能源消费结构变化趋势（2005~2014 年）

资料来源：国家统计局 2005~2014 年

京津冀是我国一次能源消费尤其是煤炭消费强度的高值区。如图 3-2 和图 3-3所示，京津冀单位国土面积能源消费强度是全国平均值的 3.6 倍，其中北京、天津、河北分别是全国平均值的 5.6 倍、12.3 倍、2.9 倍。京津冀人均能源消费量和全国平均值相差不多，其中天津市人均能源消费量较高，是全国平均值的 1.4 倍。京津冀单位国土面积煤炭消费强度明显高于全国的平均值，是全国的 4.1 倍，其中北京、天津、河北分别是全国平均值的 2.6 倍、10.4 倍、3.8 倍。京津冀人均煤炭消费量是全国平均值的 1.1 倍，其中河北省的人均煤炭消费量较高，是全国平均值的 1.4 倍，北京的人均煤炭消费量为 0.3 吨/人，低于全国平均值。

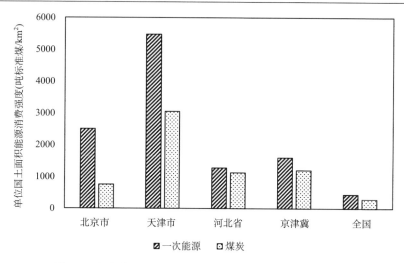

图 3-2　京津冀地区单位国土面积煤炭消费强度（2014 年）

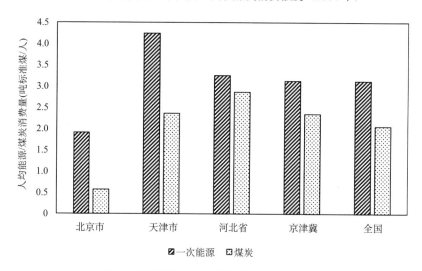

图 3-3　京津冀地区人均煤炭消费量（2014 年）

京津冀一次能源消费以煤、石油、天然气等化石燃料为主，其中煤炭是主体能源，占比达 73%，和其他国家存在较大的差距。如图 3-4 所示，美国、日本、德国、英国等国家，煤、石油、天然气等化石能源消费量仍占主导地位，但煤炭消费量占比相对较小。统计资料显示，美国一次能源消费总量中煤炭只占到 17.4%，天然气和石油分别占 37.3% 和 31.3%。日本一次能源消费总量中煤炭、石油、天然气的占比分别为 26.6%、42.3%、22.8%。德国一次能源消费总量中煤炭占比达到 24.3%，而法国一次能源消费总量中煤炭占比仅为 3.6%，核能、水力及其他可再生能源占比达到 49.5%，占总能源消费量的一半。京津冀一次能源消费总量中煤炭占比是法国的 20.2 倍，是日本的 2.7 倍；京津冀可再生能源占一次能源消费比例仅为 3.6%，法国可再生能源占比达 49.6%，是京津冀的 13.7 倍。

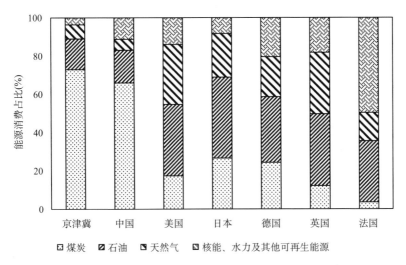

图 3-4　京津冀和国内外一次能源消费结构对比（2014 年）

　　尽管京津冀能源消费总量大，但人均能源消费量却低于其他国家，然而单位面积煤炭消费量却又高于其他国家。如图 3-5 和图 3-6 所示，与美国、日本、德国、英国、法国等国家相比，京津冀人均能源消费量是美国（最高）的 36%，是英国（最低）的 96%，而人均煤炭消费量是法国（最低）的 13.5 倍，是美国（最高）的 1.41 倍。

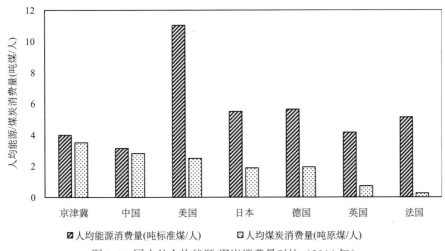

图 3-5　国内外人均能源/煤炭消费量对比（2014 年）

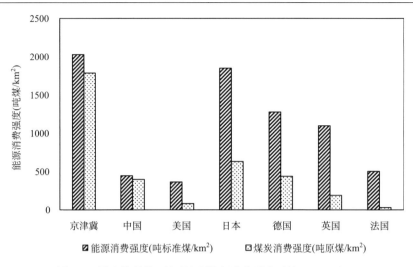

图 3-6　国内外单位面积能源/煤炭消费强度对比（2014 年）

　　与美国三个重点地区的能源消费进行对比，京津冀能源消费强度远高于这三个地区，尤其是煤炭消费量（如表 3-1 所示）。美国重点地区是指加利福尼亚州、东北部七州和中部三州，三个重点地区的特点分别为加利福尼亚州以高新技术新产业为主，汽车保有量高，东北部七州工商业发达，都市化程度高，经济已转型为服务业和技术密集型产业，是美国最为富裕的地区，中部三州是传统汽车制造、钢铁行业和机械制造业的聚集区。2014 年京津冀单位面积能源消费强度为 2030.7 吨标准煤/km²，分别是加利福尼亚州、东北部七州和中部三州的 3 倍、2.36 倍和 2.24 倍，京津冀人均能源消费量为 3.99 吨标准煤/人，低于美国三个重点地区，分别是加利福尼亚州、东北部七州和中部三州的 54%、55% 和 34%。2014 年京津冀单位面积煤炭消费强度为 1787.20 吨原煤/km²，分别是加利福尼亚州、东北部七州和中部三州的 528.8 倍、104 倍和 6.7 倍，京津冀人均煤炭消费量为 3.51 吨原煤/人，分别是加利福尼亚州、东北部七州和中部三州的 94.86 倍、24.38 倍和 1.0 倍。其中加利福尼亚州的煤炭消费量非常低，2014 年其单位煤炭消费强度仅为 3.38 吨原煤/km²，人均煤炭消费量仅为 0.037 吨原煤/人。该地区以高新技术新兴产业为主，根据美国能源资料协会的数据显示，2015 年加利福尼亚州 34% 的电能是来自其他州市，而在本地发电量中 60% 的电能来自天然气机组，非化石能源占比达 39.7%，煤炭、石油机组占比仅达 0.3%，且根据其官方预测，2026 年加利福尼亚州所有煤炭和石油电厂将会被取缔。加利福尼亚州电力行业低煤炭消费量、高外调电比例的现状，给京津冀电力的发展提供了新的思路。

表 3-1　京津冀与美国相关地区能源消费强度比较

项目	京津冀	中国	加利福尼亚州	东北部七州	中部三州	美国
能源消费强度 （吨标准煤/km²）	2030.7	446.33	679.4	858.9	907.3	365.2
煤炭消费强度 （吨原煤/km²）	1787.20	398.57	3.38	17.18	268.22	82.29
人均能源消费量 （吨标准煤/人）	3.99	3.14	7.43	7.21	11.89	11.03
人均煤炭消费量 （吨原煤/人）	3.51	2.81	0.037	0.144	3.515	2.49

　　从能源种类来看，2014 年，京津冀及周边地区煤炭消费总量为 21.04 亿吨，占全国煤炭消费量的 40.4%。其中京津冀煤炭消费总量为 3.64 亿吨，占全国的 8.8%，近十年的平均增幅为 3.3%，2014 年京津冀的煤炭消费总量首次降低，降幅达 6.6%。而京津冀及周边四省份（山西、内蒙古、山东、河南）煤炭消费总量为 17.4 亿吨，是京津冀煤炭消费量的 4.8 倍。

　　如图 3-7 所示，北京市煤炭消费量呈单边下降趋势，近十年平均降幅为 6.0%；天津市和河北省煤炭消费总量在 2014 年首次出现下降，相比 2013 年分别降低 4.8%（天津）和 6.4%（河北），其中河北省煤炭消费量占京津冀地区 2014 年煤炭消费总量的 81.4%。山东省作为煤炭消耗大户，近十年的煤炭消费量保持增长态势，其 2014 年煤炭消费总量居四省之首，占京津冀周边地区煤炭消费量的 29.3%，近五年的煤炭消费量仍在稳步增长，平均增速为 2.76%；内蒙古自治区近十年煤炭消费量保持增长的态势，其平均增速达 11.6%；山西省自 2010 年开始煤炭消费量呈现单边上升的趋势，近五年的平均增幅达 6.3%；而河南省煤炭消费量从 2012 年开始出现下降趋势，近三年的平均降幅为 2% 左右。

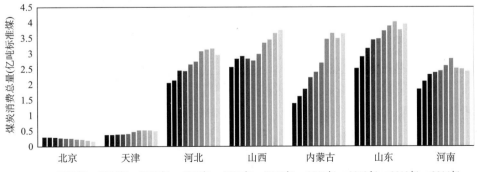

图 3-7　京津冀及周边地区煤炭消费总量变化趋势（2005~2014 年）

2014 年京津冀及周边地区原油消费总量为 13066.8 万吨，占全国消费总量的 25.4%。其中京津冀原油消费总量为 3994.4 万吨，占全国消费总量的 7.8%，近三年京津冀的总原油消费量逐年下降，平均降幅达 3.3%。如图 3-8 所示，山东省是京津冀及周边地区的原油消费大户，2014 年原油消费量占京津冀及周边地区总消费量的 59.8%。对山东省原油消费进行分析，如图 3-9 所示，工业、交通运输、仓储和邮政业和生活消费是山东省原油的主要消费行业，其占比分别达 39%、32% 和 14%。

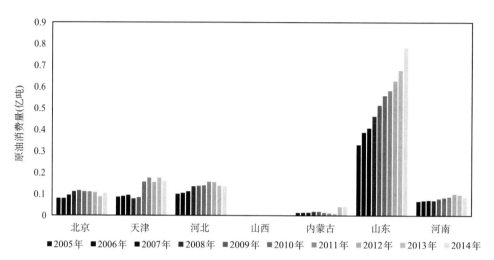

图 3-8　京津冀及周边地区原油消费量变化趋势（2005~2014 年）

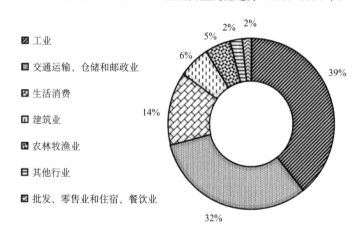

图 3-9　山东省各行业原油消费占比（2014 年）

京津冀及周边地区天然气消费总量为 461.9 亿 m³，占全国消费总量的 25.3%，近五年平均增速为 13.2%。其中京津冀天然气消费总量为 215.27 亿 m³，占全国消费总量的 11.8%，近十年来平均增速为 18%。如图 3-10 所示，北京市近十年的增长趋势显著，2014 年消耗天然气 113.7 亿 m³，占京津冀总量的 52.8%，相比 2013 年增加了 15.1%。而其他各省除内蒙古增长较缓外，在近三年均出现了明显的增长趋势。

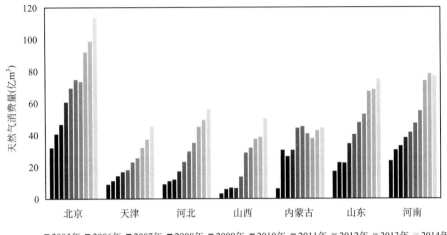

图 3-10　京津冀及周边地区天然气消费量变化趋势（2005~2014 年）

从行业来看（如图 3-11 所示），黑色金属冶炼和压延加工业是京津冀主要耗能行业，其能源消费总量占比达 47.9%；电力、热力的生产和供应业、石化化工行业能源消耗占京津冀总能耗的 17.7% 和 14.4%，非金属矿物制品业和有色金属冶炼和压延加工业能耗占比较少，仅占 5.5% 和 0.28%。

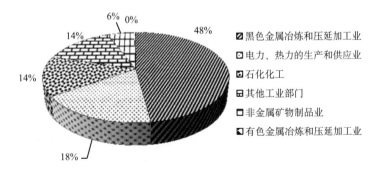

图 3-11　京津冀各行业能源消耗占比（2014 年）

对京津冀及周边地区各省市能源消费结构进行分析，如图 3-12 所示，2014 年北京市天然气消费量为 113.7 亿 m³，占一次能源消费总量的 33.6%，其总量和占比远远超过其他各省；煤炭消费量占一次能源消费总量的 30%，远低于其他各省市的占比。统计数据显示，北京市能源结构调整已达到京津冀最高水平，要实现整个京津冀协同发展，需要大力优化天津和河北能源结构。京津冀周边四省能源消费结构相对单一，山西和内蒙古的煤炭占比达到95%以上，要实现合理、绿色的能源结构任重而道远。

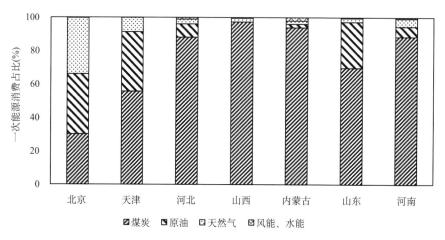

图 3-12　京津冀各省市一次能源消费结构（2014 年）

如图 3-13 所示，近十年京津冀及周边地区的单位 GDP 能耗水平持续下降，2005~2010 年单位 GDP 能耗降速较大，自 2011 年单位 GDP 能耗降速有所减缓。其中北京市、天津市单位 GDP 能耗较低，2015 年其单位 GDP 能耗水平分别为 0.34 吨标准煤/万元 GDP、0.50 吨标准煤/万元 GDP，相比 2005 年分别下降 49%、47.1%。

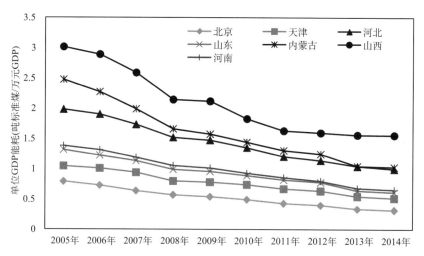

图 3-13　京津冀及周边地区各省单位 GDP 能耗变化趋势（2005~2014 年）

而山西省、内蒙古自治区以及河北省的单位 GDP 能耗一直居高不下，尤其是近四年来降幅减缓，呈现停滞不前的趋势，2014 年其单位 GDP 能耗分别达 1.55 吨标准煤/万元 GDP、1.03 吨标准煤/万元 GDP 以及 0.99 吨标准煤/万元 GDP，是全国平均值的 2.21 倍、1.47 倍以及 1.41 倍。如图 3-14 所示，除了北京和天津外，京津冀各市单位 GDP 能耗均高于全国平均值，唐山、邯郸、邢台、张家口排名较为靠前，其中唐山是全国最大的钢铁生产基地，邢台是全国最大的玻璃生产基地，因此降低各市的单位 GDP 能耗要从当地重点行业的节能减排入手。

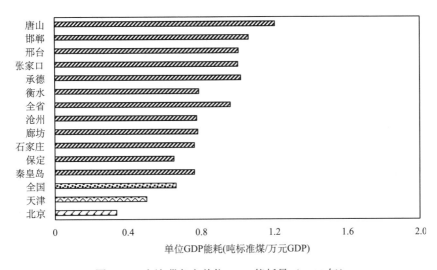

图 3-14　京津冀各市单位 GDP 能耗量（2015 年）

2014 年，京津冀第二产业单位 GDP 能耗为 1.08 吨煤/万元，是第一产业单位能耗的 1.98 倍，是第三产业单位能耗的 4.52 倍。如图 3-15 所示，河北省第二产业的单位 GDP 能耗最高，达 1.75 吨煤/万元 GDP，是全国平均水平的 1.59 倍，北京市和天津市的第二产业单位能耗均低于全国平均水平。京津冀周边四省第二产业单位 GDP 平均能耗为 1.40 吨煤/万元 GDP，是全国平均水平的 1.27 倍，从大到小的单位能耗顺序为山西、内蒙古、山东、河南，而河南省的单位能耗低于全国平均水平。

2. 京津冀污染物排放特征

京津冀及周边地区近年来对二氧化硫、氮氧化物的控制取得了显著成效，近四年来二氧化硫、氮氧化物的排放量下降趋势明显；而烟（粉）尘除北京外，其他各省市均有增长，尤其是 2014 年，烟（粉）尘总量相比 2013 年增加了 42.3%。

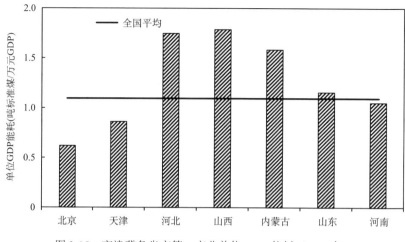

图 3-15　京津冀各省市第二产业单位 GDP 能耗（2014 年）

　　京津冀及周边地区近十年来污染物排放总量呈逐年下降的趋势，但形势依然严峻，如图 3-16 至图 3-18 所示，2014 年京津冀大气主要污染物 SO_2、NO_x 和烟（粉）尘的排放量分别为 147.8 万吨、194.36 万吨和 164.71 万吨，占全国污染物总排放量的 7.49%、9.35%和 9.46%。北京市和天津市的污染物排放量近十年来逐步下降，2014 年北京的 SO_2、NO_x 和烟（粉）尘排放量分别为 7.9 万吨、15.1 万吨和 5.74 万吨。河北省是京津冀地区大气污染物排放大户，其 2014 年大气污染物排放总量高达 415.1 万吨，是北京市和天津市污染物排放总量之和的 4.52 倍。从单种污染物来看，2014 年河北省 SO_2、NO_x 和烟（粉）尘排放量分别为 119 万吨、151.03 万吨和 145.07 万吨，是北京市和天津市排放量之和的 4.13 倍、3.49 倍和 7.39 倍（2016 年《河北省散煤污染整治专项行动方案》）。

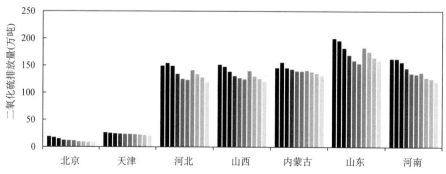

图 3-16　京津冀及周边地区二氧化硫排放量变化趋势
（2005~2014 年）

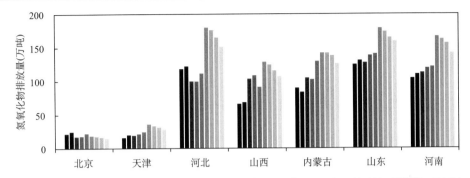

图 3-17　京津冀及周边地区氮氧化物排放量变化趋势
（2005~2014 年）

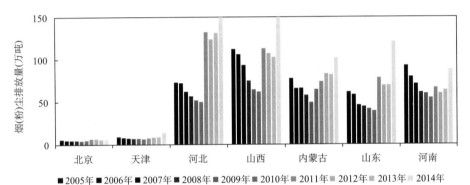

图 3-18　京津冀及周边地区烟（粉）尘排放量变化趋势
（2005~2014 年）

近五年来，京津冀周边四省大气主要污染物排放总量逐年降低，2014 年排放总量达 1518 万吨，是京津冀地区排放总量的 3 倍，占全国总排放量的 26.2%。2014年京津冀周边四省的大气主要污染物 SO_2、NO_x 和烟（粉）尘的排放量分别为 531.69万吨、533.84 万吨和 453.03 万吨，占全国污染物总排放量的 26.93%、25.69%和26.02%。山东省是 SO_2 和 NO_x 的排放大省，2014 年其 SO_2 和 NO_x 的排放量高达160 万吨和 159.25 万吨，是全国 SO_2 和 NO_x 排放量最大的省份。从图 3-18 中可以看到，河北省以及京津冀周边四省的烟（粉）尘排放量在 2011 年突然增加，且在 2014 年又出现了明显增加的情况。同样的现象在氮氧化物排放量也有出现，2010 年天津、河北省及京津冀周边四省有明显增加量，之后则又逐渐降低，这和统计口径的变化有一定的关系。

京津冀及其周边地区的大气污染物排放强度远远高于全国平均水平。2014 年京津冀地区的平均 SO_2、NO_x 和烟（粉）尘的单位面积排放量为 7.29 万吨/km²、

9.67 万吨/ km² 和 6.99 万吨/ km²，分别是全国平均水平的 3.44 倍、4.18 倍和 4.28 倍。如图 3-19 至图 3-21 所示，其中天津市 SO_2、NO_x 和烟（粉）尘的单位面积排放量最大，分别为 18.5 吨/ km²、24.98 吨/ km² 和 12.3 吨/ km²，是全国平均水平的 9.02 倍、11.54 倍和 6.81 倍。河北省污染物排放总量是京津冀最高的，但由于其地理面积是北京市和天津市的 11.2 倍和 16.6 倍，因此其单位面积污染物排放强度低于天津。

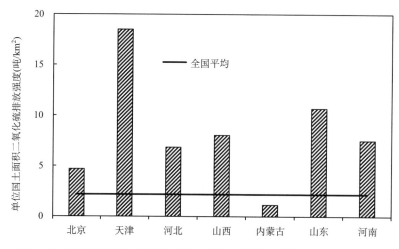

图 3-19　京津冀及周边地区单位国土面积二氧化硫排放强度（2014 年）

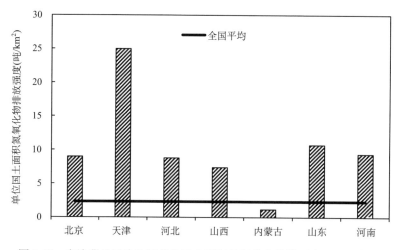

图 3-20　京津冀及周边地区单位国土面积氮氧化物排放强度（2014 年）

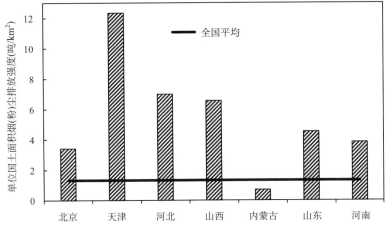

图 3-21　京津冀及周边地区单位国土烟（粉）尘排放强度（2014 年）

　　京津冀周边地区只有内蒙古的污染物排放强度低于全国平均水平，其他三省的大气污染物排放强度均高于全国平均水平。山东省 SO_2 和 NO_x 的排放强度最高，分别为 10.40 吨/km^2 和 10.35 吨/km^2，分别是全国平均水平的 5.08 倍和 4.8 倍。山西省的烟（粉）尘排放强度最大，为 9.64 吨/km^2，是全国平均水平的 5.33 倍。

　　京津冀主要大气污染物排放总量和强度均高于长三角和全国平均值。如图 3-22 所示，2014 年京津冀 SO_2 排放总量为 147.8 万吨，NO_x 为 194.58 万吨，烟（粉）尘为 199.46 万吨，占全国排放总量的 7.5%，9.4% 和 11.5%；分别是长三角的 0.89 倍（SO_2），0.99 倍（NO_x），1.55 倍（烟（粉）尘）。京津冀地区 SO_2 单位面积排放量为 6.78 万吨/km^2，NO_x 单位面积排放量为 5.54 万吨/km^2，烟（粉）尘单位面积排放量为 11.21 万吨/km^2，是长三角的 1.42 倍（SO_2），1.60 倍（NO_x），2.50 倍（烟（粉）尘）。京津冀和长三角地区单位面积污染物排放量均高于全国平均值，且各个地区的重点问题各不相同。长三角地区氮氧化物的问题较为突出，而京津冀地区二氧化硫、氮氧化物以及烟（粉）尘的问题均较为突出，其中单位面积烟（粉）尘排放量远远高于长三角和全国的平均值，是当前需要关注的重点问题。

　　工业源污染物排放是京津冀及周边地区各行业污染物主要来源。如图 3-23 所示，其中京津冀工业源 NO_x 排放占其 NO_x 总排放量的 66.8%、SO_2 占比达 86.4%，烟（粉）尘占比达 78.9%。从不同污染物来看，29.8% 的 NO_x 排放来自机动车，而对于 SO_2 和烟（粉）尘，18.6% 和 34.7% 来自生活源。可见除了工业源，生活源的污染物也需要引起重视，以北京市为例，2014 年北京市有 56.3% 的烟（粉）尘排放来自生活源，工业源近占 35.7%；SO_2 的排放生活源占 45.5%，和工业源的占比相差无几；而 NO_x 中工业源为主要排放源，其占比达 60.0%。

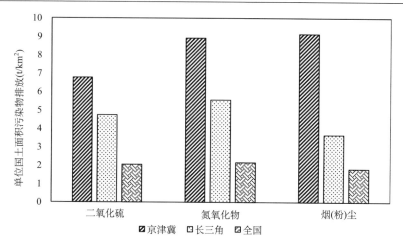

图 3-22　京津冀和长三角、全国单位面积污染物排放强度（2014 年）

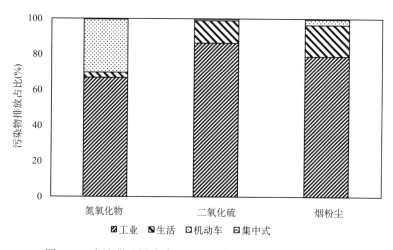

图 3-23　京津冀及周边地区工业污染物排放占比（2014 年）

3.1.2　京津冀主要耗能行业发展现状和污染物排放特征

2014 年京津冀地区工业源共消费能源 2.5 亿吨标准煤，占京津冀总能源消费量的 54.6%。如图 3-24 所示，其中黑色金属冶炼和压延加工业消费 1.2 亿吨标准煤，占京津冀工业能源消费总量的 47.9%，是能源消费量最大的部门；电力、热力的生产和供应业能源消费占比为 17.7%，石化化工行业的能源消费占比为 14.4%；非金属矿物制品业占工业能源消费的 5.5%；有色金属冶炼和压延加工业能源消费占比仅为 0.3%，京津冀地区有色金属行业规模较小。从地区上看，北京市石化化工行业能耗最高，其次是电力热力的生产和供应业，分别占北京市工业能源总消费量的 42.4%和 30.8%；天津市黑色金属冶炼和压延加工业能耗最高，其次是石化化工行业，分别占天津市工业能源总消费量 43.9%和 30.5%；河北省黑色金属冶炼和压延加工业和电力、热力的生产和供应业能源消费量较大，分别占工业能源总消费量的 51.6%和 19.8%。

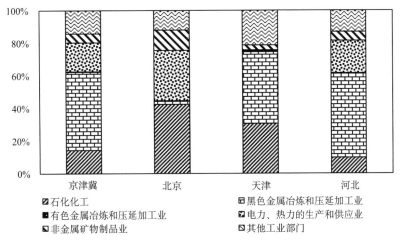

图 3-24　京津冀工业部门能源消费占比

　　2014 年我国煤炭消费总量为 41.2 亿吨，如图 3-25 所示，燃煤发电、炼焦冶金和建材等行业消费量占比较大，民用部门煤炭消费量约为 1.6 亿吨，仅占全国煤炭消费总量的 4%，但民用散煤存在煤质差、无组织排放等问题。2013 年京津冀供暖季的农村供暖耗煤是电力行业的 59.3%，但其污染物排放却是电力行业的5~9 倍，因此民用散煤造成的大气污染不可忽视。

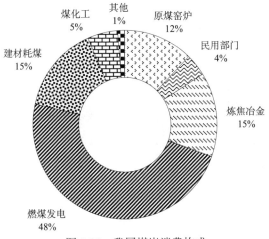

图 3-25　我国煤炭消费构成

电力行业、钢铁行业、建材行业、石化化工行业以及民用部门等主要耗能行业在京津冀地区的能源消耗和污染物排放方面都占有很大比重，重点研究这五大耗能行业发展现状和污染物排放特征是控制京津冀污染物排放的第一步。

1. 电力行业

火电机组是京津冀电力的主要来源，近十年来总体保持增长的趋势。如图 3-26 所示，火电机组发电量占京津冀发电总量比例有所降低，从 2005 年的 98.4%降低到 2014 年的 93.6%；非化石能源发电量占比虽小，但总体上呈现增长的趋势。国内外电力行业能源对比可知，电力行业仍主要以火电为主，如图 3-27 所示，京津冀、日本火电占比较高，均达到 90%以上；美国电力行业非化石能源占比较高，达 45.8%。

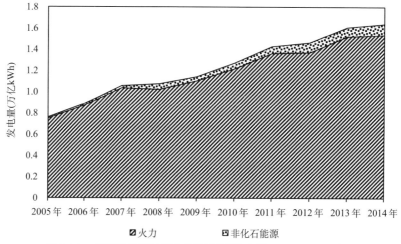

图 3-26　京津冀及周边地区不同类型发电量（2005~2014 年）

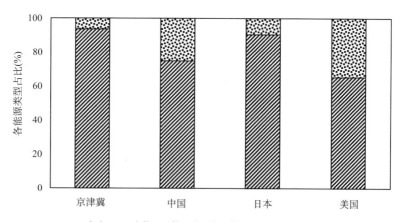

图 3-27　国内外电力行业各能源占比（2014 年）

京津冀各省市电力行业主要是火电,如图 3-28 所示,北京市火电能源消费中天然气消费占比最高,达到能源消费总量的 57.7%,而其他各省市仍以煤炭为主,其占比达 95%以上。

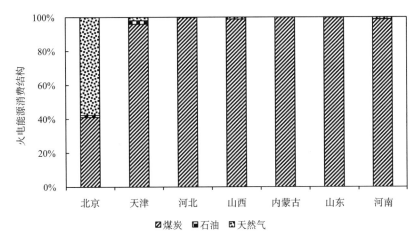

图 3-28　京津冀地区各省市火电能源消费结构（2014 年）

京津冀及周边地区火电发电量和装机容量近十年来火电发电量和装机容量主要是呈增长的趋势,如图 3-29 和图 3-30 所示,其平均增幅分别为 9.8%和 11.1%,但是近年来,京津冀火电装机容量增长速度逐渐下降,周边地区内蒙古自治区和山东省火电装机仍保持较高的增长速度。截至 2014 年年底,京津冀周边四省地区火电装机容量为 3.2 亿 kW,占全国火电总装机容量的 34.4%,其中京津冀火电装机容量为 6576 万 kW,占地区总量的 20.7%。2014 年,京津冀周边四省地区火电发电量为 15307 亿 kWh,占全国火电总发电量的 36.2%,其中京津冀火电发电量为 3164 亿 kWh,占地区总量的 207%。

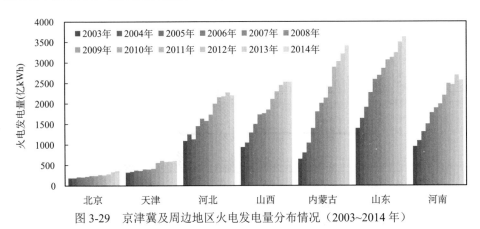

图 3-29　京津冀及周边地区火电发电量分布情况（2003~2014 年）

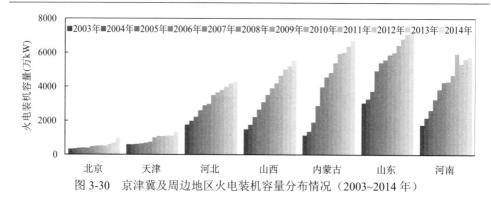

图 3-30　京津冀及周边地区火电装机容量分布情况（2003~2014 年）

2014 年京津冀及周边地区各省市火电行业单位国土面积火电装机容量较高，均高于全国水平，人均火电装机容量也保持一个较高的水平。如图 3-31 和图 3-32 所示，因为地域问题，内蒙古单位国土面积火电装机容量偏低，其人均火电装机

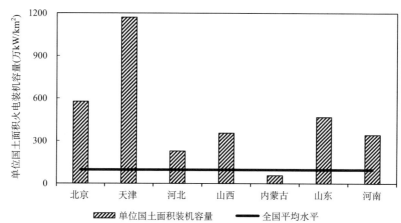

图 3-31　京津冀及周边地区单位国土面积火电装机容量（2014 年）

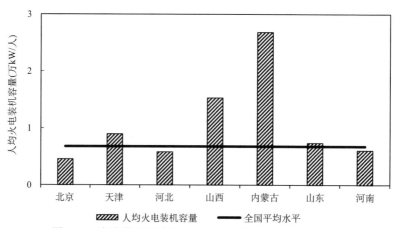

图 3-32　京津冀及周边地区人均火电装机容量（2014 年）

容量为 2.7 万 kW/人，是地区最高量。未来随着经济进一步发展，京津冀及周边地区电力需求将会持续增长，火电装机容量将会继续增加，但是考虑到京津冀及周边地区火电装机密度较高，因此提高火电行业能源利用效率和降低火电行业污染物排放总量亟须开展。

京津冀及周边地区各省市电力总消费量和发电总量存在差值，如图 3-33 所示，内蒙古自治区和山西省电力外调比例较大，而京津冀各省市从外省调入电力比例较大。2014 年，北京从外省调入电力为 573.35 亿 kWh，占其电力消费总量的 62%，天津和河北外省调入电力占比分别为 24% 和 27%；而山西和内蒙古调往外省电力分别占其火电发电总量的 33% 和 42%，随着电力需求的进一步增加，京津冀会更加依赖于外省的电力调入。

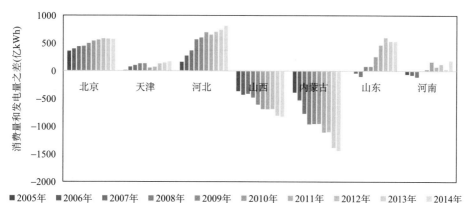

图 3-33　京津冀及周边地区各省市电力消费量和发电量差量（2005~2014 年）

火电行业是我国大气污染物排放控制水平最高的行业，尤其是在污染严重的重点地区，政府和环保部门较早就在行业内推广污染物控制技术的实施运行，取得了较好的污染物减排效果。尽管对火电行业的污染物排放控制工作使得火电行业污染物排放强度显著降低，但是京津冀及周边地区的火电行业污染物排放仍然是该地区主要的大气污染物排放源之一。如图 3-34 所示，京津冀及周边地区对 SO_2 和烟（粉）尘排放控制水平要高于 NO_x 排放控制。火电行业仍是工业重要的污染物排放源，各省市的火电企业污染物排放占工业源比重如图 3-35 所示，火电行业氮氧化物的排放占比仍较高，均超过 40% 以上，排放占比最高的是内蒙古达 73%；火电行业烟（粉）尘排放占比较低，均在 30% 以下。

近十年来，中国火电行业 SO_2 和氮氧化物排放绩效总体高于美国，可见国内在 SO_2 的控制上较为成功，与美国的差距并不是很大，但在 NO_x 的控制上依旧存在一定的差距。如图 3-36 和图 3-37 所示，虽然美国的数据存在一定的缺失，但是大致上能看到近十年两国的发展趋势。

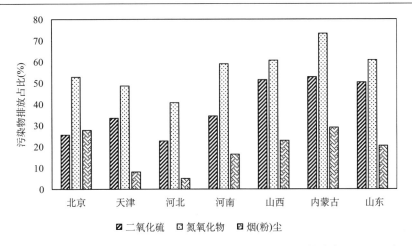

图 3-34　京津冀及周边地区各省市火电行业污染物占工业源排放占比（2014 年）

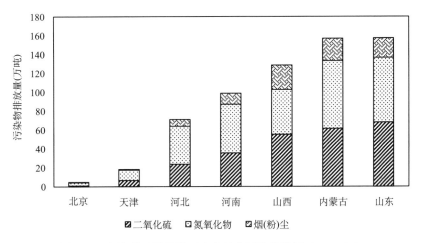

图 3-35　京津冀及周边地区火电行业污染排放量（2014 年）

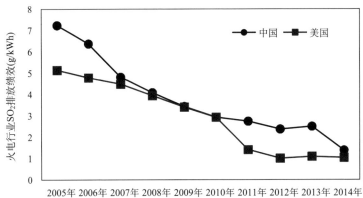

图 3-36　中美火电行业 SO_2 排放绩效对比（2005~2014 年）

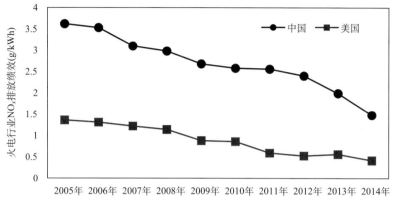

图 3-37　中美火电行业 NO_x 排放绩对比（2005~2014 年）

在节能方面，近年来，我国电力装备水平不断提升，全国运行火电机组的平均供电标准煤耗率持续稳定降低。对京津冀及周边地区各省市近几年来火电行业供电标准煤耗水平进行研究，如图 3-38 所示，可以看出各省市火电行业节能水平有明显提高。对其进行分析，可知北京地区火电行业整体供电标准煤耗水平偏低是因为北京火电能源消耗天然气占比较高。但是，除了北京地区之外，其他各省市和全国的供电标准煤耗水平均在 320 gce[①]/kWh 之上，与国际先进水平（276 gce/kWh）左右的水平相比，还有较大差距。

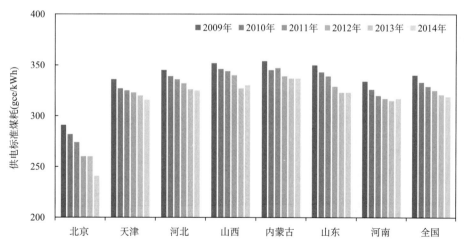

图 3-38　京津冀及周边地区各省市供电标准煤耗（2009~2014 年）

---

① gce, gram of standard coal equivalent, 克标准煤

在减排方面，2015 年京津冀七省（区、市）共完成现役煤电机组超低排放改造 370 台、8800 万 kW，其中河北省完成燃煤机组超低排放改造 252 台，对京津冀地区燃煤机组污染物排放降低发挥了巨大的作用。2015 年 12 月 11 日，环境保护部、发展和改革委员会及国家能源局共同印发的《全面实施燃煤电厂超低排放和节能改造工作方案》中指出，到 2017 年，北京、天津、河北基本完成超低排放改造，到 2018 年，山西和河南基本完成超低排放改造，到 2020 年，内蒙古基本完成超低排放改造。然而目前存在机组低负荷运行的问题，机组长期处于低负荷运行状态，即使锅炉设计为超临界或超超临界，但是运行一般只处于亚临界状态，不利于运行经济性，导致供电煤耗和发电成本升高；同时低负荷运行使得烟气温度偏低，不能够达到 SCR 脱硝催化剂正常运行时的温度，当负荷降至 50%~60%，排烟温度可能无法满足催化剂连续运行温度窗口要求（320~420℃），易导致 NO_x 排放和氨逃逸超标。对低负荷运行下的电厂情况进行分析，如图 3-39 所示，可以看到，随着机组负荷率的增加，发电标准煤耗随之减小，且机组容量越大，其发电标准煤耗减小的幅度越大；如图 3-40 所示，根据测算，当机组 100% 负荷运行时，平均燃煤电站发电成本比 50% 负荷运行时降低 27.9%，根据当前京津冀地区的机组运行的统计得到，该地区的平均负荷为 62%，若是提高其负荷达 80%，可降低发电成本 0.052 元/kWh，若机组负荷率提高至 100%，则可降低发电成本 0.085 元/kWh。

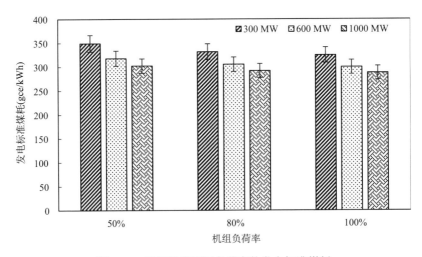

图 3-39 不同机组不同负荷率的发电标准煤耗

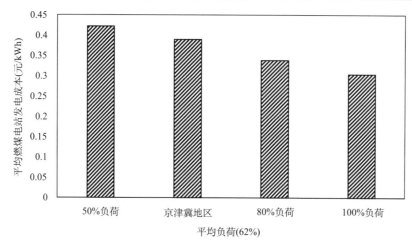

图 3-40　不同负荷下的平均燃煤电站发电成本

2. 钢铁行业

京津冀及周边地区 2015 年生产全国 49.2%的生铁、44.8%粗钢和 47.7%的钢材。京津冀地区 2015 年共计生产粗钢 2.1 亿吨，较 2014 年增加 0.4%，占全国粗钢总产量的 26%。其中北京市生产 1.5 万吨，天津市生产 2068.9 万吨，两市分别同比减少 28.6%和 9.5%；河北省生产 18832 万吨，占京津冀产量的 90.1%，粗钢产量连续 15 年位居全国之首，其中唐山市生产粗钢 8270 万吨，占全省产量的 43.9%。如图 3-41 所示，京津冀地区近十年粗钢产量的平均增长率为 8.8%，增长幅度呈下降趋势，2014 年首次出现负增长，较 2013 年减少 1.5%。北京市粗钢产

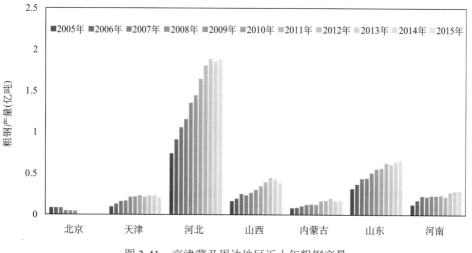

图 3-41　京津冀及周边地区近十年粗钢产量

量 2011 年以来维持低水平，并且仍然逐年降低；河北省近十年粗钢产量年均增长率为 9.98%，2013 年产量达到峰值 1.88 亿吨，2014 年出现首次下降，但 2015 年略有增长，河北省的淘汰落后产能、压减钢铁产量的形势依然严峻。

京津冀周边四省区 2015 年共生产粗钢 1.5 亿吨，较 2014 年减少 1.2%，占全国总产量的 18.8%。山东省粗钢生产 6619 万吨，占京津冀周边地区生产总量的 43.8%，居四省区之首。京津冀周边地区近十年粗钢产量平均增长率为 8.5%，增长幅度呈下降趋势，山东省和河南省粗钢产量呈稳步增长态势，山西省和内蒙古自治区粗钢产量均在 2013 年达到峰值，2014 年开始降低。

我国钢铁行业能源消费以煤为主，如图 3-42 所示，占能源消费总量比重为 83%，远高于美国钢铁行业的 46%，天然气消费占比较低，仅为 7%，低于美国的 33%，相比而言美国的钢铁行业能源消费结构较为均衡。2014 年京津冀地区黑色金属冶炼及压延加工业消费能源 1.2 亿吨标准煤，占工业总能源消费量的 47.9%，是京津冀地区最大的能源消费行业。

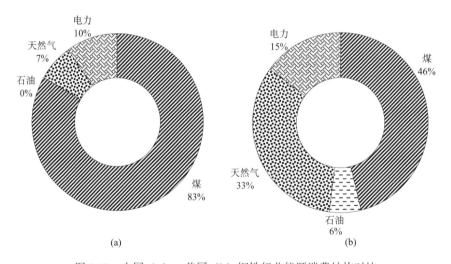

图 3-42　中国（a）、美国（b）钢铁行业能源消费结构对比

国家统计局数据显示，2013 年全国黑色金属冶炼及压延加工业共消费焦炭 3.9 亿吨，占工业部门焦炭消费总量的 86%；京津冀地区 2013 年焦炭消费量为 9296 万吨，占全国总消费量的 22.8%，这与该地区发达的黑色金属冶炼及压延加工业密切相关。

近年来，河北省吨钢综合能耗整体呈下降趋势。2015 年河北钢铁企业吨钢综合能耗为 541 kgce/t，比 2014 年下降 1.57%。如图 3-43 所示，河北省钢铁企业的吨钢综合能耗整体低于中国钢铁协会会员单位能耗水平，2015 年河北省吨钢平均综合能耗较中钢协的 572 kgce/t 低 5.4%。

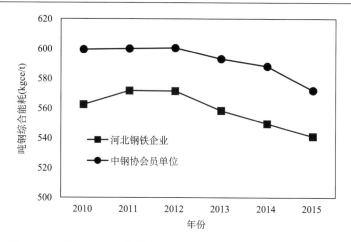

图 3-43　河北钢企和中钢协会员单位吨钢综合能耗近五年变化情况

2014 年京津冀地区黑色金属冶炼及压延行业排放二氧化硫 35.9 万吨，氮氧化物 17.3 万吨，烟（粉）尘 27.7 万吨（如图 3-44 所示），分别占全国黑色金属冶炼及压延行业排放量的 19.9%、30.5% 和 27.3%，其中河北省占京津冀排放量的 95.3%、92.1% 和 96.6%。

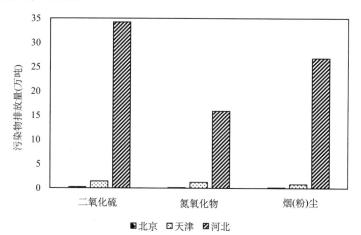

图 3-44　京津冀地区黑色金属冶炼和压延工业污染物排放量

截至 2014 年，天津市和河北省已投运烧结机脱硫设施已分别达到 7 台和 189 台，其烧结面积分别为 1505 m² 和 28908 m²，分别占全国脱硫烧结机面积的 1.7% 和 33.3%。河北省烧结机采用石灰石-石膏法脱硫的比例最高，其面积占比达 66%。如图 3-45 所示，京津冀地区脱硫烧结机面积在 90 m² 以下台数占总的脱硫烧结机数量的 24%，面积占 12%，面积大于 180 m² 的脱硫烧结机数量占总量的 28%，面积占总脱硫面积的 49%。

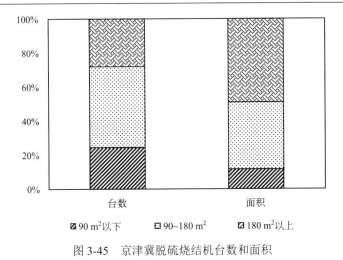

图 3-45　京津冀脱硫烧结机台数和面积

2015 年 1 月 1 日起，我国开始实行钢铁行业污染物排放的新标准，要求二氧化硫、氮氧化物和烟（粉）尘的排放标准分别为 200 mg/m³、300 mg/m³ 和 50 mg/m³。与国外相比（如表 3-2 所示），我国的钢铁行业已经达到甚至优于德国、法国等发达国家的排放标准。

表 3-2　国内外钢铁行业排放标准对比（mg/m³）

污染物	德国	法国	巴西	奥地利	中国	
					现有标准	特别限值
二氧化硫	350	300	600	350	200	180
氮氧化物	350	500	700	350	300	300
烟（粉）尘	20	100	70	10	50	40

根据世界钢铁协会统计，2015 年京津冀地区粗钢产量 300 万吨以上的钢铁企业共有 17 家，其粗钢生产量占京津冀地区生产总量的 84.3%，2015 年的钢材产量为 1.4 亿吨，占京津冀地区钢材生产总量的 42.9%。对这 17 家钢企生产的钢材销售流向统计结果如图 3-46 所示，可以看出钢材以本地销售为主，53% 的钢材产品销售到包括北京、天津、河北、山西、内蒙古的华北地区，但是仍有近一半的产量销往其他地区，23% 的钢材销往经济发达、距离较近的华东地区。

如图 3-47 所示，近十年，世界粗钢产量呈稳步增长趋势，年平均增长率为4.4%，尤其是 2009 年经济危机之后，增长率高达 15.7%。我国粗钢产量年平均增长率为 9.9%，高出世界平均水平 5 个百分点，并且我国粗钢产量占世界总产量的比例逐年升高。日本、欧盟、美国等发达国家粗钢产量呈下降趋势，占世界总产量的比例也相应下降，年均下降率分别为 4.0%、5.3% 和 4.1%。

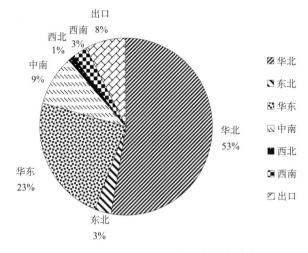

图 3-46　京津冀 17 家钢企钢材销售流向

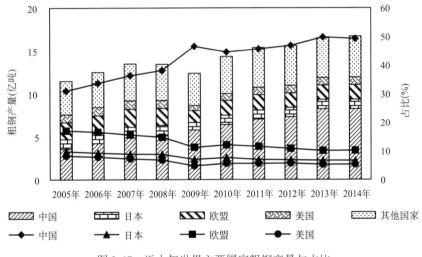

图 3-47　近十年世界主要国家粗钢产量与占比

2014 年世界电炉炼钢产量占总粗钢产量比例为 25.8%,如图 3-48 所示,欧盟、美国的电炉炼钢比例分别达 39% 和 62.6%,而中国这一数据仅为 6.1%,远远低于世界平均水平。电炉炼钢是以废钢为主要原料的短流程生产工艺,具有流程短、成本低、能耗低、环境污染轻等优势,能够使生产过程更为紧凑,生产效率大幅度提高。在发达国家,由于城市化水平高,废钢积累量较大,所以电炉炼钢比例较高。

2014 年我国废钢消费量为 8830 万吨,分别是美国和日本的废钢消费量的 1.5 倍和 2.4 倍(如图 3-49 所示),但是由于我国粗钢产量大,平均生产 1 吨粗钢消耗的废钢量（废钢单耗）低于美国和日本，我国2014年这一数据为107 kg/t，美国和日本的废钢单耗分别为669 kg/t和331 kg/t。

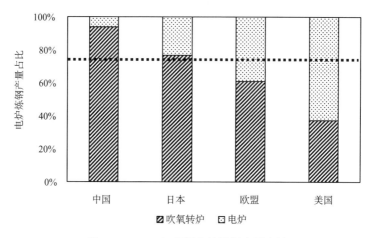

图3-48 2014年各国电炉炼钢产量占比

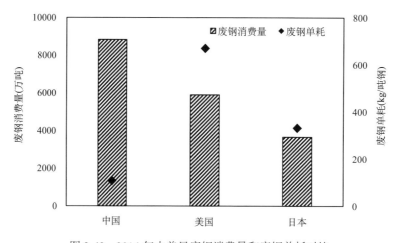

图3-49 2014年中美日废钢消费量和废钢单耗对比

由图3-50可知，2015年京津冀产量最大的钢材为热轧窄带钢，产量达5042.7万吨，占全国产量的79.2%。北京市产量最大的钢材为冷轧薄宽钢带，占钢材产量的54.6%；天津市产量最大的钢材为焊接钢管，占天津钢材总产量的25.5%，占全国焊接钢管总产量的38.7%；河北省产量最大的钢材为热轧窄带钢，占河北钢材产量的15.7%，占全国热轧窄钢带产量的64.8%。

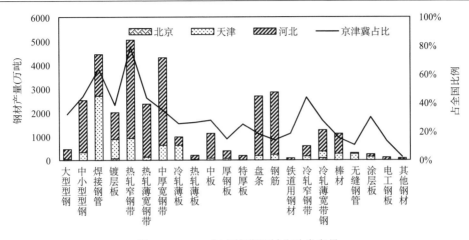

图 3-50　2015 年京津冀钢材分种类产量

图 3-51 是世界钢铁年鉴统计的不同国家钢材产品产量占比图，我国产量最大的三种产品分别是钢筋、热轧薄宽钢带和线材，分别占钢材产量的 21.6%、19.7% 和 15.4%，均高于世界平均水平。统计中的京津冀地区钢材产品除中小型型钢和焊接管外，其他钢材产品的产量占比均低于世界平均水平。日本、欧盟和美国产量占比最大的产品是热轧窄钢带，分别占各过钢材产品产量的 48.4%、43% 和 28.4%，热轧窄钢带也是京津冀地区和世界平均情况下产量占比最高的钢材产品。镀层板是欧盟和美国产量第二的钢铁产品，占比分别为 15.3% 和 25%。

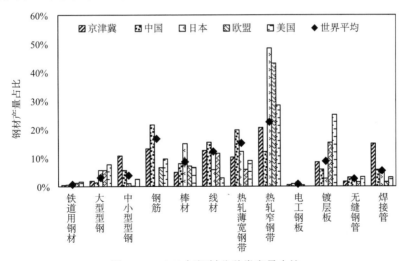

图 3-51　2014 年钢材分种类产量占比

2013 年以来，我国进出口钢材价格整体呈下降趋势，如图 3-52 所示，2013 年初到 2016 年初进出口价格年平均降低 4.5% 和 18.6%，钢材出口价格下降较快，到 2016 年第二季度，钢材的进出口价格略有回升。钢材进出口差价整体呈上升趋势，2013 年初到 2016 年初进出口差价年均增长 20%，2016 年初开始有所降低。在统计数据区间内，钢材进口价格比出口价格平均高出 75.9%，差价最高时，进口价格是出口价格的 2.3 倍，说明我国钢铁出口主要以价格较便宜的普钢为主，而进口钢材以价格较贵的高附加值的钢材为主。

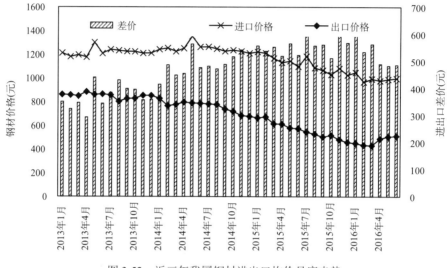

图 3-52　近三年我国钢材进出口均价月度走势

普通钢材主要有建筑用钢和一般机械制造用钢，包括钢筋、线材、棒材、型钢、中厚板、普通钢管、优质棒材等，高附加值的钢材一般用于特种机械制造、汽车制造、能源用钢等领域，高速粉末钢、模具钢、碳素工具钢、合金工具钢、轴承钢和弹簧钢等产品是典型的高附加值钢材。高速粉末钢是一种用于制造高载荷模具、航空高温轴承及特殊耐热耐磨零部件的高硬度钢材，目前主要以进口产品为主，上海市场的乌克兰 DSS 生产的高速粉末钢 2015 年 3 月的价格为 28.9 万元/吨，瑞典一胜百的高速粉末钢价格更是高达 57.95 万元/吨。图 3-53 统计了 2016 年 9 月上海钢材交易市场各国模具钢产品的价格。国内模具钢生产厂家主要有宝钢特材、天工国际、大连特钢、抚顺特钢、齐鲁特钢和长特特钢等，由于宝钢特材生产的模具钢普遍高于其他钢企，所以图 3-53 以宝钢特材产品为例，代表我国模具钢产品与国际钢企产品进行价格对比。

图 3-53 中比较了中国、韩国、瑞典、日本和德国六家钢企生产的三种典型模具钢价格，可以看出不同钢企的产品价格相差较大，宝钢特材的三种模具钢价格均为最低，瑞典一胜百生产的模具钢价格均为最高，其塑料模具钢、冷作模具钢和热作模具钢的价格分别是宝钢特材相应产品的 8.6 倍、4.9 倍和 5.7 倍，其中塑

料模具钢和热作模具钢的吨钢价格差均近十万元。

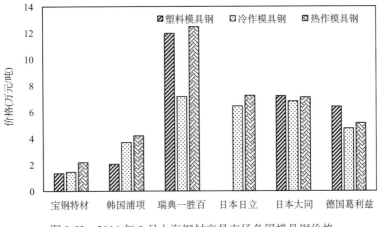

图 3-53　2016 年 9 月上海钢材交易市场各国模具钢价格

　　图 3-54 对比了中国和日本碳素工具钢、合金工具钢、轴承钢和弹簧钢等高附加值钢材的价格。日本市场同种高附加值钢的价格普遍高于国内市场的钢材价格，统计的四种钢材价格平均高 1 倍，其中差距最大的碳素工具钢日本市场的价格是国内市场价格的 3.1 倍。

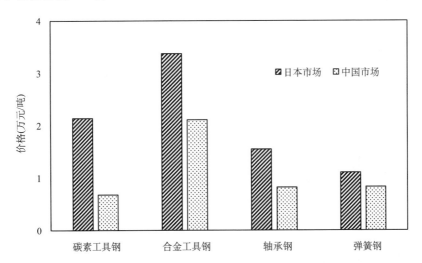

图 3-54　2016 年 9 月日本市场和中国市场中高附加值钢材价格对比

3. 建材行业

建材行业作为我国重要的基础原材料工业，不仅为建筑业及相关产业的发展提供支撑和保证，同时也为解决和改善居住条件、提高人们生活水平提供物质保障，在国民经济发展中具有重要的地位和作用，2014 年建材能耗总量在我国能源消费总量中的份额已超 30%。我国已成为世界建材生产和消费大国，多年来主要建材产品水泥、平板玻璃、建筑卫生陶瓷、墙体材料生产量和消费量一直位居世界第一。如图 3-55 所示，目前，我国水泥年产量连续两年居世界之首。

我国是水泥生产和消费大国，如图 3-55 和图 3-56 所示，在近三年，我国水泥产量、产能占全球的一半以上。

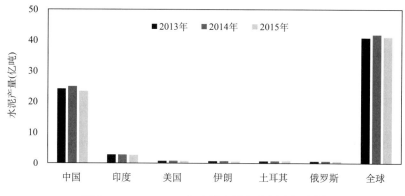

图 3-55　2013~2015 年水泥主要生产国水泥产量

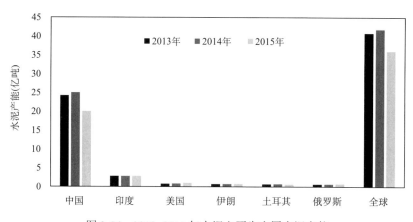

图 3-56　2013~2015 年水泥主要生产国水泥产能

据统计，2006~2014 年，我国水泥产量呈现上升趋势，2015 年水泥产量略微下降（如图 3-57 所示）。2014 年我国水泥产量已突破 24.76 亿吨，其中，京津冀地区生产全国 5.87%水泥（1.23 亿吨），河南（1.7 亿吨）、山东（1.6 亿吨）水泥产量分别位居全国的第二和第三。

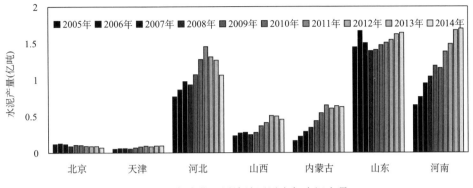

图 3-57　京津冀及周边地区近十年水泥产量

水泥行业属于高能耗行业，如图 3-58 可见，煤炭和电力是我国水泥制造业消耗的主要能源。每年全球水泥行业生产消耗全球能源的 12% ~15%。我国水泥行业是耗能大户，其能耗约占全国工业总能耗的 7%~8%，由图 3-59 可见，水泥行业 2011~2013 年年均总能耗消耗降低了约 2%，而实际上 2012 年与 2013 年的水泥产量分别较前一年增长了 5.7% 与 10%。这与落后产能的不断淘汰及新技术装备的不断运用有密切的关系。

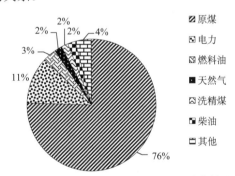

图 3-58　2010 年我国水泥行业能源消费构成

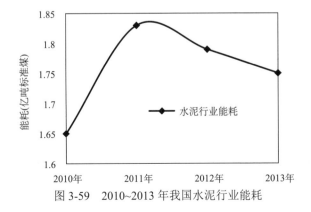

图 3-59　2010~2013 年我国水泥行业能耗

同时，水泥行业也是传统的高排放行业。2014 年我国水泥行业氮氧化物排放量为 191.7 万吨，占非金属矿物制品业排放量的 65.9%。各地区水泥行业氮氧化物和粉尘的排放量如图 3-60 所示。

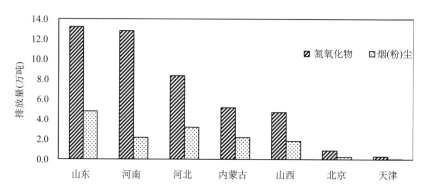

图 3-60　2014 年京津冀及周边地区水泥行业氮氧化物和粉尘的排放量

预分解窑的普及是我国水泥行业近年来的主要变化。新型干法预分解窑熟料在热耗和熟料能耗方面明显低于立窑和其他回转窑，在热效率方面高于立窑和其他回转窑。自 20 世纪 90 年代以来，我国预分解窑水泥生产线的比例正不断增加。从图 3-61 可以看出，全国尤其是京津冀地区分解窑水泥生产线的比例从 2006 年以来经历了快速增长。2015 年时预分解窑水泥生产线的比例达到了 98% 以上，预分解窑熟料生产能力占全国熟料生产能力的 95% 以上。

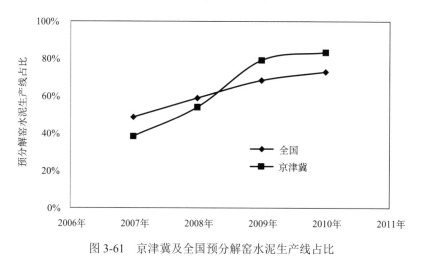

图 3-61　京津冀及全国预分解窑水泥生产线占比

2012 年，国内新型水泥生产线规模分布见图 3-62。图 3-62 表明，2012 年国内以 2000~4000 吨/天的新型水泥生产线为主，占新型干法水泥生产线的 42.39%，而日产 4000~8000 吨的水泥生产线的水泥产量达到 36.83%，同比 2011 年增长了 2.1%，这是由于 2012 年全国新投产新型干法水泥生产线 124 条，其中日产 4000~8000 吨生产线 75 条，日产 10000 吨 3 条。可以看出，未来我国新型干法水泥熟料生产线中 4000 吨/天将占主导地位。

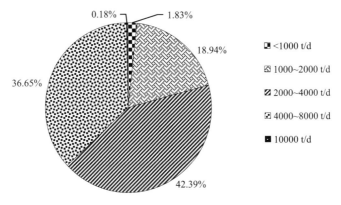

图 3-62　2012 年国内新型水泥生产线规模分布

　　随着预分解窑水泥生产线比例的不断增加，水泥行业已经完成了工艺结构调整的目标，而对落后产能的淘汰也不再仅限于立窑等落后生产技术，自 2014 年开始，2500 吨/天以下的预分解窑也逐步被纳入淘汰名目。

　　2013 年我国采用预分解生产工艺的水泥熟料烧成标准煤耗约为 109.9 kg/t，而 2009 年美国采用 5 级旋风预热器的预分解窑，其标准煤耗约为 105.8 kg/t。这是由于我国工业水泥行业还处于快速发展阶段，虽然新型干法预分解窑已经普及，但在技术上仍与世界先进水平有差距,比如部分工艺的粉磨装置采用了技术落后、能耗高的球磨机和早期引进技术国产的立式磨。

　　另一方面，我国与发达国家在替代燃料利用方面仍存在差距。从 20 世纪 80 年代起，国外一些水泥企业将工业废渣替代石灰石等资源，欧洲和日本自 90 年代中期起研究水泥生态技术。目前可燃废弃物已被世界多家水泥企业采用。仅日本就有约 15 家以上水泥厂采用各种废弃物代替煤,在欧洲每年焚烧处理 100 万吨有害废弃物代替水泥燃料，美国在处理有毒有害废弃物方面走在世界前列，大多数水泥厂煅烧水泥时利用可燃废弃物。图 3-63 展示了 2011~2012 年各国的替代燃料利用率。

　　目前，国内已有水泥工业燃料替代的案例，但没有进行大范围的普及。平板玻璃作为重要的建筑材料，是我国在过去几年里大力生产的对象，目前我国已成为世界上生产规模最大的平板玻璃生产国。截至 2011 年，全国总计有 242 条浮法玻璃生产线，其中河北省占 52 条，北京市和天津市也分别占 2 条。而周边省份如

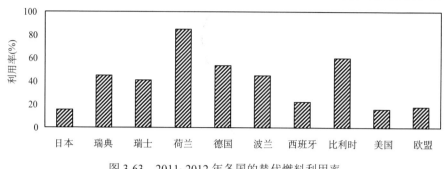

图 3-63　2011~2012 年各国的替代燃料利用率

河南省占 17 条，山东省占 22 条。总生产能力达 124990 吨/天，年生产能力约 7.07
亿重量箱。2014 年全国平板玻璃年总产量约 7.9 亿重量箱，占全球玻璃产量份额
的 50%以上。京津冀地区平板玻璃年产量高达 1.56 亿重量箱，占全国总产量的
19.7%。河北是平板玻璃生产大省，其产量达 1.23 亿重量箱，占全国总产量的
22.7%，位居全国第一。河北平板玻璃产业聚集带中国玻璃城沙河开发区共有玻
璃生产企业 47 家，玻璃深加工企业 400 余家，已投产优质浮法玻璃生产线 34 条，
延压玻璃生产线 33 条。2014 年沙河平板玻璃产量高达 1.05 亿重量箱，占河北总
产量的 85.4%，占全国总产量的 13.3%，产品畅销全国所有省市，部分产品远销
欧美、东南亚等国际市场。与河北相邻的山东省也是平板玻璃生产大省，其年产
量达 0.6 亿吨，占全国总产量的 7.6%。京津冀及周边地区历年平板玻璃产量如图
3-64 所示。

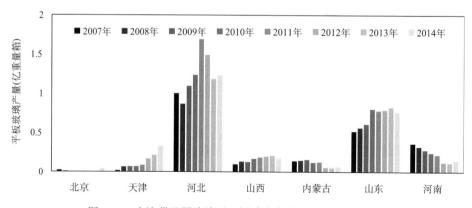

图 3-64　京津冀及周边地区平板玻璃产量（2007~2014 年）

近年来，随着环境污染治理大力推进及节能降耗工作的不断开展，我国玻璃
行业的单位产品能耗如图 3-65 所示，有不断减少的趋势。

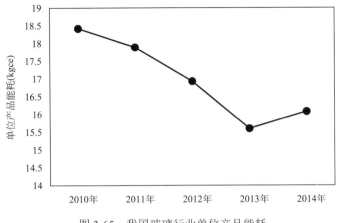

图 3-65　我国玻璃行业单位产品能耗

　　河北省玻璃企业不断淘汰落后生产能力，改进生产工艺，全省玻璃行业能耗有小幅下降的趋势。同比 2012 年前三季度，在 2013 年前三季度河北省平板玻璃综合能耗下降了 1.2%。每重量箱平板玻璃综合能耗与全国水平相比减少了 1683.6 吨标准煤，与 2012 年同期本省水平相比减少了 16835.7 吨标准煤。

　　我国平板玻璃行业能源消费以煤、重油、焦炭和天然气等能源作为燃料。如图 3-66 所示，清洁燃料天然气占行业能源消费总量的 22%，远低于美国平板玻璃行业的 80%。我国平板玻璃行业十分依赖重油，而国内重油含硫量标准比发达国家高 1~3 倍，对尾气除硫要求高。此外，部分地区的玻璃行业依然依赖煤炭。虽然我国平板玻璃行业在"油转气"的进程中逐步增加天然气等清洁燃料的比重，但是与美国相比仍存在有不小的差距。

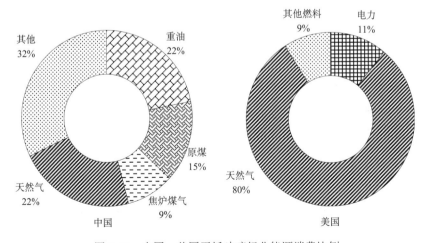

图 3-66　中国、美国平板玻璃行业能源消费比例

平板玻璃行业是我国重点工业污染控制行业之一，近几年来，我国平板玻璃产量呈逐年递增的趋势，大气污染物总量也逐年增加。2013 年我国平板玻璃生产排放物颗粒物 11.77 万吨，二氧化硫 40.53 万吨，氮氧化物 36.61 万吨。从 2014 年 1 月 1 日起，我国开始实行平板玻璃企业熔窑污染物排放的标准，要求颗粒、二氧化硫、氮氧化物的排放标准分别为 50 mg/m³、400 mg/m³ 和 700 mg/m³。由于我国平板玻璃行业多使用重油、石油焦作为燃料，排放物超标现象较为严重。京津冀地区玻璃行业从 2013 年第四季度到 2015 年第四季度排放物浓度均值如图 3-67 所示。

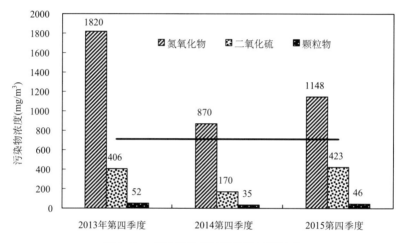

图 3-67 京津冀玻璃炉窑排放浓度均值

京津冀地区的玻璃炉窑在颗粒物的排放方面基本能达到排放标准，但是二氧化硫和氮氧化物的排放却难以达标，尤其是氮氧化物的排放。京津冀地区玻璃行业氮氧化物的处理亟待加强。在浮法玻璃生产线中脱硫除尘系统的投资费用约为五百万元，年运行费用达二百万元。而增加脱硝系统后，还需要增加 1 倍以上的投资和运行费用，这对企业来说无疑是巨大的开支。2014 年 1 月 1 日的《平板玻璃企业熔窑污染物排放标准》制订之初，全国 200 多家平板玻璃生产企业只有 10 家左右安装了脱硫除尘等炉窑烟气治理设施，还不到 5%。而在标准执行之后上脱硫脱硝的企业还很少，能正常启用脱硫脱硝设备的企业寥寥无几。

目前，深加工玻璃已有上千个细品种，世界主要工业大国的玻璃深加工比例已达到 80% 以上。我国玻璃深加工行业与国际水平相比，在产业集中度、技术进步、市场协作、产品开发等方面存在较大差距，虽然我国玻璃深加工制品下游行业的规模也不断在扩大，但是在未来一段时间内，我国仍将是世界上最大的平板玻璃生产国之一。如图 3-68 所示，从结构产业上看，国内玻璃深加工比例仅为约 40%，对外依赖度为 15%~20%，与世界平均 60%、发达国家超过 80%的玻璃深加工比例还有较大差距，国内玻璃深加工行业发展空间广阔。

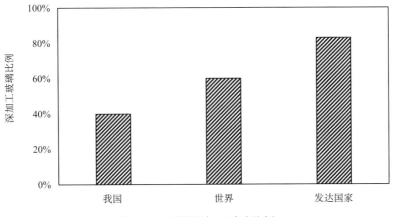

图 3-68　我国深加工玻璃比例

我国是一个平板玻璃生产大国，经过十几年来的高速发展，从行业的整体看，在生产规模、产品结构、技术结构等方面有了很大的发展变化。如图 3-69 所示，目前在我国三种平板玻璃生产工艺，即浮法工艺、平拉工艺和压延工艺中，浮法工艺生产量占我国平板玻璃总产量的 87%，处于主流地位。浮法工艺生产产品两面平滑均匀，透视性良好，具有一定韧性，而且从侧面看颜色偏白，反光后物体不失真，与其他工艺产品相比性能更好，因此浮法工艺的应用占比较高。

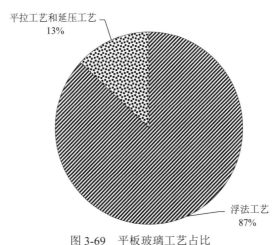

图 3-69　平板玻璃工艺占比

虽然我国生产平板玻璃单耗已不断下降，但是仍远高于国外先进水平，落后生产工艺产能仍有 5000 多万重量箱，产品深加工率远低于世界水平。玻璃产品结构不合理，中、低档普通浮法玻璃供大于求，而高档优质产品却依然依赖进口。此外我国玻璃行业产能明显过剩，以 2014 年为例，我国浮法玻璃的产能利用率仅为 74.31%，低于产能利用率合理区间 80%~90%，这也导致了浮法玻璃的价格一直在走下坡路（如图 3-70 所示），利润极为微薄。

图 3-70 我国平板玻璃价格

浮法工艺生产的玻璃原片可加工为其他功能多样的产品，如节能保温玻璃、功能镀膜玻璃、安全玻璃、艺术玻璃、智能玻璃以及特种功能玻璃等。如图 3-71 所示，深加工平板玻璃一般应用于建筑领域、交通领域、信息显示领域、家具家电领域以及太阳能等领域。近几年来，国内市场对深加工玻璃的需求不断加大，

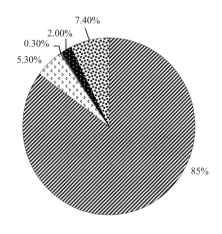

图 3-71 我国各行业深加工玻璃占比

同时也促进了玻璃加工业的快速发展。而且多年来，玻璃加工业的效益超过平板玻璃制造业。例如，如图 3-72 所示，2014 年平板玻璃加工业年销售收入达 1906 亿元，同比增长 74.7%，利润总额为 120.7 亿元，同比增长 69.5%。

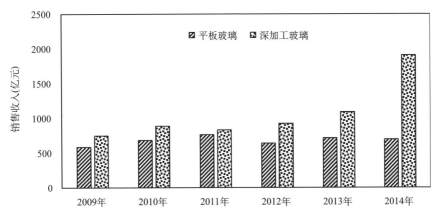

图 3-72　平板玻璃制造与加工业销售收入

4. 石化化工行业

京津冀地区石化化工行业发展迅速，产品产量及规模日益增加。截至 2013 年 7 月，全国石化化工行业企业共 51296 家，其中生产部门约 8700 余家。京津冀地区石化化工行业主要产品产量如图 3-73 所示，其主要生产的产品为焦炭和原油，近十年来所有石化化工产品的总量总体呈现增长的趋势前七年的平均增速为

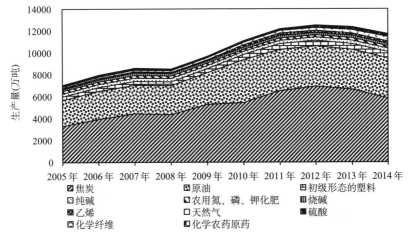

图 3-73　京津冀地区石化化工行业产品产量变化情况

（2005~2014 年）

7.5%，但自2012年起所有的石化化工产品均呈现下降的趋势，2013年和2012年相比降低了3.1%，2014年总量则降低了51.3%，这主要是和焦炭产量大幅降低有很大的关系。

京津冀及周边地区石化化工产品产量存在分布不均的特点。如图3-74所示，北京石化化工产品产量极低，其主要生产的产品包括初级形态塑料、天然气，原油和焦炭的产量为零，这些产品的消费主要依靠周边地区调入。山西、河北是焦炭生产的大省，其焦炭的生产量分别占京津冀及周边地区总产量的34.3%和21.9%。天津市拥有京津冀地区最大的港口，其原油生产量位居第一，分别占整个京津冀及周边地区总量的44.7%。初级形态塑料的生产主要分布在内蒙古和山东，两省的生产量占整个地区总量的50.1%。

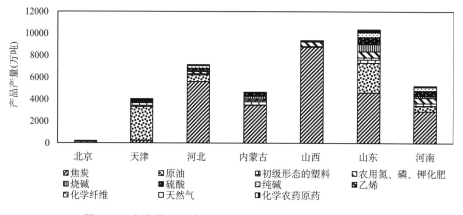

图3-74 京津冀及周边地区石化化工产品产量（2014年）

石化化工行业在生产过程中会排放大量的VOCs，VOCs是形成二次有机气溶胶（SOA）的重要前体物，同时与NO_x发生光学化反应生产臭氧及其他光学氧化物，VOCs种类繁多，不同物质对臭氧和SOA的生产贡献也各不相同。京津冀石化化工行业中VOCs排放量最多的环节主要是石油炼制和化工产品生产的过程，对该过程中排放的VOCs种类进行调研，得到炼油过程和化工产品生产时排放的主要VOCs物种如表3-3和表3-4所示。上海环境科学研究院（崔虎雄等，2011）、北京工业大学（李国昊等，2014；王刚等，2015）、北京大学（朱少峰等，2012）等机构对大气臭氧污染VOCs特征及潜势，以及对石油炼制、炼焦、橡胶厂等典型工业源无组织VOCs排放特征进行了研究，发现苯系物、芳香烃、烯烃是臭氧生产潜势最高的物种。

表 3-3　石油炼制过程中主要污染物种类

过程	主要污染物
催化裂化	乙烷、丙烷、异丁烷、正丁烷、异戊烷、正戊烷、2-甲基戊烷、正己烷、正庚烷、乙烯、丙烯、1-丁烯、甲苯
加氢裂化	乙烷、丙烷、异丁烷、正丁烷、异戊烷、正戊烷、丙烯、甲苯
催化重整	乙烷、丙烷、异丁烷、正丁烷、异戊烷、2-甲基戊烷、3-甲基戊烷、正己烷、丙烯、苯、甲苯、间/对二甲苯
延迟焦化	乙烷、丙烷、异丁烷、正丁烷、异戊烷、正戊烷、2-甲基戊烷、3-甲基戊烷、正己烷、甲基环己烷、正庚烷、正辛烷、丙烯、苯、甲苯、邻二甲苯
氧化池	乙烷、丙烷、异丁烷、正丁烷、异戊烷、正戊烷、3-甲基戊烷、乙烯、丙烯、1-丁烯、乙炔、苯、甲苯、氟利昂-12、氯甲烷、二氯甲烷、四氯化碳、1,2-二氯乙烷
污水汽提	乙烷、丙烷、异丁烷、正丁烷、异戊烷、正戊烷、2-甲基戊烷、正己烷、正庚烷、乙烯、丙烯、1-丁烯、1-戊烯、1-己烯、苯、甲苯
乙烯裂解	乙烷、丙烷、异丁烷、正丁烷、乙烯、丙烯、1,3-丁二烯、苯、甲苯、二氯甲烷
储罐	乙烷、丙烷、异丁烷、正丁烷、乙烯、丙烯、1,3-丁二烯、1-丁烯、苯、甲苯、二氯甲烷

表 3-4　化工产品生产过程中排放的主要污染物种类

产品	主要污染物
对二甲苯	丙烷、异丁烷、正丁烷、甲苯、间/对二甲苯、二氯甲烷
聚丙烯	乙烷、丙烷、丙烯
PBL（聚丁二烯胶乳）	乙烷、丙烷、乙烯、1,3-丁二烯、顺-2-丁烯、苯
SBL（苯乙烯-丁二烯共聚物胶乳）	苯乙烯
SAN（苯乙烯-丙烯腈共聚物）	乙烷、丙烷、正丁烷、正戊烷、正己烷、正庚烷、正辛烷、丙烯、1-丁烯、1-戊烯、1-己烯、甲苯、苯乙烯
ABS（丙烯腈-丁二烯-苯乙烯共聚物）	乙烷、丙烷、苯、甲苯、乙苯、苯乙烯、氟利昂-12、氯甲烷、二氯甲烷
PCE（四氯乙烯）	氟利昂-22、氯甲烷、二氯甲烷、四氯化碳、四氯乙烯

　　根据相关测算，石油炼制和石油化工行业排放的 VOCs 量占京津冀地区工业源 VOCs 排放总量的 11.1%。2013 年全国工业源共排放 2959.9 万吨挥发性有机物（VOCs），其中京津冀地区工业源 VOCs 排放量为 256.4 万吨，占全国排放总量的 8.7%。对京津冀 VOCs 排放源进行了分类，得到各个分类及其排放量分别为：含 VOCs 产品的生产排放 VOCs 约 24.6 万吨，含 VOCs 产品的储运和运输排放的 VOCs 约为 13.9 万吨，以含 VOCs 产品为原料的工艺过程排放 VOCs 约 17.9 万吨，含 VOCs 产品的使用和排放则排放 VOCs 约 199.9 万吨，京津冀各地区的四大分类排放量如图 3-75 所示。

　　对京津冀地区 VOCs 排放进行分行业分析，如图 3-76 所示，印刷业（105.4 万吨）、机械设备制造（23.8 万吨）、建筑装饰（20.2 万吨）、石油炼制和石油化工（20.2 万吨）、制鞋业（17.3 万吨）、储存和运输（13.9 万吨）、焦炭生产（8.32 万吨）是工业源 VOCs 排放的主要贡献行业，占京津冀工业源 VOCs 总排放量的

81.6%。对工业源 VOCs 排放的重点行业进行分析，印刷业、机械设备制造、建筑装饰、制鞋业均是含 VOCs 产品的使用这一过程中 VOCs 排放的主要行业，而石油炼制和石油化工则是含 VOCs 产品的生产过程中 VOCs 排放的主要贡献源。

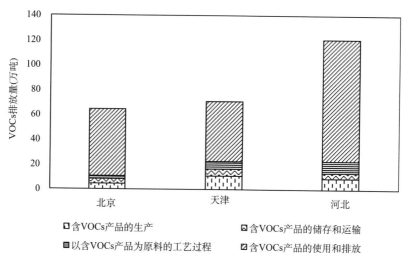

图 3-75　京津冀各地区工业源四大分类 VOCs 排放量（2013 年）

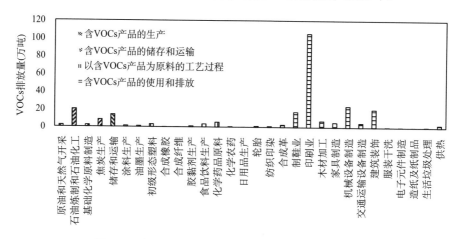

图 3-76　京津冀地区工业源分行业排放量（2013 年）

5. 民用部门

民用部门主要包括生活消费，批发、零售业和住宿、餐饮业，交通运输、仓储和邮政以及其他，2014 年京津冀地区民用部门煤炭总消费量为 2613.12 万吨，其中生活消费占了 72.7%。图 3-77 显示了京津冀地区民用部门总煤炭消费量在近十年的变化，可以看到这十年大致上呈现增长的趋势，生活消费对总煤炭消费量的影响较大，批发、零售业和住宿、餐饮业部门以及交通运输、仓储和邮政业部门的总煤炭消费量基本保持稳定，且有少量下降的趋势。

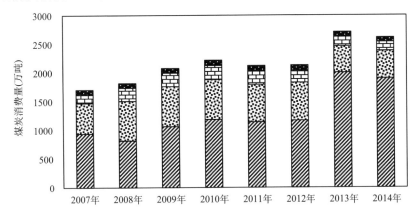

图 3-77　京津冀地区民用部门煤炭消费量（2007~2014 年）

生活消费中煤炭的消费量包括城镇和乡村两大类，由于农村分布范围广，统计较为困难，因此常出现农村散烧煤统计不完全的情况。清华大学、北京可持续发展促进会对 2013 年京津冀地区部分农村能源消费情况进行了调研,调研工作涵盖了北京、天津和河北的部分具有代表性的农村，如北京市远郊的部分村落，天津市内 4 个县的部分农户，河北省内各空气污染严重的城市其下辖区县的部分农户。调研结果显示，京津冀地区农村耗煤量较大，且农村采暖用煤量占总用煤量的 87%，北京市农村采暖用煤量约为 488.1 万吨，天津市约为 194.4 万吨，河北省约为 2519.1 万吨，京津冀区域农村采暖用煤约为 3201.6 万吨，农村散烧煤总量约为 3676 万吨，散烧煤硫分含量普遍在 1.6%~1.8%以上。

经测算，2013 年京津冀供暖季（11 月至次年 3 月）的农村供暖耗煤是电力行业的 59.3%，然而其排放的污染物是电力行业（2013 年水平）的 4.9（SO_2）、9.1（PM）倍，是电力行业（超低排放情形）的 41.4（SO_2）、140.1（PM）倍，表 3-5 是京津冀地区 2013 年 11 月至 2014 年 3 月农村散烧煤和电力行业排放比较。散烧煤排放污染物高，和散烧煤的煤质差有很大的关系，2014 年对京津冀地区农村在售散烧煤进行调研发现超过 20%的散煤均未达标。

表 3-5　京津冀 2013 年 11 月至 2014 年 3 月农村散烧煤和电力行业排放比较

	煤炭消耗（万吨）	SO_2（万吨）	NO_x（万吨）	PM（万吨）
农村供暖	3201.60	66.30	5.20	32.00
电力（实排）	5396.20	13.58	30.46	3.50
电力（超低排放情形）	5396.20	1.60	2.28	0.23

　　京津冀地区城镇供暖主要以集中供暖为主，而农村供暖因为地域等的限制，方式多样化，但主要以煤为主。《中国城市建设统计年鉴 2014》数据显示，京津冀城市市县区88%是集中供热，其主要燃料为煤炭。而乡镇区集中供热仅占20%，其他供热方式占80%，煤炭的消费占比超过51%，对比不同国家的供暖方式和其供暖能源，如表3-6所示可以发现京津冀地区的供暖方式较为单一。

表3-6　世界各国供暖方式和供暖能源种类

地区	国家	供暖方式	供暖能源
北美	美国	电采暖、空调	天然气、电力、石油
	加拿大	电采暖	水电资源
北欧	丹麦	集中热水供暖	热电联产、天然气和再生能源
	挪威	集中热水供暖、电采暖	石油、电力
	冰岛	地热采暖	地热资源
	瑞典	集中热水供暖	热泵供暖
	芬兰	热电联产集中供暖	发电厂余热（电力）
西欧	英国	主要独立供暖	天然气
	法国	电采暖	电力
	德国	主要分户供暖	天然气和燃油
南欧	意大利、葡萄牙	空调供暖	电力
东欧	俄罗斯	集中供暖	主要天然气
亚洲	日本	地板辐射热采暖	电供给、蓄热槽及利用城市废热
	韩国	分户、集中供暖各半	燃气
	中国	北集中供暖、南空调	燃煤为主

　　与美国家庭供暖能源消费情况对比，2011年美国家庭供暖使用的能源主要是天然气（占比49%）和电（占比34%），占家庭供暖能源总量的83%，具体的能源占比如图3-78所示。

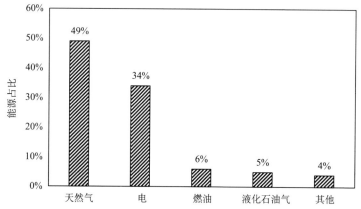

图3-78　美国 2011 年家庭供暖使用的能源种类及占比

资料来源：Buildings Energy Data Book 2011

根据美国住宅能源消耗调查报告显示，如图 3-79 所示，2009 年美国用天然气作为家庭供暖能源的家庭中，有 80%的家庭应用了中央暖风炉；使用电为家庭供暖能源的家庭中，有 50%的家庭应用了中央暖风炉，26%则应用了热泵。

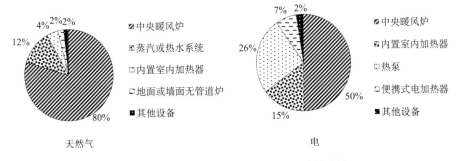

图 3-79　美国不同燃料的不同供暖方式的占比

资料来源：Residential Energy Consumption Survey 2009

3.2　京津冀主要耗能行业节能减排措施

2014 年京津冀地区工业共消费能源 2.5 亿吨标准煤，其中黑色金属冶炼和压延加工业消费 1.2 亿吨标准煤，占京津冀工业能源消费总量的 47.9%，是能源消费量最大的部门，电力、热力的生产和供应业能源消费占比为 17.7%，石化化工行业的能源消费占比为 14.4%，非金属矿物制品业占工业能源消费的 5.5%，有色金属冶炼和压延加工业能源消费占比仅为 0.3%，在京津冀地区有色金属行业规模较小。

2014 年我国煤炭消费总量为 41.2 亿吨，燃煤发电、炼焦冶金和建材等行业消费量占比较大，民用部门煤炭消费量约为 1.6 亿吨，占全国煤炭消费总量的 4%，大量高硫散煤的使用对环境造成严重污染。2014 年京津冀地区民用部门煤炭消费量为 2613 万吨，其中生活消费占了 72.7%。2013 年京津冀供暖季的农村供暖耗煤是电力行业的 59.3%，所以民用散煤造成的大气污染不可忽视。

电力行业、钢铁行业、建材行业、石化化工行业以及民用部门等主要耗能行业在京津冀地区的能源消耗和污染物排放方面都占有很大比重，重点推广这五大行业的节能减排措施是京津冀地区控制能源消费和缓解环境污染问题的关键。

3.2.1　电力行业

电力行业在我国能源消费结构中占有重要地位，是我国国民经济的重要支柱。目前我国电力行业中最主要的是火力发电，京津冀及周边地区 2014 年火电发电量占电力行业总发电量的 93.6%，非化石能源在电力行业中的占比虽近年来逐渐提高，但和国外相比，仍差距较大，例如美国电力行业中，水能、风能、太阳能和核能等非化石能源占比达 45.8%。因此提高非化石能源在电力行业的占比，将有效改善我国电力行业能源消费结构。

截至 2014 年年底，京津冀火电装机容量为 6576 万 kW，占全国火电总装机容量的 7.1%，火电发电量为 3164 亿 kWh，占全国火电发电总量的 7.5%。近年来，我国电力装备水平不断提升，火电机组平均供电标准煤耗持续稳定降低。2014 年，除北京因天然气发电占比较高而供电标准煤耗较低外，天津供电煤耗为 316 g/kWh，河北为 325 g/kWh，与发达国家 290 g/kWh 左右的水平相比，仍有较大差距，降低供电标准煤耗，提高煤炭利用效率，仍需不断努力。

由于京津冀地区电力行业以火电为主，而火电能源消费主要是煤炭，约占 93.5%，因此京津冀地区火电行业的污染物排放是该地区主要的污染物排放源之一。如图 3-80 所示，京津冀地区 2014 年火电行业污染物排放量分别为二氧化硫 31.2 万吨、氮氧化物 40.3 万吨、烟（粉）尘 7.2 万吨，其中河北省分别占 75.8%、74.0% 和 84.4%。以河北省为例，2014 年火电行业污染物排放在工业污染物排放中占有重要地位，二氧化硫、氮氧化物和烟（粉）尘分别占工业污染物排放总量的 22.6%、40.8% 和 7.3%。因此，在京津冀地区提高非化石能源发电比例，并对火电行业进行节能改造和超低排放改造，对于该行业节能减排工作具有重要意义。

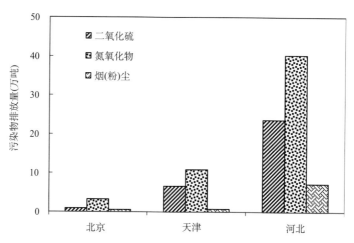

图 3-80　2014 年京津冀地区火电行业的污染物排放情况

资料来源：2014 年环境统计年报

借鉴发达国家电力行业的发展经验可知，提高非化石能源发电比例，开发利用高效清洁生产工艺，并进行超低排放改造，能够改善能源消费结构，降低煤耗，提高煤炭利用效率,有效地降低电力行业大气污染物的排放强度,从而促进我国电力行业整体的污染物排放水平的下降。近年来大量的高效生产技术在我国电力行业得到了应用,提高了机组的能效,降低了大气污染物排放水平。目前我国电力机组能效水平距离发达国家还具有一定差距,节能减排潜力巨大,未来的发展方向是进一步研究开发各种先进工艺,并在全行业进行推广应用。

如图 3-81 所示,京津冀地区应大力发展新能源电力,提高非化石能源发电比例,改善电力行业能源结构。河北省实施"4621"新能源示范工程建设,建设 4 个国家级新能源示范市、6 个光伏扶贫试点县、20 个新能源示范乡镇和百村万户光伏惠农项目。以张家口风能发电项目为例,张家口风能资源储量高达 1700 万 kW。2007 年,张家口坝上地区被确定为全国第一个百万千瓦级风电基地,2010 年 10 月工程建成并实现并网发电。2009 年,张家口市第二个百万千瓦级风电开发基地工程获批,开发规模达 165 万 kW,2013 年年底基本建成,以风电、光伏发电为主的清洁能源产业成为全市经济发展的重要支撑。2016 年张家口市启动第三个百万千瓦级风电基地工程,规划装机容量为 683 万 kW,其中 2018 年前并网发电 423 万 kW,剩余电 260 万 kW 于 2020 年底前全部投产。张家口地区风能资源的大力开发,对增加京津冀地区清洁能源供应、减少大气污染物排放具有重要意义。

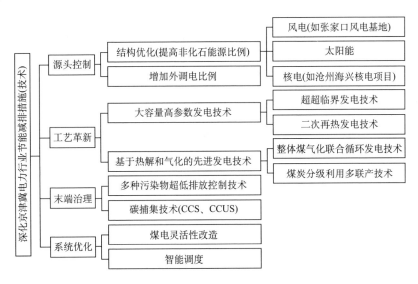

图 3-81　京津冀电力行业节能减排措施

电力行业除提高非化石能源发电比例外,还应通过超低排放和灵活性改造、增加外调电比例、提高火电机组容量和蒸汽初参数和发展基于煤热解和气化的先进发电技术等措施来减少电力行业能源消费量和污染物排放量。

1. 实施燃煤机组超低排放和灵活性改造工程

2014 年 5 月，国内首台燃煤电站超低排放系统在浙江嘉兴电厂率先投入满负荷运行。2015 年 12 月，环境保护部、发展和改革委员会及能源局联合发布了《全面实施燃煤电厂超低排放和节能改造工作方案》，要求到 2020 年，全国所有具备改造条件的燃煤电厂力争实现超低排放。截至 2015 年年底，全国有近 1.5 亿 kW 的燃煤机组完成了超低排放改造。

河北省 2015 年发布的地方标准《燃煤电厂大气污染物排放标准》中规定的污染物排放量远低于国家标准，二氧化硫、氮氧化物和烟（粉）尘的排放限值分别降低到 35 mg/m³、50 mg/m³ 和 5 mg/m³。

如图 3-82 所示，2015 年，天津市分别完成煤电机组除尘、脱硫和脱硝改造 346 万 kW、326 万 kW 和 381 万 kW，较去年同期分别增加 49.5%、61.9% 和 123%。2015 年河北省完成燃煤机组的节能改造 917 万 kW，可实现年均节能 19 万吨标准煤，同时完成了煤电机组的除尘、脱硫和脱硝改造 3010 万 kW、2493 万 kW 和 2737 万 kW。2017 年京津冀地区将基本完成煤电机组的超低排放改造。

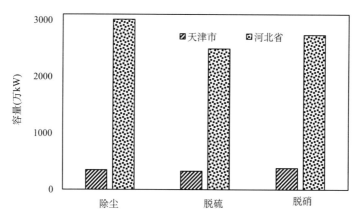

图 3-82　2015 年天津市和河北省煤电机组超低排放改造容量

国家能源局在 2016 年 7 月和 8 月两次发布《关于下达火电灵活性改造试点项目的通知》，通知要求在 22 家电厂建设火电灵活性改造试点项目，共计改造装机容量 1699 万 kW。近年来我国新能源发电装机规模迅猛增长，但是新能源发电的随机性和不稳定性给电力系统的安全运行和电力供应保障带来挑战，目前我国的电力系统调节能力还难以适应新能源大规模发展和消纳的要求，通过对火电机组进行灵活性改造，释放其潜在的灵活性，可有效提高我国电力系统的调节能力。

在实际运行中我国纯凝机组调峰能力一般为额定容量的 50% 左右，典型的抽凝机组在供热期的调峰能力仅为额定容量的 20%，相比之下，丹麦和德国等地区的纯凝和抽凝机组的调峰能力可以达到额定容量的 60%~80%，因此我国火电机组灵活性具有巨大的提升潜力。

2. 增加外调电比例

由于京津冀地区电力总消费量大于发电量，因此从外省调入电力比例较大。2014 年，北京市从外省调入电力 573.35 亿 kWh，占电力消费总量的 62%，而天津和河北的外调电比例分别为 24% 和 27%。随着京津冀地区经济的发展，其电力需求将进一步增加，外省电力调入的比例将逐渐增大。

2015 年出台的《京津冀及周边地区大气污染联防联控 2015 年重点工作》，将加快京津冀鲁区域 7 条输电通道建设，重点在内蒙古、冀北地区布局大型风电基地向京津冀地区输送清洁电力，提升区域外调电比例。根据《北京市 2013—2017 年清洁空气行动计划》，到 2017 年，北京外调电比例将达到 70% 左右。

此方面可借鉴美国加利福尼亚州的经验，加利福尼亚州大约有 30% 的电力从外地调入，大部分是从西北部诸州调入的，这部分电力来自风能，西南诸州调入的电力主要来自燃煤发电厂，也有一部分来自天然气电厂和核电站。由于加利福尼亚州在 2006 年出台了严格标准，燃煤电厂在加利福尼亚州提供的电力比例逐年下降，2014 年加利福尼亚州仅有 0.5% 的电力来自煤电。

3. 发展大容量高效率燃煤发电机组

提高蒸汽的初参数（压力和温度），采用再热系统和增加再热次数都能提高燃煤火电机组的效率。热力循环分析表明，在超超临界机组参数范围的条件下，主蒸汽压力提高 1 MPa，机组的热耗率就可下降 0.13%~0.15%；主蒸汽温度每提高 10℃，机组的热耗率就可下降 0.25%~0.3%；再热蒸汽温度每提高 10℃，机组的热耗率就可下降 0.15%~0.20%。二次再热系统中，蒸汽在高压缸做功后分别返回锅炉的一次再热器和二次再热器再次加热。在相同的主蒸汽与再热蒸汽参数条件下，二次再热机组的热效率比一次再热机组提高约 1.5%~2%，CO_2 减排约 3.6%。

我国 2006 年在浙江玉环、建成第一批超超临界机组，主蒸汽压力为 28 MPa，主蒸汽和再热蒸汽温度为 580℃，热效率达 46%。2013 年，外三电厂的两台百万千瓦超超临界机组在负荷率 78% 的情况下，含脱硫和脱硝的实际运行供电煤耗达到 276.82 g/kWh。2015 年 9 月 25 日，世界首台百万千瓦超超临界二次再热燃煤发电机组——国电泰州电厂（图 3-83）二期工程 3 号机组正式投入运营，设计发电煤耗 256.2 g/kWh。

我国计划逐步开展建设机组参数为 28MPa/620℃/620℃、31MPa/650℃/650℃和 34.5MPa/700℃/700℃ 的超超临界机组，并采用二次再热，提高热效率，降低供电煤耗。预计将于2018年开始700℃相关示范工程建设,届时电厂效率将达到50%以上。

图 3-83　国电泰州电厂

4. 基于煤热解和气化的先进发电技术

整体煤气化联合循环（IGCC）技术把洁净的煤气化技术与高效的燃气-蒸汽联合循环发电系统结合起来,既有高发电效率,又有极好的环保性能。该技术大大提高能源的综合利用率,实现能量的梯级利用,从而提高了整个发电系统的效率,并较好地解决了常规电站固有的污染问题（污染物的排放量仅为常规燃煤电站的1/10,脱硫效率可达99%,氮氧化物排放只有常规电站的15%~20%）。此外,实现了煤化工综合利用,能够生产硫、硫酸、甲醇、尿素等。IGCC把高效、大容量、清洁和综合利用结合在一起,是一种具有良好发展前景的洁净煤发电技术。

我国建设的第一台 250 MW 级 IGCC 发电机组——华能天津 IGCC 电站（图3-84）示范工程,已于 2012 正式投产发电。其设计效率达48.4%,烟（粉）尘排放低于 1.0 mg/Nm^3,二氧化硫排放低于 1.4 mg/Nm^3,氮氧化物排放低于 5.2 mg/Nm^3。

现有火电厂将煤炭作为燃料直接燃烧造成系统效率偏低,污染物控制成本高,并且浪费煤中具有高附加值的油、气和化学品等资源,以发电为主的煤热解气化燃烧分级转化近零排放污染物灰渣资源化回收技术具有巨大潜力。

浙江大学提出的循环流化床煤炭分级转化工艺将循环流化床锅炉和热解炉紧密结合,在一套系统中实现热、电、煤气和焦油的联合生产（如图3-85所示）。

图 3-84　华能天津 IGCC 电站

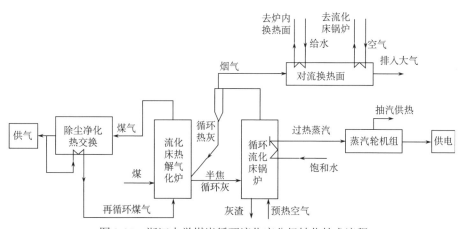

图 3-85　浙江大学煤炭循环流化床分级转化技术流程

循环流化床锅炉运行温度为 850~900℃，高温物料被携带出炉膛进入流化床热解炉，煤在热解炉中经热解产生的粗煤气经分离后进入煤气净化系统。除作为热解炉流化介质的部分煤气再循环外，其余煤气经过脱硫等净化工艺后作为净煤气供民用或经变换、合成反应生产相关化工产品。收集下来的焦油可提取高附加值产品或改性变成高品位合成油。煤在热解炉热解产生的半焦、循环物料及煤气分离器分离下的细灰一起被送入循环流化床锅炉燃烧利用。该工艺具有简单先进、燃料适应性广、工艺参数要求低、设备投资低和具有很好的污染物排放控制特性等优点，具有良好的应用前景。

2007 年 6 月，浙江大学与淮南矿业（集团）有限责任公司合作完成了 12 MW 循环流化床热电气焦油分级转化工业装置（其技术流程见图 3-85）。热态调试运行表明，系统运行稳定，调剂方便，运行安全可靠，焦油和煤气的生产稳定，实现了以煤为资源在一个有机集成的系统中生产多种高价值的产品。2009 年中国国电集团公司小龙潭发电厂、小龙潭矿务局和浙江大学合作以云南小龙潭褐煤为原料，把 300 MWe 褐煤循环流化床锅炉改造为以干燥后褐煤为原料的 300 MWe 循环流化床分级转化装置。一期工程已完成试运行及性能参数测试。运行结果表明，系统运行稳定，操作方便，以未干燥褐煤为原料，热解气化炉给煤量达到设计的 40 t/h，煤气产率及组分、焦油产率达到设计要求。

随着环保要求的提高，火电厂节能减排技术的会有新的发展，以上提及的超低排放和灵活性改造、高参数高容量和二次再热机组、煤热解和气化发电技术将会有更加广泛的应用。

3.2.2　钢铁行业

钢铁行业是京津冀地区尤其是河北省的重要耗能行业，2015 年京津冀及周边地区粗钢产量占全国粗钢产量的 44.8%，其中河北省生产粗钢 1.88 亿吨。2015 年河北粗钢产能为 2.59 亿吨，产能利用率为 72.7%，河北省施行错峰生产可有效提高钢铁产能利用率，缓解京津冀供暖季污染问题。

我国钢铁行业电炉钢比重较低，2015 年电炉钢产量比重仅为 6.1%，低于世界平均水平 25.8%，电炉炼钢能耗低、环境污染轻，随着我国废钢资源量的增加（如图 3-86 所示），电炉钢比重的提升是钢铁行业的发展趋势。

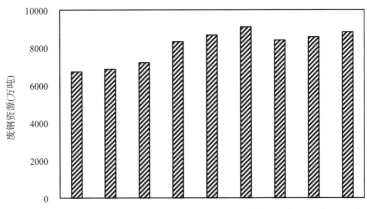

图 3-86　我国废钢资源量变化趋势

资料来源：国家统计局

2015 年中国钢铁协会会员单位平均吨钢能耗为 572 kgce/t，相比 2014 年降低了 2.7%，但是与工业和信息化部发布的《工业绿色发展规划（2016—2020 年）》中 2020 年吨钢煤耗下降到 560 kgce/t 的要求还有一定差距，所以仍需大力推广钢铁行业的节能技术，进一步降低吨钢能耗。

末端治理方面，烧结和球团是钢铁行业 SO_2 排放的主要工序，也是重点需要安装脱硫设施的工序。由于"十二五"期间钢铁行业减排的重点工作是烧结和球团设备必须配备烟气脱硫设施，但经脱硫核查，已投运的烧结烟气脱硫设施因质量低下、设备投运率低、旁路漏排现象严重等原因，其综合平均脱硫效率还不到50%。河北省的地方标准《钢铁工业大气污染排放标准》对污染物排放的要求严于国家标准，对于烧结机的 SO_2、NO_x 和烟（粉）尘排放要求分别为 50 mg/m³、180 mg/m³ 和 300 mg/m³，但是相较于火力发电的排放指标仍然差距较大，还有很大的提升空间。

京津冀地区的钢铁行业应大力推广节能减排技术，提高短流程电炉钢生产比例，同时实施错峰生产，提高产能利用率，以降低能源消费量和污染物排放量。钢铁行业节能减排工艺及其节能减排效果如图 3-87 所示。

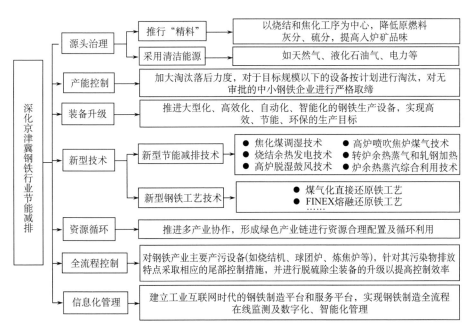

图 3-87　京津冀地区钢铁行业节能减排措施

下面结合案例具体说明钢铁行业先进工艺的节能减排效果。

1. 荒煤气显热回收技术

荒煤气显热占焦炉未回收余热资源的 51%（如图 3-88 所示），具有很高的显热回收利用价值和潜力，是焦化工序中节能的重要环节。由于受上升管受热面积狭小和荒煤气中所含焦油蒸气在上升管管壁表面冷凝结焦的影响，极易出现换热失效，且易引起焦炉安全生产难题，焦炉荒煤气显热的回收至今尚未形成一种成熟、高效、可靠的技术方案。现有焦炉荒煤气显热不但未被回收，而且为降低焦炉荒煤气温度使其便于后续焦化工艺处理，还需要喷洒氨水进行冷却处理，从而导致余热资源浪费的同时，增加了氨水、电力的消耗。焦炉荒煤气显热回收技术的研究一直是整个焦化行业节能减排的热点之一。

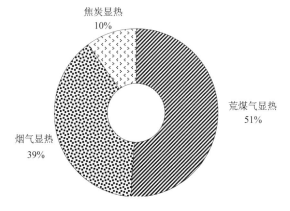

图 3-88　焦炉未回收资源比重

宝钢集团采用分布式显热回收方案，提出将上升管与蒸发器功能合二为一的上升管蒸发器技术，包括荒煤气通道、涂层、内壁、腔室、外壁和保温层六个主要部分。中试试验装置安装在某钢铁厂二期焦炉 3B 焦炉 101-105 炭化室上，并新建配套辅助设备，其主要运行参数如表 3-7 所示。

表 3-7　中试系统主要运行参数

序号	名称	单位	试验数据
1	蒸汽压力	MPa	0.38
2	蒸汽流量	t/h	0.51
3	炭化室数量	孔	5
4	蒸汽焓值	kJ/kg	2736
5	给水焓值	kJ/kg	84
6	单孔回收热量	MJ/h	284

续表

序号	名称	单位	试验数据
7	吨煤回收热量	MJ/t 煤	206.3
8	吨焦回收热量	MJ/t 焦	277.1
9	吨焦回收热量	kgce/t 焦	9.47

宝钢股份有限公司采用该技术可回收荒煤气显热 63%，炼焦单位能耗可降低 9.47 kgce/t。以 2 座 50 孔焦炉年产焦炭约 90 万吨为例，需要安装 100 根上升管蒸发器，平均回收蒸汽 7 t/h，考虑维修等影响因素取系数 0.9，则年回收蒸汽 55188 吨，折合标准煤 5833 吨，可减少 CO_2 排放 1.5 万吨；蒸汽按成本价 148 元/吨计算，则年产生经济效益约 817 万元，具有良好的社会效益和经济效益。

2. 电炉炼钢复合吹炼技术

电炉炼钢复合吹炼技术以集束供氧、同步长寿底吹、高效余热回收利用等技术为核心，实现电能、化学能输入、底吹搅拌和余热回收等单元技术的集成。集氧气、燃气及粉剂喷吹为一体的多种形式的集束射流供能模块，可实现炉内的高效供能与快速化学反应；安全长寿的电弧炉底吹装置及搅拌工艺，可稳定钢液成分及温度，保证了产品质量；电弧炉烟气余热回收装置的设计及应用，能够实现余能的高效利用；热管换热技术提升了余热回收效果；全新设计的冲击波吹灰技术，保证了余热回收长期稳定运行；"供电-供氧-脱碳-余热"能量平衡系统，可保证电弧炉炼钢复合吹炼和余热回收协调运行。电炉炼钢复合吹炼技术可降低冶炼电耗 13 kWh/t，钢铁量消耗降低 15.5 kg/t，余能回收 15.8 kgce/t。

3. 高温高压干熄焦技术

高温高压干熄焦技术是指在炼焦生产中，采用循环惰性气体与高温红焦进行热交换进而冷却焦炭的技术，传统的采用水熄灭炽热红焦的工艺为湿熄焦。湿熄焦不仅不能回收热能，而且吨焦产生 0.3~0.4 吨水蒸气夹带大量烟尘及少量硫化物等有害物质，不但严重污染大气及周围环境，同时还耗费大量水资源。干熄焦技术采用惰性气体冷却焦炭并回收焦炭显热，每吨干熄焦可回收热量 35~45 kgce。干熄焦技术在密闭系统中将焦炭熄灭，并配合良好的除尘设施，可将熄焦过程对环境的污染降低到最低水平，减少了常规湿法熄焦过程中含酚、HCN、H_2S、NH_3 等废气的排放。

干熄焦技术充分体现了资源循环利用和节约利用的环保理念。干熄焦成套装置通过回收炽热焦炭的显热，产生水蒸气，水蒸气可利用发电或并入总蒸汽网。由于干熄焦焦炭质量提高，可使高炉炼铁入炉焦比下降 2%~5%，同时高炉生产能力提高约 1%，吨焦回收能源（以标准煤计）为 42 kg/t（焦），每吨干熄焦焦炭对炼铁系统带来的效益约为 14 元。

4. 焦炉烟气低温脱硫脱硝技术

目前焦炉烟气脱硫脱硝的常规方法是：增设燃气加热炉，通过燃烧煤气加热一定量的室外空气，加热空气与焦炉烟气混合，将焦炉烟气温度提升至 300~400℃，然后采用电厂常规的 SCR 法脱硝，脱硝后烟气进行热回收，再进行烟气脱硫。如采用湿法脱硫工艺，则需对脱硫后的焦炉烟气再次加热，使其满足烟囱热备的温度要求。常规方案系统庞大，工艺复杂，配套设备多，工艺流程中涉及多次换热，造成大量的能源浪费。

焦炉烟气低温脱硫脱硝技术工艺流程为：焦炉烟道废气经风机送到低温 SCR 脱硝系统，脱硝后通过回收热量生产蒸汽来降低焦炉烟气温度，温度降低至 160℃左右再经过干法脱硫系统，最后通过烟囱排入大气。

该焦炉烟气脱硫脱硝除尘及余热回收装置，实现了炼焦行业焦炉烟气脱硫脱硝除尘余热回收的一体化，由表 3-8 可知，SO_2 和 NO_x 的排放浓度都能满足相关标准，具有良好的应用前景。

表 3-8　年产量 120 万吨焦的焦炉测算结果

项目		单位	数值
焦炉烟道废气量		Nm^3/h	$2×90000$
装置入口	NO_x 浓度	mg/Nm^3	900
	NO_x 带入量	t/a	1024.97
	SO_2 浓度	mg/Nm^3	150
	SO_2 带入量	t/a	187.06
装置出口	NO_x 排放量	t/a	205.93
	SO_2 排放量	t/a	56.01
NO_x 减排量		t/a	819.04
SO_2 减排量		t/a	131.05

5. 烧结烟气脱硫脱硝除二噁英技术

烧结烟气脱硫技术主要分为湿法脱硫、干法或半干法脱硫技术。湿法脱硫技术是脱硫剂与烟气中二氧化硫在液态下发生反应，生成的副产品为湿态。湿法脱硫技术主要是石灰石-石膏法，脱硫效率高，可稳定在 95% 左右，工艺较为成熟。干法脱硫技术的脱硫副产物为干态，主要有循环流化床法和活性炭法。循环流化床法的脱硫效率为 85%~90%，通过加入吸附剂（活性炭）可脱除重金属、二噁英等污染物，如果配合布袋除尘，烟（粉）尘排放浓度可降至 10 mg/m³。

烧结球团工序是钢铁行业 SO_2 和 NO_x 及其他大气污染物排放的主要工序，其中 SO_2 的排放量占整个钢铁行业的 80%。太钢集团采用日本住友的活性焦干法脱硫、脱硝技术，净化烧结烟气中的 SO_2 和 NO_x。

根据实测结果，如图 3-89 所示，太钢三号烧结机脱硫率达 98.8%，脱硝率为 61%，除尘率为 82.5%，脱二噁英率为 90%，硫酸产量 8800 t/a，均优于设计值，每年可减排二氧化硫 1.6 万吨，氮氧化物 2200 吨，烟（粉）尘 2000 吨，环保效果显著。

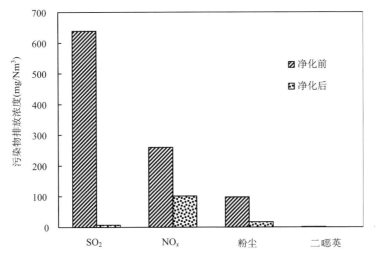

图 3-89　太钢三号烧结烟气脱硫脱硝净化前后对比

宝钢节能采用半干法脱硫和烧结选择性催化还原组合式脱硫脱硝脱二噁英技术，开发出成套的适用于低热值燃料的燃烧方式、专用烧嘴及燃烧后高温烟气与低温烧结烟气的混匀系统及设备，解决了采用高炉煤气替代高热值的焦炉煤气或天然气进行直接加热的高运行费用问题，在相同处理效果和技术指标下，该技术路线运行费用较活性炭吸附技术低 10%~20%，脱硫效率高达 90% 以上，二噁英脱除率也高达 85%，兼有脱除烟气中重金属的功能。

3.2.3　建材行业

京津冀地区，尤其是河北地区，建材行业更是其重要的能耗产业，玻璃、水泥是建材行业最为重要的环节。

针对京津冀地区的建材行业，如图 3-90 所示，要从优化产业结构，加大节能降耗，以及推进清洁生产三个方面入手，并同时实施错峰生产，尤其是水泥和玻璃产业作为重点对象，充分开发玻璃产业的节能减排潜力。

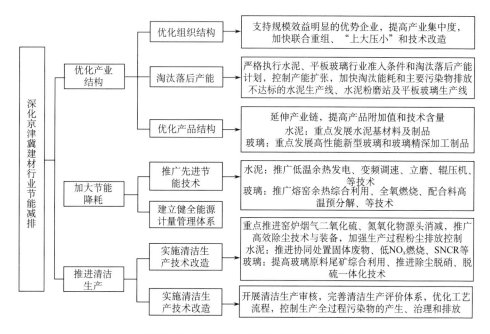

图 3-90　京津冀建材行业节能减排方案

河北省是水泥工业大省，水泥的产量、产能已处于过剩阶段，水泥年产量超过 1 亿吨，其中 2012 年水泥产能利用率为 70.7%。

水泥同钢铁一样，也是列入国家化解过剩产能的重点行业。近几年国家加大力度对全国各省落后水泥产能实行淘汰，2011~2013 年河北省淘汰水泥落后产能如表 3-9 所示。除淘汰落后产能外，在河北省建立错峰生产长效机制，对化解水泥产能过剩矛盾，推动节能减排，减轻雾霾污染，帮助企业脱困增效，促进行业健康持续发展具有重要的积极意义，同时也为京津冀地区其他工业错峰生产提供借鉴。

表 3-9　2011~2013 年河北省淘汰水泥落后产能

年份	完成淘汰水泥产能（万吨）	完成淘汰熟料产能（万吨）
2011	2696.8	195
2012	3870.8	329.4
2013	1716	111.7

从能源结构方面看，我国水泥行业适用的能源主要为原煤和电，其中煤炭实用量占水泥行业总能耗的 78%。现行的新型干法水泥企业的耗煤主要集中于熟料和煅烧阶段。水泥生产过程中产生的主要污染物为烟尘、SO_2 以及 NO_x，此外烟气中还有大量的 CO_2 气体，其中只有粉尘是水泥行业生产过程中直接排放出来的主要污染物，SO_2、NO_x 等主要来自于煤的燃烧。要降低水泥行业能源消耗以及污染物排放，需改进水泥企业熟料和煅烧阶段的技术工艺，和末端排放的治理手段。

相较于水泥行业，玻璃行业有着更大的节能减排潜力。2014 年，我国的平板玻璃产能利用率为 66.8%，远低于世界平均水平（90%）。京津冀地区中，河北省平板玻璃产量居全国第一，平板玻璃也是河北省治理污染主要控制的四大行业之一。其面临着新增产能利用率低，结构性产能过剩严重；过剩产能化解任重道远，污染治理进展迟缓等问题，截至 2014 年 7 月底，河北省玻璃行业共有大气治污项目 49 项，而其完成率仅为 4%，远远低于水泥行业的 95.3%。

图 3-91 是河北省单位平板玻璃综合能耗，可以看出河北省平板玻璃综合能耗高于国际领先能耗约 13.3%，平板玻璃节能减排仍有潜力。

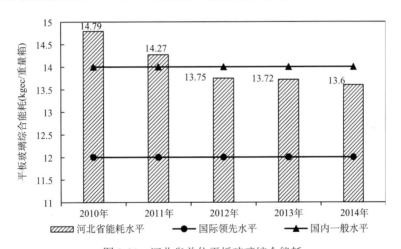

图 3-91   河北省单位平板玻璃综合能耗

我国平板玻璃生产工艺中，浮法工艺生产量占我国平板玻璃总产量的 87%，浮法玻璃在生产流程中主要以重油和天然气作为燃料。根据不同的生产规模和燃料的使用情况，排气温度在 400~500℃，而浮法玻璃窑炉烟气污染物主要包括 SO_x，NO_x 和烟（粉）尘。

平板玻璃节能减排先进技术如图 3-92 所示，可划分为生产过程节能减排技术、资源能源回收利用技术和污染末端控制技术。但我国先进适用技术在市场中所占份额并不高。

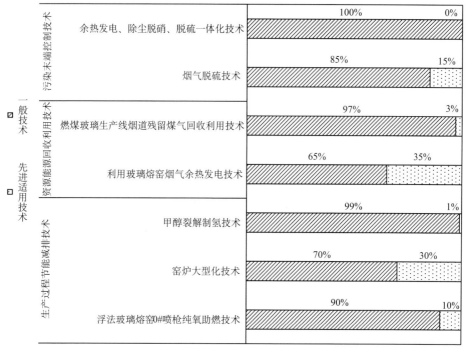

图 3-92　浮法玻璃节能减排技术现状

资料来源：《建材行业节能减排适用技术指南 2012》

下面结合具体案例分析水泥行业与玻璃行业节能减排效果措施：

1. 水泥错峰生产结合过剩产能供给侧改革

水泥错峰生产于 2014 年 11 月 1 日率先在新疆试行，东北三省紧随其后，于 12 月 1 日开始试行，为期都是 4 个月。随后，北京、天津、山东、河北、山西、河南等四省两市也积极响应，从 2015 年 1 月 15 日至 3 月 15 日，实施了 2 个月的水泥错峰生产。北方采暖地区的所有水泥熟料生产线全面试行错峰生产，承担居民供暖、协同处置城市生活垃圾及危险废物等特殊任务的熟料生产线可以不错峰生产。

实行错峰生产的七省一区两市有效压减了熟料产能，减少水泥熟料产能 8556 万吨，也减少了煤炭消耗以及污染物的排放，如表 3-10 所示，节能效果明显，对缓解京津冀地区雾霾污染具有积极意义。

错峰生产期间，企业合理组织生产，不仅避免了水泥窑因熟料滞销胀库而开开停停，还有利于保持水泥质量的稳定，减少企业的损失。同时错峰生产维护了正常的市场秩序，减少行业亏损，稳定行业增长。

表 3-10　试点地区节能减排量

煤炭少消耗量	1075 万吨
二氧化碳减排量	6330 万吨
氮氧化物减排量	9.2 万吨
粉尘减排量	3.3 万吨

2. 生料立磨及煤立磨粉磨技术

生料立磨及煤立磨粉磨是利用料床粉磨的原理对原料或燃料进行粉磨的技术，由于磨辊与磨盘之间存在速度差，以及通过料层（颗粒）的作用而引起的冲击破碎效果，使得物料在挤压、剪切（碾磨）和冲击复合力的作用下被粉碎，故粉磨效率高。在粉磨的同时，通常采用窑尾热废气对粉磨物料进行烘干，热风将被粉磨的细粉送到其上部的选粉装置内进行分选，使合格的细颗粒随热风进入收尘器而被收集，再由输送系统送入粉料库储存；粗颗粒被分选出，通过中心下料斗回到磨盘再次被粉磨。

河北金隆水泥集团有限公司，于 2011 年对其 2500 t/d 新型干法水泥生产线的生料立磨及煤粉立磨进行改造。其中原料立磨的改造，用 HRM3400 立磨取代了 MLS3626 立磨，改造前，MLS3626 磨机主电机电流为 125 A 左右，震动值 2.5 mm/s 左右，经常达到 3.7 mm/s 以上。系统风机在改造前后运行情况基本一样，但改造后 HRM3400 磨机的产量比 MLS3626 磨机高出 20%，并且这个产量是在生料细度大幅度提高的前提下达到的。

对于煤粉立磨的改造，河北金隆水泥集团有限公司原来采用国产 MPF1713 型煤粉立磨，因产量低、煤粉细度粗，导致生产线产量不能达标，熟料标号也不理想。后用 HRM2200M 高细煤粉立磨代替，为节省费用，保留了原有的 355 kW 主电机。表 3-11 是改造后的经济技术指标。

表 3-11　主要技术参数表

磨机产量	平均产量：20 t/h 最高产量：25 t/h
煤粉细度	$R_{0.08} \leqslant 5\%$（劣质煤） $R_{0.08} \leqslant 3\%$（无烟煤）
煤粉水分	2%
立磨主机单位产品电耗	12~15 kWh/t
煤粉制备系统单位产品综合电耗	26~29 kWh/t
易磨损件的净磨耗	5~10 g/t 煤粉

生料立磨改造，改造从拆旧磨机到新磨机达产达标共用时 35 天，总投资 620 万元；煤粉立磨改造用时 45 天调试达产达标，改造费用 370 万元。改造后，2500 t/d 新型干法水泥生产线，日产熟料由 2800 t 提高到 3200 t，标准煤耗由 108.1 kg/t 下降到 105.1 kg/t，水泥电耗由 72.4 kW/t 下降到 67.4 kW/t。

3. 辊压机+球磨机联合水泥粉磨技术

联合水泥粉磨系统由辊压机、打散分级机（或 V 型选粉机）、球磨机和第三代高效选粉机组成。经辊压机挤压后的物料（包括料饼）再进入打散分级机（或 V 型选粉机），使小于一定粒径（一般为小于 0.5~2.0 mm）的半成品送入球磨机继续粉磨，粗颗粒返回辊压机再次挤压。

国内外均有相关技术专利，目前国内拥有自主知识产权的辊压机+球磨机联合水泥粉磨系统已达到国际先进水平，并且国产化装备的价格显著低于国外同类产品。

海南三亚华盛水泥有限公司年产 200 万吨水泥粉磨站一期工程采用 HFCG160-140 大型辊压机+ HFV4000 气流分级机+ϕ4.2 m×13.0 m 球磨机闭路挤压联合粉磨工艺。以生产 PO42.5 等级水泥为主，在物料邦德功指数为 15.96 kWh/t，系统产量为 206 t/h 时，粉磨系统电耗为 27.87 kWh/t。2009 年实际产量超过 140 万吨，单位水泥节电达 10 kWh/t 以上，实际节电 1400 万度，节约电费超过 700 万元。

4. 低温余热发电技术

水泥生产中水泥窑排放出大量的温度在 350℃左右的中低温废气，这部分废气的热量占燃料总输入热量的 30%左右，如果直接排放到大气中，会造成能源的严重浪费。因此，水泥窑低温余热发电技术应运而生，应用低温余热发电技术将这部分中低温的废气余热回收利用，产生高温过热的蒸汽进入汽轮机做功发电，发电机输出的电量可以供给水泥厂自身的水泥生产线及厂区生活用电。

义煤水泥公司于 2006 年，新建成了一条 5000 t/d 干法生产线，水泥熟料热耗由原来的 4600 kJ/kg 降低到了 3200 kJ/kg，但是由于水泥煅烧技术和生产工艺流程的限制，温度在 350℃以下中、低温废气余热不能被充分利用，造成了极大的能源浪费。为了减少中低温废气排放对大气的热污染，降低企业的生产成本，同时缓解公司用电压力，利用水泥熟料生产线的窑头、窑尾生产线排放的余热资源，采用纯低温余热发电技术，建设一座 9 MW 纯低温余热电站。

该工程包括 9 MW 汽轮机厂房、冷却塔、窑头余热锅炉及沉降室、窑尾余热锅炉、化水车间等，主要设备参数见表 3-12。

表 3-12 主要参数

汽轮机形式	补汽凝汽式
汽轮机容量	9 MW
汽轮机主蒸汽工作蒸汽参数	1.6 MPa， 310℃
发电机	10 kV 空冷式发电机组

该项目建成后，年发电量 6324 万 kWh，年供电量 5818 万 kWh，年节约标准煤 2.1934 万吨，减排 CO_2 6 万吨、烟（粉）尘 0.035 万吨、SO_2 400 吨。平均每吨熟料成本可下降 15 元以上，每年可为企业节约 2000 多万元资金。

5. *浮法玻璃熔窑纯氧助燃技术*

普通浮法玻璃熔窑，喷火口上部预热的助燃空气以一定角度向下喷入，燃料喷枪在喷火口下部，每个喷火口装有 2~3 支燃料喷枪，燃料喷枪的上部燃料与空气接触面积大，燃烧速度快，火焰温度高，燃料喷枪的下部则为缺氧区，而喷枪下部正是离需要熔化的玻璃原料最接近的区域，但该区域反而没有高温火焰覆盖。目前，为了加速熔化和提高玻璃液质量，采取了提高上部温度的加热方式，使上部高温火焰辐射到玻璃液面，但高温火焰加快了空气中氮气和氧气的反应而生成 NO_x，其后果是既浪费能量又增加了烟气中 NO_x 的浓度。根据局部质量发明原理，把有限氧气从燃料喷枪下部加入，这种梯度增氧助燃方式使得在最需要氧气的地方得到高纯度氧气，提高火焰底部温度，增强了火焰对玻璃液热传导能力，从而提高玻璃熔化速度，提高玻璃液的质量。

浮法玻璃熔窑纯氧助燃技术的实施可以降低玻璃液能耗，减少烟气中 NO_x 的含量，提高玻璃质量，效果如下：①燃料喷枪底部加入纯氧，实现火焰梯度燃烧，可使烟气中的 NO_x 降低 30%以上；②可提高拉引量 10%~15%，节能 4%~8%，提高成品率 1%~3%。

6. *甲醇裂解制氢技术*

浮法玻璃生产线锡槽的保护气体以氮气为主，辅以少量的氢气。目前制取氢气常用的方法有两种：电解水和氨分解。前者工艺较复杂且成本高；后者氨存在的杂质对玻璃质量有影响，另外把合成的氨再分解，社会资源消耗不合理。甲醇裂解制氢是利用甲醇和水蒸气在一定温度下催化分解生成 H_2 和 CO_2，该技术具有原料甲醇容易获得，存储与运输方便，反应温度低，工艺条件缓和，燃料消耗低，流程简单，操作容易等优点。

浮法玻璃生产线依生产规模不同，锡槽保护气体的氢气用量为 90~120 m^3/h，则每年的氢气需求量约为 79 万~105 万 m^3。以 100 m^3/h 的氢气需求量为例，电解水、氨分解与甲醇裂解制氢技术的生产成本与能耗对比分析如图 3-93 所示，可以看出甲醇裂解制氢的成本与能耗显著低于另外两种制氢技术。

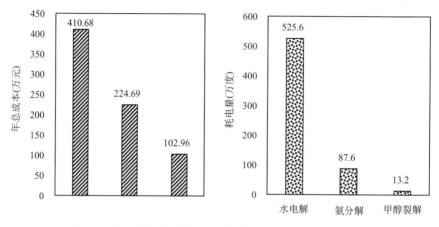

图 3-93　水电解、氨分解、甲醇裂解制氢成本及能耗对比图

7. 玻璃窑炉脱硫脱硝除尘一体化技术

以某集团公司 900 t/d 浮法玻璃生产线为例，该玻璃窑炉烟气脱硝脱硫除尘一体化工艺主要包含四个区域：氨区（脱硝还原剂储存、制备、供应系统）、SCR（选择性催化还原技术）区、RSD（循环半干法烟气脱硫技术）区和除尘，其工艺流程见图 3-94。

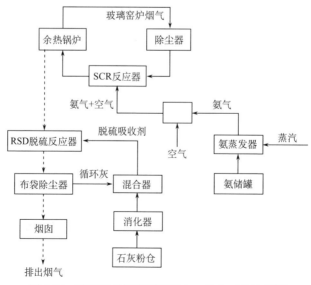

图 3-94　玻璃窑炉脱硫脱硝除尘一体化工艺流程图

玻璃窑炉出来的高温烟气首先进入余热锅炉垂直高温段进行热量回收，在烟气温度处于 320~350 ℃时引出锅炉钢架，进入脱硝系统，在烟道内与喷氨格栅喷入的氨气进行充分混合后均匀进入 SCR 反应器。在反应器内，烟气中的氮氧化物与氨在催化剂的作用下发生氧化还原反应，生成氮气和水。经脱硝后的烟气再进入余热锅炉继续余热利用。将烟气温度降低到 180℃以下时，烟气由余热锅炉出来进入反应器底部，与从混合器输送的脱硫吸收剂充分接触。物料与烟气呈气力输送状态，在烟气夹带固体颗粒向上流动的过程中，烟气降温增湿并与固体颗粒发生脱硫反应。脱硫后的烟气从反应器的顶部进入除尘器，然后由引风机经烟囱排入大气，从而可实现余热发电和脱硝、脱硫、除尘一体化的烟气治理技术。

玻璃窑炉烟气采用 SCR 脱硝技术，脱硝效率达到 90%以上；采用 RSD 脱硫技术，脱硫效率达到 90%以上，后置布袋除尘器能符合出口粉尘浓度小于 50 mg/Nm 的要求。其中 RSD 相对湿法与干法脱硫技术，具有脱硫效率高、脱硫产物易处理、占地面积小、一次性投资少、运行简单可靠、旧烟囱无需改造等优点，非常适合玻璃企业等小机组的脱硫。

3.2.4　石化化工行业

石化化工行业是我国国民经济的基础产业，是六大高耗能行业之一，其能源资源消耗高且污染物排放量大，"十二五"以来，炼油、乙烯、合成氨、烧碱、电石等重点产品单位综合能耗均有较大幅度下降，但和发达国家相比，仍有较大的差距。京津冀地区石化化工行业发展迅速，石油炼制和石油化工行业排放的 VOCs 量占京津冀地区工业源 VOCs 排放总量的 11.1%。2013 年京津冀地区工业源 VOCs 排放量为 256.4 万吨，占全国排放总量的 8.7%。石化企业典型 VOCs 排放环节如图 3-95 所示，其中 VOCs 的生产、储运、工艺过程和使用过程排放占比分别为 9.6%、5.4%、7%和 78%，使用过程排放占比最大。

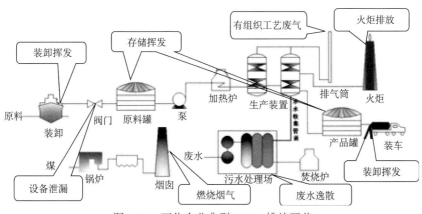

图 3-95　石化企业典型 VOCs 排放环节

工业和信息化部印发的《工业绿色发展规划（2016—2020 年）》指出，希望在"十三五"时期，2015 年炼油的单位工业增加值综合能耗能下降到 65 kg 标准油/t，2020 年下降至 63 kg 标准油/t，这对炼油企业在节水、节电、降低蒸汽和燃料消耗以及控制催化烧焦等方面提出了更高的要求。为实现综合能耗的降低目标，需要推广高清洁低能耗的生产工艺，如表 3-13 所示。

表 3-13　石化化工产品不同生产工艺下的能耗

产品	工艺方法	指标名称	行业平均值（kg 标准油/t）	能效标杆参考值
乙烯	30 万吨/年及以下小型装置	单位乙烯综合能耗	—	610
	30 万吨/年以上大型装置	单位乙烯综合能耗	—	519
合成氨	无烟煤为原料	单位产品综合能耗	1348	1093
	烟煤、褐煤为原料	单位产品综合能耗	1640	1383
	天然气为原料	单位产品综合能耗	1259	909.91
纯碱	氨碱法—轻质	单位产品综合能耗	350	320
	氨碱法—重质	单位产品综合能耗	395.03	—
	联碱法—轻质	单位产品综合能耗	217	170
	联碱法—重质	单位产品综合能耗	—	218
硫酸	硫黄制硫酸	单位产品综合能耗	−130	−183
	硫铁矿制硫酸	单位产品综合能耗	−113.1	−147
磷酸一铵	传统法	单位产品综合能耗	270	256
	料浆法	单位产品综合能耗	274	
硫酸钾	含钾卤水	单位产品综合能耗	1259.6	—
	海水、卤水	单位产品综合能耗	—	—
聚氯乙烯树脂	电石法	单位产品综合能耗	319	192
	乙烯法	单位产品综合能耗	—	—
	单体法	单位产品综合能耗		

石化化工行业生产的产品种类繁多，且每一类产品生产工艺均不止一种，选择低能耗的生产工艺可以大大降低总能源消费量。装置热联合技术、氯丙烯直接氧化法合成环氧氯丙烷技术、聚氯乙烯无汞工艺、环保透明抗冲聚丙烯技术、双向拉伸聚乙烯产业化关键技术、绿色环保型铝基催化聚酯生产新工艺、陶瓷纳滤膜材料工业技术、等离子体裂解酶制乙炔技术、常温常压安全高效氢储存运输关键技术、以煤为原料生产芳烃及衍生物关键技术以及合成气一步法制乙烯技术等技术的应用将会带来石化行业绿色生产、低能耗的新局面。下面以案例具体说明几种新工艺的节能和减排效果。

1. 装置热联合技术

装置热联合包括装置间的热进出料以及物流换热，中间产品出装置后不经冷却而直接进入下游加工装置，通过减少冷却与加热过程来达到减少能量损失的目的，能有效地促进装置规模大型化、集约化，进而实现节能降耗。装置热联合工艺在石化企业中应用较多，包括减压渣油热出料供焦化装置，催化裂化油浆直接加热初馏塔底油，减压蜡油、常压渣油和溶剂脱沥青油热出料供催化裂化装置等。

中国石化洛阳分公司实施常压渣油热出料供催化装置的热联合装置，能耗下降 10 GJ/h，折合成燃料油消耗约节约 0.25 t/h；将催化裂化柴油热出料供加氢精致装置，进料按 100 t/h 计算，可使能耗下降 27 GJ/h，折合成燃料油约节约 0.6 t/h。

2. 氯丙烯直接氧化法合成环氧氯丙烷技术

环氧氯丙烷是一种重要的有机化工原料、合成中间体和精细化工产品，广泛用于合成环氧树脂、硝化甘油炸药、氯醇橡胶、甘油、电绝缘品、离子交换树脂、医药、农药、增塑剂等多种产品。目前常用的方法有丙烯高温氯化法和乙酸丙烯酯法，丙烯高温氯化法的转化率只有 70%~75%，且每产 1 吨环氧氯丙烷就会产生 $50\sim60\ m^3$ 废水；乙酸丙烯酯法对设备要求高，污染物排放大，其设备维护以及三废处理的投资占总投资的 10%。氯丙烯直接氧化法合成环氧氯丙烷技术和丙烯高温氯化法以及乙酸丙烯酯法相比，废水排放量只有传统氯醇化工艺的 5% 左右，几乎没有废渣排放，具有污染极低、选择性较高、合成条件温和等优势。目前中国石油化工集团公司石油化工科学研究院与中国石化集团巴陵石化合作建设 600 t/a 直接环氧化中试装置，该项目有望为未来环氧氯丙烷发展绿色工艺提供新的方法。

3. 聚氯乙烯无汞工艺

以乙炔为原料的聚氯乙烯无汞新工艺，和传统的电石法 PVC 生产工艺相比，吨 PVC 的电石消耗量下降 50%，综合能耗和生产成本均有所降低，而且完全消除汞污染。山东德州实华化工有限公司的乙炔和二氯乙烷无汞催化合成氯乙烯新工艺项目，其年产量为 2000 吨/年，该中试装置的数据表明，乙炔单程转化率可以保持在 70% 以上，氯乙烯的综合收率达 98% 以上，其能耗与传统工艺相比大大减少。

VOCs 末端治理方面，传统的 VOCs 处理技术包括燃烧法、冷凝法、吸附法、吸收法和生物法等，这些技术也是目前常用的 VOCs 处理技术。但是主流的处理技术不可避免会存在一些缺点，而这些缺点就现有的技术是难以攻克的，因此，发展新型的 VOCs 控制技术逐渐成为大气污染控制的研究方向。近年来有几种 VOCs 新技术取得了较大的研究进展，如光催化、等离子体、膜分离等，虽然仍有许多需要完善的地方，但与传统方法相比已有诸多优势。

4. 低温馏分油吸收技术

低温馏分油吸收技术为抚顺石油化工研究院新开发的技术，其工艺原理是利用"临界温度"促进油气中的烃类组分在柴油汽油中吸收。该技术主要用于处理储罐区、装车装船、脱硫醇尾气等炼厂污染源排放的含有恶臭污染物和 VOCs 的废气，炼厂废气经该工艺处理后，净化气中非甲烷总烃浓度小于等于 25 g/m^3，H_2S、有机硫化物回收率接近 100%。焚烧炉尾气经该技术处理后，排放气中 VOCs 浓度小于 10 mg/m^3，净化率接近 100%，完全满足现有所有排放标准。该技术应用于码头区等公用工程较少的场合时，一般以低温汽油（芳烃）吸收-吸附技术的组合形式，经该技术处理后，吸附塔出口油气浓度小于 10 g/m^3，非甲烷总烃总回收率大于 97%。

5. 光催化降解技术

在真空紫外线光波的照射下，吸附在纳米催化网上的 VOCs 在催化剂的光催化活性影响下，发生氧化反应，最终分解成 CO_2、H_2O 及无机小分子物质。光催化降解技术操作简单，成本低，能耗低，反应条件温和，无副产物，催化剂无毒并且可用物理和化学方法再生后循环使用，对 VOCs 的降解率可达到 90%~95%。该法应用于 TiO_2 光解催化氧化设备中，能高效去除挥发性有机物（VOCs）、无机物、硫化氢、氨气、硫醇类等主要污染物，以及各种恶臭味，脱臭效率最高可达 99%以上。

6. 低温等离子体技术

低温等离子体净化技术是近年来发展起来的废气治理新技术，适用于处理 VOCs 浓度小于 500 mg/Nm^3 的烟气，属于低浓度 VOCs 治理的前沿技术。气体分子在电场的加速作用下经过电子碰撞，形成具有高活性的粒子，对 VOCs 分子进行氧化、降解反应，最终转化成 CO_2、H_2O 等无毒无害物质。该技术用于废气净化相对具有较多优势，等离子体反应器几乎无阻力，系统动力消耗非常低；装置简单，容易安装，占空间小，运行管理方便；工艺流程简单、运行费用低；无需预热，可即时开启与关闭；抗颗粒物干扰能力强，对油烟、油雾等无需进行过滤预处理；无需考虑催化剂失活问题；无中间副产物，降低了有机物毒性，同时避免了中后期处理问题；对 VOCs 的适应性强，去除率高。上海市化纤一厂 H_2S、

CS_2 工业废气经低温等离子体技术处理后，H_2S 去除率为 65%~90%，CS_2 的去除率为 38%~70%。低温等离子体净化技术因其独特的优势而备受瞩目，目前工业 VOCs 的大量排放对该技术的商业化需求越来越大。

7. 膜分离技术

膜分离利用天然或人工合成的膜材料，根据混合气体中各组分在压力推动下透过膜的传递速率的不同，达到分离污染物的目的。目前常见的两种分离机理是：气体通过多孔膜的微孔扩散机理和溶解-扩散机理。膜元件通常置于装置中心部分，常用平板膜、中空纤维膜和卷式膜，又可分为气体分离膜和液体分离膜等。该法是一种新型的高效分离方法，对变化的温度、压力、流量以及 VOCs 浓度有较强的适应性，适合处理高浓度的有机废气，已成功应用于许多领域，能有效地解决用其他方法难以回收的有机物，用该法回收有机废气中的甲苯、甲醇、丙酮、四氢呋喃等（浓度为 50%以下），回收率可达 97%以上。岳阳石化总厂采用膜分离技术回收聚丙烯装置排气中丙烯，年回收丙烯 200 吨以上，增效 80 多万元。河南油田精蜡厂在聚丙烯装置上采用膜法丙烯回收系统新技术，一年间丙烯回收率比以前提高了 3%，年创效益 150 万元。上海石化总厂运用膜分离技术从乙二醇装置回收乙烯，年回收达 300 吨，增效 120 多万元。

8. 脉冲电晕技术

通过沿陡峭、脉冲窄的高压脉电晕的电，在常温常压下产生大量高能电子和 O、OH 等活性粒子，这些非平衡等离子体对有害物质分子进行氧化分解，使污染物最终无害化。该技术工艺流程简单，维护方便，能耗低，比传统方法更经济有效，适用于低浓度的 VOCs 废气处理，应用范围广，处理效率非常高。经实验证明，当有机物浓度小于 500 mg/m³ 时，甲醛、二甲苯和苯乙烯降解率可达 90%以上，甲苯和甲醇的去除率可达 80%以上，乙酸乙酯和丙酮的去除率达 60%~70%。脉冲电晕-吸收法在处理工业上低浓度 VOCs 时，苯系物类有机物的去除率在 40%左右，含氧类有机物的去除率在 70%左右，且电晕放电-吸收法的经济性明显优于热力燃烧法和活性炭吸附法。

3.2.5 民用部门

2014 年京津冀地区的生活煤炭消费量占民用部门煤炭总消费量的 72.7%，京津冀地区农村采暖用散煤量占生活煤炭消费量的 87%，而且农村散煤煤质较差，硫分和灰分含量较高，造成的污染问题严重。

以河北省石家庄市为例，根据该市环保局提供的数据，2015 年石家庄市共有 164 万户农户，年用煤量达 400 万吨，全部低空直接排放，无任何污染防治措施，年排放二氧化硫 6.8 万吨、氮氧化物 1.6 万吨、烟（粉）尘 1.5 万吨，根据石家庄市 2015 年 12 月到 2016 年 3 月采暖期的统计数据，市区周边县区的二氧化硫和 $PM_{2.5}$ 的浓度值分别高于市区均值的 52%和 8.8%。2015 年环保部对京津冀大气污染防治核心区的北京、天津和唐山、廊坊、保定、沧州等地的煤洁净化工作督查中发现，散煤的煤质超标情况较多，北京市超标率为 22.2%，天津市超标率为 26.7%，河北四市的平均超标率为 37.5%。因此，加大农村散煤污染整治力度，实施农村清洁能源开发利用工程，加大推广高效清洁炉具，在适宜地区开展散煤替代工作是缓解京津冀地区农村散煤燃烧污染的重要途径。

2014 年开始，河北省启动实施了农村清洁能源开发利用工程，加快推进农村燃煤替代步伐，2015 年出台《关于做好 2015 年散煤清洁化治理工作的通知》，提出该年度全省农村散煤替代率达 35%，推广使用洁净型煤 200 万吨，型煤专用炉具 20 万台，在京津冀大气污染核心区的唐山、保定、廊坊、沧州四市的洁净型煤推广占比为 31%（如图 3-96 所示），并要求 2015 年廊坊市、沧州市全面完成散煤替代。

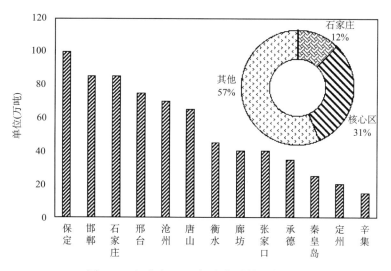

图 3-96 河北省 2015 年洁净型煤推广目标

目前具有推广潜力的散煤供暖替代技术如图 3-97 所示，主要有蓄能式电采暖系统、家用暖风机、空调（供暖系统）、电油汀、空气源热泵、地源热泵、太阳能+电锅炉、太阳能+空气源热泵、天然气壁挂炉、沼气供暖（商业化）、沼气供暖（综合利用）、集中供暖、优质型煤采暖等。

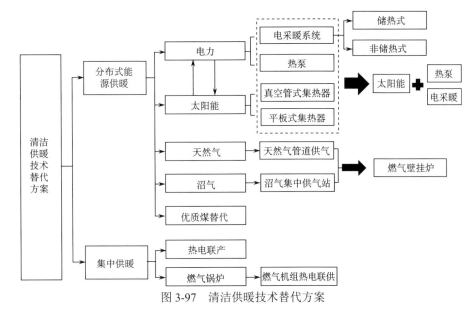

图 3-97　清洁供暖技术替代方案

太阳能采暖方案基本上可以实现居民用户冬季供暖的零排放，而且其能源消耗量也远低于其他供暖方式，但是其设备投资远高于其他供暖方式，如表 3-14 和表 3-15 所示，冬季供暖的费用年值是散煤采暖的 5~8 倍；采用天然气或沼气采暖

表 3-14　不同散煤替代供暖技术方案测算结果对比（一）

对比项目		蓄能式电采暖系统	家用暖风机	空调	电油汀	空气源热泵	集中供暖	散煤采暖炉
消耗能源		电力	电力	电力	电力	电力	煤、天然气	煤
能源价格		0.3 元/kWh（低谷电价）	0.49 元/kWh	0.49 元/kWh	0.49 元/kWh	0.49 元/kWh	—	0.7 元/kg
年能耗量		1728 kWh	1800 kWh	1440 kWh	1872 kWh	2863.6 kWh	—	1363 kg
年能耗费用（元/a）		518.4	882	705.6	917.28	1403.1	—	954.1
建筑采暖面积（m²）		25	25	25	30	96.8	—	78
单位面积年运行费用[元/（m²·a）]		20.74	35.28	28.224	30.576	14.5	—	12.23
设备投资（元）		1900	350	2000	700	21000	—	120
单位面积设备投资（元/m²）		76	35	80	23.3	216.9	—	1.54
费用年值[元/（m²·a）]		30.24	39.66	38.224	33.5	41.6	25	12.42
单位面积排放量[kg/（m²·a）]	SO_2	0	0	0	0	0		0.349
	NO_x	0	0	0	0	0		0.098
	烟粉尘	0	0	0	0	0		0.43

表 3-15　不同散煤替代供暖技术方案测算结果对比（二）

对比项目		太阳能+电锅炉	太阳能热水+空气源热泵	天然气壁挂炉	沼气供暖（商业化）	沼气供暖（综合利用）	型煤采暖	散煤采暖炉
消耗能源		太阳能+电力	太阳能+电力	天然气	沼气	沼气	优质型煤	煤
能源价格		0.49 元/kWh	0.49 元/kWh	3 元/m³	2.2 元/m³	0.7 元/m³	1.3 元/kg	0.7 元/kg
年能耗量		800 kWh	1043 kWh	600 m³	900 m³	1000 m³	838 kg	1363 kg
年能耗费用（元/a）		392	511.7	1800	1980	700	1090	954.1
建筑采暖面积（m²）		50	80	90	80	100	80	78
单位面积年运行费用 [元/（m²·a）]		7.84	6.39	20	24.75	7	13.625	12.23
设备投资（元）		35000	49000	14000	15000	13000	720	120
单位面积设备投资（元/m²）		700	618.8	155.56	187.5	65	9	1.54
费用年值 [元/（m²·a）]		95.34	68.27	39.45	48.2	23.25	14.75	12.42
单位面积排放量 [kg/（m²·a）]	SO₂	0	0	0.00087	0.00225	0.002	0.0943	0.349
	NOₓ	0	0	0.0042	0.0045	0.004	0.036	0.098
	烟粉尘	0	0	0.00158	0.0021	0.0019	0.186	0.43

方案，SO$_2$排放水平最高仅仅是散煤采暖的SO$_2$排放水平的0.5%，NO$_x$是4.6%，烟（粉）尘是0.49%，而且费用年值是散煤采暖的3倍左右；不同类型的电采暖技术方案均不会在运行过程中产生污染物，而且其运行费用年值是散煤采暖的3倍左右，相对经济可行；北方地区集中供暖的收费标准为25元/m²，约是散煤采暖的费用年值的2倍，而采用优质型煤供暖，其费用年值与散煤采暖水平相当，但是污染物排放水平有了显著下降，单位供暖面积的SO$_2$、NO$_x$和烟（粉）尘排放分别下降73%、63%和57%。

对不同供暖技术方案的费用年值进行分析，如图3-98所示。

从图3-98可以看出，造成热泵、太阳能、天然气、沼气等采暖方案费用年值偏高的主要原因是各方案的设备和工程投资费用过高。因此，"煤改电"、"煤改气"等供暖方案需政府给予相关补贴，同时电采暖鼓励蓄热式（可利用夜间谷电）、热泵等方式，提高电能利用效率，沼气供暖成本不占优势，但适用于生物质资源丰富的农村、城郊地区。

针对以上散煤替代方案，用具体案例说明各种技术的经济性和环保效益。

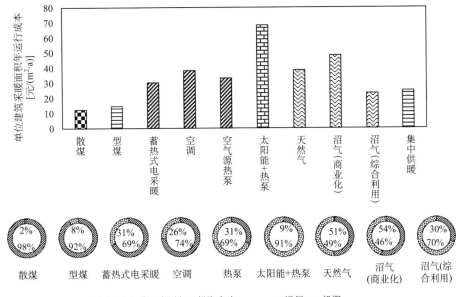

图 3-98　不同供暖技术方案运行和投资费用对比

1. 电力供暖

电力供暖系统，即使用电能作为能量来源，通过相关设备转换成热能加热室内空气的系统。根据转换方式的不同可分为电采暖系统和热泵系统，其中电采暖系统是将电力直接转换为热能，转换系数为 1，而热泵系统主要是将空气、水、土壤中的低位热能提取后转换为可供加热的高位热能，转换系数高于 1。电力供暖系统在运行过程中不产生污染物排放，其主要的污染物排放环节是电厂发电时产生的污染物，但是由于电厂的污染物排放控制水平较高，因此供暖所需的电力生产过程污染物排放总量很低。

电采暖系统还可进一步分为蓄能式和非蓄能式。天津和平区沈阳道的居民采用"固体蓄热式电暖器"替代小煤炉取暖，不仅可以享受到夜间低谷电价，政府还会补贴部分电价，在此基础上还能通过政府补贴减轻购置蓄能式电采暖器的费用支出。以某户居民为例，采暖面积为 25 m²，采用蓄能式电采暖系统运行功率为 1200 W 可满足供暖需求，夜间充电 9 小时，夜间电价为 0.3 元/kWh，该蓄热式电取暖器价格为 1900 元，政府设备购置补贴 1200 元，电费补贴 0.2 元/kWh，经计算该户居民实际供暖季的费用年值为 10.41 元/ m²。

热泵能够有效提高电能利用效率，而且供热能力强，单位供热量的电能消费低。但是其整套设备的成本投入较高，适用于较大的住宅面积。目前主要的热泵供暖系统为空气源热泵系统，空调中的加热系统也是与空气源热泵相类似的技术原理。空气源热泵结构较为简单，节能环保效果好，制热能力强。以北京昌平区农村某住宅空气源热泵使用情况为例，该住宅占地面积 171.82 m²，采暖面积为 96.8 m²，供暖设备为空气源热泵，建筑的冬季设计采暖热负荷为 5566 W，若按一个供暖季 120 天计算，则累积热负荷为 11048.8 kWh，耗电 2863.6 kWh，电费为 0.49 元/kWh，整个供暖季的实际费用年值为 14.5 元/m²。

2. 天然气采暖

天然气采暖是利用天然气作为燃料直接燃烧提供热量的供暖方式。与燃气机组热电联产不同的是，家用燃气设备（燃气壁挂炉）直接燃烧天然气加热冷水，温度升高后通过室内管道流动到地暖、暖气片或者其他需要热水的地方。燃气壁挂炉加热迅速，而且可人工设定加热温度。热水除了可供加热室内空气外，还可用于洗浴、厨房等用水。

河北省保定市"煤改气"项目，主要对城区 225 个村庄进行了天然气管道入户的改造工程，而且每户政府补贴 4000 元用于购置和安装燃气壁挂炉及配套供暖设备，目前共有 8 万户居民采用天然气采暖。对某户居民天然气采暖的经济学进行分析，结果显示天然气采暖设备的费用年值为 39.45 元/m²。燃气壁挂炉燃烧清洁，热效率高，使用方便，但是仍存在单个设备及配套供暖系统的购置安装成本较高的问题，目前最为常见的燃气壁挂炉单价即在 15000 元左右，相关管道安装后整个采暖系统的投资费用约为 20000 元以上，对单户家庭来讲仍然是较重的负担，而且天然气采暖只适用于有天然气管网建设和天然气供应能力有保障的地区，其他地区面临燃气供应受限的问题。

3. 沼气采暖

沼气采暖与天然气采暖基本相似，不过燃料来源由管道天然气换成了沼气。沼气相比天然气有一定的价格优势，在农业较为发达的地区，生物质来源丰富，可通过建立以村庄为中心的沼气供应站，为全村居民提供沼气。沼气供应站可直接向村民收购需要的生物质如秸秆、玉米秆等，然后生产出沼气后通过管道输送到每户家中，按照用气量收费。冬季温度较低不利于产气时，可通过相关辅助设备加热沼气池促进产气。

天津市静海县在 2015 年 11 月实现了对某处居民楼 300 余户居民的供暖生活沼气供应，该居民楼所用沼气来源是商业化沼气供应站，家中供暖设备为燃气壁挂炉，冬季居民每户日均用气量为 12 m³，包括炊事、热水及供暖。该地区沼气供应主要是单向供应，即居民仅向沼气站购买沼气，并不会向沼气站出售生物质，沼气价格相对较高，为 2.2 元/m³。通过计算，该处居民住户采用沼气采暖的费用年值为 48.2 元/ m²。

北京市大兴区长子营镇在 2009 年利用留民营沼气站建成沼气联供工程，为 1700 余户村民铺设沼气管道网，沼气直接用来烧水、炊事和供暖，农业活动的生物质如秸秆等可以进行换气，而且沼气站供气后还可以提供肥料等产品，综合利用使得沼气生产成本很低，沼气价格仅为 0.7 元/m³。通过计算，该处居民住户采用沼气采暖的费用年值为 23.25 元/m²。

可以看出，沼气采暖在农业相对发达的农村地区具有很好的发展前景，如果能够实现沼气供应站的相关产品综合利用，不仅能够降低沼气生产成本，还对当地的农业生产有一定帮助。但是需要注意的是，沼气站及沼气供应管网投资较大，需要政府部门牵头，有技术能力的商业机构参与到项目建设和维护运行中，建立长期的分析和监督制度。同时还需要注意冬季沼气供应能力不足的问题，建立相关辅助加热设备促进沼气生产以保障沼气供应。

4. 优质型煤采暖

采用优质型煤和新型炉具能够有效地提高能源利用效率和降低污染物的排放。传统的散煤炉燃用的散煤中，普遍存在价格低廉的高硫煤、高灰煤等劣质煤，燃烧热值低，污染物排放浓度高，而且老旧小煤炉存在着燃烧效率低下的问题。

天津市津南区已完成全区所有农村炉具登记，并将其中大部分炉具替换成了新型节能炉具，共 13869 台，占全部炉具的 69%，同时无烟煤配送入户约 10452 吨。在此基础上准备进一步推进炉具更换和优质型煤入户的工作，实现新型炉具覆盖全区的目标。对新型炉具和优质型煤的案例进行经济性分析，费用年值为 14.75 元/m²，经济性较好，虽然优质型煤比劣质煤价格高出较多，但是由于燃烧效率高，整体上燃煤耗量较低，因此成本投入较低，而且新型炉具的成本完全在普通民户的承受范围之内。

3.3　京津冀主要耗能行业大气污染物减排潜力分析

根据京津冀主要耗能行业发展现状和污染物排放特征以及其节能减排措施，构建不同的减排情景，对京津冀主要耗能行业大气污染物减排潜势进行分析。

3.3.1　情景设置

根据主要用能行业污染物排放数据，以及 3.2 节中各行业节能减排措施，设置不同情景，其中基准情景是各行业基准年份的污染物排放水平，其他情景则根据各行业现有的排放标准、推广的节能减排新技术、技术的普及率等因素而设置。通过对不同情景污染物排放情况的分析，了解各行业的污染物减排潜势。

具体情景设置参数如表 3-16 所示。

表 3-16　各行业情景分析参数设置

	基准情景	政策情景	加严情景
火电行业	2014 年的污染物排放水平	全部实行《全面实施燃煤电厂超低排放和节能改造工作方案》 全部达到《煤电节能减排升级与改造行动计划行动目标》	未来进一步提高火电行业排放要求，在超低排放的基础上在此加压标准，提出"超超低"排放限值，是现有超低排放限值的一半
钢铁行业	2013 年排放水平	全部施行《钢铁产业调整政策（2015 年修订）》、《钢铁行业规范条件（2015 年修订）》，达到《钢铁行业清洁生产评价指标体系》三级基准值	进一步提高技术普及率和电炉钢生产比例，达到《钢铁行业清洁生产评价指标体系》一级基准值
水泥行业	2014 年的污染物排放水平	主要是 2014 年的建材行业污染物排放情况，并不采取额外的污染物控制，排放维持在现有水平	主要是 2014 年的建材行业污染物排放情况，并不采取额外的污染物控制，排放维持在现有水平
石化化工行业	2013 年的污染物排放水平	达到 GB 31571—2015 石油化学工业污染物排放标准 达到 GB 31572—2015 合成树脂工业污染物排放标准等等相关的标准 达到 DB 11/447—2015 北京市炼油与石油化学工业大气污染物排放标准	应用末端治理技术，全行业控制技术普及率达 100%
民用散煤	2015 年的污染物排放水平	全面实行《农村散煤燃烧污染综合治理技术指南（试行）（征求意见稿）》	对污染物排放的要求更加严格，采用全部用电采暖替代的方案

3.3.2　污染物排放预测

1. 火电行业

火电行业是京津冀及周边地区整个区域煤炭消费主体，也是主要的污染物排放源之一。本研究对 2014 年京津冀及周边地区各省市的火电行业的发电情况和污染物排放现状进行调研，并在此基础上，分析不同情景下火电行业污染物排放情况。

目前，京津冀及周边地区各省市电力生产主要是以火电行业为主，清洁能源发电和可再生能源发电所占比例较小。2014 年京津冀及周边地区各省份的火电行业发电情况如表 3-17 所示。考虑火电行业能效水平对能源消费量的影响，基于京津冀及周边地区各省市火电行业供电标准煤耗值，可获得京津冀及周边地区各省市火电行业能源消费情况，如表 3-18 所示。

表 3-17　2014 年京津冀及周边地区各省市电力消费总量

地区	电力消费量（亿 kWh）	电力生产量（亿 kWh）	火电发电量（亿 kWh）
北京	933.41	364	354.05
天津	823.94	626	618.44
河北	3314.11	2500	2292.92
山西	1826.86	2647	2546.03
内蒙古	2416.74	3858	3409.33
山东	4223.49	3691	3534.44
河南	3160.95	2730	2613.12

表 3-18　2014 年京津冀及周边地区各省市火电行业能源消费情况

能源消费总量（万吨标准煤）	2014 年
北京	853.26
天津	1954.27
河北	7451.99
山西	8401.90
内蒙古	11489.44
山东	11416.24
河南	8283.59

根据现有的或者未来将会有的火电厂污染物控制技术，分别设置基准情景、政策情景和加严情景三个情景。各情景设置如表 3-19 所示。

表 3-19　京津冀及周边地区各省市火电行业污染物排放情景设置

基准情景	主要是 2014 年的火电行业污染物排放情况，并不采取额外的污染物排放控制，排放维持在现有水平
政策情景	根据火电超低排放标准要求，京津冀火电行业全面达到超低排放时的排放水平
加严情景	未来进一步提高火电行业排放要求，在超低排放的基础上在此加压标准，提出"超超低"排放限值，是现有超低排放限值的一半

根据以上情景设置，分别测算三种情景下，京津冀及周边地区火电行业在 2014 年活动水平下的污染物排放情况。超低排放标准限值如表 3-20 所示，"超超低排放"标准是假设在未来对火电行业排放要求进一步加严的前提下，在超低排放的基础上，进一步削减一半的污染物排放，也如表 3-20 所示。

表 3-20　不同排放标准限值要求（mg/Nm³）

污染物	超低排放标准限值	超超低排放标准限值
二氧化硫	35	17.5
氮氧化物	50	25
烟（粉）尘	10	2.5

根据以上相关情景分析和相关的火电行业能源消费量，得到污染物排放量具体如图 3-99 所示。

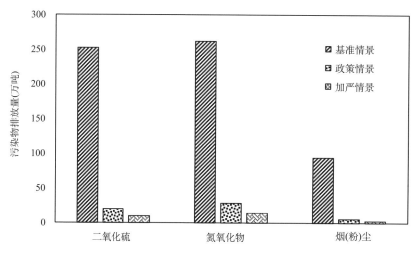

图 3-99　京津冀及周边地区火电行业减排情景分析

如图 3-100 所示，随着超低排放的推行，与基准情景相比，政策情景下的 SO_2、NO_x、PM 分别下降了 92.1%、89.1%、93.9%，减排效果显著，可见京津冀火电全面达到超低排放水平具有非常大的减排潜力，超低排放的推进有利于京津冀火电行业实现污染物减排的目标。在加严情景下，各项污染物进一步减排，和政策情景相比 SO_2、NO_x、PM 分别下降了 50%、50%、49.8%。

2. 钢铁行业

目前国家已重点致力于钢铁行业的节能减排，虽然已有淘汰落后产能、推广节能减排技术以及末端治理技术等政策和措施，但目前钢铁行业的减排潜力仍然巨大。本研究在以 2013 年为基准年的情况下，分别政策情景和在政策基础上的加严情景，政策情景情况下，京津冀地区的钢铁行业全部施行《钢铁产业调整政策（2015 年修订）》《钢铁行业规范条件（2015 年修订）》相关要求，达到《钢铁行

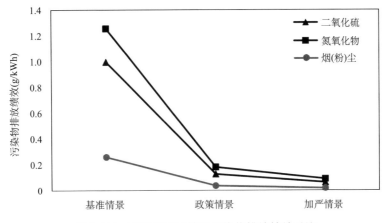

图 3-100　京津冀不同情景污染物排放绩效对比

业清洁生产评价指标体系》规定的三级基准值，在此情景下烧结、球团、炼铁、转炉炼钢、电炉炼钢和轧钢工序中采用先进的工艺技术，如烧结余热发电、链箅机-回转窑球团生产、废热循环利用技术、高炉顶压发电、回收高炉煤气、高炉鼓风除湿、回收转炉煤气、高效连铸技术、热轧过程控制和强化辐射节能等技术降低钢铁行业的能耗消费，从而减少污染物的排放，同时加强烧结、球团、轧钢工序等工序的末端治理，提高行业整体的脱硫脱硝除尘效率；加严情景是在政策情景的基础上，进一步提高技能减排技术的普及率，提升末端治理水平，测算钢铁行业达到《钢铁行业清洁生产评价指标体系》一级基准值时的污染物排放量。

如图 3-101 所示，通过测算，政策情景下，SO_2、NO_x 和烟（粉）尘的排放量都得到了一定的控制，相比基准情景分别减少了 45%、48%和 58%，有较好的减排潜力，加严情景下的污染物排放水平进一步降低，相较于政策情景，SO_2、NO_x

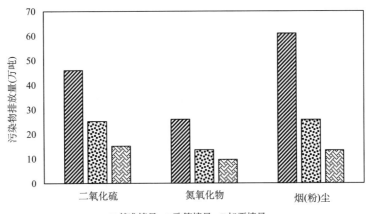

图 3-101　京津冀钢铁行业减排情景分析

和烟（粉）尘的排放量分别降低了 40%、29% 和 48%。随着节能减排技术的普及和末端治理的加强，吨钢的排放绩效在两种情景下也有明显降低，如图 3-102 所示，政策情景的 SO_2、NO_x 和烟（粉）尘的排放绩效比基准情景分别降低了 45%、48% 和 58%，加严情景下比基准情景分别降低了 67%、63% 和 78%。

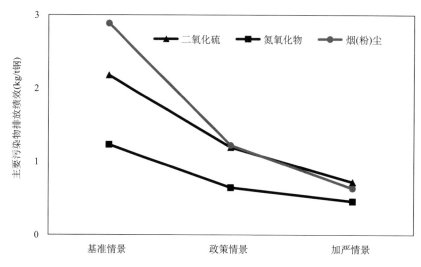

图 3-102　京津冀钢铁行业不同情景污染物排放绩效对比

3. 建材行业

根据我国政策与标准的发展，例如《水泥工业大气污染物排放标准》（GB 4915—2013）和《平板玻璃工业大气污染物排放标准》（GB 26453—2011）等，现结合 2014 年京津冀地区 NO_x 和烟（粉）尘的排放情况，对未来建材行业污染物减排潜势进行分析。

本研究在以 2014 年为基准年的情况下，分别设置政策情景和在政策基础上的加严情景。政策情景情况下，京津冀地区的水泥行业全部达到现有与新建企业大气污染物排放标准，玻璃行业全部达到现有企业大气污染物排放限值。加严情景是在政策情景的基础上，进一步收严污染物排放限值，要求水泥行业全部达到大气污染物特别排放限值，玻璃行业全部达到新建企业大气污染物排放限值。

根据以上情景设置，分别测算三种情景下，京津冀地区建材行业在 2014 年活动水平下的污染物排放情况。得到结果如图 3-103 所示。

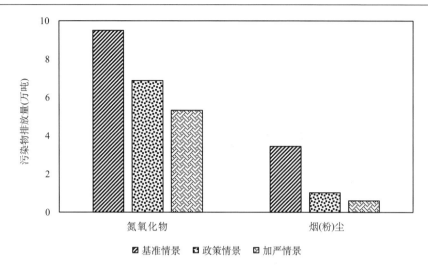

图 3-103　京津冀地区不同情景下污染物排放情况

可以看出，若达到各污染物排放标准，氮氧化物、烟（粉）尘排放量减少可达 27.5%、70.0%。在加严情景下，各污染物排放量进一步减少，相较于基准情景，氮氧化物、烟（粉）尘排量下降 43.9%、82.5%。说明建材行业大气污染减排方面有着强大的潜力，特别是烟（粉）尘排放，在加严情景下可降低 82.5%。

4. 石化化工行业

基于已建立的 VOCs 排放清单，以及目前已经出台或将要出台的工业源 VOCs 控制政策，设置不同情景，分析不同情景下工业源 VOCs 排放量。

石化行业"十三五"规划发展指南中要求，石化化工行业未来将会以 7% 的速率发展。2013 年 5 月 4 日，环境保护部发布《挥发性有机物（VOCs）污染防治技术政策》（公告 2013 年第 31 号 2013-05-24 实施），其中提出了生产 VOCs 物料和含 VOCs 产品的生产、储存运输销售、使用、消费各环节的污染防治策略和方法，并明确了 VOCs 污染防治应遵循源头和过程控制与末端治理相结合的综合防治原则，通过积极开展 VOCs 摸底调查、制修订重点行业 VOCs 排放标准和管理制度等文件、加强 VOCs 监测和治理、推广使用环境标志产品等措施，目标实现 VOCs 从原料到产品、从生产到消费的全过程减排。2014 年 8 月 1 日，天津市《工业企业挥发性有机物排放控制标准》（DB 12/524—2014）正式发布实施。该标准作为全国首个全面覆盖了工业企业挥发性有机物排放的综合标准，其出台将对我国工业企业挥发性有机物污染控制、总量减排及环境空气质量改善具有重要意义。该标准规定了石油炼制与石油化学、医药制造、橡胶制品制造、涂料与油墨生产、塑料制品制造、电子工业、汽车制造与维修、印刷与包装印刷、家具制造、表面涂装、黑色金属冶炼及其他行业挥发性有机物排放的控制要求，包括有组织排放浓度与速率限值，无组织泄漏与逸散污染物控制要求，厂界监控点浓度限值，管理规定及监测要求等。根据我国政策与标准的发展，工业源 VOCs 控制行业的选择依据政策与标准的发展设定，行业 VOCs 控制措施的选择及去除效率通过实际调研与文献调研相结合所得，最终得到不同情景设置参数如表 3-21 所示。

表 3-21　减排潜势具体参数设置

行业	控制技术	减排效率	普及率	政策情景	加严情景
石油炼制和石油化工	热力焚烧/蓄热燃烧	70%~95%	60%	√	
			100%		√
油品储运	油气回收系统	85%~95%	60%	√	
			100%		√
家具制造	转轮浓缩燃烧/环保原料代替	75%~85%	60%	√	
			100%		√
机械设备制造	热力燃烧/催化燃烧	70%~85%	60%	√	
			100%		√
交通运输设备制造	热力燃烧/催化燃烧	75%~85%	60%	√	
			100%		√
建筑装饰	环保原料替代	55%~70%	60%	√	
			100%		√
焦炭生产	冷凝回收/催化燃烧	70%~85%	60%	√	
			100%		√
化学药品原料	冷凝/吸附/催化燃烧技术	70%~90%	60%	√	
			100%		√
化学农药	冷凝/吸附/催化燃烧技术	70%~90%	60%	√	
			100%		√
纺织印染	吸附浓缩催化燃烧技术	70%~85%	60%	√	
			100%		√
印刷业	吸附回收/催化燃烧/环保原料替代	75%~85%/70%	60%	√	
			100%		√
电子元件制造业	吸附、蓄热/蓄热催化焚烧等技术	90%以上	60%	√	
			100%		√
初级形态塑料生产	活性炭吸附/催化燃烧	90%以上	60%	√	
			100%		√

续表

行业	控制技术	减排效率	普及率	政策情景	加严情景
服装干洗	封闭干洗机/冷凝回收	70%~85%	60%	√	
			100%		√
基础化学原料制造	热力焚烧/吸附回收/RTO	70%~98%	60%	√	
			100%		√
食品饮料生产	吸附/生物处理	70%~85%	60%	√	
			100%		√
合成革	活性炭吸附/催化燃烧	70%~85%	60%	√	
			100%		√
制鞋	吸附浓缩催化燃烧技术	70%~85%	60%	√	
			100%		√
合成纤维	活性炭回收	60%	60%	√	
			100%		√
轮胎制造	吸附浓缩催化燃烧技术	60%~70%	60%	√	
			100%		√
木材加工	环保原料替代	65%~70%	60%	√	
			100%		√

如图 3-104，在政策情景下，通过源头控制，采用环保原料替代等方案对涂料涂装、印刷等重点行业开展 VOCs 污染防治工作，京津冀工业源 VOCs 排放量将降低至 150.3 万吨，相比基准情景下降了 41.4%。在加严情景下，所有行业应用末端治理技术，并提高其在行业内的普及率，VOCs 的减排量将降低至 38.7 万吨，相比基准情景可减排 84.9%。因此在京津冀工业源 VOCs 排放行业应用污染物控制技术，提高技术普及率，对京津冀工业源 VOCs 减排目标的实现有重要意义。

5. 民用散煤

散煤主要的利用方式有直接燃烧和加工为型煤后燃烧，加工为型煤包括蜂窝煤、煤球等，主要是通过小锅炉、小炉灶、小煤炉等设备燃烧，用于供暖、烧热水、做饭等，一般以每户为单位，但是每户人家的消费情况存在着很大的区别，这导致难以对散煤消耗情况进行详细精确的统计分析，只能通过问卷抽样调研等方式得到典型农户的年散煤消耗量，进而估算整个区域内散煤消耗总量。

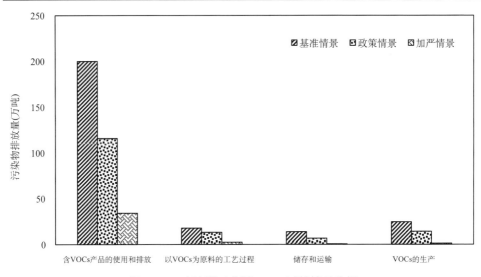

图 3-104　京津冀工业源 VOCs 减排情景分析

散煤燃烧的污染物基本不经过任何控制，直接排放到大气中，因此其污染物排放浓度很高，是燃煤电厂烟气污染物排放浓度的几倍甚至十几倍以上。不同的燃烧方式和不同的煤质对燃烧后污染物的排放浓度水平有着显著的影响。本研究主要通过调研散煤燃烧的污染物排放特征，综合考虑案例调研数据和污普数据的情况，建了一套更适合京津冀地区，误差更小的排放因子修正方法，对污染物排放因子进行修正，修正结果如表 3-22 所示。

表 3-22　京津冀各省市修正散煤排放因子（kg/t 燃煤量）

污染物	北京		天津		河北	
	蜂窝煤	块煤	蜂窝煤	块煤	蜂窝煤	块煤
二氧化硫	21.2	24	20.71	21.7	20.71	21.7
氮氧化物	1.65	2.6	1.65	2.6	1.65	2.6
烟（粉）尘	1.23	1.98	1.23	2.41	13.24	7.45

根据未来对污染物排放的控制要求，散煤供暖将逐渐被更加清洁的供暖方式替代。新的替代供暖方案需要考虑到不同地区的实际情况和需求，例如农村地区的散煤供暖，可选择用电采暖的方式进行替代，但是若采用集中供暖的方式就不合理；某些供暖方案能够极大地降低污染物排放水平，如太阳能采暖，但是太阳能采暖严重受限于天气因素，且相关设备投资成本太高。因此，在设计替代供暖方案时，需要采用较为合理的替代方案，综合的从技术可行性、设备投资和污染物减排三个方面进行选择分析。

通过 3.2 节中对不同的清洁高效供暖技术方案的案例分析，采用电采暖和优质型煤采暖是较为可行的替代方案。相比较电采暖，太阳能采暖存在着设备初始投资过大、供暖不稳定等缺点；天然气采暖的设备初始投资也较大，而且需要天然气管道，严重限制了天然气采暖在农村地区的推广；沼气采暖需要建立大型的沼气供应站并铺设供应站覆盖区域内的沼气管道，而且在冬季也存在沼气供应不足的问题；优质型煤及新型煤炉从本质上讲仍然是一种较为低效和高污染的燃烧采暖方式，不建议全部取代散煤供暖，可作为中间过渡阶段的暂时性替代方案。综上所述，本研究基于 2015 年的基准年的农村散煤供暖消耗和污染物排放情况，设置政策情景和优化情景，如表 3-23 所示。

表 3-23　农村散煤采暖替代方案情景设置

基准情景	主要是 2015 年的农村采暖散煤燃烧的污染物排放情况，并不采取污染物排放控制措施和替代采暖方案，排放维持在现有水平
政策情景	积极推进电采暖和优质型煤采暖替代散煤采暖炉，争取达到 50%的散煤供暖被电采暖替代，另外 50%由于客观条件受限采用优质型煤替代
加严情景	对污染物排放的要求更加严格，采用全部用电采暖替代的方案

通过对比分析基准情景、政策情景和优化情景的污染物排放水平，如图 3-105 所示，可以看出政策情景相比基准情景，污染物的排放水平有了很大的降低，SO_2、NO_x、烟（粉）尘将降低 88.2%、55.2%、85.3%。通过更加严格的优化情景的测算，采用电力取代煤炭之后，污染物的排放水平被极大限制。而且，从能源利用

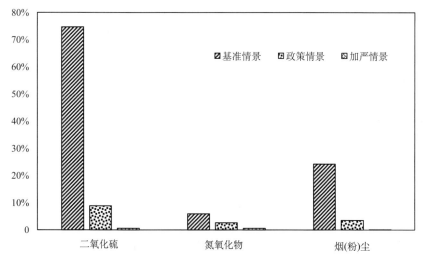

图 3-105　京津冀散煤污染物排放情景分析

效率的方面来看，即使存在 6%的线损率，电力供暖的能源利用效率也最高，煤炭直接燃烧利用会造成能源的浪费。

对加严情景下电采暖替代方案的可行性进行分析。2014~2015 冬季供暖季年京津冀地区采用电采暖的供暖电力需求总量为 171.1 亿 kWh，而 2014 年京津冀地区火电机组总装机容量为 6576 万 kW，为了满足冬季电采暖的电力需求，若全部用电缺口由京津冀地区内部火力发电机组提供，需额外增加 261 小时的满负荷运行小时数，由于供暖季为 2014 年 11 月、12 月和 2015 年 1 月、2 月，因此 261 小时的发电时间平均分配到 2014 年和 2015 年。目前我国火电行业整体发电量过剩，近年来火电行业发电设备利用小时数持续下降，行业供电能力远超电力需求量。通过对京津冀地区火电机组 2014 年和 2015 年的发电小时数进行分析，如表 3-24 所示。

表 3-24 京津冀各省市火电行业发电设备利用小时数

年份	北京	天津	河北
2014	4571	5250	5231
2015	4158	4519	4846

可以看出，在此基础上每年分别增加 150 小时的运行小时数有利于提高火电行业的运行经济性，而且几乎对火电行业的运行没有负面影响，完全在可承受范围之内。

6. 错峰限产情景

统计数据显示，京津冀供暖季（2014 年 11 月至 2015 年 2 月）钢铁、建材各行业粗钢、生铁、水泥、平板玻璃等主要产品产量约占全年产量的 30%左右。若对京津冀及周边地区钢铁、建材行业实行供暖季全停产，则可减少 14.9%的 SO_2、5.7%的 NO_x 和 23.6%的烟（粉）尘排放，如图 3-106 所示。当前水泥行业存在产能过剩的现象，2014 年天津市水泥产量为 1071.8 万吨，而其生产产能可达 1592.3 万吨，产能利用率仅为 67.3%，因此在京津冀地区全面实行供暖季错峰限产，不仅能减少京津冀大气污染，对化解产能过剩具有重要意义，是一项对社会资源科学合理的配置和组织调度。其具体的数值见表 3-25 和表 3-26。

建材行业，京津冀及周边地区污染物总排放量为 2.63 万吨（SO_2）、3.45 万吨（NO_x）、1.80 万吨（烟（粉）尘，从图 3-107 可以看到，水泥错峰限产对河南省、山东省、河北省 NO_x、烟（粉）尘减排具有重要的意义，然而对于北京市和天津市来讲，其减排效果并不明显，因此若从经济性上来考虑，水泥行业错峰限产可实行区域性的开展。

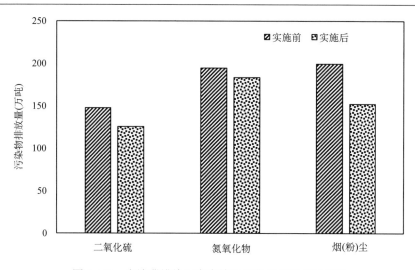

图 3-106　京津冀错峰限产实施后污染物排放前后情况

表 3-25　京津冀及周边地区供暖季实行错峰生产减产情况汇总

行业	产品	供暖季可停产的产量	占京津冀全年总产量份额	占全国供暖季总产量份额	占全国全年总产量的份额
钢铁	粗钢	6714.71 万吨	32.25%	25.64%	8.2%
	生铁	6171.07 万吨	32.28%	26.97%	8.7%
建材	水泥	13236.4 万吨	23.1%	19.3%	5.3%
	烧结类砖	24.6 亿块	27.1%	1.5%	0.49%
	陶质砖/瓷质砖	5719 万平方米	25.6%	2.2%	0.59%
	烧结类瓦	2353 万片	52.9%	0.6%	0.17%
	平板玻璃	4470.9 万重量箱	28.6%	17.9%	5.64%
	卫生陶瓷	875.2 万件	33.4	14.3%	4.46%

表 3-26　京津冀及周边地区供暖季实行错峰生产污染物减排情况

行业	产品	供暖季停产减少的污染物排放（万吨）			占京津冀 2014 年全年污染物排放量份额		
		SO_2	NO_x	烟（粉）尘	SO_2	NO_x	烟（粉）尘
钢铁	粗钢/生铁	19.35	7.63	45.29	13.1%	3.9%	22.7%
建材	水泥/砖瓦/玻璃	2.63	3.45	1.80	1.8%	1.8%	0.9%

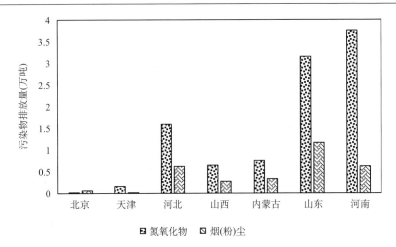

图 3-107　京津冀及周边地区供暖季错峰限产污染物排放情况（2014~2015 年供暖季）

钢铁行业主要产品粗钢和生铁在供暖季的产量为 6714.71 万吨和 6171.07 万吨，分别占京津冀全年总产量的 32.28%和 32.28%，其排放的污染物总量占全年总排放量的 13.1%（SO$_2$）、3.9%（NO$_x$）、22.7%（烟（粉）尘），对京津冀污染物排放贡献较大，如图 3-108 所示，尤其是河北省，若河北省供暖季全面实行钢铁供暖季错峰限产，则河北省的各污染物可减排 14.2%（SO$_2$）、4.2%（NO$_x$）、20.9%（烟（粉）尘），因此，在河北省实行错峰限产具有重要的减排意义。

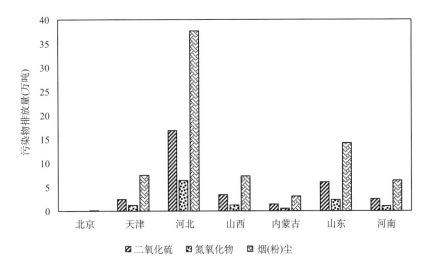

图 3-108　京津冀及周边地区钢铁行业实行错峰限产污染物排放情况
（2014~2015 年供暖季）

3.4　京津冀主要耗能行业大气污染物排放控制建议

3.4.1　总体情况

1. 京津冀及周边地区是我国能源消费和污染物排放高值区

京津冀以全国仅 2.25% 的国土面积，8.1% 的人口，消费了全国 8.4% 的一次能源（包括 9.2% 的煤炭、7.8% 的原油、10.7% 的天然气）。能源消费强度高于全国平均水平，单位面积能源消费值是全国的 4.6 倍。

京津冀煤炭消费强度高于全国平均水平，单位面积和人均煤炭消费值分别是全国平均值的 4.1 倍和 1.1 倍，其中天津的单位面积煤炭消费值是全国平均值的 10.4 倍，河北的人均煤炭消费值是全国平均值的 1.4 倍。

京津冀大气污染物排放形势严峻，单位面积二氧化硫、氮氧化物和烟（粉）尘排放值显著高于全国平均水平，分别为全国平均值的 3.34 倍、4.18 倍和 4.22 倍。河北大气污染物排放量显著高于北京和天津，其工业二氧化硫、氮氧化物和烟（粉）尘排放量是北京和天津之和的 4.4 倍、3.5 倍和 12.7 倍。

京津冀周边区域（山西、内蒙古、山东、河南）能源消费总量大，是京津冀的 3.3 倍，其中煤炭消费总量是京津冀的 4.8 倍，工业二氧化硫、氮氧化物和烟（粉）尘排放量分别是京津冀的 3.6 倍，3 倍和 2.3 倍，污染物排放（尤其是电力、钢铁、水泥等行业的高架源排放）对京津冀影响不容忽视。

2. 京津冀及周边地区是全国钢铁、火电、平板玻璃、水泥等工业的高密度区，主要耗能行业仍然是该区域大气污染物的重要排放源

京津冀中，河北是全国钢铁大省和玻璃大省，其中，粗钢产量占全国总产量的 23.4%，平板玻璃产量占全国总产量的 15%，均为全国第一。

京津冀周边地区，山东为火电、水泥和平板玻璃大省，其中，火电装机容量全国第二，水泥产量全国第三，平板玻璃产量全国第四；内蒙古为火电大省，火电装机容量全国第四；河南是砖瓦、水泥和火电大省，其中，砖瓦产量全国第一，水泥产量全国第二，火电装机容量全国第六。

主要耗能行业（含工业锅炉）是该区域大气污染物的重要排放源。除北京外，京津冀其他地区 85% 以上的二氧化硫、60% 以上的氮氧化物、80% 以上的烟（粉）尘均来自于工业排放（含工业锅炉）。此外，京津冀 VOCs 排放形势严峻，石化、油品储运、制药、包装印刷、涂装等行业是主要排放源。

3. 京津冀主要耗能行业工艺技术和装备水平得到较快发展，主要产品的能耗指标与世界先进水平的差距不断缩小，但部分行业存在先进工艺和落后工艺并存、产品结构不合理的情况

京津冀主要耗能行业工艺技术和装备水平得到较快发展，以电力行业为例，超超临界、二次再热等先进发电技术得到较快发展，国内百万千瓦级超超临界燃煤机组实现了发电效率 47.82%，发电煤耗 256.8 g/kWh 的世界最高水平。

主要耗能行业的单位产品能耗水平有所提高，全国火电、钢铁、平板玻璃、水泥行业的平均供电煤耗、吨钢综合能耗、平板玻璃综合能耗、吨水泥熟料综合能耗分别已由 2010 年的 333 gce/kWh、605 kgce/t、17 kgce/重量箱、115 kgce/t 下降到目前的 315 gce/kWh、572 kgce/t、15 kgce/重量箱和 112 kgce/t。

但部分行业存在先进工艺和落后工艺并存、产品结构不合理的情况。以钢铁行业为例，目前仍存在 90 m² 以下烧结机、400 m² 及以下高炉、30 t 及以下转炉和电炉等落后生产工艺。从产品结构来看，京津冀主要生产低附加值的普钢（如热轧窄带钢）为主，而用于特种机械制造、汽车制造、能源用钢等高附加值和高技术含量钢材则长期依赖进口。

4. 京津冀主要耗能行业大气污染治理取得进展，电力行业污染治理水平整体已达到世界领先水平，钢铁、平板玻璃、水泥等行业污染物治理有待加强

京津冀电力、钢铁、水泥、平板玻璃等行业的二氧化硫、氮氧化物和烟（粉）尘等主要大气污染物的治理取得进展。其中，电力行业安装脱硫设施煤电机组比例达 99% 以上，安装脱硝设施煤电机组比例达 92%，超低排放改造全面展开，并将在 2017 年全部完成。

钢铁行业烟气脱硫、水泥行业脱硝已全面展开，平板玻璃行业也开始安装脱硫、脱硝装备，但钢铁脱硝等尚未启动。此外，部分已安装的环保设施运行效果不理想，未发挥应有的污染物减排作用。以钢铁行业烧结机脱硫为例，我国重点钢铁企业已安装脱硫设施的烧结机面积达 13.8 万 m²，占烧结机总面积的 88%，但脱硫设施运行两级分化严重，吨钢二氧化硫排放绩效在 0.35~2.62 kg/t 钢范围内大幅波动。

5. 京津冀燃煤工业锅炉治理和削减分散燃煤取得进展，重点区域设定禁燃区

京津冀近年来加大了燃煤工业锅炉的治理力度，据统计，2015 年京津冀压减燃煤达 1600 万吨，基本完成了淘汰城市建设区 10 蒸吨/小时以下燃煤锅炉，其中北京实现了 5900 蒸吨燃煤锅炉的清洁能源改造，天津改造关停 634 台燃煤锅炉，河北淘汰 3829 台共计 11958 蒸吨燃煤锅炉。

京津冀逐步在重点区域设定禁燃区，到 2020 年底，北京城六区全部建成禁燃区，同时包括辖区内开发区、远郊区县建成区的所有区域禁燃区比例达到 80%。天津市到 2017 年年底，市内六区、环城四区外环线以内等中心城区将全部建成禁燃区。河北省划定保定、廊坊市京昆高速以东、荣乌高速以北与京津接壤区域以及三河市、大厂回族自治县、香河县全部行政区域为禁燃区，要 2017 年 10 月底前完成除电煤、集中供热和原料用煤外燃煤"清零"，并出台补贴支持政策推动"电代煤"和"气代煤"。

3.4.2　存在的问题

1. 能源消费需求难以大幅降低，煤炭消费占比出现下降趋势，但以煤为主的能源消费格局长期难以改变

京津冀作为我国三大城市群之一，对能源消费的需求难以大幅降低，人均能源消费强度仍有增长空间（仅为美国人均能源消费值的 36%）。从能源消费类型来看，京津冀煤、石油和天然气等传统化石能源占比高达 96.4%，远高于全国平均水平（88.1%），摆脱以化石能源为主，特别是以煤为主的能源消费格局将面临更大的挑战。

2. 京津冀两市一省能源和产业区域发展极不平衡，河北发展与北京、天津相比，存在显著差距

从能源角度看，北京控煤取得显著成效，一次能源消费中煤炭占比已下降到30%以下，天然气占比显著高于其他地区，而河北一次能源消费煤炭占比接近90%。从单位 GDP 能耗、城镇化率等指标来看，河北明显落后于北京和天津。此外，河北呈现出明显的"一煤独大"、"一钢独大"的特征，消耗了京津冀80%以上的煤炭，生产了全国 1/4 的钢铁，22.7%的平板玻璃，排放了京津冀80.5%的二氧化硫、77.7%的氮氧化物和88.1%的烟（粉）尘。

3. 电力行业的污染治理技术得到快速发展，已达到世界领先水平，但非电行业污染物超低排放控制技术尚有待突破

京津冀电力、钢铁、水泥、平板玻璃等行业的二氧化硫、氮氧化物和烟（粉）尘等主要大气污染物的治理取得进展。电力行业的污染治理已达到世界先进水平，但钢铁、平板玻璃、水泥等非电行业的污染治理相对落后，由于钢铁烧结烟气、水泥窑炉尾气存在成分复杂、波动大等特点，部分已安装的脱硫脱硝设施运行效果尚不理想，未发挥应有的污染物减排作用，针对非电行业烟气的高效超低排放控制加快技术研发和示范应用。

4. 京津冀民用部门散煤污染排放形势依然十分突出，尤其是秋冬供暖季污染物集中高强度排放，已成为该区域秋冬季雾霾发生的重要原因

京津冀农村冬季采用煤炭直接燃烧采暖的现象十分普遍，据统计，京津冀农村地区散煤消耗总量约为 3700 万吨，其中采暖用煤约为 3200 万吨，集中在采暖季（11 月至次年 3 月）使用。经测算，京津冀农村供暖耗煤是该区域电力行业的 59.3%，然而散煤造成的二氧化硫、烟（粉）尘等污染物是电力行业（2013 年水平）的 4.9 倍、9.1 倍，是电力行业（超低排放情形）的 41.4 倍、140.1 倍。

3.4.3 政策建议

从能源、产业结构调整、工艺过程优化和末端治理全过程、多方位的角度进行京津冀主要耗能行业大气污染物减排，充分发挥各环节在污染物减排中的潜力和贡献。具体建议如下：

（1）推动煤炭高效清洁集中利用，进一步提升燃煤发电效率和污染减排能力。大力发展超超临界二次再热发电技术，研发 IGCC 和煤炭分级利用清洁发电技术，实施煤电灵活性提升工程，提高煤电机组深度调峰能力和热电机组的"热电解耦"运行能力，实施火电和热电锅炉超低排放控制工程，推动低成本、全负荷超低排放控制技术研究与示范。

（2）加强散煤治理，提高终端用能电气化和清洁化水平。因地制宜实施电能、天然气、新能源等清洁能源替代，推广优质型煤和新型炉具等多种措施削减散煤用量。到 2020 年，20 t 以下工业锅炉全部实现清洁能源替代或超低排放改造，大幅削减农村散煤用量，削减比例达 50% 以上，并实现优质型煤供应全覆盖。

（3）进一步优化非电行业能源消费结构和产业结构，提高产业集中度，降低单位产品能耗，推动非电行业全过程节能和烟气治理工程，实现污染达标排放。到 2020 年，主要产品的能耗比 2015 年再下降 3%~6%，有序推进非电行业超低排放技术的试点和示范。

（4）加强推进京津冀石化、油品储运、制药、包装印刷、涂装等行业的 VOCs 治理。到 2020 年，京津冀石化化工行业 VOCs 控制技术普及率显著提高，VOCs 排放总量较 2015 年削减 50% 以上。

（5）进一步优化京津冀电源结构，提高可再生能源发电和外调电比例，例如推进张家口风电基地、沧州海兴核电建设，到 2020 年，京津冀非化石能源发电比例提高到 10% 以上；提高天津和河北的外购电比例，到 2020 年，京津冀总体外购电比例提高到 40%。

（6）推动火电、钢铁、水泥、玻璃、石化等行业最佳可行技术指南研究和制订，研究编制排污许可规范，支撑排污许可管理制度实施。分季节、分行业实

施污染物排放的精细化管控，针对高污染季节，实施钢铁、水泥、平板玻璃等行业错峰生产，进一步推进大气污染防控的监管和执法能力建设。

参 考 文 献

北京市统计局. 2015. 北京统计年鉴 2015. 北京: 中国统计出版社.

崔虎雄, 吴迓名, 段玉森, 等. 2011. 上海城区典型臭氧污染 VOCs 特征及潜势分析. 环境监测管理与技术, 23(S1): 18-23.

国家发展和改革委员会. 2014. 煤电节能减排升级与改造行动计划(2014—2020 年)(发改能源[2014]2093 号). http://www.sdpc.gov.cn/gzdt/201409/t20140919_626240.html.

国家统计局能源统计司. 2015. 中国能源统计年鉴. 北京: 中国统计出版社.

河北省大气污染防治工作领导小组办公室. 2016. 河北省散煤污染整治专项行动方案(冀气领办40 号). http://www.hb12369.net:8080/pub/root8/auto454/201510/W020151029522569218173.pdf. 2016-04-02.

河北省统计局. 2015. 河北经济年鉴 2015. 北京: 中国统计出版社.

蒋秀兰, 郭平, 蒋春艳. 2015. 河北省工业产能过剩现状与化解对策分析. 生态经济, 31(5): 66-72.

李国昊, 魏巍, 程水源, 等. 2014. 炼焦过程 VOCs 排放特征及臭氧生成潜势. 北京工业大学学报, 40(1): 91-99.

李增强, 葛平. 2010. 焦化厂酚氰污水处理新技术及其应用. 全国冶金节水与废水利用技术研讨会.

茆令文, 陆少峰. 2014. 平板玻璃行业现状及污染治理. 中国硅酸盐学会环境保护分会换届暨学术报告会, 中国安徽合肥.

史建勇. 2015. 燃煤电站烟气脱硫脱硝技术成本效益分析. 杭州: 浙江大学.

孙洋洋. 2015. 燃煤电厂多污染物排放清单及不确定性研究. 杭州: 浙江大学.

唐山市统计局. 2016. 唐山市 2015 年国民经济和社会发展统计公报. http://www.tangshan.gov.cn/zhuzhan/tjxxnb/20160503/333223.html. 2016-05-03.

天津市统计局. 2015. 天津统计年鉴 2015. 北京: 中国统计出版社.

王刚, 魏巍, 米同清, 等. 2015. 典型工业无组织源 VOCs 排放特征. 中国环境科学, 35(7): 1957-1964.

张方炜, 刘原一, 谭厚章, 等. 2013. 超临界火力发电机组二次再热技术研究. 电力勘测设计, (2): 34-39.

中国钢铁工业协会. 2016. 中国钢铁工业年鉴 2015. 北京: 冶金工业出版社.

中国能源中长期发展战略研究项目组. 2011. 中国能源中长期(2030、2050) 发展战略研究: 综合卷. 北京: 科学出版社.

中华人民共和国国家统计局. 2015. 中国工业统计年鉴. 北京: 中国统计出版社.

中华人民共和国国家统计局. 2015. 中国环境统计年鉴. 北京: 中国统计出版社.

中华人民共和国国家统计局. 2015. 中国统计年鉴. 北京: 中国统计出版社.

中华人民共和国环境保护部. 2013. 挥发性有机物(VOCs)污染防治技术政策(公告 2013 年第31号). http://kjs.mep.gov.cn/hjbhbz/bzwb/wrfzjszc/201306/t20130603_253125.htm.

中华人民共和国环境保护部. 2014. 关于公布全国燃煤机组脱硫脱硝设施等重点大气污染减排工程名单的公告. 2014 年第 48 号. http: //www. zhb. gov. cn/gkml/hbb/bgg/201407/t20140711_278584. htm

中华人民共和国环境保护部. 2014. 京津冀及周边地区重点行业大气污染限期治理方案. http://www. mep. gov. cn/gkml/hbb/bwj/201407/t20140729_280610. htm. 2014-07-25.

中华人民共和国环境保护部. 2015. 2014 年环境统计年报. http: //zls. mep. gov. cn/hjtj/nb/2013tjnb/201411/t20141124_291867. htm.

中华人民共和国环境保护部. 2015. 全面实施燃煤电厂超低排放和节能改造工作方案. http://www. mep. gov. cn/gkml/hbb/bwj/201512/t20151215_319170. htm. 2015-12-11.

中华人民共和国环境保护部. 2016. 2014 年环境统计年报. http://zls.mep.gov.cn/hjtj/nb/2014tjnb/201601/t20160127_327007. htm. 2016-01-27.

朱少峰, 黄晓峰, 何凌燕, 等. 2012. 深圳大气 VOCs 浓度的变化特征与化学反应活性. 中国环境科学, 32(12): 2140-2148.

California Energy Commission. 2015. Tracking Progress, Actual and Expected Energy From Coal for California – Overview. December 7, 2015. p. 2.

California Energy Commission. 2016. State of California Energy Action Plan. 2016-09-16.

Chen L, Sun Y, Wu X, et al, 2014. Unit-based emission inventory and uncertainty assessment of coal-fired power plants. Atmospheric Environment, 99: 527-535.

Energy Information Administration. 2016. Annual Energy Outlook 2016 with Projections to 2040. http: //www. eia. gov/outlooks/aeo/pdf/0383(2016). pdf. 2016-09-15.

Shen L, Cheng S, Gunson A J, et al, 2005. Urbanization, sustainability and the utilization of energy and mineral resources in China. Cities, 2005, 2.

U. S. EIA. 2015. California grid expected to maintain reliability despite drought. Today in Energy. July 6, 2015.

U. S. EIA. 2016. State Profile and Energy Estimates.

U. S. Energy Information Administration. 2015. http: //www. eia. gov/consumption/. https://www. eia. gov/state/analysis. cfm?sid=CA#62

U. S. Environmental Protection Agency. 2014. http: //www. epa. gov/air/emissions/basic. htm.

USGS. 2014. Cement Statistics and Information(2000~2014). http: //minerals. usgs. gov/minerals/pubs/commodity/cement/

World Steel Association. 2015. Steel Statistical Yearbook 2015. http: //www. worldsteel. org/zh/statistics/statistics-archive/yearbook-archive. html.

Wu X, Huang W, Zhang Y, et al, 2015. Characteristics and uncertainty of industrial VOCs emissions in China. Aerosol and Air Quality Research, 15(3): 1045-1058.

Wu X, Zhao L, Zhang Y, et al, 2015. Primary air pollutant emissions and future prediction of iron and steel industry in China. Aerosol and Air Quality Research, 15(4): 1422-1432.

第4章 京津冀区域农业与新型城镇化发展中的大气污染防治战略研究

课题组成员

刘　旭　中国工程院院士

尹伟伦　北京林业大学　中国工程院院士

白由路　中国农业科学院农业资源与农业区划研究所　研究员

夏新莉　北京林业大学　教授

杨俐苹　中国农业科学院农业资源与农业区划研究所　研究员

郭惠红　北京林业大学　副教授

卢艳丽　中国农业科学院农业资源与农业区划研究所　研究员

王　磊　中国农业科学院农业资源与农业区划研究所　研究员

刘　超　北京林业大学　助理研究员

京津冀是我国粮食的主要产区之一，耕地面积为 704.41 万公顷，2014 年农作物总播种面积为 938.8 万公顷，粮食作物为 679.8 万公顷，其中小麦 247.7 万公顷、玉米 346.2 万公顷，蔬菜面积 138.5 万公顷，果园面积 115.8 万公顷。京津冀地区共有乡镇 2266 个、行政村 56271 个，乡村人口 6613.69 万人，行政村均 1175 人，户均 3.5 人。该区年氮肥使用约 216 万吨，农用柴油消耗 309.7 万吨，农药用量为 9.35 万吨，乡村生活燃煤消耗 1581.32 万吨原煤。

京津冀地区是我国重要的小麦-玉米轮作区，每年秸秆量约为 4500 万吨，其中小麦秸秆 1420.9 万吨、玉米秸秆 1825.6 万吨。每年由农业源引发的氨挥发总量为 84.4 万吨，其中由种植业排放的为 43.4 万吨、养殖业排放的为 40.9 万吨，且主要集中在 6 月和 7 月份。由种植业的引发的氨排放与化肥施用量密切相关，约占化肥施用量的 12% 左右。

农业是国民经济的基础，党的"十八大"提出"工业化和城镇化良性互动、城镇化和农业现代化相互协调"之后，我国新型成镇化发展迅速，2014 年，我国城镇化率达到 54.77%，其中北京达到 86.33%，天津达 82.27%，河北省平均为 49.32%。根据《国家新型城镇化规划（2014－2020 年）》，我国到 2020 年，新型城镇化率达到 60% 左右。随着新型城镇化率的提高，农业生产结构和组织方式会发生大的变化，农村的能源结构也会发生重大改变，所以，对京津冀区域农业和新型城镇化发展过程中大气污染防治战略可能发生新的变化，本章将探讨京津冀区域大气污染中的农业污染源及防治战略、新型城镇化发展中的农村污染源及防治战略和农业林网发展与大气联发联控战略等。

4.1　京津冀地区农业源氨排放的时空分布

氨是大气中重要的微量气体之一，它对底层大气酸化起到重要的缓冲作用，同时，也是形成大气中二次气溶胶的重要物质。资料表明：厦门地区，在大气透明度的影响因子中，有机物为 39.5%，硫酸铵为 31.4%，硝酸铵为 15.3%，元素碳为 13.9%（Zhang et al, 2012）；而在济南、广州及美国东部影响大气透明度的主要是硫酸铵（Sotiropoulou et al, 2004）。由此可见，大气中的氨气对空气质量有一定的影响。

研究资料表明，$PM_{2.5}$ 中的 NH_4^+ 与 NO_3^-、NH_4^+ 与 SO_4^{2-} 在所有季节中均有明显的线性相关关系，表明 NH_4^+ 是硫酸盐[$(NH_4)_2SO_4$]和硝酸盐（NH_4NO_3）形成的组成分，同时，大气中的 NH_4^+ 还有可能与 Cl^- 离子形成 NH_4Cl。研究表明，大气中的 NH_4^+ 主要是通过 NH_3 转化而来的，大气中的 NH_4^+ 首先与 SO_4^{2-} 形成亚硫酸铵和硫酸铵，多余的 NH_4^+ 再与 NO_3^- 形成硝酸铵或与大气中的氯离子形成氯化铵（McMurry et al, 1983）。

关于空气中氨的来源，很多学者都进行了大量的工作，大气中的氨有可能来自于动物排泄、肥料和一些工业活动、自然土壤排放、燃煤、人类呼吸、下水管油污、野生动物等，但大多数人认为：大气中的氨动物排泄和肥料是大气氨的主要来源，约占为人源氨排放的90%以上（Buusman et al, 1987）。

西方国家对大气氨的重视源于20世纪80年代，不同国家对其氨排放清单进行了详细的研究，由于研究的方法不同，他们在时间和空间的分辨率上也有很大差别。根据我国的实际，以及氨排放的发生情况，本节将以2012~2014年国家和地方统计局的统计资为基础，对京津冀区域农业源氨排放数量和时空分布进行论述，旨在为该区空气污染治理提供依据。

4.1.1　京津冀地区种植业氨排放的时空分布

1. 北京市种植业氨排放的时空分布

北京市位于我国中东部，京津冀地区的中北部，现在耕地23.2万公顷，主要作物为小麦、玉米、蔬菜，其中蔬菜面积约占30%，主要土壤为褐土。有关农田氨排放的模型参照《中国大气$PM_{2.5}$污染防治策略与技术途径》一书中第5章（郝吉明等，2016）。

根据北京市作物种植面积的数量分布，2012年蔬菜作物的播种面积仅占总播种面积的22.7%，果树种植面积占耕地面积的27.0%，所以该区以蔬菜与水果为主，季节性作物施肥比例为仅14.2%，而非季节性作物施肥比例为85.8%。根据北京市的气候特点，月平均温度>0℃的月份为3~11月。所以，该市按施肥总量的85.8%，平均分配在九个月份中。北京市的主要作物是玉米、小麦等，其中玉米面积约占粮食作物播种面积的70%。

根据排放模型和北京市的具体参数，计算出不同月份该区域氨排放的总量（表4-1）。

表4-1　北京市不同月份氨排放总量（t）

月份	施肥量	施肥氨排放	基础排放	氨总排放量
1	0.0	0.0	48.1	48.1
2	0.0	0.0	56.5	56.5
3	8360.7	819.2	92.9	912.1
4	12844.0	2569.6	189.6	2759.2
5	14338.4	4532.0	299.6	4831.6
6	8360.7	3077.9	348.9	3426.8
7	10353.3	4501.0	412.0	4913.1
8	8360.7	3298.7	374.0	3672.7

续表

月份	施肥量	施肥氨排放	基础排放	氨总排放量
9	8360.7	2349.0	266.4	2615.2
10	8360.7	1497.1	169.7	1666.8
11	8360.7	733.3	83.2	816.4
12	0.0	0.0	46.1	46.1
总计	87700.0	23377.5	2386.8	25764.4

根据计算，北京市氨排放的氮损失率为 24.2%，氨排放分布季节不十分明显，主要分布在 4~10 月份的七个月中。

2. 天津市种植业氨排放的时空分布

天津市紧临北京市，但生态与土壤条件、作物种植均与北京市均有很大不同，天津市耕地面积 44.1 万公顷，其中粮食作物约 20 万公顷，主要有小麦和玉米，其比例为 1∶1.5。蔬菜种植面积不足 10 万公顷。天津土壤主要是潮土和滨海盐土，土壤 pH 大于 7。质地偏砂。

根据天津市作物种植面积的数量分布，2012 年蔬菜作物的播种面积仅占总播种面积的 18.6%，果树种植面积占耕地面积的 7.6%，所以该区以是以粮食和蔬菜并重的产区，季节性作物施肥比例为仅 51.4%，而非季节性作物施肥比例为 48.6%。根据天津市的气候特点，月平均温度 >0℃ 的月份为 3~11 月。所以，该区按施肥总量的 48.6%，平均分配在九个月份中。天津市的农作物主要是小麦、玉米等，其比例为 1∶1.5。

根据排放模型和具体参数，计算出天津市不同月份该区域氨排放的总量（表 4-2）。

表 4-2　天津市不同月份氨排放总量（t）

月份	施肥量	施肥氨排放	基础排放	氨总排放量
1	0.0	0.0	97.2	97.2
2	0.0	0.0	108.7	108.7
3	15282.8	1536.3	181.4	1717.7
4	15282.8	3158.5	372.9	3531.4
5	7662.6	2572.3	605.8	3178.1
6	23991.7	9315.8	700.7	10016.5
7	33789.1	15601.8	833.2	16435.0
8	7662.6	3080.2	725.4	3805.6
9	7662.6	2255.0	531.0	2786.0

续表

月份	施肥量	施肥氨排放	基础排放	氨总排放量
10	22903.1	4416.4	347.9	4764.5
11	7662.6	733.9	172.8	906.6
12	0.0	0.0	96.5	96.5
总计	141900.0	42670.3	4773.6	47443.8

由表可见，天津市氨排放的氮损失率为 27.5%，氨排放分布季节不十分明显，以 7 月份排放最高，约占全年的 34.6%。

3. 河北省种植业氨排放的时空分布

河北省位于华北平原北部，耕地面积为 631.7 万公顷，占国土面积的 35%。主要粮食作物为小麦、玉米。该省土壤主要为具有石灰性的褐土和潮土，滨海地区有少量的滨海盐土。潮土质地较轻，褐土以壤土为主。

根据河北省作物种植面积的数量分布，2012 年蔬菜作物的播种面积仅占总播种面积的 13.7%，果树种植面积占耕地面积的 16.7%，所以该区以是以粮食为主的产区，季节性作物施肥比例为 47.6%，而非季节性作物施肥比例为 52.4%。根据河北省的气候特点，月平均温度 >0℃ 的月份为 2~11 月。所以，该区按施肥总量的 52.4%，平均分配在十个月份中。

河北省的农作物主要是小麦玉米轮作，具有华北平原典型的种植物征。

1）石家庄市

石家庄市位于京津冀地区的西南部,耕地面积约 800 万亩,作物播种面积 1500 万亩,粮食作物播种面积 1135 万亩,蔬菜作物播种面积 244 万亩,全年化肥施用量 48.9 万吨（折纯，下同），氮肥用量为 31 万吨。根据计算，石家庄市不同月份的氮肥施用量和农田氨排放量示于表 4-3。

表 4-3　石家庄市不同月份氨排放总量（t）

月份	施肥量	施肥氨排放	基础排放	氨总排放量
1	0.00	0.00	2.81	2.81
2	35780.64	1527.99	3.39	1531.38
3	17365.72	1212.97	5.54	1218.51
4	35780.64	5102.71	11.31	5114.02
5	17365.72	3727.49	17.02	3744.50
6	42857.15	11169.07	20.66	11189.73
7	58152.01	16699.12	22.77	16721.89
8	17365.72	4281.63	19.55	4301.18

续表

月份	施肥量	施肥氨排放	基础排放	氨总排放量
9	17365.72	3027.79	13.82	3041.62
10	54195.55	6590.14	9.64	6599.78
11	17365.72	1034.26	4.72	1038.98
12	0.00	0.00	2.81	2.81
总计	313594.60	54373.18	134.03	54507.21

由表可见，该市农田氨排放总量为 5.5 万吨，占氮肥损失量的 14.5%，主要集中在 4、6、7、10 四个月份中，占年氨排放总量的 72.7%，这主要与当地施肥季节有关。

2）唐山市

唐山市位于京津冀地区的东部，作物播种面积 1200 万亩，粮食作物播种面积 730 万亩，蔬菜作物播种面积 280 万亩，全年化肥施用量 38.7 万吨（折纯，下同），氮肥用量为 23.0 万吨。根据计算，唐山市不同月份的氮肥施用量和农田氨排放量示于表 4-4。

表 4-4 唐山市不同月份氨排放总量（t）

月份	施肥量	施肥氨排放	基础排放	氨总排放量
1	0.00	0.00	2.73	2.73
2	21187.49	904.80	3.29	908.08
3	16267.19	1136.24	5.38	1141.62
4	21187.49	3021.57	10.97	3032.54
5	16267.19	3491.69	16.52	3508.21
6	34708.39	9045.41	20.06	9065.46
7	45773.10	13144.36	22.10	13166.46
8	16267.19	4010.78	18.97	4029.76
9	16267.19	2836.26	13.42	2849.68
10	26107.78	3174.69	9.36	3184.05
11	16267.19	968.83	4.58	973.42
12	0.00	0.00	2.73	2.73
总计	230300.20	41734.63	130.09	41864.72

由表可见，该市农田氨排放总量为 4.2 万吨，占氮肥损失量的 5.5%，主要集中在 7 月份，占年氨排放总量的 31.5%。

3）秦皇岛市

秦皇岛市位于京津冀地区的最东部，农作物播种面积为 330 万亩，其中粮食

播种面积 220 万亩，蔬菜播种面积为 72 万亩。全年化肥用量为 15.2 万吨，其中
氮肥 8.0 万吨，主要施肥季节为 6、7 月份。根据计算，秦皇岛市不同月份的氮肥
施用量和农田氨排放量示于表 4-5。

表 4-5 秦皇岛市不同月份氨排放总量（t）

月份	施肥量	施肥氨排放	基础排放	氨总排放量
1	0.00	0.00	0.88	0.88
2	5703.87	243.58	1.06	244.64
3	5310.80	370.95	1.73	372.69
4	5703.87	813.44	3.54	816.98
5	5310.80	1139.94	5.33	1145.27
6	14941.61	3893.96	6.47	3900.43
7	20720.09	5950.05	7.13	5957.18
8	5310.80	1309.41	6.12	1315.53
9	5310.80	925.96	4.33	930.29
10	6096.95	741.38	3.02	744.40
11	5310.80	316.30	1.48	317.78
12	0.00	0.00	0.88	0.88
总计	79720.40	15704.97	41.96	15746.94

由表可见，秦皇岛市农田氨排放总量为 1.6 万吨，月平均氨排放总量超过 1
万吨的月份为 5、6、7、8 四个月份。占年氨排放总量的 78.2%，氨排放占氮肥损
失量的 19.7%。

4）邯郸市

邯郸市位于京津冀地区的最南部，与河南省接壤。全市近 1600 万亩，其中
粮食播种面积占 72.6%。蔬菜播种面积为 200 万亩。全年化肥施用量为 49.3 万吨，
其中氮肥用量为 25.3 万吨。粮食作物主要为小麦-玉米轮作，施肥主要集中在 6、
7、10 月份。根据计算，邯郸市不同月份的氮肥施用量和农田氨排放量示于表 4-6。

表 4-6 邯郸市不同月份氨排放总量（t）

月份	施肥量	施肥氨排放	基础排放	氨总排放量
1	0.00	0.00	3.19	3.19
2	29467.61	1258.40	3.84	1262.24
3	12574.34	878.30	6.29	884.59
4	29467.61	4202.41	12.84	4215.24
5	12574.34	2699.03	19.32	2718.36
6	35680.00	9298.62	23.46	9322.08

续表

月份	施肥量	施肥氨排放	基础排放	氨总排放量
7	49543.40	14227.05	25.85	14252.89
8	12574.34	3100.29	22.19	3122.48
9	12574.34	2192.39	15.69	2208.09
10	46360.88	5637.45	10.95	5648.40
11	12574.34	748.90	5.36	754.26
12	0.00	0.00	3.19	3.19
总计	253391.20	44242.83	152.17	44395.00

由表可见，邯郸市每年由农田排放的氨为 4.4 万吨，主要集中在 7 月份，这与玉米的施肥有关，氨排放损失约占氮肥总损失的 17.5%。

5）邢台市

邢台市位于京津冀地区的南部，东部为平原，西部为太行山区，作物总播种面积为 1500 万亩，其中粮食作物播种面积 1100 万亩，主要作物为小麦-玉米轮作，蔬菜播种面积为 100 万亩。全年化肥施用量为 36.5 万吨，氮肥施用为 19.0 万吨。主要施肥季节为 6、7、10 月份。根据计算，邢台市不同月份的氮肥施用量和农田氨排放量示于表 4-7。

表 4-7　邢台市不同月份氨排放总量（t）

月份	施肥量	施肥氨排放	基础排放	氨总排放量
1	0.00	0.00	3.13	3.13
2	22676.55	968.39	3.77	972.16
3	6936.82	484.53	6.16	490.69
4	22676.55	3233.93	12.58	3246.51
5	6936.82	1488.96	18.94	1507.90
6	29172.55	7602.71	23.00	7625.70
7	42514.00	12208.46	25.34	12233.80
8	6936.82	1710.32	21.76	1732.07
9	6936.82	1209.47	15.39	1224.85
10	38416.28	4671.39	10.73	4682.12
11	6936.82	413.14	5.26	418.39
12	0.00	0.00	3.13	3.13
总计	190140.00	33991.28	149.18	34140.46

由表可见，邢台市农田氨排放总量为 3.4 万吨，主要集中在 6、7 月份，占全年氨排放的 58.2%。

6）保定市

保定市位于京津冀地区的中西部，与北京接壤。全市作物总播种面积为 1800
万亩，其中粮食播种面积约为 1400 万亩，蔬菜播种面积为 240 万亩。全年化肥用
量为 47.4 万吨，氮肥用量为 28.7 万吨。主要集中在 6、7、10 三个月份。根据计
算，保定市不同月份的氮肥施用量和农田氨排放量示于表 4-8。

表 4-8　保定市不同月份氨排放总量（t）

月份	施肥量	施肥氨排放	基础排放	氨总排放量
1	0.00	0.00	3.82	3.82
2	31071.64	1326.89	4.61	1331.50
3	14377.19	1004.23	7.53	1011.76
4	31071.64	4431.16	15.38	4446.54
5	14377.19	3086.01	23.16	3109.16
6	43735.54	11397.99	28.11	11426.10
7	61350.55	17617.63	30.98	17648.61
8	14377.19	3544.79	26.60	3571.39
9	14377.19	2506.73	18.81	2525.54
10	47766.09	5808.32	13.12	5821.44
11	14377.19	856.27	6.42	862.69
12	0.00	0.00	3.82	3.82
总计	286881.40	51580.02	182.36	51762.38

由表可见，保定市农田全年氨排放量为 5.2 万吨，超过 1 万吨的月份为 6、7
两个月，该期氨排放占全年氨排放的 56.2%。

7）张家口市

张家口市位于京津冀地区的西北部，主要为丘陵山区，国土面积约 3.6 万 km²，
作物播种面积约 1000 万亩，粮食播种面积为 700 万亩，主要为一年一熟区，蔬菜
播种面积为 160 万亩。该区全年化肥施用量为 11.2 万吨，其中氮肥用量为 6.0 万
吨。施肥主要集中在 6、7 月份。根据计算，张家口市不同月份的氮肥施用量和农
田氨排放量示于表 4-9。

表 4-9　张家口市不同月份氨排放总量（t）

月份	施肥量	施肥氨排放	基础排放	氨总排放量
1	0.00	0.00	4.17	4.17
2	3124.66	133.44	5.03	138.47
3	3124.66	218.25	8.23	226.48
4	3124.66	445.61	16.79	462.41

续表

月份	施肥量	施肥氨排放	基础排放	氨总排放量
5	3124.66	670.70	25.28	695.97
6	14066.97	3666.01	30.69	3696.70
7	20632.35	5924.85	33.82	5958.67
8	3124.66	770.41	29.03	799.44
9	3124.66	544.80	20.53	565.33
10	3124.66	379.96	14.32	394.28
11	3124.66	186.10	7.01	193.11
12	0.00	0.00	4.17	4.17
总计	59696.60	12940.12	199.07	13139.20

由表可见，张家口市每年由农田排放的氨为 1.3 万吨，除 6、7 月份外，大部月份的农田氨排放不足 1000 吨。

8）承德市

承德市位于京津冀地区的北部，主要为丘陵山区，作物播种积约 580 万亩，一年一熟，主要作物为玉米、谷子等。该区蔬菜播种面积为 110 万亩，年化肥施用量为 11.3 万吨，其中氮肥用量为 6.8 万吨。主要施肥季节为 7 月份。根据计算，承德市不同月份的氮肥施用量和农田氨排放量示于表 4-10。

表 4-10　承德市不同月份氨排放总量（t）

月份	施肥量	施肥氨排放	基础排放	氨总排放量
1	0.00	0.00	1.62	1.62
2	4097.19	174.97	1.96	176.92
3	4097.19	286.18	3.20	289.38
4	4097.19	584.31	6.53	590.84
5	4097.19	879.45	9.83	889.28
6	14342.99	3737.95	11.94	3749.89
7	20490.47	5884.11	13.15	5897.26
8	4097.19	1010.19	11.29	1021.48
9	4097.19	714.36	7.99	722.35
10	4097.19	498.22	5.57	503.79
11	4097.19	244.02	2.73	246.75
12	0.00	0.00	1.62	1.62
总计	67611.00	14013.75	77.43	14091.18

由表可见，该市全年农田氨排放为 1.4 万吨，主要集中在 7 月份。

9）沧州市

沧州市位于京津冀地区的东南部，农作物总播种面积为 1700 万亩，是重要的农业产区，该区粮食播种积为 1330 万亩，蔬菜播种面积为 135 万亩。主要为小麦-玉米轮作。年施用化肥 32.0 万吨，其中氮肥用量为 19.3 万吨。主要施肥时间集中在 6、7 月份。占全年肥料用量的 68%。根据计算，沧州市不同月份的氮肥施用量和农田氨排放量示于表 4-11。

表 4-11　沧州市不同月份氨排放总量（t）

月份	施肥量	施肥氨排放	基础排放	氨总排放量
1	0.00	0.00	3.67	3.67
2	7897.10	337.24	4.42	341.66
3	7574.74	529.09	7.23	536.32
4	7897.10	1126.21	14.77	1140.99
5	7574.74	1625.89	22.23	1648.12
6	52321.87	13635.69	26.99	13662.68
7	79170.15	22734.76	29.74	22764.51
8	7574.74	1867.60	25.54	1893.14
9	7574.74	1320.69	18.06	1338.75
10	8219.46	999.48	12.59	1012.08
11	7574.74	451.13	6.17	457.30
12	0.00	0.00	3.67	3.67
总计	193379.40	44627.79	175.10	44802.88

由表可见，沧州市每年由农田排放的氨为 4.9 万吨，主要集中在 6、7 月份，其中月农田氨排放量均不足 2000 吨，特别是要冬季的 12、1、2 月份，农田氨排放量不足全年总量的 1%。而 6、7 月份则占全年的 80% 以上。

10）廊坊市

廊坊市位于京、津之间，全部为平原区。农作物总播种面积为 700 多万亩，其中粮食作物播种面积为 460 万亩，蔬菜为 160 万亩。主要作物为小麦-玉米。年化肥施用量为 16.9 万吨，其中氮肥用量为 11.3 万吨。根据计算，廊坊市不同月份的氮肥施用量和农田氨排放量示于表 4-12。

表 4-12　廊坊市不同月份氨排放总量（t）

月份	施肥量	施肥氨排放	基础排放	氨总排放量
1	0.00	0.00	1.81	1.81
2	10451.68	446.33	2.19	448.52

续表

月份	施肥量	施肥氨排放	基础排放	氨总排放量
3	7668.93	535.66	3.57	539.24
4	10451.68	1490.53	7.30	1497.82
5	7668.93	1646.11	10.99	1657.09
6	17289.97	4505.97	13.34	4519.30
7	23062.59	6622.73	14.70	6637.43
8	7668.93	1890.82	12.62	1903.44
9	7668.93	1337.11	8.92	1346.04
10	13234.43	1609.30	6.22	1615.52
11	7668.93	456.74	3.05	459.79
12	0.00	0.00	1.81	1.81
总计	112835.00	20541.30	86.52	20627.82

由表可见，该市全年由农田排放的氨为 2.1 万吨，主要集中在 6、7 月份，约占全年氨排放的 54%，其他月份农田氨排放量均不足 2000 吨，其中　冬季的 12、1、2 三个月份仅占全年的 2.2%。

11）衡水市

衡水市位于京津冀地区的中南部，全部为平原区，是京津冀地区的重要农业产区，农作物播种面积为 1200 多万亩，其中粮食作物播种面积为 880 万亩，蔬菜播种面积为 125 万亩。粮食作物主要为小麦-玉米轮作，全市年化肥施用量为 28.3 万吨，其中氮肥用量为 14.5 万吨。根据计算，衡水市不同月份的氮肥施用量和农田氨排放量示于表 4-13。

表 4-13　衡水市不同月份氨排放总量（t）

月份	施肥量	施肥氨排放	基础排放	氨总排放量
1	0.00	0.00	2.76	2.76
2	16568.11	707.53	3.33	710.86
3	6325.14	441.80	5.44	447.24
4	16568.11	2362.80	11.11	2373.91
5	6325.14	1357.67	16.72	1374.39
6	21834.88	5690.42	20.31	5710.73
7	31140.72	8942.47	22.38	8964.85
8	6325.14	1559.50	19.21	1578.71
9	6325.14	1102.82	13.59	1116.40
10	26811.09	3260.21	9.47	3269.68
11	6325.14	376.71	4.64	381.35
12	0.00	0.00	2.76	2.76
总计	144548.60	25801.93	131.72	25933.65

由表可见，衡水市全年由农田排放的氨为 2.6 万吨，主要集中在 6、7 月份，这两个月份的农田氨排施占全年和 56.6%，而冬季的 12、1、2 三个月份仅占 2.8%。

纵观整个京津冀地区农业源氨排放的数量（表 4-14），北京以南地区的农田氨排放（图 4-1）多于北京以北地区，以地市为单位，农田氨排放最高的是石家庄、保定、沧州、邯郸和唐山市。该市农田年氨排放均在 4 万吨以上，而北京以北的张家口、承德两地市农田氨排放不足 1.5 万吨。

表 4-14 不同区域氨排放总量（t）

地区	施肥量	施肥氨排放	基础排放	氨总排放量	比例（%）
北京市	87700	23377.5	2386.8	25764.4	5.9
天津市	141900	42670.3	4773.6	47443.8	10.9
石家庄市	313594.6	54373.18	134.03	54507.21	12.6
唐山市	230300.2	41734.63	130.09	41864.72	9.6
秦皇岛市	79720.4	15704.97	41.96	15746.94	3.6
邯郸市	253391.2	44242.83	152.17	44395	10.2
邢台市	190140	33991.28	149.18	34140.46	7.9
保定市	286881.4	51580.02	182.36	51762.38	11.9
张家口市	59696.6	12940.12	199.07	13139.2	3.0
承德市	67611	14013.75	77.43	14091.18	3.2
沧州市	193379.4	44627.79	175.1	44802.88	10.3
廊坊市	112835	20541.3	86.52	20627.82	4.8
衡水市	144548.6	25801.93	131.72	25933.65	6.0
总计	2161698.4	425599.6	8620.03	434219.64	100.0

从不同区域农田氨排放强度来看（图 4-2），趋势与排放量基本相同，总是北京以南地区的排放强度大于北京以北地区，其中天津的农田氨排放强度最高，达 4 t/km^2，张家口承德两地市最低，不足 400 kg/km^2。京津冀地区农田氨排放强度每平方公里大部分在 2~3.5 吨之间。

4.1.2 京津冀地区养殖业氨排放的空间分布

京津冀地区是重要的粮食产区，特别是河北省以小麦-玉米轮作为主，其中玉米产量约 1800 万吨，且主要用于养殖饲料粮，所以，该区养殖业相对发达。主要养殖类有肉猪、肉鸡、蛋鸡、肉牛等。大牲畜存栏数为 530 多万头、肉猪出栏数为 4300 多万头。该区年产猪肉 336.7 万吨、肉牛 68.7 万吨、肉羊 31.2 万吨、肉禽 122.4 万吨、奶牛 654.8 万吨、羊毛 3.6 万吨、蛋禽 481.7 万吨。

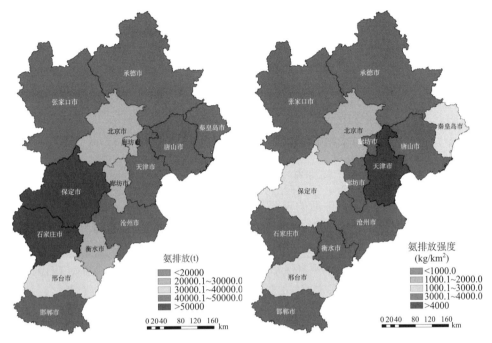

图 4-1　京津冀区域农田氨排放分布图　　图 4-2　京津冀区域农田氨排放强度分布图

　　根据畜禽产出氨排放模型（郝吉明等，2016）计算，该区养殖业氨排放总量为 40.9 万吨，其中肉猪养殖业氨排放为 12.1 万吨，占比 30%；肉牛氨排放为 4.2 万吨，占比 10.3%；蛋禽氨排放 16.7 万吨，占比 40.7%；奶牛氨排放 3.6 万吨，占比 8.9%，其他肉羊、肉禽和毛用羊共计氨排放 4.3 万吨，占比 10.6%（图 4-3）。

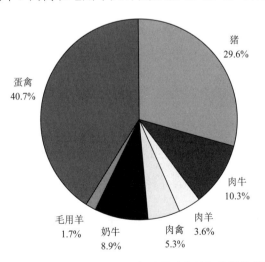

图 4-3　京津冀区域不同畜禽种类引发的氨排放比例

由此可见，京津冀地区养殖业氨排放的重点是养猪和蛋鸡，占整个京津冀地区养殖业氨排放的70%，在该地区，两种畜禽都属圈养，有封闭负压养殖的可能性与可行性，所以，降低京津冀地区养殖业氨排放的关键措施重点应放在养猪和蛋鸡方面。

从京津冀地区养殖业氨排放的区域分布看（图4-4），主要分布在北京南部地区，以石家庄市最高，达6.5万吨，其次为邯郸市，达5.8万吨，保定市和唐山市在4万~4.5万吨之间，其他地市都在3万吨以下。

1. 养猪业氨排放的空间分布

猪肉是华北平原人民生活的重要肉类，每年除有一定数量的外调猪肉外，整个京津冀区域生产猪肉约390万吨，且有逐年递增的趋势。通过模型计算（郝吉明等，2016），2014年，整个京津冀区域由养杀猪业引起的氨排放12.1万吨，占整个养殖业氨排放的30%。不同区域排放的数量不同（图4-5），其中，唐山市最多，为1.6万吨，其次为保定市，1.5万吨，超过石家庄市和邯郸市。总之，养猪业排放较多的地市大部分在北京以南地区。当北京以南风为主时，该区的氨排放

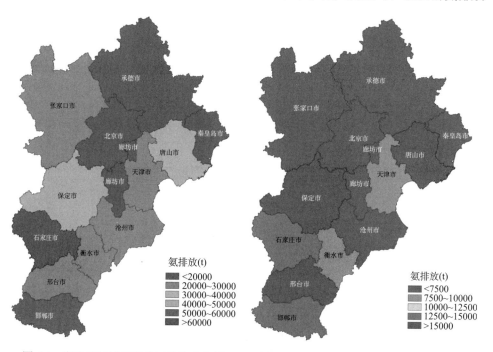

图4-4　京津冀区域养殖业氨排放分布图　　　图4-5　京津冀区域养猪业氨排放分布图

对北京的大气质量可能有一定影响。

2. 肉牛养殖业氨排放及空间分布

牛肉也是北方地区的主要肉食品，京津冀地区每年生产的牛、马、驴、骡肉约 68.7 万吨，其中以石家庄和承德市最多，在 10 万吨左右。由此所产生的氨排放量为 4.2 万吨。不同区域由肉牛养殖引发的氨排放不同（图 4-6），与养猪业氨排放不同，肉牛养殖引发的氨排放主要分布在北京周边，超过 4000 吨的有石家庄、承德、唐山、沧州等。

3. 养鸡业氨排放的空间分布

鸡肉和鸡蛋都是华北平原的重要肉食品，京津冀地区每年生产禽蛋约481.7 万吨、鸡肉约 122.4 万吨，由禽类养殖所排放的氨约 18.9 万吨，其中由肉禽养殖引发的氨排放为 2.2 万吨、蛋禽养殖引发的氨排放为 16.7 万吨。不同地区肉禽引发的氨排放数量有所不同（图 4-7），总体较为均匀，最高的石家庄市为不足 3000 吨，而最低的廊坊市为 724 吨。

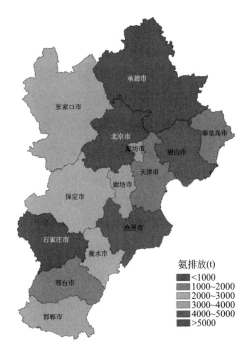

图 4-6　京津冀区域肉牛养殖氨排放分布图

对于蛋禽分布明显偏向北京南方向（图 4-8），最高的石家庄市和邯郸市为 3.5 万吨左右，而较少的北京、天津、承德等市则不足 1 万吨。

4. 养羊业氨排放及空间分布

京津冀地区每年生产羊肉 31.2 万吨、羊毛 3.6 万吨。养羊业的氨排放数量为 2.1 万吨，仅占整个京津冀地区养殖业氨排放的 5.2%，其分布示于图 4-9 和图 4-10。结果表明：京津冀地区南部的邯郸市和北部的张家口市肉用羊氨排放最多，约 2000 吨。毛用羊氨排放以张家口市最多，约 2000 吨，其他地区均不足 1000 吨。

5. 奶牛养殖业氨排放及空间分布

京津冀地区奶牛存栏约 200 多万头，每年产牛奶 654.8 万吨，奶牛养殖业氨排放约为 3.6 万吨，占整个京津冀地区养殖业氨排放的 8.9%。不同地区奶牛氨排放的分布（图 4-11）不同，唐山市最多，不足 9000 吨，张家口、石家庄次之，约为 6000 吨，其他均在 4000 吨以下。

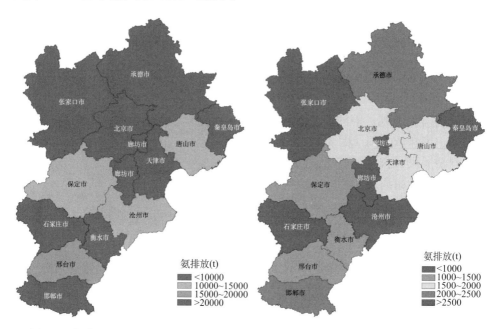

图 4-7　京津冀区域肉禽养殖氨排放分布　　图 4-8　京津冀区域蛋禽养殖氨排放分布

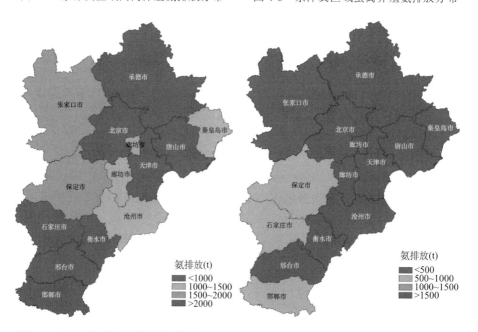

图 4-9　京津冀区域肉羊养殖氨排放分布　　图 4-10　京津冀区毛用羊养殖氨排放分布

4.1.3　京津冀地区总氨排放的时空分布

1. 京津冀地区总氨排放的空间分布

京津冀地区农业源氨排放量每年约 84.3 万吨，其中农田排放为 43.4 万吨，占总排放量的 51.4%，养殖业排放为 40.9 万吨，占总排放 48.5%。不同地区的农业源氨排放空间分布示于图 4-12。由图可见，农业源氨排放较高的地区基于处于北京的南部，其中以石家庄市和邯郸市最高，氨排放量都超过 10 万吨，保定、唐山、天津、沧州、邢台五地区的农业源排放在 5 万~10 万吨之间，其他均在 5 万吨以下。所以，北京南部地区的农业源氨排放治理对北京市的空间质量可能会产生一定的影响。

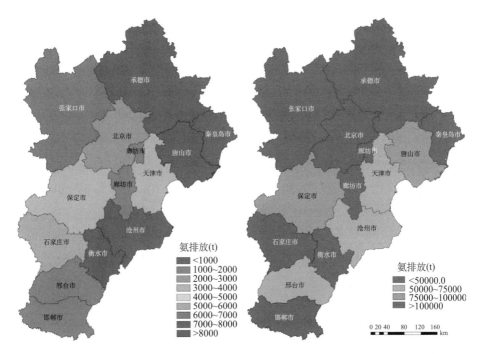

图 4-11　京津冀区域奶牛养殖氨排放分布　　　图 4-12　京津冀区域农业源氨排放分布

2. 京津冀地区总氨排放的时间分布

京津冀不同地区不同月份的农业源氨排放总量示于表 4-15，由表可见，京津冀地区农业源氨排放的时间主要集中在夏季的 6、7 月份，这两月的氨排放量为 31.7 万吨，占全年氨排放的 37.6%，而冬季的 12、1、2 三个月份农业源氨排放量为 11.1 万吨，仅占全年氨排放的 13.1%（图 4-13）。由此可见，虽然大气质量与农业源氨排放在空间上表现冬季大气质量与农业源氨排放表现出高度的一致性，但农业源氨排放数量与大气质量在时间存在明显的差异，所以，农业源氨排放对大气质量的影响，特别是定量的影响还有待于进一步研究。

不同地区不同月份的农业源氨排放数量示于图 4-14 到图 4-25。

表 4-15　京津冀区域不同月份农业源氨排放数量表

地区	1 月	2 月	3 月	4 月	5 月	6 月	7 月	8 月	9 月	10 月	11 月	12 月	总计
北京市	1704.5	1712.9	2568.5	4415.6	6488.0	5083.2	6569.5	5329.1	4271.6	3323.2	2472.8	1702.5	45641.1
天津市	2028.3	2039.8	3648.8	5462.5	5109.2	11947.6	18366.1	5736.7	4717.1	6695.6	2837.7	2027.6	70617.6
石家庄市	5458.9	6987.5	6674.6	10570.1	9200.6	16645.8	22178.0	9757.3	8497.7	12055.9	6495.1	5458.9	119980.4
唐山市	3707.0	4612.3	4845.8	6736.8	7212.4	12769.7	16870.7	7734.0	6553.9	6888.3	4677.6	3707.0	86315.5
秦皇岛市	1257.2	1501.0	1629.0	2073.3	2401.6	5156.8	7213.5	2571.9	2186.6	2000.7	1574.1	1257.2	30823.1
邯郸市	4818.5	6077.6	5699.9	9030.6	7533.7	14137.4	19068.2	7937.8	7023.4	10463.7	5569.6	4818.5	102178.9
邢台市	2403.8	3372.8	2891.3	5647.2	3908.5	10026.3	14634.4	4132.7	3625.5	7082.8	2819.0	2403.8	62948.2
保定市	3346.3	4674.0	4354.2	7789.0	6451.6	14768.6	20991.1	6913.8	5868.0	9163.9	4205.1	3346.3	91871.9
张家口市	2333.5	2467.8	2555.8	2791.7	3025.3	6026.0	8288.0	3128.7	2894.6	2723.6	2522.4	2333.5	41090.8
承德市	1566.7	1742.0	1854.5	2155.9	2454.4	5315.0	7462.3	2586.6	2287.4	2068.9	1811.8	1566.7	32872.1
沧州市	2216.8	2554.2	2749.5	3354.1	3861.3	15875.8	24977.7	4106.3	3551.9	3225.2	2670.5	2216.8	71360.7
廊坊市	1536.9	1983.6	2074.3	3032.9	3192.2	6054.4	8172.5	3438.5	2881.1	3150.6	1994.9	1536.9	39048.9
衡水市	1909.8	2617.9	2354.3	4280.9	3281.4	7617.8	10871.9	3485.7	3023.4	5176.7	2288.4	1909.8	48817.9
总计	34288.2	42343.9	43900.6	67340.7	64120.2	131424.4	185663.9	66859.2	57382.4	74019.1	41939.1	34285.5	843567.0

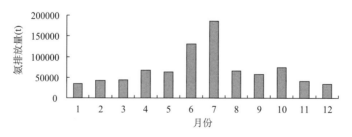

图 4-13　京津冀地区不同月份农业源氨排放数量

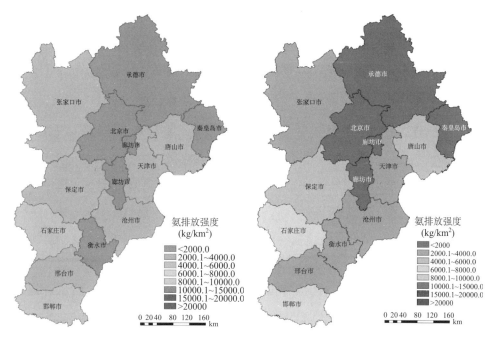

图 4-14　1 月份农业源氨排放分布图　　　图 4-15　2 月份农业源氨排放分布图

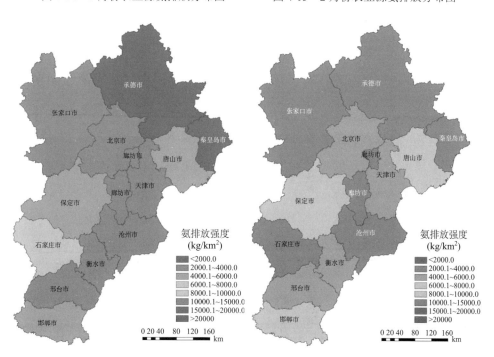

图 4-16　3 月份农业源氨排放分布图　　　图 4-17　4 月份农业源氨排放分布图

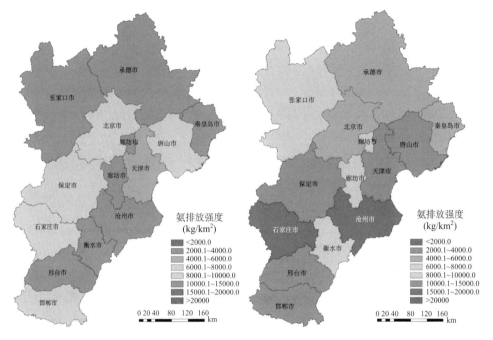

图 4-18　5 月份农业源氨排放分布图　　　　图 4-19　6 月份农业源氨排放分布图

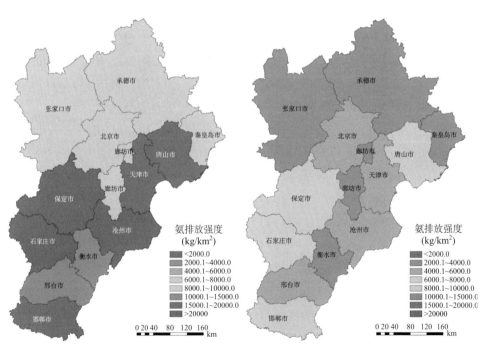

图 4-20　7 月份农业源氨排放分布图　　　　图 4-21　8 月份农业源氨排放分布图

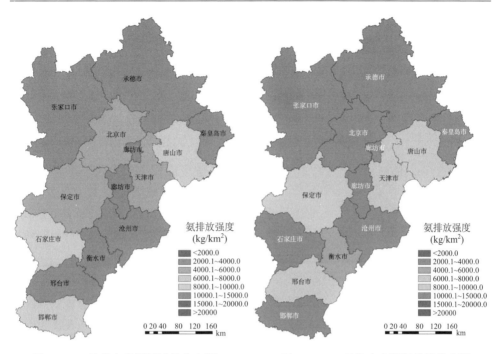

图 4-22　9 月份农业源氨排放分布图　　　　图 4-23　10 月份农业源氨排放分布图

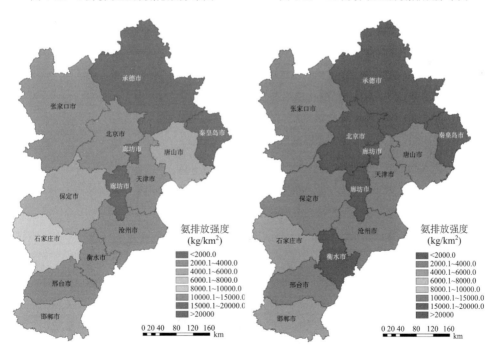

图 4-24　11 月份农业源氨排放分布图　　　　图 4-25　12 月份农业源氨排放分布图

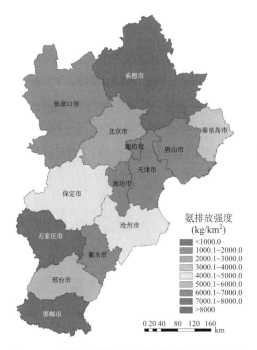

图 4-26　京津冀区域农业源氨排放强度分布图

4.1.4　京津冀地区总氨排放的强度

京津冀地区农业源氨排放的强度平均为 3.9 t/km^2，其中农田氨排放为 2.0 t/km^2，养殖业氨排放 1.9 t/km^2。不同地区存在明显的差异（图 4-26）。总的趋势是整个京津冀地区农业源的氨排放强度南方大于北方，其中农业源氨排放强度最大的是石家庄和邯郸市，约为 8.5 t/km^2 左右，天津、唐山、廊坊、衡水的氨排放强度为 6 t/km^2 以上，北部的承德、张家口最低，仅为 1 t/km^2 左右。

农田排放强度最大的是天津，约 4 t/km^2（图 4-27），而养殖业氨排放强度最大的是石家庄和邯郸，为 4.6 t/km^2 左右（图 4-28）。

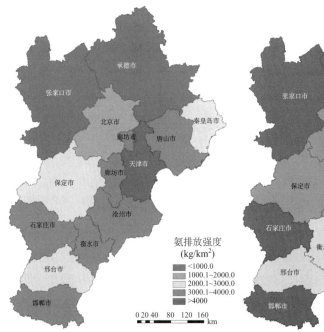

图 4-27　京津冀区域农田氨排放强度

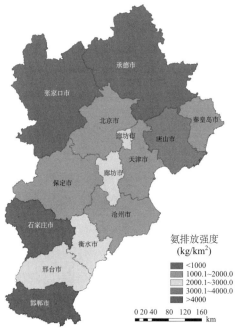

图 4-28　京津冀区域养殖业氨排放强度

4.1.5　减少农业源氨排放的技术分析

农业源氨排放主要分为两个部分，即种植业氨排放与养殖业氨排放，在京津冀地区，每年由农业源引发的氨排放为 84.4 万吨，其中种植业引发的氨排放为 43.4 万吨，占总排放量的 51.5%；由养殖业引发的氨排放为 40.9 万吨，占总排放量的 48.5%。二者在排放特征上完全不同，所以，在减少农业源氨排的技术方面也存在很大差异。

1. 减少种植业氨排放的技术分析

在农田中，除温度、pH 等因素影响外，影响土壤氨排放的因素很多，主要有肥料施用数量、施肥时间、施肥种类、土壤质地等。

农田中的氮素主要来源于氮肥的施用，大量的研究结果表明，氮肥的施用量与农田氨挥发呈显著的正相关关系（图 4-29），无论在作物的何种生育期，也不论采用何种施肥方法，农田氨挥发的数量均随着施氮量的增加而增加（孟祥海等，2011，卢丽兰等，2011），且呈线性相关关系（刘丽颖等，2013）。朱兆良院士在总结大量资料的基础上，认为在农田系统中，氨挥发占总施氮量的 11% 左右（朱兆良和文启孝，1990）。

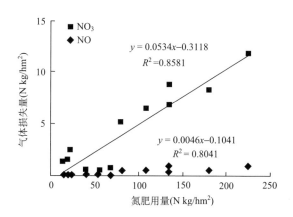

图 4-29　氮肥施用量与氨挥发的关系（刘丽颖等，2013）

施肥后的氨排放持续时间也是影响农田氨排放的重要因素，农田施用了氮肥后，会使农田土壤中铵或氨的浓度急剧上升，从而农田氨挥发加剧。大量研究表明，施肥后的一周是土壤氨挥发的持续期，不同肥料品种的施肥后的高峰期不同，施用尿素后三天左右是挥发的高峰期。一周后，由于施肥引发的氨挥发过程基本结束，转入持续挥发期（刘丽颖等，2013，张玉铭等，2005）。而碳酸氢铵则是在施肥后当天挥发最高，三天后，氨挥发过程基本结束，转入持续挥发期（张勤争等，1990）。

不同的氮肥种类所引发的氨挥发过程及强度也不相同，前人对此进行了大量的研究（曲清秀，1980），不同含氮肥料的挥发损失为碳酸氢铵（50.9%）＞硫铵（17.7%）＞硝酸铵（4.34%）＞氯化铵（2.34%）＞尿素（1.74%）（赵振达等，1986）。

土壤质地对土壤氨挥发的影响也较大，主要是因为土壤质地与土壤黏土矿物类型及土壤阳离子代换量有密切关系，当土壤黏重时，一般土壤的阳离子交换量会增大，从而对铵离子的吸持能力增强，有利于降低土壤溶液中的铵离子浓度，减少土壤氨的挥发。试验表明：在粉砂质壤土上，氨挥发占施氮量的 35%，而在黏土上则只占施氮量的 10%（曲清秀，1980），土壤黏粒含量与氨挥发有明显的相关关系（赵振达等，1986）。同时，土壤 pH、土壤温度、土壤通气性等都影响土壤的氨挥发（朱兆良和文启孝，1990）。

在影响农田氨排放的因素中，有些是很难为人控制的，如土壤温度、土壤 pH、土壤质地等，有些因素可以人为控制，如肥料种类、施肥深度、施肥数量和施肥时间等。这里仅探讨肥料种类和施肥深度对减少农田氨排放的影响。

1）改进肥料种类减少农田氨排放技术

不同肥料种类对农田氨排放的影响很早就有人进行过研究，最近研究表明（周丽平等，2016），采用硝酸钙（CN）、普通尿素（CU）、树脂包膜尿素（CRF）、控失尿素（LCU）、尿素＋凝胶（CLP）和脲甲醛（UF）等不同氮源时，施用后农田氨排放的速率与数量存在明显的差异（图 4-30），硝酸钙为氮源时，农田基本没有氨排放，与不施肥基本相同。与普通尿素相比，尿素＋凝胶可降低农田氨排放 37.8%、控失尿素可降低农田氨排放 20.0%、树脂包膜尿素可降低 20.4%、脲甲醛可降低 60.9%。所以，采用硝态氮作作物氮源时，可有效抑制农田氨排放，把施肥对农田氨排放的影响降至最低程度，同时，采用其他种类的肥料对农田氨排放都有抑制作用，脲醛类肥料可降低农田氨排放 50%以上。对减少种植业氨排放具有重要意义。

我国目前 60%以上的氮源为尿素（酰胺态），适当降低尿素比例，增加硝态氮比例和脲甲醛类肥料的比例可大大降低农田氨排放的数量与强度。

2）改进施肥方法减少农田氨排放技术

氮肥深施是减少农田氮素氨挥发损失的重要途径（林葆等，1998）。最近研究表明（周丽平等，2016），施基肥后，氨挥发主要集中于前八天，尿素表施处理的氨挥发速率明显高于尿素深施 25 cm 处理，基肥后，尿素表施和尿素深施处理的氨挥发速率最大值分别为 5.8 kg N/(hm^2·d)和 0.6 kg N/(hm^2·d)，追肥后，尿素表施处理的氨挥发速率上升较大，峰值达到 9.2 kg N/(hm^2·d)，尿素深施处理在追肥后的氨挥发速率最大值为 0.2 kg N/(hm^2·d)。总之，基肥后和追肥后尿素表施处理的氨挥发速率均明显高于尿素深施处理（图 4-31）。

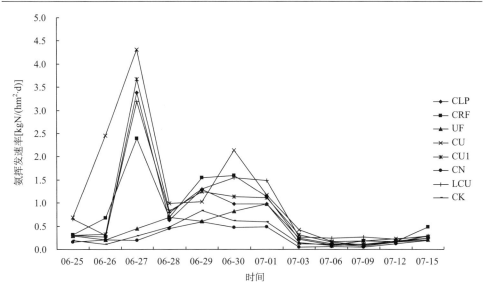

图 4-30　不同肥料种类氨排放速率

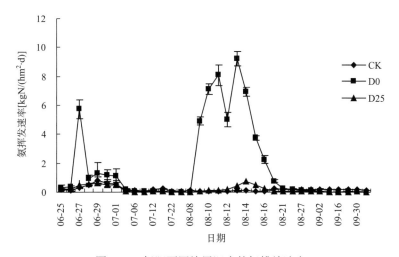

图 4-31　氮肥不同施用深度的氨排放速率

同时，很多研究表明，秸秆还田配施氮肥可明显降低农田氨排放（李宗新等，2009），保护地条件下推荐施肥处理氨排放数量明显小于常规施肥（习斌等，2010），化学氮肥配施有机肥也可降低农田的氨排放数量（郝小雨等，2012）。

2. 减少养殖业氨排放的技术分析

在畜禽养殖过程中，氨排放主要有两个环节，一个是养殖过程中的在畜禽舍内的氨排放，二是畜禽粪便处理过程中的氨排放。有关减少畜禽粪便处理过程中的氨排放技术在下节中介绍，这里仅介绍减少养殖业过程氨排放的技术。

对于可封闭养殖的猪、鸡和奶牛来讲，其主要养殖可在室内进行，目前大部分是在开放的环境中养殖，这样既不利用环境保护，也不利用畜禽的防疫。如果采用负压养殖场设计（图4-32），在养殖场的设计中，将排风口用抽气的方式，设在畜禽舍的上方，通风口在畜禽舍的下方，在风机的作用下，整个畜禽舍中的气压略小于大气压，外界空气可通过进气口进入畜禽舍内，通风口加以过滤保护装置，可避免外界蚊虫等进行畜禽舍内，可保持畜禽舍内卫生，同时，通过排风口排出的空气中在通过氨吸收池后，可将大部分氨气和臭味吸收掉，这样排出畜禽舍的空气则不含氨和臭味，减少畜禽养殖过程中的氨排放。

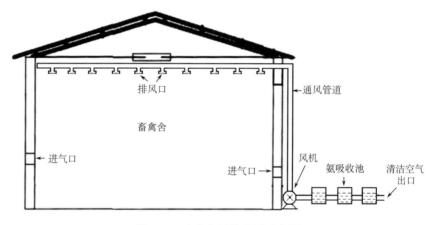

图 4-32　畜禽负压养殖场示意图

京津冀地区畜禽养殖中氨排放的 70% 来源于肉猪和蛋鸡，这两种畜禽都可采用负压养殖的方法，最大限度地减少养殖业的氨排数量。

4.2　京津冀地区农业废弃物的资源化利用

4.2.1　京津冀地区作物秸秆

1. 农村秸秆焚烧的原因分析

在农业生产中，作物秸秆的产生是必然的，在过去农村发展程度不足的情况下，作物秸秆的再利用是秸秆处理的主要方式，一部分用于燃料，一部分用于工业原料，一部分用于饲料，剩下部分也作为肥料进行还田。所以，农村秸秆的处理不是农业发展和农村环境的限制因素，近几十年来，农村农作物秸秆的处理越来越成为农村发展及影响环境的重要因素，有以下几方面原因：

一是随着作物产量的提高，作物秸秆的数量大幅度增加。作物产量与秸秆生成量是有一定的比例的，对禾谷类作物而言，其经济系数大约为 1，即每生产 1 kg的粮食，会产生相同量的秸秆，随着农作物产量的提高，作物秸秆产量也大幅度提高，作物秸秆增加后，加大了秸秆处理的难度，由于农村对秸秆的需求量下不断下降，作物秸秆的就地焚烧成了影响环境的顽疾。

二是农村能源的多样性，减少了秸秆用于燃料的比例。随着农村经济的发展，农村生活节奏也逐渐加快，烧火做饭的生活方式几乎不再存在，这样，对作物秸秆的消耗也大幅度减少。尽管将农作物秸秆作为燃料也影响环境，但是，作为燃料使用时，还能节约其他能源。而作物秸秆就地焚烧也利少害多。

三是工业用秸秆数量锐减。农作物秸秆是工业纤维素的重要来源，在一段时间内，将作物秸秆造纸、制板等消耗了大量的秸秆，特别是小麦、水稻秸秆，几乎用去 80%以上，作物秸秆商品化一度是农民收入的重要来源之一。然而，由于小造纸、制板工业所产生的大量地表水污染等问题无法解决，大量的利用作物秸秆造纸、制板等行业相继关停，农村秸秆的处理几乎处于停止状态。大量不能利用的秸秆被就地焚烧。

四是秸秆还田增加农机动力消耗，增加农业成本。农作物秸秆的就地还田是我解决农村秸秆焚烧的重要途径，同时，秸秆还田不仅能增加土壤有机质，同时还能有效补充钾资源不足的问题，农业部也将秸秆还田列为财政补贴项目。但是，秸秆还田需要增加一次农机作业，消耗农机动力，目前，以华北平原玉米秸秆还田为例，每还田一亩玉米秸秆，农民需多支出 20~30 元的成本。加之秸秆还田补贴没有补贴在农机层面，而是按土地面积进行补贴，就形成了目前"拿补贴、烧秸秆"局面。

同时，秸秆还田不利于作物播种出苗。农作物秸秆还田后，会影响整地质量，特别是玉米秸秆还田后，如果播种小麦，则会影响小麦的出苗率，减少出苗率约20%左右，这样，如果保证小麦的基本苗，必须加大播种量，增加农民的支出，这样严重影响了农民秸秆还田的积极性。

还有，焚烧秸秆有利于减少作物病虫草害的发生。农作物病虫草害是农业生产中必须预防和防治的农业措施，如果秸秆长期还田，会增加作物病虫草害的发生，如玉米的丝黑穗病等会连年加重。秸秆焚烧后，会有效杀死作物病菌、虫卵、草籽等，减少病虫草害的发生，减少农民防治病虫草害的成本，同时还能节约劳动力，这也是农民乐于焚烧秸秆的原因之一。

2. 京津冀地区农作物秸秆的直接还田技术

很多研究都表明，作物秸秆直接还田具有提高作物产量（Bai et al, 2015）、改善土壤肥力，减少化肥使用等一系列作用。针对京津冀区域农业生产而言，该区是我国是我国重要的小麦-玉米轮作区，每年秸秆量约为 4500 万吨，其中小麦秸秆 1420.9 万吨、玉米秸秆 1825.6 万吨。根据该区农业生产实际，解决这个问题的关键有两个方面：

一是小麦秸秆随收获机械的粉碎，这样就不会影响下茬玉米的播种作业，同时还覆盖地表，起到保墒、减少杂草的作用，农民也不会就地焚烧；目前京津冀地区小麦收获基本上达到了 100% 机收，玉米的播种也基本上为 100%，目前我国生产的小麦联合收割机上没有强制加装粉碎机的标准，出了对动力消耗的考虑，大部分小麦联合收割机都没有加装粉碎机，这样，收获的小麦秸秆在不粉碎的情况下，会严重影响玉米播种机的作业，在没有粉碎的情况下，农民需要花费 3~5 倍的劳动力清理小麦秸秆，清理小麦秸秆最省工的方法就是焚烧。如果加装粉碎机，将小麦秸秆粉碎至 10 cm 左右长度，则不会影响下茬玉米的播种作业。所以建议在京津冀地区作业的小麦联合收割机强制加装秸秆粉碎机（另有其他秸秆回收机械配套的除外），以提高小麦秸秆的就地还田率。

同时，如果大气扩散条件允许，在可控的范围内，可推进农作物秸秆的有序焚烧，这样一方面能减少农作物秸秆数量，同时，作物秸秆焚烧有利用减少农业病虫害，可能减少农药的使用，也有利于农业安全生产和农产品安全。

4.2.2　京津冀地区作物秸秆的资源化利用

目前情况下，解决我国农业秸秆焚烧的根本途径在于利用，即给大量的作物秸秆寻找利用途径。有关秸秆综合利用的方法很多，主要有生物质制气、制板、压块、纤维素乙醇和生物多元醇的生物质精炼项目。

1. 生物质制气技术

生物质制气技术作为一种清洁的可再生能源利用技术得到了快速发展，然而由于气化设备自身不够成熟以及未对气化副产物（生物质炭和生物质提取液）加以有效利用等问题，严重阻碍了生物质气化技术的商业化推广和运行。生物质气化多联产技术是指基于生物质下吸式固定床气化的气、固、液三相产品多联产及其产品分相回收、利用技术。主要表现为：①多联产可以生产多种产品并提高生物质的利用效率，多联产在发电的同时，还可以大规模地生产高附加值产品，拓展其在农业和化工业上的应用，有效扩展了生物质的利用范围。②多联产对因水洗产生的生物质提取液和生物质炭等副产物进行资源化利用，能有效杜绝气化过程的环境污染，满足未来社会对环保更严格的要求。③多联产还有利于提高系统可靠性和可用率，如果其中一种产品被社会淘汰或者经济效益并不显著，可以开展另外一种新兴产品的应用，提高生物质气化技术的生命力。④通过利用多台 1 MW 的气化炉并联集中供气发电，扩大固定床气化发电规模，对发电机尾气余热进行回收利用，提高生物质利用效率，降低单位发电成本，提高生物质规模效益

（张齐生等，2013）。

目前，随着我国新型成镇化发展迅速，利用秸秆制气技术替代掉一部分燃煤，对这提高大气质量、减少秸秆就地焚烧、改善农业能源结构都具有重要意义。

2. 秸秆制板技术

我国从 20 世纪 80 年代就开始研究使用玉米秸秆制造碎料板，一些研究成果表明，用玉米秸秆可以制成与木质碎料板相当的、性能良好的产品。早期开创性的研究工作为后来的研发打下了一定基础。当异氰酸酯胶黏剂用于制碎料板后，一些单位有过进一步试验和工业生产的尝试，制作出了合格的样品，按国家标准检验其握螺钉力高于麦秸板，但仍属实验性质的，主要原因是玉米秸秆的收集没有好的方法，皮髓分离困难，设备不过关，制作成本高，不具备工业化生产条件。

目前，针对玉米秸秆制板专门的原料预处理线问题，现在有一项发明技术可以解决，其核心部分是由玉米皮髓分离机等设备组成的分离系统，能够将粉碎的秸秆分离出灰尘、芯层料（粗皮料）、表层料（细皮料）、髓叶等几部分，分离效果可以满足使用要求，外皮用做制板；髓芯营养成分含量较高，可做饲料、制酒的辅料等。这个系统具有分离效率高、大型化、系统化、自动化、成本低的特点，按工艺流程组成预处理线的一部分，玉米秸秆分离技术的突破解决了原料制备的关键问题。一般情况下，年产 5 万 m^3 工厂的最大收集半径应控制在 12 km 以内，工厂产能不宜过大（刘广成，2015）。

3. 秸秆水解纤维素乙醇技术

乙醇是一种高效、洁净、可再生的燃料及汽油添加剂，大力发展燃料乙醇势在必行。我国乙醇生产基本上以粮食为原料，其产量受到粮食资源的限制，难以长期满足能源需求。自然界中存在极为丰富的纤维类生物质，我国仅农作物秸秆就年产近 7 亿吨，如利用微生物技术将其转化为纤维素乙醇，不仅可充分利用价格低廉的农林废弃物，而且可以避免消耗粮食资源和占用耕地，减少温室气体排放。可以说纤维素乙醇是最有发展前景的生物燃料。目前制约纤维素乙醇商业化的主要瓶颈是纤维质的水解效率和转化效率不高、生产成本高，与粮食乙醇和化石燃料相比没有优势（潘春梅等，2012）。所以，选择适当的微生物和工艺技术解决秸秆纤维素的水解效率是提高该技术的重要方面。

4. 秸秆源多元醇技术

利用农作物副产物（秸秆、甘蔗渣等）作为原料生产多元醇具有广阔的应用前景。同时由于石化资源的有限，高分子材料行业迫切需要寻找新型原材料来降低对石油化工的依赖，植物纤维成为一个可靠的选择。利用植物纤维常压热化学的降解产物生产环保材料是一种有效的利用途径，常压热化学降解技术经历了数十年的发展，液化工艺、机理都有了一定程度的研究，但还存在成本较高、利用效率较低等缺点，使其尚未应用于实际生产中。有研究表明：采用小麦秸秆作为主要原料，对小麦秸秆纤维在聚乙二醇／乙二醇（PEG-400/EG=8/2）的混合液化溶剂中的液化工艺，以及各种因素（纤维粒径、物料量、催化剂量、液化温度、液化时间）对液化效果的影响进行试验研究，得出在最佳液化参数为 1 cm>纤维粒径>12 目，液固比 5：1，催化剂用量（浓硫酸／溶剂）3%，液化反应温度 160℃，液化反应时间 60 min 时的液化产物中残渣率为 6%，能满足实际生产需要，可降低生产成本，提高植物纤维液化速率，促进常压热化学降解技术的实际应用（刘昌华，2012）。

4.2.3 京津冀地区养殖业废弃物资源化利用策略

目前，我国采用的是种-养分离的养殖业发展模式，为了减少大气和水体的污染，欧洲很多国家都采用种-养一体化的发展模式，即种植业和养殖业一体化发展模式。在该模式下，土地的耕种、农作物的种植与畜禽养殖不得分离，以土地面积决定养殖规模，形成种-养一体的农业生产联合体。在该体系中，畜禽粪便必须就地就近消化，同时，土地生产所生产的农作物可以用作饲料。减少畜禽粪便的加工环节，减少畜禽养殖过程中的氨气排放。同时，减少了很多无效运输环节，可节约由运输所产生的大气污染。同时，该模式还可抵御农业生产中生产资料的价格波动，稳定农产品市场价格。

4.3 京津冀地区新型城镇化的农业源污染防治战略

能源是人类社会生存和发展的基本物质基础，也是影响环境的重要因素，近年来随着京津冀地区城镇化进程的不断加快，由其引发的直接或间接的各类能源需求日趋突出，这种需求不仅体现在能源总量增长方面，更体现在对能源清洁高效利用的诉求。城镇化的实现路径中，新型城镇的能源基础设施一般会相对完备，能源结构也呈现清洁化特征。然而，当北京市在城镇化率达到 86%的时候，劣质煤炭等低质能源在农村中的比重仍然高达 70%以上，这一问题严重影响了北京市城镇化的质量和目标，尤其是在当前大气环境质量恶化的背景下，这一问题显得更为尖锐。随着对生态文明、美丽中国建设和环境保护的高度重视，国家做出了一系列新的部署，农村能源政策已体现在加快推进生态文明制度建设，建设美丽乡村，以及防治大气污染物的工作格局上。

4.3.1 农村生活能源消费结构

我国农村生活能源按照能源结构可分为：以电力、燃煤为代表的商品能源；

以薪柴、秸秆、沼气为代表的生物质能源；以太阳能、风能、水能为代表的可再生能源等。从终端用能角度，农村生活能源可分为照明、炊事、热水、采暖、空调、家用电器等。发达国家以电能为主；发展中国家则以传统生物质能（薪柴和秸秆）为主，辅以燃煤、电能等。

1. 京津冀农村生活能源消费结构

1）我国农村生活能源消费结构

我国农村生活能源消费总量稳步增加。农村生活能源消费总量从 2000 年开始稳步增长，从 2000 年的 25218 万 tce 增长到 2010 年的 38744 万 tce，增长了 53.6%，年均增长率为 5.4%。

秸秆、薪柴、燃煤和电力是农村地区最主要的四种应用能源，但以秸秆和薪柴为主。从能源结构上分析，四者之和占我国农村生活能源消费量的 95.8%~98.6%。其中秸秆的用量最大，年平均用量为 14842 万 tce，占能源结构的 43.3%~50.5%；薪柴的年平均用量为 9778 万 tce，占能源结构的 27.1%~37.0%；燃煤的年平均用量为 4518 万 tce，占能源结构的 12.6%~17.40%；电力的年平均用量为 1248 万 tce，占能源结构的 1.5%~6.8%（表 4-16 和图 4-33）。

表 4-16　1996~2010 年农村生活用能总量（万 tce）

年份	薪柴	秸秆	沼气	煤炭	石油制品	电力	合计
1996	8298.91	11996.77	113.30	4434.20	206.91	382.75	25432.84
1997	8349.91	12138.24	116.10	3989.08	219.67	490.13	25303.13
1998	8400.90	12279.70	118.90	3860.86	221.92	526.01	25408.29
1999	7790.60	12502.40	143.10	3850.11	244.86	588.85	25119.92
2000	8051.68	12360.35	162.29	3748.37	250.35	645.20	25218.24
2001	9757.28	13080.77	220.00	3643.20	251.52	753.46	27706.23
2002	11401.27	14147.77	267.69	3892.84	243.55	826.48	30779.60
2003	11634.50	14284.10	330.21	4499.17	290.77	959.44	31998.19
2004	12043.45	14579.87	398.85	5050.14	420.84	1132.10	33625.25
2005	10309.52	15959.59	492.66	5197.27	485.07	1340.08	33784.19
2006	9685.63	17790.81	508.54	5085.00	525.87	1629.64	35225.49
2007	9290.62	15978.83	731.11	4845.84	621.80	2053.47	33521.67
2008	10543.19	18496.82	845.35	4931.46	614.20	2259.91	37690.93
2009	10597.64	18592.36	933.43	5235.28	629.80	2507.36	38495.87
2010	10514.14	18445.86	996.66	5519.52	642.20	2625.84	38744.22

注：①资料来源于《中国能源统计年鉴》；

②2008~2010 年沼气消费量来源于《中国农村统计年鉴》，秸秆和薪柴消费量来源于 IEA 2011 与 IEA 2012；

③tce 是 1 吨标准煤当量，是按标准煤的热值计算各种能源量的换算指标（标准煤是为了便于相互对比和在总量上进行研究而定为低位发热量 7000 Cal/kg 的能源标准

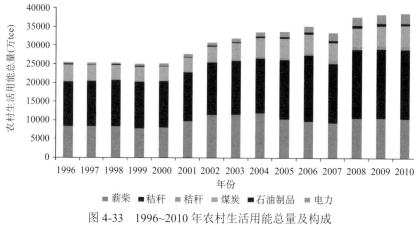

图 4-33　1996~2010 年农村生活用能总量及构成

资料来源同表 4-16

2）京津冀农村生活能源消费结构

北京市、天津市和河北省农村生活能源全年能耗分别约为 675.89 万 tce、235.88 万 tce 和 2109.63 万 tce。农村生活能源消耗以商品能源为主，分别达到了 87.01%、80.05% 和 80.12%，煤是农村主要的生活用能来源，全年煤耗分别为 372.30 万 tce（北京市）、143.82 万 tce（天津市）、3392.30 万 tce（河北省），分别占生活能源消耗的 55.15%、60.85%和 62.04%，且其中的散煤所占比例最高，散煤比例最低的北京地区也高达 49.68%（表 4-17）。

表 4-17　京津冀地区农村生活用能数据

统计项目/能源形式	北京			天津			河北		
	户均（tce）	全市总量（万 tce）	比例（%）	户均（tce）	全市总量（万 tce）	比例（%）	户均（tce）	全省总量（万 tce）	比例（%）
商品能源	2.73	588.13	87.01	1.52	188.84	80.05	1.75	2717.74	80.12
燃煤	1.56	355.78	49.68	1.08	134.27	56.92	1.24	1924.75	56.74
煤球	0.06	13.19	1.95	0.02	2.78	1.18	0.07	105.40	3.11
蜂窝煤	0.11	23.81	3.52	0.05	6.94	2.75	0.05	74.41	2.19
液化气	0.15	31.52	4.66	0.02	3.00	1.27	0.01	17.64	0.52
电	0.85	183.83	27.20	0.34	42.30	17.93	0.38	595.54	17.56
生物质能源	0.41	87.78	12.99	0.38	47.04	19.95	0.44	674.56	19.88
秸秆	0.16	34.80	5.15	0.37	45.79	19.41	0.41	636.43	18.76
树枝	0.25	52.98	7.84	0.01	1.25	0.54	0.03	38.13	1.12
生活能耗合计	3.14	675.89	100.00	1.90	235.88	100.00	2.19	3392.30	100.00
煤耗合计	1.73	372.30	55.15	1.16	143.82	60.85	1.36	2109.63	62.04

资料来源：章永洁等，2014

北京市农村生活能源消费中电能消费比例 27.20%，大于天津市和河北省两地的电能消耗所占比例，二者分别为 17.93% 和 17.56%。北京市农村生活能源消费中液化气消耗所占比例较小，仅为 4.66%，但大于天津市和河北省，二者分别为 1.27% 和 0.52%。

京津冀地区农村生活能源中生物质能的消耗比例较少，京津冀三地分别为 12.99%、19.95% 和 19.88%。三者也都远低于全国农村生活能源消生物质量所占比例（77.3%）。

依据京津冀农村地区户均生活用能数据（表 4-17）和京津冀三省市 2000~2012 年统计年鉴农业户数计算，则京津冀地区农村生活能源年平均能耗 3441.92 万 tce。其中煤炭的用量最大，年平均用量为 2109.23 万 tce，约占能源结构的 61.3% 以上；电力的年平均用量为 634.34 万 tce，约占能源结构的 18.4%；秸秆的年平均用量为 595.72 万 tce，占能源结构的 17.3%；树枝的年平均用量为 69.61 万 tce，占能源结构的 2.0%；液化气的年均用量较低，仅占能源结构的 0.1%（表 4-18）。

表 4-18　2000~2012 年京津冀地区农村生活用能总量（万 tce）

年份	煤炭	液化气	电	秸秆	树枝	合计
2000	2372.48	35.51	709.52	673.22	76.54	3867.28
2001	2359.67	35.31	705.65	669.64	76.09	3846.37
2002	2342.00	34.89	699.95	665.08	75.25	3817.18
2003	2213.00	33.79	663.48	626.65	72.14	3609.05
2004	2230.38	33.81	667.99	632.35	72.23	3636.76
2005	2072.25	32.69	623.90	584.64	68.77	3382.24
2006	2055.49	32.63	619.36	579.52	68.43	3355.43
2007	2052.10	32.57	618.29	578.67	68.25	3349.88
2008	2007.21	32.25	605.77	565.17	67.23	3277.64
2009	1970.56	31.92	595.33	554.37	66.27	3218.46
2010	1884.45	31.21	571.04	528.69	64.21	3079.60
2011	1950.82	31.57	589.24	549.08	65.44	3186.15
2012	1909.56	30.98	576.95	537.34	64.13	3118.96
平均	2109.23	33.01	634.34	595.72	69.61	3441.92

3）京津冀农村生活用能模式

根据 2013~2014 年对京津冀生活能源消费的两份调查问卷报告（章永洁等，2014；张彩庆等，2015）显示，京津冀地区农村生活受到观念、生活习惯、经济水平等各种因素的影响，表现出不同的用能模式（表 4-19），主要以燃煤、电力、液化气和秸秆为主，因地域不同组合方式各异。

表 4-19　京津冀地区农村生活主要用能方式

主要用能模式	北京	天津	河北
散煤+液化气+电	36.7	18.64	20.09
散煤+液化气+电+秸秆树枝	15.3		
液化气+电	11.5		11.18
散煤+液化气		30.9	
散煤+液化气+电+秸秆		9.55	
蜂窝煤+液化气+电+秸秆		5.23	
散煤+电			23.88
散煤+电+秸秆			11.18

资料来源：章永洁等，2014

2. 农村炊事能源消费

农村炊事能源包括农村居民家庭炊事能源中使用的主要炊事能源和辅助炊事能源，主要有秸秆柴草、煤、煤气、天然气或液化气、沼气、电、太阳能及其他能源。炊事用能是农村主要能源消耗形式之一。

京津冀地区农村炊事以商品能源（煤、煤气、液化气、电等）为主，生物质能源利用率较低；现阶段农户多使用煤气灶、蜂窝煤炉做饭烧水，随着生活水平的提高也有不少农户使用电磁炉、电饭锅等电器设备；冬季采暖多数农户选择价格低廉、较为方便的蜂窝煤炉（乔新义等，2010）。据初步统计，2012 年北京市农村综合用能约为 350 万 tce，采暖能耗约占能源消耗总量的 60%，炊事能耗和电力消耗约占 40%；土暖气、大柴灶和小煤炉等原始低效的用能方式仍是农村用能的主要方式（李彬，2014）。

汪海波和秦元萍（2010）对北京市门头沟区农村能源调查分析结果显示，煤炭、液化气和电能等商品能源是农村能源消费结构中的主要组成部分，太阳能、薪柴和沼气等非商品能源或可再生能源在农户的生活能源消费结构中也占有一定的比例。调查显示，门头沟山区农户冬季炊事用的主要能源是煤炭，夏季炊事的主要能源是液化气和电能，分别占被调查总数的 60.0%、23.1% 和 12.2%。近年来，太阳能、沼气等可再生能源逐渐在门头沟山区农村得到推广和使用，有 9.7% 的农户家庭拥有太阳灶，使用率 91.4%；此外，还有约 4.5% 的农户家庭拥有户用沼气池，其中约有一半的沼气池能够正常使用（图 4-34）。

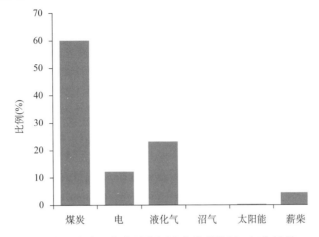

图 4-34　北京市门头沟区炊事用能源消费类型比例（汪海波等，2010）

3. 农村取暖生活热水能源消费

具体到用能最多的采暖领域，北京农村居民依然维持着自元代建大都以来形成的靠煤炉、火炕、炭盆的取暖模式，煤炭的比重依然高达 85% 以上，电力、太阳能等清洁能源的比重不足 10%（李彬等，2014）。汪海波等（2010）调查数据显示，北京市门头沟区冬季取暖的主要能源是煤炭，占被调查总数的 93.8%；薪柴占冬季取暖的 3.0%；电力取暖占 2.8%（表 4-20）。

表 4-20　北京市门头沟区农村生活用能消费情况表（%）

	煤	电	液化气	沼气	太阳能	薪柴
炊事	60.03	12.21	23.08	0.00	0.17	4.52
热水	57.86	13.71	9.53	0.00	17.89	1.00
取暖	93.81	2.84	0.33	0.00	0.00	3.01

此外可再生能源的推广和使用，在较大程度上逐渐提高了农村的生活质量。北京市门头沟地区，约有 22.1% 的农户家庭拥有太阳能热水器，且太阳能热水器使用率达到 99.2%，农户使用太阳能热水器主要用来洗澡和用热水（汪海波等，2010）。

4.3.2　农村可再生能源的资源分布

新能源与可再生资源是我国重要的能源资源，在满足能源需求、改善能源结构、减少环境污染、促进经济发展等方面发挥了重要作用。发展新能源，京津冀地区资源得天独厚。京津冀地区拥有大规模的可再生能源的资源基础，风能、生物质能、太阳能等都具有每年数百万吨标准煤的资源保障力，可以满足未来能源的资源需求。

1. 草本植物可再生资源分布

我国现有的生物质能资源主要包括农作物秸秆、畜禽粪便、林业剩余物、工业有机废弃物及城市有机垃圾等。其中农作物秸秆作为数量最大的生物质能资源在京津冀地区有不可忽视的能源潜力。

秸秆是指水稻、小麦、玉米、甘蔗和油菜等农作物收获籽实后剩余的茎秆部分，是农作物的主要副产品，农作物光合作用一半以上产物蕴藏于秸秆中，富含氮、磷、钾、钙、镁和粗纤维。它是一种具有多用途的清洁可再生能源，平均含硫量只有 3.8‰，而煤的平均含硫量约达 1%。利用秸秆发电可减少空气污染；而且秸秆的热能也是很可观的，2 吨秸秆＝1 吨标准煤（杜鹰和万宝瑞，2001）。全国农作物秸秆技术可开发量约为 6 亿吨/年，其中除去部分用于农村炊事和取暖等生活用能以及用于造纸、饲料、造肥还田之外，每年废弃的农作物秸秆约有 1 亿吨，折合标准煤 5000 万吨。预计到 2020 年，全国每年秸秆废弃量将达到 2 亿吨，折合标准煤 1 亿吨，按照每 1 万 kW 发电机组每年燃用 6 万吨秸秆计算，全国生物质发电装机容量可达到 3000 万 kW。

根据朱建春等（2012）和郭冬生等（2016）秸秆系数表（表 4-21），由《中国统计年鉴（2015）》京津冀地区 2014 年主要农作物产量（表 4-22），统计了 2014 年京津冀三省市主要农作物秸秆资源量。

作物秸秆产量的估算方法：

在作物经济产量和作物秸秆系数（草谷比）已知的前提下，田间作物秸秆产量的估算公式为：

$$W_s = W_p \times S_G$$

式中，W_s 为农作物秸秆产量；W_p 为农作物经济产量；S_G 为秸秆系数，即作物秸秆产量与农作物经济产量之比值。

表 4-21　主要农作物的秸秆系数

作物种类	稻谷	小麦	玉米	其他谷类	豆类	薯类	棉花	花生	油菜籽	芝麻	其他油料作物	甜菜
秸秆系数	1.00	1.17	1.04	1.60	1.60	0.57	3.00	1.14	2.87	2.01	2.00	0.43

表 4-22　2014 年京津冀区域主要农作物产量及秸秆产量（万吨）

作物产量	北京	天津	河北	秸秆产量	北京	天津	河北	合计
稻谷	0.13	12.14	54.15	稻草	0.13	12.14	54.15	66.42
小麦	12.21	58.62	1429.90	麦秸	14.29	68.59	1672.98	1755.85
玉米	50.04	101.40	1670.70	玉米秸	52.04	105.46	1737.53	1895.03
其他谷类			18.00	其他谷类秸			28.80	28.80
豆类	0.66	1.08	34.75	豆秸	1.06	1.73	55.60	58.38
薯类	0.68	0.53	100.51	薯藤	0.39	0.30	57.29	57.98
棉花	0.01	3.82	43.10	棉柴	0.03	11.45	129.30	140.78
花生	0.61	0.39	129.24	花生秸	0.70	0.44	147.33	148.47
油菜籽			3.21	油菜秸			9.21	9.21
芝麻		0.01	0.84	芝麻秸		0.02	1.69	1.71
其他油料作物	0.67	0.52	150.20	其他油料作物秸	1.34	1.04	300.40	302.78
甜菜			75.62	甜菜秸			32.52	32.52
总计	65.01	178.51	3710.22	总计	69.97	201.17	4226.80	4497.94

注：作物产量数据来源于《中国统计年鉴 2015》

　　根据计算（表 4-22），北京市 2014 年作物秸秆总量 69.97 万吨，天津市 2014 年作物秸秆总量 201.17 万吨，河北省 2014 年作物秸秆总量 4226.80 万吨，京津冀三省市年秸秆资源量 4497.94 万吨。京津冀地区农作物秸秆主要是夏季小麦秸秆和秋季玉米秸秆，分别占农作物秸秆总量的 41.01% 和 44.26%。

　　2. 木本植物可再生能源分布

　　可进行能源化利用的林业生物质资源主要包括森林采伐剩余物和木材加工剩余物以及不同林地育林剪枝获得的薪柴。目前，京津冀地区主要作为农民生活能源利用的是果树等林地剪枝获得的薪柴。

　　近几年，我国果树栽培总面积约为 1035.2 万 hm²，占世界总面积的 20%，居世界第一位。中国的梨、苹果、桃和油桃、板栗、柿子、核桃、李、枣的栽培面积居世界首位，特别是梨面积占世界的 70%，苹果面积占世界的 38.7%，桃面积占世界的 47.1%，我国已成为世界第一果品生产大国（王小兵，2001）。与此同时，每年也会由于果树修剪而产生大量的残留树枝。目前我国对残留树枝的利用还是很少的，以燃烧做饭为主要方式。

　　据统计，近年仅河北省果树总面积就已达到 141.5 万 hm²，其中果品中梨、红枣、板栗、桃、柿子、杏扁等的产量居全国第一位（方金华，2008）。其中苹果的面积最大，位居全国苹果面积的第三位，占全国的 14%；梨树和枣树的面积与苹果的面积相当，相差不大，其中枣树占全国面积的 28%；桃树和葡萄的面积虽然未达到 10 万 hm^2，但是数量也相当可观，其中桃树占全国总产量和面积的 6.3%；若将山区比较零散的果树算在内，果树的总面积将更多。

由于大部分果树需要修枝剪叶，还有一些果树需要进行品种更新，一般通过高接换优的方式进行，而且城市绿化带和街道两旁的树木也需要修剪，这样每年就会产生大量的废弃枝条。如果从果树修剪的需求看，河北省的苹果、桃和梨树每棵果树的占用面积大概在 15~22 m^2 之间，果树的树龄不同，果树每年修剪的树枝数量也不同，盛果期的梨树和苹果树一般每 30~45 棵修剪的树枝量达 100~150 kg，桃树的修剪量一般为每 30~45 棵修剪 250~400 kg，由于葡萄占用面积小，同样的面积葡萄的种植量相当于苹果和梨的 3 倍，冬天葡萄藤被埋在地下，会产生相当多的残枝，一般每 110 棵葡萄树会产生 300~350 kg 的残枝量；果树在幼龄期的修剪量相对较少，一般每年每 667 m^2 修剪树枝量为 50~100 kg。另外，每 17~20 年就要对果树进行砍伐，还有一部分果树要通过高接换优的手段品种更新，这样，残枝的数量会成倍增加。

经调查每亩果园每年修剪量达 250~500 kg，更新换代时挖的老树枝、杆约 500 kg 左右，1 t 树枝、杆相当于 1 m^3 木材（梁连友等，2002）。根据《中国统计年鉴 2015》，截至 2014 年，北京、天津和河北省果园种植面积分别为 5.75 万 hm^2、3.30 万 hm^2 和 111.9 万 hm^2。如果粗略计算，河北省果树修枝剪叶每年会有 400 多万吨的残枝量，再加上由于果树更新换代产生的残枝量 800 多万吨，总的残枝量可高达 1200 多万吨，而北京和天津果树修枝剪叶总的残枝量分别可达 60 和 30 多万吨。因此，京津冀地区修剪枝条的开发利用有着极其广阔的前景。据统计，2006~2010 年我国各类经济林抚育管理期间育林剪枝所获得的薪柴实物量 4813 万吨，折合标准煤 2743 万吨。那么，每年京津冀地区修枝剪叶的薪柴可折合标准煤高达 735 万吨。

3. 农村太阳能利用

北京、天津、河北西北部属于我国二等太阳能资源地区，太阳能利用多以综合利用项目为主。河北省太阳能资源非常丰富，北部张家口、承德地区年日照小时数平均为 3000~3200 h，中东部地区为 2200~3000 h，分别为太阳能资源二类和三类地区，具有很大开发利用价值。张家口张北县、尚义县日照时间长，光照充足，年平均总辐射量可达 5860 MJ/m^2，年光照利用时数可达 2994.7 h。承德年太阳辐射总量为 122154~140876 cal/cm^2，隆化以北地区太阳辐射年总量 13200 cal/cm^2 以上。

北京市属于太阳能资源较丰富带，太阳能年辐射总量在 5600~6000 MJ/m^2，全年平均日照时数 2600~3000 h，非常适合太阳能热水器、太阳能光伏发电、太阳灶、太阳能灯等技术的应用。

北京市和河北省太阳能源应用市场逐年扩大。《中国农村统计年鉴（2009—2014）》数据显示，截至 2013 年年底，北京市太阳能热水器总保有量达到 74.4 万 m², 相比 2008 年的 67.1 万 m² 增长了 10.9%; 河北省太阳能热水器总保有量 605.6 万 m²，相比 2008 年的 492 万 m² 增长了 23.1%; 天津市太阳能应用市场增长比较缓慢，2013 年太阳能热水器保有面积 35.3 万 m²，比 2008 年增加 14.4%（表 4-23）。北京市太阳房保有面积从 2008 年的 25.1 万 m² 增加到 2013 年的 115.3 万 m²，增长了 3.6 倍。天津市太阳能应用市场增长比较缓慢，太阳房面积变化不明显，截至 2013 年年底，天津市太阳房总保有面积 0.8 万 m²。河北省太阳房总保有面积 139.6 万 m²，相比 2008 年有所下降（表 4-23）。

表 4-23　京津冀 2008~2013 年农村太阳能利用情况

地区	年份	太阳能热水器（万 m²）	太阳房（万 m²）	太阳灶（台）
北京	2008	67.1	25.1	3043
	2009	66.1	30.63	2318
	2010	66.4	29	1768
	2011	66.2	50	1297
	2012	78.8	93.1	1222
	2013	74.4	115.3	1197
天津	2008	30.2	1	1700
	2009	32.8	0.99	—
	2010	33.2	0.98	—
	2011	34	1	—
	2012	35.2	0.9	—
	2013	35.3	0.8	—
河北	2008	492	155.3	6373
	2009	514.2	154.86	6805
	2010	535.9	155.19	7001
	2011	561.7	157.2	7616
	2012	585.6	149.6	36059
	2013	605.6	139.6	42247

资料来源：《中国农村统计年鉴》（2009—2014）

4. 农村风能利用

风电作为一种可再生能源已成为许多国家应对新世纪能源与气候变化的重要手段。风力发电是可再生能源领域中除水能外技术最成熟、最具规模开发条件和商业化发展前景的发电方式之一。发展风力发电对于调整能源结构、减轻环境污染、解决能源危机等方面有着非常重要的意义。中国可利用的风能资源 10 m 高度约 10 亿 kW，其中陆上约 2.5 亿 kW，海上约 7.5 亿 kW，陆地上风能资源全部利用可以满足中国目前的用电需求（申宽育，2010）。丰富的风能资源为中国大规模开发风电提供了根本保证。

京津冀地区位于我国风资源丰富的近 200 km 宽的"三北"地区风能丰富带。该地区风功率密度在 200~300 W/m² 以上，有的可达 500 W/m² 以上（承德围场等），可开发利用的风能储量约 2 亿 kW，占全国可利用储量的 80%（申宽育，2010）。另外，该地区风电场地形平坦，交通方便，没有破坏性风速，是中国连成一片的最大风能资源区，有利于大规模开发风电场。

河北省风力资源丰富，在 10 m 处高度风功率密度大于 50 W/m² 的面积约 7378 km²。初步查明陆域风能资源理论蕴藏量为 7400 万 kW，技术可开发量超过 869 万 kW，潜在技术可开发量 52 万 kW（表 4-24）（兰忠成，2015）。河北省风能资源主要分布在张家口、承德坝上地区和沿海秦皇岛、唐山、沧州地区。张家口是我国优质风能资源区，早已被国家列为风能开发重点地区，据统计，域内风能资源储量超过 2000 万 kW（坝上地区 1700 万 kW 以上，坝下地区约 300 万 kW），年平均有效风速时间在 6000 h 以上（陈腾飞和王雪威，2015）。张家口坝上康保县、沽源县、尚义县、张北县的低山丘陵区和高原台地区，主风向为西北风，年平均风速可达 5.4~8 m/s，是河北省千万千瓦级风电基地的主要区域，适合大规模集中式开发，风电装机占全省比例超过 94%（宋婧，2013；牛伟等，2016）；承

表4-24　第三次风能资源普查华北地区风能资源储量（万 kW）

地区	<50W/m²	50~100W/m²	100~150W/m²	>150 W/m² 储量	>150 W/m² 面积	理论蕴藏量	技术可开发量[a]	潜在技术可开发量[b]
北京	433	55	9			498		1
天津	343	121	34			498		3
河北	4074	1561	658	1107	7378	7400	869	52
山西	4056	661	41	55	369	4813	43	3
内蒙古	11472	37740	21496	19108	105283	89816	15000	1687
华北地区总计	20378	40138	22238	20270	113030	103025	15912	1746

a. 技术可开发量是指年平均风功率密度在 150 W/m² 及以上区域的风能资源理论蕴藏量与折减系数 0.785 之积；

b. 潜在技术可开发量是指年平均风功率密度在 100~150 W/m² 及 150 W/m² 上区域的风能资源理论蕴藏量的 10%乘以折减系数 0.785。

资料来源：《中国可再生能源发展战略研究丛书·风能卷》，10 米处风力资源

德地区年平均风速可达 5~7.96 m/s，主风向为西北风，主要集中在围场县的北部和西部，丰宁县的北部和西北部，平泉县的西部；沿海地区风能资源主要分布在秦皇岛、唐山、沧州的沿海滩涂，年平均风速为 5 m/s 左右。

北京市的风力资源相对比较匮乏，理论蕴藏量仅为 498 万 kW（表 4-24）。北京的风向有明显的季节性变化，冬季盛行偏北风，夏季盛行偏南风。北京年平均风速在 1.8~3 m/s 之间。风速受地理环境的影响较大。城区、谷地、盆地年平均风速较小，如城区为 2.5 m/s；山区和风口处风速较大，延庆县、古北口都为 3 m/s。北京的风力发电集中在北京狼山风口的鹿鸣山，该地区的地势为北低南高，是河北省怀来县与北京市延庆县的交界地带。鹿鸣山风电场位于延庆西北端官厅水库两岸，在 10 m 高度年平均风速为 5.0 m/s，在 70 m 的高度年平均风速为 7.11 m/s，平均风功率密度约为 422 W/m²。

杨艳娟等（2011）利用风速大小年鉴分析得知，天津市海岸线沿线多年平均风速为 6.2~6.4 m/s，近海海域平均风速 6.6~7.0 m/s。平均风功率密度在海岸线附近为 300 W/m² 左右，海面上超过 340 W/m²。同时，天津地区风速变化平稳，风速在 3~25 m/s 之间的有效小时数较大，海面基本超过 7800 h 左右，占全年的 89% 以上，风速可利用时间较长。总体来看，天津近海海域风资源较好，可应用于近海并网发电。

5. 农村沼气资源与利用

沼气是将人畜禽粪便、有机废弃物、有机废水、水生植物等有机物质在厌氧条件下，经微生物分解发酵而生成的一种可燃性气体，主要分为 CH_4、CO_2 及少量的 H_2、N_2 和 NO 等。沼气可以提高农民的生活质量和生产效率，沼气作为煮饭的燃料，可以改变农村传统的烧柴习惯；沼气的使用可增加大量的优质有机肥料；减少甲烷向大气的排放，有利于保护生态环境。

针对农村畜牧业比重的增加，猪牛羊等牲畜粪便污染逐渐成为不可忽视的环境问题，同时畜禽粪便中蕴含着巨大的可供利用的沼气潜力。

参照张田等（2012）文献数据及评估方法（表 4-25），评估了 2014 年京津冀地区牲畜粪便产量及产生的沼气潜力。

牲畜粪便排放量的估算：

$$M = \sum_i^n N_i T_i E_i$$

式中，M 为年粪便产生量；n 为牲畜种类数量；N_i 为饲养量；T_i 为饲养周期；E_i 为排泄系数。

牲畜粪便产生沼气潜力估算：

$$Y_B = \sum_{i}^{n} M_i D_i P_i$$

式中，Y_B 为牲畜粪便沼气产量；n 为牲畜种类数量；M_i 为第 i 种牲畜粪便量；D_i 为第 i 种牲畜粪便干物质含量；P_i 为第 i 种牲畜粪便产气率。

表 4-25 中国主要畜禽粪便排泄系数及（干物质）产气率

牲畜	饲养周期（天/年/头）	粪			尿		
		日排放量（kg/d）	干物质含量（%）	产气率（m³/kg）	日排放量（kg/d）	干物质含量（%）	产气率（m³/kg）
猪	199	4.25	20	0.2	5.00	0.4	0.2
牛	365	24.44	18	0.3	10.55	0.6	0.2
羊	365	2.6	75	0.3	1.00	0.4	0.1
马	365	9.00	25	0.3	4.90	0.6	0.2
驴骡	365	4.80	25	0.3	2.88	0.6	0.2

资料来源：张田等，2012

根据计算，北京市 2014 年猪牛羊等牲畜饲养量 324.47 万头，共产生粪便 906.27 万吨，可产生沼气潜力为 3.49 亿 m³；天津市 2014 年猪牛羊等牲畜饲养量 463.64 万头，共产生粪便 1156.84 万吨，可产生沼气潜力为 3.80 亿 m³；河北省 2014 年猪牛羊等牲畜饲养量 5652.99 万头，共产生粪便 14121.68 万吨，可产生沼气潜力为 66.12 亿 m³；京津冀地区三省市牲畜粪便沼气潜力为 73.41 亿 m³，能源潜力巨大（表 4-26）。

表 4-26 2014 年京津冀畜牧业粪便产沼气潜力估算

牲畜	北京			天津			河北		
	饲养量（万头）	粪便产量（万 t）	沼气潜力（亿 m³）	饲养量（万头）	粪便产量（万 t）	沼气潜力（亿 m³）	饲养量（万头）	粪便产量（万 t）	沼气潜力（亿 m³）
猪	305.80	562.90	1.06	386.50	711.45	1.34	3638.40	6697.38	12.60
牛	19.68	251.34	0.96	29.96	382.63	1.46	402.42	5139.45	19.57
羊	68.35	89.81	1.46	46.76	61.44	1.00	1526.40	2005.69	32.61
马	0.19	0.96	0.0047	0.06	0.30	0.0015	17.06	86.55	0.42
驴骡	0.45	1.26	0.006	0.36	1.01	0.0048	68.71	192.61	0.91
合计	324.47	906.27	3.49	463.64	1156.84	3.80	5652.99	14121.68	66.12

注：猪饲养周期小于 1 年，以当年出栏量作为饲养量；其余畜禽平均饲养周期大于 1 年，以 3 存栏量作为饲养量。

资料来源：国家统计局统计数据（2014 年）

北京市、天津市和河北省处理农业废弃物沼气工程产气总量逐年增加。北京市从 2008 年的 1852.9 万 m³ 增加到 2013 年的 2479.9 万 m³，增长了 33.8%；天津市从 2008 年的 64.8 万 m³ 增加到 2013 年的 2216.4 万 m³，增长了 33 倍；河北省从 2008 年 1214.2 万 m³ 增加到 2013 年 8746.4 万 m³，增长了 6.2 倍（图 4-35）。

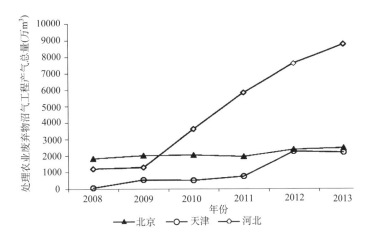

图 4-35 京津冀地区 2008~2013 年处理农业废弃物沼气工程产气总量

资料来源：《中国农村统计年鉴》（2009—2014）

截至 2013 年年底，北京市沼气池产气总量 2524.1 万 m³，其中处理农业废弃物沼气工程产气总量 2479.9 万 m³，生活污水净化沼气池 2 个；天津市沼气池产气总量 3705.2 万 m³，其中处理农业废弃物沼气工程产气总量 2216.4 万 m³，生活污水净化沼气池 8 个；河北省沼气池产气总量 90856.4 万 m³，其中处理农业废弃物沼气工程产气总量 8746.4 万 m³，生活污水净化沼气池 153 个（表 4-27）。

表 4-27 京津冀地区 2008~2013 年沼气能源利用情况

地区	年份	沼气池产气总量（万 m³）	处理农业废弃物沼气工程产气总量（万 m³）	生活污水净化沼气池（个）
北京	2008	2245.4	1852.9	2
	2009	2285.9	2013	—
	2010	2308.6	2062	—
	2011	2185.8	1953.4	—
	2012	2617.3	2400	—
	2013	2524.1	2479.9	—

续表

地区	年份	沼气池产气总量（万 m³）	处理农业废弃物沼气工程产气总量（万 m³）	生活污水净化沼气池（个）
天津	2008	833	64.8	8
	2009	1713.4	551.4	8
	2010	1835.3	525.7	8
	2011	2135.7	762.7	8
	2012	3726.5	2261.9	8
	2013	3705.2	2216.4	8
河北	2008	86751.6	1214.2	137
	2009	94337.4	1291.5	161
	2010	94648.5	3612.9	177
	2011	99320.7	5819.0	177
	2012	95207.9	7602.0	159
	2013	90856.4	8746.4	153

资料来源：《中国农村统计年鉴》（2009—2014）

4.3.3 农村可再生能源替代的可行性分析

我国农村居民炊事、采暖用能以原煤为主，燃烧效率低下，排放包括碳氢化合物、多环芳烃、硫氧化合物、氮氧化合物、金属和非金属氧化物、氟化物、悬浮颗粒物等污染物，严重地影响室内空气质量，导致呼吸系统疾病高发病率和高死亡率（王庆一，2014）。

面对全球气候的变化及能源危机的显现，倡导节能减排，推行低碳经济已成为一种趋势。随着我国农村经济的发展和城市化进程的加快，农村能源消费将是我国未来碳排放增长的主要来源之一。京津冀地区可再生能源利用前景广阔，拥有丰富的风能、太阳能和生物质能源。可替代煤炭、原油等能源用于农村炊事、采暖、生活热水等，而且能源效率较高。在新型城镇化进程中，采用可再生能源逐步替代燃煤、原油等非可再生能源具有一定的可行性。

1. 农村炊事能源替代的可能性

沼气是可再生的清洁能源，可替代秸秆、薪柴、煤炭等能源，而且能源效率较高。随着新型城镇化的种植场、畜禽养殖场的规模化发展，各地规模化种植、养殖的比例还将继续提高，可为沼气发酵提供大量原料。沼气作为我国农村能源的一个重要组成部分，根据种植、养殖场具体情况发展农村沼气，大力推进节能工作具有重要的战略意义。沼气池一次性投入，使用寿命长久。沼气池既产生能源沼气,也产生优质沼肥。沼气可供农户一日三餐炊事及照明所用,沼气户每年消费煤量比非沼气户减少 80% 左右,消费秸秆用量减少 90% 左右。

以 10 m³ 沼气池年产沼气量为 525 m³,根据沼气的热值 20908 kJ/m³、沼气灶热效率 60% 进行计算。分别以电、液化气、煤及薪柴和秸秆作为被替代能源,被替代能源热值、热效率、单价、能源效率见表 4-28。按小型户用沼气年均产气量 525 m³ 计算,可分别替代电 2289 kW·h、液化气 236.25 kg、煤 897.75 kg、薪柴 1575 kg、秸秆 1800.75 kg。沼气分别替代电力、液化气、煤炭、薪柴、秸秆的效益为 1831.2 元、1559.25 元、1301.74 元、418.75 元、720.3 元(表 4-28)。

表 4-28　户用沼气的能源替代效益

项目	单位	电	液化气	煤	薪柴	秸秆
热值	kJ/kWh 或 kJ/kg	3596	50179	20908	16726	14636
热效率	%	80	55	35	25	25
单价	元/kWh 或元/kg	0.80	6.60	1.45	0.25	0.4
能源替代率	kJ/kWh 或 kJ/kg	4.36	0.45	1.71	3.00	3.43
年能源替代量	kWh 或 kg	2289.00	236.25	897.75	1575.00	1800.75

资料来源:王士超,2011

农村沼气的使用对改善农村空气质量具有很重要的意义。马利英等(2015)对贵州农村地区室内空气质量进行了监测,结果表明:燃煤家庭厨房和卧室 $PM_{2.5}$ 分别超过《环境空气质量标准》(GB 3095—2012)中标准限值(75 μg/m³)的 1.97 倍、1.41 倍,燃柴家庭分别超标 74%、6%;燃煤、燃柴农村厨房 PAHs 分别为 53.92 ng/m³ 和 10.34 ng/m³,对人体健康产生较大风险。而使用沼气灶相对老式省柴灶、传统柴灶和煤炉分别可以减少 67%、83% 和 92% 的室内 CO 污染和 42%、5% 和 69% 的室内 $PM_{2.5}$ 污染(肖俊华等,2006)。

河北省农村新能源利用世行贷款建设特大型联户沼气工程。总投资 12.37 亿元,按照 1∶1 配套,世行贷款 1 亿美元,省政府配套 3.2 亿元。计划建设特大型联户沼气工程 10 处,总池容 21.6 万 m³,达产后年可消耗秸秆 33.54 万吨,畜禽粪便 37.62 万吨,产生的沼气可供 18.61 万农户炊事取暖用能,并为 2625 辆公交车或出租车提供 CNG 燃气,有效解决当地农村社区生活生产用能需求,发挥出最大的生态效益。

2. 农村取暖能源替代的可能性

综合性太阳能采暖技术是一种集被动式太阳能采暖房技术和太阳能热水地

暖循环系统为一体的太阳能综合利用示范技术。该技术的特点是：第一，将普通房屋朝南的墙面，改造为被动式太阳能集热墙。使其在有阳光天气时，向房屋内吹入热风。第二，在屋顶架设一定面积的真空玻璃管太阳能热水集热系统，通过水泵将热水泵入房间内地盘管供暖系统。每 1 m³ 的太阳能集热器汲取的热量可以满足 6 m² 室内空间的采暖需求，每 1 m² 采暖面积造价为 160~200 元左右。该项技术的主要优点是，室内温度控制在 20℃ 左右，昼夜温差较小，一般不超过 3℃，比较适用于解决农村一家一户的冬季取暖问题。

从调研数据可见（表 4-29），京津冀地区农户太阳能采暖使用比例，分别为 1.56%、21.20% 和 15.4%。使用率虽然不高，但大部分农户都有使用意愿，意向农户比例分别为 52.63%、63.18% 和 50.83%。

表 4-29　京津冀农村新能源形式使用现状及意向情况

新能源形式	使用率（%）			意向农户比例（%）		
	北京	天津	河北	北京	天津	河北
沼气	10.93	10.90	12.60	46.45	57.05	41.51
秸秆气化气	4.63	—	22.90	45.98	—	39.84
天然气	11.26	42.30	32.90	76.08	73.18	47.79
太阳能灶	2.08	3.60	9.90	59.00	66.82	57.60
太阳能热水器	84.20	94.10	72.40	82.71	95.91	48.72
太阳能采暖系统	1.56	21.10	15.40	52.63	63.18	50.83
采暖空调	23.02	51.10	22.70	58.53	68.86	41.57
秸秆压缩颗粒采暖	1.89	5.90	13.10	43.08	43.18	37.18

资料来源：章永洁等，2014

此外，为了有效防治大气污染，京津冀区域推行"煤改电"的采暖措施。在北京各种减煤换煤工作中，"煤改电"以实施难度小、见效快的特点，成为当前防治大气污染重要而有效的措施，得到了政府部门和社会各界的认可。相关数据显示，2013 年起，北京农村地区启动"煤改电"工程。截至 2015 年年底，全市煤改电用户总数已达到 38.45 万户，其中北京核心区基本实现取暖无煤化，31 万户城区居民享受到更加清洁、方便、安全、实惠的电采暖；还有 7.45 万户农村居民使用电采暖过冬。这些"煤改电"工程每年可减少燃煤 115.35 万吨，减排二氧化碳 299.91 万吨、二氧化硫 2.79 万吨、氮氧化合物 0.81 万吨。2016 年北京市全面启动了"煤改电"和"煤改气"工作，预计 2016 年实施 400 个村煤清洁能源，完成 3000 蒸吨左右燃煤锅炉清洁能源改造（2016 年市政府工作报告重点工作分工方案 京政发〔2016〕1 号）。天津市在实现散煤洁净化 100% 全替代的同时，全力推进散煤清洁能源替代,从根本上解决散煤污染问题,加快实现标本兼治。2015年,天津市实施集中供热补建 138.7 万 m^2、"煤改电" 63 万 m^2;全市商业活动散煤和机关企事业单位炊事散煤全部实现改燃气或改电;累计削减散煤 8 万吨。河北省自 2014 年启动实施了农村清洁能源开发利用工程,加快推进农村燃煤替代步伐,截至 2016 年,累计推广高效清洁燃烧炉具 333 万台,乡镇锅炉改造 1209处、煤改太阳能、煤改电和煤改气等清洁能源替代模式 17 万户,约有 21.1%的居民实现了燃煤清洁燃烧,累计实现农村燃煤清洁燃烧 930 万吨,压减散煤 918 万吨,减排 SO_2 9.5 万吨、烟尘 9.8 万吨。

3. 农村生活热水与空调替代的可能性

京津冀北方丰富的太阳能资源,通过把太阳辐射的热能转化成生活热能和电能,可以用于替代农村生活热水和照明。把太阳辐射的热能转换成热能,目前应用最广泛的是太阳能热水器等。例如邯郸市新农村住宅中太阳能热水器应用广泛,已有近 20 年的发展历史。在产品研发、应用、配套设计等方面已经发展成熟,主要解决农民夏天洗澡用水问题。经过调查,邯郸市农村已集中安装使用太阳能集热器的占 22%。截至 2011 年,农村太阳能热水器超过 6.1 万台,年增长率为13%~15%。

从调研数据可见(表 4-29),京津冀地区农户太阳能热水器的使用比例最高,分别为 84.2%、94.1% 和 72.4%。对新能源的意向调研表明,太阳能热水器也是农户最愿接受的新能源形式。

此外,把太阳辐射的热能转换成电能,由蓄电池组储存起来,提供动力和照明系统。一般用在道路照明,在路灯顶部安装斜面向阳的太阳能电池板,充电及开、关灯过程由计算机智能控制。个人太阳能发电并网正在部分村庄进行试点。例如 2013 年 7 月,临漳县砖寨营宋村,农民陈海春家安装的分布式光伏发电站正式并入国家电网,通过单晶太阳能组转化成电能,输送到国家电网。整个太阳能发电站投资近 2 万元,使用寿命 25 年左右。如果天气正常,每天可发电将近 8 kWh,年发电量近 3000 kWh,相当于每年至少节约标准煤 1 t,减少 CO_2 排量 2.55 t 以上。按照电费和政府补贴计算,7 年内可收回投资。

4.3.4　农村可再生能源利用实例分析

国家发展和改革委员会、农业部等部门对"十二五"农作物秸秆综合利用情况,包括秸秆资源量、综合利用目标任务完成情况、主要成效、政策措施制定和贯彻落实情况、存在问题与原因分析等进行了全面评估。调查表明,全国秸秆肥料化利用量达到 2 亿多吨,占秸秆可收集量的 26%以上,秸秆饲料化利用量近 2.2亿吨,占秸秆可收集量的 28%,秸秆能源化利用量超过 1 亿吨,占秸秆可收集量的 14%左右。此外通过秸秆造纸，生产板材、活性炭、木糖醇，制作工艺品等，可替代木材、粮食。

秸秆气化炉不仅节约费用，能源利用率较高，还可以省时、环保、节约能源，具有较好的推广使用价值（张冬，2008）。秸秆气化炉月费用比煤球炉子节约50.17%，比烧柴灶节约 14.57%，比煤气瓶节约 45.64%。能源利用率比煤球炉子提高 78.57%，比烧柴灶提高 194.12%，比煤气瓶低 16.67%。烧 6 L 水耗时比煤球炉子节约 44.44%，比烧柴灶节约 41.18%，比煤气瓶节约 16.67%。火焰温度与煤气瓶类似，比煤球炉子提高 66.67%，比烧柴灶提高 25%（表 4-30）。

表 4-30　不同燃料使用效果对比

类型	秸秆气化炉	煤球炉子	烧柴灶	煤气瓶
月用量	108 kg	180 块	250 kg	8 kg
月费用（元）	29.9	60	35	35
能源利用率（%）	>50	28	17	60
烧 6 L 水耗时（min）	10	18	17	12
火焰温度（℃）	>1000	600	800	1000
优点	方便卫生，环保、节约能源	储存较方便	节约能源	使用方便
缺点	操作需要简单培训	价格高，污染大	燃料占空间大，劳动强度大	价格高，有安全隐患

河北省积极推进农作物秸秆能源化利用。为改善城乡环境、防治大气污染、促进节能减排，科学有序推进农作物秸秆能源化利用，河北省制定下发了《河北省 2014—2016 年秸秆能源化利用工作方案》，提出 2014~2016 年 3 年全省累计推广秸秆成型燃料炉具 130 万户，累计利用秸秆成型燃料 1000 万吨以上，实现替代标准煤 500 万吨以上，方案还对生物质固体成型燃料成型设备的技术条件提出了相关技术标准，对推广秸秆成型燃料炉具、使用秸秆成型燃料发展秸秆沼气、锅炉煤改烧秸秆等提出了具体的资金补贴标准。

1. 河北邯郸秸秆煤与沼气发电实例

邯郸县南吕固乡招贤村进行了秸秆煤的试点生产，秸秆首先经过粉碎、加入专业配方制剂，再经过 3~7 天发酵，产生"煤化反应"，也就是软化秸秆中的纤维，提高密度，以便于挤压成形。然后将充分发酵的秸秆碎末经块煤机压制成块，最后晾晒风干。经国家煤炭质检中心检测，"秸秆煤"的发热量可达 3500~6000 Cal，为普通煤炭的 90%左右，完全可以替代煤炭作为工业及生活燃料。而且"秸秆煤"的强度、燃烧性能比普通木炭有了进一步提高，燃烧过程也更稳定、充分，燃烧时间大约提高了两倍以上。经环保部门检测，"秸秆煤"的含硫量和燃烧过程中二氧化碳的排放量极低，属于环保清洁能源。其燃烧后的灰烬仍然是"草木灰"，富含钙、镁、磷、钾等元素，可直接用到农田。以邯郸县"秸秆煤"厂为例，粗略算了这样一笔经济账：企业投入厂房、设备、流动资金总计七八十万元，一年按 10 个月生产期计算，一台设备可以生产 3000 多吨"秸秆煤"。据当地行情，每吨"秸秆煤"的总成本约为 650~700 元，销售价格为每吨 800 元以上，这样每吨就能取得 100 余元的纯利润。如果生产和销售正常，预计一年总利润应在 30 万元以上，投资两年后即可收回。目前生产线已建成投产，每年可"吃掉"约 1 万亩农作物秸秆。

邯郸垃圾填埋场沼气发电项目 2008 年开工建设，2013 年 3 月成功发电并网。整个项目分为沼气收集系统、沼气预处理系统、沼气发电系统和沼气焚烧系统。填埋场产生的沼气通过集气站真空负压装置被抽到净化系统，进行除尘、脱硫、过滤后进入发电机组，然后通过燃气发电系统发出低压电，通过高压配电室转换成 10 万伏高压电输入邯郸电网。该项目装机量为两台 1 MW 的沼气发电机组，年收集处理沼气 800 万 m^3，年发电 1200 万 kWh，可满足 1.2 万户普通家庭一年的用电量，相当于每年节约标准煤 4500 吨，减少 6 万多吨二氧化碳排放。

2. 河北邢台县前南峪村秸秆气化示范

河北省邢台县前南峪村调研发现，前南峪村各家各户烧柴草做饭的现象不见了，取而代之的是村内的一座秸秆气化站。在省、市、县三级新能源办公室的帮助下，前南峪村总投资 188 万元，2008 年 6 月起筹建秸秆气化站，于 2009 年 1 月建成运行。

前南峪村秸秆气化站由气化机组、贮气柜、供气管道、气表灶具等四部分组成，其中贮气柜容积为 1000 m^3，整套设备使用期为 50 年。制气原理是：以农作物秸秆为原料，在缺氧状态下进行高温热解反应，使秸秆中的纤维素、木质素分解成一氧化碳、氢气、甲烷等可燃气体，通过过滤除去燃气中的灰粉、焦油等杂质后，由供气系统送入农户家中（图 4-36~图 4-39）。

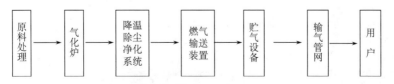

图 4-36　秸秆气化站工作原理流程图

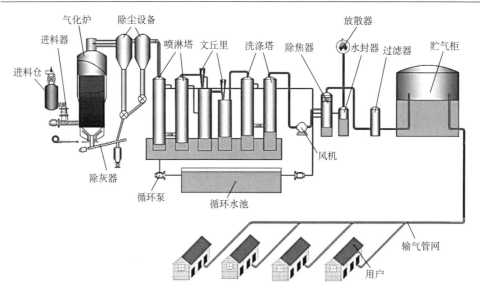

图 4-37　秸秆气化站工艺流程图

图 4-38　前南峪村秸秆气化站

图 4-39　前南峪村秸秆气化站原料处理场（左）和除焦设备（右）

据邢台县新能源办公室测算，1 kg 秸秆产气 2 m³，4~5 口之家日用气 6~8 m³，2 名工作人员早、中、晚各烧 1 小时，即可满足该村 396 户使用，实现"两人烧火、全村做饭"（图 4-40）。供气原料如按玉米秸计算，年可处理玉米秸秆 580吨，年产气 116 万立方米，年节标煤 590 多吨，减排二氧化碳 1500 多吨、二氧化硫 5 吨、氮氧化合物 4 吨，环保、省钱又方便。

图 4-40　前南峪村秸秆气化站贮气柜（左）和沼气灶使用效果（右）

3. 河北内丘县岗底村秸秆气化示范

内丘县岗底村是苹果专业村，家家户户种果树，以前修剪下来的树枝堆放在门前屋后，杂乱不堪。为维持村庄整洁，岗底村于 2010 年 10 月建成并投用一座储气量达 1000 m³，以果树枝、作物秸秆为原料的秸秆气化站，集体回收，供全村统一用气。

岗底村气化站主要以修剪的果树枝、农作物秸秆为原料，通过粉碎机将树枝等碎化成半厘米宽、五六厘米长的枝条[图 4-41（a）]，再进入特制的炉具里[图 4-41（b）]，经厌氧高温裂解，不充分燃烧形成可燃性气体。这些气体通过特制的管道进入凝水、去焦油、脱硫装置后被过滤干净[图 4-41（c）]，然后全部被收集到一个 1000 m³ 的贮气柜中[图 4-41（d）]，通过管道，输送到农户家中，保证全村居民一日三餐炊事用气。

岗底村秸秆气化站每天工作两三个小时，便能产生 1000 m³ 的清洁气体，足够全村人烧水、做饭用。同时，村民日常做饭用不完的气体，存在 1000 m³ 储气柜里，到冬天可供全村取暖。

图 4-41　内丘县岗底村秸秆气化站原料场

（a）气化炉进料车间；（b）除焦池；（c）贮气柜；（d）实物图

气化站用气成本对于农村用户来说，十分低廉。按 1.4 斤干柴能换 1 m³ 燃气，每户每天 6 m³ 燃气即可供烧水做饭。按 1 斤干柴 2.5 元算，用一天燃气也就两块钱。要是烧蜂窝煤的话，每天至少得四块多，比燃气贵了两倍！

4.3.5　京津冀区域农村生活能源结构优化建议

为缓解京津冀地区大气污染，亟须建立农村能源清洁有效利用的战略框架。

1. 推广节能技术，实施燃煤减量

农村采暖主要用燃煤，应坚持"因地制宜，多能互补，综合利用，讲求效益"的农村能源发展基本方针，在农村地区实施燃煤减量与替代。提高农村终端用能的电气化和清洁化水平，在农村地区大力推广优质型煤、吊炕、高效炉灶、节能电器等节能产品，在农村住宅中开展农村新建和既有房屋的建筑节能改造，降低建筑能耗，可减少燃煤等生活能源的消耗。

2. 积极发展可再生能源（太阳能、沼气等），推广清洁能源（天然气等）

结合新型城镇化建设，大力推广大中型沼气工程、秸秆沼气集中供气、生物质炭气油（热、电）多联产、生物质固体成型燃料等技术，为小城镇和中心村等

供应生活燃气、电力和热力等商品能源；采用沼气、太阳能采暖、太阳灶、风电等资源和技术，解决农村居民基本生活用能问题，减少颗粒物等大气污染物排放；积极推广太阳能热水器，提高人民生活质量。对具备通管道天然气条件的村庄可实施管道天然气供应，在管道天然气管网不能覆盖但符合集中供气条件的村庄，可采取政府补贴的形式建设压缩天然气站。

3. 推动"煤改电"政策，优化京津冀电源结构

党中央、国务院高度重视京津冀区域大气污染防治，并且明确提出了要牢固树立绿色发展理念，做好京津冀及周边地区大气污染防治工作，突出抓好散煤治理，大力推行"煤改电"等工作。北京、天津、河北三省市区域推行"煤改电"的采暖措施，减少农村散煤消耗，推广农村能源电气化；积极发展风电、太阳能发电、生物质发电及核电等清洁电能，提高非化石能源发电比例；加大京津冀地区向发电量富裕周边省份外购电比例，减少京津冀地区燃煤火电发电量，可以有效防治京津冀地区大气污染。

4.4　京津冀区域现代农田林网发展与大气联发联控战略

4.4.1　农田林网及其效益

1. 农田林网

农田林网，即农田防护林，是指以一定的树种组成、一定的结构和成带状或网状配置在遭受不同自然灾害（风沙、干旱、干热风、霜冻等）农田（旱作农田与灌溉农田）上的人工林分，其主要功能在于抵御自然灾害，改善农田小气候环境，给农作物的生长和发育创造有利条件，保障作物高产、稳产，并为开展多种经营，增加农民经济收入打下良好基础的人工林分。根据山、水、林、田、路总体规划，在农田上将农田防护林的主要林带配置成纵横交错，构成无数个网眼或林网，即农田林网化。以农田林网化为骨架，结合"四旁"植物树种，小片丰产林，果园、林农混作等形成一个完整的平原森林植物群体，即为农田防护林体系（朱金兆等，2010）。作为生态建设的重要措施，农田防护林是农田生态系统的屏障，对生态安全与人类生存环境质量的提高有重要意义。

在京津冀生态系统中，农田在面积上占有绝对优势，其生态功能和效应对京津冀地区的生态状况起着重大作用。只有健全的土地、农（田）、庭院生态体系，才能为城市提供生态屏障和净化机制。这是单纯城市绿化所难以替代的。因此，深入了解京津冀地区农业林网发展状况及发展趋势，可以为优化农田林网结构和治理大气污染提供科学的参考数据。

2. 农田林网防护效益

农田林网建设是集经济、生态、社会三大效益为一体的农林复合生态体系，是森林生态网络建设的主体之一，是把林业可持续发展与农业产业结构调整相互联结的一种模式，是改善生态环境、增强农业发展后劲的基础生产工厂，其资源优势逐步转化为商品优势和经济优势。农田防护林的生态系统服务功能价值对于新型城镇化的发展生态环境的保护主要体现在以下几点：

1）防风阻沙，降低扬尘

农田林网可改善生产环境，防风固沙，降低建筑和农田扬尘。农田防护林作为一个庞大的生物群体，是害风、沙尘前进方向上的一个较大的障碍物。防风效应是防护林最显著的小气候效应。据资料统计，一般农田防护林防风效应可达18%~52%（表 4-31）。从力学角度来看，林带的防风是由于风通过林带后，气流动能受到极大的削弱。

表 4-31 农田防护林防风效应

防护林类型	防风效应（%）	参考文献
10 年生小黑杨-榆树混交农田林网	21.0	（胡海波等，2001）
7 年生毛白杨-银杏生态经济型农田防护林带	18.9	（张劲松和李洪，2002）
10 年生杨树和 4 年生泡桐组成的林网	21.2	（罗伟祥和杨江峰，2001）
杨树农田林网	21.8	（刘建勋等，1997）
农田林网	30.4~52.8	（刘钰华和狄心志，1994）

林带对气流主要有三种作用：第一，改变林带附近的流场结构。气流通过林带后，流线和迹线变弯曲，空气质点不再沿平直方向运动。第二，影响林带附近的风速。林带背风面风速明显减弱，个别部位也可能加强。第三，改变气流的状态，使乱流的影响不同。

实际上害风、沙尘等遇到林带后，一部分气流通过林带，由于树干、树叶的摩擦作用，将较大的涡旋分割成无数大小不等、方向相反的小涡旋。这些小的涡旋又互相碰撞和摩擦，进一步消耗了气流的大量能量。此外，除穿过林带的一部分气流受到削弱外，另一部分气流则从林冠上方越过林带迅速和穿过林带的气流又互相碰撞、混合和摩擦，气流的动能再一次削弱（图 4-42）。

2）吸尘滞尘，净化空气

植物因其叶片或枝干可以阻滞吸收大气颗粒物而成为净化大气的重要过滤体。农田防护林能够通过阻尘、减尘、降尘、滞尘、吸尘等作用减少 $PM_{2.5}$ 在大气中的含量并降低其对人体健康危害，其对于大气中 $PM_{2.5}$ 的作用具体表现为：

图 4-42　农田防护林防风阻沙示意图

第一，防护林林带可以改变空气流动路径以阻拦大气灰霾 $PM_{2.5}$ 进入局部区域（阻尘作用）。大面积的林带植被覆盖使局部风速降低，有助于较大颗粒的降落。植被通过林冠层荫蔽作用和植物体自身蒸腾作用，降低大气温度，调节局部小气候，营造利于 $PM_{2.5}$ 沉降的环境。

第二，防护林可通过覆盖裸露地表来减少灰霾 $PM_{2.5}$ 来源（减尘作用）。大面积的植被覆盖裸露地表来减少 $PM_{2.5}$ 来源，其次降低了人类生活环境的温度，减少降温制冷设备产生的污染物排放，有利于节能环保。此外，降低空气温度还能有效抑制化学反应活动，减少次级污染物的产生。

第三，大片的林带降低风速促进 $PM_{2.5}$ 颗粒沉降（降尘作用）。植被降低局部风速，同时气流穿梭于植被枝叶间，湍流作用增强，$PM_{2.5}$ 颗粒物与叶片、树皮等的接触可能增加，$PM_{2.5}$ 沉降速率增加。经过雨水淋洗，蒙尘的叶片被洗刷干净，恢复吸附能力，可以重复利用。据实测资料，在主干道路附近绿化林带中比无树空旷地带的降尘量减少 23%~52%，飘尘量减少 37%~60%。欧洲一些树林的尘埃阻拦率在 5%~13%。

第四，防护林植被叶面捕获并截留 $PM_{2.5}$（滞尘作用）。当气流推动大气颗粒物撞击到植被表面时，由于叶片、树皮等具有一定的粗糙度和湿度，能够使灰霾颗粒物镶嵌或黏在其表面，从而达到捕获空气中一定数量的 $PM_{2.5}$，使其滞留在植物体表面的目的。另外，植物体表面也可能存在极少量的电荷，与大气中 $PM_{2.5}$ 所带电荷不同，在静电的作用下，吸附并滞留 $PM_{2.5}$，不过此种情况在自然环境中所占比例较为微小。

第五，植物表面可以吸收和转移部分 $PM_{2.5}$（吸尘作用）。空气中极其微小的颗粒物（$PM_{2.5}$、$PM_{1.0}$ 等）可以直接通过叶片气孔，被植物体吸收，贮存其间或参与循环。植物净化化学性大气污染的主要过程是持留和去除，持留过程涉及植物截获、吸附和滞留等，去除过程包括植物吸收、降解、转化、同化和超同化等。林带具有吸收二硫化碳、释放氧气、杀菌等益处。据科学测定，生长季每公顷阔叶林每天大约吸收二氧化碳 1 t，同时生产氧气 730 kg。树木还能分泌杀菌素杀灭细菌、真菌和原生动物等，据测定农村无林区每立方米细菌数目为 3~4 万个，而在林区只有 55~400 个，相差 100 多倍。防护林中许多树种还有吸收有毒气体及滞留、吸附、过滤烟尘污染的作用，如臭椿、旱柳能吸收二氧化硫，刺槐、银杏等有较强的吸氯气能力，其他如桑树能吸收铅尘，紫杉能吸收氟化氢等。

3）带动农民增收致富，改善农村人居环境

促进农村产业结构调整，带动农村经济发展和农民增收致富。农田林网防护林体系通过发挥改善小气候、防风固沙、保持水土、改良土壤等防护效能，可有效防止或减轻自然灾害，特别是气象灾害对农作物的危害，庇护作物健康生长，维护了交通、水利设施和农业生产安全，促进了农业的高产、稳产。国内外研究表明，发达完善的平原农区防护林体系可增加农田的粮食产量 10%~20%，如我国北方平原农区农田防护林粮食增产的平均幅度可达 15%~20%，其中玉米产量平均提高 6%~8%，黄豆产量平均提高 25%，蔬菜与果树的增产效应则更加明显。同时，农田林网结合农业产业结构调整，大力发展高效林果业、特色种植业和林间养殖业，提供水果、干果、药材、特种用材、纸浆用材、编织用材、工业用植物油等多种林副产品，拓宽农民增收渠道，带动农村经济发展，可以促进农林经济可持续发展和农民致富。三北工程启动以来，河北省依托工程建设，在农田防护林建设中，结合农业产业结构调整，大力发展高效林果业，逐步建立起了苹果基地、沙地梨、桃、杏基地、葡萄基地、金丝小枣、冬枣基地、城镇周围小杂果基地、桑蚕基地和以毛白杨为主的用材林基地等十大林果基地，推动林业生产进入市场经济的运行轨道，形成了市场牵龙头、龙头带基地、基地连农户的农村产业新格局，有力地促进了工程建设的快速发展和当地群众的脱贫致富。据统计，目前仅廊坊市就有林板企业 6510 家，每年可生产人造板 478.7×10 m³，生产家具达 338 万套，实现产值 68 亿元。全市现有林牧业营销商家 1660 户，从业人员 6727 名，其中文安县的左各庄镇已成为国内最大的人造板生产营销集散地，香河县已成为华北最大的家居集散地。

加快城乡绿化进程，促进农村人居环境改善。在新型城镇化建设中，农田林网还能起到绿化美化城乡、工矿、庭院等方面作用，改善区域的生产生活环境。农田防护林网建设与文明生态村建设相结合，绿化、美化相结合，农村人居环境、群众精神面貌、党群干群关系大为改观。加快了城乡绿化进程，产生了良好的社会效益。北京市房山区在农田防护林更新改造中坚持绿化与美化并重的原则，新建林网采取多树种配置、乔灌立体结合的建设模式初步建成了"绿海田园"式的新农村，成为平原农区的一道绿色风景线。

4）农田防护林其他环境效益

农田林网不仅可以减弱风速，改变气流结构，净化空气，还可以改善空气湿度，防治干热风和寒流对农作物的危害，而且还有改良土壤，防治土壤次生盐渍化的作用。林带防风效应的直接后果是削弱了林带背风面的能量交换、改变林带附近热量收支各分量，从而引起空气温度的变化。由于林带降低风速，使林网内气流交换减弱，蒸发量减少，因此产生明显的增湿效应，一般可提高相对湿度5%~10%。由于树冠对大气降水有截留作用，因而能延缓地表径流速度，增加降水的渗透性，从而使地表径流减少，也减少了土壤侵蚀和河渠泥沙的淤积，产生很好的水文效应。防护林范围内，风速小，风蚀轻，不仅肥沃表层不会被吹走，而且由于小气候的条件的改善，促进了田间作物生长旺盛，收获有残留在土壤的茎叶、根茬多，因而增加了土壤腐殖质含量，提高土壤肥力，改良了土壤结构。7~8 年林地土壤（0~40 cm）有机质含量比农地土壤增加近 1 倍，土壤氮磷养分含量显著提高。

此外，农田防护林还能消除噪声，减弱噪音。仅靠建筑物和消音措施难以消除城镇噪音，而林木枝叶却能将声波反射，通过枝叶微振致使声能消耗而减弱。据测定，在降低噪声方面，林带比空地上同距离的自然衰减多 10~15 dB，绿化的街道比未绿化的街道噪音减少 8~10 dB。

4.4.2　我国农田林网发展现状

新型城镇化建设的目标和要求，既包括农村经济，也包括农村社会事业，体现了城镇化的全面发展。加强农村农田防护林体系建设，改善农村生态环境，不论是对农村经济建设，还是对农村社会公共事业的发展都是不可或缺的，是基本前提和必要保障，为维护农村生态安全和保障粮食安全起到了重要作用。

我国历来重视平原地区农田防护林体系建设工作，在新型城镇化建设中将平原农区的农田林网体系建设作为重中之重予以推进。20 世纪 50~60 年代的我国就广泛开展了沙荒造林和四旁植树建设，70~80 年代农林间作、农林复合经营和防护林网建设，80 年代末期到 90 年代的平原绿化达标、高标准平原绿化试点和新时期的平原绿化工程等。经过三四十年来的努力，特别是组织实施"三北防护林工程""全国平原绿化工程""京津冀风沙源治理工程"等以来，平原地区森林覆盖率有了大幅度提升，区域环境有了很大改善，绿化美化已成为建设生态设施、提供生态产品的主要措施。

据不完全统计，涉及北京、天津等 26 个省（自治区、直辖市）的 958 个县（市、区、旗）的全国平原绿化工程自 1988 年实施以来，全国平原绿化累计完成造林、低效林改造任务 1384.36 万公顷。其中，新造农田防护林 376.8×10^4 hm^2，农田林网控制率达到 74%，为农业稳产高产提供了保障。该工程累计完成造林

$710×10^4$ hm^2，平原地区森林覆盖率由 1987 年的 7.3%提高到 15.8%，农村人居环境明显改善，呈现出"白天不见村庄，夜晚不见灯光，平原有森林，林内有粮仓"的新景观（朱金兆，2010）。

据《中国林业统计年鉴》统计，2004~2014 年间，全国累计营造防护林合计850.3 万公顷，其中营造水源涵养林 96.5 万公顷，水土保持林 277.1 万公顷，防风固沙林 232.0 万公顷，农田、牧场防护林 54.0 万公顷，护堤护岸林 12.9 万公顷，护路林 11.5 万公顷（表 4-32）。

表 4-32　2004~2014 年全国营造各类防护林建设情况（hm^2/a）

年份	防护林小计	水源涵养林	水土保持林	防风固沙林	农田、牧场防护林	护岸护堤林	护路林
2004	364709	42084	126548	81762	53198	17741	10541
2005	305687	32440	104080	67322	31105	8506	2494
2006	307684	34295	99275	92581	25116	5097	7626
2007	466705	47095	182683	117107	28764	5973	7883
2008	611385	67898	201183	149722	41014	8159	11413
2009	1625325	163819	521789	467479	96561	29844	21357
2010	1141594	140223	363790	306571	62683	18982	14440
2011	1104000	131905	386727	297361	58360	9979	15141
2012	975220	114138	316849	282421	50999	8893	9360
2013	783875	95035	250416	210280	39470	8896	7749
2014	817263	96279	217341	247237	52851	7335	6847
合计	8503447	965211	2770681	2319843	540121	129405	114851

资料来源：《中国林业统计年鉴》（2004~2014 年）

4.4.3　京津冀区域农田林网建设情况

1. 京津冀区域农田林网总体现状

发展和改革委员会表示，影响京津地区沙尘天气的传输路径分为西北路、北路和西路三条，分别占影响京津地区沙尘天气发生频次的 50.8%、29.5%和 19.7%。为减轻京津地区风沙危害，构筑北方生态屏障等需要，我国实施建设了京津风沙源治理一期、二期工程，预计目标到 2022 年，工程建设成果得到有效巩固，京津冀风沙工程区内可治理的沙化土地得到基本治理,总体上遏制沙化土地扩展趋势,生态环境明显改善，生态系统稳定性进一步增强，基本建成京津及华北北部地区的绿色生态屏障，京津地区沙尘天气明显减少，风沙危害进一步减轻。

郑晓等（2013）利用多尺度遥感影像估算了华北地区京津冀农田防护面积，结果表明，至 2008 年，华北地区（北京、天津和河北）农田防护林总长度为 $6.07×$

10^7 m；农田防护林面积约为 $10.79×10^4$ hm^2。

据梁宝君（2007）统计，华北北部平原区现有农田 $104.54×10^4$ hm^2，其中被林网庇护的农田面积 $73.13×10^4$ hm^2，未造林地 $5.21×10^4$ hm^2，农田林网化程度为 69.95%。目前全区农田防护林保存面积 $13.76×10^4$ hm^2，其中未成林 $1.09×10^4$ hm^2，占 7.93%；中幼林 $8.78×10^4$ hm^2，占 63.83%；成熟林 $2.8×10^4$ hm^2，占 20.33%；过熟林 $1.09×10^4$ hm^2，占 7.91%。全区农田防护林活立木蓄积达 1054.6，其中：中幼林 $489.06×10^4$ hm^2，占 46.37%；成熟林 $381.51×10^4$ hm^2，占 36.18%；过熟林 $184.03×10^4$ hm^2，占 17.45%。与三北工程启动前的 1977 相比，全区农田防护林蓄积量增加了 $865.3×10^4$ hm^2，提高 457.11%。与三北工程启动初期的 1985 年相比，全区农田防护林蓄积量增加了 $727.9×10^4$ hm^2，提高 222.8%。

2. 北京市农田林网发展现状

北京市土地总面积为 1.68 万 km^2，山区占总面积的 62%，平原占 38%。目前，北京市已初步建成网带片、点线面相结合的多林种、多树种、多层次的平原防护林体系。近年来，特别是由于 2013 以来京津冀地区大气灰霾污染的影响，北京市加快了平原地区防护林体系的建设，加快实施了"百万亩平原造林工程"、"平原绿化工程二期"等工程，防护林建设面积显著提高，2013 年建设农田防护林 3458 公顷（表 4-33）。北京生态质量明显改善，环境面貌显著改观，林业在北京经济建设和社会发展中发挥了重要作用。

表 4-33 京津冀 2004~2014 年农田防护林建设情况（hm^2/a）

地区	2004	2005	2006	2007	2008	2009	2010	2011	2012	2013	2014
北京	12	88	121	—	334	—	—	—	333	3458	—
天津	2845	2311	—	—	—	—	—	—	—	—	—
河北	5069	1298	4012	1969	6961	6889	2497	8506	5212	3060	5859

注："—"表示《中国林业统计年鉴》未给出数据

资料来源：《中国林业统计年鉴》（2004~2014 年）

北京市三北四期工程建设范围内的大兴、通州、顺义、朝阳四个区是平原防护林体系建设的重点。农田总面积 193.47 万亩，农田防护林面积达到 41.35 万亩，农田林网防护面积达到 189.36 万亩，林网化程度达到 97.9%。其中，中幼林面积 27.91 万亩，成熟林面积 8.74 万亩，过熟林面积 4.7 万亩，成过熟林中的残次林面积 3.93 万亩。农田防护林蓄积量达到 249.83 万 m^3，其中，中幼林蓄积量 82.96 万 m^3，成熟林蓄积量 97.16 万 m^3，过熟林蓄积量 69.72 万 m^3，成过熟林中的残次林蓄积量 12.46 万 m^3（国家林业局三北防护建设局，2009 a）。

据北京市森林资源调查，截至 2015 年年底，全市林木绿化率（林木覆盖率）达到 59.0%，森林覆盖率为 41.6%，城镇绿化覆盖率 48%，城市人均公共绿地 16 m²。全市平原地区林地面积为 20.67 万公顷，平原地区森林覆盖率 25%（北京市人民政府办公厅，2016）。气象部门的统计资料显示，北京的年均沙尘天气已由 20 世纪 50 年代的年均 31 天，降到 2010 年以来的年均不到 3 天。依据北京统计信息网（http://www.bjstats.gov.cn/tjsj/）北京市区域统计年鉴，2015 年北京市现有农作物播种面积为 264.95 万亩。若以此作为全市农田总面积，按照以上比例，全市农田林网防护面积可达 238.45 万亩，农田防护林面积约为 50.96 万亩，农田林网化程度达到了 90%以上（北京市人民政府办公厅，2016）。

3. 天津市农田林网发展现状

天津市自从 1986 年实施"三北"防护林体系建设工程,在国家林业局及"三北"局的大力支持下，通过全市各级领导及群众的艰苦努力，天津市农田防护林建设取得了长足的进步，林木资源有了显著增加，生态环境得到了明显改善，农业产业结构得到了优化。国家统计局天津调查总队调查资料显示，截止到 2015 年年底，天津市实有林地面积达到 343.80 万亩，林木绿化率为 23.7%。

天津市建设了武清区港北、西青区杨柳青、宝坻区青北等多处万亩以上的片林、十条过境高速公路绿化带、外环线绿化带、津西北大型防风阻沙林带、主要干线公路绿化带等市级重点造林工程。通过三北防护林工程建设，天津市西北部的沙化土地较 10 年前减少了 27%，中度沙化土地基本消失。三北工程的建设在有效地增加了天津市林木资源总量的同时，在减少风沙危害、优化环境质量、改善人居环境、增加农民收入等方面也起到了很大作用。

天津市"三北"防护林工程建设区包括宝坻区、武清区、宁河县、静海县、东丽区、津南区、西青区、北辰区八个县区，全部为平原区县，区域总面积为 727286 公顷，农田总面积 337560 公顷，其中被农田林网防护的面积为 278740 公顷。林网化程度在 70%以下的有北辰、宁河两个区县。武清、静海、西青三个区县林网化程度较高，在 90%以上（潘学东和杨燕红，2006）。

据潘学东和杨燕红（2006）统计，截至 2004 年年底，天津市农田防护林面积为 65786 公顷，农田林网化程度为 83%，保护耕地近 30 万公顷。以农田林网为主体的防护林占天津市森林总面积的 55.3%，其中中幼林 46633 公顷，成熟林 13300 公顷，过熟林及残次林 5853 公顷。从各林龄分布情况看，中幼林所占比例较大，为 71%，天津市现有农田防护林大部分为 6~7 年内所植。

由《中国林业统计年鉴（2004—2014）》统计数据可知，2004~2014 年间，天津市 2004 年和 2005 年分别建设农田防护林 2845 公顷和 2311 公顷;2006 年之后，天津市农田防护林建设情况却未见明显变化（表 4-33）。截至 2014 年年底，天津市农田防护林面积为 68097 公顷，农田林网化程度为 85.9%。

4. 河北省农田林网发展现状

三北防护林工程启动以来，河北省依托工程建设，大力建设综合性农田防护林体系。国家林业局三北防护林建设局 2009 年统计数据显示，截至 2009 年，河北省被庇护农田面积 55.9 万公顷，占农田总面积的 63.0%；农田防护林带折算面积 9.8 万公顷，其中未成林面积 2.34 万公顷，中幼龄林面积 4.84 万公顷，成熟林面积 1.79 万公顷，过熟林面积 0.83 万公顷，分别占总面积的 23.8%、49.4%、18.3% 和 8.5%（国家林业局三北防护建设局，2009b）。

受到京津冀地区大气灰霾污染的影响，河北省加大了防护林体系的建设，《中国林业统计年鉴（2004—2014）》统计数据显示，2004~2014 年间，河北省累计营造农田防护林 5.1 万公顷（表 4-33）。因此，截至 2014 年年底，河北省农田防护林建设面积已达 12.3 万公顷，被庇护农田面积约为 70.16 万公顷，农田林网化程度达到 80%。初步形成了以环城、环镇、环村绿化为点，以河、渠、路、堤绿化带建设为线，以速生丰产林、名优果品基地、特色花卉苗木基地建设为面，"点、线、面"相结合，乔、灌、花、果、草相搭配，多林种、多层次、多色彩的综合防护林体系。为改善项目区生态环境，防治风沙和干热风等对农业生产的危害，保障农业的稳产高产作出了重要贡献。

4.4.4　京津冀农田林网协调发展面临的问题

京津冀地区农田林网经过几十年的发展，有了一定的基础，但还不能满足对农田高效防护和从根本上改善生态环境，促进社会经济可持续发展的需要。目前，平原农区森林资源总量仍然不足，农田防护林网布局不合理，一些已建农田防护林网也因建设标准低、建设时间长、管理不到位等原因，还存在着林网资源少，分布不均匀，林网缺带断网；树种单一，结构相对简单，抗逆性差；林龄结构不合理等现象，造成整体防护效能低，难以充分发挥多种功能与效益。因此营造高标准的农田林网是当年农村经济结构调整中的一项重要任务。

1. 防护林资源总量不足，发展不平衡

到 2010 年年底，平原地区森林覆盖率已经达到 17.1%，但与经济社会发展对森林资源的需求还有较大差距。人均森林面积、人均森林蓄积还很低。同时，平原地区发展森林资源的空间还很大，任务还很重。在京津冀地区，仍还有较大面积的疏林地、无立木林地、宜林地需要造林，以及近 30% 的农田林网需要建设，还有大量的村屯需要绿化。

从区域发展看，区域之间平原绿化水平差距依然较大，京津冀北部地区因三

北防护林建设，乡镇整体水平较高，中部一般，南部平原区乡镇由于林网树木受灾严重，未建林网的农田随处可见，整体水平最低。

通过大规模实施林业工程，以高速公路、国省县道、铁路、河渠绿化为主的农田林网骨架初步建成，基本实现了"有路有渠就有树"，且绿化带宽，多树种、多品种配置。但乡间、田间路绿化缓慢，多数还是光板路，农田林网整体防护功能不足（钱栋，2015）。

2. 土地利用难统筹，绿化用地难落实

平原地区的林业与农业密不可分，农田防护林网依赖土地而存在。但由于平原区人多地少，特别是土地承包到户后，难以对土地统筹使用，要让农民拿出耕地建农田林网难度很大，在相当程度上制约了农田林网的进一步发展。

耗水和胁地作用明显：京津冀地区用水紧张，用于生态灌溉的水量不断萎缩，基于杨树为主的农田防护林网在得不到必要的灌溉后，林网出现退化；杨树对耕地的胁地作用明显，以杨树为主的农田林网，虽成形快，较早地发挥了防护效益，但成材周期长，经济效益低，且杨树根系发达，与农田争水争肥，胁地作用大。

此外，村庄绿化在平原绿化工程中尚属薄弱的环节，随着近年新农村建设的推进，村屯周围四旁植树用地权属问题越来越明显，如村旁、水旁、路旁及村中隙地，土地使用权已落实到户，难以集中调配使用，在群众植树造林积极性不高的情况下，四旁植树难以实施，"有村无树"、"有房无绿"现象还比较普遍。

3. 林网建设标准偏低，绿化成果巩固困难

林种结构的不合理：京津冀地区所建林网结构相对比较简单，树种单一，作用仅局限于防风等少数功能。目前已建成的京津冀平原地区农田林网主要以杨树为主，约占造林树种的90%以上；从林龄结构看，农田林网中幼龄林比重较高，20世纪八九十年代建造的农田林网除少数县外，已经非常少见（钱栋，2015）。

林带结构的不合理：农田防护林林带结构布局多是路渠两侧一边一行树，或一边两行树，或一边三行树，且大部分是以高大乔木树种为主的透风林带，缺少常绿树种、灌木树种的搭配，乔灌草花相结合的复合林带比较少，降低了农田林网的防护作用。

林网标准不达标：由个体农民自觉营造的自由式的林带，在我国华北北部、东北西部、河南东部等地到处可见，其受田地规模所限，规模较小，不规整，网眼小，分布较零散，形不成一个完整的防护林体系；部分地区没有按照最大不超过16.67公顷的标准建设防护林网，宽林带大网络的配置型式不是最佳模式。

林带不完整：林网、带、片、点结合不好，林网的标准化、规范化程度不高，缺乏统一规划，不成网格，难成体系，缺乏有机结合，部分地区绿化布局不合理，

没有体现出绿化区域优势,整体效益欠佳。

农田林网保存率低:个别地方仍然存在着造林成活率、保存率不高的现象,造成新建林网难以一次成林。全国农田防护林网的保存率一般只能达到40%~50%,远远低于林业部门规定的保存率85%以上的要求。造成保存率低的主要原因是管护机制不到位、造林承包主体不确定。很多林网由村集体粗放地进行经营管理,同时,由于林下作物生长受到影响,影响了老百姓的收入。老百姓切身利益受到影响,对护林造林有一定的抵触。

4. 投入渠道不畅,建设资金不足

国家和各级财政对农田林网体系建设的投入不足,绝大部分资金靠地方筹集和发动广大群众义务投劳解决。平原绿化工程一般采用大苗造林,建设高标准林网,有些苗木为有观赏价值的绿化树种,苗木费用很高,由于中央投入少,群众负担很大,地方政府压力也很大。加之目前适合市场经济体制和林业特点的投入机制尚未建立,经营者得不到应有的利益补偿,大大挫伤了群众造林的积极性,从而严重影响了项目区平原绿化建设步伐的总体推进,使得平原区的造林树种单一,结构不合理,森林抗病虫害能力差,村屯绿化标准低,平原绿化成果不稳定,制约了平原绿化的发展。

5. 部门协作有待加强,工程管护水平有待提高

平原绿化涉及林业、农业、财政、国土资源、住房和城乡建设等多个部门,仅靠林业部门一家难以确保工作的顺利开展。为此,需要加强与有关部门的协调与沟通,按照地域和分管权属范围,实行谁主管、谁负责、谁实施、谁投资。

领导干部对林网产生的生态效益、经济效益、社会效益缺乏了解;群众认识不到位,认为农田栽树既影响农作物生长,又不利于农业机械进行农田作业,造林热情不高。

工程管护方面,平原区基层林业机构和队伍不够健全稳定,部分地区林业专业管理人员少,尚未真正建立长效管护机制,一些地方重造轻管,新造林折损严重,乱砍滥伐、零星盗伐的现象时有发生。多年来四旁植树数量不少,由于管抚不力,成活率、保存率低的问题普遍存在,绿化质量不高。

4.4.5　国内外农田林网发展经验借鉴

19世纪初,前苏联(沙俄)、美国、丹麦和北非等国家就开始了有组织、有计划地营造农田防护林。之后,美洲、欧洲、亚洲、非洲的许多国家,如加拿大、法国、德国等,也都营造了防护林带,并开展了相应的科学研究,但规模较小。

苏联是世界上最早营造农田防护林的国家之一。早在沙俄时代就开始了在乌克兰干旱草原地带营造以橡树为主要树种的农田防护林。20 世纪 60 年代以前由于造林方式和经营管理等方面存在一些问题，诸如造林密度过大、选择树种不当与缺乏抚育管理等，知识林木生长不良，成型林带仅有半数左右，加上林带过宽和网格过大，防护功能较差。1973 年，苏联农业部颁布了防护林设计和造林规程，并按土壤类型和地形特征将防护林划分为 8 个类型并分区设计。到 1982 年，苏联防护林面积达 $500×10^4$ hm²，其中农田防护林面积 $160×10^4$ hm²，现在有 $4000×10^4$ hm² 的农田和 $100×10^4$ hm² 牧场处于防护林带的保护之下。宽林带、大网格防护林已基本被淘汰，农业防护林推行窄林带、小网格的技术措施。现在营造的防护林带一般为 3~10 行；确定主带距，主要考虑林带的有效防护距离和林带高度、主风风速和被保护的农作物要求减弱风速的百分率。

20 世纪 30 年代中期，美国开始大规模地营造防护林。1934 年 5 月，因长期无节制地垦荒和放牧，在美国西部干旱草原引发的一场大风暴迫使美国政府制定了 "营造防护林计划" 的决议。美国林务局资助 3 万户农场主，从 1935 年到 1943 年营造了纵贯从北达科他州至得克萨斯州等 6 个大草原州，建设范围约为 $1.85×10^5$ hm² 的防护林带。林务局根据不同的土壤和土地利用情况确定了不同的造林方式。在适宜林木生长、能吸收并保持水分的土地上要求造小林带；在农田房舍周围营造防风林网；在大片不宜造林的地带，从中选出约 10% 的可以植树的小块土地营造片林。营造林带时，考虑了农场主的要求，大多数林带都是沿农场边界设置的，林带东西走向，长度也不尽相同。大部分林带为 10 行，少部分 5 行。多数林带带内行距 2.4~3 m，乔木株距 1.2~2.4 m，灌木株距 0.6~1.2 m。组成林带的树种有乔木纯林，也有乔灌行间混交，甚至一行就有几个树种，林带断面一般呈三角形或流线型。美国现有防护林面积约为 $65×10^4$ hm²，其中农田防护林带的总长度约为 $16×10^4$ km。

此外，欧洲一些国家，如法国、丹麦、匈牙利、瑞士等，以及北非也先后根据自己国家的自然灾害性质和受害程度营造了大面积的防护林，这些防护林在抵御自然灾害和保障农牧业生产的发展上都起到了良好的防护效果。

目前，世界农田防护林研究和实际建设，从形式上看，已由营造宽林带大网格向营造窄林带小网格和主副林带纵横交错成网状的农田林网化的方向发展；从防护效果上看，由单纯的保护农田、提高农作物产量，向充分发挥防护林多功能和综合效益的方向发展。从当前国外农田防护林的营造技术和科学研究趋势来看，现在防护林建设有如下的特点与发展趋势：

（1）由营造紧密结构林带向透风与疏透结构林带发展的趋势。许多国家的科研成果和生产实践表明，透风系数 0.35~0.4 的林带其防风效果最佳，背风面的防护距离也较远。

（2）由宽林带大网格向窄林带小网格发展的趋势。一般来说，林带的宽度不仅直接影响着林带的防风效果，同时也影响着林带的疏透度。主林带间距是树高的 15~20 倍，林网网格大小控制在 1.3~3.3 hm^2 为佳。

（3）由单一营造农田防护林向建设农田林网化体系发展的趋势。

（4）农田林网应根据自然地理条件，因地制宜设置林带。主林带应与主害风方向垂直，副林带与主林带垂直，以东西方向为主林带，南北方向为副林带。应尽量减少农田林网胁地的负影响，在安排道路、沟渠时，把路、渠放在胁地重的一面，并适当抬高林床。

4.4.6　京津冀区域农田林网发展趋势分析

农田林网是森林生态网络建设的主体之一，是农田防护林体系的重要组成部分。在调整优化农业产业结构的同时，要调整优化农田林网结构，按照"因地制宜，因害设防，适地适树"的原则，高标准建设林网，优化农田林网林种树种结构，改善农田生态环境，为农作物高产、稳产创造条件。

京津冀地区是"以首都为核心的世界级城市群"，在我国经济社会发展中具有举足轻重的地位。同时，京津冀地区又是我国目前大气污染最严重、防治任务最艰巨的地区，严重影响了该地区的可持续发展进程。

适宜的农田林网体系，对于减少农田扬尘、防风固沙、阻滞吸收大气颗粒物、降低大气污染有不可忽视的作用，还具有改善小气候、保持水土、改良土壤等防护效能。因此，随着新型城镇化发展，农田林网在防治大气污染和提高作物产量方面发挥重要的作用。当前，新型城镇化发展对农村农田林网体系提出了新的需求和挑战。

（1）向非永久性的农田防护林发展的趋势。为适应当前形势的发展需求，必须充分发挥防护林的生态效益和经济效益，这就要求防护林在短期内发挥最大的防护作用，同时为我们提供急需的木材和林副产品。因此，速生、优质并能够产生高效益的乔灌木树种受到青睐。

（2）向田、渠、路的边隙地发展的趋势。应加大对农田的改造，提出尽量利用田边、渠边、路边的隙地来建设规划农田林网，并适当抬高林床，从而减少了耕地占用、减少农田防护林胁地。使农田形成了规整的农田林网，并使防护林得到了充足的光照、土壤、水分和温度，保障了防护林的快速生长，从而提高了防护林网的生态效益和经济效益。

（3）由宽林带、大网格向窄林带小网格发展的趋势。当前窄林带小网格更适合我国的地理环境，同时也能够满足我国农业生产的需求。防护林网网格建设标准最大不超过 16.67 公顷。当然，对于防护林的带距、带宽以及防护林网格的面积，要根据不同的土壤、气候和水利等条件选择合适的防护林建造规模，不能盲目套用一样的模式。

（4）从单一营造护田林带向建造农田林网化综合防护体系发展的趋势。综合防护体系有着更快、更大的生态效益和经济效益。我国的农田防护林建设强调生态作用，其发展要求以农田林网为主体，与村镇和周边的绿化相结合，结合"四旁"植树、小片丰产林、农林间作等，实行各种林粮间作的方式、多种防护林以及大小片林联合种植等方式，构成一个完整的有机联系的平原农田防护林体系。

4.4.7　京津冀农田林网优化改造模式

1）杨树优势树种的轮换更替和林带更新

选择优质速生杨树，同时选择刺槐、臭椿、白蜡等具有较强抗病虫害能力的树种进行混交，增加树种多样性；以 10~15 年为期进行优势树种轮换更替和林带更新。应尽量避免林带皆伐，采取间伐、渐伐、轮伐等方法，并做到采伐与更新相衔接，尽量延长和延续林带防护功能。

2）积极推广应用新品种，优化树种组合

根据土壤结构和土壤种类，划分立地类型；根据立地类型，涉及栽植形式和主栽树种。在树种组成上，以速生防护用材树种为主，适量增加乔木经济树种和观赏树种比例，做到速生树种与乡土树种结合，原有品种与新型品种结合，乔灌结合，形成立体结构，以增强系统的自然调控能力。在树种选择下，大力引进推广优质速生树种，适当增加乡土树种，杨类树种控制在 80%以内。

河北北部坝上草原农牧区，气候寒冷干旱，无霜期短，以栗钙土为主，适宜的农田防护林树种有青杨、小黑杨、84K 杨、白城杨、白榆、合作杨、桦、落叶松、樟子松、云杉、杜松、海棠、杏、沙枣、杞柳、柳、山杏、枸杞等。

华北平原营造农田防护林以防止风害危害，改善农田小气候为主要目的，也要考虑当地对"四料"的需要及开展多种经营的经济效益，并兼顾平原地区净化环境的效果。选择农田防护林的树种以杨树为主，毛白杨是优异乡土树种。适宜的树种还有加拿大杨、欧美杨、油松、侧柏、黄连木、臭椿、香椿、合欢、旱柳、垂柳、白榆、白皮松、银杏、泡桐、栾树、枫杨、楸树、皂角、麻栎、白蜡、悬铃木、美国花曲柳等。

3）针叶常绿树种改造、优化林网结构

以樟子松、云杉、侧柏等针叶常绿树种，逐步替代杨树林带，形成常绿防护林带；针叶树种抗逆性强，耗水少，特别是枝叶构型和不落叶特点非常适合干旱绿洲冬春季节的风沙防护，同时常绿树种配置的林带能够长时间保持良好结构，季相变化小，可持续稳定地发挥功能。

4）生态经济型防护林网营造

在林网内部，选用经济型树种（李、梨、枣等）更新、改造不成型林带，完善农田生态经济防护林网，增加农民收入，改善林网结构，减少病虫害。适宜的木本粮油树种有枣、柿、核桃、板栗。适宜的果树及开展多种经营的树种有桃、杏、山楂、花椒、丁香、杞柳、枸杞、胡枝子、紫穗槐等。

5）优化防护林营造模式

林带走向：南北行向林带的胁地作用最小，同时考虑京津冀地区春季、秋季多以西南风和西北风为主，害风一般也多为偏北风，应当以田为骨架，建成主网络，中间配以南北行向的林带，这样的配置技能起到防风作用，同时又能最大限度地减小胁地。

网格配置：网格大小一方面决定防护性能的高低，同时又决定胁地作用的强弱。网格由大变小，防风效能提高，但是其胁地作用也变得越来越明显。京津冀平原地区树木长势不一，树高随着立地条件的变化而不同。以杨树为例，一般树高在 10~15 m，从防护效益分析，按林带宽度的 10~20 倍计算，网格宽度应当在 200~400 m 之间，林网网格大小控制在 1.3~3.3 hm² 为佳。从胁地作用分析，当网格为 400 m 见方时，胁地面积为 24 亩，占网格总面积的 10%，在中间加一南北行向林带后，胁地面积增加为 35 亩，占网格总面积的 13%，粮食产量减少占网格内粮食总产的 2%~4%；当林带为 100×400 m 时，胁地面积为 46 亩，占网格总面积的 20%，粮食产量减少占网格内粮食总产的 3%~6%；当林带为 50×400 m 时，胁地面积为 74 亩，占网格总面积的 32%，粮食产量减少占网格内粮食总产的 5%~10%。以上所列的林网配置，均能起到良好的防护效果，并能使胁地作用在可接受的范围之内，而且林网树木的收益也是相当可观，能够弥补胁地作用造成的粮食减产损失。

林带结构：林带结构设计应使之形成主副林带、疏透结构，提高防护效果。林带行数一路渠宽度而定，主副林带也要有差别，与害风垂直或夹角较大的主林带行数宜多，可以设计 2~4 行，副林带一般可设计为双行林带。林路结合的，可在路两侧各种 2 行，行距 1~2 m，田间无路时，宜种植 2 行，行距 1~2 m，种植点配置宜采用三角形配置方式。据调查，一般林网占地比率达 4%~6%，即能满足防护农田的需要。为了最小限度地占用农耕地，林带的行距一般不超过 1.5~2.0 m。

4.5　小　　结

京津冀地区是我国粮食的重要产区，耕地面积 704.4 万公顷，乡村人口 6600 万人，每年该区施用氮肥 216 万吨，农业源氨排放量为 84.4 万吨，其中，由种植业引发的氨排放为 43.4 万吨，养殖业引发的氨排放 40.9 万吨。从农业源氨排放数量看，农田排放最多的是石家庄、保定、沧州、邯郸和唐山，这些地市农田氨排放均在 4 吨以上，北京以北的张家口承德两地市农田氨排放不足 1.5 万吨，整个京津冀地区农田氮排放集中北京南部地区。养殖业引发的氨排放主要是蛋禽和肉猪，肉猪和蛋禽养殖引发的氨排放占养殖业总排放的 70.3%。养猪主要集中在唐山、保定、石家庄和邯郸等地市，而蛋禽养殖主要集中在石家庄和期间两地市。

　　整个京津冀地区农业源氨排放的强度为 3.9 t/km^2，其中农田排放强度为 2.0 t/km^2，养殖业氨排放强度为 1.9 t/km^2，在京津冀地区农业源氨排放强度的总趋势是南方大于北方，石家庄和邯郸两市最高，约为 8.5 t/km^2，天津、唐山、廊坊、衡水的氨排放强度为 6 t/km^2 以上，北部的承德、张家口最低，仅 1 t/km^2 左右。

　　在京津冀地区，减少农田氨排放的技术主要是改进肥料类种，采用硝态氮肥可减少氨排放 90% 以上，脲甲醛类肥料可减少农田氨排放 60% 以上；氮肥深施、氮肥与秸秆还田相配合都可有效降低农田氨排放；在养殖方面，针对京津冀地区主要氨排放的畜禽是猪和蛋禽，可采用封闭负压养殖的方法，最大限度地减少养殖过程的氨排放。针对京津冀地区的主要粮食作物，小麦秸秆可采用粉碎覆盖的方法就地还田，玉米秸秆则需粉碎深翻的方法。同时，加大京津冀地区农作物秸秆的综合利用，也是减少农民就地焚烧秸秆的有效方法。

　　在新型城镇化过程中，农村能源结构发生了变化。传统的化石能源日益减少，并其带来的环境污染较为严重，直接威胁人类社会的可持续发展。推动可再生能源（如太阳能、水能、风能、生物质能等）和新能源（如天然气水化合物、氢能和核聚变等）发展，最终代替常规化石燃料成为了当今能源发展战略的重要组成部分。随着国家对生态文明、美丽中国建设和环境保护高度重视，合理开发和利用水能、沼气、太阳能、风能等可再生能源和清洁能源，发展生态农业，保护和改善生态环境已成为农村生活能源发展趋势。

　　京津冀地区在开发利用农村可再生能源方面取得了显著的成果。目前，北京、天津和河北农户太阳能热水器的使用比例较高，分别为 84.2%、94.1% 和 72.4%。截至 2013 年年底，北京市沼气池产气总量 2524.1 万 m^3；天津市沼气池产气总量 3705.2 万 m^3；河北省沼气池产气总量 90856.4 万 m^3。为改善城乡环境、防治大气污染、促进节能减排，河北省科学有序推进农作物秸秆能源化利用。然而，京津冀地区农村生活能源消耗仍存在消费问题：①以煤为主，污染环境、危害健康；②能源利用效率低，造成资源浪费；③可再生能源开发利用程度低；④能源基础设施薄弱。

　　农田林网不仅可以降低农田扬尘，通过阻尘、减尘、降尘、滞尘、吸尘等作用减少 PM$_{2.5}$ 在大气中的含量并降低其对人体健康危害，还能发挥改善小气候、保持水土、改良土壤等防护效能，有效防止或减轻自然灾害，特别是气象灾害对农作物的危害，庇护作物健康生长，维护了交通、水利设施和农业生产安全，促进了农业的高产、稳产。发达完善的平原农区防护林体系可增加农田的粮食产量 10%~20%。

近年来，京津冀地区（北京、天津和河北）农田防护林建设取得了长足的进步，林木资源有了显著增加，生态环境得到了明显改善，农业产业结构得到了优化。但目前还不能满足对农田高效防护和从根本上改善生态环境，促进社会经济可持续发展的需要。京津冀农田林网协调发展面临的问题主要包括：防护林资源总量不足，区域发展不平衡；土地利用难统筹，绿化用地难落实；林网建设标准偏低，绿化成果巩固困难；投入渠道不畅，建设资金不足；部门协作有待加强，工程管护水平有待提高。

依据国外农田林网发展经验及趋势，京津冀区域农田林防护林的建设要向四个方面发展：①向非永久性的农田防护林发展。②向田、渠、路的边隙地发展。③由宽林带、大网格向窄林带小网格发展。④从单一营造护田林带向建造农田林网化综合防护体系发展。同时，要按照"因地制宜，因害设防，适地适树"的原则，高标准建设林网，优化农田林网林种树种结构，改善农田生态环境，为农作物高产、稳产创造条件。

参 考 文 献

北京市人民政府办公厅. 2016. 北京市人民政府关于印发《北京市"十三五"时期城乡一体化发展规划》的通知(京政发[2016]23 号) http://govfile.beijing.gov.cn/Govfile/ShowNewPageServlet?id=6417

陈腾飞, 王雪威. 2015. 张家口风能资源丰富 储输"风光"活力无限 http://hebei.hebnews.cn/2015-02/01/content_4517318_2.htm.

杜鹰, 万宝瑞. 2001. 农业现代化与可持续发展. 北京: 农业科技出版社, 2001: 45-60.

方金华. 2008. 河北省果品产业可持续发展战略研究. 天津: 天津大学.

郭冬生, 黄春红. 2016. 近 10 年来中国农作物秸秆资源量的时空分布与利用模式. 西南农业学报, 29(4): 948-954.

国家林业局三北防护林建设局. 2009a. 北京市农田防护林建设情况. http://www.forestry.gov.cn/portal/sbj/s/2656/content-423046.html

国家林业局三北防护林建设局. 2009b. 河北省农田防护林建设基本情况. http://www.forestry.gov.cn/portal/sbj/s/2656/content-423047.html

郝吉明, 尹伟伦, 岑可法. 2016. 中国大气 PM$_{2.5}$ 污染防治策略与技术途径. 北京: 科学出版社.

郝小雨, 高伟, 王玉军, 等. 2012. 有机无机肥料配合施用对日光温室土壤氨挥发的影响. 中国农业科学, 45(21): 4403-4414.

胡海波, 王汉杰, 鲁小珍, 等. 2001. 中国干旱半干旱地区防护林气候效应的分析. 南京林业大学学报(自然科学版), 25(3): 77-82.

兰忠成. 2015. 中国风能资源的地理分布及风电开发利用初步评价. 兰州: 兰州大学.

李彬. 2014. 城镇化过程中北京市农村能源结构调整路径研究. 中国能源, 3: 26-28.

梁宝君. 2007. 三北农田防护林建设与更新改造. 北京: 中国林业出版社.

梁连友, 呼有贤, 秦清军, 等. 2002. 渭北旱原利用果树废枝杆生产香菇技术研究. 陕西农业科学, (2): 6-8.

林葆, 刘立新, 林继雄, 等. 1998. 旱作土壤机深施碳酸氢铵提高肥效的研究. 土壤肥料, (11): 1-4.

刘昌华. 2012. 麦秆的多元醇液化工艺研究. 昆明: 昆明理工大学硕士论文.

刘广成. 2015. 玉米秸秆制作碎料板的可行性探讨. 中国人造板, (5): 17-20.

刘建勋, 张继义, 孔东升, 等. 1997. 河西走廊中部农田防护林防风效应初探. 甘肃农业大学学报, 17(4): 239-242.

刘丽颖, 曹彦圣, 田玉华, 等. 2013. 太湖地区冬小麦季土壤氨挥发与一氧化氮排放研究. 植物营养与肥料学报, 19(6): 1420-1427.

刘钰华, 狄心志. 1994. 新疆和田地区农田防护林效益的研究. 防护林科技, (4): 9-13.

卢丽兰, 甘炳春, 许明会, 等. 2011. 不同施肥与灌水量对槟榔土壤氨挥发的影响. 生态学报, 31(15): 4477-4484.

罗伟祥, 杨江峰. 2001. 黄土高原防护林在生态环境建设和防灾减灾中的作用. 水土保持研究, 8(2): 119-123.

马利英, 董泽琴, 吴可嘉, 等. 2015. 贵州农村地区室内空气质量及细颗粒物污染特征. 中国环境监测, 31(1): 28-34.

孟祥海, 魏丹, 王玉峰, 等. 2011. 氮素水平与施氮方式对稻田氨挥发的影响. 黑龙江农业科学, (12): 38-41.

牛伟, 肖立新, 李佳欣. 2016. 京津冀生态环境支撑区发展路径探讨. 上海环境科学, 35(2): 67-69.

潘春梅, 边传周, 樊耀亭. 2012. 玉米秸秆稀酸水解液发酵生产纤维素乙醇的研究. 中国酿造, 31(1): 57-60.

潘学东, 杨燕红. 2006. 加强农田防护林体系建设, 提高我市"三北工程"建设水平. 天津农林科技, 2: 36-38.

钱栋. 2015. 河北省农田林网建设发展对策. 河北林业科技, (5): 85-87.

乔新义, 尹通通, 苏焕丽, 等. 2010. 农村炊事采暖用能现状及应用趋势的分析. 农业工程技术: 新能源产业, (4): 20-22.

曲清秀. 1980. 铵态氮肥在石灰性土壤中的损失研究. 土壤肥料. (3): 31-35.

申宽育. 2010. 中国的风能资源与风力发电. 西北水电, (1): 76-81.

宋婧. 2013. 我国风力资源分布及风电规划研究. 保定: 华北电力大学.

汪海波, 秦元萍. 2010. 解决北方山区农村能源问题研究——基于对北京市门头沟区的调查分析. 经济研究导刊, (18): 47-49.

王庆一. 2014. 我国农村地区居民室内污染严重. 中国能源, 36(12): 36-37.

王士超. 2011. 河北平原作物秸秆主要利用途径的效率与效益的系统研究. 保定: 河北农业大学.

王小兵. 2001. 我国水果业产销形势及持续发展对策. 河北果树, (1): 1-3.

习斌, 张继宗, 左强, 等. 2010. 保护地菜田土壤氨挥发损失及影响因素研究. 植物营养与肥料学报, 16(2): 327-333.

肖俊华, 魏泉源, 董仁杰. 2006. 可再生能源利用对农户室内空气质量的贡献初探//中国环境科学学会. 中国环境科学学会 2006 年学术年会优秀论文集(中卷), 4: 1989-1992.

杨艳娟, 李明财, 任雨, 等. 2011. 天津近海风能资源的高分辨率数值模拟与评估. 资源科学, 30(10): 1999-2004.

张彩庆, 郑金成, 臧鹏飞, 等. 2015. 京津冀农村生活能源消费结构及影响因素研究. 中国农学通报, (19): 258-262.

张冬. 2008. 家用秸秆气化炉经济效益的分析. 江苏农机化, (6): 17-18.

张劲松, 李洪. 2002. "京九"铁路大兴段绿化模式动力效应的研究. 林业科学研究, 15(3): 317-322.

张齐生, 马中青, 周建斌. 2013. 生物质气化技术的再认识. 南京林业大学学报(自然科学版), 37(1): 1-10.

张勤争, 奚海福, 郎献华. 1990. 对施入土壤中碳酸氢铵损失的研究. 浙江农业大学学报. 6(4): 407-411.

张田, 卜美东, 耿维. 2012. 中国畜禽粪便污染现状及产沼气潜力. 生态学杂志, 31(5): 1241-1249.

张玉铭, 胡春胜, 董文旭. 2005. 华北太行山前平原农田氨挥发损失. 植物营养与肥料学报. 11(3): 417-419.

章永洁, 蒋建云, 叶建东, 等. 2014. 京津冀农村生活能源消费分析及燃煤减量与替代对策建议. 中国能源, 36(7): 39-43.

赵振达, 张金盛, 任顺荣. 1986. 旱地土壤中氨挥发损失: 我国土壤氮素研究工作的现状与展望. 北京: 科学出版社: 46-54.

郑晓, 朱教君, 闫妍. 2013. 三北地区农田防护林面积的多尺度遥感估算. 生态学杂志, 32(5): 1355-1363.

中华人民共和国国家统计局. 2015. 分省农业牲畜产量统计数据 http: //data. stats. gov. cn/easyquery. htm?cn=E0103

中华人民共和国国家统计局. 2015. 中国统计年鉴 2015. 北京: 中国统计出版社.

周丽平. 2016. 不同氮肥缓释化处理及施肥方式对夏玉米田间氨挥发和氮素利用的影响. 北京: 中国农业科学院.

周丽平, 杨俐平, 白由路, 等. 2016. 不同氮肥缓释化处理对夏玉米田间氨挥发和氮素利用率的影响. 植物营养与肥料学报, 5: 1-9.

朱建春, 李荣华, 杨香云, 等. 2012. 近 30 年来中国农作物秸秆资源量的时空分布. 西北农林科技大学学报自然科学版, (4): 139-145.

朱金兆, 贺康宁, 魏天兴. 2010. 农田防护林学. 北京: 中国林业出版社.

朱兆良, 文启孝. 1990. 中国土壤氮素. 南京: 江苏科学技术出版社.

Bai Youlu, Wang Lei, Lu Yanli, et al. 2015. Effect of long-term full straw return on yield and potassium response in Wheat-maize rotation. Journal of Integrative Agriculture, 14(12): 2467-2476.

Buusman E, Maas H F M, Asman W A H. 1987. Anthropogenic NH_3 emission in Europe. Atmospheric Environment. 21(5): 1009-1022.

Mcmurry P H, Takano H, Anderson G R. 1983. Study of the ammonia (gas)-sulfuric acid (aerosol) reaction rate. Environmental Science & Technology, 17(6): 347-352.

Sotiropoulou R E P, Tagaris E, Pilinis C. 2004. An estimation of the spatial distribution of agricultural ammonia emissions in the Greater Athens Area. The science of the total environment, 318: 159-169.

Zhang Fuwang, Xu Lingling, Chen Jinsheng, et al. 2012. Chemical compositions and extinction coefficients of $PM_{2.5}$ in peri-urban of Xiamen, China during June 2009-May 2010. Atmospheric Research, 106: 150-158.

第5章 京津冀区域可持续高效率的交通系统发展战略

课题组成员

郝吉明　　清华大学　中国工程院院士

吴　烨　　清华大学　教授

胡京南　　中国环境科学研究院　研究员

徐洪磊　　交通运输部规划研究院　教授级高工

丁　焰　　环境保护部机动车排污监控中心　研究员

刘　欢　　清华大学　副教授

葛蕴珊　　北京理工大学　教授

贺　泓　　中国科学院生态环境研究中心　研究员

李俊华　　清华大学　教授

岳　欣　　中国环境科学研究院　研究员

高美真　　交通运输部规划研究院　教授级高工

方　然　　交通运输部规划研究院　教授级高工

李孟良　　中国汽车技术研究中心　教授级高工

王　青　　天津内燃机研究所　教授级高工

肖亚平　　北京汽车研究所股份有限公司　教授级高工

刘　莹　　北京交通行业节能减排中心　高级工程师

陆晓华　　交通运输部规划研究院　高级工程师

杨　柳　　交通运输部规划研究院　高级工程师

金陶胜　　南开大学　副教授

王丽涛　　河北工程大学　教授

郝利君　　北京理工大学　副教授

杨道源　清华大学　博士生

吴潇萌　清华大学　博士

张少君　清华大学　博士

周　昱　清华大学　博士

郑　轩　清华大学　博士

王人洁　交通运输部规划研究院　工程师

5.1　京津冀交通系统的发展现状和排放控制现状

5.1.1　交通系统发展现状分析

1. 京津冀地区交通发展现状

京津冀地处京畿重地，区位优势得天独厚，政治文化地位突出，科研力量、产业实力雄厚。区域面积 21.6 万 km²，2013 年常住人口 1.09 亿，地区生产总值 6.22 万亿元，以全国 2%的地域面积承载了全国 8%的人口，创造了 11%的经济总量。京津冀地区的交通基础设施总体现状如下：

（1）交通发展水平全国领先。京津冀是我国交通网络最为密集的地区之一，2013 年，铁路营运里程达到 8496 km，密度 3.9 km/100 km²，是全国平均水平的 3.6 倍，客运专线覆盖了近 80%的地级及以上城市；高速公路里程 7645 km，密度 3.5 km/100 km²，是全国平均水平的 3.2 倍；首都机场是重要的国际航空枢纽；天津是我国北方国际航运中心。

（2）综合交通网络初步形成。京津冀已经建成京沪高铁、京广高铁、京津城际、京九、京哈等放射状干线铁路和京哈、京沪、京港澳等 7 条放射状国家高速公路、11 条国道，还有纵横交错的津秦客专和荣乌、张石等高速公路，连通所有（13 个）地级及以上城市和绝大多数县城。首都机场通航城市（点）236 个，日均航班超过 1500 班。初步形成了以北京为中心，以快速铁路、高速公路为骨干，普速铁路、国省干线公路为基础，与港口、机场共同组成的放射圈层状综合交通网络。

（3）主要城市枢纽地位显著。京津冀区域内北京、天津、石家庄、秦皇岛、唐山五个全国性综合交通枢纽特色突出。北京作为放射状铁路、公路网络中心，是全国重要的陆路交通枢纽；首都机场旅客吞吐量居全球第二位、全国首位，国际航空门户地位不断提升。天津港是首都的海上门户和北方重要的对外贸易窗口，货物、集装箱吞吐量分别居全国第三和第六位。天津港、秦皇岛港、唐山港、黄骅港四港组成了我国重要的能源、原材料运输港口群，承担了我国北方港口 90%的煤炭装船任务。

2. 京津冀地区客货运输发展现状

依托良好的交通基础设施，京津冀地区内实现了高速公路电子不停车收费（Electronic Toll Collection，ETC）联网，开通了京津塘高速公路交通广播系统；通过内陆无水港建设，天津港实现了集装箱海铁联运；天津、石家庄机场在北京设置了异地候机楼，实现了旅客空铁联运；北京市开通了中心城区到河北省高碑店、廊坊、固安、燕郊等城镇的跨省城际公交，极大地方便了广大人民群众出行。

京津冀地区是我国经济发展水平较高的地区，经济活动丰富，因此产生较活跃的运输活动。2013 年，全国地级以上城市 290 个，京津冀地区地级以上城市 13 个，占全国的 4.5%，产生的旅客运输总量占全国地级以上城市旅客运输总量的 5.4%，其中铁路旅客运输量、公路旅客运输量和民航旅客运输量占比分别为 9.4%、5.1% 和 9.6%；产生的货物运输总量占全国地级以上城市货物运输总量的 7.2%，其中铁路货物运输量、公路货物运输量、民航货邮运输量占比分别为 7.1%、7.8% 和 19.4%（表 5-1）。

表 5-1　京津冀经济社会与交通运输发展概况（2013 年）

指　标	单　位	京津冀	北京	天津	河北
经济社会					
区域面积	万 km^2	21.6	1.6	1.2	18.8
常住人口	万人	10900	2115	1472	7333
地区生产总值	亿元	62172	19501	14370	28301
人均地区生产总值	元	56936	93213	97610	38597
公共财政预算收入	亿元	8033	3661	2078	2294
交通运输					
路网综合密度	公里/（100 km^2·万人）	3.3	3.7	4.9	3.2
铁路网总里程	km	8497	1227	964	6256
高速公路网总里程	km	7645	923	1103	5619
铁路公路客运量	亿人次	27.7	14.4	3.0	10.3
铁路公路旅客周转量	亿人·km	2325	417	473	1435
铁路公路货运量	亿 t	32.8	2.7	5.0	25.1
铁路公路货运周转量	亿吨 km	17576	470	5391	11715
港口吞吐量	亿 t	13.9	—	5.0	8.9
港口集装箱吞吐量	标准箱	1436	—	1301	135
机场旅客吞吐量	万人次	9950	8371	1004	575
人均城市道路面积	m^2	—	7.72	15.14	16.34
每万人拥有公共汽车	辆	—	18.95	11.77	15.55
全年公共汽（电）车客运总量	万人次	836553	484306	136489	215758
年末实有公共汽（电）车营运车辆数	辆	53437	23592	9670	20175

注：路网综合密度计算包括铁路和公路两种运输方式

2001 年以来，京津冀地区 13 个城市旅客运输总量呈现不同的发展趋势，其中，北京、天津、石家庄、唐山、邯郸、邢台、保定、张家口、承德和沧州旅客运输总量总体呈现上升趋势，2013 年比 2001 年分别上涨了 216%、794%、7%、

57%、73%、69%、108%、76%、102%和 41%；秦皇岛、廊坊和衡水旅客运输总量总体呈现下降趋势，2013 年比 2001 年（衡水为 2002 年）分别下降了 51%、32%和 9%（如图 5-1 所示）。

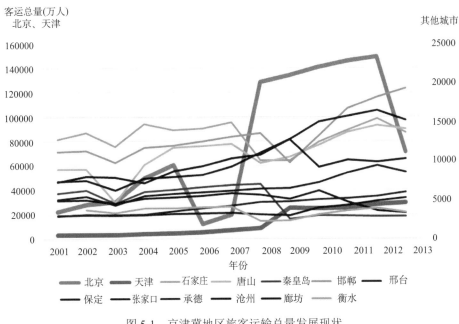

图 5-1　京津冀地区旅客运输总量发展现状

2001 年以来，京津冀地区 13 个城市货物运输总量呈现不同的发展趋势，其中，北京市的货物运输总量略有下降，2013 年比 2001 年下降了 8%，天津、石家庄、唐山、秦皇岛、邯郸、邢台、保定、张家口、承德、沧州、廊坊和衡水货物运输总量总体呈现上升趋势，2013 年比 2001 年（衡水为 2002 年）分别上涨了 80%、189%、230%、23%、269%、162%、303%、72%、195%、573%、160%和 134%（如图 5-2 所示）。

总体而言，京津冀地区的客货运输需求 13 年来与经济增长保持一致，未来还将随着经济发展继续保持增长态势，也有可能随着经济增速的减缓而降低增速。其中，北京市由于第三产业占比的提升，第一、二产业占比的下降，以服务型产业为主，货物运输需求有所下降。

从客货运输量的结构来看，2013 年京津冀地区客货运输中，公路运输为最主要的运输方式，公路客运量占总客运量比例为 85%（图 5-3），公路货运量占总货运量的比例为 87%（图 5-4）。这说明目前京津冀地区的客货运输都较为依赖公路运输，而相对节能环保的铁路运输方式尚未能在客货运中发挥重要的作用。

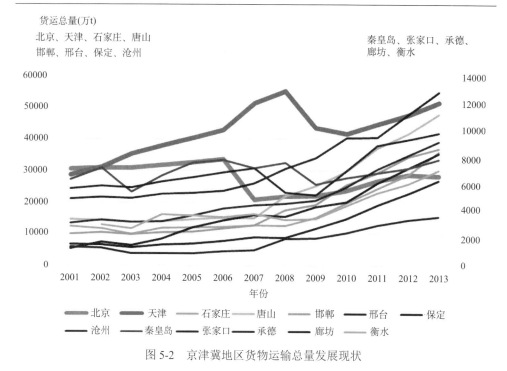

图 5-2 京津冀地区货物运输总量发展现状

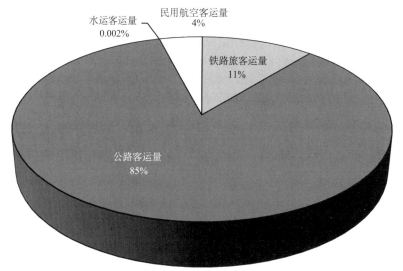

图 5-3 京津冀地区各种运输方式客运量占比

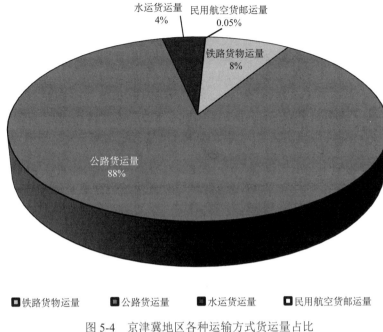

水运货运量 4%
民用航空货邮运量 0.05%
铁路货物运量 8%
公路货运量 88%

■铁路货物运量 ■公路货运量 ■水运货运量 ■民用航空货邮运量

图 5-4 京津冀地区各种运输方式货运量占比

3. 北京市交通运输发展现状

北京市作为我国的首都，交通运输的发展水平在全国范围内也处于较高水平，北京市的交通运输发展现状如下：

（1）基础设施建设稳步推进。城际交通方面，到 2015 年年底，公路里程达到 21885 km，其中高速公路 982 km。城市道路里程达到 6423 km，其中快速路 383 km。开工建设北京新机场，开通京沪高铁、京广客专线，建成四惠、宋家庄综合交通枢纽，综合交通基础设施网络加快形成。城乡交通基础设施建设一体化步伐进一步加快，初步形成城乡交通网络体系。城市交通方面，轨道交通运营线路达到 18 条 554 km，优化调整地面公交线网，建成阜石路大容量快速公交线路，在京通快速路、京开高速施划公交专用道，开通定制班车等多样化公交线路。推进公共自行车系统建设，建成公共自行车网点 1730 个，规模达到 5 万辆，覆盖 11 个区。

（2）运输服务水平逐步提高。城际交通方面，2013 年客运总量为 71057 万人，其中铁路、公路和民航客运量分别为 11588 万人、52481 万人和 6988 万人；货运总量为 25865 万吨，其中铁路、公路和民航货运量分别为 1078 万吨、24651 万吨和 136 万吨；客货运输中，公路运输占据主导地位。城市交通方面，城市轨道交通最高日客运量突破 1100 万人次，出行结构进一步优化，公共交通出行比例由 2010 年末的 39.8%提高到 2015 年末的 50%；通过实施小客车数量调控、工作日高峰时段区域限行、错时上下班、差别化停车收费等多项需求管理措施，有效缓解了中心城交通拥堵。智慧交通方面，推出了"北京实时公交"手机软件，583条公交线路实现实时查询，出租汽车日均叫车订单数达到 36 万次，高速公路 ETC用户量达到 203 万，通行比例约 35%。绿色交通方面，公交、出租等行业新清能源车辆规模达 2 万辆，货运绿色车队规模达到 5 万辆；初步建成交通领域能耗排放统计监测体系；编制并发布了公交、轨道、货运、出租 4 大行业 5 项节能标准。

5.1.2 排放控制现状分析

1. 京津冀道路移动源控制现状分析

在过去的 15 年里，京津冀三地的汽车保有量都呈现稳步增长的趋势，2014年的汽车保有量是 1998 年的 8 倍，年均增长率高达 14.3%，京津冀区域仅占全国2%面积，却聚集了全国 12%的汽车保有量，人均汽车保有量也从 1998 年的24 辆/千人增加到 2014 年的 174 辆/千人，如图 5-5。为了控制机动车保有量的过快增长趋势，北京于 2011 年 1 月起采用摇号方式无偿分配社会和个人的小客车配置指标（即"新车限购"），每月新车指标为 2 万个。2014 年，北京为了实现 2017年底前机动车保有量不超过 600 万辆的规划目标，进一步收紧了每月新车上牌配额。天津自 2014 年起，采用无偿摇号和有偿竞价相结合的方式配置小客车的增量配额，汽车增量配额指标及配置比例根据小客车需求状况和道路交通、环境承载

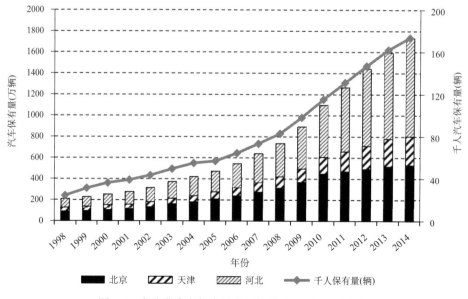

图 5-5　京津冀汽车保有量发展趋势（1998~2014 年）

能力动态确定，首轮竞价摇号指标共 9100 个，其中摇号方式节能车指标 910 个、普通车指标 4550 个，竞价方式普通车指标 3640 个，目前每月的指标配额基本在 12000 个左右。

此外，为了控制小汽车的使用强度，北京在 2008 年奥运临时交通管控措施（即单双号限行）的经验基础上，于 2008 年 10 月起实施小客车按车牌尾号工作日高峰时段区域限行交通管理措施（即五天限一天），并实施延续至今。天津也在 2013 年发布限购政策的同时实施了与北京类似的限行政策并持续至今。北京和天津所实施的上述限行限购措施在一定程度上改善了城市机动车保有量增速过快的局面，并有效缓解了城市交通运行压力，改善了车辆行驶工况，对削减污染物排放起到了积极作用。

在机动车排放污染控制方面，北京的治理进程和措施力度一直走在京津冀区域乃至全国的前列。北京于 1999 年率先实施轻型车国 1 排放标准，随后每 3~4 年就对排放标准进行一次加严，并已在 2013 年实施京 5/V 标准，领先全国水平将近 4 年。此外，北京还是全国极少数能够同步加严新车排放标准和油品质量标准的城市，在 2013 年实施京 5/V 标准的同时同步实施了车用汽柴油第 5 阶段标准（京 5/V 标准），要求硫含量低于 10 ppm。而天津和河北的排放控制进程则在 2013 年之前基本上和全国控制进程保持同步。除此之外，河北省的机动车排放监管力度也显著落后于北京，特别是对车辆生产一致性的监管存在不到位的情况，导致很多流通到市场的机动车的实际排放水平并不能满足法规限值要求。例如，近年来有多家媒体曝光部分省份销售的国Ⅲ、国Ⅳ重型柴油车并未采用型式认证的发动机或后处理技术（即“伪国Ⅲ”、“伪国Ⅳ”）；一些重型车实际道路排放测试也发现了这样的高排放车辆。因此，由于排放控制进程和实施监管力度的差异，京津冀三地的车辆排放水平存在显著差别，特别是北京与周边地区的机动车排放出现显著的差异。由于京津冀之间客货运的交通运输都很频繁，外埠过境高排放的车辆会对区域中交通枢纽城市（如北京）的城市空气质量造成较大的影响。上述机动车排放控制的区域差异将对整个京津冀区域的协同发展以及空气质量的协同改善带来巨大挑战。

图 5-6 为京津冀区域的机动车排放区域构成情况。从机动车排放的总量上看，河北省由于占地面积大、机动车总量高、机动车控制进程较慢、监管力度较弱，成为京津冀地区机动车排放总量的主要贡献区域，占京津冀地区的机动车排放总量的 70%以上。从排放强度上看，由于北京市和天津市的高度聚集和高频使用的车辆使用特征，虽然对机动车排放采取了较为强力的控制措施，但单位面积的机动车排放强度高于河北省，甚至排在全国各省排放强度排名的前 5 名以内，使得整个京津冀道路机动车排放强度（HC 1.88 t/km^2；NO$_x$ 3.71 t/km^2）远高于全国平均水平（HC 0.43 t/km^2；NO$_x$ 0.80 t/km^2）。综上所述，京津冀区域的机动车污染排

放亟需得到更强有力的综合控制。

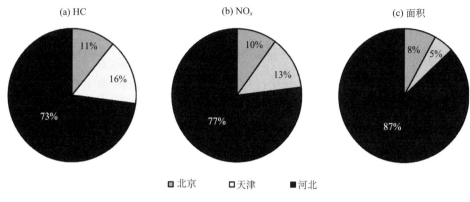

图 5-6 京津冀机动车污染物排放区域构成

2. 京津冀非道路移动源排放控制现状分析

非道路移动源种类复杂，本研究重点关注较为典型且污染物排放贡献较大的工程机械、农业机械和船舶等类别的非道路移动源。目前我国整体上对非道路移动源排放特征的研究还处于初级阶段，对非道路移动源的监管力度也显著弱于道路移动源，京津冀区域除北京外基本与全国的非道路排放控制进程保持一致。

与发达国家相比，我国非道路发动机排放控制起步较晚。非道路移动机械用压燃式发动机以及小型点燃式发动机排放标准已经颁布并实施，并逐步加严；内河船舶柴油机和固定式压燃式发动机等相关标准正在制定中。中国于 2007 年 4 月发布了《非道路移动机械用柴油机排气污染物排放限值及测量方法（中国 I、II 阶段）》，第 I 阶段柴油机型式核准时间是 2007 年 10 月 1 日。第 II 阶段柴油机型式核准时间是 2009 年 10 月 1 日。目前中国已经发布了国家第三阶段非道路排放控制标准，从 2015 年 10 月 1 日到 2016 年 12 月 1 日分步实施。

在非道路控制方面，北京的治理进程和措施力度也走在京津冀区域甚至全国的前列。北京市在 2013 年即率先发布了相当于欧洲 3 号的非道路控制标准，并分两个阶段实施：2013 年 7 月 1 日实施北京第三阶段（相当于欧洲 3 号 A 阶段）标准；2015 年 1 月 1 日其实施北京第四阶段（相当于欧洲 3 号 B 阶段）标准。

各类非道路移动源中，由于河北省是农业大省，农业机械是京津冀区域非道路移动源中的主要类型之一，而且，由于目前农业机械发动机排放控制普通水平落后，导致农业机械占有很高的排放分担率。同时，由于京津冀地区经济高速发展、各地施工工地建设密度大、工程机械总作业时间较长，工程机械也是重要的非道路类型，工程机械同样也存在排放控制水平落后等情况，也占有较高的排放分担率。

图 5-7 展示了京津冀地区农业机械和工程机械 2013 年的 NO_x 的排放分担情况。从地区分布特征来看，京津冀区域的农业机械和工程机械排放均主要集中在河北省。河北省既是我国的农业大省，地域辽阔适于农业耕作，采用大量农业机械来进行机械化耕种，同时也正处于高速发展的建设阶段，对工程机械的需求量大，工程机械的保有量和使用强度都较高。

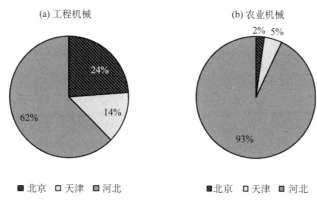

图 5-7　2013 年京津冀农业机械和工程机械 NO_x 排放分地区构成

京津冀地区位于环渤海经济圈的中心位置，是我国东北、华北、西北地区的主要出海口和对外交往的门户，是国内外公认的具有极大发展潜力的地区之一，具有非常重要的战略地位。2006 年，国家发布了全国沿海港口布局规划，在规划中确定的 12 个港口群中有 4 个港口位于京津冀地区（分别是天津港、唐山港、秦皇岛港和黄骅港）。具体分布见图 5-8。2014 年京津冀港口共承担了我国 15%的货运吞吐量，港口吞吐量增长迅速 2014 年，在环渤海地区主要港口中，吞吐量过亿吨的港口就有四个，在我国沿海港口中占相当的比例。在全球港口吞吐量中位居前列。其中，天津港位列第四，唐山港位列第八，秦皇岛港与黄骅港也均在前 20名之列。在集装箱运输能力方面，2014 年天津港集装箱吞吐量突破 1406 万标准箱（twentyfoot equivalent unit，TEU），占比 43.5%的内贸箱量是拉动集装箱吞吐量高速增长的主要动力，河北省沿海港口集装箱运输至 2014 年也已达到 145 万TEU。其中，秦皇岛港是目前我国最大的能源输出港，唐山港包括京唐港区和曹妃甸港区，曹妃甸港承担"北煤南运"的重要任务，黄骅港是国家西煤东运第二大通道的唯一出海口，河北省形成了以唐山港为中心，黄骅港与秦皇岛港为两翼的现代化综合性港群体系。

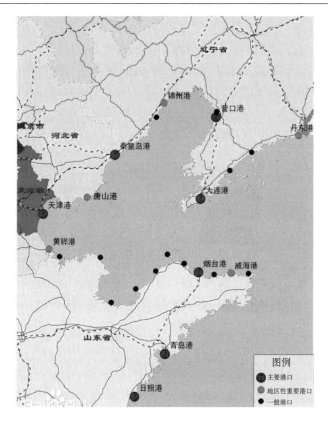

图 5-8　环渤海地区主要港口

与全球其他重要的港口地区相比，京津冀地区港口所处地区的人口密集度高，船舶活动频繁。由于船舶排放尚未采取任何控制措施，船舶排放的污染物可能对国内港口城市的空气质量和居民健康不容低估。如图 5-9 所示为渤海海域船舶排放 CO_2 的空间分布。从图中可以看出，渤海海域的船舶污染物排放区域主要分布在港口附近和主要航线上。而在京津冀地区港口的船舶排放更为严重，高排放区域的面积明显高于其他港口。天津港、黄骅港和唐山港之间高排放区域几乎连成一片。

为了控制船舶污染物的排放，交通运输部海事局等相关部门在我国海域建立了三个船舶排放控制区（ECA），其中就包括环渤海排放控制区，实施范围覆盖了京津冀地区的所有港口。环渤海控制区范围如图 5-10 所示。控制要求自 2016 年 1 月 1 日起，船舶应严格执行现行国际公约和国内法律法规关于硫氧化物、颗粒物和氮氧化物的排放控制要求，排放控制区内有条件的港口可以实施船舶靠岸停泊期间使用硫含量≤0.5% m/m（即不超过 5000 ppm）的燃油等高于现行排放控制要求的措施。自 2017 年 1 月 1 日起，船舶在排放控制区内的核心港口区域靠岸停

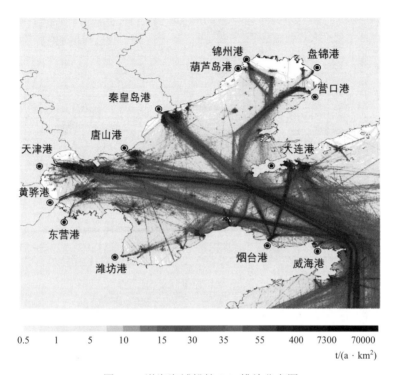

图 5-9　渤海海域船舶 CO_2 排放分布图

泊期间（靠港后的一小时和离港前的一小时除外，下同）应使用硫含量≤0.5% m/m 的燃油。自 2018 年 1 月 1 日起，船舶在排放控制区内所有港口靠岸停泊期间应使用硫含量≤0.5% m/m 的燃油。自 2019 年 1 月 1 日起，船舶进入排放控制区应使用硫含量≤0.5% m/m 的燃油。2019 年 12 月 31 日前，评估前述控制措施实施效果，确定是否采取以下行动：①船舶进入排放控制区使用硫含量≤0.1% m/m（即不超过 1000 ppm）的燃油；②扩大排放控制区地理范围；③其他进一步举措。经初步测算，到 2020 年，环渤海水域船舶 SO_2 和颗粒物将比 2015 年分别下降约 65% 和 30%，届时船舶排放将得到较为有效的控制。

　　非道路移动源排放控制需充分借鉴道路机动车的成功经验，对在用非道路柴油机实施环保标志管理，建立加速老旧机械淘汰、治理的激励政策，建立强制报废制度，慎重进行在用非道路机械的治理改造，推广非道路清洁能源替代技术（例如远洋货轮进出港采用低硫油、天然气或岸电），等等。

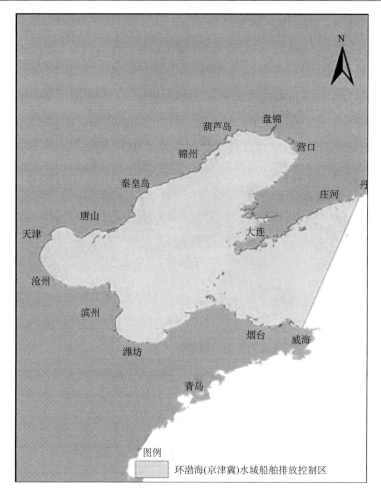

图 5-10　环渤海排放控制区范围

5.1.3　区域移动源交通和排放控制一体化的协调机制

1. 京津冀区域交通一体化的协调机制

京津冀协同发展，现代化的交通网络系统必须先导先行。实现交通先行，需要交通一体化的协调机制，该机制是在整个京津冀区域协调机制框架下的组成部分。从全球范围看，日本、美国、欧洲等地的区域协调机制各不相同，日本主要靠中央政府层面协调，美国更多是以议会制的组织形式建立了大都会规划委员会，这与各国的历史文化、政治制度等有很大关系。我国在这方面也早有尝试，如区域内城市市长的联席会议制度等。而对于京津冀城市群，由于是跨省市城市群，因此，除了相互之间部门对接、联席会议制度外，还需要中央层面相关部门发挥其应有的作用。

京津冀交通一体化是一项系统工程。推动京津冀交通一体化发展，应站在京津冀整体的角度，打破三地行政壁垒和市场分割，促进区域交通运输资源的统筹配置和综合利用，实现规划同图、建设同步、运输一体、管理协同。具体而言，应着眼于京津冀区域空间格局，按照北京非首都功能疏解和产业升级转移的需要，坚持问题导向，着力推进网络化布局、智能化管理、一体化服务，构筑"安全、便捷、高效、绿色、经济"的一体化综合交通运输体系。

2. 京津冀区域排放控制一体化的协调机制

道路和非道路移动源都有跨省市排放的特征，尤其是长途客货运车辆。以北京市为例，每天进京或途经的柴油货车排放对空气质量的影响不容忽视，而由于限购限行等政策，使用外地牌照在北京市五环以外地区日常行驶的小汽车数量也日益增加。尽管北京市自 1999 年以来，一直提前实施比全国更为严格的移动源排放控制政策法规，并从 2013 年起率先实施国五阶段机动车排放和油品质量标准，比全国提前近 4 年，但由于京津冀及周边地区在移动源排放控制方面的地域差距日趋扩大，异地排放造成的影响日益凸显，京津冀区域移动源排放控制的一体化联防联控迫在眉睫。

区域联防联控，首先要统一规划。近年来，从《大气污染防治行动计划》、《京津冀及周边地区落实大气污染防治行动计划实施细则》到《京津冀大气污染防治强化措施（2016—2017 年）》，都在京津冀区域大气污染联防联控工作上有更深入的部署。但就移动源排放控制而言，各项规划中的任务部署只有总体要求，从标准实施、治理措施到监管执法等环节，在实施过程中有很多难以落实的内容。正在编制的《京津冀及周边地区深化大气污染控制中长期规划》，将在移动源污染防治的各个主要环节，提出更为具体和可操作的规划要求。

其次，要统一标准体系。从标准现状来看，北京市大气污染防治标准体系构建较为完善，而为满足京津冀区域大气污染防治工作的需求，天津市和河北省需要和国家标准及北京市地方标准对接，形成比较完善的大气污染防治标准体系框架。特别是在机动车排放和油品质量标准的实施时间上，京津冀及周边地区要逐渐缩小差距，区域联动、快速提升区域移动源排放控制水平。

再者，要统一监管执法。目前，北京及周边地区在机动车（尤其是重型柴油车）排放和市售油品质量的监管能力方面存在显著差异，北京市在机动车排放的实验室台架检测、道路遥感遥测和车载排放检测等方面具有较为齐备的检测能力，同时建立了一支业务化的专业队伍，已开展多次机动车生产一致性和在用符合性检查，以及高排放在用车筛查等工作。相比而言，机动车保有量庞大的河北、山东、河南等周边省市在机动车排放监管执法能力上，无论是基础设施还是人才队伍都差距甚远。因此，在机动车排放标准实施效果和市售油品质量的保障方面，北京及周边地区存在很大差距，导致周边省市的移动源排放总量居高不下，统一监管执法手段、提升区域环境管理水平势在必行。

目前，尽管国家成立了"京津冀及周边地区大气污染防治协作小组"（以下简称协作小组），北京市环境保护局也专门设立了大气污染综合治理协调处，受协作小组办公室委托，承担京津冀及周边地区大气污染防治协作、联防联控的具体联络协调工作，但尚未形成科学有效的区域空气质量管理体系，区域联防联控仅在重大活动保障中有所建树，在日常的大气污染防治工作和重污染应急等方面往往力不从心。要推进京津冀及周边地区移动源排放的区域联防联控工作，还需加快建立健全区域大气污染防治协调机制。

5.1.4 区域移动源交通及排放控制一体化面临的障碍和挑战

1. 京津冀区域交通一体化面临的障碍和挑战

京津冀地区交通运输基础设施网络建设和服务水平虽然取得了不少成绩，但在网络布局、运输结构、能力和效率等方面还不能适应区域一体化发展需要，在区域交通一体化方面还面临以下障碍和挑战：

（1）网络化布局有待改善。区域单中心放射状交通网导致各城市之间互联互通性不强，城际铁路发展相对滞后，缺乏大城市中心城区与卫星城之间通勤交通所需要市域（郊）铁路；国家高速公路存在部分"断头路"，首都地区环线高速公路尚未建成，部分国省干线公路还存在"瓶颈路段"；受路网形态和运输结构不合理的影响，北京承担了大量东北与华北、西北等区域之间的过境运输，给北京城市交通、生态环境造成不利影响。

（2）无缝化衔接有待加强。区域内港口之间、机场之间协同发展不够，枢纽站场各种运输方式衔接不畅；机场、高铁站虽多与轨道连接，但换乘不能同站或距离较远，衔接不便捷、不顺畅；津冀港口群的铁路集港多为煤运专线，服务集装箱和外贸铁矿石等货类的能力有限，如天津港铁矿石集疏运的70%多由公路承担，铁路仅占不到30%，疏港公路交通与城市交通混行，相互交叉干扰严重，加之城市交通管制影响，拥堵现象突出。

（3）运输结构有待优化。京津冀地区城际轨道交通网络（铁路网络）尚不是很完善，铁路货运能力有待提高，铁路运输方式与现代物流、快递业的结合还不够紧密，缺乏合理的模式承接现代物流和快递有关的货物运输，导致城际间的客运和货运还是以公路运输为主，过于依赖公路运输。此外，京津冀地区的港口集疏运体系中公路运输也占很大比重，即使天津港这样的大港集疏运系统中，铁路运输仅占比20%。公路客货运和港口集疏运都以公路为主，带来港口和城市周边的局部拥堵和货运车辆的高强度排放。

（4）智能化管理水平有待提高。京津冀三地交通信息化建设缺乏有效统筹，三地之间、各种运输方式之间、各行业管理部门之间信息共享困难，行政执法、运行管理、安全应急、交通指挥等业务协同程度较低；先进信息技术手段应用不够，区域交通信息化智能化发展不均衡，区域高速公路联网收费、进京车辆便利通行等均需进一步提高和完善。

（5）一体化服务能力有待加强。京津冀运输市场存在行政壁垒和市场分割，运输政策、标准缺乏有效对接，协调机制有待完善；区域内各城市尚未实现公交"一卡通"互联互通；多式联运等先进运输组织方式发展相对滞后，无法实现旅客出行的联程联运和货物运输的"一票到底"。

2. 京津冀区域排放控制一体化面临的障碍和挑战

京津冀及周边地区在移动源排放控制方面的地域差距日趋扩大，是目前区域移动源排放控制面临的主要障碍。北京市在机动车排放和油品质量监管方面已建立比较完善的监管能力，本地的机动车排放控制水平和油品质量都有较好的保障，但北京周边的河北、山东、河南以及内蒙古等省区的移动源排放监管能力仍比较薄弱，机动车特别是柴油货车的排放超标问题突出，国Ⅲ、国Ⅳ阶段柴油车在生产一致性上造假问题相当严重，同时市场上加油站销售劣质油品现象难以杜绝，甚至还存在地下加油站等突出问题。尽管这些问题已引起社会各界的关注，但由于机动车使用过程中的高流动性，柴油货车的异地监管执法难度很大，使用劣质油品的责任追溯更是难上加难。

缩小北京和周边地区在移动源排放控制方面的地域差距，将是未来 5~10 年的主要挑战。只有逐步缩小差距，京津冀及周边地区才有可能在同一平台上开展联防联控，从而推动区域移动源排放的整体下降。但同时需要注意的是，北京和周边地区在经济社会发展水平上的差异，正是机动车排放和油品质量标准实施时间、监管能力建设等方面存在较大差距的根本原因；所以，京津冀一体化协同发展，特别是在相关经济激励政策中大幅向河北等周边省区倾斜，才能从根本上支撑和推动周边省区在污染防控上追赶北京的发展步伐。

建立京津冀及周边地区在移动源排放控制方面的创新机制同样也很重要。和美国加州不同，京津冀及周边地区涉及 7 省市的跨行政区环境管理问题，与美国东北部地区的臭氧污染联防联控更为相似，但后者在移动源排放控制方面并不具备与加州媲美的先进经验可供借鉴。因此，如何在跨省级行政区的移动源排放控制中创新管理模式和措施机制，建立区域统一的移动源排放监管平台，并实现监管执法信息的区域共享，突破目前的难点和瓶颈，也是当前面临的巨大挑战。

此外，京津冀及周边地区针对工程机械和农业机械等非道路移动源的排放监管体系尚未建立，包括北京市也尚未建立行之有效的非道路移动机械排放控制体系，是京津冀及周边地区加强非道路移动源排放控制的主要障碍。工程机械和农业机械使用寿命长，更新速率慢，因此在用机械应成为当前排放治理的主要对象。然而实际情况却是，由于工程机械和农业机械都没有明确的排放管理部门，工程机械甚至没有规范的注册登记体系，导致非道路移动机械缺少台账，排放底数不清，针对在用机械的污染治理基本处于空白，非道路移动机械的排放监管更是无从下手。如何从重点地区突破，逐步建立区域信息共享的非道路移动源排放监管平台，是近期京津冀及周边地区提升移动源排放控制能力的重大挑战，也是重要机遇。

5.2　基于区域路网的高分辨率交通排放清单

5.2.1　建立全路网的交通源活动水平数据库

1. 京津冀区域城际公路网车流活动水平数据库的建立

目前，京津冀已经形成了以北京为中心，以高速公路为骨干，以国省干线公路为基础的放射状交通网络空间结构。截至 2013 年年底，京津冀地区总公路里程为 21.2 万 km，包含等级公路 20.5 万 km。

本研究使用最新版的京津冀 2013 年版的电子导航地图作为数据库的基础道路信息数据，其中包括道路名称、道路类型、道路长度等信息。研究进一步调研收集了京津冀全路网监测站点实时车流量信息，其中包括流量、速度和车型构成数据。检测站点位置如图 5-11 所示，其中覆盖了北京 9 条国道、6 条省道和 4 条省级高速共 70 个站点；天津 2 条国道、1 条国家高速和 1 条省级高速共 23 个站点；河北 16 条国道、13 条国家高速和 1 条省级高速共 164 个站点。

京津冀区域公路网交通数据库不仅覆盖了主要公路干线的道路流量，同时靠近城市区域的站点的车流数据也为构建城区外围和郊区县的交通流数据库建立了基础。本研究以北京市为例，介绍利用公路骨干路网交通流数据建立城市外围车流活动水平数据库的过程。图 5-12 展示了京津冀主干路网监测站点在北京市区外围和郊区县的分布状况。

选取 G101 公路上三个检测站点 A、B、C 流量数据比较可以发现，随着站点距离北京中心越远，车流量不断减少，如图 5-13 所示；另一方面，随着距离的增加，重型货车比例不断增加，例如在距离北京市区较近的站点 A，日交通流量呈现出早晚双高峰的分布趋势，显示具有显著的通勤交通流量特征，重型车的比例为 30%；而在北京河北交接区域的站点 C，日交通流量则在中午时分较高，且重型车的车流量占比增加到了 50%。产生上述的货车车流比例特征主要是由于北京市区对于货车的限行政策，导致货车白天主要在城市外围运行。

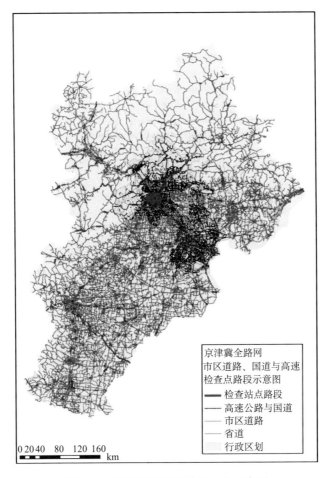

图 5-11　京津冀全路网检测站点示意图

2. 北京等京津冀城市市内车流活动水平数据库建立

研究在京津冀公路网车流活动数据库建立的基础上进一步耦合北京等京津冀核心城市的市内车流活动水平数据库，从而构建京津冀区域全路网的车流活动信息。

研究选用 dBase 作为交通流数据库，Excel 作为模型参数数据库，Maltab 语言作为模型计算与耦合脚本语言对典型日的交通流进行模拟计算。以北京为例，研究选择 2013 年为基准年，对北京市全市道路进行了路段尺度的交通流特征模拟。扩样模拟以道路观测与调研得到的路段 24 小时流量为基准，分析各交通扩样

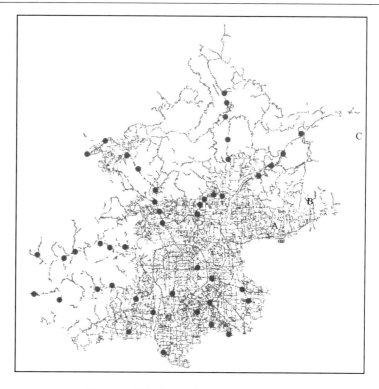

图 5-12　北京市外围检测站点位置示意图

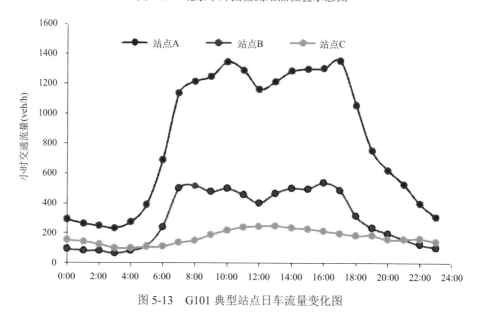

图 5-13　G101 典型站点日车流量变化图

小区内区域的交通流特征，确定了北京市六环内各交通小区快速路与主干道、全天 24 小时的分小时交通流量。

为了对扩样流量进行动态修正，研究收集 2013 年全年每天的 24 小时实时道路拥堵等级地图，采用图像识别方法将其与北京 GIS 地图进行匹配。拥堵指数地图是基于北京市市内 6 万余辆安装了 GPS 的出租车行驶速度，并按照路段车辆平均速度划分拥堵指数，该地图由北京市动态交通拥堵指数发布平台每 5 分钟发布一次。进一步建立统计模型反演路段小时速度从而获取路网平均车速，该结果与官方结果提供的区域平均速度差异小于 10%，图 5-14 展示了北京市典型工作日上午 9 时的拥堵地图及利用模型反算的五环内主要道路车队平均速度。

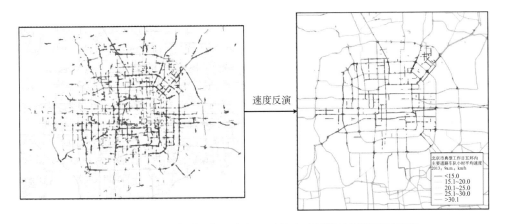

图 5-14 北京市典型工作日上午 9 时的小时拥堵地图及路网速度

为了修正评估路网道路在各个道路速度下的道路流量，研究进一步针对北京市五环内快速路与主干道的扩样流量，忽略多车道道路对于车流产生的摩擦影响，建立了北京市五环内快速路和主干道的流密度模型，模拟得到的交通流量与行驶车速的关系如图 5-15 所示。

基于"拥堵指数-路网速度-实时流量"的动态逐时数据的路网实时仿真方法学，对六环内拥有实时道路拥堵指数的路段进行流量反演并替换交通流扩样数据，建立了北京市市内车流水平数据库。图 5-16 以北京 APEC 会议期间为例展示了通过动态修正产生对路网流量变化的影响，可以发现 APEC 期间的单双号措施导致五环内的道路流量显著降低，全路网车流量下降了 37%，交通拥堵状况得到有效改善。

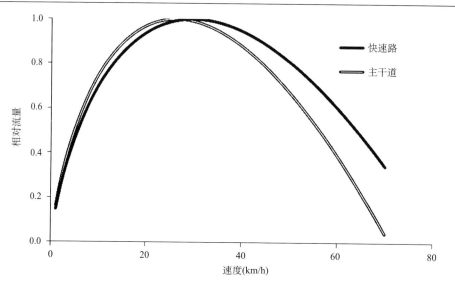

图 5-15   北京市主干道与快速路的交通流密度模型

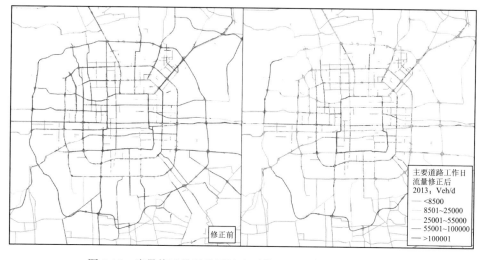

图 5-16   流量修正前后路网速度对比（2014 年 APEC 期间）

5.2.2   京津冀区域机动车排放模型更新和完善

1. 京津冀区域机动车排放模型的设计与开发

为了真实准确地对京津冀区域的本地机动车排放特征进行模拟，本研究建立了京津冀区域机动车排放因子模型，针对京津冀三地的机动车发展状况、车队构成、控制水平等重要因素进行本地化的修正模拟。充分考虑到京津冀地区的机动车由于排放控制进程和监管力度不同而导致北京、天津和河北的单车排放水平、油品水平、车队构成等方面存在差异，本研究在京津冀地区展开了大量本地化测试并对车辆活动水平进行了调研。

在对京津冀排放模型的设计过程中，充分考虑了各项本地化参数对机动车排放的影响，模型中设计了如油品质量修正、高排放车修正、车重负载等关键参数的本地化修正模块，用于计算体现京津冀区域差异化特征的机动车单车污染物排放水平及车队的总排放量。

模型设计了用户友好的图形用户界面，便于各类用户使用，可以显著提高计算效率，并可根据分析需求导出计算结果。图 5-17 为排放模型软件的界面流程设计图。模型软件可以模拟输出各类车型的 CO、HC、NO_x 和 $PM_{2.5}$ 排放因子，还可模拟京津冀各地的排放量和排放的年度变化趋势。

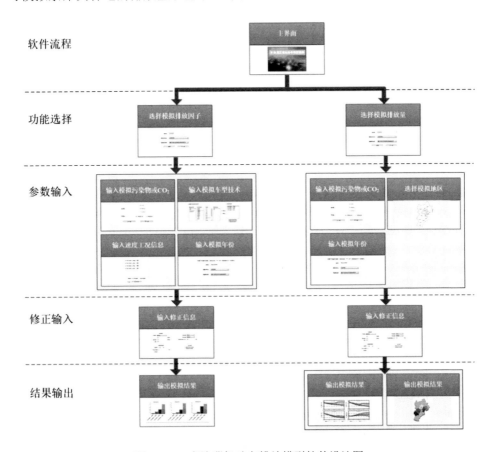

图 5-17　京津冀机动车排放模型软件设计图

2. 更新和完善京津冀排放测试数据库

在搭建好模型框架的基础上，课题组利用自主开发的 EMBEV 模型，基于大样本的道路机动车排放测试数据对京津冀排放测试数据库进行了更新和完善，充分考虑了北京、天津和河北三地差异化的机动车排放特征参数，本节将对轻型汽油客车和重型柴油货车这两类最具有代表性的典型车型的排放特征进行分析，并对不同控制技术以及各地区控制水平差异下的污染物排放特征及技术减排效果进行讨论。

1）轻型汽油客车

轻型汽油车气态污染物排放因子随着排放标准的加严而显著降低。通常排放标准每加严一次，污染物排放因子平均降低约 50%~70%（如图 5-18 所示）。北京于 2013 年 2 月率先实施轻型车国 5 排放标准。测试结果显示，典型工况下（30 km/h）国 5 轻型汽油车 CO、HC 和 NO_x 的新车排放因子比国 4 进一步下降

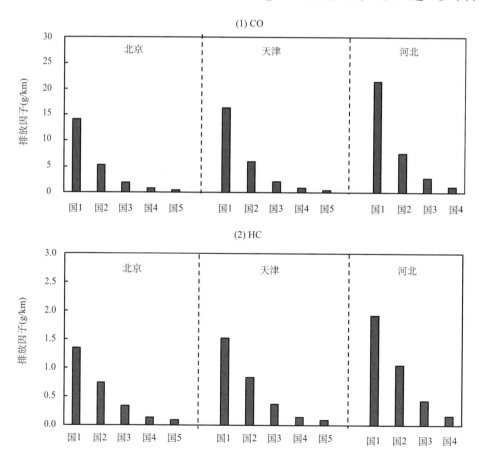

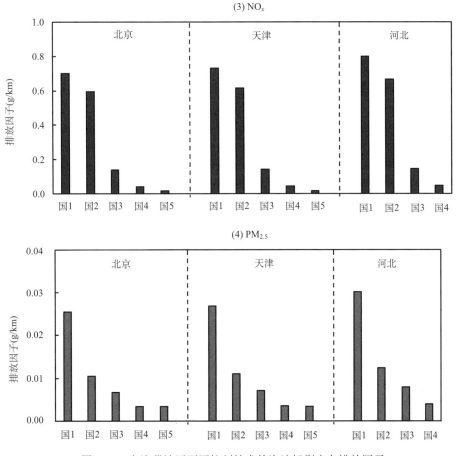

图 5-18　京津冀地区不同控制技术的汽油轻型客车排放因子

了 32%、17% 和 44%。考虑到排放控制监管力度和油品质量的地区性差异，天津和河北的排放因子比北京同水平下的排放水平略高。同时，未来对于轻型汽油车需重点放在协同控制 CO_2 和 $PM_{2.5}$ 关键前体物（如 HC 和 NO_x）方面，还需进一步重点关注冷启动、蒸发排放等阶段的排放控制。

2）重型柴油货车

京津冀各地柴油货车在典型运行条件下的单车技术排放因子如图 5-19 所示。可以看出，随着排放标准的加严，各地的污染物排放因子大都呈现出下降趋势。但对于 NO_x 排放因子，基于对大量实际道路测试数据的分析，研究发现柴油重型车国 II 和国 III 技术的 NO_x 排放水平未呈现出显著性差异，NO_x 排放未能得到显著的改善。

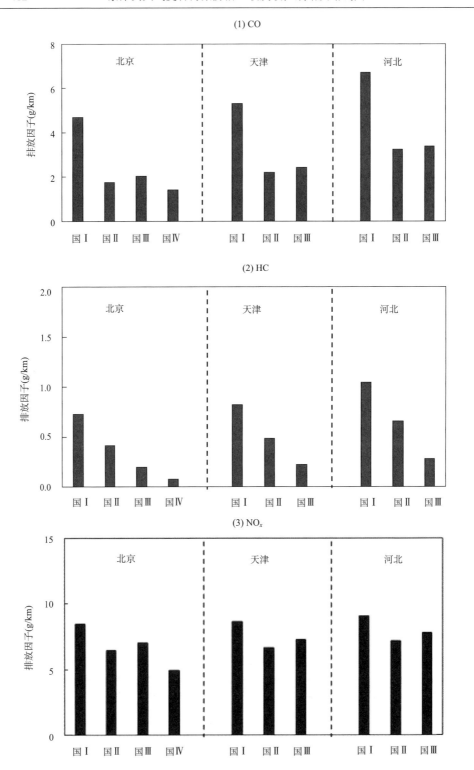

(1) CO

(2) HC

(3) NO$_x$

(4) PM₂.₅

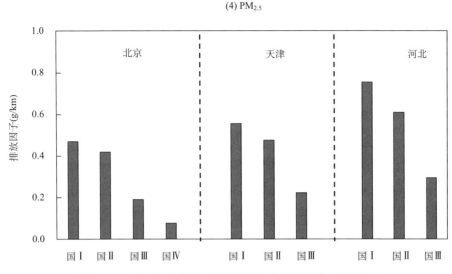

图 5-19　京津冀地区不同控制技术的柴油重型货车排放因子

除了不同控制技术间的排放水平差异，北京、天津和河北之间的机动车监管力度的差异、油品质量差异等也会导致同技术下的排放因子呈现一定程度的差异。尤其对于河北来说，通过课题组在实际道路的排放测试的研究结果发现，由于缺乏严格的监管，河北地区的一些重型车呈现非常高的 PM₂.₅ 排放特征，甚至比在北京的同等控制水平下的重型货车的排放高 4~5 倍。这些车并不能满足其环保认证时的排放限值要求，未经实际道路的测试往往不能发现其排放超标，考虑到这些高排放车的排放影响不能忽视，本研究引入了高排放车修正模块，对河北等地的排放因子进行了高排放修正。由图可以看到，河北各控制水平下的平均排放因子比北京的同等控制水平下的排放高近 50% 左右。

3. 京津冀分车型/技术的排放因子分析

综合考虑京津冀三个地区的机动车排放控制进程、含硫量水平、车重构成等因素的差异，研究计算得到了京津冀各地区的机动车车队平均排放因子。图 5-20 为轻型汽油客车车队的平均排放因子，图 5-21 为重型柴油货车车队的平均排放因子。

可以明显看出，三个地区的车队平均排放因子呈现较为显著的差异，北京的平均排放水平低于天津和河北地区，这主要由于北京较早地实施了更为严格的机动车排放控制标准，并更大力度地加速高排放的老旧车淘汰，使得整个车队中使用新的排放控制技术车辆的构成比例较高。同时，油品质量等因素也对污染物的排放造成较大影响，例如高硫含量的柴油会影响后处理装置的污染物去除效率，

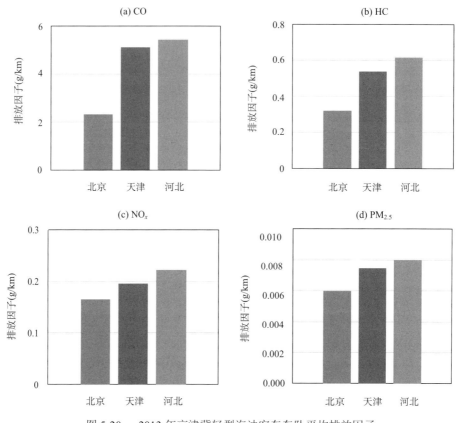

图 5-20   2013 年京津冀轻型汽油客车车队平均排放因子

同时增加硫酸盐的形成，从而增加 $PM_{2.5}$ 的排放，天津和河北地区的柴油高硫含量导致这两个地区的柴油重型车 $PM_{2.5}$ 排放因子显著高于同等控制水平下的北京车辆。河北地区由于机动车排放管理力度较弱，高排放车的比例相对较高，因此虽然与天津执行相同的排放控制进程，但是车队的平均排放水平仍然比天津要高。

5.2.3　建立基于路网的高分辨率交通排放清单

1. 现状年京津冀骨干路网的高分辨率排放清单

基于路网交通流数据库，结合京津冀区域机动车排放模型，研究建立了 2013 年京津冀骨干路网高分辨率排放清单。2013 年，京津冀地区 CO、VOCs、NO_x 和 $PM_{2.5}$ 四种主要污染物的排放量分别为：237.8 万吨、28.9 万吨、78.9 万吨和 3.6 万吨。考虑到 VOCs 与 CO 排放的相似性以及 NO_x 与 $PM_{2.5}$ 排放的相似性，报告将选取 VOCs 和 NO_x 两种典型污染物来分析京津冀区域的路网时空排放特征。

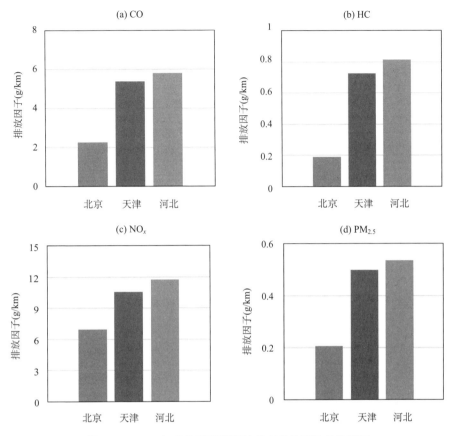

图 5-21　2013 年京津冀重型柴油货车车队平均排放因子

　　2013 年典型工作日夜间（00:00~01:00）、早高峰（8:00~9:00）、中午
（12:00~13:00）和晚高峰（18:00~19:00）四个时段京津冀骨干路网 VOCs 排放的
分布特征如图 5-22 所示。从排放强度的时间变化来看，早、晚高峰的排放强度显
著高于全天的其他时段，排放强度较日均小时值高出 50%，这是由于这些时间段
对应的是交通出行的早晚高峰期，更高的通行需求导致了路网的拥堵，从而产生
了高排放。从空间分布来看，排放高强度地区主要分布在以京-津两市和河北南部
城市（如石家庄、邯郸、邢台）为核心的城市群片区，这是由于 VOCs 的排放贡
献主要来源于轻型车，而轻型车的出行主要在城市内部，因此排放强度较高的区
域主要聚集在城市内部。

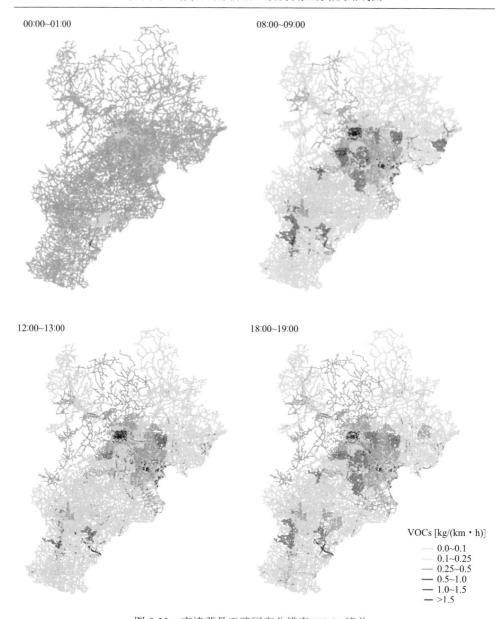

图 5-22　京津冀骨干路网高分辨率 VOCs 清单

　　NO$_x$ 的典型工作日夜间、早高峰、中午和晚高峰的分布特征如图 5-23 所示。与 VOCs 的排放特征相似的是，NO$_x$ 的排放也在早晚高峰小时呈现出显著的高强度排放；此外，NO$_x$ 在夜间的京-津两市也呈现出高排放。夜间 NO$_x$ 的排放主要来源于柴油货车，由于城市白天货车限行措施的实施导致夜间货车的涌入从而在夜间产生了高排放。另一方面，相比 VOCs 的城市内部的聚集式排放，相当一部

分 NO_x 排放出现在京津冀区域的主干路网上，这主要反映出京津冀城际路网之间的货运贡献不容忽视。

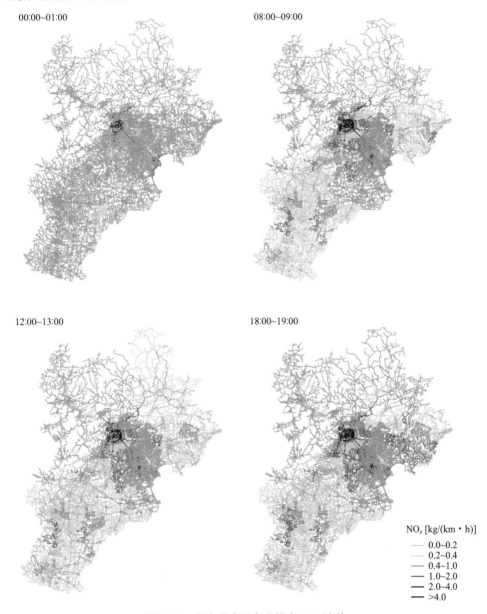

图 5-23　京津冀路网高分辨率 NO_x 清单

2. 北京市全路网高分辨率排放清单

由于北京是京津冀路网排放的重点区域，在京津冀区域的高分辨率清单基础上，本研究对北京市内机动车车流水平进一步完善，建立了北京市全路网机动车高分辨率排放清单。2013 年，北京市 CO、VOCs、NO_x 和 $PM_{2.5}$ 四种主要污染物的排放量分别为：29.3 万吨、3.1 万吨、11.7 万吨和 0.34 万吨。

图 5-24 展示了 2013 年典型工作日夜间（00:00~01:00）、早高峰（8:00~9:00）、中午（12:00~13:00）和晚高峰（18:00~19:00）四个时段北京市全路网的 VOCs 分

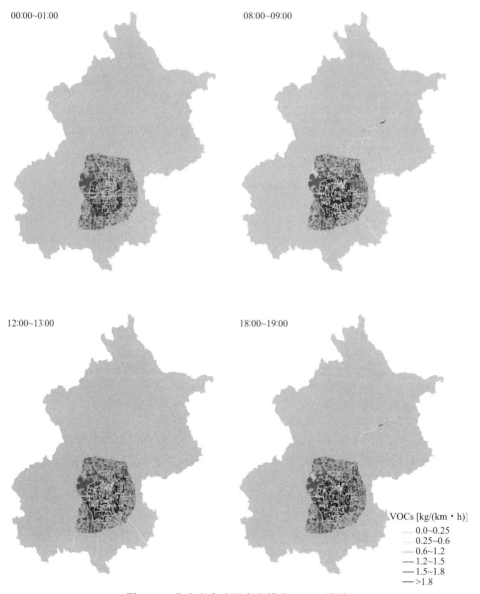

图 5-24 北京市全路网高分辨率 VOCs 清单

布特征。从区域特征来看，距离北京市中心越近的区域有着更高的排放强度；另一方面，北京北部地区的排放强度要高于南部地区，东部地区的排放强度要略高于西部地区。这些区域的排放差异主要是由于人口和商业活动的区域聚集，导致了该区域的通行需求较高，从而引起了高强度的排放。从排放强度时间变化来看，与京津冀区域排放相似，8:00~9:00 和 18:00~19:00 的排放强度显著高于其他时间段的排放，高峰小时排放量约比日均小时排放的高出 75%左右，这些高峰时段也与日常交通的早晚高峰相对应，由于高峰时段的市内拥堵状况造成了高强度的排放。

图 5-25 展示了 2013 年典型工作日夜间（00:00~01:00）、早高峰（8:00~9:00）、中午（12:00~13:00）和晚高峰（18:00~19:00）四个时段北京市全路网 NO_x 分布特征。NO_x 的排放强度的时空变化与 VOCs 有着相似之处：两者有着相似的早晚出行高峰期间的高排放强度以及在市内人口商业聚集区的高强度排放。另一方面，NO_x 排放也有不同于 VOCs 的特点：首先，NO_x 的夜间（0:00~01:00）在北京六环外围主干道和北京中心有着明显的排放高峰，这主要是由于夜间外地货车进京导致的主干路网和北京地区的高排放；日间的 NO_x 排放除了在市中心的高强度排放外，在五环外也有着较高的排放强度，这是由于北京市对于货车的限行政策导致了货车排放产生的 NO_x 主要集中在五环外，5.2.4 节将进行更为详细货车排放对于北京市排放贡献的分析。

5.2.4 京津冀区域机动车排放规律演变分析

1. 分区域重点控制车型分析

研究基于京津冀区域高分辨率清单结果，分析京津冀地区分区域分车型污染物排放分担率。图 5-26 展示了北京、天津和河北各地区分车型 VOCs 排放的分担率，可以看出京-津两市排放有着相似的车型分担，轻型客车是 VOCs 排放的主要贡献源，占总排放的 60%左右，但天津货车的排放贡献要明显高于北京，这主要是由于北京货车限行政策的实施。河北的车型分担明显有别于京-津两市，除了轻型客车的高排放贡献（35%）外，摩托车的排放贡献高达 30%，这主要是由于河北具有较高的摩托车保有量，因此要实现 VOCs 的削减，除了加强对轻型客车的控制外，对于河北地区，摩托车也是不可忽视的控制车型。

图 5-27 展示了北京、天津和河北各地区分车型 NO_x 排放的分担率，中重型货车是 NO_x 排放的主要贡献源，而且中重型货车在北京-天津-河北的分担率依次显著攀升，分别为 31%，48%和 78%。另一方面，京-津两市轻型客车和轻型货车也是主要 NO_x 的排放源。还需指出的是，北京地区公交车对于 NO_x 的排放也有着显著的贡献，达到 18%。

图 5-25　北京市全路网高分辨率 NO_x 清单

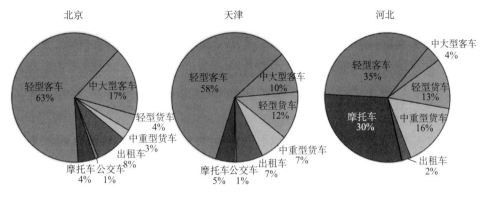

图 5-26　2013 年京津冀分地区分车型 VOCs 排放分担率

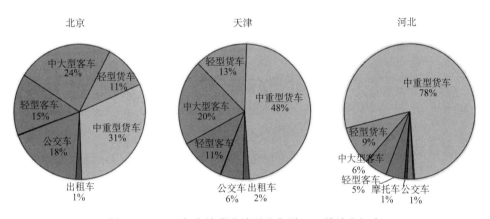

图 5-27　2013 年京津冀分地区分车型 NO_x 排放分担率

2. 外地车对北京影响的案例分析

由于京津冀公路货运的一体化，不可避免地会带来大量的进京货车，由于其吨位大、排放高，且京津冀区域机动车排放控制水平存在差异，这些因素都导致了外地中重型货车对于北京本地排放有着巨大贡献。2013 年，北京市正式实施外地货车禁止在 6:00~24:00 进入五环内的限行政策。研究为了验证外地货车夜间路现率，选择了京藏高速、北四环和北三环等路段进行夜间加密观测（图 5-28），结果如图 5-29 所示，北京市六环内中重型货车外地车夜间在路比例在 30%~40% 左右，并且呈现比例由外环向城中心递减的趋势。

研究对外地货车的车流占比进行模拟计算，首先分析中重型货车五环内与六环外 VKT 小时变化情况，如图 5-30 所示，图中可以看出，由于限行措施的实施，2013 年工作日北京市六环内中重型货车活动高峰时间段为夜间 0:00~6:00，其日间活动相对趋于平稳。车辆五环内日间 6:00~23:00 VKT 占全天的 26%，大部分为本地车辆，外地中重型货车几乎无流量。六环内各小时本地与外地车辆 VKT 比例较为恒定，六环内的日间 VKT 主要分布在五六环间，车辆日间 6:00~23:00 五六环间 VKT 占六环内 VKT 的 87%，对于外地中重型货车，其比例高达 99%。

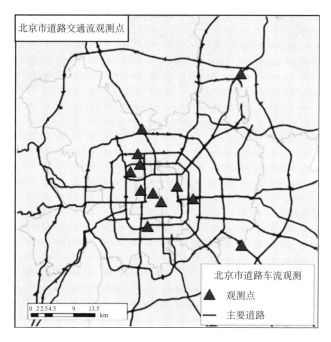

图 5-28　北京市道路交通流观测点示意图

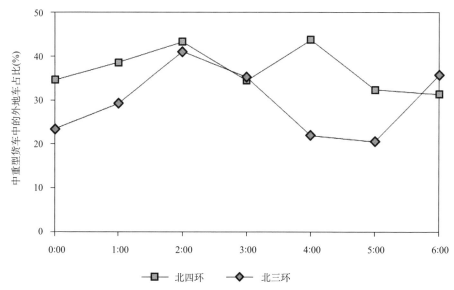

图 5-29　北四环与北三环夜间中重型货车中外地车占比

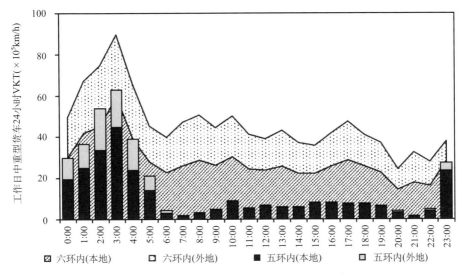

图 5-30　2013 年工作日本地与外地中重型货车五环与六环内 24 小时 VKT 分布

进一步解析 2013 年北京工作日主要污染物排放中外地货车的分担率，如图 5-31 所示，北京全市外地货车对于 VOC、CO、NO$_x$ 和 PM$_{2.5}$ 的排放贡献率分别为 7%、5%、29% 和 38%，由此可以看出相当比例的 NO$_x$ 和一次 PM$_{2.5}$ 的排放来自于外地车，因此外地车对北京城市污染排放的贡献不容忽视。

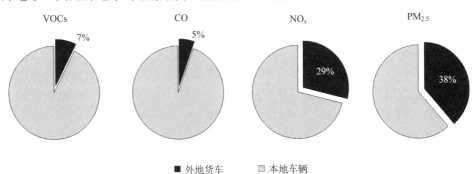

图 5-31　北京市内外地货车对主要污染物排放的贡献

5.3　京津冀移动源排放控制技术措施发展趋势和减排潜力研究

5.3.1　国内外移动源排放控制体系分析

1. 国际移动源排放控制经验分析

日本首都东京曾经是典型的单中心城市，人口密度大，从 20 世纪 50 年代后期开始，相继制订了首都圈整备规划、近畿圈整备规划和中部圈开发整备规划，成为亚洲地区首个进行首都圈规划的国家，共经过五次基本规划调整，成为了世界都市圈的成功典范,特别是完善的交通网络体系更是使世界各都市圈望尘莫及。东京首都圈内主要通过实施城市交通规划、交通管理、限制机动车保有量及使用量等措施来优化城市交通结构，同时采用严格的新车排放控制、油品质量标准管理和鼓励使用清洁能源车辆等措施来控制机动车单车排放。

日本首都圈井然有序的立体化交通、智能化的交通网络系统、巨大的机场吞吐量及港口一体化等无一不体现出其强大的经济实力，并由此带来了整个首都圈的经济协调发展。日本首都圈交通一体化主要表现在以下四个方面：

1）大力发展轨道交通

轨道交通带动城市发展的理念贯穿了日本首都圈五次基本规划的整体过程。在每次首都圈基本规划中，都将优先公共交通作为第一原则，并且国家和政府提供了大额补贴投资于首都圈的轨道交通建设上。首都圈的轨道交通主要体现在城市电气铁道、地下铁道及轻轨等，三者之间环环相扣、相辅相成贯通了整个东京圈的交通体系。

陆路交通整体规划首先是集中于东京都与周边县市的9条放射状形高速道路的衔接与运行，后来主要体现在首都圈的三大环状道路即首都高速中央环线、东京外围环状道路（外环）、首都圈中央联络公路（圈央道）的建设，用以连接呈放射状的9条高速道路，改善了整个首都圈的路网功能，从而形成了"三环九射"的分散型网状地面交通体系。

2）机场交通分离交融

在机场各方面交通一体化进程中，机场建设既分离又交融。首先是首都圈机场国际航空网络的扩充。为强化成田机场作为代表日本的国际交流据点的机能，2006年9月开始实施向北延伸平行跑道至2500米（原为2180米）的整备工作，截至2010年3月，起降容量从20万次扩大至22万次，使国际通航城市数增加至95个。其次是主要供国内航线的羽田机场的建设，一方面增加与12个国家的国际航线的开通；另一方面新设4条跑道，承载日本国内航空旅客的一半以上。再次，开通了成天高速铁路、京滨急行线及机场线京急蒲田站附近的立交桥，极大缩短了从市中心达到成田、羽田机场的时间。

3）港口交通分工协作

在东京湾环形海岸线上分布着东京、川崎、横滨、横须贺、木更津以及千叶六大世界级特大型港口。经过多年的规划与发展，六大港口分别根据自身基础条件和特色，经历了竞争—规划—协作的过程，最终形成了合理化的职能分工。六大港口在分工协作、要素禀赋、优势互补的基础上形成不同组合，在各自保持自身独立经营的基础上，对外形成统一的竞争主体，共同揽货，整体宣传。经过这样的分工协作，六大港口便形成了一个统一的多功能复合体，不仅充分利用了港口资源，更加增强了港口额整体竞争力。

4）交通系统智能发展

陆路交通的不断建设与完善，加快了交通一体化的实现，也逐步向信息化、智能化发展。一是 ETC，其路桥收费方式是目前世界上最先进的。由于其不停车提高了通行能力而且智能化成本低从而被广泛应用。截至 2014 年 3 月底，日本车辆装有 ETC 车载器的车辆总数量已突破 6000 万辆，占日本车辆总数的二分之一以上。二是道路交通情报通信系统（Vehicle Information and Communication System, VICS），此系统主要是通过无线数据传输、GPS 导航设备和调频（Frequency Modulation, FM）广播系统，搜集实时路况信息和交通诱导信息，并向政府相关交通部门、交通信息服务企业以及有需求的交通出行者及时传达，以备充分了解交通信息，调整路线，从而使得交通更为高效便捷，实现部门之间交通信息高度集成共享。截至 2014 年 3 月，日本全国大约 80%的地区已被 VICS 系统覆盖，在日本的所有高速公路及主干道上行驶均能收到有效的交通信息，而且这些交通信息均是由各交通部门无偿提供的。

日本首都圈交通一体化为首都圈的社会发展打下了坚实的基础。首先，交通一体化带来的最直接效应就是对交通拥堵的缓解和交通能效的提高。日本首都圈的轨道分担率高达 48%，轨道交通拥挤率下降至 165%。每天轨道交通输送旅客 2000 多万人次，占总体客运量的 86%左右。这极大地降低了道路交通拥堵情况，提升了机场交通便利性。其次，交通一体化促进首都圈内城市空间布局的优化，将东京都心的各种职能加以分散，缓解东京都的各种压力。加快 7 个城市副都心建设，加速了商务区和居住区的分离。再次，日本首都圈交通一体化的实施，为城市间的人口流动提供了便利条件。不仅促进了东京都人口的外流，而且促进了首都圈内各都县之间的交流，在缓解东京都交通压力的同时，带来了周边经济的繁荣。

京津冀可以借鉴日本东京圈的经验，打造京津冀交通一体化。一是全面对接京津冀高速公路网。建设以北京为中心的"一环六射"大通道，实现京冀区域的无缝连接；二是加快建设城际快轨体系。形成以北京为中心的"两小时交通圈"和涵盖石家庄、保定、廊坊、沧州、邯郸等城市的"一小时城际铁路"；三是统筹发展航空交通体系。加快北京新机场的建设，发展天津滨海机场的国际航线，扩建石家庄机场等；四是有序推进港口交通一体化。科学合理地对京津冀都市圈内各大港口进行调整规划，坚持各港口分区化协调发展，加快京津冀各大港口转型升级力度，并优化调整京津冀各港区功能定位。

在不断缓解交通压力的同时，东京都政府针对汽车的污染物排放也较早开始了严格的排放控制。

1）新车排放控制

东京从 1966 年起开始控制汽车排放污染，排放控制的污染物顺序是首先关注汽油车的 CO、HC 控制然后过渡到重型柴油车的 NO_x、PM 控制。由于东京的 NO_x、PM 50%以上来源于机动车排放，而机动车中 80%的 NO_x 和几乎所有的 PM 排放来源于柴油车，因此 20 世纪 90 年代之后，在逐步加严汽油车排放标准的同时，更严格的柴油车排放标准开始实施，重点控制重型柴油车，污染物控制重点在 NO_x 和 PM。1992 年提出了机动车的 NO_x 综合排放法规，分别在 1994 年和 1997 年开始实施"短期标准"和"长期标准"，重型柴油车采用 13 工况法进行台架测试，排放限值采用最大值和平均值两种。2003 年和 2005 年开始实施新的"短期标准"和"长期标准"，并从 2005 年开始逐步采用 JE05 工况法进行测试。2009 年通过实施新的 2009 标准将重型车的 NO_x 和 PM 的限值分别降到了 0.7 g/kWh 和 0.01 g/kWh，2016 年最新实施的 2016 年标准进一步将 NO_x 限值降低到了 0.4 g/kWh，并开始采用 WHTC 工况。表 5-2 具体列出了 90 年代以来东京的重型柴油车污染物排放标准限值。

表 5-2　重型柴油车排放限值标准变化（g/kWh）

标准	实施年份	测试循环	CO	HC	NO_x	PM
短期标准	1994	13 工况	7.4	2.9	6	0.7
长期标准	1997	13 工况	7.4	2.9	4.5	0.25
新短期标准	2003	13 工况	2.22	0.87	3.38	0.18
新长期标准	2005	JE05 工况	2.22	0.17	2	0.027
2009 年标准	2009	JE05 工况	2.22	0.17	0.7	0.01
2016 年标准	2016	WHTC	2.22	0.17	0.4	0.01

注：表中的限值为均值限值

2）在用车管理措施

为了配合柴油车新车排放控制法规，以进一步减少柴油车队的排放，东京都政府提出了一系列的在用车管理措施。1997 年，东京都政府提出增加旧车的年检频率、降低新车的免检年限、增加检测费用等政策，以此鼓励旧车淘汰。1999 年，东京都政府提出了"拒绝柴油车政策"，要求所有的柴油车安装颗粒过滤器（DPF）和柴油催化氧化器（DOC）。2001 年，政府发布了新的针对机动车的 NO_x-PM 标准，该标准不仅应用于新车，也对在用车适用。这些措施不仅只针对东京，也对周边的神奈川、千叶、埼玉县、神奈川县等整个东京首都圈同步实施。

东京都政府还实施了主要针对 PM 的环境安全条例，该条例规定：①特定车型的柴油车必须加装排放后处理装置来减少 PM 排放，否则禁止进入东京大都会区；②对于车龄大于 7 年且不能达到排放标准的车辆，需要加装 PM 排放控制装置，或须将其更新为满足最新标准的车辆或者清洁能源车；③拥有 30 辆以上机动车的机构必须制定环境管理计划，列出减排步骤并及时上报实施进度；④发动机在停车、装卸货时必须熄火，禁止怠速；⑤为了帮助中小企业改造和更新柴油车，东京都政府给予一定的 PM 减排设备安装补贴和中介贷款服务。

3）油品质量管理

日本在燃油品质方面走在了世界前列，其主要特点也是逐步实现无铅化和低硫化。日本在 1987 年汽油全部实现无铅化，成为全世界最早实现汽油无铅化的国家。为了提高催化剂的效率、减少机动车污染物的排放，1996 年日本开始推行车用燃料低硫化进程，在 2008 年已经将车用汽柴油的硫含量降至 10 ppm 以下。表 5-3 为日本车用汽柴油的低硫化进程。

表 5-3　日本车用汽柴油的含硫标准（ppm）

年份	车用汽油	车用柴油
1996	100	2000
2000	100	500
2005	50	50
2008	10	10

4）新能源车辆鼓励措施

日本是最早开始发展电动汽车的国家之一，1965 年开始启动电动车的研制，并正式将其列入国家项目，此后多次投入巨额资金用于支持新能源汽车研发，仅燃料电池方面的开发投入就达 200 多亿日元。1993 年起，日本启动了 ECO-Station 项目，计划建立 2000 个替代能源汽车燃料供应站，其中包括 1000 个纯电动车快速充电站，日本政府计划为此投入约 140 亿日元。2006 年，日本政府基本上确定电动汽车为汽车工业的发展方向，发表《对新一代汽车电池的建议》。2007 年 3 月初，日本新能源产业技术综合开发机构（NEDO）公布了 5 年投入约 100 亿日元开发适用于 PHEV 和 EV 的高性能充电电池的项目计划。

2009 年，日本政府建立了“举国研发体制”，选定了以京都大学为核心的日本国内 7 所大学、3 家研究机构和拥有 12 家企业为“All Japan”执行机构的第一批成员，几乎囊括了日本汽车和电池领域产业和研发方面全部的顶尖力量。2010 年制定了《新一代汽车战略 2010》计划：到 2020 年在日本销售的新车中，实现电动汽车和混合动力汽车等“新一代汽车”总销量比例达到 50%的目标，并计划在 2020 年前在全国建成 200 万个普通充电站、5000 个快速充电站。

另外，为推进新能源汽车以及环保汽车，日本从 2009 年 4 月 1 日起实施“绿色税制"，它的适用对象包括纯电动汽车、混合动力车、清洁柴油车、天然气车以及获得认定的低排放且燃油消耗量低的车辆，前 3 类车被日本政府定义为"新一代汽车"。2009 年 6 月日本政府启动"新一代汽车"计划，该计划力争在 2050年使环保型汽车占据汽车市场总量的一半左右。购买"新一代"汽车可享受免除多种税赋优惠。例如，混合动力普锐斯（Prius）可以享受到的最高优惠为：免除新车 100% 的重量税和取得税；个别车辆还有 50% 自动车税的减免；其次就是补助金的优惠。此举人人助推了日本混合动力等新能源汽车的热销。得益于政策的支持，日本在新能源汽车市场方面取得了令世人瞩目的成就。截至 2012 年年底，日本仅混合动力车的销量已经接近 80 万辆，纯电动汽车销量为达 13 万辆。

2. 京津冀区域交通一体化 2020~2030 年规划和思路

推进京津冀协同发展，是在新的历史条件下，深刻分析我国发展面临的形势，从深入实施国家区域发展总体战略、全面建成小康社会出发做出的重大国家战略部署，具有现实意义和深远的历史意义。交通一体化是京津冀协同发展的骨骼系统，是优化城镇空间格局的重要基础，是疏解非首都核心功能的基本前提。

自京津冀协同发展战略启动以来，《京津冀协同发展交通一体化规划》经国务院批准，2015 年 12 月 8 日由国家发展和改革委员会与交通运输部联合发布。同时，交通运输部还编制了《京津冀协同发展规划纲要交通一体化实施方案》《京津冀交通一体化 2015—2017 重点任务台账》《京津冀交通一体化 2015 年重点工作》。

《京津冀协同发展交通一体化规划》全面落实中央关于推进京津冀协同发展的战略部署，着眼于区域空间布局，适应疏解非首都核心功能和产业转移的需要，坚持交通先行，统筹谋划，创新驱动；着力调整优化网络，形成多节点、网格状新格局；着力推动科技应用，快速提升交通智能化水平；着力打破行政区域分割，建立有机统一的运输体系；以交通重大项目建设为契机，带动协同发展，实现率先突破，把京津冀地区打造成为我国全面深化交通运输改革的实验区、区域交通一体化的示范区和交通运输现代化的先行区。

《京津冀协同发展交通一体化规划》提出：到 2020 年，"多节点、网格状"区域交通网络基本形成，城际铁路主骨架基本建成，公路网络完善通畅，港口群、机场群整体服务水平全球领先，交通智能化、运营管理达到国际先进水平，基本建成安全可靠、便捷高效、经济适用、绿色环保的综合交通运输体系，为京津冀协同发展提供坚实基础和保障条件；到 2030 年，形成"安全、便捷、高效、绿色、经济"的一体化综合交通运输体系，网络设施完备衔接、交通方式优势互补、技术装备先进适用、系统运行智能安全、运输服务优质高效，单位运输能耗强度显著降低，交通运输有效引导区域空间布局调整和产业转型升级，为建设具有较强国际竞争力和重要影响力的现代化新型首都圈提供有力支撑。

《京津冀协同发展交通一体化规划》提出以现有通道格局为基础，着眼于打造区域城镇发展主轴，适应和引导产业和城镇空间布局调整，促进城市之间互联互通，推进"单中心放射状"通道格局向"四纵四横一环"（图 5-32）网络化格局转变：

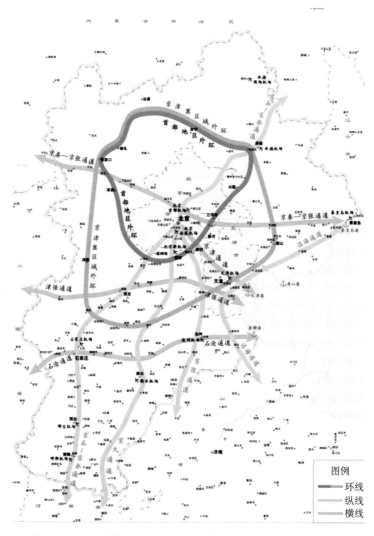

图 5-32　京津冀协同发展交通一体化"四纵四横一环"主骨架

"四纵"，即沿海通道、京沪通道、京九通道、京承—京广通道。沿海通道连接秦皇岛、唐山、天津（滨海新区）、沧州（黄骅）等四个沿海港口城市，是重要的港口集疏运通道，也是环渤海城镇和临港产业发展的重要依托；京沪通道连接北京、廊坊、天津和沧州，是京津同城化发展的主轴，也是北京重要的出海通道；京九通道连接北京、北京新机场、廊坊、衡水，是京津冀沟通华中、华南地区的交通动脉；京承—京广通道纵贯京津冀地区，连接承德、北京、保定、石家庄、邢台、邯郸，是京津冀沟通东北、华中及以远地区的交通动脉。

"四横"，即秦承张通道、京秦—京张通道、津保通道和石沧通道。秦承张通道连接秦皇岛、承德、张家口等京津冀地区北部城市，是我国西北地区重要出海通道；京秦—京张通道连接秦皇岛、唐山、北京、张家口，是京津冀联系西北、东北地区的交通动脉；津保通道连接保定、廊坊、天津（滨海新区），是京津冀中南部地区的重要通道，也是天津港的重要疏港通道；石沧通道连接石家庄、衡水、沧州（黄骅），沟通京沪、京九、京广三大通道，是黄骅港的重要疏港通道。

"一环"，即首都地区环线通道，有效连通河北省环绕北京的张家口、承德、廊坊、保定（固安、涿州）等城市，缓解北京过境交通压力。

京津冀地区将以"四纵四横一环"综合运输大通道为主骨架，重点完成八项任务：

（1）建设高效密集轨道交通网。强化干线铁路与城际铁路、城市轨道交通的高效衔接，着力打造"轨道上的京津冀"。

（2）完善便捷通畅公路交通网。加快推进首都地区环线等区域内国家高速公路建设，打通国家高速公路"断头路"。全面消除跨区域国省干线"瓶颈路段"；以环京津贫困地区为重点，实施农村公路提级改造、安保和危桥改造工程。

（3）构建现代化的津冀港口群。加强津冀沿海港口规划与建设的协调，推进区域航道、锚地、引航灯资源的共享共用，鼓励津冀两地港口企业跨行政区投资、建设、经营码头设施。

（4）打造国际一流的航空枢纽。形成枢纽机场为龙头、分工合作、优势互补、协调发展的世界级航空机场群。

（5）发展公交优先的城市交通。优化城市道路网，加强微循环和支路网建设；推进城市公共交通场站和换乘枢纽建设，推广设置潮汐车道，试点设置合乘车道。

（6）提升交通智能化管理水平。绘制京津冀智能交通"一张蓝图"，打造交通运输信息共享交换"一个平台"，推动城市常规公交、轨道、出租汽车等交通"一卡通"，实现交通运输监管应急"一张网"。

（7）实现区域一体化运输服务。推动综合客运枢纽、货运枢纽（物流园区）等运输节点设施建设，加强干线铁路、城际铁路、干线公路、机场与城市轨道、地面公交、市郊铁路等设施的有机衔接，实现"零距离换乘"。鼓励"内陆无水港"、"公路港"和"飞地港"建设。

（8）发展安全绿色可持续交通。统一京津冀地区机动车注册登记、通行政策、排放标准、老旧车辆提前报废及黄标车限行等政策。

3. 北京当前的排放控制经验及其对区域协同控制的借鉴

北京在机动车排放综合控制方面一直走在中国各大城市的前列。北京市政府至今共制定和修订了 30 余项地方标准，包括新车、在用车、油品等多个方面，不断加严新车排放限值、加强在用车排放监管和治理、提高车用油品质量、推广清洁能源与新能源车，并逐步引入交通管控和经济鼓励等方式来综合治理机动车排放，形成了"车-油-路"一体化的城市机动车排放综合控制体系。北京市的机动车污染控制主要措施历程见图 5-33。

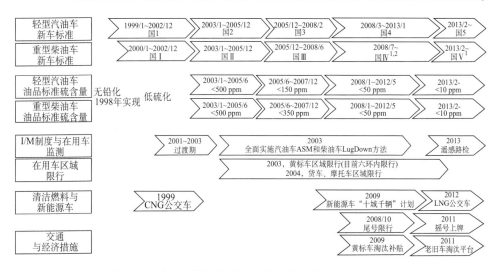

图 5-33　北京机动车污染排放控制主要措施的实施历程（1998~2013 年）

1. 仅在公交、环卫和邮政等城市公共车队中实施；2. 货车国Ⅳ标准按照环境保护部要求于 2013 年 7 月实施

图片来源：《北京大气污染治理历程：1998~2013》，联合国环境规划署，2015

1）新车排放控制

通过不断加严新车污染物排放标准来加强对新车的排放控制是机动车排放控制体系中的关键措施之一。北京自 1999 年 1 月首次在中国实施轻型汽油车国 1 排放标准（相当于欧 1 排放标准），此后，北京对新车的排放控制一直在国内处于领先地位，领先全国实施进程先后实施了轻型汽油车和重型柴油车等车型的第 2 到第 4 阶段的排放标准。2013 年 2 月，北京率先实施京 5/Ⅴ（相当于国 5）排放标准，进一步缩小了和发达国家，如欧盟、美国、日本等国家在机动车排放控制

水平上的差距。

北京不仅对新车排放标准不断加严，在新车销售等环节对排放一致性也实行了严格监管，确保实现加严新车标准的减排效果。过去 15 年间，北京市不仅加严了新车排放标准，还强化了新标准的执行监管力度。

2）在用车排放控制

减少车辆全寿命使用阶段的污染物排放需要对在用车排放进行严格的监管和控制，识别并治理高排放车可以有效降低整个车队的平均排放水平。北京针对在用车也实施了一系列的控制措施，包括：对 30 万辆化油器车辆进行加装机外净化器的改造、对在用柴油车进行加装颗粒物捕集器改造试点、改进机动车年检的测试方法来强化机动车检测维护（I/M）制度、对在用车实行环保标志管理制度。此外，北京市还实施了高排放车的区域限行、采用经济激励措施推动老旧车的加速淘汰等措施。

除了常规的在用车监管控制措施，北京市还通过实际道路车辆排放强化检测的方法进行在用车排放监管，在道路上设置固定和移动的遥感设备对车辆进行尾气排放监测，截至 2014 年年底共设置 86 个遥感点位。环保执法机构通过遥感测试发现排放超标的车辆后，将通知车主，并通过官方网站向社会公布监测结果，实施现场或非现场处罚。

3）车用油品质量改善

北京对车用油品质量的改善也极为重视，是中国极少数能够车油标准同步实施的城市。北京在 1998 年即全市范围供应无铅汽油，成为第一个实现汽油无铅化的中国城市。此后，为了保障新车排放标准的顺利实施，确保其发挥最大的排放控制效果，北京在 2002~2012 年期间陆续实施了与国家第 2、第 3、第 4 和第 5 阶段新车排放标准相匹配的车用汽油和柴油品质标准。其中，第五阶段车用汽柴油标准已将车用汽油和柴油的硫含量都降低到了 10 ppm 以下，保障先进后处理技术（如柴油车颗粒捕集器 DPF 等）的顺利应用。为了进一步控制车用汽油在储运和加油阶段的蒸发排放，北京也采取了多项针对性措施，如 2008 年北京市对全部 1000 余座加油站、1000 余辆油罐车和 50 余座储油库进行了油气回收治理。

4）推广清洁燃料车与新能源车

北京从 1999 年起在公交车队中引入压缩天然气（CNG）公交车，到 2009 年全市已经建成 CNG 加气站共 29 座，CNG 公交车保有量超过 4000 辆，是世界上拥有 CNG 公交车最多的城市之一。在国家和地方政策支持下，北京 2010 年以来又引进了混合动力公交车、纯电动公交车和液化天然气（LNG）公交车。

北京市政府在《北京市 2013~2017 年清洁空气行动计划》中，确定了在 2013~2017 年间要在公交、出租、环卫和邮政等公共车队优先发展清洁能源和先进动力车辆，并加快做好加气站、充电站（桩）等配套设施建设。同时，为了加快新能源小客车推广示范应用，鼓励私人购买新能源小客车，北京市政府制定了《北京市示范应用新能源小客车管理办法》，针对新能源小客车实施了一系列优惠政策，例如，为新能源小客车配置单独摇号的指标，对新能源车进行节能补贴，且新能源车辆不受尾号限行政策限制等。

　　5）交通规划与管控措施

　　北京经历了近 20 年的城市人口和机动车快速增长的过程，积聚了诸多严峻的交通问题，为了充分解决这些问题，北京市政府采取了优化城市规划布局、大力发展公共交通、鼓励慢行交通和实施有效交通管控等措施来优化交通出行结构、减少机动车排放对空气污染的贡献。

　　在公共交通建设方面，北京正大力发展以轨道交通为骨干的城市公共交通网络。城市地铁由 2000 年前仅有的 2 条地铁线路发展到 2014 年年底的 18 条线路和 527 km 轨道交通里程。在地面公交系统方面，北京于 2004 年开通南中轴路大容量 BRT 系统，2011 年开通公交专线和社区通勤公交、京通快速路启用公交专用道等措施，有利于发挥地面公交在公共交通出行的主体作用。北京公共交通出行比例已经由 2000 年的 26%增加到 2013 年底的 46%（图 5-34）。

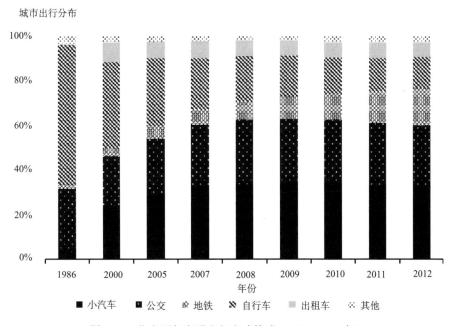

图 5-34　北京历年交通出行方式构成（1986~2012 年）

　　为了控制黄标车、货车和摩托车等高排放车辆，北京实施了一系列在用车区域禁/限行措施。从 2003 年起禁止黄标车在二环内区域行驶，2008 年奥运期间禁止黄标车在北京全市范围行驶。2009 年 1 月起禁止黄标车在五环以内区域行驶，同年 10 月黄标车禁行的区域扩大到六环以内。对于货车，四环以内区域（含四环）早 6 点到晚 11 点禁止通行，8 吨以上货车禁止在五环主路早 6 点到晚 10 点时段内通行。对于摩托车，禁止其在四环以内道路行驶。

为了进一步调控小客车高速发展、高频使用和高度集中的特征，北京在 2008 年奥运临时交通管控措施（即单双号限行）的经验基础上，于 2008 年 10 月起实施小客车按车牌尾号工作日高峰时段区域限行交通管理措施（即"五天限一天"措施），并延续至今。2011 年起，北京采用摇号方式无偿分配社会和个人的小客车配置指标（即"新车限购"措施），2014 年进一步收紧新车上牌配额，以实现 2017 年前机动车保有量不超过 600 万辆的目标。上述常态化限行/限购措施扭转了北京 2010 年以来机动车发展速度过快的局面，近 50%的出行使用公共交通设施，有效缓解了城市交通运行压力。同时，北京市还在积极推进停车位的建设、智能交通管理、差别化停车收费和外埠车辆限行等一系列其他交通管理措施，这些措施将在未来进一步优化城市出行结构。

6）经济激励措施

近年来，北京越来越重视在控制机动车排放中采用经济激励措施。2008 年，北京市对公交、环卫、邮政、省际客运、渣土等近万辆重型柴油车进行了改造，政府给予适当补助。2011 年 8 月起，北京开始鼓励非营运车辆在到达强制淘汰的车龄之前主动淘汰，并对淘汰的车辆进行经济补偿。2012 年年底，北京发布新的机动车淘汰更新方案，推进国Ⅲ及以前老旧机动车加速淘汰，包括提高报废车辆政府补助标准、鼓励企业为淘汰车主提供奖励、提高换购新能源车的奖励力度等。在一系列的淘汰激励政策的推动下，北京市 2011~2013 年累积淘汰老旧车近 100 万辆，超额完成计划的淘汰目标。

5.3.2 建立移动源排放控制技术措施库

利用京津冀区域机动车排放模型，可以对机动车的减排措施和措施组合的减排效益进行定量的评估，如式（5-1）：

$$R_i = E_{S_i} - E_{S_0} \tag{5-1}$$

式中，R_i 为待评估的措施或措施组合的减排效益；E_{S_i} 为措施实施后的污染物或 CO_2 排放量，E_{S_0} 为基准情景下的污染物或 CO_2 排放量。

机动车的排放总量由机动车的保有量、单车活动水平和单车排放因子综合决定，排放量的计算公式如式（5-2）：

$$E_j = \sum_i (10^{-6} \cdot VP_i \cdot VKT_i \cdot EF_{i,j}) \tag{5-2}$$

其中，E_j 是污染物 j 的排放总量，t；VP_i 是车队技术类别 i 的保有量；VKT_i 是

车队技术类别 i 的年均行程里程，km；$EF_{i,j}$ 是车队技术类别 i 的 j 污染物的排放因子，g/km。

将式（5-2）代入式中，则进一步可以展开得到式（5-3）：

$$R_i = VP_i \cdot VKT_i \cdot EF_i - VP_0 \cdot VKT_0 \cdot EF_0 \tag{5-3}$$

式中，VP_i、VKT_i、EF_i 和 VP_0、VKT_0、EF_0 分别指措施实和基准情景下的保有量、活动水平和排放因子。

对于京津冀地区的移动源排放控制，可以分为区域水平和城市水平两个层面进行控制。在区域水平的控制方面，可以充分利用京津冀区域的交通一体化政策，有效利用铁路，完善高速路网，同时对长途运输车队和柴油的清洁化进行区域间的联合执法监控，实现整个区域水平的排放削减。

在城市水平的控制层面，可以针对一些人口密度较高、移动源污染较严重的重点城市，如北京、天津、石家庄等，采取更严格的机动车排放管理措施，例如交通优化（设置低排放区）、车辆/燃料清洁化、新能源替代和经济激励等措施，以期实现这些重点城市的大幅度减排。

基于以上的分析，本研究对京津冀地区可能实施或已开展实施的主要排放控制措施及其会影响到排放计算的参数进行了梳理，如表 5-4。

表 5-4　主要机动车排放控制措施表

措施类别	措施内容	主要影响参数
新车控制	推进实施严格的新车标准	车队技术构成
	推进实施燃油经济性标准	油耗及 CO_2 排放
	汽车限购政策	保有量、行驶工况
在用车控制	汽车环保标志（汽油车国一前，柴油车国三前为黄标车）	车队技术构成，黄标车的活动水平
	老旧车淘汰及限行	车队技术构成，老旧车的活动水平
	I/M 制度	单车排放因子
油品改善	汽油无铅化	单车排放因子
	硫含量	单车排放因子
替代燃料和新能源车	公共车队中引入可替代燃料车	车队技术构成
	私家车新能源车进行补贴	车队技术构成
交通管理措施	改善公共交通系统，发展轨道和地面公交	公交车队的保有量及活动水平；私家车队的保有量
	对特定车辆的区域限行（如货车，摩托车等）	限行车型的活动水平
	五天限一天	车辆活动水平行驶工况
	重大事件的临时限行	车辆活动水平行驶工况
经济措施	新能源车补贴，汽车节能补贴，老旧车淘汰补贴	车队技术构成

　　决策评估模型的数据库逻辑关系如图 5-35 所示。基于排放计算模型，决策评估模型的数据库除了需要包括计算排放量所需的保有量、活动水平和排放因子的基础参数库和地区基本信息数据库外，还包括了储存各项措施的实施时间、实施内容和实施效果等措施数据表，以及存储各种模拟情景下的措施组合及措施综合减排效果的情景设计数据表。决策评估模型可以同时计算多个情景下的排放量，从而便于进一步分析各情景之间的减排效益评估。

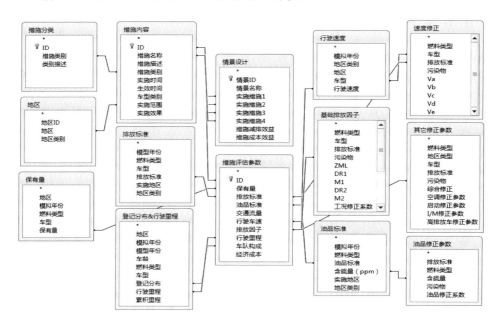

图 5-35　排放措施评估数据库关系示意

5.3.3　京津冀交通源排放趋势预测的多情景设计

　　为了分析未来年京津冀区域排放趋势的变化，本研究结合现行的控制政策及未来的减排政策规划，设计不同力度的京津冀道路交通排放控制情景：

　　（1）NAP：无控情景，从 2013 年开始不再加严排放措施；

　　（2）PC[1]：不断加严"车-油"一体的标准体系，强化全链条排放监管；

　　（3）PC[2]：进一步采取交通、经济、管理等综合手段调控车辆总量和使用强度，并大力推广清洁燃料和新能源车。

　　PC[1]情景主要针对新车标准和油品的控制进行情景设计，尽力推行京津冀区域的环保一体化，并加快逐步实施轻型车的国 5、国 6 标准和重型车的国Ⅳ、国Ⅴ和国Ⅵ标准，在保持北京领先实施更为严格的新车排放标准的基础上，其他地区逐步加快新车标准的实施进程，在 2018 年左右实现整个区域的排放协同控制。

同时油品标准与新车标准的实施相匹配。PC[1]情景下京津冀区域的新车排放标准实施进程如图 5-36。

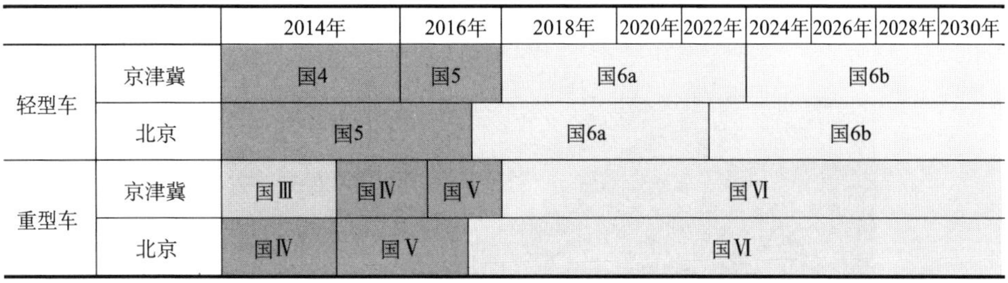

		2014年	2016年	2018年	2020年	2022年	2024年	2026年	2028年	2030年
轻型车	京津冀	国4	国5	国6a				国6b		
	北京	国5		国6a				国6b		
重型车	京津冀	国Ⅲ	国Ⅳ	国Ⅴ	国Ⅵ					
	北京	国Ⅳ	国Ⅴ		国Ⅵ					

图 5-36　PC[1]控制情景下京津冀未来排放标准实施进程

值得指出的是，最新发布的国 6 征求意见稿中明确对汽油车的蒸发排放提出了控制要求，需要采用先进的车载油气回收系统（On-board Refueling Vapor Recovery, ORVR）来控制汽油车蒸发排放。ORVR 相比目前在北京、广州和其他等地已经采用的二阶段油气回收系统，具有控制效率更高的优势，可以实现更为有效的蒸发排放减排。本研究中也将这一因素考虑到了 PC[1]以及 PC[2]的情景设定中。

PC[2]情景在 PC[1]的情景上进一步加严，通过交通、经济、管理等综合手段调控车辆总量和使用强度，并大力推广清洁燃料和新能源车。2030 年，京津冀区域内小客车总量在 PC[1]基础上下降了近一千万辆，北京、天津及河北的电动乘用车包括（包括 BEV 和 PHEV）所占市场份额分别为接近 50%和 40%（如图 5-37）。PC[1]和 PC[2]之间的主要情景参数差异见表 5-5。

表 5-5　PC[1]和 PC[2]情景的主要参数

	PC [1]	PC [2]
小型客车保有量　（万）	3800	2800
年均 VKT（km）	12000	1 0000（冀）/8000（京津）
到 2030 年新能源车占比（%）	与 2013 年相当	小型客车：36% 公交车：69% 其他大型客车：25% 重型货车：19%

5.3.4　交通源 $PM_{2.5}$ 排放减排目标和控制措施减排潜力评估

基于以上的情景设计，图 5-38 展示了京津冀区域在三种不同的控制情景下的各污染物排放趋势。

在 NAP 情景下，随着车队的正常淘汰更新，京津冀区域未来 15 年的机动车

VOCs 排放量将继续保持下降的趋势。与之相反，NO$_x$ 排放量则将持续增长，PM$_{2.5}$ 排放也在 2016 年左右达到低点后缓慢增加。如果不实施新的排放控制措施，2030 年京津冀 NO$_x$ 排放量将比 2013 年上升约 12%。

(a) 北京，天津

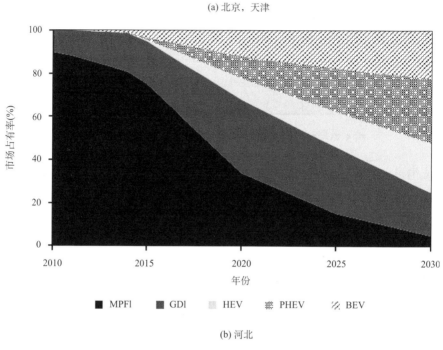

(b) 河北

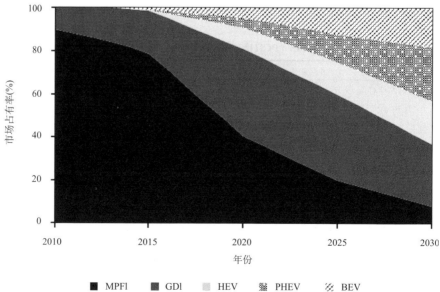

图 5-37　PC[2]情景下京津冀地区小型客车各技术的新车市场占有率

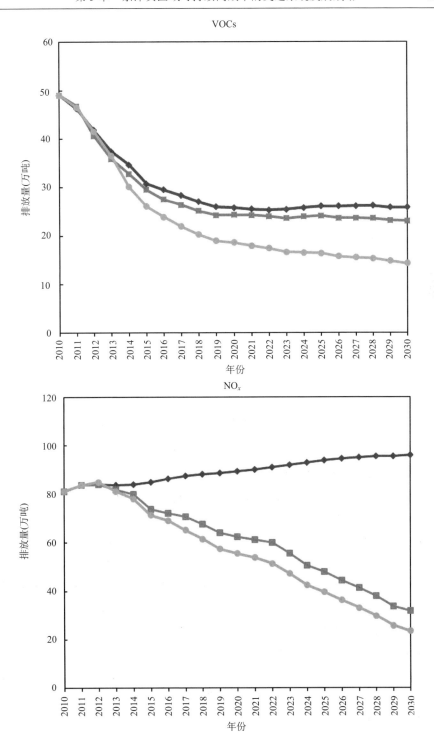

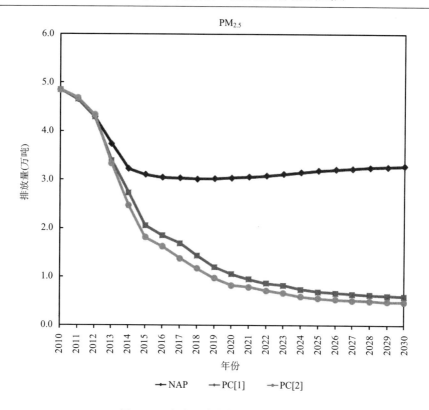

图 5-38　京津冀未来机动车排放趋势

　　在 PC[1]情景下，由于三个地区逐步实施了更为严格的新车排放标准和油品标准，各种污染物的减排都具有比较明显的作用，所有污染物排放量相比 NAP 情景都有较明显的降低。到 2030 年，相较 NAP 情景，PC[1] 情景下的 VOCs、NO_x 和 $PM_{2.5}$ 分别下降 11%、67% 和 82%。

　　在 PC[2]情景下，由于实施了更严格的综合控制手段来降低机动车的活动水平、保有量和排放水平，排放相对 PC[1]可实现更进一步的减排。相对 NAP 情景，PC[2] 情下 VOCs、NO_x 和 $PM_{2.5}$ 各分别下降了 44%、76% 和 85%。2030 年较 2013 年 VOCs、NO_x 和 $PM_{2.5}$ 分别下降 71%、71% 和 90%。

　　进一步地，我们将京津冀地区的机动车排放强度与国际最严格控制水平的加州进行横向比较。如图 5-39 所示，可以看到，到 2030 年，在 PC[2]情景的严格控制下，京津冀地区的 VOC 和 NO_x 排放强度比加州 2011 年仍然高出 66% 和 8%。京津冀地区的机动车减排挑战依然严峻。

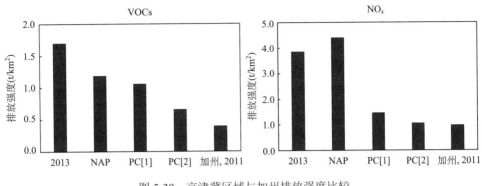

图 5-39　京津冀区域与加州排放强度比较

5.4　京津冀区域交通一体化的可持续发展和排放综合控制政策建议

5.4.1　面临的挑战和国际经验的启示

1. 京津冀区域"单中心，放射状"的交通网络布局和运输结构与区域一体化的发展要求不相适应，以绿色低碳为目标的客/货运运输模式和运输方式发展缓慢

由于政治中心和特大型城市的强大辐射作用，京津冀区域的公路、铁路和民航等基础设施布局均过于集中在北京，由此形成了"单中心，放射状"的网络结构，并产生大量过境交通。此外，机场、火车站等大型交通枢纽间的快速连接尚未建成，城市交通与城际交通不能实现无缝衔接，进一步加剧了局地的交通拥堵与高强度排放。

客运领域，京津冀区域的城际间轨道交通网尚未形成，区域内城际客运仍然主要依赖公路小汽车，仅占全国 2%面积的京津冀区域聚集了全国 12%的汽车保有量，铁路仅占客运总量的 17%。城市内部的公共交通出行分担率仍然不高，例如近年来北京、天津、石家庄等城市的公交出行率均在 40%~50%之间，与国家设定的大城市公交出行分担率 60%以上的目标相比仍存在较大的差距。

货运领域，以天津、唐山等组成的津冀港口群是中国沿海最为繁忙的港口群之一，2014 年吞吐量达到 15 亿吨，占到全国沿海港口吞吐量近 20%。但是如此庞大的港口吞吐作业却主要依靠公路货运来完成集疏运，天津港这样的大港的铁路集疏运比例仅为 20%，大型港口周边公路货车高度密集，排放强度高度集中。

2. 京津冀已成为全国交通源污染排放的关键控制区域，且其排放强度在城市区域内进一步高度聚集；移动源排放联合防控上存在显著的地域差距，高排放的柴油车/机械和劣质油品成为区域污染防治的难点

京津冀区域 2013 年道路机动车 HC 和 NO_x 的排放强度分别高达 1.9 t/km^2 和 3.7 t/km^2，是全国平均水平的 4~5 倍；且排放强度在北京和天津等大城市核心区进一步高度聚集，例如北京城区（六环内）道路机动车 HC 和 NO_x 的排放强度进一步攀升至 11.2 t/km^2 和 37.5 t/km^2。京津冀机动车排放特征还存在着较为显著的地区差异，例如对于 VOCs，北京和天津的主要贡献车型为轻型客车，而河北则除了轻型客车外，摩托车也是一大排放源；对于 NO_x，由于河北对重型车的排放监管力度较弱，本地中重型货车在北京-天津-河北的分担率依次显著攀升，分别为 31%，48% 和 78%。此外，大量的外地货车也已成为北京/天津的 NO_x 和一次 $PM_{2.5}$ 不可忽视的排放源，需引起高度关注。

京津冀区域内移动源排放在控制水平上存在显著的地域差异，不论是轻型车、重型车还是油品质量等方面都存在 5~10 年不等的差距（1~2 个标准的差距）。柴油车/柴油机械排放和市售油品的监管能力在北京及周边地区存在更为显著的差距：柴油货车排放超标问题突出，加油站销售劣质油品现象难以杜绝；工程机械和农业机械排放监管体系尚未建立，在用机械污染治理基本处于空白。因此，京津冀各地区之间亟须缩小差距，尽快实现区域联动、快速提升区域移动源排放控制的整体水平，并最终建立起京津冀区域一体化的交通防控体系。

3. 移动源的防控过于依赖后处理技术和传统汽柴油质量的逐步升级，构建行驶过程超低排放-零排放的新能源交通体系的尝试尚处在起步阶段

目前京津冀地区对移动源的排放控制主要依赖于排放后处理技术和传统汽柴油质量的逐步升级，除北京近年来采取了较多针对新能源车的鼓励政策外，河北的新能源车在新车的市场占有率还不到 1%。未来随着应对更严格的污染物减排及燃油经济性标准的压力逐渐增大，对先进动力技术和清洁替代燃料等新技术车辆的需求将逐渐凸显。

但是，目前京津冀地区尚缺乏统一的新能源汽车发展规划，尤其是新能源车的准入、新能源基础设施建设在区域内不同城市存在巨大的发展差异，并存在明显的城市间壁垒。以公共充电网络建设为例，例如，目前京津冀区域内近 3/4 的充电系统聚集在北京，区域内极不平衡的基础设施建设水平极大地妨碍了新能源车更健康有序的发展。

4. 京津冀地区需充分借鉴日本和欧洲城市构筑高效公共交通系统和严格机动车排放控制双管齐下的经验

基于日本东京都市圈和伦敦都市圈发展高效率交通系统的经验，在高强度开发与人口密集的城市群区域，需要把运量大、排放低、能效高的轨道交通作为区域客货运输的主要方式。通过大力发展货运铁路网、高速客运铁路网、城际轨道网、城市地铁网吸引客货运由公路转向轨道。交通网络结构也应随着城市群结构的发展逐步演变，促使区域交通系统高效顺畅运行，避免形成单中心的高度集中和拥堵状况。

5.4.2　主要政策建议

全面实施"轨道上的京津冀"和"公交都市"战略以重塑京津冀区域综合交通运输体系；建立全覆盖和全链条机动车污染防治和监管体系，重点推进"清洁柴油机行动计划"和"新能源汽车行动计划"。

具体政策建议如下：

1. 重塑京津冀区域综合交通运输体系，构建与区域一体化发展相适应的交通网络布局与运输结构，发展绿色低碳的客货运输模式

全面实施"轨道上的京津冀"和"公交都市"战略。实现京津冀区域内干线铁路、城际铁路、市域铁路、城市轨道的"四网融合"，实现地级以上城市快速铁路的100%覆盖和2030年区域客货运输铁路分担率大幅提高。在北京、天津和河北的11个地级市全面推行"公交都市"建设，发展地铁、公交、公共自行车等绿色出行方式，加大公交运力投放，优先保障公交路权，大力提升绿色出行比例，实现2030年北京达到75%，天津达到70%，其他城市超过60%。强化对外、城际和城市客运的无缝衔接，增强北京、天津的机场和车站等综合客运枢纽功能，实现北京、天津、石家庄等枢纽城市机场、高铁站间的快速连接，不同运输方式之间换乘时间不超过10分钟。推动快速铁路为主的城际出行，联程联运的一体化便捷服务形成覆盖京津冀区域的一小时交通圈，实现城际高速运输与城市公交的无缝衔接，方便换乘，发展北京、天津、石家庄等城市的跨区域公交系统。

协同配置区域内的港口、物流场站等货运枢纽功能，构建低碳智慧物流系统。合理配置、统一规划津冀大型港口，进一步完善配置津冀港口群铁路集疏运系统，建立"内陆港"体系，促进公路货运向铁路和水运转移：力争港口铁路集疏运比例超过50%。合理规划配置综合物流园区，推动城际货运和城市配送的高效衔接，发展城市物流共同配送模式，推动建立城市清洁配送体系。

逐步改善区域交通网络结构，拓展区域综合运输通道。推进京津冀区域交通

基础设施的一体化规划和统筹建设，通过铁路、公路基础设施的补充建设，加快区域内交通网络结构由"单中心、放射状"转为"多中心、网络状"，提升交通运行效率。在北京、天津和石家庄等中心城市实施出行需求管理和引导政策，继续调控汽车活动水平过快地增长：力争 2030 年区域内控制在 250 辆/千人，年均行驶里程 8000 km 以下。

2. 建立"车-油"同步、区域协同的全覆盖和全链条机动车污染防治和监管体系，构建区域统一的移动源环保管理和执法平台，提高经济激励和精细化管理水平

针对"新车-在用车-油品"一体化环保管理，从新车信息公开、生产一致性和在用符合性检查，老旧车淘汰、在用车治理和异地车辆排放监管，到油库检查和加油站抽查，构建区域协同、物联网和大数据技术融合的全覆盖、全链条机动车污染防治和监管体系。

"十三五"期间，在京津冀区域分步提前实施统一的国六机动车排放标准、国四非道路机械排放标准和国二船舶排放标准；同步实施国六车用油品标准，推进普通柴油和车用柴油并轨，船舶排放控制区内使用硫含量小于 0.5% 的低硫船用燃油。加速淘汰老旧高排放机动车和船舶，对符合要求的重型柴油车、非道路机械和船舶开展治理（如加装 DPF），定期更换高频使用车（例如出租车）排放后处理装置。

采用先进的检测技术手段，建立常规台架检测和实际道路检测并行的京津冀区域机动车排放监测系统。利用物联网和交通-排放大数据技术，构建实时动态、区域统一的移动源环保管理和执法平台，实现区域内信息共享，实施排放超标车辆的异地管理和处罚，对非道路机械、船舶开展登记和建立台账，实施协同监管。加强部门间联合执法，对成品油生产、运输和销售等流通环节进行全过程监管。

结合经济激励和交通管理等手段，探索建立环境交易平台、低排放区、强化老旧高排放车监管等措施相结合的综合管控模式，限制老旧车活动强度和鼓励老旧车加快淘汰，提高经济激励和精细化管理水平。

3. 结合我国"一带一路"和"中国制造 2025"国家战略，尽快组织实施"清洁柴油机行动计划"，并率先在京津冀区域内示范

借鉴欧美在移动源污染防治领域的成功经验，结合我国"一带一路"和"中国制造 2025"国家战略，由国务院牵头，在"十三五"期间尽快组织实施"国家清洁柴油机行动计划"，重点开展道路柴油车、工程机械、农业机械、船舶等关键柴油机领域的清洁化专项工程，并在京津冀区域内示范。

　　确保更严格的柴油车/柴油机械排放标准和更严格的柴油质量标准在京津冀区域内尽快实施。例如，"十三五"期间在京津冀区域分步提前实施统一的国六机动车排放标准、国四非道路机械排放标准和国二船舶排放标准；同步实施国六车用油品标准，推进普通柴油和车用柴油并轨，船舶排放控制区内使用硫含量小于0.5%的低硫船用燃油。

　　在符合条件的前提下，在尽可能多的车辆和发动机上，尽可能快地安装颗粒物捕集器等先进技术，使细颗粒物质量浓度和粒数浓度、黑碳等污染物排放大幅削减。最新的道路和非道路低硫燃料控制进程为这些先进技术的应用创造了条件。进一步加快老旧柴油机淘汰进程，出台高排放柴油机限期强制淘汰制度，采取财政支持和市场扶持相结合的手段鼓励提前淘汰老旧柴油机，使用 DPF 等先进技术改善符合条件的在用柴油机排放水平，优化现有移动源车队结构。

　　严格实施环渤海船舶排放控制区政策，适时扩展范围和提高标准。加快船舶岸电设施建设与使用力度，推广港口机械和集疏运卡车使用电力或 LNG 动力等更清洁的能源。在机场、港口、车站等大型综合客货运枢纽，构建绿色低碳智慧的新能源交通运输体系，减少柴油车/柴油机械的使用强度。

　　4. 构建"超低-零行驶排放"的新能源交通系统，积极有序地推广新能源车进入京津冀区域，促进新能源车在区域交通污染防控发挥重要作用

　　加大推广电力、天然气、乙醇汽油、氢燃料等多种清洁可再生的新能源车辆，基于区域内不同的能源资源禀赋和环境改善目标，鼓励各类先进动力技术和清洁替代燃料车以不同的比例在城市公共车队（公交车/出租车）和私家车队进行分步骤的有序推广，积极有序地推广新能源车进入京津冀区域，力争在 2020 年建成较为完善的区域一体化的公共充电和清洁车用燃料（生物质燃料/天然气）加注网络，促进新能源车在区域交通污染防控发挥重要作用。

　　在推广过程中及时对节能减排效果进行跟踪评估，重视电动车等新能源车推广过程中排放向上游发电等过程的转移。充分利用京津冀区域周边丰富的风能、太阳能等清洁电力，构建全生命链条清洁化的电动车队体系。确保在生命周期全过程中对污染排放的总体控制，在其推广过程中发挥节能减排效益最大化的示范作用。

参 考 文 献

北京交通发展研究中心. 2005—2013. 北京交通发展年报. 2005~2013.

北京市人民政府. 2017. 北京市清洁空气行动计划(2013—2017). 北京市环境保护局, http://www.bjepb.gov.cn/bjepb/324122/440810/index.html.

北京市人民政府. 2017. 北京市小客车数量调控暂行规定. 新华网, http://www.bjhjyd.gov.cn/.

北京市统计局, 国家统计局, 北京调查总队. 2014. 北京统计年鉴. 北京: 中国统计出版社.

发改委能源研究所. 2009. 中国 2050 低碳发展之路.

国家环保部, 国家质量监督检验检疫总局. 2013. 轻型汽车污染物排放限值及测量方法(中国第五阶段): GB 18352. 5—2013. 北京: 中国环境科学出版社.

国家统计局. 2000—2014. 中国统计年鉴. 北京: 中国统计出版社.

国家统计局城市社会经济调查司. 2002—2014/中国城市统计年鉴. 北京: 中国统计出版社.

霍晓庆. 2015. 日本首都圈交通一体化效应及启示研究: 硕士学位论文. 保定: 河北大学.

天津市统计局, 国家统计局, 天津调查总队. 2014. 天津统计年鉴. 天津: 中国统计出版社.

张少君. 2014. 中国典型城市机动车排放特征与控制策略研究: 博士学位论文. 北京: 清华大学.

中国工程机械工业协会. 2012. 中国工程机械工业年鉴 2012. 北京: 机械工业出版社.

中国汽车技术研究中心. 2013. 摩托车工业年鉴.

中华人民共和国国务院. 2012. 节能与新能源汽车产业发展规划(2012—2020 年). 北京, 2012.

中华人民共和国国务院. 2014. 中国新型城镇化规划(2014—2020 年).

Fu M, Ding Y, Ge Y, et al. 2013. Real-world emissions of inland ships on the Grand Canal, China. Atmospheric Environment, 81: 222-229.

Wang R, Wu Y, Ke W, et al. 2015. Can propulsion and fuel diversity for the bus fleet achieve the win-win strategy of energy conservation and environmental protection?. Applied Energy, 147: 92-103.

Wang Z S, Wu Y, Zhou Y, et al. 2014. Real-world emissions of gasoline passenger cars in Macao and their correlation with driving conditions. International Journal of Environmental Science and Technology, 11(4): 1135-1146.

Weiss M, Bonnel P, Kühlwein J, et al. 2012. Will Euro 6 reduce the NO_x emissions of new diesel cars? —Insights from on-road tests with Portable Emissions Measurement Systems (PEMS). Atmospheric Environment, 62: 657-665.

Wu X, Wu Y, Zhang S, et al. 2016. Assessment of vehicle emission programs in China during 1998 —2013: Achievement, challenges and implications. Environmental Pollution, 214: 556-567.

Wu Y, Wang R J, Zhou Y, et al. 2011. On-road vehicle emission control in Beijing: past, present, and future. Environmental Science & Technology, 45(1): 147-153.

Wu Y, Yang Z D, Lin B H, et al. 2012a. Energy consumption and CO_2 emission impacts of vehicle electrification in three developed regions of China. Energy Policy, 48: 537-550.

Wu Y, Zhang S J, Li M L, et al. 2012b. The challenge to NO_x emission control for heavy-duty diesel vehicles in China. Atmospheric Chemistry and Physics, 12: 9365-9379.

Wu Y, Zhang S, Hao J, et al. 2017. On-road vehicle emissions and their control in China: A review and outlook. Science of The Total Environment, 574: 332-349.

Yue X, Wu Y, Hao J M, et al. 2015. Fuel quality management versus vehicle emission control in China, status quo and future perspectives. Energy Policy, 79: 87-98.

Zhang S J, Wu Y, Wu X M, et al. 2014a. Historic and future trends of vehicle emissions in Beijing, 1998-2020: A policy assessment for the most stringent vehicle emission control program in China. Atmospheric Environment, 89: 216-229.

Zhang S J, Wu Y, Wu X M, et al. 2014b. Historic and future trends of vehicle emissions in Beijing, 1998-2020: A policy assessment for the most stringent vehicle emission control program in China. Atmospheric Environment, 89: 216-229.

Zheng X, Wu Y, Jiang J, et al. 2015. Characteristics of on-road diesel vehicles: Black carbon emissions in Chinese cities based on portable emissions measurement. Environmental Science & Technology, 49: 13492-13500.

第6章　京津冀区域大气污染监测监管体系研究

课题组成员

魏复盛　中国环境监测总站　中国工程院院士

刘文清　中国科学院合肥物质科学研究院　中国工程院院士

宫正宇　中国环境监测总站　研究员

景立新　中国环境监测总站　研究员

潘本锋　中国环境监测总站　正高级工程师

吴国平　中国环境监测总站　研究员

许人骥　中国环境监测总站　高级工程师

王　帅　中国环境监测总站　高级工程师

周　同　中国环境监测总站　高级工程师

陈敏敏　中国环境监测总站　高级工程师

谢品华　中国科学院合肥物质科学研究院　研究员

陈臻懿　中国科学院合肥物质科学研究院　研究员

李　昂　中国科学院合肥物质科学研究院　研究员

徐　晋　中国科学院合肥物质科学研究院　副研究员

吴丰成　中国科学院合肥物质科学研究院　助理研究员

6.1　京津冀区域空气质量监测体系现状分析

6.1.1　监测点位布设概况

2012 年 2 月我国颁布了《环境空气质量标准》（GB 3095—2012），将 $PM_{2.5}$、O_3 8 小时等项目纳入了空气质量必测项目，同年 4 月环境保护部调整了国家环境空气质量监测网组成名单，将监测网络覆盖到我国所有地级以上城市，调整后的京津冀区域环境空气监测网络包含了 13 个城市的 80 个评价点位。

2009 年 11 月环境保护部以环办[2009]137 号文件《关于同意国家农村空气自动监测站点位设置的通知》，在京津冀区域确定建设 3 个国家农村监测站点（区域站）。

2015 年环境保护部以环办函[2015]1378 号文件《关于做好国家区域环境空气质量监测子站建设的函》，计划在京津冀区域新建 8 个区域站，其中位于河北省 3 个，天津市 3 个，北京市 2 个。

此外，在京津冀区域，地方环保部门还构建了地方环境空气质量监测网，地方网空气监测点位总数约为 160 个，监测点位覆盖到了绝大多数县（市）区。

6.1.2　监测点位代表性分析

1. 点位布设要求

2013 年环境保护部发布了《环境空气质量监测点位布设技术规范（试行）》（HJ 664—2013），从国家层面规范了我国环境空气质量监测点位布设原则和要求、环境空气质量监测点位布设数量、开展的监测项目等内容，为各级环境保护行政主管部门对环境空气质量监测点位的规划、设立、建设与维护管理提供了标准依据。

环境空气监测点位布设原则主要有：

（1）代表性。监测点位应具有较好的代表性，能客观反映一定空间范围内的环境空气质量水平和变化规律，客观评价城市、区域环境空气状况，污染源对环境空气质量影响，满足为公众提供环境空气状况健康指引的需求。

（2）可比性。同类型监测点设置条件尽可能一致，使各个监测点获取的数据具有可比性。

（3）整体性。环境空气质量评价城市点应考虑城市自然地理、气象等综合环境因素，以及工业布局、人口分布等社会经济特点，在布局上应反映城市主要功能区和主要大气污染源的空气质量现状及变化趋势，从整体出发合理布局，监测点之间相互协调。

（4）前瞻性。应结合城乡建设规划考虑监测点的布设，使确定的监测点能兼顾未来城乡空间格局变化趋势。

（5）稳定性。监测点位置一经确定，原则上不应变更，以保证监测资料的连续性和可比性。

点位布设数量要求为：

各城市环境空气质量评价城市点的最少监测点位数量应符合表 6-1 的要求。按建成区城市人口和建成区面积确定的最少监测点位数不同时，取两者中的较大值。

表 6-1　环境空气质量城市评价点设置数量要求

建成区城市人口（万人）	建成区面积（km^2）	最少监测点数
<25	<20	1
25~50	20~50	2
50~100	50~100	4
100~200	100~200	6
200~300	200~400	8
>300	>400	按每 50~60 km^2 建成区面积设 1 个监测点，并且不少于 10 个点

区域点的数量由国家环境保护行政主管部门根据国家规划，兼顾区域面积和人口因素设置。各地方可根据环境管理的需要，申请增加区域点数量。

2. 代表性分析

目前，京津冀地区 13 个城市中，空气监测点位数量在 3~13 个之间，区域监测站点中已建成 3 个，其余 8 个区域站点正在建设当中。京津冀区域各城市人口与建成区面积见表 6-2。

表 6-2　主要城市人口、建成区面积与监测点位数目

城市	建成区城市人口（万人）	建成区面积（km^2）	规范要求的最少空气监测点位数（个）	实有国控空气监测点位数（个）
北京	2069	1268	25	12
天津	642.91	797.10	16	15
石家庄	262.46	264.01	8	8
保定	110.45	146.03	6	6
唐山	193.49	249.00	8	6
衡水	35.56	46.40	2	3

续表

城市	建成区城市人口（万人）	建成区面积（km²）	规范要求的最少空气监测点位数（个）	实有国控空气监测点位数（个）
承德	52.01	115.44	6	5
廊坊	46.00	65.61	4	4
沧州	52.30	68.12	4	3
张家口	85.00	86.00	4	5
邢台	87.68	89.58	4	4
邯郸	149.93	123.73	6	4
秦皇岛	89.56	102.85	6	5

由分析结果可见，上述 13 个城市中，北京、天津、唐山、承德、沧州、邯郸、秦皇岛七个城市国控监测点位数量与国家标准还有一定差距，其余 6 个城市监测点位数量基本能够满足国家相关标准要求，但部分城市除了国控空气监测点位以外，还设立了一定数量的省控、市控监测点位，同国控点位共同反映城市环境质量状况，综合考虑这些监测点位的空间代表性以及监测资金投入和产出， 京津冀区域的城市国控监测点位基本能够满足当前城市空气质量现状评价工作需要。

6.1.3　监测能力概况

目前，京津冀区域已建成 80 个城市空气监测点位和 3 个区域空气监测点位，全部具备了《环境空气质量标准》（GB 3095—2012）表 1 规定的 6 个基本项目，包括：SO_2、NO_2、CO、O_3、PM_{10}、$PM_{2.5}$ 以及气象五参数。监测方法全部为连续自动监测，数据采集频次为每 5 分钟一次。

监测装备上，京津冀区域共配备监测设备 700 多台套，其中 PM_{10} 和 $PM_{2.5}$ 为 β 射线法自动监测仪或者振荡天平法自动监测仪，SO_2 配备了紫外荧光法自动监测仪，NO_2 配备了化学发光法自动监测仪，CO 配备了非分散红外自动监测仪，O_3 配备了紫外光度法自动监测仪，还配备了气象五参数监测仪、能见度仪、城市摄影系统等。

6.1.4　质量保证与质量控制体系

目前，我国环境空气质量监测网络已经构建了较为完善的质量保证与质量控制体系，从监测点位布设、监测仪器设备选型、监测仪器的安装与验收、监测系统运行、数据采集与审核等环节对监测全过程进行了明确的质控要求，质控体系涉及的相关标准规范包括：

《环境空气质量监测点位布设技术规范》（HJ 664—2013）

《环境空气气态污染物（SO$_2$、NO$_2$、O$_3$、CO）连续自动监测系统技术要求与检测方法》（HJ 654—2013）

《环境空气颗粒物（PM$_{10}$与PM$_{2.5}$）连续自动监测系统技术要求及检测方法》（HJ 653—2013）

《环境空气气态污染物（SO$_2$、NO$_2$、O$_3$、CO）连续自动监测系统安装验收技术规范》（HJ 193—2013）

《环境空气颗粒物（PM$_{10}$与PM$_{2.5}$）连续自动监测系统安装和验收技术规范》（HJ 655—2013）

《环境空气自动监测技术规范》（HJ/T 193—2005）

《环境空气质量监测规范（试行）》（2007）

与环境空气质量新标准相配套的颗粒物与气态污染物连续自动监测系统运行与质控技术规范正在 HJ/T 193—2005 的基础上进行修订。

6.1.5 监测结果评价体系

1. 环境空气质量标准

2012 年环境保护部颁布了《环境空气质量标准》（GB 3095—2012），该标准第一次将 PM$_{2.5}$、臭氧 8 小时等指标列入我国空气质量标准，新增了 PM$_{2.5}$、臭氧 8 小时、部分重金属等污染物的标准限值，调整了 PM$_{10}$、NO$_2$、Pb 和苯并芘等污染物的标准限值，该标准是我国进行空气质量评价的重要基础性标准。

2. 环境空气质量指数（AQI）技术规定

2012 年为配合空气质量新标准的实施，环境保护部颁布了《环境空气质量指数（AQI）技术规定》（HJ 633—2012），规范了环境空气质量指数日报、实时报的工作要求和程序。利用该规定可以将各项污染物的实际浓度转换为无量纲的空气质量指数，根据空气质量指数可以将空气质量划分为"优、良、轻度污染、中度污染、重度污染、严重污染" 6 个级别，同时针对不同的空气质量级别给出相应的健康指引和出行建议，便于社会公众对空气质量状况信息的理解并采取相应的防护措施，AQI 技术规定在扩大环境信息公开，服务社会公众方面发挥了重要作用。

但该规定在实施过程中也显现出一些问题，主要表现在颗粒物实时报采用 24 小时平均浓度计算质量指数，当颗粒物浓度快速变化时不能及时反映污染状况，见图 6-1；日报和实时报中同时使用臭氧 1 小时和臭氧 8 小时两个指标，导致臭氧评价结果有矛盾；臭氧 8 小时滑动平均值计算时段不明确；空气质量类别划分不合理，不能客观反映空气质量级别为二级时的空气质量状况；缺乏城市总体评

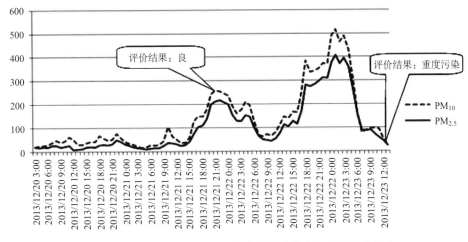

图 6-1　某城市 PM_{10} 和 $PM_{2.5}$ 浓度变化时的空气质量评价结果

价方法等问题。

针对 AQI 技术规定存在的问题，建议尽快对 AQI 技术规定进行修订，可采用颗粒物（PM_{10}、$PM_{2.5}$）小时浓度值进行空气质量实时评价；臭氧评价中使用臭氧 8 小时进行日评价，使用臭氧 1 小时进行实时评价；修订空气质量类别分级，将现技术规定中的"优"调整为"优良"，将"良"调整为"一般"。则调整后的空气质量指数类别可划分为"优良、一般、轻度污染、中度污染、重度污染、严重污染"；针对我国空气质量管理需求，增加城市空气质量总体评价相关内容，进行城市整体空气质量指数计算和城市总体空气质量评价。

3. 环境空气质量评价技术规范

为规范环境空气质量评价工作，保证空气质量评价结果的统一性和可比性，2013 年环境保护部颁布了《环境空气质量评价技术规范》（HJ 663—2013），该规范规定了环境空气质量评价的范围、评价时段、评价项目、评价方法及数据统计方法等内容。

与环境空气质量标准相比较，环境空气质量标准除使用年均值指标和日均值指标外，在进行各项污染物年评价时，增加了日均值特定百分位数这一指标，同时采用年均值和日均值百分位数进行达标评价，在控制年均值同时，也加强了日均值极大值的控制，可以更加全面地反映空气质量状况，更好地为空气质量管理服务。

4. 城市空气质量排名技术规定

2013 年 9 月国务院印发了《大气污染防治行动计划》（国发[2013]37 号），行动计划要求"国家每月公布空气质量最差的 10 个城市和最好的 10 个城市名单，各省、区、市要公布本行政区域内地级及以上城市空气质量排名"。为落实大气污染防治行动计划，督促各级政府加强大气污染控制，环境保护部于 2014 年发布了《城市环境空气质量排名技术规定》，明确了城市间环境空气质量比较和排名的技术规定，每月根据该技术规定公布环境空气质量最差的 10 个城市和最好的 10 个城市名单，见图 6-2。

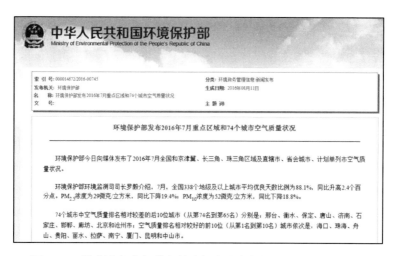

图 6-2　环境保护部依据排名技术规定公布的较好与较差城市名单

城市环境空气质量排名依据空气质量综合指数（简称综合指数）进行排序。综合指数是参与城市空气质量评价的各项污染物单项指数之和，综合指数越大表明城市空气污染程度越重。

6.1.6　信息发布体系

2012 年我国颁布了新的环境空气质量标准，为配合新标准的实施，中国环境监测总站启动了"国家环境空气监测网数据传输与网络化质控平台"项目建设，以实现全国范围地级城市环境空气质量自动监测和联网分析发布。在推进环境信息公开，保障公众的环境知情权方面发挥了重要作用。

国家环境空气监测网数据传输与网络化质控平台由国家监控中心、省级监控中心、城市站监控中心与空气质量自动监测站监控系统四部分构成。

空气质量自动监测站监控系统主要由污染物分析仪器、气象仪器、站房传感器、站房温室控制仪器（空调、除湿机、升温器）、工控机、采样总管监控仪器等构成，采用局域网与现场总线连接；国家、省、城市的监控中心则根据其不同的业务规模，配置不同等级与数量的应用服务器、数据库服务器、GIS 服务器、交换机、防火墙、路由器等，各级监控中心自成局域网，保证内部的高速稳定通信；

子站监控系统与各级监控平台间通过互联网连接，为保证数据的安全性，采用VPN 技术对网络数据传输进行访问验证和消息加密。

国家环境空气监测网数据传输与网络化质控平台主要完成监测数据的实时采集与传输、远程质控、数据审核与应用发布等功能，涉及的平台主体间的数据流可分为四类：Ⅰ类监测结果及状态数据、Ⅱ类 QC 结果数据、Ⅲ类 QC 控制指令、Ⅳ类审核后数据（包括监测数据、QC 结果、QA 结果），见图 6-3。

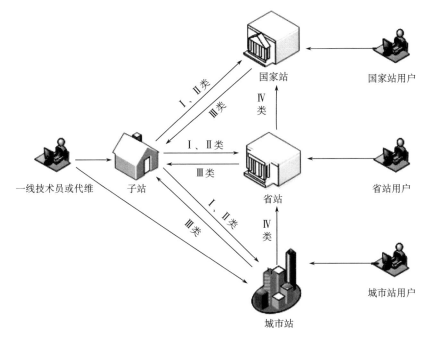

图 6-3　国家环境空气监测网数据传输网络示意图

一般地，子站设备和系统的维护由城市站指派一线技术员或委托代维商负责子站相关仪器、站房环境控制设备及信息化系统的现场操作和维护工作。

子站采集的监测结果及状态数据（Ⅰ类）则通过安全网络按"向上备份"的规则，多点播报给城市站、省站以及国家站。

城市站相关人员负责对子站采集的监测结果数据、QC 及 QA 结果数据进行审核，并将通过审核的数据（Ⅳ类）上报到省站平台，省站平台收集下属各城市站的上报数据，由相关负责人审核，通过后上报到国家站，国家站收集到这些数据审核无误后即可进行公众发布。

国家站、省站、城市站各级中心平台均可对子站进行远程操控，国家、省、市各级平台用户通过平台系统提供的功能界面，可以对下属子站发出质量控制指令（Ⅲ类），由各子站自动执行，并回馈执行情况和结果（Ⅱ类）。

为了方便公众便捷、直接地获取环境空气质量信息，环境保护部开发了"全国城市空气质量实时发布平台"，公众可以在网站上方便地查询国家环境空气监测网络内各监测站点各项污染物的实时监测结果，这些监测结果均来自国家监测网内 338 个城市，1436 个监测点位的实时监测结果，实现了所有监测点位实时监测、实时发布，最大限度地保证了监测数据准确客观真实、准确可靠，充分保障了公众的环境知情权。同时，京津冀区域内北京市、天津市、河北省也都建成了各自的空气质量发布平台，发布平台发布页面见图 6-4 至图 6-7。

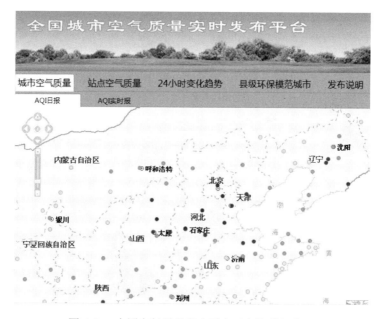

图 6-4　全国空气质量发布平台（京津冀部分）

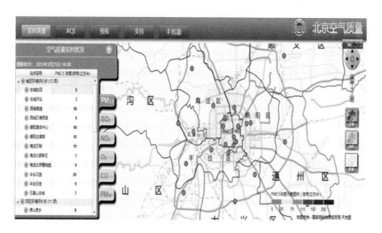

图 6-5　北京市空气质量发布平台

图 6-6　天津市空气质量发布平台

图 6-7　河北省空气质量发布平台

6.1.7　大气污染源监测体系现状

1. 污染源监督性监测情况

"十二五"期间，京津冀区域环保部门对国控重点污染源持续开展了监督性监测，监测频次为每季度监测一次。其中 2011~2014 年北京市开展监督性监测的废气国家重点企业分别为 10、8、9、9 家，企业主要分布在电力、热力的生产和供应业、石油加工和炼焦 2 个行业，详见表 6-3。

表6-3　北京市废气国控企业行业分布情况

行业	2011 年	2012 年	2013 年	2014 年
电力、热力的生产和供应业	7	5	7	8
非金属矿物制品业	2	—	—	—
石油加工、炼焦及核燃料加工业	1	1	1	1
黑色金属冶炼及压延加工业	—	2	1	—

　　天津市开展监督性监测的废气国家重点监控企业分别为22、31、30、29 家，企业分布在电力、热力的生产和供应业、非金属矿采选业、黑色金属冶炼及压延加工业、化学原料及化学制品制造业、石油加工、炼焦及核燃料加工业 5 个行业，其中电力热力行业企业数量相对较多，约占企业总数的 50%，详见表6-4。

表6-4　天津市废气国控企业行业分布情况

行业	2011 年	2012 年	2013 年	2014 年
电力、热力的生产和供应业	13	15	15	14
非金属矿采选业	1	2	2	2
黑色金属冶炼及压延加工业	1	9	8	8
化学原料及化学制品制造业	3	3	3	3
石油加工、炼焦及核燃料加工业	4	2	2	2

　　河北省开展监督性监测的废气国家重点监控企业分别为256、231、268、254 家，企业分布在电力、热力的生产和供应业、黑色金属冶炼及压延加工业、非金属矿物制品业、石油加工、炼焦及核燃料加工业、化学原料及化学制品制造业等行业，其中电力热力、非金属矿物制品业、黑色金属冶炼及压延加工三个行业企业数量约占企业总数的 85%，详见表6-5。

表6-5　河北省废气国控企业行业分布情况

行业	2011 年	2012 年	2013 年	2014 年
电力、热力的生产和供应业	87	89	100	100
黑色金属冶炼及压延加工业	70	105	108	96
非金属矿物制品业	26	16	29	28
石油加工、炼焦及核燃料加工业	25	9	13	13
化学原料及化学制品制造业	12	7	6	5
其他	36	5	12	12

2. 在线连续监测系统建设与运营情况

"十二五"期间伴随着污染物总量减排工作的不断深入，污染源在线连续监测系统发展迅速，2015 年国控企业纳入国家重点污染源数据传输有效率考核的废气企业，北京有 5 家、天津 27 家、河北 236 家。这些企业基本上都建设了在线连续监测系统，并且普遍采用第三方运维服务的模式开展监测。

北京 5 家废气国控企业中，有 4 家企业安装了 33 套在线连续监控系统安装并通过验收，其中二氧化硫在线连续监控系统 15 套，氮氧化物在线连续监控系统 16 套，烟尘在线连续监控系统 16 套。

天津 27 家废气国控企业中，有 25 家企业安装了 97 套在线连续监控系统安装并通过验收，其中二氧化硫在线连续监控系统 75 套，氮氧化物在线连续监控系统 75 套，烟尘在线连续监控系统 77 套，其他污染物在线连续监控系统 9 套。

河北 236 家废气国控企业中，有 215 家企业安装了 708 套在线连续监控系统安装并通过验收，其中二氧化硫在线连续监控系统 188 套，氮氧化物在线连续监控系统 176 套，烟尘在线连续监控系统 193 套，其他污染物在线连续监控系统 510 套。

《"十二五"主要污染物总量减排考核办法》中，对全国各地主要污染物监控数据传输有效率提出了须达到 75%的要求，2014～2015 年，环境保护部环境监察局按月对各地市在线连续监控系统数据有效传输率进行考核。北京市 2014 年在线连续监控系统数据有效传输率为 96.3%，2015 年 1~9 月数据有效传输率为 98.4%；天津市 2014 年在线连续监控系统数据有效传输率为 81.1%，2015 年 1~9 月数据有效传输率为 98.5%；河北省 2014 年在线连续监控系统数据有效传输率为 79.9%，2015 年 1~9 月数据有效传输率为 96.4%。

北京纳入 2015 年数据传输有效率考核的废气监控点有 9 个，截至 2015 年 9 月有效性审核通过的废气监控点有 9 个，有效性审核通过率为 100%。

天津纳入 2015 年数据传输有效率考核的废气监控点有 76 个，截至 2015 年 9 月有效性审核通过的废气监控点有 56 个，有效性审核通过率为 73.68%。（已设置为停运的废气监控点有 20 个，剔除停运废气监控点后的有效性审核通过率为 100%。）

河北纳入 2015 年数据传输有效率考核的废气监控点有 576 个，截至 2015 年 9 月有效性审核通过的废气监控点有 517 个，有效性审核通过率为 89.76%。（已设置为停运的废气监控点有 51 个，剔除停运废气监控点后的有效性审核通过率为 98.61%。）

6.2 京津冀区域空气质量监测体系面临的主要问题

6.2.1 环境监测法律法规不完善，监测机构职责定位和事权划分不明晰

虽然新修订的《环境保护法》对环境监测工作做出了相关要求，但目前国家层面还没有一部法律法规对环境监测管理体制和运行机制做出明确规定，现行法律法规对各相关部门环境监测部门的职责规定不统一，造成职能交叉、多头管理、数出多门等现象，各部门间监测数据缺乏统一技术标准、统一的发布渠道，监测数据资源整合困难。《环境监测条例》虽一度纳入国务院立法计划，但目前仍未出台，未能对监测机构的职责定位、机构设置、管理体制做出明确具体规定。

目前，我国的环境监测机构设置共分为四级，即总站、省级站（一级）、市级站（二级）、县级站（三级）。各级监测机构之间职责界定不明晰，造成职责交叉、监测资源重复配置、配置不均衡、资源浪费、重复监测等现象，影响了环境监测为环境管理服务的效能。

现有环境空气监测网络分为国家环境空气质量监测网和地方环境空气质量监测网，但实际工作中许多地方网监测站点同时也是国家网监测站点，国家网和地方网在功能定位、网络构成上并没有明确的划分，同样各级环境监测部门在环境空气质量监测中的职责分工也没有明确划分。目前国家环境空气监测网内各监测子站的仪器设备主要由国家和省、市财政共同出资建设，其产权归属不明晰；国家网监测数据既用于对于地方环保工作考核，又要服务于地方环境管理；国家网站点日常运行也需要地方提供土地保障、电力供应、通信保障等；国家网内各监测点位也需要根据地方经济社会发展情况，进行动态调整，点位调整也必须由地方环保部门根据实际情况开展点位调整论证等技术工作等。因此现有的环境空气质量监测网因为网络设计、功能定位、产权归属等不够明晰，使得现有国家环境空气质量监测网的运行和国家、省、市三级环保部门都密切相关，因此工作中容易出现职能交叉、角色错位、相互推诿等现象，进而影响到国家网的连续稳定运行。

2015 年国务院办公厅印发了《生态环境监测网络建设方案》，指出"要明确生态环境监测事权，环境保护部适度上收生态环境质量监测事权，准确掌握、客观评价全国生态环境质量总体状况。"2016 年环境保护部印发了《国家生态环境质量监测事权上收实施方案》，要求按照"国家生态环境监测网络由国家建设、国家监测、国家考核"的要求，到 2018 年中央与地方监测事权基本厘清，全面完成国家监测站点及国控断面的上收工作。中央和地方的监测事权划分正在逐渐明确，但现有法律法规对于中央和地方在环境质量监测中的事权划分还不具体，此外关

于特征污染物监测、事故应急监测、污染物来源解析、预报预警等相关监测工作也需要进一步明确中央和地方各级环保部门的相应职责。

党的十八届五中全会明确提出实行省以下环保机构监测监察执法垂直管理制度，力争进一步明确各级环境监测部门的职能定位和工作分工，因此在接下来的环境监测机构改革中必须进一步明确各级环境监测部门的职能定位和分工，为监测机构改革奠定基础。在接下来的环境空气监测事权上收过程中，亟须明确国家、省、市各级环境保护部门在监测仪器资产管理、监测点位管理、数据共享、监测基础条件保障、监测质量控制等方面的权利和义务，以确保环境空气监测网络的正常运转。

6.2.2　监测范围和要素指标覆盖不全

1. 监测网络不够健全

1）城市点位多，区域点位少

目前，京津冀地区共有环境空气质量监测点位 240 多个，其中国控空气监测站点 80 个，省（市）控环境空气监测点位 160 多个，但现有的监测点位主要分布在城市、县城等区域，而在广大农村地区、乡镇区域明显缺乏空气监测点位，距离《生态环境监测网络建设方案》中关于"全面设点"的要求还有一定的差距，还难以全面说清区域内环境空气质量状况。

2）环境评价点位多，污染监控点位少

根据《环境空气质量监测点位布设技术规范》的要求，空气监测点位分为空气质量评价城市点、空气质量评价区域点、空气质量评价背景点、污染监控点、路边交通点等类型，而目前京津冀区域的空气监测点位主要为城市评价点和少量的区域点位，而对于大气污染防治具有较强指导意义的污染监控点、交通污染监控点却较少布设，使得监测结果不能在污染源解析、污染成因分析、污染减排对策建议方面有效地为环境管理提供技术支撑。

3）点位布设缺乏区域尺度上的统一规划

当前，京津冀区域大气污染呈现出典型的区域化、连片化特征，在特定气象条件下，不同行政区域间的污染物传输贡献明显，而现有的监测点位均为京、津、冀三地环保部门各自规划和建设，在点位布设上缺乏统一规划，并且在点位设计时对于能够反映区域尺度污染特征、区域间污染物传输规律的站点缺乏足够的重视，导致传输通道上的监测点位不足，不利于区域间污染物传输和影响规律研究，不利于京津冀区域的大气联防联控。

2. 监测项目需要拓展

1）特殊污染物监测不足，难以全面反映空气质量状况

1982 年我国颁布的第一部环境空气质量标准规定了空气中 6 种污染物的浓度限值，分别是二氧化硫、氮氧化物、一氧化碳、臭氧、总悬浮颗粒物、飘尘等。1996 年颁布的第二部环境空气质量标准规定了 10 种污染物的浓度限值，分别是二氧化硫、二氧化氮、氮氧化物、总悬浮颗粒物、可吸入颗粒物、一氧化碳、臭氧、氟化物、铅、苯并芘等。但是直至 2011 年，我国环境空气监测网内个监测站点仅主要监测二氧化硫、二氧化氮、可吸入颗粒物三项污染物，标准规定的其他污染物仅在部分点位进行了试点监测。2012 年我国颁布第三部环境空气质量标准，在原标准的基础上增加了细颗粒物（PM$_{2.5}$）、臭氧 8 小时、重金属等指标，共规定了 15 种污染物的浓度限值,但目前京津冀区域各城市所监测的污染物主要是二氧化硫、二氧化氮、可吸入颗粒物（PM$_{10}$）、细颗粒物（PM$_{2.5}$）、一氧化碳、臭氧等 6 项污染物，而对于苯并芘、氟化物、重金属等特殊污染物，基本上还没有全面开展例行监测，难以全面反映空气质量状况。

2）颗粒物成分及前体物监测不足

当前颗粒物（PM$_{10}$、PM$_{2.5}$）成为影响京津冀区域空气质量的主要污染物，开展颗粒物组成成分的监测对于颗粒物来源解析至关重要，而目前，各地对于颗粒物的监测，仍然仅限于质量浓度监测，缺乏颗粒物组成成分的监测，无法全面掌握颗粒物污染特征，不能满足源解析工作需要。现有的颗粒物组分研究性监测结果表明 VOCs 和 NH$_3$ 也是颗粒物的重要前体物，但对于此类颗粒物前体物监测还没有全面展开，无法为颗粒物来源解析工作提供必要的技术支撑。

3）臭氧前体物和光化学污染二次污染物监测不足

近年来的监测结果表明我国许多城市臭氧污染日益显现，尤其是京津冀区域逐步成为全国臭氧污染最严重的区域之一，但目前京津冀区域各城市对于臭氧的监测，仅限于臭氧本身，对于臭氧的前体物 VOCs 以及光化学反应过程中产生的 PAN 等二次污染物的监测还没有足够重视，多数城市还没有开展例行监测，不能为臭氧污染防治提供有效的技术支撑。

6.2.3 监测技术体系不完备，立体监测等新技术应用不足

1. 针对新项目、新技术的监测方法标准不完善

伴随着环境监测领域的不断拓展，环境监测项目不断增加，新型监测仪器、监测技术方法不断发展，而与之相对应的监测技术方法体系已明显落后于监测技术的发展，如颗粒物中有机、无机化学组分的监测方法标准、颗粒物测定的光学

方法标准、臭氧前体物的监测方法标准、大气超级站的建设标准、运行维护与质量控制等技术规范等亟须出台。

2. 立体监测、遥感监测等新技术应用不足

现有的环境空气监测网络，普遍以地面监测子站的常规点式监测仪器为主，主要反映近地面局部范围的环境空气质量，如果想获得更大尺度区域内的环境空气质量状况，基本上是依靠加密空气监测子站布局来实现，但会随之带来经费投入增加、加大运维质控难度等现实问题，并且不能获得污染物的空间立体分布，而遥感监测、移动监测可以很好的弥补这一点，获取大尺度的空气质量状况信息和污染物的空间立体分布信息。目前京津冀区域现有的监测网络，地基光学遥感监测（激光雷达、MAX-DOAS 等）、移动走航遥感监测、卫星及航空遥感等新兴立体监测手段还没有得到业务化的应用，难以为全面认识颗粒物的空间立体分布、区域间污染物传输规律提供有效的技术支撑。

6.2.4　监测数据质量有待于进一步提升

质量控制工作，是保障全国环境空气质量监测数据准确可靠的重要保障，伴随着我国环境空气质量监测工作的开展，我国全程序质量控制工作逐步趋于完善，但也显现出一些问题：

一是质控规范亟须完善。随着空气质量新标准的颁布，监测项目不断拓展，监测数据有效性要求进一步加严，因此与之相配套的质量控制规范亟须修订，譬如 2005 年颁布的《环境空气自动监测技术规范》亟须完成修订和完善。

二是亟须构建统一的颗粒物与臭氧监测的量值传递体系。新标准实施以来，国家网新增了 $PM_{2.5}$、臭氧等污染物的监测，目前颗粒物监测尚没有统一的标准物质可用，国际上普遍采用手工重量法作为标准方法，而京津冀区域全部采用自动监测方法开展监测，监测过程中主要使用各仪器自带的标准膜片对仪器进行校准，缺乏统一的质控手段，监测数据的可比性难以保证。臭氧监测方面，国际通用的臭氧标准为经过美国 NIST 传递过的臭氧标准参考光度计（SRP），目前虽然个别省市配备了臭氧标准参考光度计（SRP）并开展了一些量值传递，但全国范围内统一的臭氧量值传递体系尚没有完全建立起来，与当前臭氧污染日益显现，亟须加强臭氧污染的监测与质控的实际需求不相适应。

三是现有质控体系和工作机制与环境监测事权上收后的监测管理模式不相适应。我国现有的质控体系主要依托地市级监测站实施质量自控，国家、省级实施质控监督。当前，根据环境保护部关于环境监测事权上收的有关精神，环境保护部将全国环境空气质量监测事权上收至国家一家，京津冀区域原由地方负责建设、运维、质控的环境空气监测子站，现在已全部由中国环境监测总站委托第三

方监测机构负责运维与质控，因此现有的国家、省、市三级质控体系已经不能适应新的环境监测管理模式，亟须针对监测事权上收后的新工作模式，制定相应的质控体系和质控工作机制。

四是个别地方行政部门对监测数据的人为干预依然存在。虽然当前环境监测事权上收后，所有国控空气监测子站全部交由中国环境监测总站委托第三方监测机构承担，并且国家网各监测点位实现了与中国环境监测总站数据中心的实时、直接联网，这在很大程度上遏制了行政干预监测数据现象的发生，但在环保目标考核的压力之下，人工干预监测数据等弄虚作假现象在一定程度上依然存在。

6.2.5 信息化水平有待提高，信息公开与共享程度不够

随着环境管理工作的深入，对环境监测工作的技术支撑作用提出了更高的要求，导致环境监测数据与信息产品的供给与管理部门的需求不相适应。而目前环境监测数据从数据采集、传输、审核、存储、分析等流程的信息化、网络化程度仍然普遍较低，在质量控制方面，在线远程质控和网络化质控的应用还没有得到业务化的应用。表现为在环境空气质量监测信息产品方面，对环境监测数据的分析手段比较单一，信息产品主要以数据罗列、对比分析为主，缺乏对于环境数据、气象数据、遥感数据、地理信息的大数据关联分析，而由简单数据分析形成的空气质量监测报告，其内容主要根据监测数据对照环境空气质量标准的相关限值，判断各项污染物是否达标、计算超标倍数、统计达标天数、分析变化趋势、判断主要污染物等现状分析，难以形成形式多样、内容丰富的具有"较高附加值"的信息产品。而随着环境管理工作的不断深入，环境管理部门更关注污染的成因、污染的来源、污染的趋势、最优化的污染控制途径情景分析等综合信息，显然现有的环境监测数据综合分析能力显然不能满足新形势下环境管理工作的需要。

在信息公开与数据共享方面，环境保护部及京津冀三地环保部门均已建立了空气质量信息发布平台，公布了京津冀区域各国控站点各项污染物的实时监测数据和空气质量预报信息，从2015年起环境保护部还建立了环境空气质量监测数据共享平台，在全国环保系统内部实现了监测数据的互联共享，在保障社会公众环境知情权、为公众提供出行建议和健康咨询方面、支撑环境相关科学研究方面发挥了重要作用。目前，伴随着空气质量问题得到广泛关注，各环保部门、高等院校和科研机构对空气污染问题开展了相关研究，对环保部门公开共享监测数据需求强烈。现有的信息公开力度与社会各界的需求还有一定差距，譬如目前国家、省市的空气质量发布平台均还没有提供监测数据下载共享服务等。为更好地服务于社会公众，服务于环境管理工作，服务于环境科学研究，最大限度地发挥环境监测数据的作用，环境监测数据共享和信息公开亟须进一步加强。

6.2.6　监测与监管结合不紧密

目前京津冀区域内普遍存在污染源监督性监测数据在环境执法、总量减排、排污申报等工作应用不足、应用范围不广的问题，导致大量的污染源监测数据在日常环境执法中还未充分发挥作用，监测与监管结合不够紧密。其原因一是因为监督性监测的频次为每个季度监测 1 次，时效性较差，而企业排污状况往往是非连续性的、变化的，所以监督性监测难以及时、真实反映企业排污状况。二是受行政干预影响，污染源监督性监测达标率、比对监测合格率普遍较高，导致了监测结果不能如实反映污染源实际排放情况，自然无法得到有效应用。三是各地污染源监督监测任务主要来源于上级监测机构，在监测过程中缺乏与同级监察部门沟通，其数据分析和报告编制与监察部门的需求结合不紧密，影响了监测结果的应用。

在污染源在线监测方面来看，从全国整体看污染源在线数据在环境执法、环境管理的应用上仍处在探索阶段。很多地区仍仅限于作为环境执法、环境管理的参考依据，如对自动监控发现的超标行为仍需监测部门现场采样手工监测后才予以处理，主要原因一是有不少地方对监控数据的法律地位、数据准确性存有质疑，不敢用；二是对反映企业污染排放情况及变化的连续监测数据不愿意用；三是因缺少监控数据应用的标准及相应规范性文件而不会用。

此外，排污口、监测点位是否规范化是影响到监督性监测与在线监测工作开展和数据质量的一个关键因素，但监测部门在实施监测过程中没有对排污口规范化进行监督管理的权力，而监察部门则主要关心企业排污数据，而对排污口规范化等技术要求的监管重视不够，致使排污口规范化问题一直未能有效解决。

6.2.7　对社会化环境监测机构的监管机制不健全

由于空气监测点位、监测项目不断增加，导致自动监测工作量急剧增加，造成工作量增加与人员不足的矛盾异常突出，在此情况下，部分地区开始试行空气自动监测工作社会化运营，即环保部门以购买服务的形式，将空气自动监测站的运行维护等工作委托给企业性质的自动监测运维公司负责。2015 年国务院办公厅印发的《生态环境监测网络建设方案》（国办发〔2015〕56 号），财政部、环境保护部印发的《关于支持环境监测体制改革的实施意见》（国财建〔2015〕985 号），以及环境保护部发布的《关于推进环境监测服务社会化的指导意见》中均明确指出引导社会力量广泛参与环境监测，促进环境监测服务社会化良性发展。当前面对日益繁重的环境监测服务需求，环境监测的社会化已经大势所趋。在环境监测社会化的进程中，空气自动监测的社会化运维工作起步相对较早，社会化运行弥补了监测部门现有人员不足的问题，提高了监测工作效率，但在推进过程中也显现出诸多问题。一方面因社会化监测尚处于试点起步阶段，目前市场上运维公司良莠不齐，部分运维公司完全以追求经济利益为目标，经常出现为降低运维成本、不按规范运维、不按维护周期更换耗材、备件等偷工减料现象；另一方面现行体制下，对社会化监测机构的技术人员没有专门的培训、考核渠道，导致运维人员业务素质参差不齐，影响到社会化监测的健康长远发展；三是虽然环境保护部等部门对社会化环境监测做出了原则性、指导性的要求，但截至目前，国家层面未能出台对于运维公司的资质管理、日常考核、运维人员持证上岗等方面的具体的管理办法和明确规定，使各运维公司游离于环保系统相对统一完善的质控管理体系之外，运维效果难以保证。虽然部分省份制定了针对社会化环境监测机构的资质管理等相关规定，但是由于国家层面缺乏相关规定，导致一些社会化环境监测机构不得不在各省市间重复申请认证，甚至因各省市的管理要求不一致，甚至出现削足适履以满足各地不同要求的奇怪现象，不利于环境监测服务市场的有序健康发展。

6.3　加强监测体系构建的对策建议

6.3.1　完善相关法律法规，明确各级环保部门职责定位与事权划分

结合我国当前环境监测工作实际情况，当前急需尽快出台《环境监测条例》，进一步明确环境监测的法律地位，明确环境监测工作的职责定位，理清监测与监管、国家与地方、行政资源与社会资源之间的关系，从顶层设计上对环境监测的法律地位、事业属性、机构设置、职能任务、网络建设、资源配置做出明确界定，做到立法监测、依法监测、合法监测。

《全国生态环境监测网络建设方案》明确提出"明确生态环境监测事权。各级环境保护部门主要承担生态环境质量监测、重点污染源监督性监测、环境执法监测、环境应急监测与预报预警等职能。环境保护部适度上收生态环境质量监测事权，准确掌握、客观评价全国生态环境质量总体状况"。党中央、国务院对环境监测事权的要求，为我们开展环境监测体制机制改革指明了方向。具体来讲当前急需根据《全国生态环境监测网络建设方案》的要求，进一步明晰各级环境监测机构与社会化监测机构的监测事权。其中环境质量目标考核监测事权属国家事权，应由环境保护部承担，坚持"国家网络、国家建设、国家监测、国家考核"的原则，彻底避免以往地方环保部门在环境质量目标考核中既当"运动员"，又当"裁判员"的状况，确保目标考核客观公正。而特征污染物监测、污染事故应急监测、污染源监督性监测、为支撑大气污染防治而开展的污染物来源解析监测、其他调查性监测、研究性监测等工作仍应属于地方环境监测事权，并服务于地方

环境管理工作。环境保护部和地方各级环保部门在各自承担的监测事权范围内，可根据工作需要和社会化环境监测市场发展情况，逐步委托第三方监测机构承担相应的部分监测职能。具体到国家环境空气质量监测网的运行，在中央和地方监测事权划分后，日常运维和质控由环境保护部负责，但监测点位管理、土地保障、电力供应、通信保障等监测基础条件保障工作仍应由地方环保部门提供保障。

《中共十八届五中全会会议公报》明确提出要"实行省以下环保机构监测监察执法垂直管理制度"，是当前环境监测体制机制改革的重点，是明确各级环境监测机构职能定位、明晰环境监测事权的重要内容。京津冀三地也要以此次监测体制改革为契机，进一步明确省内各级环境监测机构的单位属性、主要职能、机构设置、人员编制、运行保障等相关规定，进一步明晰省内监测职责定位和事权划分，依靠法律、法规、制度建设，理顺长期困扰监测工作的环境监测体制机制问题。

6.3.2　完善环境监测技术体系

"十三五"期间，应该按照全国生态环境监测网络建设方案的相关要求，着眼于现有环境空气监测网络监测范围和监测要素覆盖不全的问题，将现有国家环境空气监测网络中的城市站点、区域站点、背景站点有机整合起来，统一监测项目、统一监测标准、统一发布监测结果，统筹城市尺度、区域尺度、背景尺度的环境监测结果，更加全面客观地反映我国环境空气质量现状。

1. 完善监测网络

按照《生态环境监测网络建设方案》中关于"全面设点，完善生态环境监测网络"的要求，进一步合理优化配置京津冀区域环境空气质量监测网络。一是统一规划布局京津冀区域的环境空气监测网络。除了现有各城市已建监测点位外，在京津冀区域大气污染物传输通道上新增空气监测点位，为研究京津冀区域污染成因与输送规律提供技术支持。具体可沿邢台、石家庄、保定、北京沿线布设一条西南传输通道监测点，沿衡水、北京沿线布设一条南部传输通道监测点，沿沧州、天津、廊坊、北京沿线布设一条东南传输通道监测点，沿秦皇岛、唐山、北京沿线布设一条东部传输通道监测点。二是加快京津冀区域区县环境空气监测点位的建设，每一个区县至少建成 1~2 个空气自动监测站，为全面评价环境空气质量状况和环境质量目标考核提供基础数据。三是进一步加密现有城市空气监测点位布设，重点增加工业点源污染监控点、交通污染监控点、工业园区污染监控点、建筑工地污染监控点的建设，为说清污染成因、查明污染来源，实现精细化环境管理提供技术支撑。

2. 拓展监测项目

针对环境空气质量新标准中规定的氟化物、苯并芘、重金属等污染物项目，要有计划地开展调查性监测，对于查明的本地特征污染物要逐步开展例行监测，以更加全面地反映空气质量状况信息。

针对影响京津冀区域的主要污染物 $PM_{2.5}$、PM_{10} 和臭氧，应加快组建颗粒物化学组分监测网和光化学污染监测网，结合京津冀地区的地形地貌、大气环流特征，先期可在北京、保定、廊坊、天津等地加密布设监测点位并逐步扩展到京津冀所有地级以上城市，开展颗粒物化学组分（如颗粒物中可溶性阴阳离子、重金属元素、元素碳、有机碳、特征有机物等）、颗粒物前体物（如 VOCS 和氨）、臭氧前体物（VOCS）、光化学污染二次污染物（PAN）、风廓线、温廓线等的监测，为说清京津冀地区的颗粒物和臭氧的污染特征、传输规律和来源解析提供技术支撑。

3. 完善环境监测方法体系

全面梳理环境空气监测技术规范，针对监测网络布设、监测点位选择、监测仪器选型、仪器安装验收、监测数据采集与传输、监测结果评价等各个环节，根据环境监测技术进展，加快各监测技术规范的制订或修订工作。特别是要针对近年来伴随着环境监测新技术的发展而出现的遥感监测方法、复合型大气污染特征组分监测方法、常规污染物监测新技术方法、大气超级站的建设、运行与质控规范等，尽快形成完整、系统、科学的环境监测方法体系，以适应当前的监测工作需要。

4. 加强空气质量预报预警能力建设

精确的空气质量预报预警系统在发布预警信息，启动应急减排控污措施，改善空气质量，服务公众生活，保障公众健康方面发挥着至关重要的作用。目前京津冀区域已建成区域预报预警中心 1 个、省级预报预警中心 3 个，为更好地服务大气污染防治工作，为改善空气质量提供技术支持，应加强京津冀区域各城市的空气质量预报预警能力建设，确保 13 个地级以上城市全部建成空气质量预报预警平台（目前北京、天津、石家庄已经建成），为京津冀地区开展重污染天气应急防控提供技术支撑，以切实减少重污染天气的发生频次，降低重污染天气过程污染程度，最大可能地减轻空气污染对公众健康的危害。

6.3.3　加强立体监测体系建设

1. 立体监测的发展需求

京津冀地区呈现典型的区域大气复合污染特征，来自不同排放源的各种污染物在大气边界层中发生多种界面之间的理化过程，局地污染与区域传输相互叠加；颗粒物通过影响光辐射通量影响光化学反应过程与 O_3 的形成，光化学反应在产生 O_3 的同时也产生二次颗粒物，彼此耦合形成复杂的大气污染。

目前的空气质量数据主要由近地面空气质量监测网提供，指标包括 SO_2、NO_2、CO、O_3、$PM_{2.5}$ 和 PM_{10} 在内最基本的污染表征数据；这些数据在一定程度上反映了当时的大气环境状况，但缺乏污染物的动态时空演化过程和变化趋势等信息，因而难以说清污染的形成、来源、输送影响等根本问题，不能够为环境污染源解析及预警预报提供有效数据支撑，亦不能为政府决策者制定污染控制策略提供必要的依据。

2. 立体监测的发展目标

1）区域立体监测网络的建立

区域立体监测网络建设，可以全面地掌握一个地区空气质量变化。

根据京津冀区域城市布局、污染源分布、地理条件与大气环流特点，在京津冀区域加密布设监测点位，扩展大气监测项目，组建立体监测网络厘清京津冀区域的空气质量状况和特征，京津冀区域间大气污染物传输规律，为实施京津冀区域空气污染联防联控提供技术支撑。

立体监测网络沿太行山沿线及大气环流轨迹布设，在北京、保定、天津、石家庄等重点城市的交界处以及传输大气环的通道上设立站点，其功能主要用来分析 $PM_{2.5}$、臭氧及前体物等污染物在京津冀区域的空间分布特征与传输影响规律，见图 6-8。移动走航车主要用于重污染天气情况下的加密监测，弥补定点监测点位间的空白区域，掌握重点区域污染物传输情况。

立体监测网不仅提供区域污染分布、演变和传输等信息，并能够进行污染的快速溯源。污染物分布数据结合气象风场可以较为准确地分析及判断污染来源、扩散方向和趋势；移动走航车不仅为地面固定站点提供了数据补充，并可应用于污染突发事故的应急监测以及污染排查和溯源，尤其在应对工业企业偷排漏排问题或出现新污染源时。

2）立体监测的技术发展趋势

近些年，地基立体监测技术得到了广泛的应用和发展，主要体现在颗粒物和气体探测方面。

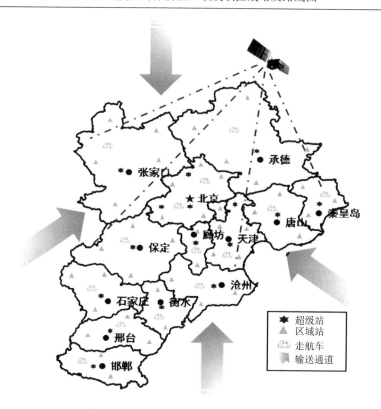

图 6-8　京津冀立体监测网络效果参考图

在颗粒物探测方面：激光雷达（Amiridis et al., 2005）近些年在硬件设备（汪少林等, 2008）和算法（Rauta et al., 2009；吕立慧等, 2015）的改进方面得到了飞速发展，不仅提高了颗粒物的探测精度，也进一步降低了探测盲区，并在沙尘暴（佟彦超等, 2010；潘鹄等, 2010）、灰霾（Dulam et al., 2012；Oanhn et al., 2008；Chen et al., 2015）探测中得到了应用。其作为大气污染空间立体监测技术是对常规地面监测技术的有力补充，可确定污染物从污染源到受体的运动过程、监测大气环境中颗粒物的变化趋势、量化特定地区的污染物排放总量、分析颗粒物的输送过程、分清各地空气污染物的局地和区域输送来源（杨东旭等, 2012；Chen et al., 2014），从而实现对污染物的全指标、全区域监测。

在污染气体探测方面：地基污染气体立体探测技术主要有被动差分吸收光谱技术（DOAS）、被动傅里叶变换红外光谱技术（FTIR）、臭氧雷达、多波段光度计遥感和微波辐射计遥感等。

被动差分吸收光谱技术（Wu et al.，2013；Xu et al.，2014）是一种以被动太阳光谱测量为基础，利用差分吸收方法结合痕量气体的特征吸收截面获取气体浓度信息的光谱测量分析技术，目前已经在环境监测领域得到了广泛的应用（Chan et al., 2015；Tao et al., 2014）。被动 DOAS 技术除了能够获得污染物的柱浓度外，可通过对不同俯仰角度的扫描测量，并结合大气辐射传输模型能够获得痕量气体的垂直分布廓线（Wang et al., 2015；Kanaya et al., 2014）。被动 DOAS 技术是对传统监测方法的有力补充，可确定气态污染物的空间分布特征，了解气态污染物的输送过程及输送高度,结合近地面观测数据及其他辅助数据也可研究污染的成因。

臭氧作为氧化性气体的重要代表，其浓度的时空分布差异较大，可参与大气光化学反应的全过程，是酸雨、光化学烟雾、大气能见度等对流层污染现象的关键成分（Jin and Holloway, 2015；Zhang et al., 2014）。大气臭氧探测激光雷达能够实时在线监测大气臭氧浓度的垂直分布,通过对大气臭氧浓度剖面特征进行分布，获取本地大气 O_3 的时空演变特征，准确说清楚本地光化学烟雾污染现状。结合 O_3 的高空输送和本地形成过程分析，对大气的综合、立体空间监测能够提供强有力的数据信息支持。

立体观测技术（Wang, et al., 2014；Li et al., 2015；Shaiganfar, et al., 2015）的一些其他方面的发展趋势主要体现在气象要求的立体探测方面，气象要素的变化对污染的扩散、积累等都有重要影响。以下具体说明。

A. 风矢量场遥感探测

风廓线雷达是为在所有天气条件下测量风廓线而设计的多普勒雷达，利用大气对波的散射进行风场的测量。与常规天气雷达不同，它们能够在晴空条件下工作。现有的测风雷达主要可以分为声波风雷达、电磁波测风雷达以及激光测风雷达。

多普勒声雷达是一种测量大气对流层低层常用的遥测手段，它可以较好地测量低空由几十米开始到几百米乃至 1 km 范围内的风廓线，还可以用于测量折射率结构常数等湍流参数量廓线。微波风廓线雷达是目前用来测量风廓线的一种主要设备，它通过发射微波脉冲探测大气中湍流涡旋对微波后向散射或待测大气中的云、雨、冰或其他降水粒子等运动粒子的回波信号的多普勒频移来反演大气风廓线，并由它的回波功率可以反演折射率结构常数的廓线。

激光风廓线雷达是近年来新推出的用来测量风廓线的一种新型设备，它以激光器为光源向大气发射激光脉冲，当激光在大气中传输时，大气中的各种组分会对激光产生吸收和散射，从而改变后向散射光的能量、光谱特性、偏振状态等。通过接收大气（气溶胶粒子和大气分子）的后向散射信号，分析其光学特性，反演出相应大气组分的性质及风速、温度等各种大气参数。

B. 温、湿度场遥感探测

微波辐射计可以对地球表面提供一个完整的观测，是大气探测的重要手段之一。它可应用于探测大气温度廓线、大气湿度廓线、水汽通量、云水含量、降水和大气成分等重要大气参数的测量。大气温、湿廓线是大气环境的重要参数，探测大气温湿廓线在天气预报、大气科学研究等领域具有重要意义。微波辐射计还可以实现长期连续工作、无人值守和便于组网等独特优势。它不仅能探测路径气柱上的水汽和液态水总量信息，更可贵的是能够连续、高分辨率探测大气温度及湿度廓线；同时能够弥补探空气球的不足，将使液态水廓线探测变为可能。

利用地基微波辐射计不仅可以反演温度剖面，水汽密度剖面，折射率剖面，反演积分水汽含量、云中液水含量、降雨强度等，还可以进行电波折射误差的实时高精度修正，研究大气折射率的时变特性、水平不均匀性和大气稳定度研究等。因此，利用地基微波辐射计测量反演大气环境参数和传输特性参数不仅对电波传播、雷达测控、导航定位、卫星通信以及天气预报、人工影响天气等具有重要意义，而且可实现对中尺度天气系统大气层结的监测和预警、解析逆温层结构，评估大气稳定度，判识雾霾等级，说清灰霾污染的扩散趋势。

3. 京津冀立体监测体系的构建建议

1）总体设计

京津冀城市发展的区域一体化，要求大气复合污染的监测体系需要从区域尺度和城市尺度统筹考虑区域大气污染联防联控。区域大气污染联防联控是依靠区域内地方政府间对区域整体利益达成的共识，以解决区域复合型大气污染问题为目标，运用组织和制度资源打破行政界限，让区域内城市共同规划和实施大气污染控制方案，互相监督，互相协调，最终实现改善区域整体大气环境质量的目标。立体监测体系主要用于支撑区域的综合防控工作，同时兼顾区域大气污染的综合评价及预警预报，依托现有的监测体系基础，增配大气监测新产品、新技术，针对重点、难点问题展开深入的监测研究。

因此，构建"地空天一体化"区域污染立体监测体系是实现区域大气污染联防联控的有效途径。以现有地面监测站为基础，根据区域地理、气象条件以及污染源分布的特点，构建区域大气立体监测网络，包括常规地面监测站点、地基遥感监测站点、移动走航监测车以及机载/卫星遥感，重点发展地基颗粒物激光雷达、臭氧激光雷达、气态前体物（SO_2、NO_2、$HCHO$等）以及气象参数廓线探测系统以及集成多种立体监测设备的走航监测车技术系统，形成多平台、全方位的大气复合污染立体监测体系，在京津冀地区主要输送通道（如西南通道、东南通道）以及北京、天津、石家庄、保定等重点城市交界处布设地基立体监测站点，分析$PM_{2.5}$、臭氧及其前体物等在京津冀区域的空间分布特征与传输影响规律。重污染时段及前后，在固定监测站点的基础上，利用移动走航车进行加密监测，满足全面监控大气复合污染状况和演变的需求。区域污染立体监测体系架构见图6-9。

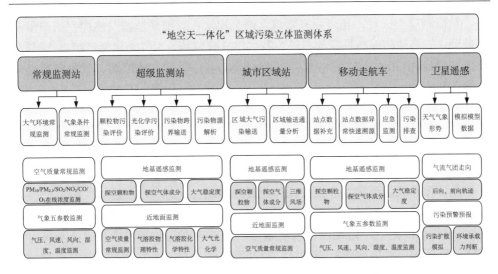

图 6-9　"地空天一体化"区域污染立体监测体系架构图

通过结合大气颗粒物监测激光雷达、大气臭氧探测激光雷达、风廓线雷达、气态前体物（SO_2、NO_2、HCHO 等）廓线探测系统等地基遥感监测仪器，获取污染物时空演变特征；集成集大气空间（立体与水平空间）污染监测及输送通量监测于一体的移动走航监测车，并结合地面站点污染表征数据、卫星遥感数据、气象场与大气扩散条件数据，构建"地空天一体化"区域污染立体监测体系，揭示区域大气污染物的时空分布、动态演化，污染物的传输通道及影响，污染快速溯源、二次转化以及重污染过程的形成规律等。在重污染时段及前后，通过走航监测车进行加密监测，结合风场、温度场分析，分析污染物扩散趋势，提升区域大气污染预报预测水平。

2）立体监测的建设内容

A. 近地面常规监测站建设

功能定位：常规监测站是常规环境空气质量监测最基础的建设站点，实现大气环境常规数据的监测，包括：①环境空气质量评价要求的六参数：SO_2、NO_2、O_3、CO、PM_{10} 和 $PM_{2.5}$；②气象五参数：温度、气压、湿度、风向、风速；③大气能见度。其中 SO_2、NO_2、O_3、CO、PM_{10} 和 $PM_{2.5}$ 监测仪器的分析方法参考《环境空气质量标准》（GB 3095—2012）要求。

B. 超级监测站建设

从监测对象来看，超级站需要覆盖大气复合污染的全要素、全过程，实现监测能力和效率的最大化，监测结构能够反映本地以及区域的大气复合污染特征及规律，揭示区域污染物的输送特征，为未来的大气综合评估及决策提供数据支持。

从监测层次来看，超级站需要包含两个层次：近地面监测（地面空气质量常规监测、气溶胶物理特性监测、气溶胶化学成分监测、大气光化学监测），地基遥感监测[颗粒物立体监测、气体成分（SO_2/NO_2/O_3 等）立体监测、气象要素立体监测监测]。

从功能模块来看，超级站需要包含四个模块：颗粒物污染评价模块、光化学污染功能模块、污染物跨界输送和源解析模块。除观测设备外，质量保障体系还需提供各设备的校准校标，信息共享与发布平台保障多部门的联动协商、应急决策。

建议按照功能模块划分来设计和建设超级站。

颗粒物污染评价模块建设内容可包括：

（1）功能定位：近地面空气质量常规评价；空间灰霾污染判定；灰霾污染演化过程判识；近地面颗粒物特征；空间颗粒物垂直分布特征；大气前体物与空间细粒子生成关系。

（2）监测因子：PM_{10}、$PM_{2.5}$、CO、O_3、SO_2、NO_x；AQI、能见度；$PM_{1.0}$、散射系数、吸收系数、消光系数；近地面的风速、风向、温度、湿度、气压、降雨量；颗粒物粒径信息、化学组分、重金属元素分析、EC/OC 解析；整层的气溶胶光学厚度（AOD）；空间颗粒物的消光系数廓线、退偏振度廓线；大气臭氧浓度廓线；前体物 SO_2、NO_2 柱浓度及廓线。

（3）监测设备：O_3 分析仪、SO_2 分析仪、NO_2/NO/NO_x 分析仪、CO 分析仪、PM_{10} 颗粒物监测仪、$PM_{2.5}$ 颗粒物监测仪、$PM_{1.0}$ 颗粒物监测仪、黑碳仪、浊度仪、能见度仪和气象仪、大气颗粒物监测激光雷达、粒径谱分析仪（全粒径段）、元素碳/有机碳分析仪、太阳光度计、大气臭氧探测激光雷达、多轴差分吸收光谱仪、卫星反演数据。

光化学污染评价模块建设内容可包括：

（1）功能定位：厘清高空大气氧化能力、地面大气的氧化能力以及大气氧化能力增强时"气-粒"转化过程对细粒子污染的贡献。

（2）监测因子：近地面：O_3、NO-NO_x-NO_2、VOCs、SO_2、$PM_{2.5}$、PM_{10}、PAN_S；空间参数：颗粒物消光系数廓线、SO_2/NO_2/O_3 垂直柱浓度、大气臭氧浓度廓线、温度廓线、湿度廓线、水汽廓线。

（3）监测设备：O_3 分析仪、NO-NO_x-NO_2 分析仪、VOCs 分析仪、SO_2 分析仪、$PM_{2.5}$ 颗粒物监测仪、PM_{10} 颗粒物监测仪、PANs 分析仪、大气颗粒物监测激光雷达、多轴差分吸收光谱仪、大气臭氧探测激光雷达、温湿廓线雷达。

污染物跨界输送模块建设内容可包括：

（1）功能定位：研究颗粒物的区域输送和局地污染物之间的复合作用；分析大气污染物的区域输送和局地源排放的相互影响，对污染来源与成因进行精细化诊断，增强重污染事件的源识别、预警和应急监控指导。

（2）监测因子：有机碳无机碳组分；地壳元素、金属元素分析；TSP、PM_{10}、$PM_{2.5}$、$PM_{1.0}$；高空风场参数、温度廓线、湿度廓线；气溶胶的消光廓线、退偏振比廓线；大气臭氧浓度廓线；NO_2、SO_2、O_3 垂直柱浓度。

（3）监测设备：EC/OC 分析仪、气溶胶质谱在线分析仪、$PM_{1.0}$ 颗粒物监测仪、$PM_{2.5}$ 颗粒物监测仪、PM_{10} 颗粒物监测仪、TSP 颗粒物监测仪、温湿廓线雷达、大气颗粒物监测激光雷达、大气臭氧探测激光雷达、多轴差分吸收光谱仪。

源解析模块建设内容可包括：

（1）功能定位：分析清楚当地颗粒态污染物的主要模态特征；建立不同模态下的化学组分谱；手动建立排放来源清单；实时、在线分析当地典型灰霾污染过程中污染来源解析。

（2）监测因子：粒径谱信息；SO_4^{2-}、NO_3^-、NH_4^+、Cl^- 等无机水溶性离子特征；金属元素、地壳元素分析；重金属元素分析；有机组分与无机组分特征；降水化学组分；化学物种采样；颗粒物采样。

（3）监测设备：粒径谱分析仪（全粒径）、在线离子色谱仪、气溶胶在线质谱分析仪、重金属分析仪、干湿沉降采集器（降水、降尘）、大气颗粒物连续采样器、四通道化学物种采样器、八级颗粒物采样器。

C. 城市区域站

京津冀区域城市发展的一体化，使得城市之间污染的相互输送非常频繁和复杂。为全面客观反映京津冀空气质量状况，了解城市间的大气污染传输规律，城市之间的重要输送通道上需要建设区域边界站，组成区域环境空气质量监测网络。区域站的主要功能是分析跨城市的区域内、区域间大气污染物的浓度分布特征和传输规律，判断区域大气污染发生发展趋势，为区域重污染天气预报预警提供支持。区域站架构见图 6-10。

从输送条件来看，京津冀地区冬季多西北风，夏季多东南风，冬季风和夏季风的转换时间各地先后不一，冬季的西北风和夏季的东南风是需要重点关注的风向通道。从空间上看，风速较弱的地区主要集中在冀北山地区、燕山东侧，军都山南侧（北京南部地区），太行山东侧（石家庄、邢台、邯郸东部一带），这三个地区一般处于山间盆地或受山脉阻挡，气流不能顺利通过，容易造成污染物的不易扩散和累积。

基于 2013 年 11 月至 2014 年 6 月京津冀三地区典型城市北京、天津、石家庄三地的空气质量数据，三市在观测期内空气质量总体情况表现为北京>天津>石家庄（“>”表示“优于”）。首要污染物可吸入颗粒物 $PM_{2.5}$ 及臭氧 O_3 一方面呈现区域性发展的趋势，一方面又呈现出以城市为中心的小区域高浓度特点，即污染既

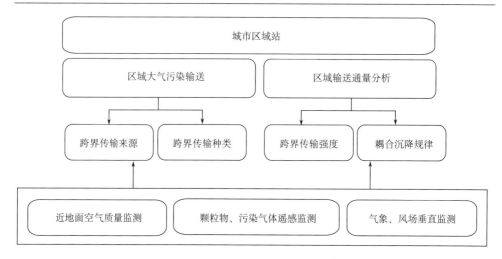

图 6-10　区域站架构图

有区域性又有局地性的特点。从污染物发展趋势来看，PM$_{2.5}$ 及 O$_3$ 是京津冀地区需要长期治理的污染物，两者彼此耦合，形成复杂的大气污染体系，尤其是在阳光直射较好的情况下，光化学反应在产生 O$_3$ 的同时也产生二次颗粒物，导致 PM$_{2.5}$ 及 O$_3$ 浓度的升高，所以在监测颗粒物的同时，O$_3$ 的监测也需要引起重视。

为监测城市间污染的相互作用及输送，区域站主要分布在京津冀重点城市的主要输送通道上，综合评估输送通道上城市输送对相互间空气质量的影响，判别本地污染及区域输送，并分析区域输送通量等问题，在夏季和冬季，盛行东南风和西北风时，还可以评价上风向城市对下风向区域的环境影响。

D. 移动走航车

较窄范围的局部监测、单一的点式测量不能全面覆盖大气环境状况，获取数据有限，对重点区域的排放监测无法做到实时监控和排查的目的。移动走航监测方式，可以对大气垂直高度与水平方向上大气结构的变化进行实时监测，分析走航路径上大气垂直高度上各类污染物（颗粒态、气态）的分布趋势。利用走航监测，还能够对重点排放区域进行扫描监测，揭示扫描路径上污染物的排放强度和空间分布，为减排和防治提供数据支撑。

移动走航车可以配备扫描激光雷达、被动 DOAS 系统、臭氧探测激光雷达、风廓线雷达和微波辐射计等大型监测设备，监测大气垂直高度上颗粒物分布、大气光学特性、O$_3$、SO$_2$ 及风速风向等参数，评估大气污染类型，预判污染物的走向及污染过境时的大气状况。通过车载移动选择合理部署点位（位于输送界面、输送通道），结合风场数据（风廓线雷达数据）能够获得气溶胶及大气成分等污染物空间分布、区域/跨境输送总量和输送通量监测数据。移动走航车建设内容见图6-11。

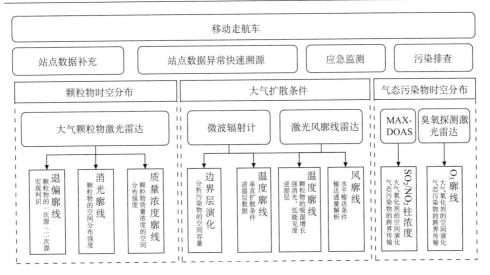

图 6-11　走航车总体架构图

同时，在近地面监测数据，尤其是国控站点的数据出现异常时，移动走航车可以及时出动，通过对附近区域的扫描和垂直走航监测，及时发现异常情况出现的原因，如工业企业偷排、新污染源的出现或是近地面仪器的异常等。

E. 卫星遥感

与地基遥感相比，卫星遥感的观测范围更广，受时空限制小，可以弥补空间观测上的不足，特别是在地形复杂、观测点稀疏的地区。卫星遥感可以实现区域大范围污染物分布的监测和反演，提供区域范围内污染物的空间分布、扩散及输送趋势分析，这对大区域尺度灰霾的形成、过程及影响有重要意义。

卫星遥感技术经过几十年的发展，能够提供全球范围内气溶胶、臭氧、NO_2、SO_2 等污染物的空间分布，以及云、温度、相对湿度和辐射特性等大气参数信息。遥感数据与地面监测数据相结合，可以更全面地了解大气气溶胶对云和降雨等气候要素的影响，分析区域间的污染输送及扩散趋势，以及局地污染对空气质量的影响机制等，同时提高气象及污染的预警预报能力。遥感监测业务流程见图 6-12。

4. 立体监测数据的快速综合分析

立体监测网络的建设，必将带来大量的监测数据，包括常规监测数据、气溶胶物理化学特性数据、雷达遥感数据、卫星遥感数据等，这些监测数据的处理和分析需要不同专业的技术人才消耗大量人力和时间。工作人员在面对这些大数据时，必将遇到各类问题，或处理不及时，或难以分析，导致不少数据处于休眠状态，利用率不高，影响属地政府对站点的重视和投入。面对相对独立又互相关联的立体监测大数据时，怎样快速分析获得结论和报告成为一个难题。

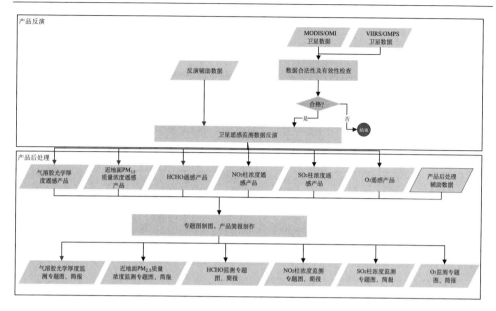

图 6-12　遥感监测业务流程图

　　以综合防控对策、区域空气质量管理为突破口，以气象扩散条件、动态源清单技术、污染物的迁移和转化、空气质量预警预报研究为重点，深入挖掘数据内涵，就是要全面分析多维多元数据之间的关联关系，建立分析模型，构建分析方法，形成大气环境大数据分析技术体系。立体监测数据分析流程见图 6-13。

　　说清科学问题，一是要说清空气质量变化的过程、特征、来源和趋势；二是要说清区域污染与局地污染之间的关系、说清气象条件与污染过程之间的关系、说清大气理化特性与空气质量变化之间的关系。

　　实现定量化与可视化综合决策，就是要围绕说清空气质量与改善空气质量的管理需求，通过大数据平台定量化可视化展示分析结果，实现多层次多手段数据共享，为各级环境管理部门提供有针对性的决策支撑。

6.3.4　健全环境监测质控体系

　　根据环境空气质量新标准的实施以来，环境空气监测质量控制中出现的新问题，尽快修订现行的质量控制技术规范，形成覆盖点位布设、设备选型、安装验收、日常运行、数据采集与传输、监测结果评价全过程的质量控制技术规范体系。

　　针对颗粒物监测，参考国际通行做法，以手工标准监测方法为基准方法，尽快构建京津冀区域统一的颗粒物自动监测手工比对质控体系，按照统一标准和频次，统一组织对颗粒物自动监测系统进行手工比对，由中国环境监测总站制定统一的手工比对技术方案，统一发放采样滤膜，各运维单位按要求统一实施采样，

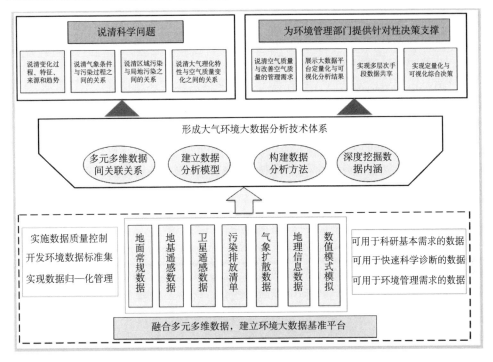

图6-13 快速分析思路图

采样后的滤膜交中国环境监测总站统一称重。根据手工比对结果对京津冀区域颗粒物自动监测数据质量进行综合评估和校正，实现区域颗粒物监测的量值统一。

针对臭氧监测，尽快依托国家环境监测质量保证重点实验室建立国家-区域-市-县四级业务化的臭氧量值传递体系，逐级定期开展臭氧校准仪的量值传递工作，对京津冀三地的臭氧校准设备、臭氧监测设备定期开展量值传递和监测比对，确保区域内臭氧监测量值统一。

针对当前环境监测事权上收后，由第三方监测机构对空气监测子站进行日常运维的新工作模式，急需重新构建国家环境监测网的质量管理体系，尽快形成运维机构负责日常运维与质量控制、专业机构负责日常运维检查、区域质控中心负责例行质控检查、国家质控中心负责质控抽查的质控监督新机制。明确由第三方运维单位负责空气监测的日常质控，总站委托专业机构开展日常运维检查，并依托部分省市环保部门成立区域质控中心，负责区域内的日常例行质控监督检查，总站按照一定比例定期开展开展例行质控抽查。

创新环境监测质量控制技术手段，在国家网内全面推行空气站运维痕迹化管理和监测数据审核的信息化管理，实时采集各自动监测仪器的关键状态参数，实时视频监控自动监测仪器运行状况及运维工作状况。创新监测数据质量评估方式，建立空气自动监测数据质量评估专家支持系统，同时引入第三方专业机构对监测数据质量进行客观评估。依托国家网数据管理平台对监测数据实行限时在线审核复核，全面提升质量控制的信息化水平。

严厉打击环境监测数据弄虚作假行为，严格落实《环境保护法》关于监测机构及其负责人对监测数据的真实性和准确性负责的要求，按照环境保护部《环境监测数据弄虚作假行为判定及处理办法》的相关规定，加强对环保部门所属的环境监测机构、社会化环境监测机构、重点排污单位内部的监测机构监测行为的质控检查和考核，对故意违反环境监测技术规范、篡改、伪造监测数据的行为严肃查处。

6.3.5　构建环境监测大数据平台，加强信息公开与共享

加快提升环境空气质量监测信息化水平，加强监测数据综合分析。进一步完善当前的全国环境空气质量监测数据联网管理系统，在对现有 6 项基本污染物监测结果统计分析基础上，综合利用环境、气象、经济、地理信息等多源数据，加强监测大数据关联分析，重点加强污染趋势、污染物传输规律、重污染天气形成原因、污染物来源、污染控制对策建议等方面的深入分析，提高环境监测报告的针对性、丰富性、可读性，全面提升环境监测信息产品价值，充分发挥监测数据与报告服务环境管理和社会公众的支撑与指导作用。

在加强环境信息公开和监测数据共享方面，在现有全国及京津冀三省市空气质量信息发布系统基础上，构建京津冀统一的环境信息发布与共享平台，进一步加强信息公开和监测数据共享。根据京津冀区域在空气质量监测与评价、预警预报、大气污染防治研究等方面的数据需求，针对社会公众、环保部门、其他政府部门、科研机构等不同用户群体，明确共享数据的尺度、类型、格式等，形成标准化的共享数据集，尽快制定数据公开与共享相关管理规定，明确数据提供方与获取方在数据共享中的权利和义务，对社会开放共享环境监测数据，在环保部门、科研院所、高等院校、社会公众间形成高效、规范的数据共享机制，以最大限度地发挥共享数据在京津冀空气污染联防联控中的技术支撑作用。

6.3.6　建立监测与执法联动机制

1. 明确监测、监察、执法机构职能定位

十八届五中全会提出"实行省以下环保机构监测监察执法垂直管理制度"，在接下来的环保体制改革中，要同步完善相关法律法规，出台环境监察条例、环境监测条例，明确环境监察机构、监测机构在环境执法工作中的法律地位，明确实行省以下垂直管理后环境监察机构、监测机构与地方环保部门之间的关系，以

及各自在环境监管中的职责分工和管理要求。

明确污染源监督性监测职责定位。从代替企业完成污染源监测工作的"运动员"向监督、稽查企业污染物排放合规性、工作规范性的"裁判员"、"仲裁员"角色转变，明确监督性监测的技术执法地位，强化监督性监测为环境执法提供技术支持的监督作用。全面实行省以下环境监测垂直管理后，污染源监督性监测主要由县级环境监测机构承担，进一步明确现有县级环境监测机构主要履行执法监测的职能定位，随县级环保局一并上收到市级，由市级承担人员和工作经费，具体工作接受县级环保分局领导，支持配合属地环境执法，形成环境监测与环境执法有效联动、快速响应。

明确环境监察与环境执法的定位和分工。按照中共中央办公厅、国务院办公厅印发的《关于省以下环保机构监测监察执法垂直管理制度改革试点工作的指导意见》的要求，明确省、市、县各级环境监察、环境执法的分工与合作。加强省级环境监察工作，将市县两级环保部门的环境监察职能上收，由省级环保部门统一行使，通过向市或跨市县区域派驻等形式实施环境监察。经省级政府授权，省级环保部门对本行政区域内各市县两级政府及相关部门环境保护法律法规、标准、政策、规划执行情况，一岗双责落实情况，以及环境质量责任落实情况进行监督检查。明确市县环保部门的环境执法责任，环境执法重心向市县下移，加强基层执法队伍建设，强化属地环境执法。市级环保局统一管理、统一指挥本行政区域内县级环境执法力量，由市级承担人员和工作经费。依法赋予环境执法机构实施现场检查、行政处罚、行政强制的条件和手段。将环境执法机构列入政府行政执法部门序列，配备调查取证、移动执法等装备，统一环境执法人员着装，保障一线环境执法用车。

2. 建立监测与执法部门联席会议制度

环境执法部门会同监测部门建立环境执法与环境监测联席会议制度，定期召开会议，部署环境执法与污染源监测联动工作任务，制定联动执法工作计划，明确具体责任人和任务分工。

环境执法机构应根据联动执法工作计划向环境监测机构提出具体监测需求，提供必要信息及相关材料。环境监测机构应优先保证环境执法机构提出的本辖区内的执法需求。

3. 明确监测与执法联动工作机制与工作程序

在日常环境质量监测过程中，环境监测部门依托环境质量实时监测网络与大数据平台，及时发现环境质量异常情况，并将异常信息及时反馈执法部门，执法部门应及时开展现场环境执法，查处环境违法行为，消除污染影响。

　　在污染源的监督监测过程中，明确环境监测人员负责样品的采集、保存以及测试工作，环境执法人员负责进行现场监督检查和环境违法行为的现场查处。

　　针对环境执法人员独立进行的现场监督检查，应当明确环境执法人员按照国家技术规范开展样品样品采集、运输、移交环境监测机构的工作程序。针对环境监测部门负责的监测工作，需要明确样品现场采集、保存、运输、接收、监测、报告，以及监测结果反馈执法机构的工作程序。

　　针对监督监测结果应用，应当明确环境执法机构收到监测报告，对存在超标排放等违法行为进行调查核实、调查属实依法进行处罚的工作程序。

4. 加强重点污染源监督性监测，强化在线监测数据在环境执法中的应用

　　科学制订监测方案，优化监测频次。对于国控重点污染源监督性监测的频次，在每年开展至少一次全面监测的基础上，地方监测部门可根据企业执行的排放标准、行业排放特征、环评批复要求以及环保部门对企业的日常监管等制订监测方案，确定不同企业的监测频次，对超标企业、超标项目加强监测。考虑到企业排污状况的不稳定性，应大力加强污染源在线监测系统在污染源监督监测方面的应用，强化对污染源的连续自动监测，注重加强对污染源在线监测系统的比对监测和质控监督，确保在线监测数据真实、客观、准确，以全面掌握企业的真实排污状况，为环境执法提供数据支持。

6.3.7　加强对社会化环境监测工作的引导和管理

　　引入第三方监测可以弥补当前我国环境监测系统人员与经费方面的不足，同时也是新时期环境监测体制机制改革的重要内容，但在目前第三方监测市场调控机制尚不完善，第三方监测机构技术能力相对薄弱的情况下，加强对第三方监测机构的引导和管理显得尤为重要。

　　一方面需要按照环境保护部《关于推进环境监测服务社会化的指导意见》的相关要求，出台相关政策，有序放开环境监测服务市场，在环境空气自动监测、污染企业自行监测、污染源监督性监测等领域推行社会化监测，扶持社会化监测行业发展，为环境监测服务社会化提供良好的政策环境，引导第三方监测行业健康发展。另一方面需要完善社会化环境监测机构管理相关制度。会同质检、人事等相关部门出台社会化环境监测机构资质认定办法、环境监测从业人员职业资格管理办法、环境监测机构诚信评级办法、社会化环境监测管理规定等管理制度，进一步明确社会化环境监测机构的资质管理和市场准入要求、监测机构从业人员的资格管理要求、社会化监测机构的日常监管规定等内容。第三强化责任追究，依据相关法律、法规的管理规定，环保、质检等相关职能部门应密切配合，加强对社会化环境监测机构的日常监管和质量控制，并向社会公布社会化环境监测机构的监测工作质量，形成有效的服务质量公示机制、诚信公示机制、市场退出机制等。对于服务质量不能满足相关要求、存在环境监测数据弄虚作假行为的监测机构和监测人员，列入黑名单，禁止其参与环境监测活动，并依法进行相应处罚，构成犯罪的依法追究刑事责任。

参 考 文 献

国家环境保护总局. 2005. HJ/T 193—2005 环境空气自动监测技术规范. 北京: 中国环境科学出版社.

吕立慧, 刘文清, 张天舒, 等. 2015. 微脉冲激光雷达水平探测气溶胶两种反演算法对比与误差分析. 光谱学与光谱分析, 35(7): 1774-1778.

潘鹄, 耿福海, 陈勇航, 等. 2010. 利用微脉冲激光雷达分析上海地区灰霾过程. 环境科学学报, 11(5): 345-367.

佟彦超, 刘文清, 张天舒, 等. 2010. 激光雷达监测工业污染源颗粒物输送通量. 中国激光, 1: 29-32.

汪少林, 谢品华, 胡顺星, 等. 2008. 车载激光雷达对北京地区边界层污染监测研究. 环境科学, 29(3): 562-568.

杨东旭, 刘毅, 夏俊荣, 等. 2012. 华北及其周边地区秋季气溶胶光学性质的星载和地基遥感观测. 气候与环境研究, 4: 348-356.

中国共产党第十八届中央委员会. 2015. 中国共产党十八届中央委员会第五次会议公报. 北京.

中华人民共和国国务院办公厅. 2015. 生态环境监测网络建设方案. 北京.

中华人民共和国环境保护部. 2012. GB 3095—2012 环境空气质量标准. 北京: 中国环境科学出版社.

中华人民共和国环境保护部. 2012. HJ 633—2012 环境空气质量指数(AQI)技术规定. 北京: 中国环境科学出版社.

中华人民共和国环境保护部. 2013. HJ 193—2013 环境空气气态污染物(SO_2、NO_2、O_3、CO)连续自动监测系统安装验收技术规范. 北京: 中国环境科学出版社.

中华人民共和国环境保护部. 2013. HJ 653—2013 环境空气颗粒物(PM_{10} 和 $PM_{2.5}$)连续自动监测系统技术要求与检测方法. 北京: 中国环境科学出版社.

中华人民共和国环境保护部. 2013. HJ 654—2013 环境空气气态污染物(SO_2、NO_2、O_3、CO)连续自动监测系统技术要求与检测方法. 北京: 中国环境科学出版社.

中华人民共和国环境保护部. 2013. HJ 655—2013 环境空气颗粒物(PM_{10} 和 $PM_{2.5}$)连续自动监测系统安装和验收技术规范[S]. 北京: 中国环境科学出版社.

中华人民共和国环境保护部. 2013. HJ 663—2013 环境空气质量评价技术规范. 北京: 中国环境科学出版社.

中华人民共和国环境保护部. 2013. HJ 664—2013 环境空气质量监测点位布设技术规范(试行). 北京: 中国环境科学出版社.

Amiridis V, Balis D S, Kazadzis S, et al. 2005. Four-year aerosol observations with a Raman lidar at Thessaloniki, Greece, in the framework of European Aerosol Research Lidar Network

(EARLINET). Journal of Geophysical Research, 110: doi: 10. 1029/2005JD006190.

Chan K L. , Hartl A. , Y F. Lam, et al. 2015. Observations of tropospheric NO_2 using ground based MAX-DOAS and OMI measurements during the Shanghai World Expo 2010. Atmospheric Environment , 119: 45-58.

Chen Z Y , Liu W Q, Zhang T S, et al. 2015. Haze observations by simultaneous Lidar and WPS in Beijing before and during the APEC 2014. Science China Chemistry, 58(9): 385-392.

Chen Z Y, Liu W Q, Heese B, et al. 2014. Aerosol optical properties observed by combined Raman-elastic backscatter lidar in winter 2009 in Pearl River Delta, south China. Journal of Geophysical Research, 119(2): 2335-2352.

Dulam J, Nobuo S, Masato S, et al. 2012. Dust, biomass burning smoke, and anthropogenic aerosol detected by polarization-sensitive Mie lidar measurements in Mongolia. Atmospheric Environment, 54: 231-241.

Jin X, Holloway T. 2015. Spatial and temporal variability of ozone sensitivity over China observed from the Ozone Monitoring Instrument. Journal. Geophysical. Research, 120: 7229-7246.

Johansson J K E, Mellqvist J, Samuelsson J, et al. 2014. Emission measurements of alkenes, alkanes, SO_2, and NO_2 from stationary sources in Southeast Texas over a 5 year period using SOF and mobile DOAS. Journal of Geophysical Research, 119: 1973-1991.

Kanaya Y, Irie H, Takashima H, et al. 2014. Long-term MAX-DOAS network observations of NO_2 in Russia and Asia (MADRAS)during the period 2007—2012: Instrumentation, elucidation of climatology, and comparisons with OMI satellite observations and global model simulations. Atmospheric. Chemistry and. Physics, 14: 7909-7927.

Li A, Zhang J, Xie P, et al. 2015. Variation of temporal and spatial patterns of NO_2 in Beijing using OMI and mobile DOAS. Science China Chemistry, 58(9): 1-10.

Oanhn T K, Upadhyay N, Zhuang Y H, et al. 2008. Particulate air pollution in six Asian cities: Spatial and temporal distributions, and associated sources. Atmospheric Environment, 40(18): 3367-3380.

Rauta J C, Chazettea P, Fortainb A. 2009. New approach using lidar measurements to characterize spatiotemporal aerosol mass distribution in an underground railway station in Paris. Atmospheric Environment, 43(3): 575-583.

Shaiganfar R, Beirle S, Petetin H, et al. 2015. New concepts for the comparison of tropospheric NO_2 column densities derived from car-MAX-DOAS observations, OMI satellite observations and the regional model CHIMERE during two MEGAPOLI campaigns in Paris 2009/10. Atmospheric. Measurement. Techniques, 8: 2827-2852.

Tao M H, Chen L F, Xiong X Z, et al. 2014. Formation process of the widespread extreme haze pollution over northern China in January 2013: Implications for regional air quality and climate. Atmospheric Environment, 98: 417-425.

Wang Y De Vries M P , Xie P H, et al. , 2015. Cloud and aerosol classification for 2. 5 years of MAX-DOAS observations in Wuxi (China)and comparison to independent data sets. Atmospheric Measurement Techniques, DOI: 10. 5194/amt-8-5133-2015.

Wang Y, Li A, Xie P H, et al. 2014. A rapid method to derive horizontal distributions of trace gases and aerosols near the surface using multi-axis differential optical absorption spectroscopy. Atmospheric Measurement Techniques, 7: 1663-1680.

Wu F C, Xie P H, Li A, et al. 2013. Observations of SO_2 and NO_2 by mobile DOAS in the Guangzhou eastern area during the Asian Games 2010. Atmospheric Measurement Techniques, 6(9): 2277-2292.

Xu J, Xie P, Si F, et al. 2014. Observation of tropospheric NO_2 by airborne multi-axis differential optical absorption spectroscopy in the Pearl River Delta Region, South China[J]. Chinese Physics B, 09: 251-255.

Zhang et al. 2014. Airborne measurements of gas and particle pollutants during CAREBeijing-2008. Atmospheric Chemistry and Physics, 14: 301–316.

第 7 章　京津冀区域空气质量规划与中长期路线图

课题组成员

郝吉明　清华大学　中国工程院院士

杜祥琬　中国工程院院士

刘　旭　中国工程院院士

谢克昌　中国工程院院士

王文兴　中国环境科学研究院　中国工程院院士

丁一汇　国家气候中心　中国工程院院士

倪维斗　清华大学　中国工程院院士

岑可法　浙江大学　中国工程院院士

魏复盛　中国环境监测总站　中国工程院院士

刘文清　中国科学院合肥物质科学研究院　中国工程院院士

唐孝炎　北京大学　中国工程院院士

尹伟伦　北京林业大学　中国工程院院士

任阵海　中国环境科学研究院　中国工程院院士

侯立安　火箭军后勤科学技术研究院　中国工程院院士

黄其励　国家电网公司　中国工程院院士

贺克斌　清华大学　中国工程院院士

王书肖　清华大学　教授

雷　宇　环境部规划院　研究员

许嘉钰　清华大学　教授

田贺忠　北京师范大学　教授

王丽涛　河北工程大学　教授

唐晓青　河北省环境监测中心站　高级工程师

汪　俊　清华大学　硕士生

赵　斌　清华大学　博士生

吴清茹　清华大学　博士生

付　晓　清华大学　博士生

王凤阳　清华大学　博士生

王建栋　清华大学　博士生

赵旻江　清华大学　博士生

华　阳　清华大学　博士生

蔡思翌　清华大学　博士生

常　兴　清华大学　博士生

吴文景　清华大学　博士生

曹百灵　清华大学　研究助理

高宇华　清华大学　研究助理

7.1　京津冀区域空气质量改善目标设定

7.1.1　京津冀区域空气质量和标准的差距

空气质量监测数据显示，对于京津冀区域的城市，大气颗粒物是影响空气质量达标的最主要污染物（如表 7-1 所示）。2015 年，京津冀 13 个城市中，仅张家口达到了 $PM_{2.5}$ 年均值标准，所有的城市均未能达到 PM_{10} 年均值标准；13 个城市的 $PM_{2.5}$ 年均浓度均值和 PM_{10} 年均浓度均值分别为《环境空气质量标准》限值的 2.2 倍和 1.9 倍，其中保定市 $PM_{2.5}$ 年均浓度达到了《环境空气质量标准》限值的 3 倍以上。不管从超标的城市分布还是从超标的幅度来看，大气颗粒物的浓度现状与标准的差距都远大于气态污染物。

表 7-1　京津冀区域 13 个城市不同污染物浓度与标准限值的比例

	SO_2	NO_2	PM_{10}	CO	O_3	$PM_{2.5}$
北京	0.23	1.25	1.46	0.90	1.27	2.31
天津	0.48	1.05	1.67	0.78	0.89	2.00
石家庄	0.78	1.28	2.10	1.08	0.93	2.54
唐山	0.82	1.53	2.01	1.05	1.14	2.43
秦皇岛	0.63	1.13	1.41	0.90	0.67	1.37
邯郸	0.75	1.18	2.37	0.95	0.88	2.60
邢台	1.00	1.50	2.46	1.28	0.88	2.89
保定	0.92	1.35	2.49	1.45	1.14	3.06
张家口	0.52	0.65	1.11	0.40	0.99	0.97
承德	0.37	0.88	1.31	0.58	1.11	1.23
沧州	0.67	1.03	1.73	0.80	1.06	2.00
廊坊	0.40	1.18	1.96	0.85	1.07	2.43
衡水	0.60	1.10	2.49	0.93	1.14	2.83

虽然气态污染物的超标形势不如大气颗粒物严峻，但是几种气态污染物的超标情况也存在较大差异。随着"十五"和"十一五" SO_2 减排工作的持续推进和《大气污染防治行动计划》的实施，京津冀区域城市的大气 SO_2 浓度迅速降低，在 2013~2015 年的 2 年间下降了 45%，到 2015 年，全部 13 个城市的 SO_2 浓度均低于《环境空气质量标准》限值。CO 的浓度在近年来也有较大幅度的下降，到 2015 年，仅有石家庄、唐山、邢台、保定等 4 个城市超标，且超标幅度都在 50%以内。京津冀城市普遍存在 NO_x 浓度超标问题，除北部的张家口和承德两个城市

外，其他 11 个城市均不同程度地超标，反映出整个京津冀区域集中的工业生产和交通运输活动所导致大量化石能源消费的影响。区域 O_3 污染逐步显现，近年来京津冀城市的 O_3 浓度水平呈持续上升的趋势，其中北京市 2015 年 O_3 日最大 8 小时平均浓度的 90 百分位数已超过 200 $\mu g/m^3$，是全国 O_3 浓度最高的城市。

综上所述，京津冀区域 13 个城市面临最主要的大气污染挑战仍是大气颗粒物。为了实现京津冀区域空气质量稳定达标，需要使区域的 SO_2 浓度水平保持稳定，NO_2 浓度水平下降 20%左右，O_3 浓度水平下降 10%左右，$PM_{2.5}$ 和 PM_{10} 的浓度水平分别下降 60%和 50%左右。由此可见，$PM_{2.5}$ 和 PM_{10} 浓度是否能够大幅下降，将是京津冀区域空气质量是否能有效改善直至达标的关键制约因素。

7.1.2　国外城市大气细颗粒物浓度降低的案例和启示

1. 美国

美国在 20 世纪 90 年代将 $PM_{2.5}$ 纳入环境空气质量标准体系，并开始了全国范围的 $PM_{2.5}$ 浓度监测。在 1999~2003 年五年间，美国全国 $PM_{2.5}$ 年均浓度下降了 10%（图 7-1 和图 7-2）。其中 $PM_{2.5}$ 浓度较高的东南地区（15.7 $\mu g/m^3$）下降 20%，

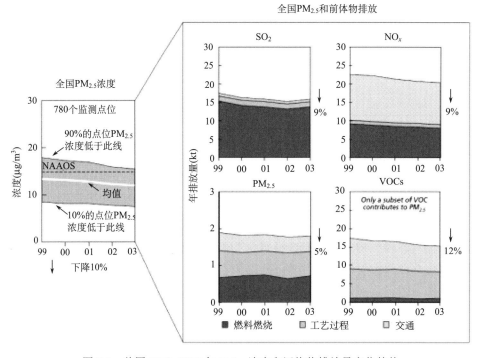

图 7-1　美国 1999~2003 年 $PM_{2.5}$ 浓度和污染物排放量变化趋势

资料来源：https://www.epa.gov/environmental-topics/air-topics

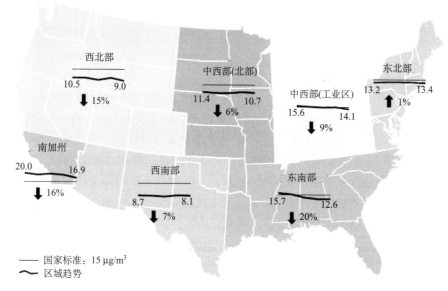

图 7-2　美国 1999~2003 年不同区域 PM$_{2.5}$ 浓度变化趋势

资料来源：https://www. epa. gov/environmental-topics/air-topics

至 12.6 μg/m³；南加州（2 μg/m³）下降 16%，至 16.9 μg/m³。根据美国国家排放清单的数据，同期美国全国一次 PM$_{2.5}$ 排放量减少了 5%，二次 PM$_{2.5}$ 前体物 SO$_2$、NO$_x$ 和 VOCs 分别减少了 9%、9% 和 12%。

　　结合长期监测数据，观察更长远的浓度变化趋势，可以发现在 1979~2003 年的 25 年间，美国 39 个主要城市 PM$_{2.5}$ 年均浓度平均下降了 30% 左右。其中 PM$_{2.5}$ 浓度较高的大城市下降幅度往往更大，如洛杉矶 PM$_{2.5}$ 年均浓度从 1979 年的 30 μg/m³ 下降至 2003 年的 18 μg/m³，共计下降 40%；华盛顿特区 PM$_{2.5}$ 年均浓度从 1981 年的 28 μg/m³ 下降至 2003 年的 μg/m³，共计下降 50%；芝加哥 PM$_{2.5}$ 年均浓度从 1983 年的 28 μg/m³ 下降至 2003 年的 15 μg/m³，共计下降 46%。

　　近年来，美国 PM$_{2.5}$ 年均浓度虽然处于较低水平，但仍在持续下降。2000~2014 年的 15 年间，美国全国 PM$_{2.5}$ 年均浓度从 13 μg/m³ 下降至 9 μg/m³，降幅为 35%。而全国不同区域下降幅度各不相同，中部区域从 16 μg/m³ 下降至 10 μg/m³，降幅为 37%；中西部地区从 13 μg/m³ 下降至 10 μg/m³，降幅为 30%；东北区域从 13 μg/m³ 下降至 8 μg/m³，降幅为 37%；西北区域从 11 μg/m³ 下降至 8 μg/m³，降幅为 24%；南部区域从 13 μg/m³ 下降至 9 μg/m³，降幅为 29%；东南区域从 14 μg/m³ 下降至 8 μg/m³，降幅为 41%；西南区域从 9 μg/m³ 下降至 7 μg/m³，降幅为 20%；西部区域从 14 μg/m³ 下降至 10 μg/m³，降幅为 33%。

　　由此可见，即便在 PM$_{2.5}$ 浓度水平较低的美国，通过持续实施措施，减少一次 PM$_{2.5}$ 和二次 PM$_{2.5}$ 前体物的排放，PM$_{2.5}$ 浓度仍能以每 5 年 10%～15%的速度持续下降。

2. 欧洲

欧盟国家统一的 PM$_{2.5}$ 监测从 2006 年才开始系统开展，目前欧盟成员国内已经有 926 个站点发布了 PM$_{2.5}$ 监测数据。2012 年，欧盟共计有 9%的站点 PM$_{2.5}$ 年均浓度超过了其浓度限值（25 μg/m^3），绝大多数站点 PM$_{2.5}$ 的浓度集中在 10~25 μg/m^3 这一区间。从欧盟 28 国可比的 61 个城市监测点位、47 个城市交通监测点位以及 22 个农村背景站的监测结果来看，2006~2012 年间，交通和其他（主要是工业区）站点的 PM$_{2.5}$ 浓度有所下降，平均每年下降 0.36 μg/m^3；而城市站点和农村背景站 PM$_{2.5}$ 浓度下降不明显，甚至有所上升，其中城市站点浓度平均每年下降 0.01 μg/m^3，农村背景站浓度平均每年上升 0.07 μg/m^3。综合来看，欧洲国家 PM$_{2.5}$ 浓度总体下降幅度也达到了每 5 年 10%左右（图 7-3）。

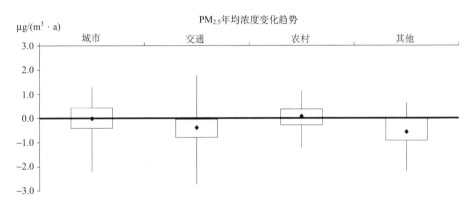

图 7-3　2006~2012 年间欧盟 PM$_{2.5}$ 年均浓度变化趋势

资料来源：http://www.eea.europa.eu/

污染物的减排是推进 PM$_{2.5}$ 浓度下降的重要因素。根据欧洲环境署公布的数据，在 2006~2012 年间，欧盟国家一次 PM$_{2.5}$ 排放量减少了 10%，二次 PM$_{2.5}$ 的前体物 SO$_2$、NO$_x$、VOCs 排放量分别减少了 47%、24%和 18%，而 NH$_3$ 的排放量上升了 2%。

3. 日本

在 2001~2010 年期间，日本路边站 PM$_{2.5}$ 年均浓度从 30 μg/m^3 下降至 16 μg/m^3，降幅为 47%；城市站路边站 PM$_{2.5}$ 年均浓度从 23 μg/m^3 下降至 16 μg/m^3，降幅为 30%（图 7-4）。对于东京而言，PM$_{2.5}$ 年均浓度改善幅度更大，东京中心区城市站

PM$_{2.5}$年均浓度从 2001 年的 26 μg/m^3 下降至 2012 年的 17 μg/m^3，降幅为降 35%，东京郊区城市站 PM$_{2.5}$年均浓度从 2001 年的 22 μg/m^3 下降至 2012 年的 13 μg/m^3，降幅为 41%；东京中心区路边站 PM$_{2.5}$年均浓度从 2001 年的 35 μg/m^3 下降至 2012 年的 19 μg/m^3，降幅为 46%，东京郊区路边站 PM$_{2.5}$年均浓度从 2001 年的 34 μg/m^3 下降至 2012 年的 15 μg/m^3，降幅为 56%（图 7-5）。

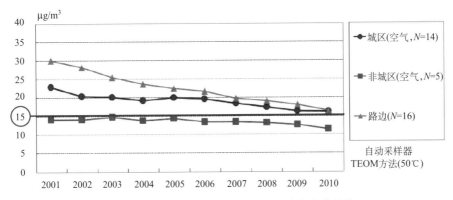

图 7-4　日本 2001~2010 年 PM$_{2.5}$浓度变化趋势

资料来源：wakematsu et al., 2013

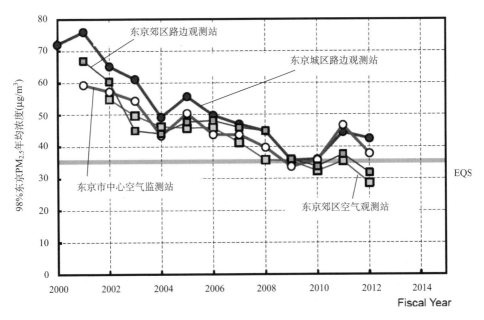

图 7-5　东京 2000~2014 年 PM$_{2.5}$浓度变化趋势

资料来源：https://www.kankyo.metro.tokyo.jp/

由此可见，日本通过持续实施措施，减少一次 $PM_{2.5}$ 和二次 $PM_{2.5}$ 前体物的排放，$PM_{2.5}$ 浓度实现了以每 5 年 15%以上的速度持续下降，其中东京等城市的下降幅度超过全国平均水平。

7.1.3 我国城市大气颗粒物浓度降低的趋势

1. 74 个重点城市 $PM_{2.5}$ 浓度变化趋势

我国城市系统开展 $PM_{2.5}$ 监测始于 2013 年。2012 年《环境空气质量标准》修订后，我国制定了新标准实施三步走的战略，其中第一批共 74 个城市于 2013 年开始了 $PM_{2.5}$ 环境浓度监测。根据这 74 个城市的 2013~2015 年监测结果，发现 $PM_{2.5}$ 年均浓度达标的城市，平均每年浓度下降幅度为 1 $\mu g/m^3$；年均浓度超标在 30%以内的城市，平均每年下降幅度为 3 $\mu g/m^3$；年均浓度超标 30%~60%的城市，平均每年下降幅度为 5 $\mu g/m^3$；年均浓度超标 60%~90%的城市，平均每年下降幅度为 7 $\mu g/m^3$；年均浓度超标 90%~120%的城市，平均每年下降幅度为 8 $\mu g/m^3$；年均浓度超标 120%~150%的城市，平均每年下降幅度为 9 $\mu g/m^3$；年均浓度超标 150%~180%的城市，平均每年下降幅度为 12 $\mu g/m^3$；年均浓度超标 180%以上的城市，平均每年下降幅度为 19 $\mu g/m^3$。

总体而言，《大气污染防治行动计划》实施以来，第一批实施新《环境空气质量标准》的城市 $PM_{2.5}$ 浓度快速下降，年均降幅接近 10%。其中京津冀、长三角和珠三角等重点区域的城市，各种污染防治措施更加到位，$PM_{2.5}$ 浓度下降的幅度更大。

考虑到《大气污染防治行动计划》实施的前几年，各类措施的污染物减排空间较大，效益更为明显。随着 $PM_{2.5}$ 污染控制持续开展，常态化控制的比重将逐步增大，工程性措施的减排空间将进一步压缩，$PM_{2.5}$ 浓度很难保持前几年的高速下降势头。但是由于京津冀区域总体 $PM_{2.5}$ 浓度水平较高，尤其是大大高于发达国家水平，未来几年仍可望保持高于欧美发达国家同样污染程度期间的浓度降幅。

2. 主要城市 PM_{10} 浓度变化的长期趋势

由于监测数据有限，无法对我国城市较长期的 $PM_{2.5}$ 浓度变化趋势进行直接分析。但是对于一个城市而言，$PM_{2.5}$ 在 PM_{10} 中的占比一般不会发生显著变化，因此使用长期的 PM_{10} 浓度监测数据，可以近似分析 $PM_{2.5}$ 浓度变化的趋势。

在 2005~2015 年的 10 年间，北京市 PM_{10} 年均浓度从 150 $\mu g/m^3$ 左右下降到 100 $\mu g/m^3$ 左右，降幅约为 33%；上海市 PM_{10} 年均浓度从 90 $\mu g/m^3$ 左右下降到 70 $\mu g/m^3$ 左右，降幅约为 22%。依据粤港澳珠江三角洲区域空气监测网络的监测数据，2006~2014 年的 9 年间，珠三角 PM_{10} 年均浓度从约 80 $\mu g/m^3$ 下降至约 60 $\mu g/m^3$，降幅约为 25%。由此可见，在尚未以 $PM_{2.5}$ 作为重点，开展大气污染防治的时期，北京、上海、珠三角地区城市的 PM_{10} 浓度都以每 5 年 10%~15%的幅度下降。这个下降幅度和欧、美、日 $PM_{2.5}$ 浓度下降的幅度基本一致。

7.1.4　京津冀区域城市空气质量改善的各阶段目标

《大气污染防治行动计划》针对京津冀区域提出了 2017 年的 $PM_{2.5}$ 浓度改善目标，2016 年发布的《京津冀大气污染防治强化措施》更是将 2017 年的目标进行了细化和落实。除此之外，2015 年修订的《大气污染防治法》指出了各级政府对辖区内的空气质量负责，不达标的城市需要制定达标规划，推进空气质量尽快达标。根据《大气污染防治法》的要求，京津冀区域的城市需要以 6 项污染物达到《环境空气质量标准》浓度限值要求作为奋斗目标和制定措施的出发点，考虑对大气复合污染进行综合防治。

$PM_{2.5}$ 和 PM_{10} 是影响区域空气质量达标的关键污染物。发达国家经验以及我国城市 PM_{10} 浓度下降的经验表明，不管 $PM_{2.5}$ 处于高浓度区间还是低浓度区间，不管是出于工业化后期还是后工业化时期，通过一定强度的日常管理，$PM_{2.5}$ 浓度每 5 年下降 15%是现实可行的；《大气污染防治行动计划》实施前 3 年的经验表明，通过集中的治理工程和高强度的监管，$PM_{2.5}$ 浓度每年下降 10%以上也是可能的。考虑到京津冀将一直作为我国大气污染防治的重点，但污染控制的边际效益将随着治理的推进逐渐降低，因此对于京津冀而言，$PM_{2.5}$ 年均浓度保持以每 5 年 25%左右的速度下降，是较为可行，同时不失积极的目标。如果保持这样的速度，从 2015 年开始，京津冀区域还需要 3 个 5 年，才能实现 $PM_{2.5}$ 浓度下降 60%以上，达到《环境空气质量标准》浓度限值的要求。这个进度与中国工程院和环境保护部的《中国环境宏观战略研究》结果不谋而合。

在此基础上，结合《大气污染防治行动计划》《京津冀大气污染防治强化措施（2016—2017）》以及"十三五"规划对于京津冀区域空气质量改善的总体要求，并参考 2022 年冬奥会的空气质量目标要求，提出了 2015~2020 年北京、天津、河北以及河北省 4 个城市的不同阶段 $PM_{2.5}$ 年均浓度控制目标，如表 7-2 所示。

表 7-2　京津冀区域重点城市 $PM_{2.5}$ 年均浓度控制目标（$\mu g/m^3$）

	2013 年	2015 年	2017 年	2020 年	2022 年	2025 年	2030 年
北京	89	81	约 60	55		42	35
天津	96	70	60	53		40	32
河北	108	77	67	56		43	35
石家庄	154	89					~35
廊坊	110	85	65				~35
保定	135	107	77				~37
张家口	40	34			25		~22

对于其他大气污染物，综合考虑污染物的超标程度、污染的复杂性和治理难度，提出以下目标：到 2020 年，京津冀区域所有城市 SO_2 和 CO 年均浓度需达标，NO_2 浓度持续下降，O_3 污染程度和 2015 年左右持平，重度及以上污染天数比例从 10%（2015 年）减少到 5%。到 2030 年，基本实现京津冀区域所有城市 NO_2 年均浓度达标，O_3 超标城市数大幅下降，重度及以上污染天基本消除。

7.2 京津冀区域大气污染物输送及其空气质量影响

研究利用空气质量模型模拟了京津冀及周边区域的空气质量，并基于模拟结果，对于周边区域对京津冀区域的影响以及京津冀区域内各城市间的相互影响进行了评估。研究采用 WRF/CMAQ 模拟系统进行气象和空气质量的模拟。

7.2.1 周边省份对京津冀区域空气质量的影响

除京津冀区域外，目前中国东部的其他区域同样有着较大的污染物排放量。京津冀区域外的污染物可能经过输送过程影响京津冀的空气质量，尤其是对于进入边界层以上的污染物，由于风速较大，可能产生较长距离的污染物传输现象。因此，在制定京津冀区域空气质量规划时，必须同时考虑周边省份的影响。然而，在不同的气象条件下，影响京津冀区域的输送距离可能不同，如何科学地划定联防联控的省份范围，是一个值得研究的问题。因此，研究利用空气质量模型模拟了京津冀及周边区域的空气质量，并基于模拟结果，评估了京津冀以外的山东、河南、山西、内蒙古、辽宁、安徽、江苏和陕西 8 个省市的排放对京津冀地区的贡献。

研究选定 2012 年作为基准年，以 1 月、7 月分别代表冬季和夏季。采用第三代空气质量模式 CMAQ（Community Multiscale Air Quality model）中的综合源解析（ISAM）模块（Kwok et al.,2013），对不同地区排放的颗粒物及气态前体物进行追踪，从而获得来源区域解析的结果。

模式对空气质量模拟结果的优劣直接影响源解析结果的准确性。在 7.3 节中，我们利用 WRF/CMAQ-2D-VBS 模型系统（Zhao et al.,2016）对京津冀地区 2012 年四个月份的空气质量进行了模拟，并通过多种方式验证了模拟结果的可靠性。在本节，除气相化学机制由于 ISAM 模型的限制而选用了 Carbon-Bond 05 以外，排放清单以及其他模型配置与 7.3 节完全相同，因此在此处不再赘述。

首先，研究将前述 8 个省区和京津冀区域共 9 个地区的 $PM_{2.5}$ 及其前体物的排放进行了标记，以京津冀各市城区作为受体，计算了京津冀及周边 8 省区的排放对其大气 $PM_{2.5}$ 浓度的贡献率。计算结果如表 7-3 和表 7-4 所示。

表 7-3　　2012 年 1 月京津冀及周边 8 省区排放对京津冀 13 市大气 PM$_{2.5}$ 的贡献率

源 / 受体	北京	天津	张家口	承德	秦皇岛	唐山	廊坊	保定	沧州	石家庄	衡水	邢台	邯郸
京津冀	83.1%	83.1%	77.8%	64.9%	68.7%	88.6%	71.2%	73.3%	63.3%	80.8%	51.9%	66.6%	67.8%
山西	1.7%	1.6%	2.4%	2.3%	1.6%	0.7%	2.7%	3.0%	3.6%	2.7%	5.2%	4.7%	4.3%
内蒙古	3.7%	2.2%	8.8%	9.7%	6.3%	2.1%	4.7%	3.8%	4.0%	2.1%	4.2%	2.6%	2.2%
山东	1.0%	2.1%	0.1%	2.1%	2.3%	0.9%	3.1%	3.1%	7.6%	1.8%	9.6%	4.1%	3.7%
河南	0.6%	1.0%	0.1%	1.3%	1.1%	0.3%	1.6%	1.9%	3.1%	1.7%	6.7%	5.6%	6.7%
辽宁	0.3%	0.4%	0.1%	0.5%	4.2%	0.5%	0.7%	0.5%	1.2%	0.3%	1.3%	0.4%	0.4%
陕西	0.3%	0.4%	0.5%	0.5%	0.5%	0.2%	0.7%	0.7%	0.9%	0.6%	1.1%	1.0%	0.9%
安徽	0.2%	0.2%	0.1%	0.4%	0.3%	0.1%	0.4%	0.5%	0.5%	0.4%	1.0%	1.1%	1.1%
江苏	0.1%	0.2%	0.1%	0.3%	0.2%	0.1%	0.3%	0.4%	0.5%	0.3%	0.9%	0.8%	0.7%
其他	9.0%	8.7%	10.1%	17.9%	14.9%	6.5%	14.4%	12.8%	15.4%	9.3%	18.0%	13.2%	12.1%

表 7-4　　2012 年 7 月京津冀及周边 8 省区排放对京津冀 13 市大气 PM$_{2.5}$ 的贡献率

源 / 受体	北京	天津	张家口	承德	秦皇岛	唐山	廊坊	保定	沧州	石家庄	衡水	邢台	邯郸
京津冀	80.0%	75.0%	83.7%	66.0%	70.8%	78.2%	69.2%	75.6%	54.8%	84.9%	47.2%	75.8%	74.9%
山西	1.3%	1.3%	2.4%	2.4%	1.6%	1.2%	1.9%	2.3%	2.5%	2.1%	4.1%	4.5%	3.9%
内蒙古	1.3%	1.2%	1.4%	3.2%	1.8%	1.4%	1.9%	1.8%	1.9%	1.2%	2.4%	1.4%	1.3%
山东	6.5%	9.8%	4.1%	10.2%	8.0%	7.1%	10.7%	7.9%	20.4%	3.5%	21.4%	5.4%	5.2%
河南	1.8%	2.0%	1.2%	2.3%	1.4%	1.3%	3.1%	2.3%	5.1%	1.8%	7.4%	4.6%	6.3%
辽宁	1.9%	2.3%	0.9%	3.9%	6.1%	2.9%	2.9%	1.6%	2.2%	0.8%	2.2%	0.9%	0.9%
陕西	1.5%	1.3%	1.0%	2.2%	1.9%	1.4%	2.2%	2.2%	1.9%	1.2%	2.8%	1.5%	1.5%
安徽	1.6%	1.6%	1.0%	2.2%	2.0%	1.6%	2.6%	2.3%	2.9%	1.5%	4.1%	2.1%	2.3%
江苏	2.0%	2.4%	1.0%	2.5%	2.5%	2.2%	3.1%	2.4%	4.5%	1.4%	5.3%	1.6%	1.7%
其他	2.2%	3.0%	3.4%	5.0%	3.9%	2.7%	2.3%	2.0%	3.5%	1.6%	3.1%	2.2%	2.0%

从计算结果中可以看出，京津冀以自身贡献为主（例如北京 1 月京津冀共贡献 83.1%的 PM$_{2.5}$；内蒙古 1 月对张家口、承德和秦皇岛的影响较大（6.3%~9.7%），7 月对京津冀各地影响均较小（<3.2%）；山东 1 月对沧州、衡水的影响达 7.6%和 9.6%，7 月对京津冀各地影响均较大（4.1%~21.4%）；河南在 1 月、7 月对衡水、邢台、邯郸影响较大（4.6%~7.4%），对其他地区影响小；辽宁、陕西、安徽、江苏的影响均很小，且 1 月小于 7 月。

除了总浓度的贡献外，ISAM 还可以给出 PM$_{2.5}$ 分组分的贡献。以北京为例，图 7-6、图 7-7 展示了 1 月、7 月京津冀及周边 8 省区对北京市 PM$_{2.5}$ 的六种主要组分的贡献大小。可以看出，1 月内蒙古和山西的 OC、EC 等一次组分以及硫酸盐、硝酸盐都对北京有较大贡献，而铵盐则主要以京津冀本地贡献为主。7 月，山东的一次组分对北京依然有较大贡献，而硫酸盐、硝酸盐对北京有很大贡献，因此其前体物 SO$_2$ 和 NO$_x$ 应作为重点控制对象。此外 7 月山东的铵盐以及山西、辽宁的硫酸盐和硝酸盐同样有较为明显的贡献。

ISAM 计算得到的月均贡献值可以反映各地区的排放对于目标区域长期平均浓度的贡献，但对于更需要引起关注的重污染时段，其贡献特点可能会不同于月均情况。因此，本研究以北京为例，从 1 月和 7 月分别筛选出污染相对较重的时段，对该时段下各地贡献率的变化情况做了逐日的计算分析。研究选取的重污染时段为 2012 年 1 月 16~20 日及 2012 年 7 月 16~20 日。该时段各地对北京 PM$_{2.5}$

的逐日贡献大小如图 7-8、图 7-9 所示。可以看出，在 1 月的重污染时段，除山西和内蒙古外，山东也对北京的贡献较大（约 3%~6%）；7 月的重污染时段，除了山东对北京贡献大（最高约 11%）以外，辽宁对北京也有相当大的贡献（最高约 7%）。而从污染的时间变化上看，1 月污染的加重主要由京津冀区域内污染的积累造成，而 7 月随着污染的加重，山东、辽宁等地的贡献也随之加大。

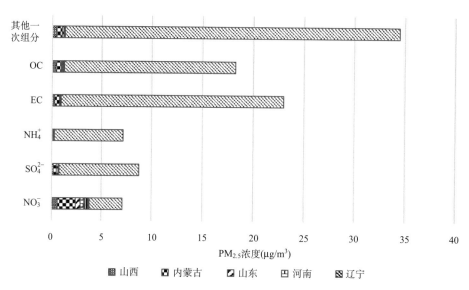

图 7-6 2012 年 1 月京津冀及周边 8 省区对北京市 PM$_{2.5}$ 的六种主要组分的贡献大小

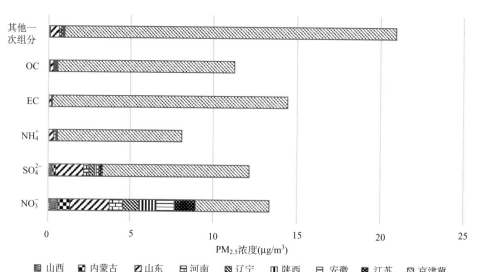

图 7-7 2012 年 7 月京津冀及周边 8 省区对北京市 PM$_{2.5}$ 的六种主要组分的贡献大小

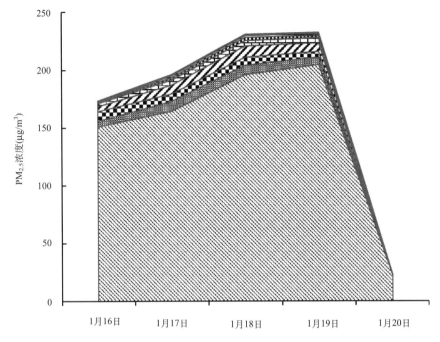

图 7-8　2012 年 1 月重污染时段京津冀及周边 8 省份对北京的贡献率

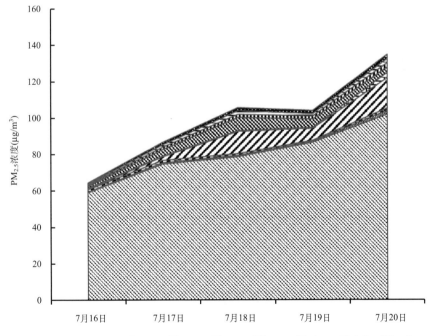

图 7-9　2012 年 7 月重污染时段京津冀及周边 8 省份对北京的贡献率

同样地，也可以给出 1 月、7 月重污染时段污染最重的 1 月 19 日和 7 月 20 日各省区对北京 PM$_{2.5}$ 各个组分的贡献，如图 7-10、图 7-11 所示。可以看出，对于 1 月重污染过程，各个组分均以京津冀本地贡献为主，在京津冀以外，山东、河南和山西的一次组分有一定的贡献，硫酸盐和硝酸盐的贡献较大。对于 7 月的重污染过程，山东的一次和二次组分均有很大的贡献，此外山西和辽宁也对硫酸盐和硝酸盐有一定的贡献。

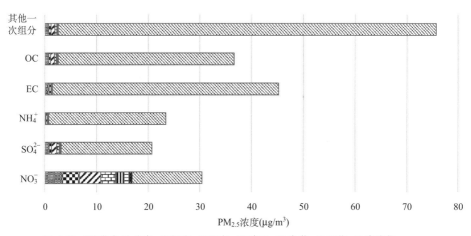

图 7-10　2012 年 1 月 19 日各省区对北京 PM$_{2.5}$ 各组分的贡献

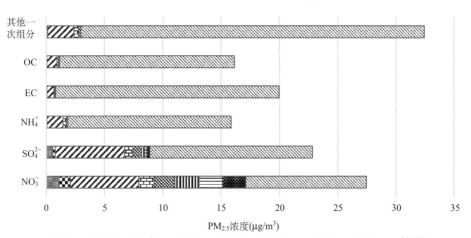

图 7-11　2012 年 7 月 20 日各省区对北京 PM$_{2.5}$ 各组分的贡献

7.2.2　京津冀区域城市间大气污染输送及其空气质量影响

为了进一步探究京津冀区域内各城市之间的相互影响，研究选择了两种评估方法。首先利用 CMAQ 的模拟结果，计算各个城市边界上的 $PM_{2.5}$ 跨界传输通量，得到京津冀区域内污染物跨界输送的特征；再进一步利用 ISAM 模型，对各城市之间污染物输送对空气质量的相互影响进行计算。

研究选择京津冀区域内北京、天津、石家庄三个城市作为通量计算的目标城市，分别计算三个城市与周边区域的行政边界上 $PM_{2.5}$ 的传输通量，如图 7-12所示。通量计算时主要考虑自地面起至 1000 m 高度上的传输，以边界所在的网格内污染物的浓度乘以网格边界处的风速，再对时间、边界进行求和，得到每段边界上月总净传输通量。北京、天津和石家庄各段边界各个高度净通量如图 7-13所示。

图 7-12　通量计算的目标城市

可以看出，1 月、7 月北京所有边界上的净通量总和均是正值，意味着北京总体上受外界的影响大于向外界施加的影响。1 月，在低层，廊坊主城和保定方向均对应净输出，但随着高度的增加逐步转变为净输入，这可能意味着较高层面上北京西南、东南两个方向上存在污染物较长距离的输入，尤其是西南的保定方

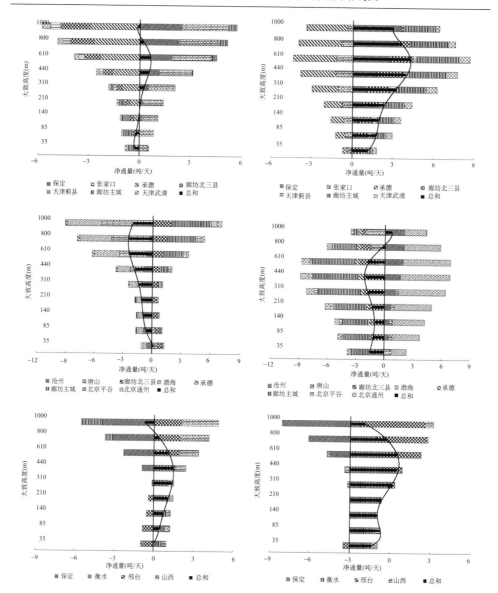

图7-13　北京（上）、天津（中）和石家庄（下）1月（左）和7月（右）各段边界各个高度
上PM$_{2.5}$的净传输通量，通量正值表示PM$_{2.5}$输送方向为进入目标城市

向，其净输入通量值随高度上升很快，可能对应着西南方向冀中南太行山东部的
大量污染源向北京的相对长距离传输。虽然通量在较高处数值较大，但高处的通
量可能并不能显著影响地面附近的浓度。与1月不同，7月输送通量最大值出现
在600 m附近高度上，输送的总体强度强于1月。天津、廊坊和保定所指示的东、
东南、西南方向是污染物进入北京的主要方向，张家口、承德所指示的西北、东

北方向是接受从北京传出污染物的主要方向。

对于天津，1 月和 7 月所有边界上的净通量总和为负值，意味着天津与北京相反，总体上向外界施加的影响大于受到外界的影响。1 月与 7 月在各个高度上的传输特征与北京较为类似。廊坊及北三县、北京平谷及通州指示的西北、西、西南方向对天津有明显的净输入，其中廊坊主城方向在较高的高度产生传输，其污染物可能来自于西面更远处的排放源；唐山和渤海指示的东、东北方向接受了天津主要的净输出，但唐山本地的污染物可能在低层对天津产生了净输入；沧州在低层受到天津的较明显影响。

石家庄的情况与京津略有不同，其 1 月和 7 月的传输特征较为类似。石家庄在所有边界上的净通量综合同样为正值。1 月，山西（西、西北）方向和衡水（东）方向是污染物进入石家庄的主要通道；石家庄在低层对邢台方向有较多的输送，在高层则对太行山东部自西南向东北的传输通道有所贡献。7 月，衡水指示的东方向是污染物进入石家庄的重要方向，保定指示的北、东北方向则在较低层面对石家庄有较强的传输。

将三个城市各段边界上的输送通量情况绘制到同一地图上，如图 7-14 示。图中，发生在较低层面（低于 400~600 m）的输送用空心箭头表示，较高层面（高于 400~600 m）的输送用实心箭头表示，并用箭头的大小表示输送的强弱。从图中可以看到，无论是冬季还是夏季，京津冀地区沿太行山东侧的较高层面都可能存在一自西南向东北的长期稳定的 $PM_{2.5}$ 传输通道。

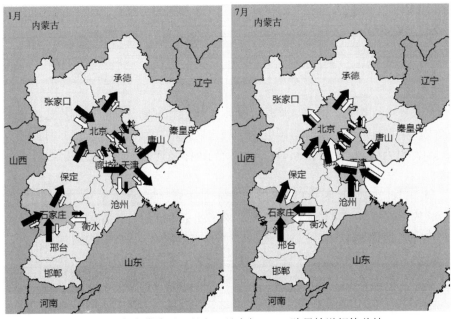

图 7-14　京津冀地区 1 月和 7 月大气 $PM_{2.5}$ 跨界输送规律总结

与上一节类似，研究进一步利用 ISAM 模型，对京津冀 13 城市的 PM$_{2.5}$ 及其前体物排放进行标记和追踪，计算得到了京津冀 13 城市间 PM$_{2.5}$ 的相互贡献，将表 7-3、表 7-4 "京津冀" 的贡献细化至市，结果如表 7-5、表 7-6 所示。

表 7-5　2012 年 1 月京津冀内 13 市的排放对彼此的大气 PM$_{2.5}$ 的贡献率

源＼受体	北京	天津	张家口	承德	秦皇岛	唐山	廊坊	保定	沧州	石家庄	衡水	邢台	邯郸
北京	47.9%	1.6%	0.2%	1.1%	0.6%	1.0%	5.2%	0.3%	0.5%	0.2%	0.3%	0.2%	0.3%
天津	2.5%	60.6%	0.1%	0.4%	0.7%	1.1%	3.3%	0.3%	0.9%	0.6%	0.6%	0.5%	0.5%
张家口	3.5%	0.6%	76.5%	0.5%	0.4%	0.6%	0.9%	0.1%	0.3%	0.1%	0.2%	0.1%	0.1%
承德	0.8%	0.5%	0.0%	58.9%	1.2%	0.8%	0.5%	0.1%	0.2%	0.1%	0.1%	0.1%	0.1%
秦皇岛	0.4%	0.4%	0.0%	0.1%	57.5%	1.1%	0.4%	0.1%	0.2%	0.1%	0.1%	0.1%	0.1%
唐山	0.9%	2.0%	0.2%	0.4%	4.7%	78.4%	1.1%	0.2%	0.7%	0.3%	0.4%	0.3%	0.5%
廊坊	6.4%	4.2%	0.1%	0.7%	0.6%	1.2%	45.0%	0.6%	1.0%	0.7%	0.4%	0.4%	0.4%
保定	10.3%	4.3%	0.3%	1.1%	0.8%	1.9%	6.8%	66.2%	1.5%	3.3%	1.0%	0.6%	0.6%
沧州	2.5%	2.7%	0.1%	0.3%	0.8%	0.8%	2.2%	1.0%	53.4%	1.3%	1.7%	1.3%	1.5%
石家庄	3.7%	2.8%	0.2%	0.7%	0.5%	0.7%	2.9%	2.3%	1.4%	69.6%	2.3%	2.4%	1.6%
衡水	1.2%	1.3%	0.0%	0.2%	0.4%	0.4%	1.0%	0.7%	1.6%	0.9%	40.9%	1.6%	1.6%
邢台	1.6%	1.3%	0.1%	0.4%	0.3%	0.3%	1.2%	0.8%	0.9%	2.1%	2.4%	52.3%	4.7%
邯郸	1.5%	1.1%	0.1%	0.3%	0.2%	0.3%	0.9%	0.6%	0.8%	1.4%	1.6%	6.6%	55.7%
外省及其他	16.9%	16.9%	22.2%	35.1%	31.3%	11.4%	28.8%	26.7%	36.7%	19.2%	48.1%	33.4%	32.2%

表 7-6　2012 年 7 月京津冀内 13 市的排放对彼此的大气 PM$_{2.5}$ 的贡献率

源＼受体	北京	天津	张家口	承德	秦皇岛	唐山	廊坊	保定	沧州	石家庄	衡水	邢台	邯郸
北京	28.6%	1.2%	2.7%	1.3%	0.4%	0.7%	1.2%	0.3%	0.2%	0.4%	0.2%	0.3%	0.5%
天津	10.4%	54.2%	1.3%	4.4%	1.9%	3.7%	6.6%	1.0%	0.6%	1.2%	0.6%	0.7%	0.8%
张家口	1.5%	2.8%	60.7%	0.4%	0.3%	0.5%	0.3%	0.3%	0.2%	0.5%	0.3%	0.3%	0.5%
承德	1.1%	2.1%	0.5%	45.8%	0.3%	0.3%	0.1%	0.2%	0.2%	0.3%	0.2%	0.3%	0.3%
秦皇岛	1.6%	1.7%	0.6%	1.4%	58.3%	1.6%	0.2%	0.3%	0.4%	0.5%	0.5%	0.5%	0.8%
唐山	4.4%	1.9%	1.0%	4.0%	4.9%	65.6%	1.7%	0.5%	0.4%	0.6%	0.4%	0.5%	0.6%
廊坊	11.9%	1.0%	1.6%	2.2%	0.6%	1.1%	52.6%	1.1%	0.3%	0.7%	0.5%	0.5%	0.6%
保定	6.6%	0.6%	5.7%	1.3%	0.5%	0.7%	1.5%	65.9%	0.4%	3.5%	0.6%	1.1%	0.9%
沧州	5.4%	1.4%	2.6%	1.2%	1.5%	1.7%	3.1%	2.1%	49.6%	1.3%	2.0%	0.9%	1.2%
石家庄	2.0%	1.0%	3.2%	1.0%	0.5%	0.5%	0.5%	1.7%	0.5%	70.9%	2.1%	2.9%	1.6%
衡水	2.9%	1.1%	1.6%	1.2%	0.7%	0.8%	0.7%	1.0%	1.0%	1.4%	36.9%	1.3%	1.3%
邢台	1.7%	5.0%	1.4%	2.0%	0.4%	0.5%	0.2%	0.8%	0.5%	2.2%	1.9%	58.9%	5.8%
邯郸	1.8%	0.9%	0.9%	0.4%	0.4%	0.5%	0.2%	0.5%	0.4%	1.4%	1.1%	7.5%	60.1%
外省及其他	20.0%	25.0%	16.3%	34.0%	29.2%	21.8%	30.8%	24.4%	45.2%	15.1%	52.8%	24.2%	25.1%

从表中可以看到，北京、廊坊、衡水、邢台和邯郸等城市受到周边城市的影响较大，衡水、邢台、邯郸等河北南部城市之间的相互影响显著。7 月的相互影响比 1 月更为明显。7 月张家口、承德受到京津及河北中东部城市影响较 1 月大幅增加。

同样以北京为例，图 7-15、图 7-16 展示了 1 月、7 月京津冀 13 市对北京 PM$_{2.5}$ 各组分的贡献情况。可以看出，1 月，除了北京本地以外，保定在各种组分上都对北京有明显的贡献，而廊坊、张家口则在一次组分上也有较大贡献。7 月，保定、廊坊、天津、唐山、沧州和衡水都对一次组分有较大贡献，尤其是廊坊对一次组分的贡献很大；上述各个地区除了唐山以外，对于硫酸盐和硝酸盐的贡献也较大，其中天津的贡献很大；对于铵盐，天津和廊坊都有较大的贡献。

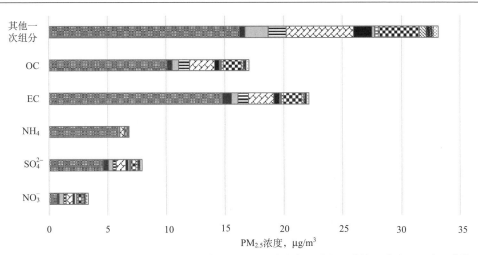

图 7-15　2012 年 1 月京津冀 13 市对北京市 PM$_{2.5}$ 的六种主要组分的贡献大小

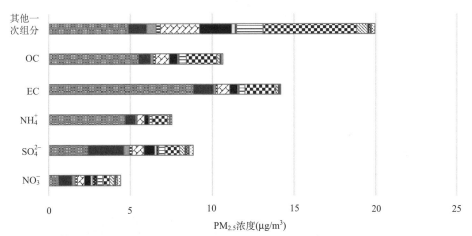

图 7-16　2012 年 7 月京津冀 13 市对北京市 PM$_{2.5}$ 的六种主要组分的贡献大小

与上一节类似，研究同样计算了 2012 年 1 月 16~20 日和 7 月 16~20 日两次污染相对严重的过程下京津冀 13 市对北京的贡献率，结果如图 7-17、图 7-18 所示。可以看出 1 月重污染时段，保定对北京的贡献最大超过 11%，石家庄超过 4%。在污染过程的前三天，污染的加重主要由本地贡献的上升导致，而污染最重的 1 月 19 日，保定的贡献出现大幅上升。7 月重污染时段，天津对北京的贡献超过 10%，廊坊约 7%。污染的整个过程北京本地的贡献没有明显的上升，而污染后期河北中南部所有城市均有程度类似的较大贡献，这体现出 7 月较长距离的传输对于北京夏季空气质量有着重要影响。

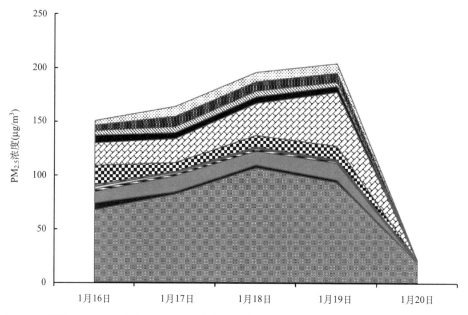

图 7-17　2012 年 1 月重污染时段京津冀内 13 市对北京的贡献率（未绘出京津冀以外的贡献）

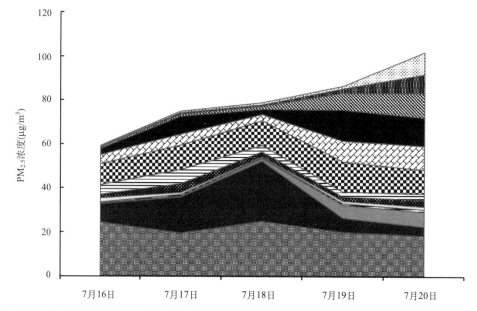

图 7-18　2012 年 7 月重污染时段京津冀内 13 市对北京的贡献率（未绘出京津冀以外的贡献）

　　与上一小节类似,研究计算了 1 月 19 日和 7 月 20 日京津冀各市对北京 PM$_{2.5}$ 各组分的贡献,如图 7-19、图 7-20 所示。可以看出,对于 1 月的重污染时段,保定对于各类一次、二次组分都有着非常大的贡献;廊坊、石家庄对于一次组分和硫酸盐、硝酸盐也有一定的贡献,并且石家庄对于硫酸盐、硝酸盐的贡献同样比较明显;邢台和邯郸也对硫酸盐、硝酸盐有一定的贡献。对于 7 月,各个组分的贡献都体现出很强的区域性,除了张家口和承德以外的几乎所有地区都对各个组分有较大的贡献。

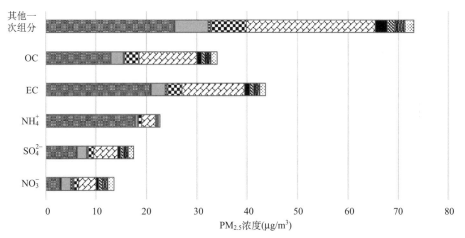

图 7-19　2012 年 1 月 19 日京津冀 13 市对北京大气 PM$_{2.5}$ 各组分的贡献值

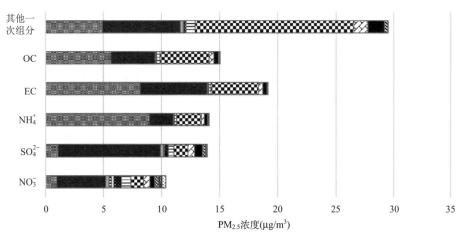

图 7-20　2012 年 7 月 20 日京津冀 13 市对北京大气 PM$_{2.5}$ 各组分的贡献值

7.2.3 基于污染物跨界输送规律的京津冀区域联防联控策略

综合上两小节的京津冀区域内和区域外各地区对京津冀各城市 PM$_{2.5}$ 浓度的贡献率计算结果，以及京津冀区域内重点城市污染物的跨界输送规律，研究分别针对冬季、夏季的一般时段和重污染时段，给出了京津冀区域外和区域内（以北京为例）各地排放控制建议表，如表 7-7 和表 7-8 所示。在冬季，应以控制京津冀本地排放为主，辅助以山西和内蒙古的控制，并在重污染时段加强山东、河南地区一次 PM$_{2.5}$、SO$_2$ 和 NO$_x$ 的排放控制；在京津冀内部，除北京本地外，则应注意

表 7-7 京津冀区域外排放控制建议表

		山东	河南	山西	内蒙古	辽宁
冬季	一次PM$_{2.5}$	○	○	○		
	SO$_2$、NO$_2$	○	○	○		
	NH$_3$					
夏季	一次PM$_{2.5}$	●	○			
	SO$_2$、NO$_2$	●	○	○		○
	NH$_3$	○				

图例	一般控制	重点控制		图例	一般控制	重点控制
全时段控制	（浅灰）	（深灰）		重污染时段控制	○	●

表 7-8 京津冀区域内排放控制建议表

		保定	廊坊	天津	张家口	唐山	沧州衡水	石家庄	邢台邯郸
冬季	一次PM$_{2.5}$	●	○					○	
	SO$_2$、NO$_2$	●	○					●	○
	NH$_3$	●							
夏季	一次PM$_{2.5}$	●	●	●			●	○	○
	SO$_2$、NO$_2$	○	○	●		○	●	●	●
	NH$_3$	●	●	○			○		○

保定、廊坊和张家口的一次排放控制和保定的 SO_2、NO_x 和 NH_3 的控制，重污染时段，北京应重视保定各类源的控制及廊坊一次 $PM_{2.5}$ 的控制。夏季，无论重污染时段与否，都应在控制京津冀本地排放的同时重点控制山东地区的一次 $PM_{2.5}$、NO_x、SO_2 以及 NH_3 的排放；对于河北南部应重视河南和山西的 SO_2 和 NO_x 控制，辽宁的 SO_2 和 NO_x 也应进行一定的控制；在京津冀区域内，对于北京应重视河北中南部所有城市的一次 $PM_{2.5}$、NO_x、SO_2 及 NH_3 的控制，以及天津、唐山和秦皇岛的 NO_x 和 SO_2 控制。

7.3　多源排放控制与京津冀区域空气质量改善响应

7.3.1　京津冀地区大气污染现状的模拟与验证

1. Models-3/CMAQ 模拟系统

研究选用基于 CMAQ5.0.1 的 CMAQ/2D-VBS 模拟系统（Zhao et al.,2016）进行空气质量模拟。CMAQ 模拟的气象场用 WRF（Weather Research and Forecasting model）版本 3.4 模拟提供。

研究选取 2012 年作为模拟的基准年，选择 1 月、4 月、7 月和 10 月这四个月，分别代表冬季、春季、夏季和秋季进行模拟。每一模拟月提前 5 天开始模拟，以消除初始条件的影响。模拟以三层嵌套的方式进行，外层低分辨率的模拟结果为内层高分辨率的模拟结果提供边界条件，最外层网格的边界条件采用模型内置的缺省值。模拟区域如图 7-21 所示。其中，最外层模拟区域（Domain 1）为东亚的大部分区域，包括中国大陆的全部，网格的分辨率为 36 km。第二层模拟区域（Domain 2）为中国的东部地区，京津冀、长三角和珠三角等地区都包含在这一区域内，这一层模拟区域的网格分辨率为 12 km。最内层模拟区域（Domain 3）即为京津冀区域，包括北京、天津和河北的全部、山东的大部、河南北部、山西东部、内蒙古南部和辽宁西部，京津冀区域的网格分辨率为 4 km，南北方向共 204 个网格，东西方向共 150 个网格。模型在垂直方向上，最底层为下垫面，最高层为 100 hPa 等压面，其间以 σ 值为垂直坐标，共分为 14 层：1.000、0.995、0.990、0.980、0.960、0.940、0.910、0.860、0.800、0.740、0.650、0.550、0.400、0.200 和 0.000。模拟采用 SAPRC-99 机理作为气相化学反应机理。气溶胶反应机理采用 AERO6，其中的气溶胶热力学模型为 ISORROPIA，二次无机气溶胶部分采用 NH_3-H_2SO_4-HNO_3-H_2O 液相和气相化学体系，二次有机气溶胶采用 Pandis 等有机气溶胶产出率的方法。

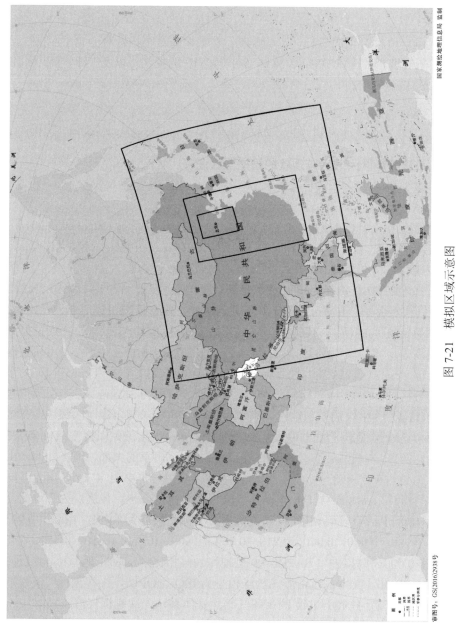

图 7-21　模拟区域示意图

　　WRF 模型系统中，边界层及土地表层参数化方案采用 Pleim-Xiu 模型，积云参数化方案采用 Kain-Fritsch 模型版本 2，边界层模拟方案采用 ACM 版本 2。WRF 的模拟区域采取 Lambert 投影，两条真纬度分别为北纬 25°和北纬 40°；为保证边界气象场的准确性，WRF 模拟区域比空气质量模拟区域的水平各边界多 3 个网格。模拟层顶为 100 mb，垂直分为以下 24 个 σ 层：1.000、0.995、0.988、0.980、0.970、0.956、0.938、0.916、0.893、0.868、0.839、0.808、0.777、0.744、0.702、0.648、0.582、0.500、0.400、0.300、0.200、0.120、0.052 和 0.000。

　　模型用于模拟的排放清单数据，是基于清华大学先前的研究（Zhao et al.,2013），根据活动水平和控制措施的变化情况更新得到的。主要排放部门包括电厂、工业、民用、交通及生物质燃烧。清单编制时，首先根据基于分省的能源、工业产品产量等统计数据，计算出各污染物分省的排放量，然后基于人口、GDP 等代用参数，将分省的排放量分配到网格内。其中电厂、钢铁、水泥三大行业通过细致的调查，获取了各企业的位置、排放强度等信息，从而对排放源进行了细致的空间定位，改善了模拟精度。

　　2. 空气质量模拟结果的多维验证

　　研究利用 2012 年卫星观测的东亚地区 NO_2 柱浓度数据对 CMAQ 模拟的最外层区域的 NO_2 柱浓度进行比对，验证排放清单及模型模拟的准确性。

　　NO_2 柱浓度观测数据采用对流层污染源排放监测网络（TEMIS,www.temis.nl）提供的 OMI 卫星观测数据月均值。将 1 月、4 月、7 月和 10 月各月的观测数据与最外层模拟区域（Domain 1）的 NO_2 柱浓度模拟结果绘制空间分布图，得到的结果如图 7-22 所示。

　　从图中可以看到，各个月份的 NO_2 柱浓度的大小和空间分布特征模拟结果均与卫星观测结果很好地吻合，高值区出现在中国东部的华北平原、东北南部、长三角、珠三角以及四川盆地。从 NO_2 柱浓度模拟的绝对值来看，东北地区的模拟值在四个月份均有所高估，西南地区和华中地区的模拟结果也有所高估，但京津冀所在的华北地区，模拟结果与观测结果吻合良好。

　　研究利用 2012 年第三层模拟区域内的北京、石家庄、香河、兴隆和禹城 5 个监测站点的 NO_2、$PM_{2.5}$ 和 PM_{10} 日均浓度监测数据，与 CMAQ 的模拟结果进行比对。5 个监测站点的位置见图 7-23。

　　按照监测站点所在位置提取 CMAQ 模拟结果中对应网格上的污染物日均浓度数据，得到各站、各污染物 1 月、4 月、7 月和 10 月的日均浓度的变化特征。研究选取北京站和香河站分别作为城区和郊区站点的代表，绘制了 CMAQ 模拟结

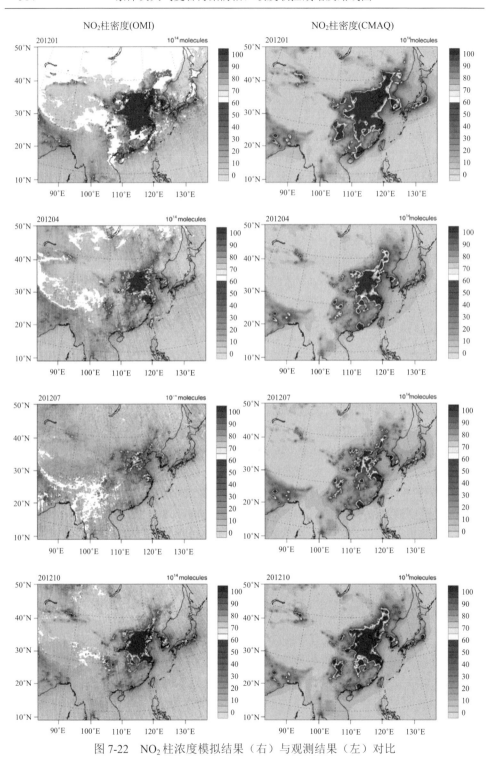

图 7-22　NO$_2$柱浓度模拟结果（右）与观测结果（左）对比

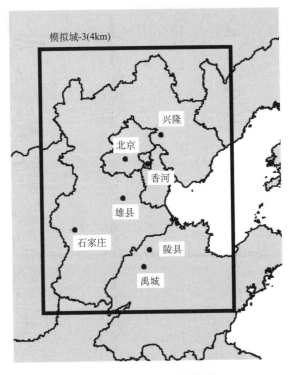

图 7-23　观测站点的位置

果与这两个站点 PM$_{2.5}$ 浓度逐时变化比较的结果,如图 7-24 和图 7-25 所示。可见,三种污染物的浓度变化特征均得到较好的再现。分别计算各站各月份三种污染物模拟结果和观测结果的月均值,并计算模拟值对观测值的标准平均偏差(NMB),结果列于表 7-9。NMB 的计算公式如下:

$$NMB = \frac{\sum(SIM - OBS)}{\sum OBS}$$

从模拟结果看,各个站点各个月份的 PM$_{2.5}$、NO$_2$ 及 SO$_2$ 的模拟结果与观测结果相关性较好,各个污染过程的浓度变化趋势均得到较好的体现。但是整体上看,SO$_2$ 的模拟结果偏差较大,尤其是 7 月的模拟结果高估很多,这可能与模型本身的化学机制对于 SO$_2$ 的气粒转化过程的低估有关,这也是 7 月颗粒物模拟相对低估较多的原因之一。

由于缺少 2012 年各月的 PM$_{2.5}$ 化学组成的观测数据,难以对 PM$_{2.5}$ 的模拟情况作出全面的验证。因此,研究采用相同的排放清单与模型配置,模拟了 2013年 7 月 22 日~8 月 23 日京津冀区域的空气质量,并利用雄县、陵县两个站点的

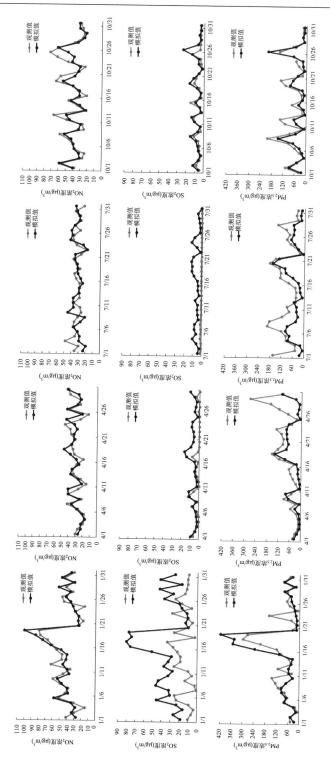

图 7-24 北京站模拟结果与观测结果对比

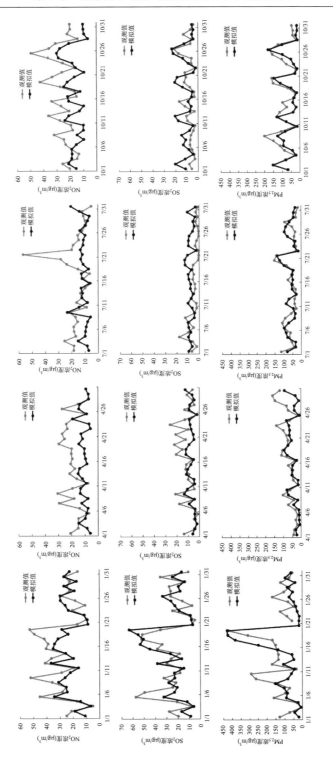

图 7-25　香河站模拟结果与观测结果对比

表 7-9 各站点各污染物模拟值与观测值比对结果

污染物	站点	1 月				4 月			
		观测值（μg/m³）	模拟值（μg/m³）	NME	NMB	观测值（μg/m³）	模拟值（μg/m³）	NME	NMB
NO₂	北京	42.7	43.6	0.02	0.15	29.4	30.9	0.05	0.17
	石家庄	35.7	51.1	0.40	0.29	25.1	41.7	0.63	0.39
	天津	38.0	46.9	0.23	0.22	23.4	23.9	0.07	0.14
	香河	27.8	23.2	-0.17	0.31	19.2	10.9	-0.37	0.72
	兴隆	10.9	5.0	-0.54	1.31	8.8	2.9	-0.64	1.91
	禹城	18.3	20.4	0.11	0.27	17.6	14.2	-0.14	0.34
SO₂	北京	14.8	35.0	1.37	0.61	2.2	6.2	1.47	0.57
	石家庄	92.5	106.1	0.11	0.33	23.4	38.1	0.56	0.40
	天津	54.8	72.2	0.32	0.34	10.9	13.1	0.12	0.18
	香河	25.7	25.1	-0.02	0.35	10.6	7.3	-0.29	0.60
	兴隆	18.0	6.0	-0.67	2.00	5.7	3.2	-0.40	0.91
	禹城	18.3	24.4	0.33	0.55	7.5	10.3	0.38	0.55
PM₂.₅	北京	86.0	85.7	0.00	0.42	74.7	40.8	-0.44	0.85
	石家庄	193.9	280.3	0.39	0.33	81.9	122.5	0.46	0.36
	天津	82.9	158.1	0.91	0.55	55.4	45.5	-0.29	0.20
	香河	132.2	102.4	-0.20	0.60	70.3	45.3	-0.33	0.58
	兴隆	39.6	34.6	-0.13	0.52	44.2	22.2	-0.48	1.00
	禹城	140.9	130.6	-0.06	0.17	69.9	57.7	-0.14	0.27

污染物	站点	7 月				10 月			
		观测值（μg/m³）	模拟值（μg/m³）	NME	NMB	观测值（μg/m³）	模拟值（μg/m³）	NME	NMB
NO₂	北京	32.2	31.6	-0.02	0.19	40.7	38.0	-0.07	0.16
	石家庄	22.7	54.2	1.38	0.58	22.6	53.8	1.38	0.58
	天津	15.7	29.1	0.85	0.46	27.3	34.8	0.28	0.25
	香河	16.5	11.5	-0.30	0.65	25.6	17.1	-0.33	0.55
	兴隆	4.2	2.5	-0.42	0.73	7.5	3.7	-0.51	1.02
	禹城	14.0	18.6	0.29	0.41	18.7	19.5	0.05	0.35
SO₂	北京	0.7	6.1	7.87	0.89	6.0	7.8	0.29	0.31
	石家庄	7.6	45.5	5.03	0.83	5.4	65.8	11.12	0.92
	天津	6.7	15.3	1.26	0.60	11.7	20.6	0.76	0.53
	香河	4.5	7.8	0.72	0.57	7.9	11.0	0.39	0.48
	兴隆	—	2.1	—	0.00	8.9	4.7	-0.47	0.91
	禹城	3.9	12.1	2.10	0.84	14.6	15.2	0.05	0.49

续表

污染物	站点	7 月				10 月			
		观测值 （μg/m³）	模拟值 （μg/m³）	NME	NMB	观测值 （μg/m³）	模拟值 （μg/m³）	NME	NMB
PM₂.₅	北京	93.5	53.9	−0.42	0.75	60.1	44.2	−0.28	0.49
	石家庄	70.3	170.9	1.43	0.60	61.4	169.4	1.76	0.64
	天津	57.2	60.0	0.05	0.35	77.2	73.7	−0.04	0.24
	香河	61.3	64.1	0.05	0.34	90.6	66.0	−0.27	0.39
	兴隆	49.0	32.0	−0.37	0.53	39.5	34.6	−0.17	0.22
	禹城	77.3	79.4	0.03	0.34	114.0	80.7	−0.29	0.42

PM₂.₅化学组成日均值观测数据，对模型的模拟结果进行进一步验证。雄县和陵县站点的位置如图 7-23。研究共比对了总 PM₂.₅ 和其中的 EC、OC、硫酸根离子、硝酸根离子和铵根离子五种组分的日均值，比对的结果如图 7-26 和图 7-27 所示。同样计算各结果的 NMB 值，列于表 7-10 中。

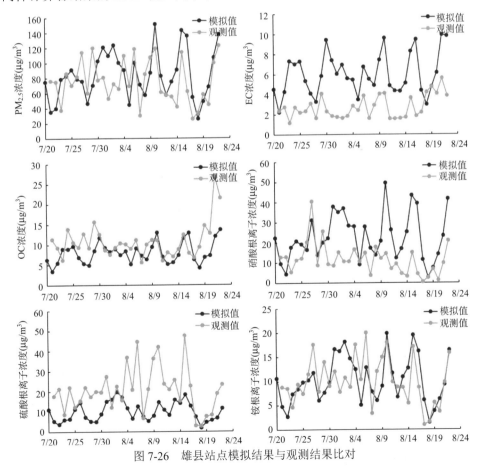

图 7-26　雄县站点模拟结果与观测结果比对

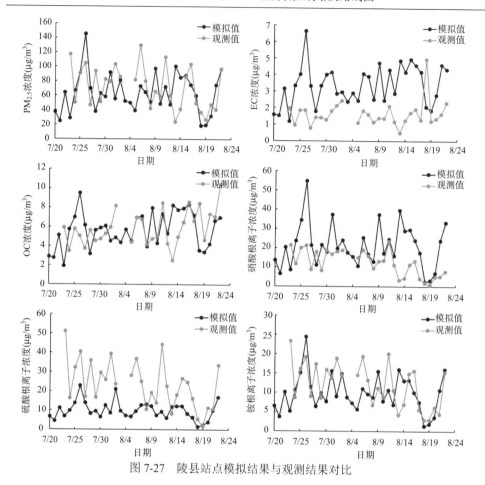

图 7-27 陵县站点模拟结果与观测结果对比

表 7-10 各站点各污染物模拟值与观测值比对结果

站点	污染物	7 月 22 日~8 月 23 日平均		
		观测值（μg/m³）	模拟值（μg/m³）	NMB
雄县	PM$_{2.5}$	75.5	84.5	+12%
	EC	2.76	6.07	+120%
	OC	10.88	8.12	−25%
	硝酸盐	11.6	22.7	+95%
	硫酸盐	20.7	9.87	−52%
	铵盐	10.1	10.3	+2.4%
陵县	PM$_{2.5}$	73.9	64.5	−13%
	EC	1.70	3.43	+104%
	OC	6.09	5.76	−4.2%
	硝酸盐	12.3	21.4	+73%
	硫酸盐	24.6	10.0	−60%
	铵盐	12.3	9.99	−20%

从比对的结果来看，雄县和陵县的总 $PM_{2.5}$ 浓度模拟结果与观测结果较为接近。从各组分看，两个站点 EC 的模拟结果均较观测结果明显偏高，但由于 EC 本省占 $PM_{2.5}$ 的比例较小，对总 $PM_{2.5}$ 的影响不大。OC 既包括一次有机颗粒物又包括二次有机颗粒物，其模拟略为偏低，与模型对二次有机颗粒物的转化机制估计不足有关。硫酸盐的模拟结果明显偏低，与夏季 SO_2 气粒转化的估计不足有关，也印证了前述 2012 年 SO_2 模拟结果的偏高现象。硝酸盐的模拟结果偏高，抵消了硫酸盐的偏低现象。铵盐的模拟结果与观测结果接近。总体来看，模型的模拟结果较为合理。

7.3.2　源排放-区域空气质量非线性响应模型建立

1. 响应曲面方法

响应曲面方法是通过设计实验，借助统计手段归纳并建立某一响应变量与一系列控制因素之间的响应关系。在大气模拟领域的响应曲面模型（RSM），就是通过实验手段，归纳出某一污染物浓度与各排放源排放量之间的函数关系。因此，响应曲面模型本质上就是一个空气质量"简化模型"，借助它可以快速得到不同排放情景下的污染物浓度变化情况。RSM 建立方法很直接，并不需要涉及空气质量模型内部的复杂机制，因此其适用于任何一种空气质量模型，可以对任一污染物对任何排放源的响应情况进行分析（Xing et al.,2011）。

响应曲面模型的搭建是在大量实验结果基础上的统计归纳，一般来说，实验次数越多，统计结果越精确；然而，对于大气模拟领域来讲，每一次实验就是要进行一次减排情景的空气质量模拟，进行如此大量的实验，势必带来超高规模的计算负荷，在当前有限的计算能力制约下，如何利用有限的样本，来建立可靠的响应模型，这是 RSM 的一个重要科学问题。设计高效的实验是解决这一问题的关键，也是确保统计模型预测结果可靠的先决条件。

2. 确定控制因子

研究针对京津冀区域建立了两套 RSM 预测系统。第一套系统仅仅区分不同污染物的排放量，而不区分各地区、各部门的排放量。这套系统的作用有两个：一是评估模拟域内各污染物的排放量对京津冀地区颗粒物浓度的贡献；二是为第二套 RSM 预测系统的等值线验证提供基准值。该 RSM 系统共有六个控制因子：NO_x 排放量、SO_2 排放量、NH_3 排放量、NMVOC 排放量、POA 排放量、$PM_{2.5}$ 排放量。

在第二套 RSM 预测系统中，本研究将关心的地理范围划分为五个区域，分别是北京市（JJJ-BJ）、天津市（JJJ-TJ）、河北北部（JJJ-NH）、河北东部（JJJ-EH）、河北南部（JJJ-SH）。将以上五个区域依次编号为 A、B、C、D、E，如图 7-28 所示。每个区域-部门-污染物三要素的组合为一个控制因子。根据控制因子与目标变量的关系，将所有控制因子分为非线性控制因子和线性控制因子两类。如果某控制因子与目标变量（污染物浓度）之间的函数关系是非线性的，那么该控制因子为非线性控制因子，反之亦然。根据研究需要，每个区域内有 8 个非线性控制因子（电厂 NO_x、工业/面源 NO_x、机动车 NO_x、电厂 SO_2、工业/面源 SO_2、工业/面源 NH_3、工业/面源 VOC、工业/面源 POA）和 4 个线性控制因子（电厂 $PM_{2.5}$、工业 $PM_{2.5}$、民用 $PM_{2.5}$、机动车 $PM_{2.5}$）。这样，5 个区域共计 40 个非线性控制因子和 20 个线性控制因子，共计 60 个控制因子。

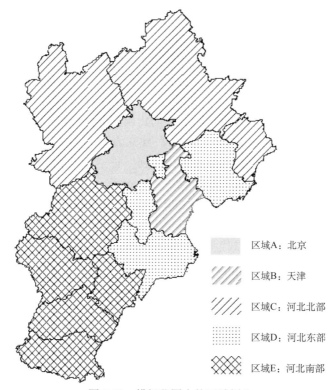

区域A：北京

区域B：天津

区域C：河北北部

区域D：河北东部

区域E：河北南部

图 7-28　模拟范围内的区域划分

3. 设计控制情景

研究采用了拉丁超立方采样方法（Latin Hypercube Sample, LHS）设计控制情景。对于单一区域内控制因子，我们即直接采用了 LHS 方法进行采样。为满足建立多区域间传输关系的需要（见下节），本研究对每个区域的控制因子均采用 LHS

方法进行随机采样，用于建立单一区域排放量变化时的响应关系，为建立多区域传输关系打下基础。

（1）对于第一套 RSM，我们采用 82 个情景用于建立 RSM：

1 个 CMAQ 基准情景；

100 个情景，采用 LSS 方法对 NO_x、SO_2、NH_3、NMVOC、POA 五个控制因子在 0~1.5 的范围内进行随机采样；

1 个情景，$PM_{2.5}$ 的排放系数设为 0.25。

采用 20 个情景用于外部验证：

各控制因子均发生变化，其中既包括随机生成的样本，也包括各控制因子均发生较大幅度变化的样本。

（2）对于第二套 RSM，采用 1171 个情景用于建立 RSM：

1 个 CMAQ 基准情景；

$200 \times 5 = 1000$ 个情景，分别对 A、B、C、D、E 五个区域的控制因子在 0~1.5 的范围内采用 LSS 方法进行随机采样；

150 个情景，在这些情景中，五个区域相应的控制因子同时变化（用于建立低排放率条件下区域间的传输关系）；

20 个情景，在每个情景中，其中一个 $PM_{2.5}$ 控制因子设为 0.25。

采用 54 个情景用于外部验证：

$6 \times 5 = 30$ 个情景，分别对 A、B、C、D、E 五个区域的控制因子进行采样，其中既包括随机生成的样本，也包括各控制因子均发生较大幅度变化的样本；

24 个情景，五个区域的控制因子均发生变化，其中既包括随机生成的样本，也包括各控制因子均发生较大幅度变化的样本。

4. 响应曲面的建立

完成实验方案设计后，本研究采用带有 RSM 模块的 CMAQ/2D-VBS 三维空气质量模拟系统对各情景（样本）下的空气质量进行了模拟。由于建立京津冀区域 RSM 需模拟上千个控制情景，运算量大，因此，研究暂且只选取 1 月和 7 月进行响应曲面建立的研究。建立响应关系的目标污染物为 $PM_{2.5}$。建模的目标城市是京津冀各省（直辖市）中地级市的城区。

当控制因子数目较少时，污染物排放与浓度之间的响应曲面可以直接采用最大似然估计-实验最佳线性无偏预测（Maximum Likelihood Estimation - Experimental Best Linear Unbiased Predictors, MLE-EBLUPs）方法建立。该方法的数学原理参考（Santner et al.,2003）。为与下文的方法进行区分，我们将该方法称为传统的响应表面模型（Conventional RSM）。第一套 RSM 预测系统即直接采用此方法建立。

但随着控制因子数目的增加，建立 RSM 所需的情景数据将以 4 次方的速度增长，如本研究设计的第二套 RSM，至少需要约 52 万次的 CMAQ 模拟，这么大规模的计算需求目前完全不能满足。因此，对于解析多区域排放影响方面，传统建立 RSM 的方法将面临沉重的计算负担，甚至在当前计算能力水平下是很难实现的。我们采用之前开发的扩展的响应表面模型方法，即 ERSM（Extended Response Surface Modeling）方法（Zhao et al.,2015），建立了京津冀区域多区域-多污染物-多部门 RSM。

5. 响应曲面的外部验证和等值线验证

本研究利用上述 54 个用于外部验证的样本，对响应曲面的可靠性进行了外部验证。利用建立的响应曲面，预测该 54 个样本所对应的 PM$_{2.5}$ 浓度。将 RSM 的预测值与 CMAQ 的模拟值进行比较，并计算统计参数。

图 7-29 给出了 1 月和 7 月，北京、天津、河北北部、河北东部、河北南部五个区域地级市平均 PM$_{2.5}$ 浓度的 CMAQ 模拟值和 RSM 预测值，表 7-11 给出了相关的统计指标。可以看出，总体来说，CMAQ 模拟值与 RSM 预测值的吻合较好。北京、天津、河北北部、河北东部、河北南部的平均标准误差在 1 月分别为 0.46%、0.45%、0.51%、0.34%、0.53% 和 0.23%；在 7 月分别为 0.44%、0.38%、0.40%、0.35% 和 0.52%。1 月和 7 月各地区相关系数均大于 0.997。如前所述，54 个用于外部验证的样本既包括了只有单一区域控制因子变化的样本，也包括了五个区域控制因子均发生变化的样本，且包括了各控制因子变化幅度均较大的样本，具有较好的全局代表性。因此，该验证结果表明，研究建立的 RSM 预测系统能够较好的重现 CMAQ 预测的 PM$_{2.5}$ 浓度。

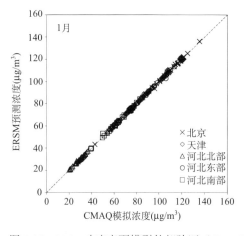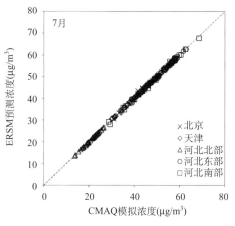

图 7-29　PM$_{2.5}$ 响应表面模型外部验证（CMAQ 模拟值和 RSM 预测值均为地级市平均浓度）

表 7-11 PM$_{2.5}$ 响应表面模型的外部验证的统计指标

	1 月				
	北京	天津	河北北部	河北东部	河北南部
相关系数	0.9987	0.9985	0.9977	0.9991	0.9980
平均标准误差（MNE）	0.46%	0.45%	0.51%	0.34%	0.53%
最大标准误差（NE）	3.04%	4.26%	6.37%	3.53%	5.55%
标准误差的95%分位数	1.7%	2.1%	2.0%	1.3%	2.3%
平均标准误差（case 41~44）	0.01%	0.04%	0.02%	0.02%	0.01%
最大标准误差（case 41~44）	0.02%	0.11%	0.04%	0.03%	0.02%
	7 月				
	北京	天津	河北北部	河北东部	河北南部
相关系数	0.9982	0.9992	0.9994	0.9993	0.9988
平均标准误差（MNE）	0.44%	0.38%	0.40%	0.35%	0.52%
最大标准误差（NE）	4.17%	2.19%	2.70%	2.48%	4.22%
标准误差的95%分位数	1.5%	1.7%	1.7%	1.6%	2.2%
平均标准误差（case 41~44）	0.02%	0.05%	0.01%	0.04%	0.02%
最大标准误差（case 41~44）	0.04%	0.07%	0.01%	0.06%	0.04%

在 RSM 预测系统能够重现 PM$_{2.5}$ 浓度的基础上，我们更加关心的是，当前体物的排放量连续变化时，RSM 预测系统是否能够重现颗粒物浓度的变化趋势。如果 RSM 预测的浓度变化趋势与实际吻合，则可以说明，即便 RSM 不可避免地存在一些误差，这些误差不会导致变化趋势上的严重错误，那么将 RSM 应用于科学研究和决策支持就是可靠的。研究利用本研究建立的 ERSM 模拟方法，预测了各区域污染物排放量同时变化时 PM$_{2.5}$ 的响应关系，并与低维 RSM 的预测结果进行了对比，如图 7-30 所示。从图中可以看出，多区域-多污染物-多部门 RSM 预测的等值线与低维 RSM 预测的等值线吻合较好，说明研究建立的 RSM 预测系统能够很好地重现前体物排放量连续变化时颗粒物的变化趋势。

7.3.3 京津冀区域细颗粒物的非线性源解析

研究根据建立的京津冀区域源-受体非线性响应关系，对 PM$_{2.5}$ 开展了污染源解析。研究采用 PM$_{2.5}$ 的敏感性来表征 PM$_{2.5}$ 对不同类型排放的敏感程度，并将 "PM$_{2.5}$ 敏感性" 定义为 PM$_{2.5}$ 浓度的变化率与污染物减排率的比值，如下式所示：

$$S_a^X = \left[\left(C^* - C_a \right) / C^* \right] / (1-a)$$

式中 S_a^X 为 PM$_{2.5}$ 对排放源 X 在排放率为 a 时的敏感性；C_a 为当排放源 X 的排放率为 a 时 PM$_{2.5}$ 的浓度；C^* 为基准情景（即排放源 X 的排放率为 1）时 PM$_{2.5}$ 的浓度。

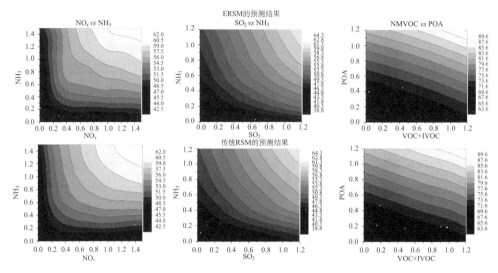

图 7-30　响应曲面的等值线验证

图 7-31 给出了 $PM_{2.5}$ 浓度对各一次污染物排放量在不同控制水平下的敏感性，图 7-32 给出了 $PM_{2.5}$ 浓度对各部门各污染物的排放量在不同控制水平下的敏感性。需要指出的是，这里未考虑京津冀模拟区域外排放量的变化（即边界条件的变化），而仅考虑了模拟域内（即 5 个区域）排放量的变化。

在 1 月和 7 月，一次 $PM_{2.5}$ 总体上都是对 $PM_{2.5}$ 浓度贡献最大的单一污染物。在一次 $PM_{2.5}$ 的各排放源中，工业民用源是最主要的贡献源，占到 $PM_{2.5}$ 排放源总贡献的 60% 以上，其次是民用商用源，交通和电厂的贡献不显著，其中电厂的排放高度大是导致其贡献低的重要原因。随着减排率的增加，$PM_{2.5}$ 浓度对一次 $PM_{2.5}$ 排放的敏感性保持不变。

在 1 月份，各种气态前体物对 $PM_{2.5}$ 浓度的贡献之和和一次 $PM_{2.5}$ 的贡献大致处在同一水平；而在 7 月份，所有气态前体物对 $PM_{2.5}$ 浓度的贡献之和一般要超过一次 $PM_{2.5}$ 的贡献。这主要是因为夏季温度较高，光化学反应比较活跃，因此二次颗粒物生成较为迅速。在各种前体物中，1 月份 $PM_{2.5}$ 浓度对 POA 的排放最为敏感。而在 7 月份，SO_2、NO_x、NH_3 以及有机前体物对 $PM_{2.5}$ 浓度均有比较明显的贡献，它们的贡献大小总体上比较接近。在 SO_2 的排放源中，电厂源的贡献小于其他源。电厂源相对于其他源的贡献率在 7 月份大于 1 月份，这是因为 7 月份扩散条件较好，有利于垂直混合过程，从而使电厂的排放可以充分参与大气化学反应形成 $PM_{2.5}$。

随着减排率的增加，$PM_{2.5}$ 浓度对各种前体物排放的敏感性均有所增加。在 1 月份，当减排率提高到 90% 时，NH_3 对 $PM_{2.5}$ 浓度的贡献迅速上升。此外，NO_x 减排会导致 $PM_{2.5}$ 浓度升高，说明京津冀地区处于较强的 NMVOC 控制区。因此，

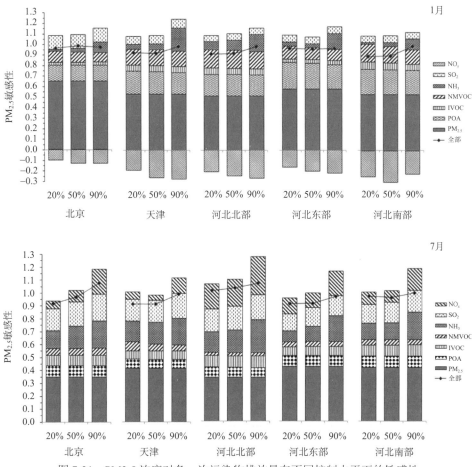

图 7-31　PM2.5 浓度对各一次污染物排放量在不同控制水平下的敏感性

X 轴表示减排率（即 1-排放率）；Y 轴表示 PM$_{2.5}$ 的敏感性，即 PM$_{2.5}$ 浓度的变化率除以一次污染物的减排率。柱状代表当某种污染物减排而其他污染物均保持基准情景排放量不变时 PM$_{2.5}$ 的敏感性；点划线代表各污染物同时减排时 PM$_{2.5}$ 的敏感性

对 NO$_x$ 排放的减排幅度不宜过大，否则将会对削减 PM$_{2.5}$ 浓度带来负面影响。在 7 月份，PM$_{2.5}$ 对 NO$_x$ 和 NH$_3$ 的敏感性均随控制水平的增加有明显增加，而 PM$_{2.5}$ 对 SO$_2$ 的敏感性均随控制水平的增加没有明显变化。

　　当所有污染物排放量同时削减时（图 7-31 和图 7-32 中点划线），在 1 月份和 7 月份，PM$_{2.5}$ 的敏感性随减排率的增加而普遍增大，7 月份增大的幅度更为明显。从图中还可看出，对各污染源单独减排的效果之和与对所有污染源同时减排的效果一般是不同的。一般而言，单独减排的效果之和大于共同减排的效果，这是因为，参与硫酸铵和硝酸铵生成的主要前体物都有两种，每种前体物的单独减排都会导致其浓度下降，同时减排时两种前体物减排的贡献会相互重叠而部分抵消。

利用 ERSM 技术，研究进一步评估了不同区域的一次 PM$_{2.5}$ 排放量和气态前体物排放量对 PM$_{2.5}$ 浓度的贡献，如表 7-12 所示。在 1 月份，五个区域一次 PM$_{2.5}$ 排放对 PM$_{2.5}$ 浓度的总贡献在 52%~65%之间；在 7 月份，一次 PM$_{2.5}$ 排放的贡献在 34%~43%之间。其中本地一次 PM$_{2.5}$ 的排放的贡献明显高于其他区域，这反映出一次 PM$_{2.5}$ 主要对距排放源较近的地区产生影响，区域性不明显。

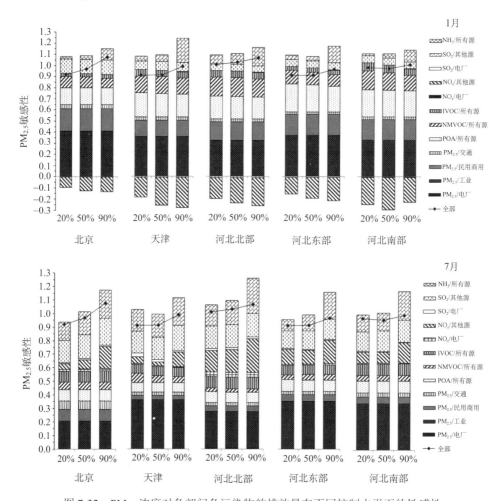

图 7-32　PM$_{2.5}$ 浓度对各部门各污染物的排放量在不同控制水平下的敏感性

X 轴表示减排率（即 1-排放率）；Y 轴表示 PM$_{2.5}$ 的敏感性，即 PM$_{2.5}$ 浓度的变化率除以一次污染物的减排率。柱状代表当某个污染源减排而其他污染源均保持基准情景排放量不变时 PM$_{2.5}$ 的敏感性；点划线表示当所有污染源同步减排时 PM$_{2.5}$ 的敏感性

1 月份五个区域气态前体物排放对 PM$_{2.5}$ 浓度的总贡献在 34%~46%之间，7 月份则在 56%~74%之间。本地气态前体物排放的贡献一般也是五个区域中最大

的，但与一次 $PM_{2.5}$ 不同的是，外地排放的贡献与本地的贡献处于同一量级上。各区域的贡献大小与气象条件和该区域前体物的排放量有明显的相关性。河北北部对其他区域的贡献一般较小，这主要是因为该区域气态前体物排放量较少。7月份，天津和河北东部气态污染物排放对各区域 $PM_{2.5}$ 贡献均很明显，这一是因为其排放量较大，二是因为其处于上风向（夏季以西南风为主），其排放的前体物或生成的颗粒物容易传输到其他地区。

表 7-12　各区域的一次 $PM_{2.5}$ 排放量和前体物排放量对 $PM_{2.5}$ 浓度的贡献（%）

	1 月				
	北京	天津	河北北部	河北东部	河北南部
北京的一次 $PM_{2.5}$ 排放	60.2	3.2	3.2	3.2	1.2
天津的一次 $PM_{2.5}$ 排放	1.0	37.4	1.9	3.3	0.9
河北北部的一次 $PM_{2.5}$ 排放	0.5	0.5	34.6	1.0	0.2
河北东部的一次 $PM_{2.5}$ 排放	2.0	8.7	10.5	48.5	2.4
河北南部的一次 $PM_{2.5}$ 排放	1.4	3.5	1.7	2.1	48.4
5 个区域一次 $PM_{2.5}$ 的总排放	65.1	53.3	51.9	58.2	53.0
北京的气态前体物排放	27.0	4.3	4.7	3.8	2.1
天津的气态前体物排放	1.0	24.4	2.1	2.6	1.0
河北北部的气态前体物排放	0.7	0.8	23.4	1.3	0.3
河北东部的气态前体物排放	2.1	6.8	8.7	26.5	2.7
河北南部的气态前体物排放	2.7	6.6	5.0	3.6	38.5
5 个区域的气态前体物总排放	34.5	45.0	44.6	39.2	45.8
	7 月				
	北京	天津	河北北部	河北东部	河北南部
北京的一次 $PM_{2.5}$ 排放	20.3	0.1	0.3	0.2	0.1
天津的一次 $PM_{2.5}$ 排放	5.3	35.5	1.7	4.6	0.6
河北北部的一次 $PM_{2.5}$ 排放	0.3	0.2	25.7	0.5	0.1
河北东部的一次 $PM_{2.5}$ 排放	6.9	5.3	5.4	36.6	1.7
河北南部的一次 $PM_{2.5}$ 排放	2.6	0.9	1.2	0.8	39.6
5 个区域一次 $PM_{2.5}$ 的总排放	35.5	42.0	34.3	42.6	42.1
北京的气态前体物排放	25.1	1.1	4.2	1.9	0.8
天津的气态前体物排放	13.7	30.7	12.6	12.3	3.8
河北北部的气态前体物排放	1.1	1.2	23.7	1.9	0.5
河北东部的气态前体物排放	19.0	15.4	22.3	33.9	6.4
河北南部的气态前体物排放	12.0	5.2	9.2	4.5	47.0
5 个区域的气态前体物总排放	73.8	56.8	73.3	55.8	59.6

7.4　京津冀区域大气污染联防联控情景分析

7.4.1　京津冀区域社会经济发展趋势预测

本小节对京津冀区域"十三五"后期至 2030 年的经济社会发展宏观形势进行判断，预测北京、天津、河北三省在基准和政策情景下的经济结构、产业布局、能源需求、城镇化及机动车保有量的发展动向。

经济社会发展预测，主要是基于历史和当前的经济社会发展统计数据，采用适当的数学模型进行统计回归分析，对人口、经济、能源、工业、交通等各个领域的未来发展进行趋势预测。本研究的基准情景假定未来继续采用现有的政策和现有（2012 年）的执行力度，新的节能减排政策没有出台，电力、工业、民用、交通等部门的发展保持现有轨迹。政策情景依据"大气污染防治行动计划"、"京津冀大气污染防治强化措施"等设定，京津冀区域需协同发展。基于上述设定，对基准和政策情景下"十三五"至 2030 年京津冀的经济发展、产业和能源结构、城镇化和交通进行了预测。

1. 经济发展

图 7-33 显示了 2012~2030 年北京、天津、河北三地的 GDP 增长情况预测。在基准情景下，2030 年，北京、天津、河北的 GDP 分别为 2012 年的 3.14、3.55 和 3.00 倍；在协同发展情景下，为响应京津冀一体化的发展要求，需加快河北省经济发展，北京、天津、河北的 GDP 分为别 2012 年的 2.69、3.15、4.28 倍。

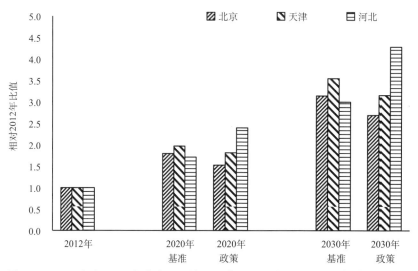

图 7-33　2020 年和 2030 年北京、天津、河北 GDP 预测（以 2012 年为基准年）

2. 产业结构

图 7-34 显示了常规情景和政策情景下京津冀区域产业结构的变化情况。在政策情景下，京津冀区域需削减重化工产业的产能，促进石衡邢邯地区的产业集群向高端、绿色集群方向发展。促进京津制造业向河北的梯度转移，促进产业内价值链分工合作，推动高端制造、新能源和节能环保等新兴产业发展。作为京津地区产业转移的主要承接地的河北，必须大力压减高耗能、高污染产能，大力发展第三产业。经过 2012~2020 年的产业调整与改革，2021~2030 年，河北省 GDP 主要以第三产业以及第二产业中的高精尖产业等战略新兴产业为主要发展动力。第二产业下降速度大于第三产业下降速度，未来第三产业增速将高于第二产业增速，成为 GDP 的主要贡献者。

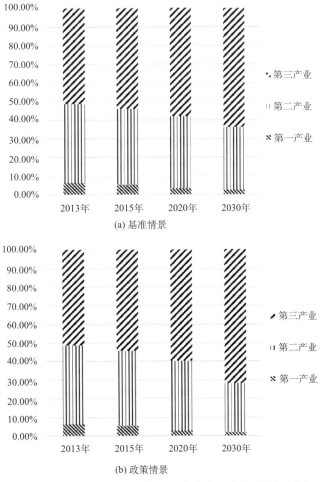

图 7-34　基准情景与政策情景下京津冀区域产业结构预测

3. 人口及城市化率

基准和政策情景下京津冀三地人口和城市化率预测如图 7-35 和图 7-36 所示。在政策情景下，随着北京市非首都功能的疏解，北京市人口将会逐步减少，且城镇化进程较快，在 2030 年达到 96%；天津市人口增速减缓，且城镇化进程较快；由于河北省经济的迅速发展，北京市及天津市的外来务工人员也将逐步向河北省转移，造成河北省的人口以较快的速度增长，且城镇化进程很快，2030 年将达到70%。

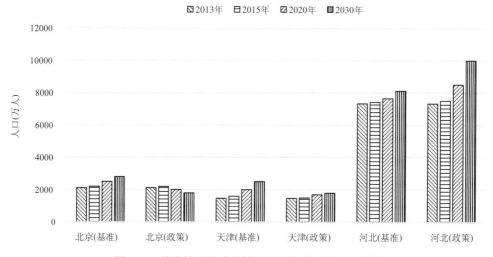

图 7-35　基准情景与政策情景下京津冀三地人口预测

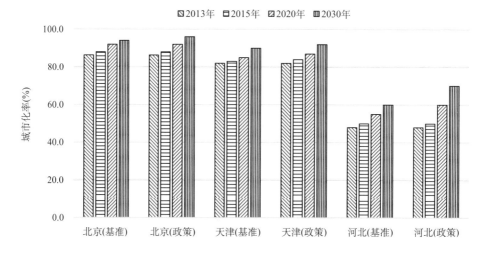

图 7-36　基准情景与政策情景下京津冀三地城市化率预测

4. 能源消费

能源消费量预测是污染物排放量预测的基础和前提，本研究在综合京津冀区域能源发展规划的基础上，应用 AIM/Enduse 模式对京津冀未来的能源需求进行预测。依据国务院"大气污染防治行动计划"的相关规定，到 2017 年，煤炭占能源消费总量比重降低到 65%以下，京津冀区域力争实现煤炭消费总量负增长，通

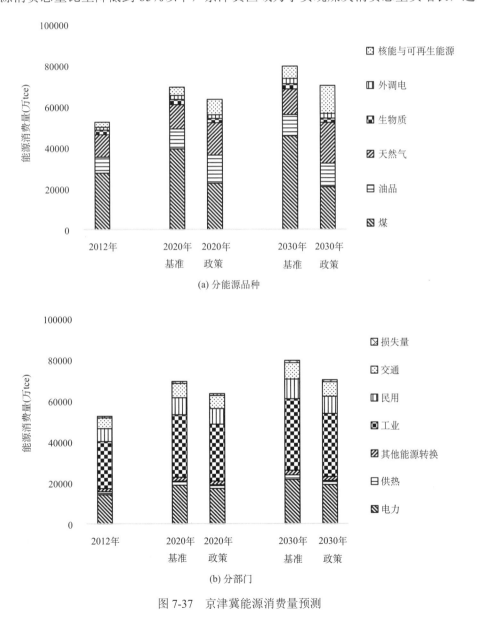

图 7-37　京津冀能源消费量预测

过逐步提高接受外输电比例、增加天然气供应、加大非化石能源利用强度等措施替代燃煤。2020 年，煤炭消费量持续降低，北京市基本建成"无煤城市"，河北煤炭占能源消费总量的比重降至 38%，京津冀煤炭仅占能源消费总量的 36%，天然气比重增至 25%，新能源比重增至 12%。到 2030 年，将进一步加强煤炭总量控制，天然气、核能、可再生能源（不包括生物质）占比接近 50%，如图 7-37所示。

对于电力部门，图 7-38 显示了 2012~2030 年京津冀地区发电技术比例变化趋势。2012 年京津冀发电量 3341 亿 kWh，其中传统燃煤发电占总发电量约 60%。在政策情景下，未来京津冀区域内不再新增燃煤发电机组，新增电力需求通过新建可再生能源机组或区域外调入电力解决，并在河北省适度安全发展核电。2020年，新能源发电比例增至 33%；到 2030 年，传统燃煤发电降至 15%，燃气和新能源发电比例增至 39%。

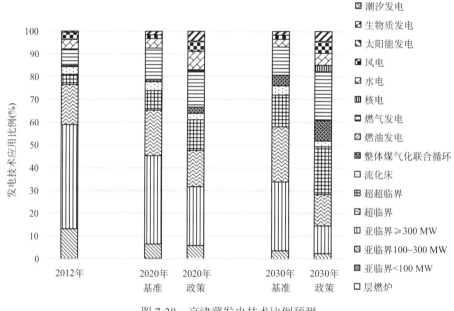

图 7-38　京津冀发电技术比例预测

民用部门的主要排放源是采暖所用的小煤炉和生物质炉灶，因此，能源结构调整会在大气污染控制中起到关键性的作用。图 7-39 显示了 2012~2030 年京津冀地区采暖类型变化趋势。对于城镇区域，将大力发展集中供暖；对于农村区域，将强化民用散烧煤炭控制，提高电采暖的比例。

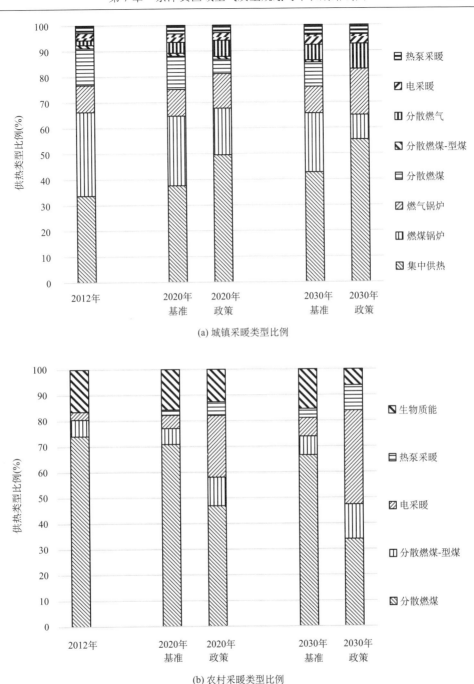

(a) 城镇采暖类型比例

图 7-39   京津冀采暖类型比例预测

对于交通部门，大力发展公共交通，倡导节能环保的出行方式。通过限制牌照发放量、加收燃油税等手段抑制机动车保有量增长速度，减少机动车使用频率。图 7-40 显示了京津冀未来年汽油车保有量变化情况，在政策情景下，小型客车的保有量增长明显减缓。

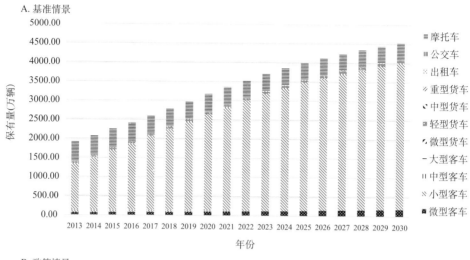

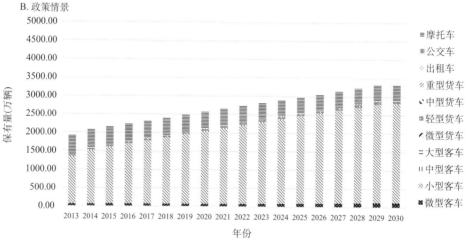

图 7-40　京津冀汽油车保有量预测

5. 末端治理

在污染物末端控制方面，京津冀区域将在 2017 年完成电力行业脱硫、脱硝、除尘超低排放改造，并逐步实现工业锅炉、钢铁、水泥等工业污染源的超低排放。到 2030 年，重点工业行业高效末端控制技术的应用比例达到或接近 100%，如图

7-41 和图 7-42 所示。

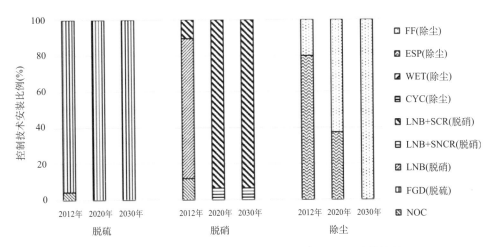

图 7-41　京津冀电厂煤粉炉末端控制技术比例预测（政策情景）

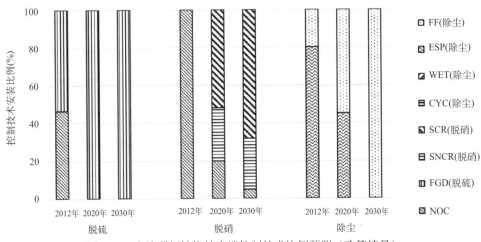

图 7-42　京津冀钢铁烧结末端控制技术比例预测（政策情景）

对于挥发性有机物，2017 年年底前石化、化工行业全面完成 VOCs 治理，VOCs 综合去除效率超过 70%；汽车制造、集装箱卷材制造、家具工程机械制造、船舶制造、钢结构企业 VOCs 综合去除效率要分别达到 80%、70%、60%、50%、40% 以上；出版物印刷企业重点推进印刷、胶订、覆膜环节 VOCs 排放控制，综合去除效率达到 30%以上。

对机动车，京津冀区域 2015 年年底供应国五车用汽/柴油；控制新车排放，2016 年京津冀提前实施第五阶段新车排放标准，推动低速货车与轻柴并轨，强化生产一致性和在用符合性监督工作；治理高排放车，2017 年基本淘汰国一前的轻型汽车，对重型柴油黄标车进行改造试点；在城市公用车队（例如出租/公交等）大力发展节能与新能源汽车（混合动力、插电式混合动力、纯电动车和天然气车等）；对非道路机械从 2015 年前后实施第 3 阶段排放标准（图 7-43）。

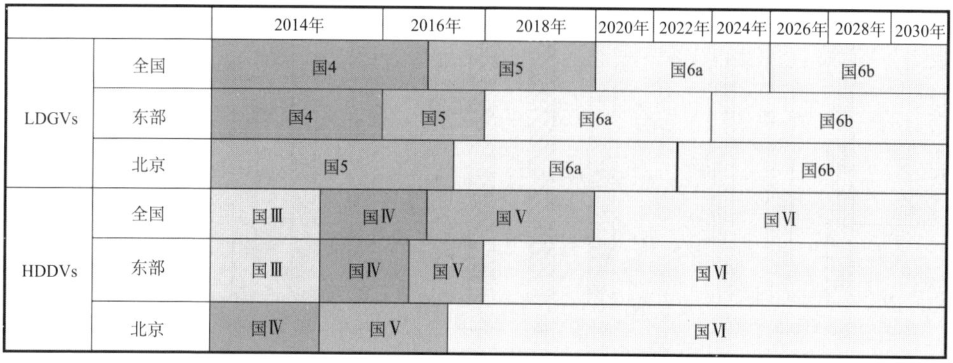

2014年
2016年
2018年
2020年
2022年
2024年
2026年
2028年
2030年
LDGVs
全国
国4
国5
国6a
国6b
东部
国4
国5
国6a
国6b
北京
国5
国6a
国6b
HDDVs
全国
国Ⅲ
国Ⅳ
国Ⅴ
国Ⅵ
东部
国Ⅲ
国Ⅳ
国Ⅴ
国Ⅵ
北京
国Ⅳ
国Ⅴ
国Ⅵ

图 7-43　全国和重点区域机动车标准应用阶段

针对农业氨排放，京津冀区域需从种植业和养殖业两方面进行控制。对于种植业，需调整农业化肥使用构成，增加硝态氮肥比例，采用科学的施肥方式；对于养殖业，应在牲畜生活的各个环节以及其废物产生及施用的各个环节采取控制措施，包括使用低氮饲料、养殖房舍改造、废物快速收集、覆膜堆肥等。政策情景下的控制措施及其应用比例如图 7-44 所示。

2012年
2020年
2030年
控制技术应用比例(%)
100
80
60
40
20
0
尿素添加剂
科学施肥
硝酸铵施用
计算机决策
低氮饲料
科学饲养
养殖房舍改造
废物快速收集
废物覆盖存储
覆膜堆肥
粪肥表面撒播
粪肥快速混合
种植业
养殖业

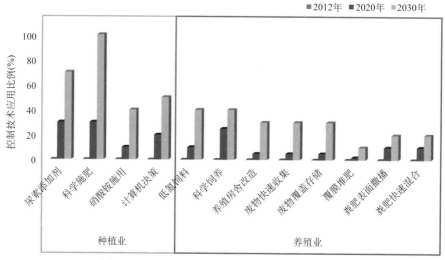

图 7-44　种植业、养殖业 NH_3 控制技术应用情况

7.4.2　京津冀区域大气污染物排放情景分析

本小节依据京津冀区域经济发展、产业和能源结构、城镇化和交通发展情况，

结合末端控制措施的实施情况，对基准和政策情景下京津冀区域 2012~2030 年主要大气污染物的排放情况进行预测和分析。

图 7-45 显示了 2012~2030 年京津冀地区主要大气污染物排放情况。对于 SO₂，政策情景与 2012 年相比，2020 年减排 45%，2030 年减排 67%。在政策情景下，2012~2020 年，电厂和工业锅炉减排贡献较大；2020~2030 年，民用源和工业源的控制都很重要。

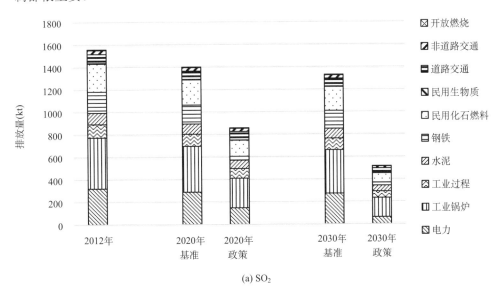

(a) SO₂

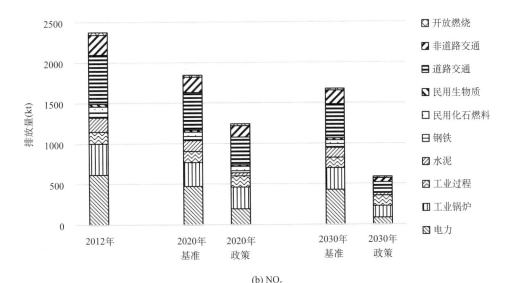

(b) NOₓ

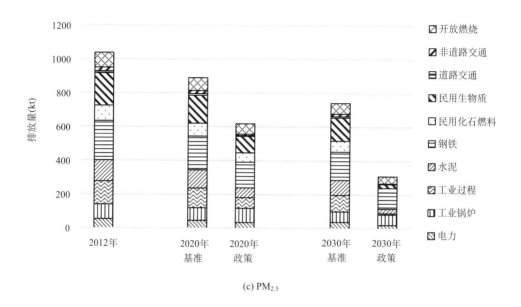

(c) PM$_{2.5}$

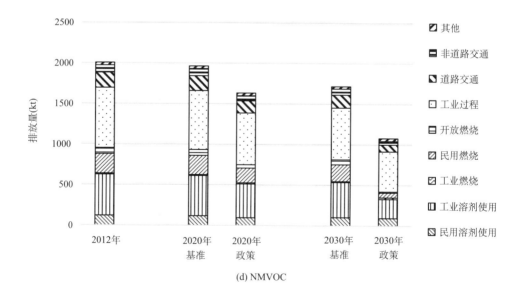

(d) NMVOC

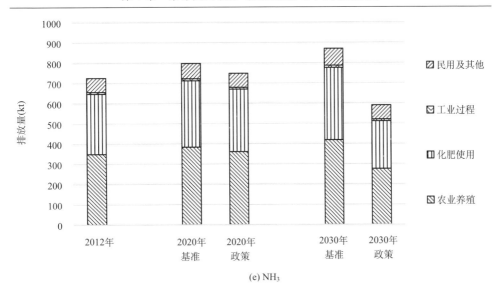

(e) NH₃

图 7-45　京津冀主要大气污染物排放情况预测

对于 NO_x，政策情景与 2012 年相比，2020 年减排 48%，2030 年减排 75%。在政策情景下，2012~2020 年，电厂减排贡献最大，2020~2030 年，交通源和工业源减排贡献最大。

对于 $PM_{2.5}$，政策情景与 2012 年相比，2020 年减排 40%，2030 年减排 70%。在政策情景下，2012~2020 年，钢铁和工业过程源减排贡献大，2020~2030 年，民用源减排贡献最大。

对于 NMVOC，政策情景与 2012 年相比，2020 年减排 19%，2030 年减排 46%。在政策情景下，2012~2020 年，溶剂使用源减排贡献大，2020~2030 年，工业过程、溶剂使用和民用源的控制均需重视。与其他污染物相比，NMVOC 减排潜力较大，控制政策仍需加严。

对于 NH_3，政策情景与 2012 年相比，2020 年排放量增加 3%，2030 年减排 19%。农业养殖和化肥使用是最重要的减排贡献源。

7.4.3　京津冀区域不同排放控制情景的空气质量预测

本小节分别采用响应曲面模型（RSM）和 CMAQ 模型，对京津冀区域基准和政策情景下未来年空气质量状况进行了模拟。

1. RSM 预测

图 7-46 显示了 RSM 模型对未来年京津冀 $PM_{2.5}$ 年均浓度的预测结果。在基准情景下，2020 年和 2030 年均无法满足阶段控制目标；在政策情景下，2020 年

和 2030 年京津冀城区平均浓度和北京城区平均浓度均能刚好达标。

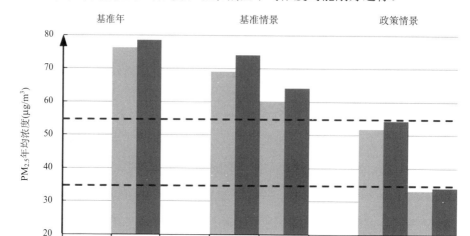

图 7-46　京津冀区域 PM$_{2.5}$ 年均浓度预测（RSM）

2. CMAQ 预测

图 7-47 和表 7-13 显示了 CMAQ 模型对未来年京津冀 PM$_{2.5}$ 年均浓度的预测结果。基准情景距离达标有很大差距；在政策情景下，2020 年和 2030 年北京和天津均能达标，但河北南部和东部的达标较为困难，需加严控制。

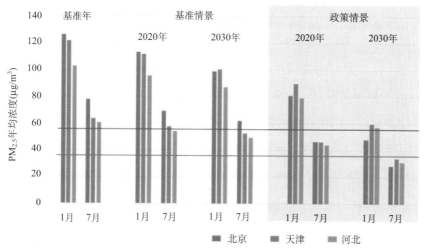

图 7-47　京津冀区域 PM$_{2.5}$ 年均浓度预测（CMAQ）

表 7-13　京津冀区域 PM$_{2.5}$ 年均浓度预测（CMAQ）

	基准情景		政策情景	
	2020 年	2030 年	2020 年	2030 年
北京	70.4	62.0	49.0	29.4
天津	62.3	56.4	50.0	34.4
河北北部	40.1	36.4	32.2	22.5
河北东部	81.6	74.2	66.6	48.3
河北南部	93.7	85.4	77.4	55.8

结果表明，基准情景无法满足京津冀空气质量控制的要求；而在政策情景下，2020 年和 2030 年京津冀城区 PM$_{2.5}$ 年均浓度和北京城区 PM$_{2.5}$ 年均浓度均能刚好达标，河北南部和东部仍需加严控制。

7.5　京津冀区域大气污染联防联控路线图和政策建议

7.5.1　产业布局调整与产业结构优化战略

1. 疏解首都非核心功能，促进京津冀区域平衡发展

核心目标：减少人口，降低区域服务量，控制北京总人口，大幅减少中心城区人口。

重点工作：疏解北京除"政治、文化、国际交流、科技创新"外的非核心功能。

关键保障：强化天津、河北公共资源配置，完善横向财政转移支付，整合区域交通网络，推进教育、医疗等资源公平配置。

2. 压减高污染产业，做大做强新兴产业

削减重化工产业的产能，促进石衡邢邯地区的产业集群向高端、绿色集群方向发展。

促进京津制造业向河北的梯度转移，促进产业内价值链分工合作，推动高端制造、新能源和节能环保等新兴产业发展。

7.5.2　能源革命与清洁能源发展战略

1. 实施煤炭消费总量控制

京津冀煤炭消费量持续降低，2020 年河北煤炭比重降至 35%，京津冀煤炭占30%，北京市基本建成"无煤城市"。

2. 全面推进煤炭清洁利用

提高煤炭洗选比例，新建煤矿应同步建设煤炭洗选设施，现有煤矿要加快建设与改造。禁止进口高灰分、高硫份的劣质煤炭，研究出台煤炭质量管理办法。限制高硫石油焦的进口。鼓励农村地区建设洁净煤配送中心，推广使用洁净煤和型煤。

3. 加快清洁能源替代利用

加快清洁能源利用，2030 年天然气、核能、可再生能源（不包括生物质）占比应接近 50%。加大天然气供应，提高天然气干线管输能力，优化天然气使用方式，新增天然气应优先保障居民生活或用于替代燃煤；鼓励发展天然气分布式能源等高效利用项目，限制发展天然气化工项目；有序发展天然气调峰电站，原则上不再新建天然气发电项目。积极有序发展水电，开发利用地热能、风能、太阳能、生物质能，安全高效发展核电。

京津冀区域城市建成区要加快现有工业企业燃煤设施天然气替代步伐；到2017 年，基本完成燃煤锅炉、工业窑炉、自备燃煤电站的天然气替代改造任务。

7.5.3 农业与新型城镇化发展战略

1. 推广节能技术产品和天然气等清洁能源

在农村地区大力推广吊炕、高效炉灶、节能电器等节能产品，对具备通管道天然气条件的村庄实施管道天然气供应，在管道天然气管网不能覆盖但符合集中供气条件的村庄，采取政府补贴的形式建设压缩天然气站。

2. 推进秸秆等生物质资源化利用

合理开发利用农村可再生能源（秸秆、薪柴、太阳能、沼气）。采用沼气、太阳能采暖、太阳灶、风电等资源和技术，减少居民用能大气污染物排放；结合新型城镇化建设，大力推广大中型沼气工程、秸秆沼气集中供气、生物质炭气油（热、电）多联产、生物质固体成型燃料等技术，为小城镇和中心村等供应生活燃气、电力和热力等商品能源；积极推广太阳能热水器，提高人民生活质量。

3. 推进区域生态建设

按照"因地制宜，因害设防，适地适树"的原则，高标准建设林网，优化农田林网林种树种结构，改善京津冀地区农田生态环境。优化防护林营造模式。从林带走向、网格配置、林带结构等考虑，建设主副林带、疏透结构，最低限度地占用农耕地的同时，起到防风减沙作用。

7.5.4　区域可持续高效率的交通系统发展战略

1）推进区域交通一体化

提升市内轨道交通密度，发展市郊铁路；强化铁路、公路、航空、水运等运输方式间的衔接整合；减少道路交通负荷。

2）区域统一标准，强化机动车污染防治

"十三五"开始实施第六阶段排放标准；推进新能源车淘汰传统机动车；加快老旧车辆淘汰速度。

3）推动非道路移动源污染防治

"十三五"建设京津冀沿海船舶"低排放区"；推动"清洁柴油机计划"实施。

7.5.5　区域大气环境监测监管战略

1. "地空天一体化"区域污染立体监测体系

通过大气颗粒物监测激光雷达、大气臭氧探测激光雷达、风廓线雷达等地基遥感监测仪器，获取污染物的时空演变特征，结合地面站点污染表征数据、卫星遥感数据、气象场与大气扩散条件数据，加上实现集走航、大气空间（立体与水平空间）污染监测及输送通量监测的移动走航监测车，构建"地空天一体化"区域污染立体监测体系。

2. 空气质量监测的质量保证和质量控制

针对颗粒物监测，构建京津冀区域统一的颗粒物手工比对质控体系；针对臭氧监测，依托国家环境监测质量保证重点实验室建立京津冀区域业务化的臭氧量值传递体系。针对当前环境监测事权上收后，由第三方监测机构对空气监测子站进行日常运维的新工作模式，急需重新构建国家环境监测网的质量管理体系，形成新的质控监督机制。创新环境监测质量控制技术手段，在国家网内全面推行空气站运维管理和监测数据审核的信息化管理全面提升质量控制的信息化水平。严厉打击环境监测数据弄虚作假行为，对故意违反环境监测技术规范、篡改、伪造监测数据的行为严肃查处。

3. 从重污染、传输通道、监管监察三方面为治霾服务

在重污染条件下开展立体走航观测，利用气象变量和环境变量为主要要素，通过与观测结果和模式结果比对，基于走航观测数据，实现对未来 1~8 小时的污

染状况进行研判。在京津冀区域内大气污染物传输通道上、京津冀区域与周边区域污染物输送通道上新增空气监测点位。加强对重点污染源的监督监测，形成良性的监测监察联动机制。

4. 数据公开透明共享，提供监测数据产品

围绕改善空气质量的科研、管理需求，通过大数据平台定量化可视化展示分析结果，实现多层次多手段数据共享，为各级环境管理部门提供有针对性的决策支撑。

7.5.6 区域多污染物协同控制战略

为实现分阶段的大气环境质量目标和主要大气污染物排放控制目标，需坚持"协同"、"综合"、"联动"的战略思路，即：在控制对象上，要对二氧化硫、氮氧化物、颗粒物、挥发性有机物、氨等多污染物协同控制；在控制领域上，要对工业源、面源、移动源综合控制；在控制策略上，要实现区域和城市之间的联防联控。

1）全面推进二氧化硫减排

燃煤机组全部安装脱硫设施；对不能稳定达标的脱硫设施进行升级改造。所有钢铁企业的烧结机和球团生产设备、石油炼制企业的催化裂化装置、有色金属冶炼企业都要安装脱硫设施。加强大中型燃煤锅炉烟气治理。积极推进陶瓷、玻璃、砖瓦等建材行业二氧化硫控制。

2）全面开展氮氧化物污染防治

新建电厂须安装 LNB 和烟气脱硝装置（SCR/SNCR），现有 300 MW 以上机组须在 2015 年前完成烟气脱硝改造，现有 300 MW 以下机组也应在 2015 年后逐渐推广烟气脱硝装置，到 2020 年全部安装。新建工业锅炉安装 LNB，现有锅炉开始进行 LNB 改造；到 2020 年，现有锅炉均安装 LNB。新型干法水泥窑要实施低氮燃烧技术改造，配套建设脱硝设施。在其他工业源，也应逐步推进低氮燃烧和脱硝工程建设。

3）大力削减颗粒物排放

燃煤机组必须配套高效除尘设施，对烟尘排放浓度不能稳定达标的燃煤机组进行高效除尘改造。水泥窑及窑磨一体机除尘设施应全部改造为袋式除尘器。水泥企业破碎机、磨机、包装机、烘干机、烘干磨、煤磨机、冷却机、水泥仓及其他通风设备需采用高效除尘器，确保颗粒物排放稳定达标。加强水泥厂和粉磨站颗粒物排放综合治理，采取有效措施控制水泥行业颗粒物无组织排放，大力推广散装水泥生产，限制和减少袋装水泥生产，所有原材料、产品必须密闭贮存、输送、车船装、卸料采取有效措施防止起尘。现役烧结（球团）设备机头烟尘不能稳定达标排放的进行高效除尘技术改造达到特别排放限值的要求。炼焦工序应配备地面站高效除尘系统，积极推广使用干熄焦技术；炼铁出铁口、撇渣器、铁水沟等位置设置密闭收尘罩，并配置袋式除尘器。燃煤工业锅炉烟尘不能稳定达标排放的，应进行高效除尘改造，达到特别排放限值的要求。沸腾炉和煤粉炉必须安装袋式除尘装置。积极采用天然气等清洁能源替代燃煤；使用生物质成型燃料应符合相关技术规范，使用专用燃烧设备；对无清洁能源替代条件的，推广使用型煤。积极推广工业炉窑使用清洁能源，陶瓷、玻璃等工业炉窑可采用天然气、煤制气等替代燃煤，推广应用黏土砖生产内燃技术。加强工业炉窑除尘工作，安装高效除尘设备，确保达标排放。

4）完善挥发性有机物污染防治体系

完善重点行业挥发性有机物排放控制要求和政策体系。尽快制定相关行业挥发性有机物排放标准、清洁生产评价指标体系和环境工程技术规范；研究制定涂料、油墨、胶黏剂、建筑板材、家具、干洗等含有机溶剂产品的环境标志产品认证标准；建立含有机溶剂产品销售使用准入制度，实施挥发性有机化合物含量限值管理。建立有机溶剂使用申报制度。

限时完成加油站、储油库和油罐车油气回收治理工作，在原油成品油码头积极开展油气回收治理。在石化企业开展 LDAR（泄漏检测与修复）技术改造；严格控制储存、运输环节的呼吸损耗，原料、中间产品、成品储存设施应全部采用高效密封的浮顶罐，或安装顶空联通置换油气回收装置。炼油与石油化工生产工艺单元排放的有机工艺尾气，应回收利用，不能（或不能完全）回收利用的，应采用锅炉、工艺加热炉、焚烧炉、火炬予以焚烧，或采用吸收、吸附、冷凝等非焚烧方式予以处理；废水收集系统液面与环境空气之间应采取隔离措施，曝气池、气浮池等应加盖密闭，并收集废气净化处理。

提升有机化工（含有机化学原料、合成材料、日用化工、涂料、油墨、胶黏剂、染料、化学溶剂、试剂生产等）、医药化工、塑料制品企业装备水平，严格控制跑冒滴漏。原料、中间产品与成品应密闭储存，采用高效密封方式的浮顶罐或安装密闭排气系统进行净化处理。排放挥发性有机物的生产工序要在密闭空间或设备中实施，产生的含挥发性有机物废气需进行净化处理。

加强表面涂装工艺挥发性有机物排放控制。全面提高水性、高固份、粉末、紫外光固化涂料等低挥发性有机物含量涂料的使用比例；推广汽车行业先进涂装工艺技术的使用，优化喷漆工艺与设备。使用溶剂型涂料的表面涂装工序必须密闭作业，配备有机废气收集系统，安装高效回收净化设施。

包装印刷业必须使用符合环保要求的油墨，烘干车间需安装活性炭等吸附设备回收有机溶剂，对车间有机废气进行净化处理。在纺织印染、皮革加工、制鞋、人造板生产、日化等行业，积极推广使用低毒、低挥发性溶剂，食品加工行业必须使用低挥发性溶剂，制鞋行业胶粘剂应符合国家强制性标准《鞋和箱包胶粘剂》的要求；同时开展挥发性有机物收集与净化处理。

5）综合整治城市扬尘

推进建筑工地绿色施工。建设工程施工现场必须全封闭设置围挡墙，严禁敞开式作业；施工现场道路、作业区、生活区必须进行地面硬化；积极推广使用散装水泥，市区施工工地全部使用预拌混凝土和预拌砂浆，杜绝现场搅拌混凝土和砂浆；对因堆放、装卸、运输、搅拌等易产生扬尘的污染源，应采取遮盖、洒水、封闭等控制措施；施工现场的垃圾、渣土、沙石等要及时清运，建筑施工场地出口设置冲洗平台。

推进堆场扬尘综合治理。强化煤堆、料堆的监督管理。大型煤堆、料堆场应建立密闭料仓与传送装置，露天堆放的应加以覆盖或建设自动喷淋装置。对长期堆放的废弃物，应采取覆绿、铺装、硬化、定期喷洒抑尘剂或稳定剂等措施。积极推进粉煤灰、炉渣、矿渣的综合利用，减少堆放量。

控制道路扬尘污染。积极推行城市道路机械化清扫，提高机械化清扫率。增加城市道路冲洗保洁频次，切实降低道路积尘负荷。减少道路开挖面积，缩短裸露时间，开挖道路应分段封闭施工，及时修复破损道路路面。加强道路两侧绿化，减少裸露地面。

加强城市绿化建设。结合城市发展和工业布局，加强城市绿化建设，努力提高城市绿化水平，增强环境自净能力。

6）强化民用部门和生物质开放燃烧控制

民用部门的主要排放源是小煤炉和生物质炉灶。由于排放源规模小，在以往的污染控制政策中常常被忽略，但研究表明，民用部门对细颗粒物、VOCs 等污染物贡献大，室内炉灶燃烧导致的室内空气污染也是不可忽略的重要问题。能源结构调整在民用部门的污染物减排中有着关键性的作用。应坚持清洁能源优先民用的原则，在民用部门大气推广天然气、电等清洁能源。加快可再生能源的发展和利用，大力推广太阳能热水器，在农村地区推广沼气的生产和利用。

在末端治理方面，在民用锅炉中逐渐安装布袋等高效除尘设备，在锅炉和炉灶中推广使用低硫型煤。此外，应大力推广先进煤炉、先进生物质炉灶（如燃烧方式调整、催化炉灶），采取有效措施禁止生物质开放燃烧。

7）开展种植业和养殖业 NH_3 排放控制

种植业和养殖业是重要的 NH_3 排放源。种植业的排放主要来源于化肥使用，应采取以下措施进行减排：改良化肥施用结构，即逐步增加硝酸铵等低排氮肥的市场比例；通过添加脲酶抑制剂（腐殖酸锌）、普及科学施肥、推广计算机决策等方法，降低尿素的排放因子。养殖业减排通过在牲畜生活的各个环节以及其废物产生及施用的各个环节进行，包括使用低氮饲料、养殖房舍改造、废物快速收集、覆膜堆肥等。

7.6　小　　结

（1）在我国现有政策和标准的基础上，制定了京津冀区域空气质量分阶段改善目标。2030 年京津冀区域 $PM_{2.5}$ 年均浓度需基本达到 35 $\mu g/m^3$ 的空气质量标准（GB 3095—2012）。

（2）针对京津冀冬季重污染问题，应以控制京津冀本地排放为主，辅助以山西和内蒙古的控制，并在重污染时段加强山东、河南地区一次 $PM_{2.5}$、SO_2 和 NO_x 的排放控制；在京津冀内部，除北京本地外，则应注意保定、廊坊和张家口的一次排放控制和保定的 SO_2、NO_x 和 NH_3 的控制，重污染时段，北京应重视保定各类源的控制及廊坊一次 $PM_{2.5}$ 的控制。

（3）在 1 月和 7 月，一次 $PM_{2.5}$ 总体上都是对 $PM_{2.5}$ 浓度贡献最大的单一污染物。在一次 $PM_{2.5}$ 的各排放源中，工业民用源是最主要的贡献源，占到 $PM_{2.5}$ 排放源总贡献的 60%以上，其次是民用商用源，交通和电厂的贡献不显著，其中电厂的排放高度大是导致其贡献低的重要原因。随着减排率的增加，$PM_{2.5}$ 浓度对一次 $PM_{2.5}$ 排放的敏感性保持不变。

（4）基准情景无法满足京津冀空气质量控制的要求；而在政策情景下，2020年和 2030 年京津冀城区 $PM_{2.5}$ 年均浓度和北京城区 $PM_{2.5}$ 年均浓度均能刚好达标，河北南部和东部需采取更强力的减排措施。NMVOC 的控制仍需加严。

（5）京津冀区域需从产业布局调整与产业结构优化、能源革命与清洁能源发展、农业与新型城镇化发展、建立区域可持续高效率的交通系统、加强区域大气环境监测监管等方面进行区域多污染物协同控制。

参 考 文 献

Kwok R H F, Napelenok S L, Baker K R. 2013. Implementation and evaluation of $PM_{2.5}$ source contribution analysis in a photochemical model. Atmospheric Environment, 80: 398-407.

Santner T J, Williams B J, Notz W. The Design and Analysis of Computer Experiments. New York: Springer Verlag, 2003.

Wakamatsu S, Morikawa T, Ito A. 2013. Air pollution trends in Japan between 1970 and 2012 and impact of urban air pollution countermeasures. Asian Journal of Atmospheric Environment, 7(4):177-190. Doi: http://dx.doi.org/10.5572/ajae.2013.7.4.177.

Xing J, Wang S X, Jang C, et al. 2011. nonlinear response of ozone to precursor emission changes in China: a modeling study using response surface methodology. Atmospheric Chemical Physics, 11: 5027-5044.

Zhao B, Wang S X, Donahue N M, et al. 2016. Quantifying the effect of organic aerosol aging and intermediate-volatility emissions on regional-scale aerosol pollution in China. Scientific Reports, 6: 28815.

Zhao B, Wang S X, Wang J D, et al. 2013. Impact of national NO_x and SO_2 control policies on particulate matter pollution in China. Atmospheric Environment, 77: 453-463.

Zhao B, Wang S X, Xing J, et al. 2015. Assessing the nonlinear response of fine particles to precursor emissions: Development and application of an extended response surface modeling technique v1.0. Geoscientific Model Development, 8(1): 115-128.

索　引